에너지관리
산업기사 실기

필답형 + 작업형

예문사

이 책의 머리말 — PREFACE

    2014년부터 보일러산업기사, 열관리산업기사 국가기술자격증이 통폐합되어 에너지관리산업기사라는 명칭으로 개정되었다. 이에 따라 실기시험이 동영상 문제(60점)와 종합응용배관작업(40점)으로 분리되어 시행되어 오던 중, 2023년 제2회 실기시험부터는 동영상 문제가 필답형 문제로 시험방법이 변경되었다.

    물론 종합응용배관작업(40점)은 그대로 존치하고 다만 동영상 문제가 필답형 문제(60점)로 바뀌는 것이지만, 변경되는 필답형 실기시험에 맞추어 새로운 개정판을 선보일 필요성을 느끼게 되었다. 이에 저자는 에너지관리산업기사 실기시험의 새로운 출제기준을 바탕으로 본서를 저술하게 되었다.

    저자는 오랜 기간 에너지관리기능장 실기, 에너지관리기사 실기, 에너지관리기능사 실기 책을 저술하여 그동안 많은 독자분들에게 뜨거운 사랑을 받았고 격려도 많이 받았다. 앞으로도 독자 여러분들을 위하여 이후 시행되는 실기시험의 최신 기출문제를 복원하여 도서에 수록할 것이며, 변경된 시험유형에 발 빠르게 대응하며 시험 합격에 실질적으로 도움이 되는 책을 집필할 수 있도록 노력할 것이다.

    끝으로, 네이버 카페 "가냉보열"의 에너지관리산업기사 실기도면 자료실을 꼭 참고하시기를 당부드리며, 여러분들의 성원과 격려를 기대하며 감사의 말씀을 전한다.

저자 일동

출제기준 — INFORMATION

| 직무분야 | 환경·에너지 | 중직무분야 | 에너지·기상 | 자격종목 | 에너지관리산업기사 | 적용기간 | 2023.1.1. ~ 2025.12.31. |

- **직무내용**: 에너지 관련 열설비에 대한 구조 및 원리를 이해하고 에너지 관련 설비를 시공, 보수·점검, 운영 관리하는 직무이다.
- **수행준거**:
  1. 보일러의 연소설비를 파악함으로써 에너지의 효율적 이용과 대기오염예방, 보일러의 안전연소를 관리할 수 있다.
  2. 에너지원별 특성을 파악하여 보일러 및 관련 설비를 효율적으로 관리할 수 있다.
  3. 보일러 및 흡수식 냉온수기 등과 관련된 설비를 안전하고 효율적으로 운전할 수 있다.
  4. 보일러 및 관련 설비 취급 시 발생할 수 있는 안전사고를 사전에 예방할 수 있다.
  5. 보일러의 스케일 및 부식 등을 방지하기 위하여 보일러수와 수처리 설비를 관리할 수 있다.
  6. 보일러 설비의 효율적인 운영을 위하여 유체를 이송하는 배관설비를 설계도서에 따라 설치할 수 있다.
  7. 보일러 운전 중에 발생할 수 있는 안전사고를 예방하기 위하여 안전장치를 정비할 수 있다.
  8. 보일러 부속설비(수처리설비, 환경시설, 열회수장치 및 계측기기 등)를 설계도서에 따라 설치할 수 있다.
  9. 보일러 부대설비(증기설비, 급탕설비, 압력용기, 열교환장치, 펌프 등)를 설계도서에 따라 설치할 수 있다.
  10. 보일러 및 부속장치를 효율적으로 운영 관리할 수 있다.
  11. 냉동기 및 부속장치를 효율적으로 운영 관리할 수 있다.

| 실기검정방법 | 복합형 | 시험시간 | 4시간 30분 정도 (필답 1시간 30분, 작업 3시간 정도) |

실기 과목명	주요항목	세부항목	세세항목
열설비 취급 실무	1. 보일러 연소설비 관리 1505020502_17v1	연료공급설비 관리하기	1. 연료의 종류에 따른 특성을 파악할 수 있다. 2. 연료공급설비의 특성과 제원을 파악할 수 있다. 3. 연료공급설비의 취급법을 파악하고 효율적으로 운영할 수 있다. 4. 연료공급설비의 고장 원인을 파악하고 조치할 수 있다.
		연소장치 관리하기	1. 연소장치의 기능과 특성을 파악할 수 있다. 2. 연소장치를 조정 및 점검 관리할 수 있다. 3. 연소장치의 고장원인을 파악하고 조치할 수 있다.
		통풍장치 관리하기	1. 통풍장치의 기능과 특성을 파악할 수 있다. 2. 통풍장치의 작동상태를 파악할 수 있다. 3. 통풍장치의 정상운영을 위해 사전점검을 할 수 있다.
	2. 보일러 에너지 관리 1505020509_17v1	에너지원별 특성 파악하기	1. 에너지원의 특성을 파악할 수 있다. 2. 에너지원의 특성에 따른 저장, 공급, 연소 방식을 파악할 수 있다. 3. 에너지원에 따라 연소장치를 선택할 수 있다.
		에너지효율 관리하기	1. 보일러 및 관련 설비의 에너지 사용량을 파악할 수 있다. 2. 보일러 및 관련 설비의 열정산을 할 수 있다. 3. 에너지 손실요인을 파악하여 에너지효율을 관리할 수 있다. 4. 에너지효율 관리를 통해서 비용을 절감할 수 있다.

실기 과목명	주요항목	세부항목	세세항목
		에너지 원단위 관리하기	1. 에너지 소비량에 따른 에너지 원단위를 산출할 수 있다. 2. 적정 에너지 원단위를 비교분석을 할 수 있다. 3. 에너지 원단위 관리를 통해 비용을 절감할 수 있다. 4. 고효율 에너지 기자재 적용, 용량 최적화를 통해 생애주기비용(LCC)을 절감할 수 있다.
	3. 보일러 운전 1505020505_17v1	설비 파악하기	1. 설비의 정상적인 운전을 위해 설계도면을 파악할 수 있다. 2. 설비의 정상적인 운전을 위해 장비의 특성과 설비 시스템을 파악할 수 있다. 3. 장비와 관련 설비의 사용설명서 등을 파악할 수 있다. 4. 설비의 안전한 운전을 위하여 관련 법규 규정을 파악할 수 있다.
		보일러운전 준비하기	1. 보일러 수위 유지를 위한 급수설비를 점검할 수 있다. 2. 연료의 완전연소를 위한 연료공급설비, 연소설비, 통풍장치, 연돌 등을 점검할 수 있다. 3. 보일러설비의 정상운전을 위한 부속장치를 점검할 수 있다. 4. 보일러설비의 정상운전을 위한 부대설비를 점검할 수 있다. 5. MCC판넬, 제어판넬 등의 제어설비를 점검할 수 있다. 6. 보일러 운전 시 발생할 수 있는 문제점을 사전에 파악하고 예방할 수 있다.
		보일러 운전하기	1. 보일러 운전 시 밸브나 댐퍼 등의 개폐상태를 정상으로 유지할 수 있다. 2. 보일러 운전에 필요한 급수, 연료, 공기 등을 정상적으로 공급할 수 있다. 3. 보일러 및 관련 설비를 사용설명서에 따라 정상적으로 운전할 수 있다. 4. 운전 중 보일러의 수위, 연소상태, 압력, 온도 등을 정상적으로 유지할 수 있다. 5. 설비운전에 따른 고장 발견 시 원인을 파악하고 조치할 수 있다. 6. 운전일지를 작성하고 결과를 분석하여 에너지를 효율적으로 사용할 수 있다.
		흡수식 냉온수기 운전하기	1. 냉매 및 흡수제 계통과 냉각수 계통을 정상 운전할 수 있다. 2. 연료, 공기 또는 증기, 냉·온수, 냉각수 등이 정상적으로 공급되도록 할 수 있다. 3. 흡수식 냉온수기 및 냉각탑 등 관련 설비를 정상적으로 운전할 수 있다. 4. 운전 중 연소상태, 압력, 온도, 액면, 진공상태 등을 안정적으로 유지할 수 있다. 5. 설비운전에 따른 고장 발견 시 원인을 파악하고 조

실기 과목명	주요항목	세부항목	세세항목
			치할 수 있다. 6. 운전일지를 작성하고 결과를 분석하여 에너지를 효율적으로 사용할 수 있다.
	4. 보일러 안전관리 1505020511_17v1	법정 안전검사하기	1. 관련 설비의 안전 관련 법규를 파악할 수 있다. 2. 법정 안전검사 대상 기기의 종류와 검사항목을 파악할 수 있다. 3. 법정 안전검사를 대비하여 사전 자체검사를 실시할 수 있다. 4. 관련법 규정에 의한 정기안전, 성능검사 등 검사 준비를 할 수 있다.
		보수공사 안전관리하기	1. 작업별 안전사고 발생 시 대처방법을 수립할 수 있다. 2. 작업자에게 안전관리교육을 실시할 수 있다. 3. 작업 전 현장을 점검하여 안전사고를 예방할 수 있다. 4. 공종별 위험요소를 예측하여 안전사고를 예방 관리할 수 있다.
	5. 보일러 수질 관리 1505020503_17v1	수처리설비 운영하기	1. 보일러에 필요한 급수의 성분 및 성질을 파악할 수 있다. 2. 수처리설비의 기능과 특성을 파악할 수 있다. 3. 수처리설비를 점검 관리할 수 있다. 4. 수처리설비의 자동제어 및 작동상태를 확인할 수 있다.
		보일러수 관리하기	1. 보일러수를 채취하고 분석 및 관리할 수 있다. 2. 수질분석결과를 관리기준과 비교 분석할 수 있다. 3. 분석결과를 관리 기준에 따라 조치할 수 있다. 4. 휴지 시 보존관리 방법에 따라 조치할 수 있다.
	6. 보일러 배관설비 설치 1505020409_18v2	배관도면 파악하기	1. 배관도면의 열원 흐름도를 보고 시스템을 파악할 수 있다. 2. 배관 도면의 도시기호를 파악할 수 있다. 3. 배관용도에 따른 배관 및 부속품, 밸브 등의 재질을 파악할 수 있다. 4. 배관에 연결되는 장비사양과 배관 접속구경 등을 파악할 수 있다. 5. 배관도면의 밸브, 부속품 등의 설치방법과 용도를 파악할 수 있다.
		배관재료 준비하기	1. 배관도면을 보고 재질과 규격에 따라 배관, 배관 부속품, 밸브 등을 산출할 수 있다. 2. 배관시공에 따른 배관 지지구, 보온재, 용접봉 등 각종 소모품을 산출할 수 있다. 3. 자재의 사용일정에 따라 필요수량의 배관재료를 발주할 수 있다. 4. 배관재료의 입고 시 자재를 검수하고 품질을 확인할 수 있다. 5. 배관재료를 재질, 용도, 규격별로 품질을 유지하며, 보관할 수 있다.

실기 과목명	주요항목	세부항목	세세항목
	7. 보일러 안전장치 정비 1505020410_18v2	보일러 본체 안전장치 정비하기	1. 보일러 본체에 설치된 화염, 온도, 압력, 수위 등 안전장치의 기능과 특성을 파악할 수 있다. 2. 보일러 본체에 설치된 안전장치의 작동점검을 실시할 수 있다. 3. 안전장치의 이상 발생 시 원인을 파악하고 정비할 수 있다. 4. 정비된 안전장치의 작동상태를 확인할 수 있다.
		연소설비 안전장치 정비하기	1. 연소설비와 관련된 화염 검출 및 역화·폭발 방지 장치의 기능과 특성을 파악할 수 있다. 2. 연소설비에 설치된 안전장치의 작동점검을 실시할 수 있다. 3. 연소안전장치의 이상 발생 시 원인을 파악하고 정비할 수 있다. 4. 정비된 안전장치의 작동상태를 확인할 수 있다.
		소형 온수보일러 안전장치 정비하기	1. 소형 온수보일러와 관련된 안전장치의 기능과 특성을 파악할 수 있다. 2. 소형 온수보일러에 설치된 안전장치의 작동점검을 실시할 수 있다. 3. 안전장치의 이상 발생 시 원인을 파악하고 정비할 수 있다. 4. 정비된 안전장치의 작동상태를 확인할 수 있다.
	8. 보일러 부속설비 설치 1505020407_18v2	보일러 수처리설비 설치하기	1. 수처리설비 원리를 파악하고 장치의 구성요소와 설치방법을 파악할 수 있다. 2. 수처리설비의 설계도서를 파악할 수 있다. 3. 수처리설비 설치에 필요한 장비, 공구 등을 준비하고 사용할 수 있다. 4. 수처리설비를 설계도서에 따라 적합하게 설치할 수 있다.
		보일러 급수장치 설치하기	1. 급수장치의 원리를 파악하고 장치의 구성요소와 설치방법을 파악할 수 있다. 2. 급수장치의 설계도서를 파악할 수 있다. 3. 급수장치 설치에 필요한 장비, 공구 등을 준비하고 사용할 수 있다. 4. 급수장치를 설계도서에 따라 적합하게 설치할 수 있다.
		보일러 환경설비 설치하기	1. 환경설비의 원리를 파악하고 장치의 구성요소와 설치방법을 파악할 수 있다. 2. 환경설비의 설계도서를 파악할 수 있다. 3. 환경설비 설치에 필요한 장비, 공구 등을 준비하고 사용할 수 있다. 4. 환경설비를 설계도서에 따라 적합하게 설치할 수 있다.
		보일러 열회수장치 설치하기	1. 열회수장치의 원리를 파악하고 장치의 구성요소와 설치방법을 파악할 수 있다.

출제기준 ───── INFORMATION

실기과목명	주요항목	세부항목	세세항목
			2. 열회수장치의 설계도서를 파악할 수 있다. 3. 열회수장치 설치에 필요한 장비, 공구 등을 준비하고 사용할 수 있다. 4. 열회수장치를 설계도서에 따라 적합하게 설치할 수 있다.
		보일러 계측기기 설치하기	1. 계측기기의 원리를 파악하고 장치의 구성요소와 설치방법을 파악할 수 있다. 2. 계측기기의 설치를 위해 설계도서를 파악할 수 있다. 3. 계측기기 설치에 필요한 장비, 공구 등을 준비할 수 있다. 4. 계측기기를 설계도서에 따라 적합하게 설치할 수 있다.
	9. 보일러 부대설비 설치 1505020408_18v2	증기설비 설치하기	1. 증기설비의 원리를 파악하고 장치의 구성요소와 설치방법을 파악할 수 있다. 2. 증기설비의 설계도서를 파악할 수 있다. 3. 증기설비 설치에 필요한 장비, 공구 등을 준비하고 사용할 수 있다. 4. 증기설비를 설계도서에 따라 적합하게 설치할 수 있다.
		급탕설비 설치하기	1. 급탕설비의 원리를 파악하고 장치의 구성요소와 설치방법을 파악할 수 있다. 2. 급탕설비의 설계도서를 파악할 수 있다. 3. 급탕설비 설치에 필요한 장비, 공구 등을 준비하고 사용할 수 있다. 4. 급탕설비를 설계도서에 따라 적합하게 설치할 수 있다.
		압력용기 설치하기	1. 압력용기의 기능을 파악하고 장치의 구성요소와 설치방법을 파악할 수 있다. 2. 압력용기 설계도서를 파악할 수 있다. 3. 압력용기 설치에 필요한 장비, 공구 등을 준비하고 사용할 수 있다. 4. 압력용기를 설계도서에 따라 적합하게 설치할 수 있다.
		열교환장치 설치하기	1. 열교환장치의 기능을 파악하고 장치의 구성요소와 설치방법을 파악할 수 있다. 2. 열교환장치 설계도서를 파악할 수 있다. 3. 열교환장치 설치에 필요한 장비, 공구 등을 준비하고 사용할 수 있다. 4. 열교환장치를 설계도서에 따라 적합하게 설치할 수 있다.
		펌프 설치하기	1. 펌프의 원리를 파악하고 장치의 구성요소와 설치방법을 파악할 수 있다. 2. 펌프설치 설계도서를 파악할 수 있다. 3. 펌프 설치에 필요한 장비, 공구 등을 준비하고 사

실기 과목명	주요항목	세부항목	세세항목
	10. 보일러 설비운영 1505020322_16v2	보일러 관리하기	용할 수 있다. 4. 펌프를 설계도서에 따라 적합하게 설치할 수 있다. 1. 보일러의 본체, 연소장치, 부속장치 등에 대하여 파악할 수 있다. 2. 보일러의 종류를 파악하고 특성에 맞게 운영 및 관리할 수 있다. 3. 보일러 관리 내용을 연료관리, 연소관리, 열사용 관리, 작업 및 설비관리, 대기오염, 수처리 관리 등으로 분류하여 효율적으로 수행할 수 있다. 4. 에너지이용합리화법, 시행령, 시행규칙 등 관련 법규를 파악할 수 있다. 5. 보일러 구조물과의 거리, 연료 저장 탱크와의 거리, 각종 밸브 및 관의 크기, 안전밸브 크기 등 설치기준을 파악하고 관리할 수 있다. 6. 보일러 용량별 열효율표 및 성능 효율에 대해 파악하고 관리할 수 있다.
		급탕탱크 관리하기	1. 급탕탱크의 배관방식에 맞는 관리방법을 파악하여 점검 및 관리할 수 있다. 2. 온수의 오염 및 부식상태를 점검하고 유량조정밸브의 조정 및 신축계수의 기능을 확인하여 보존 및 관리할 수 있다. 3. 급탕탱크의 고장원인을 파악하고 대책을 강구할 수 있다. 4. 배관의 신축, 관의 지지구, 관의 부식에 대한 고려, 관의 마찰손실, 보온, 수압시험, 팽창관과 팽창탱크, 저탕탱크의 급수관 등에 대하여 전체적으로 관리할 수 있다. 5. 저탕탱크 배관 부속품 감압밸브, 증기트랩, 스트레이너, 온도조절밸브, 벨로스 등의 기능을 확인하여 보수 및 교체할 수 있다.
		증기설비 관리하기	1. 증기의 특성을 파악하여 증기량과 압력에 따라 배관구경을 결정할 수 있다. 2. 응축수량을 산출하여 배관구경을 결정할 수 있다. 3. 증기배관구경에 따라 증기선도를 보고 증기통과량을 구할 수 있다. 4. 배관에서 증기의 장애 수격작용에 대해 파악하고 방지할 수 있다. 5. 증기배관의 감압밸브, 증기트랩, 스트레이너 등의 작동상태를 점검할 수 있다. 6. 증기배관 신축장치 볼트, 너트를 견고하게 설치하고, 정상 작동 여부를 확인할 수 있다. 7. 증기배관 및 밸브의 손상, 부식, 자동밸브, 계기류 작동상태를 점검 및 확인할 수 있다. 8. 증기배관의 보온상태를 점검 및 확인할 수 있다. 9. 증기배관의 적산 및 수선비를 산출할 수 있다.

출제기준 — INFORMATION

실기 과목명	주요항목	세부항목	세세항목
		부속장비 점검하기	1. 보일러 부속장치의 종류와 기능 및 역할에 대하여 구분하고 파악할 수 있다. 2. 송기장치, 급수장치, 열회수장치 등의 특성을 파악하여 기능을 점검할 수 있다. 3. 분출장치의 필요성, 분출시기, 분출할 때 주의사항, 분출방법 등을 파악하여 필요시 분출밸브와 분출 콕을 신속히 열어줄 수 있다. 4. 수면계 부착위치, 수면계 점검시기, 점검순서, 수면계 파손원인, 수주관 역할 등을 확인하고 점검할 수 있다. 5. 급수펌프의 구비조건을 파악하고 펌프 공동현상을 이해하고 방지할 수 있다. 6. 보일러의 기수공발(캐리오버, 프라이밍, 포밍) 장애에 대해 파악하고 조치할 수 있다.
		보일러 운전 전 점검하기	1. 난방설비운영 및 관리기준, 보일러 운전 전 점검사항에 대하여 확인할 수 있다. 2. 운전 전 스팀배관의 밸브 개폐상태를 점검할 수 있다. 3. 스팀헤더를 점검하여 응축수가 있을 경우 배출하여 수격작용을 방지할 수 있다. 4. 가스 누설 여부를 점검하고 배관 개폐상태를 점검할 수 있다. 5. 주증기밸브의 개폐상태를 확인하고 자체 압력의 이상 유무를 확인할 수 있다. 6. 수면계의 정상 유무를 확인하고 급수 측 밸브 개폐상태, 수량계 이상 유무를 확인할 수 있다. 7. 보일러 컨트롤 판넬의 각종 스위치 상태 확인 MCC 판넬의 ON 확인, 기동상태를 점검할 수 있다.
		보일러 운전 중 점검하기	1. 보일러 운전 순서를 파악하고 수행할 수 있다. 2. 보일러 점화 불착화 시 원인 파악 후 충분히 프리퍼지하여 다시 운전할 수 있다. 3. 수면계, 압력계 등의 정상 여부를 확인 및 점검할 수 있다. 4. 급수펌프의 정상 작동 여부, 수위 불안정이 있는지 확인하고 점검할 수 있다. 5. 송풍기 운전상태, 화염상태의 색상을 확인할 수 있다. 6. 헤더 및 배관 수격작용은 없는지 점검 및 확인할 수 있다. 7. 응축수탱크의 상태를 확인하고 경수연화장치의 정상 작동 여부에 대하여 점검 및 확인할 수 있다. 8. 급수펌프 운전 시 소음, 누수 여부와 각종 제어판넬 상태를 점검, 확인할 수 있다. 9. 보일러 정지순서를 파악하여 컨트롤 판넬 스위치를 OFF, 소화 후 일정시간 송풍기를 포스트퍼지하고 연소실, 연도에 있는 잔류가스를 배출하여 폭발위험이 없도록 관리할 수 있다.

실기 과목명	주요항목	세부항목	세세항목
		보일러 운전 후 점검하기	1. 보일러 컨트롤 판넬은 OFF 상태로 되어 있는지 점검 및 확인할 수 있다. 2. 수면계 수위상태를 파악하여 압력이 남아있는 경우 계속 급수 여부를 확인할 수 있다. 3. 가스공급계통 연료밸브의 개폐 여부를 확인할 수 있다. 4. 보일러실의 각종 밸브류를 확인할 수 있다. 5. 보일러 운전일지를 기록하고 특이사항을 인수인계할 수 있다.
		보일러 고장 시 조치하기	1. 수면계의 수위 부족에도 불구하고 버너가 정지하지 않을 경우 즉시 정지하고 스위치 불량 원인을 제거할 수 있다. 2. 수위 부족에도 버너가 정지하지 않고 계속 운전되어 본체가 과열로 판단될 경우 버너를 정지, 본체를 냉각시킬 수 있다. 3. 정상운전 중 정전 발생 시 버너 순환펌프 스위치를 정지시키고, 복전되면 수위 확인 후 운전을 개시할 수 있다. 4. 연료가 불착화 정지 시 불착화 원인을 제거 후 재운전시킬 수 있다. 5. 모터 과부하에 의해 정지될 경우 과대한 전류가 흐르게 되면 버너가 정지됨을 확인할 수 있다. 6. 히터온도 과열정지될 경우 온수온도 조절 스위치가 불량임을 확인할 수 있다. 7. 저수위차단 팽창탱크에 부착된 수위조절기, 보급수 전자밸브에 이상이 생기면 연료공급차단 전자밸브가 닫히고 버너가 정지되는 것을 확인할 수 있다.
	11. 냉동설비 운영 1505020321_16v2	냉동기 관리하기	1. 왕복동식, 터보식, 스크루식, 흡수식 냉동기의 특징과 구조에 대해 파악할 수 있다. 2. 각 냉동기의 형식에 알맞은 운전일지를 작성하고 냉동기의 적정한 운전성능과 이상유무를 판단할 수 있다. 3. 냉동기 운전 전후 냉동기 및 냉각탑 순환펌프의 작동 유무를 확인할 수 있다. 4. 냉동기 운전 시 스케줄 제어를 확인하고 제어로직에 의해 운전되는 장비가 있을 경우 논리회로를 확인할 수 있다. 5. 냉동기가 흡수식일 경우 냉수, 냉각수 밸브상태를 확인하며 원격 기동/정지 시 현장 MCC판넬의 정상 여부를 확인할 수 있다. 6. 냉수헤더 압력, 냉수온도, 냉수순환펌프 운전상태, 냉각수 온도 및 펌프 운전상태를 감시할 수 있다. 7. 냉동기 운전 중 감시반 모니터링 및 운전상태의 이상 유무를 확인하고 냉동기 운전시간을 기록할 수 있다.

실기 과목명	주요항목	세부항목	세세항목
		냉동기 · 부속장치 점검하기	1. 압축기, 응축기의 종류와 특징을 파악하여 점검 및 관리할 수 있다. 2. 증발기, 팽창밸브의 종류와 특징을 파악하여 점검 및 관리할 수 있다. 3. 부속기기의 종류(수액기, 유분리기, 액분리기, 열교환기, 부속품 등)의 역할, 설치위치, 기능을 파악하고 점검 및 관리할 수 있다.
		냉각탑 점검하기	1. 공기흐름과 송풍방식, 열전달 방법에 따른 냉각기의 구분을 파악하고 각 특성에 따라 관리할 수 있다. 2. 충진재 스케일, 부식에 대하여 점검 및 관리할 수 있다. 3. 산수기(살수기)의 회전 및 물분사 상태를 확인하고 파손 및 분사관 막힘 등을 점검하여 관리할 수 있다. 4. 팬의 각도 및 모터 전류를 측정하여 정상 여부를 확인하고 축, 전동기, 벨트, 풀리, 윤활유 보급 등에 대하여 점검 및 관리할 수 있다. 5. 냉각수 유속을 확인하고 점검할 수 있다. 6. 냉각탑 수질관리를 위하여 살균제 등의 약품을 투여하여 오염되지 않도록 관리할 수 있다. 7. 냉각탑 설치위치의 적합성 등 기초, 방진, 소음, 공기흡입이 원활한지 점검 및 관리할 수 있다. 8. 동절기 동결방지장치를 설치하고 서모스탯 설정치 작동, 보온 등의 대책을 수립할 수 있다.

PART 01 보일러 취급 및 운전

CHAPTER. 01 보일러 종류 및 특성 ·· 3
Section 01 ┃ 보일러의 일반적인 종류와 구조 ·· 3

CHAPTER. 02 보일러 열효율 및 부하계산 ·· 14
Section 01 ┃ 보일러 용어와 성능계산 ·· 14

CHAPTER. 03 연료 및 연료의 특성 ·· 21
Section 01 ┃ 연료(Fuel)의 정의와 분류 ·· 21
Section 02 ┃ 고체연료(Natural Solid Fuel) ·· 22
Section 03 ┃ 액체연료(Liquid Fuel) ·· 23
Section 04 ┃ 원유 ·· 26
Section 05 ┃ 기체연료(Gas Fuel) ·· 27
Section 06 ┃ 도시가스의 기초(LNG의 기초) ·· 31

CHAPTER. 04 연소설비 ·· 33
Section 01 ┃ 연소장치(Combustion Device) ·· 33
Section 02 ┃ 급유장치(연료의 공급장치) ·· 40
Section 03 ┃ 연소안전장치 ·· 48
Section 04 ┃ 보염장치(착화와 화염 안전장치) ·· 50
Section 05 ┃ 연소점화장치 ·· 52
Section 06 ┃ 기체연료의 연소장치 ·· 53
Section 07 ┃ 온수보일러의 오일버너 ·· 57

CHAPTER. 05 연소계산 ·· 60

Section 01 | 연소공학 개론 ·· 60
Section 02 | 연료의 발열량 계산 ·· 70
Section 03 | 기체연료의 연소계산 ·· 72

보일러 안전관리 및 보존

CHAPTER. 01 보일러 취급 및 안전관리 ·· 79

Section 01 | 보일러 운전 ··· 79
Section 02 | 보일러 운전 중 장애와 사고 ··· 86
Section 03 | 보일러의 부식 ··· 92

CHAPTER. 02 보일러 취급 및 보존과 정비 ·· 97

Section 01 | 급수처리 ··· 97
Section 02 | 급수 속의 불순물과 장해 ·· 100
Section 03 | 급수처리의 방법과 해설 ·· 103
Section 04 | 보일러 세관작업 ·· 116
Section 05 | 보일러 보존 ··· 123

PART 03 보일러 부속장치

CHAPTER. 01 급수장치 ······ 127
- Section 01 ▮ 급수장치 ······ 127
- Section 02 ▮ 급수펌프 ······ 129

CHAPTER. 02 송기장치(증기이송장치) ······ 137
- Section 01 ▮ 송기장치(증기이송장치) 및 온도조절기 ······ 137

CHAPTER. 03 통풍과 집진장치 ······ 146
- Section 01 ▮ 통풍 ······ 146
- Section 02 ▮ 통풍력(Z) 계산 ······ 150
- Section 03 ▮ 통풍장치(Draft Equipment) ······ 152
- Section 04 ▮ 매연 ······ 158
- Section 05 ▮ 집진장치(Dust Collector) ······ 161

CHAPTER. 04 보일러 안전장치 ······ 168
- Section 01 ▮ 보일러의 일반적인 종류와 구조 ······ 168

CHAPTER. 05 보일러 계측장치 ······ 173
- Section 01 ▮ 온도측정 ······ 173
- Section 02 ▮ 압력측정 ······ 174
- Section 03 ▮ 액면계 ······ 176
- Section 04 ▮ 유량계 ······ 177
- Section 05 ▮ 가스분석계 ······ 178

이 책의 차례 — CONTENTS

CHAPTER. 06 분출장치 182

Section 01 ┃ 분출장치 182

CHAPTER. 07 스팀트랩 및 밸브 184

Section 01 ┃ 증기 트랩 184

CHAPTER. 08 자동제어 190

Section 01 ┃ 자동제어계 190
Section 02 ┃ 보일러의 자동제어 195

CHAPTER. 09 폐열회수장치 208

Section 01 ┃ 여열장치(폐열회수장치) 208

PART 04 보일러 시공 및 부하, 배관일반

CHAPTER. 01 난방부하 및 난방설비 219

Section 01 ┃ 난방부하 219
Section 02 ┃ 보일러의 용량계산 223
Section 03 ┃ 난방방식의 분류 228
Section 04 ┃ 배관시공법 236
Section 05 ┃ 방열기(Radiator) 240
Section 06 ┃ 팽창탱크 244

CHAPTER. 02 배관재료 및 배관부속품 ······ 247

Section 01 ┃ 관의 재료 ······ 247
Section 02 ┃ 관의 이음쇠 ······ 253
Section 03 ┃ 신축이음(Expansion Joint) ······ 255
Section 04 ┃ 밸브의 종류 ······ 257
Section 05 ┃ 패킹재(Packing) ······ 259
Section 06 ┃ 방청도료(Paint) ······ 261
Section 07 ┃ 배관용 지지쇠 ······ 261

CHAPTER. 03 배관공작 ······ 265

Section 01 ┃ 배관공작용 공구 및 기계 ······ 265
Section 02 ┃ 관의 접합(파이프의 접합) ······ 272
Section 03 ┃ 관의 굽힘 ······ 280
Section 04 ┃ 강관의 나사내기와 나사부 길이 산출법 ······ 283

CHAPTER. 04 배관도시법 ······ 285

Section 01 ┃ 배관도의 표시법 ······ 285

CHAPTER. 05 단열재, 보온재 및 내화물 ······ 290

Section 01 ┃ 단열재 ······ 290
Section 02 ┃ 보온재 ······ 292

CHAPTER. 06 온수온돌 시공기준 ······ 299

Section 01 ┃ 온수온돌의 시공 ······ 299

이 책의 차례 — CONTENTS

PART 05 작업형 문제

CHAPTER. 01 배관작업 유효나사길이 산출법 ········· 309
Section 01 ┃ 유효나사길이 산출법 ········· 309
Section 02 ┃ 배관 실제 절단길이 산출법 ········· 311

CHAPTER. 02 배관부속 종류 ········· 315
Section 01 ┃ 배관부속 및 동관부속 명칭 ········· 315
Section 02 ┃ 파이프머신 ········· 324
Section 03 ┃ 동관 용접을 위한 가스용접 자재 ········· 325
Section 04 ┃ 작업형 공구 ········· 328

CHAPTER. 03 강관 및 동관 조립 ········· 331
Section 01 ┃ 지급재료 목록 ········· 331
Section 02 ┃ 강관 조립에 대한 유효치수 값 ········· 332

CHAPTER. 04 보일러 및 부속장치 계통도 ········· 346

PART 06 보일러 시공 실무 문제

- **CHAPTER. 01** 보일러 용량, 효율 및 성능 계산 ········· 429
- **CHAPTER. 02** 난방부하 계산 및 난방설비 설계 ········· 447
- **CHAPTER. 03** 보일러 시공 도면작성 및 해독 ········· 457
- **CHAPTER. 04** 보일러 시공 공구와 장비의 취급 ········· 484
- **CHAPTER. 05** 각종 보일러 설치 시공기준의 적용 ········· 490
- **CHAPTER. 06** 재료산출 및 작업소요시간 판단 ········· 499
- **CHAPTER. 07** 난방과 난방설비 ········· 505
- **CHAPTER. 08** 내화물과 보온재 ········· 519
- **CHAPTER. 09** 배관도시기호 및 관의 재료 ········· 525

PART 07 보일러 취급 실무 문제

- CHAPTER. 01 보일러 운전 및 부속기기 ·········· 533
- CHAPTER. 02 연료 및 연소 계산 ·········· 551
- CHAPTER. 03 보일러 열정산 및 열관리 ·········· 557
- CHAPTER. 04 보일러 급수처리 및 급수장치 ·········· 564
- CHAPTER. 05 보일러 자동제어장치의 취급 ·········· 572
- CHAPTER. 06 보일러의 안전관리 ·········· 578
- CHAPTER. 07 계측기기 ·········· 583

부록 01 분류별 기출문제

- CHAPTER. 01 보일러 종류 및 특성 ·········· 595
- CHAPTER. 02 보일러 부속장치 ·········· 600
- CHAPTER. 03 보일러 연료 및 연소장치 ·········· 614

CHAPTER. 04	보일러 계측장치 및 자동제어	623
CHAPTER. 05	보일러 급수처리 및 보일러 부식	632
CHAPTER. 06	보일러 안전관리	636
CHAPTER. 07	보일러 세관 및 보존	643
CHAPTER. 08	보일러 계통도 및 배관설비, 공구	645
CHAPTER. 09	보일러용량 및 정격출력	682
CHAPTER. 10	열전달, 열저항, 난방 및 난방부하	693
CHAPTER. 11	연료의 연소공기량 및 연소계산	705
CHAPTER. 12	보일러 열정산, 보온재 및 설치검사기준	708
CHAPTER. 13	흡수식 냉동기 및 냉온수기	713
CHAPTER. 14	압축기, 증발기, 응축기 및 냉각탑	721
CHAPTER. 15	밸브 및 기타 장치	737
CHAPTER. 16	온수온돌 시공설치	750

이 책의 차례 — CONTENTS

부록 02 과년도 기출문제

- **CHAPTER. 01** 2023년 2회(2023.7.22) ········· 765
- **CHAPTER. 02** 2023년 4회 예습문제 ········· 770
- **CHAPTER. 03** 2023년 4회(2023.11.5) ········· 774
- **CHAPTER. 04** 2024년 1회(2024.4.27) ········· 779
- **CHAPTER. 05** 2024년 2회 예습문제 ········· 783
- **CHAPTER. 06** 2024년 2회(2024.7.28) ········· 788
- **CHAPTER. 07** 2024년 3회(2024.11.2) ········· 793

01 보일러 취급 및 운전

ENERGY MANAGEMENT

CHAPTER 01 보일러 종류 및 특성
CHAPTER 02 보일러 열효율 및 부하계산
CHAPTER 03 연료 및 연료의 특성
CHAPTER 04 연소설비
CHAPTER 05 연소계산

CHAPTER 01 보일러 종류 및 특성

PART 01 | 보일러 취급 및 운전

SECTION 01 보일러의 일반적인 종류와 구조

1 보일러의 종류

(1) 원통형 보일러(Cylindrical Boiler)

① 보일러의 종류

㉮ 입형 보일러
  ㉠ 입형 횡관보일러
  ㉡ 입형 연관보일러
  ㉢ 코크란 보일러

㉯ 횡형 보일러
  ㉠ 노통식 : 코니시, 랭커셔
  ㉡ 연관식 : 기관차, 캐와니, 횡연관식
  ㉢ 노통연관식
    ⓐ 육용 : 노통연관식
    ⓑ 박용(선박용) : 스코치, 하우덴존슨, 부르동카프스

(2) 수관식 보일러

① 자연순환식 보일러
  ㉮ 완경사 보일러 : 밥콕 보일러
  ㉯ 경사수관 보일러 : 쓰네기찌 보일러, 다쿠마 보일러, 야로 보일러
  ㉰ 급경사 보일러 : 스터링 보일러, 가르베 보일러
  ㉱ 곡관식 보일러 : 2동 D형 보일러

② 강제순환식 보일러
  ㉮ 단동보일러 : 라몽트 보일러, 베록스 보일러
  ㉯ 무동 보일러
    ㉠ 관류 보일러 : ⓐ 벤슨 보일러 ⓑ 슐저 보일러 ⓒ 소형 관류보일러
                    ⓓ 앳모스 보일러 ⓔ 램진 보일러

(3) 주철제 보일러

    ① 증기보일러
    ② 온수보일러

(4) 특수 보일러

    ① 열매체 보일러 : 다우삼, 카네크롤, 모빌썸, 써큐리티, 수은
    ② 간접가열 보일러 : 뢰플러, 슈미트하트만
    ③ 특수연료 보일러 : 버개스, 바크
    ④ 폐열 보일러 : 하이네, 리 보일러
    ⑤ 기타 보일러 : 전기 보일러

2 원통형 보일러의 종류와 특징

기관 본체를 둥글게 제작하여 이를 입형이나 횡형으로 설치 사용하는 보일러로서 일명 원통형 보일러라고도 한다. 최고 사용압력은 일반적으로 $10kg/cm^2$ 이하가 많고 최대 증기 발생량은 10ton/h 미만인 경우가 많다.

(1) 원통형 보일러의 특징

    ① 장점
        ㉮ 비교적 구조가 간단하고 취급이 용이하다.
        ㉯ 제작이 쉽고 설비가격이 싸다.
        ㉰ 내부 청소 및 수리, 검사가 용이하다.
        ㉱ 보유수가 많아서 부하변동에 의한 압력변화가 적다.
        ㉲ 수부가 커서 부하변동에 응하기가 용이하다.
        ㉳ 가격이 저렴하다.

    ② 단점
        ㉮ 고압 보일러나 대용량에 부적당하다.
        ㉯ 보일러 가동 후 점화 시 증기발생의 소요시간이 수관식에 비해 길다.
        ㉰ 보유수가 많아서 파열 시 피해가 크다.
        ㉱ 보일러 효율이 낮다.

(2) 입형 보일러

    ① 입형 보일러의 장단점
        ㉮ 장점
            ㉠ 형체가 작고 소형이다.

ⓛ 설치장소가 작아도 시공이 편리하다.
ⓒ 구조가 간단하고 튼튼하다.
ⓔ 운반이 용이하다.
ⓜ 취급이 용이하다.
ⓗ 연소실이 화실이라서 내화벽돌 쌓음이 필요 없다.
ⓢ 제작이 쉽고 가격이 싸다.
ⓞ 보일러 중량이 가볍다.
④ 단점
  ⓛ 전열면적이 작고 소용량이다.
  ⓒ 보일러 효율이 매우 낮다.
  ⓔ 수면이 좁아서 습증기 발생이 심하다.
  ⓜ 소형이라서 내부 청소나 수리 및 검사가 불편하다.

② 입형 또는 노통 보일러 횡관의 설치목적(노내에 3~4개 설치)
 ㉮ 전열면적을 증가시킨다.
 ㉯ 화실의 벽을 보강시킨다.
 ㉰ 보일러수의 순환을 촉진시킨다.
※ 횡관(나팔관 모양의 갤로웨이관)

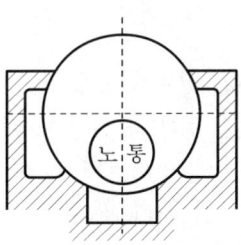

[갤로웨이관]

(3) 횡형 보일러
 ① 노통보일러(Flue Tube Boiler)
  ㉮ 노통보일러의 종류
    ⓛ 코니시 보일러(노통이 1개, Cornish Boiler)
    ⓒ 랭커셔 보일러(노통이 2개, Lancashire Boiler)
  ㉯ 노통보일러의 특징
    ⓛ 장점
      ⓐ 구조가 간단하고 제작이 쉽다.(수명이 길다.)
      ⓑ 청소나 검사, 수리가 용이하다.
      ⓒ 급수처리가 그다지 까다롭지 않다.
      ⓓ 부하변동 시 압력변화가 적다.
      ⓔ 수부가 커서 부하변동에 응하기 쉽다.
    ⓒ 단점
      ⓐ 가동 후 증기 발생시간이 길다.
      ⓑ 내분식이라서 연소실 크기에 제한을 받는다.
      ⓒ 양질의 연료로 연소시켜야 한다.
      ⓓ 보유수가 많아서 파열 시 피해가 크다.

[코니시 보일러]

ⓔ 전열면적이 적어서 효율이 낮다.
ⓕ 고압 대용량에는 부적당하다.
㉰ 노통의 종류
㉠ 평형 노통
ⓐ 장점
- 구조가 간단하고 제작이 용이하다.
- 청소가 쉽고 가격이 싸다.

ⓑ 단점
- 고압의 사용에는 부적당하다.
- 열에 의한 신축성이 나쁘다.
- 고온의 열에 의한 신축을 좋게 하기 위하여 아담스 조인트를 설치하여야만 한다.

㉡ 파형 노통
ⓐ 장점
- 외압에 대한 강도가 크다.
- 노통은 열에 의한 신축이 원활하다.
- 전열면적이 크다.

ⓑ 단점
- 스케일의 부착으로 내부청소가 곤란하다.
- 제작이 까다로워서 가격이 비싸다.
- 그을음에 의한 부식이 심하다.(청소곤란으로 인해)

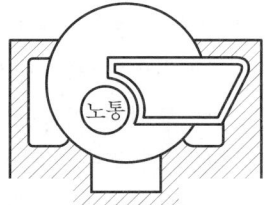

[코니시 편심 보일러]

② 연관식 보일러(Smoke Tube Boiler)

동체 내부에 노통 대신에 바둑판 배열의 많은 횡연관을 설치하여 전열면적을 증가시켜 노통 보일러보다 증기 발생시간의 단축 및 증기생성량의 증대를 위하고 보일러효율을 높인 보일러이다. 특히 연관의 양끝은 튜브 익스팬더(확관기)로 관의 끝을 넓혀서 경판에 고정시키고 스테이 튜브(보강관)를 경판에 나사로 붙인다. 연관의 크기는 60~100mm 정도가 많이 사용된다.

REFERENCE 연관식 보일러

(1) 장점
① 전열면적이 커서 증기발생이 빠르다.
② 증기발생량이 노통보일러보다 많다.
③ 보일러 효율이 다소 높다.
④ 동일 용량인 노통보일러에 비하여 설치면적이 적다.
⑤ 보유수량이 적어서 증발이 빠르다.
⑥ 외분식은 연료의 선택범위가 넓다.

(2) 단점
① 구조가 복잡하여 청소가 곤란하다.
② 연관의 부착부분에서 누설이 생기기 쉽다.
③ 양질의 급수가 요망된다.
④ 연관 내부의 청소가 필요하다.
⑤ 고압이나 대용량은 부족하다.
⑥ 외분식은 분출관이 연소실로 통과됨으로써 보호벽이 필요하다.
⑦ 분출관이 연소실 내로 이어져서 고온에 견디는 내화물에 의한 피복보호가 필요하다.

▼ 내분식 연소실과 외분식 연소실의 비교

항목	내분식(노통식)	외분식(연관식, 수관식 등)
노의 모양	본체 내에 장치되며 크기가 제한된다.	노의 모양이나 크기가 자유롭다.
연소상태	완전연소가 불가하며 연료의 선택이 어렵다.	완전연소가 가능하며 연료의 선택이 자유롭다.
노내의 온도	노의 주위가 보일러수로 연소실의 온도가 높지 않다.	노의 연소온도를 높일 수 있다.
연료의 선택	저질연료나 석탄연소는 부적당하다.	일반적으로 연료의 선택범위가 넓다.
열손실	노의 열손실은 별로 없다.	내화벽으로부터 열손실이 많다.
보일러 높이	보일러의 높이가 낮게 제작된다.	보일러 높이가 높고 설비비나 수리비가 많이 든다.

※ 연관 보일러의 증기돔(Steam Dome) 설치목적 : 노통보일러인 코니시 보일러나 연관식 보일러에서 증기취출 시 습증기를 방지하고 건조증기를 얻기 위하여 동 상부에 증기취출구를 설치한 것이 증기돔이다. 즉, 증기배출을 한 곳으로 취출한다.

③ 노통연관 보일러

노통보일러와 연관보일러의 장점만을 모은 원통형 보일러로서 전열면적이 크고 증기 발생시간이 단축되며 증기 발생속도가 빨라서 비수방지관이 설치된다. 노통은 파형이 쓰이고 보일러 동체의 $\frac{2}{3}$가 노통 $\frac{1}{3}$이 연관을 사용한다.

연관군은 열가스가 반복해서 흐르는 그 횟수에 따라서 1통로식, 2통로식, 3통로식, 4통로식이 있으나 3통로식이 가장 많이 사용된다.

㉮ 장점
  ㉠ 열효율이 일반적으로 85~90%로 매우 높다.(원통형 보일러 중 가장 높다.)
  ㉡ 패키지형으로 제작된다.
  ㉢ 수관식에 비하여 가격이 싸다.
  ㉣ 연소실이 내분식이라서 열손실이 적다.
  ㉤ 설치면적을 적게 차지한다.

㉯ 단점
　㉠ 구조상 고압이나 대용량은 불가능하다.
　㉡ 구조가 복잡하여 검사나 수리가 곤란하다.
　㉢ 급수처리가 필요하다.
　㉣ 증발속도가 빨라서 스케일의 부착이 쉽다.
　㉤ 비수방지를 위하여 비수방지관이 본체 내부에 필요하다.

③ 수관식 보일러의 종류

(1) 개요

수관식 보일러란 동체의 직경이 작은 드럼과 지름이 작은 수관으로 이어 만들고 수관에서 증발하도록 한 고압 대용량 보일러이다. 수관 보일러는 작은 수관이 가열되어 증기를 발생함으로써 관의 과열을 일으켜 소손을 입지 않도록 충분한 재료로 설계되어야 하며 물의 순환상태에 따라서 자연순환식, 강제순환식, 관류식이 있다.

① 수관 보일러의 장점
　㉮ 드럼의 직경이 작으므로 고압에 충분히 견딘다.
　㉯ 전열면적은 크나 보유수량이 적어서 증기 발생시간이 단축된다.
　㉰ 보일러 용적이 같은 증발량이면 원통형 보일러에 비하여 크기가 작아도 된다.
　㉱ 보일러수의 순환이 빠르고 효율이 높다.
　㉲ 전열면적이 크고 증발량이 극심하여 대용량에 적합하다.
　㉳ 보일러 본체에 무리한 응력이 생기지 않는다.
　㉴ 연소실의 크기가 자유롭고 수관의 설계가 용이하다.

② 수관 보일러의 단점
　㉮ 구조가 복잡하고 제작이 까다로워서 가격이 비싸다.
　㉯ 보유수가 적어서 부하변동 시 압력변화가 크다.
　㉰ 스케일의 생성이 빨라서 양질의 급수가 필요하다.
　㉱ 증발이 극심하여 습증기 발생이 심하다.
　㉲ 구조가 복잡하여 청소가 곤란하다.
　㉳ 기술적으로 까다로워서 취급에 문제가 따른다.

(2) 2동 D형 – 수관식 패키지 보일러

콤팩트한 패키지 보일러이며 상부 증기드럼과 하부의 물드럼에 수관군을 수직선에서 15° 경사지게 관을 휘어서 곡관으로 만들어 열에 의한 신축이 자유롭도록 만든다. 보일러 효율은 85~90% 정도이다. 또한 최고 사용압력은 10~16kg/cm² 정도로서, 시간당 증기의 증발량은 4~30톤 정도인 산업용 또는 아파트 등의 대형건물의 난방용 보일러이다.

① 장점
    ㉮ 연소실의 용적을 자유롭게 설계할 수 있다.
    ㉯ 곡관이라 고온의 열에 의한 신축이 용이하다.
    ㉰ 증발속도가 빠르며 관수의 순환이 일정하다.(보유수량이 적다.)
    ㉱ 열효율이 매우 좋아 대용량에 적합하다.
    ㉲ 발생열량의 60~70% 정도로서 복사 전열면의 흡수 열량이 많다.
    ㉳ 수랭노벽을 이루고 있어 방열손실이 적고 노재손상이 적다.
    ㉴ 가압연소를 하며 자동통풍에 비해 2배 정도 열발생이 크다.

② 단점
    ㉮ 급수처리가 요망된다.
    ㉯ 구조가 복잡하여 청소나 검사 수리가 곤란하다.
    ㉰ 부하변동에 대한 압력과 수위변동이 심하다.

※ 수관의 연결 시는 확관을 사용하며 가스의 흐름은 2~3패스의 연소가스 흐름 형태이다. 지름은 60~65mm 직경으로 대용량 보일러이다.(수관식으로는 최근에 가장 많이 이용되고 있는 보일러이다.)

4 방사보일러(복사형 보일러)

(1) 수랭노벽 보일러(방사튜브 보일러 : Radiation Type Boiler)

주로 발전소용 보일러이며 용량이 시간당 50~350톤의 증기발생량이 생성되며 증기압력은 약 105kg/cm²의 대용량 보일러이다. 노벽의 전면이 수랭노벽으로 형성되며 주로 복사전열면으로 구성된다. 수랭로 수관을 연소실 후위에 울타리 모양으로 배치하여 전열면적으로 구성된다. 수랭로 수관을 연소실 후위에 울타리 모양으로 배치하며 전열면적으로 증가시키고 이 관으로 냉각수가 복사 전열을 흡수하여 열손실을 적게 하는 특이한 보일러이다. 또한 관과 관 사이의 부착을 휩 브레인으로 제작하여 강도상의 지지대 역할을 한다.

① 특징
    ㉮ 수랭로 벽관이 방사에 의하여 전 복사열의 65%가 흡수된다.
    ㉯ 화로의 출구 배기가스 온도가 1,000℃ 정도나 된다.
    ㉰ 공기예열기는 재생식인 회전식 융스트룀이 쓰인다.
    ㉱ 노벽의 전체면적이 수랭노벽으로 되어서 접촉 전열면이 전무하다.
    ㉲ 사용연료는 중유나 미분탄, 폐열 등이 좋다.
    ㉳ 대형 보일러로 40m 이상 높이의 큰 것도 있다.
    ㉴ 증기원동소의 발전용으로서 500~550℃의 고온의 과열 증기가 발생된다.

② 수랭노벽의 설치 시 이점
  ㉮ 노벽의 지주 역할을 한다.
  ㉯ 노벽을 보호한다.
  ㉰ 전열효율을 증가시킨다.
  ㉱ 노내 기밀을 유지시킨다.
  ㉲ 보일러 무게가 경감된다.
  ㉳ 미분탄 연소가 용이하다.
  ㉴ 자연순환을 돕기 위하여 강수관에 펌프를 설치할 수 있다.
  ㉵ 전열면적이 크고 고압 대용량 보일러로 사용 가능하다.

③ 벽의 종류
  ㉮ 공랭노벽 : 벽돌을 2중 구조로 하여 벽과 벽 사이를 공간층으로 한 벽이다.
  ㉯ 벽돌벽 : 벽을 내화물이나 단열재 등으로 만든 벽이다.
  ㉰ 수랭노벽 : 수관식 보일러에서 연소실 주위에 울타리 모양으로 배치하여 연소실 벽을 형성하고 있는 관이며 수관과 같은 역할이다.

④ 수랭노벽의 배열
  ㉮ 탄젠셜 배열 : 대용량에 사용
  ㉯ 스페이스드 배열 : 소용량 보일러에 사용
  ㉰ 스킨 케이싱 배열 : 가압연소의 보일러에서 사용

5 관류 보일러

관류 보일러는 하나의 긴 관 등을 휘어서 만든 수관 보일러이다. 보일러의 압력이 고압이 되면 동드럼은 고압에 견딜 수 없다. 따라서 편리한 수관만으로 구성된 보일러를 제작하며 관에 급수를 행하여 가열, 증발, 과열 등의 순서로 증기를 생산하는 강제순환식 보일러의 일종이다.

(1) 종류
  ① 벤슨 보일러   ② 슐저 보일러
  ③ 램진 보일러   ④ 소형 가와사키 보일러
  ⑤ 앳모스 보일러

(2) 특징
  ① 장점
    ㉮ 증기드럼이 필요 없다.(단관식 보일러의 경우)
    ㉯ 고압 보일러로서 적당하다.
    ㉰ 콤팩트하게 관을 자유로이 배치할 수 있다.

㉣ 증발속도가 매우 빠르다.
㉤ 임계압력 이상의 고압에 적당하다.
㉥ 증기의 가동발생 시간이 매우 짧다.
㉦ 보일러효율이 95% 정도로 매우 높다.
㉧ 연소실의 구조를 임의대로 할 수 있어 연소효율을 높일 수 있다.

② 단점
㉮ 철저한 급수처리가 요망된다.
㉯ 스케일로 인한 관의 폐색이 쉽다.
㉰ 부하변동에 적응이 빠르므로 자동제어가 필요하다.
㉱ 농축된 염 등을 분리하기 위하여 염분리기(기수분리기)가 필요하다.

③ 특징
㉮ 수면계가 필요 없다.
㉯ 드럼이 없다.(단관식의 경우는 순환비가 1이다.)
㉰ 급수와 압력이 매우 높다.
㉱ 1개의 수관의 증발량은 15~20ton/h이다.
㉲ 순환비가 10~15 정도이다.

6 주철제 보일러

(1) 주철제 보일러의 적용범위

법규상 주철제 보일러는 소용량 보일러 및 수두압 50m(최고 사용압력 증기는 $3.5kg/cm^2$) 이하로서 전열면적이 $14m^2$ 이하인 온수보일러는 제외한다.

(2) 주철제 보일러의 특징

① 장점
㉮ 조립 및 분해나 운반이 편리하다.
㉯ 형체가 작아서 설치장소가 좁아도 된다.
㉰ 섹션(쪽수)수의 증감에 따라 용량조절이 편리하다.
㉱ 내열성 및 내식성이 좋다.
㉲ 전열면적에 비하여 설치면적이 적다.
㉳ 파열 시 재해가 적다.

② 단점
㉮ 저압 소용량 보일러이다.
㉯ 내부청소와 검사가 곤란하다.
㉰ 열에 의한 부동팽창으로 균열이 발생되기 쉽다.
㉱ 압축강도는 크나 인장에는 약하다.

7 특수보일러

(1) 산업폐기물 보일러

① 버개스 보일러(Bagasse Boiler) : 사탕수수 찌꺼기를 건조하여 연료로 사용한다.

② 바크 보일러(Bark Boiler)
원목의 피지나 나뭇가지 등을 연료로 사용한다.
※ 기타 소다 회수 펄프폐액(흑액) 등을 사용하는 산업폐기물도 있다. 버개스 보일러나 바크 보일러는 고체연료이기 때문에 산포식 스토커나 계단식 스토커 등의 기계식이나 덤핑 그레이트(요동수평화격자) 등의 수분식 연소장치가 사용된다.

③ 폐열 보일러
용광로나 제강로 유리 용융로 등에서 연소가스로 배기되는 폐열을 이용하여 사용하는 보일러로서 연소장치는 없으나 연소실은 구비하여 폐가스를 받아들여 온수보일러나 소형 증기난방에 사용된다.
㉮ 특징
  ㉠ 연소장치가 필요 없다.
  ㉡ 연료가 사용되지 않는다.
  ㉢ 경제적이다.
  ㉣ 산업폐기물을 이용함으로써 생산성에서 원가절감된다.
  ㉤ 폐가스의 부식촉진에 의해 보일러 수명이 단축된다.
  ㉥ 대용량 보일러에는 사용이 적절하지 못하다.
㉯ 종류
  ㉠ 하이네 보일러(경사 보일러) : 이 보일러의 수관은 관모음 헤더를 일체식으로 만들고 직관이며 드럼이 15° 정도로 1~2개 정도가 경사진 폐열 보일러의 일종이다. 연소장치가 필요 없어 용광로, 제강로, 유리용융로 등의 산업폐열을 이용하여 그 폐가스를 연소실로 연결시켜서 연료는 필요 없이 연소실만 필요한 보일러나 폐가스에 의해 연소실의 부식이 극심해지는 결점이 있다.
  ㉡ 리 보일러 : 하이네 보일러와 마찬가지로 폐열을 이용하는 보일러이다.

(2) 열매체 보일러

물을 사용하여 높은 온도의 증기를 증발시키려면 고압력을 내야 하며 고압의 증기를 사용하면 보일러에 무리가 오게 된다. 즉 포화증기의 온도를 300℃ 정도로 내리면 압력을 90kg/cm²까지 올려야 한다. 그러나 열매체 보일러는 300℃까지 증기온도를 내리면 다우삼의 열매체를 이용하여 2~3kg/cm²의 압력만 올리면 된다. 이렇게 열매체를 사용하면 증기압을 올리지 않고서도 높은 고온의 증기를 낼 수 있고 보일러에는 고압에 의한 장해를 주지 않는다. 그러나 인화점이

68~109℃ 정도로 매우 낮기 때문에 특별한 주의가 필요하다.(인화점이 낮은 제품은 화재에 위험이 따른다.) 또한 강한 자극성 냄새가 나기 때문에 위험이 뒤따르고 건강상 해롭다는 것이 결점이다. 따라서 안전밸브 등은 꼭 밀폐시켜 사용해야 한다.

① 특징
　㉮ 보일러의 부식이 없다.
　㉯ 동결의 위험이 없다.
　㉰ 보일러에 무리가 가지 않는다.
　㉱ 약품을 사용할 때에는 강한 자극성 냄새가 있다.
　㉲ 안전밸브가 밀폐되어야 한다.

▼ 열매체 보일러와 수증기 보일러의 비교

구분	열매체 보일러	수증기 보일러
용도	다목적	제한
배관경	액상의 경우 배관경이 작음	기상이므로 배관경이 큼
열교환크기	열원이 고온이므로 열교환기가 작음	열원이 저온이므로 열교환기가 큼
설계제작	압력이 낮으므로 간단한 기술로 해결	압력이 높으므로 강도상 제한을 받음
계장화	간단	복잡
응축손실	없음	있음

② 열매체의 종류
　㉮ 다우삼 A, E　　　㉯ 수은
　㉰ 카네크롤　　　　㉱ 모빌썸
　㉲ 써큐리티　　　　㉳ 서모에스 300, 600
　㉴ 에스섬　　　　　㉵ 바렐섬
　㉶ KSK-Oil

CHAPTER 02 보일러 열효율 및 부하계산

SECTION 01 보일러 용어와 성능계산

1 보일러의 용어해설

(1) 최고 사용압력

보일러 구조상 사용이 가능한 최고의 게이지 압력

(2) 안전저수위

보일러 운전 중 유지해야 할 최저 수위로서 그 이하로 수위가 내려가면 과열, 소손, 파열 등의 사고가 발생하고 수면계 설치 시 유리관 최하단부는 보일러의 안전저수위와 일치시켜 부착한다.

▼ 원통형 보일러의 안전저수위

보일러의 종별	수면계의 부착위치(안전저수위)
직립형 보일러	연소실 천장판 최고부위(플런지부를 제외) 75mm 지점
직립형 연관 보일러	연소실 천장판 최고부위, 연관길이의 $\frac{1}{3}$ 지점
수평연관 보일러	연관의 최고부위 75mm 지점
노통연관 보일러	연관의 최고 부위 75mm(단, 연관 최고부보다 노통 윗면이 높은 것은 노통 최고부위(플런지부를 제외) 100mm 지점
노통보일러	노통 최고부위(플런지를 제외) 100mm 지점

(3) 기준수위(상용수위)

보일러 운전 중 가장 양호한 상태의 수면의 높이로서 수면계의 중심부($\frac{1}{2}$) 높이가 된다.

(4) 전열면적

전열면적이란, 한쪽에는 물이 닿고 다른 한쪽에는 열가스가 닿는 면으로서 열가스가 닿는 측면에서 측정한 면적이 전열면적이며 복사 전열면적과 대류 전열면적이 있다. 전열면적 측정 시 수관은 외경을 기준으로 하고 연관은 내경을 기준으로 한다.

보일러의 전열면적 계산식은 다음과 같다.

① 랭커셔 보일러 $HA(\text{m}^2) = 4Dl$
② 코니시 보일러 $HA(\text{m}^2) = \pi Dl$
③ 입형관 보일러 $HA(\text{m}^2) = \pi D_1(H + d \cdot n)$
④ 횡연관 보일러 $HA(\text{m}^2) = \pi l\left(\dfrac{D}{2} + d \cdot n\right) + D^2$
⑤ 전기 보일러 $HA = 0.05 \times$ 최대 전력 설비용량(kWh)
⑥ 수관 보일러 $HA(\text{m}^2) = \pi \cdot d \cdot l \cdot n$

⑦ 스페이스드 튜브형
$HA = \pi D l_1 n$

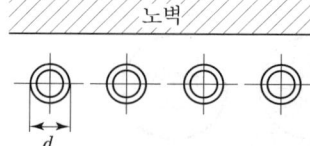

⑭ 매입 스페이스드 튜브형
$HA(\text{m}^2) = \dfrac{\pi d}{2} l_1 n$

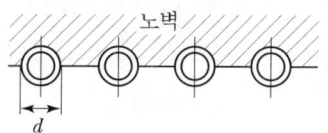

⑮ 탄젤설형
$HA = \dfrac{\pi d}{2} l_1 n$

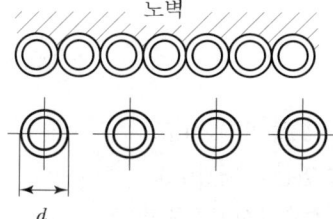

㉔ 매입사각 튜브형
$HA = b l_1$

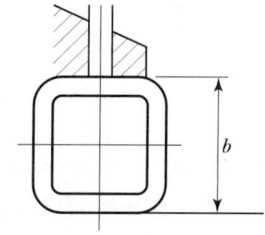

㉘ 휜 패널형
$HA = (\pi d + W_\alpha) l_1 n, \ W : (b - d)$

d : 열전달에 따른 계수

열전달의 종류	계수
양면에서 방사열을 받는 경우	1.0
한쪽 면에 방사열, 다른 면에는 접촉열을 받는 경우	0.7
양면에 접촉열을 받는 경우	0.4

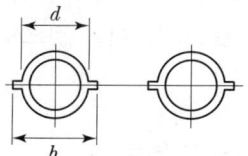

㉚ 매입 휜 패널형
$HA = \left(\dfrac{\pi d}{2} + W_\alpha\right) l_1 n$

α : 열전달에 따른 계수

열전달의 종류	계수
방사열을 받는 경우	0.5
접촉열을 받는 경우	0.2

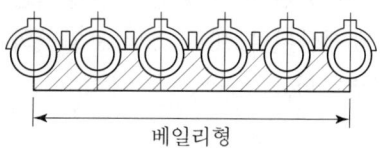

㉕ 스파이럴형

$$HA = \left\{\pi d l_1 + \frac{\pi}{4}(d_1^{\ 2} - d^2)n_1\beta\right\}n$$

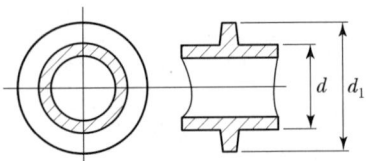

㉖ 내화물 피복형

$$HA = d l_1 n$$

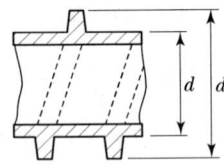
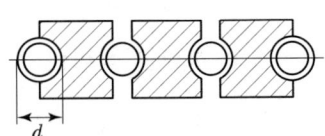

㉗ 베일리형

$$HA = b l_1$$

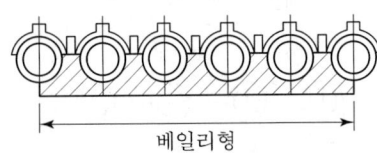

㉘ 스터트 튜브로서 내화물로 피복된 것

$$HA = \pi d l_1 n$$

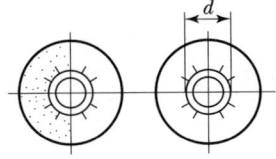

㉙ 스터트 튜브로서 연소가스 등에 접촉되는 것

$$HA = (\pi d l + 0.15 \pi d_m l_2 n_2)n$$

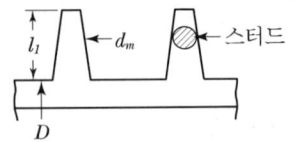

여기서, H : 연소실의 높이(m) D_1 : 노통의 내경(m)
l_1 : 수관 또는 헤더의 길이(m) d_1 : 연관의 내경(m)
n_1 : 팬의 개수 β : 정수로서 0.2로 한다.
l_2 : 스터드의 길이(mm) HA : 전열면적(m²)
D : 동의 외경(m) l : 동의 길이(m)
d : 수관의 외경(m) n : 수관의 개수
d_2 : 팬의 바깥지름(m) d_m : 스터드의 평균지름(m)
n_2 : 스터드의 수

2 보일러의 성능계산

(1) 보일러의 증기발생량

보일러에서 한 시간 동안에 발생되는 증발량으로서 한 시간에 보일러로 공급되는 급수량과 동일하게 계산된다. 또한 스팀 보일러의 증발량 단위는 kg/h 또는 ton/h 등 어느 것으로 표시하여도 무방하다.

$$\text{온도에 따른 급수의 보정식(kg)} : \frac{\text{급수측정량}(l)}{\text{급수비체적}(l/\text{kg})} = \text{급수량(kg)}$$

(2) 보일러 정격용량

정격용량이란 보일러가 소정의 양호한 조건하에서 발생할 수 있는 최대 연속증발량 또는 최대 설계증발량을 의미한다.

(3) 보일러의 용량표시

보일러의 용량표시방법은 ① 상당증발량(환산증발량), ② 보일러의 마력, ③ 정격출력, ④ 전열면적, ⑤ 상당방열면적(EDR) 등 5가지로 그 크기가 표시된다.

① 상당증발량(환산증발량)

보일러의 실제 증발열량을 기준 증발열량인 2,256kJ/kg(539kcal/kg)으로 환산한 증발량이다.(일명 정격용량이다.)

$$상당증발량(G_e) = \frac{G_a(i'' - i')}{2,256} \text{(kg/h)}$$

여기서, G_a : 매시 발생증기량(kg/h)
i'' : 발생증기의 엔탈피(kJ/kg)
i' : 급수의 엔탈피(kJ/kg)

② 보일러의 마력(HP)

급수의 온도가 37.8℃(100°F)이고 압력이 4.9atg인 증기를 13.6kg 발생하는 능력을 보일러의 1마력이라 한다. 즉, 1마력이란 한 시간에 15.65kg의 상당증발량을 나타낼 수 있는 증력이다.

$$보일러의\ 마력 = \frac{G_e}{15.65}$$

㉮ 1보일러마력 = 상당증발량발생능력(15.65kg/h)
㉯ 1보일러마력의 출력 = 15.65마력 × 539kcal/kg = 8,435kcal/h(8,435 × 4.186 = 35,308.9kJ/h)
㉰ 전열면적에 의한 1보일러마력
  ㉠ 노통연관·수관 보일러 : 전열면적은 $0.929m^2$
  ㉡ 노통보일러 : 전열면적은 $0.465m^2$

③ 정격출력

매시간 보일러에서 증기나 온수가 발생할 때의 보유열량을 말한다.

$$정격출력(kcal/h) = 정격용량(kg/h) \times 539(kcal/kg)$$

④ 전열면적(m^2)

보일러의 복사 전열면적 또는 대류 전열면적 등 전체의 전열면적을 총칭하여 그 크기가 결정된다.

⑤ 상당방열면적(EDR)

건축물 난방 시에 매시간 방열량을 방열기의 방열면적으로 환산한 값이다. 상당방열량은 표준상태에서 증기난방 시에는 650kcal/m²h, 온수난방 시에는 450kcal/m²h가 된다.(소요방열면적을 계산할 때는 실제 방열기에서 나오는 방열량으로 방열면적을 구하게 된다.)

㉮ 온수난방의 EDR 계산 : $\dfrac{\text{시간당 난방부하}}{450}$

㉯ 증기난방의 EDR 계산 : $\dfrac{\text{시간당 난방부하}}{650}$

(4) 전열면의 증발률과 전열면의 환산증발률

① 전열면 증발률(kg/m²h) = $\dfrac{\text{매시 실제증발량(kg/h)}}{\text{보일러 전열면적(m²)}}$

② 전열면 환산증발량(kg/m²h) = $\dfrac{\text{매시 환산증발량(kg/h)}}{\text{보일러 전열면적(m²)}}$

(5) 전열면의 열부하

전열면 열부하율(kcal/m²h) = $\dfrac{\text{매시 실제증발량(kg/h)} \times (\text{발생증기엔탈피} - \text{급수엔탈피})(\text{kcal/kg})}{\text{전열면적(m²)}}$

(6) 상당증발배수와 증발계수

상당증발배수란 연료 1kg의 연소에 대한 상당증발량과의 비이다.

① 증발배수(kg/kg 연료) = $\dfrac{\text{매시 실제증발량(kg/h)}}{\text{매시 연료소모량(kg/h)}}$

② 환산(상당)증발배수(kg/kg 연료) = $\dfrac{\text{매시 환산증발량(kg/h)}}{\text{매시 연료소모량(kg/h)}}$

③ 증발력(증발계수) = $\dfrac{\text{발생증기엔탈피(kcal/kg)} - \text{급수엔탈피(kcal/kg)}}{539(\text{kcal/kg})}$

(7) 보일러의 부하율

최대 연속증발량에 대한 실제증발량과의 비율이다.

부하율 = $\dfrac{\text{실제증발량(kg/h)}}{\text{최대연속증발량(kg/h)}} \times 100(\%)$

(8) 고체연료 화격자 연소율

① 화격자의 단위면적에서 한 시간에 연료가 연소하는 양이다.

② 화격자 연소율(kg/m²h) = $\dfrac{\text{연료소모량(kg/h)}}{\text{화격자 면적(m²)}}$

(9) 보일러의 효율(증기 보일러 효율)

입열(공급열)에 대한 실제 증기발생 열량과의 비에 대한 비율을 보일러 효율이라 한다.

① 효율 = $\dfrac{\text{시간당 증기발생량(발생증기엔탈피} - \text{급수엔탈피)}}{\text{시간당 연료소비량} \times \text{연료의 저위발열량}} \times 100(\%)$

② 효율 = $\dfrac{\text{정격용량} \times 539}{\text{시간당 연료소비량} \times \text{연료의 저위발열량}} \times 100(\%)$

③ 효율 = $\dfrac{\text{유효열}}{\text{공급열}} \times 100(\%)$ = 연소효율 × 전열면의 효율(%)

(10) 온수보일러의 효율

효율 = $\dfrac{\text{온수발생량} \times \text{온수의 비열} \times (\text{온수의 출탕온도} - \text{급수의 온도})}{\text{연료소비량} \times \text{연료의 저위발열량}} \times 100(\%)$

※ 열정산 시에는 발열량의 기준은 고위발열량이다.

(11) 연소실의 열부하

연소실의 단위용적($1m^3$)에서 한 시간에 발생되는 연소열을 연소실의 열부하율이라 한다.

열부하율($kcal/m^3h$) = $\dfrac{\text{매시 연료소모량(kg/h)} \times (\text{저위발열량} + \text{공기현열} + \text{연료현열})(kcal/kg)}{\text{연소실 용적}(m^3)}$

(12) 폐열회수장치의 열부하

① 과열기의 열부하 : $H_h(kcal/m^2h)$

$$H_h = \dfrac{\text{과열기에 흡수되는 열량}}{\text{과열기의 전열면적}} = \dfrac{G_{a1}(i_a - i'')}{A}$$

여기서, G_{a1} : 과열증기량(kg/h)
$\quad\quad\; i_a$: 과열증기 엔탈피(kcal/kg)(kJ/kg)
$\quad\quad\; i''$: 포화증기 엔탈피(kcal/kg)(kJ/kg)

② 절탄기의 열부하 : $E_h(kcal/m^2h)$

$$E_h = \dfrac{G_a(i_e - i_c)}{A}$$

여기서, i_e : 절탄기 출구 급수엔탈피(kcal/kg)(kJ/kg)
$\quad\quad\; G_a$: 절탄기 급수 사용량
$\quad\quad\; i_c$: 절탄기 입구 급수엔탈피(kcal/kg)(kJ/kg)

③ 공기예열기의 열부하 : $K_h\,(\mathrm{kcal/m^2h})$

$$K_h = \frac{A_0 \times m \times G_f \times C \times (t_2 - t_1)}{A}$$

여기서, A_0 : 이론공기량(Nm³/kg) m : 공기비
G_f : 연료소모량(kg/h) C : 공기비열(kcal/Nm³℃)(W/m℃)
A : 전열면적 t_2 : 공기예열기 출구 공기온도
t_1 : 공기예열기 입구 공기온도

(13) 열효율

① 열설비 장치 내로 공급된 열량과 그 열을 유용하게 이용한 열량과의 비율이다.

$$H_h = \frac{유효율}{공급열} \times 100\,(\%)$$

② 열효율 향상대책은 다음과 같다.
   ㉮ 열손실을 최대한 억제한다.
   ㉯ 장치의 설계조건을 완벽하게 한다.
   ㉰ 운전조건을 양호하게 한다.
   ㉱ 연소장치에 맞는 연료를 사용한다.
   ㉲ 피열물을 예열한 후 연소시킨다.
   ㉳ 연소실 내의 온도를 높인다.
   ㉴ 단속적인 조업보다는 되도록 연속조업을 해야 열손실을 줄일 수 있다.

(14) 연소효율

단위연료가 완전 연소하였을 때의 열량과 실제로 연소하였을 때의 열량과의 비이다.

$$연소효율 = \frac{실제연소열}{공급열} \times 100\,(\%)$$

(15) 전열효율

연료의 실제연소열에 대한 증기의 보유열량과의 비율을 전열효율이라 한다.

$$전열효율 = \frac{유효열}{실제연소열} \times 100\,(\%)$$

CHAPTER 03 연료 및 연료의 특성

PART 01 | 보일러 취급 및 운전

SECTION 01 연료(Fuel)의 정의와 분류

1 연료의 정의

연료란 공기 중의 산소와 반응하여 연소할 때 발생하는 연소열을 경제적으로 이용할 수 있는 물질을 말한다.

(1) 연료의 구비조건

① 가격이 싸고 양이 풍부할 것
② 단위연료당 발열량이 클 것
③ 저장이나 운반, 취급이 용이할 것
④ 연소 시 유독성이 적고 매연 발생이 적을 것
⑤ 연소 시 회분 등 배출물이 적을 것
⑥ 점화나 소화가 용이할 것

(2) 연료의 조성

① 주성분 : 탄소, 수소, 산소(C, H, O)
② 가연성 성분 : 탄소, 수소, 황(C, H, S)

(3) 연료의 성상과 사용용도

① 연료의 생긴 모양과 그 성질에 따라 기체연료, 액체연료, 고체연료로 구분한다.
② 연료의 가공법에 따라 천연연료와 인공연료로 구분한다.

2 연료의 형상에 따른 분류

(1) 기체연료(Gaseous Fuel)

① 천연연료(1차 연료) : 유전가스, 탄전가스
② 인공연료(2차 연료) : 석탄가스, 고로가스, 발생로가스, 오일가스, 액화석유가스, 액화천연가스 등

(2) 액체연료

    ① 천연연료(1차 연료) : 원유
    ② 인공연료(2차 연료) : 휘발유, 등유, 경유, 중유 등

(3) 고체연료

    ① 천연연료(1차 연료) : 장작, 석탄 등
    ② 인공연료(2차 연료) : 구멍탄, 코크스, 숯 등

3 도시가스 및 대체 천연가스

(1) 도시가스

    ① 고체연료 : 석탄, 코크스
    ② 액체연료 : 나프타, LNG, LPG 등
    ③ 기체원료 : 천연가스(NG), 오프가스(정유가스) 등

(2) 대체 천연가스(SNG)

    ① 대체 천연가스(Substitute Natural Gas)는 천연가스를 대체할 수 있는 제조가스를 말한다. SNG의 연료는 석탄, 석유, 나프타, LPG 등이며 가스화 제조로서 H_2, O_2, H_2O 등을 사용한다.
    ② SNG는 천연가스의 주성분인 메탄(CH_4)을 합성한다. 일명 합성 천연가스이다.
    ③ SNG는 주성분이 메탄이며, 발열량이 9,000kcal/m^3 이상이다.
    ④ SNG는 C/H(탄화수소비)가 3 정도이며 C/H를 3 정도로 만들려면 수소를 첨가하고 CO_2, 탄소, 타르 등의 탄소성분을 제거한다.

SECTION 02 고체연료(Natural Solid Fuel)

1 고체연료의 종류

(1) 목재

    ① 양이 풍부하다.
    ② 발열량 : 4,100~4,900kcal/kg 정도
    ③ 착화온도 : 240~270℃
    ④ 연료의 비열 : 0.33kcal/kg℃ 전후

(2) 목탄(숯)

    ① 목탄의 종류
        ㉮ 백탄(표면이 회색)　　　　　㉯ 흑탄(표면이 흑색)

    ② 제조원리
        ㉮ 백탄 : 참나무 등을 300℃로 탄화한 후 다시 1,000~1,100℃로 정련한 후 탄분, 흙, 재 등의 혼합물로 급격히 소화시켜 만든다.
        ㉯ 목탄 : 느릅나무 등 연한 나무를 500℃에서 탄화하고 800℃로 정련하여 가마에서 자연 소화시켜 만든다.

(3) 석탄(Coal)

    ① 석탄의 종류
        ㉮ 무연탄　　　　　　　　　　㉯ 유연탄
        ㉰ 갈탄　　　　　　　　　　　㉱ 토탄

    ② 석탄의 분류방법 : 석탄의 분류는 발열량, 연료비, 입도, 점결성으로 한다.

2 고체연료의 특징

(1) 장점

    ① 가격이 싸며 연료의 양이 풍부하다.
    ② 연소장치가 간단하고 기계식 화격자의 경우 인건비가 싸다.
    ③ 노천야적이 가능하다(지상 저장).
    ④ 연소속도가 완만하여 특수용도에 사용된다(코크스 등).
    ⑤ 인화의 위험성이 적고 연소장치가 간단하다.

SECTION 03 액체연료(Liquid Fuel)

1 액체연료의 종류

(1) 석유계

    원유, 휘발유, 등유, 경유, 중유 등

(2) 석탄계

    타르, 클레오소트유, 피치, 톨루엔, 벤졸 등

2 액체연료의 특징

(1) 장점

① 연료마다 품질이 균일하고 발열량이 높다.
② 연소효율이 높고 완전연소가 용이하다.
③ 저장이나 운반취급이 간편하다.
④ 연소실 연소율이 높아 노내가 고온으로 유지된다.
⑤ 점화 및 소화가 용이하여 연소조절이 수월하다.
⑥ 저장 중 변질이 적다.
⑦ 계량이나 기록이 용이하다.
⑧ 연소 후 회분이나 분진이 적다.

(2) 단점

① 연소온도가 높아서 국부과열이 일어나기 쉽다.
② 버너 종류에 따라 소음이 발생된다.
③ 화재나 역화의 위험이 크다.
④ 중질유에는 황분이 많아 대기오염의 원인이 된다.
⑤ 국내생산이 되지 않고 수입에 의존한다.

▼ 액체연료

액체연료		주성분	비점범위(℃)	고발열량(kcal/kg)	주요 용도
천연연료	원유	C, H(S)	30~350	11,000~11,500	발전용 보일러, 화학용 가스
가공연료	가솔린	C, H	30~200	11,000~11,300	가솔린 엔진
	등유	C, H	150~280	10,800~11,200	석유발동기, 제트엔진, 난방용
	경유	C, H	200~350	10,500~11,000	디젤엔진, 가열로
	중유	C, H(O, S, N)	240~	10,000~10,800	디젤용, 보일러, 공업용

3 액체연료의 종류별 특성

(1) 원유(Crude Oil)

담황색, 황갈색 등의 흑갈색인 불투명한 탄화수소의 혼합물로서 지하에서 생산된다.

① 원유의 종류
㉮ 파라핀기 ㉯ 나프탄기 ㉰ 혼합기 ㉱ 특수유(특수원기)

▼ 액체연료의 성분(중량%)

종류	탄소	수소	황	산소	질소	회분	수분
원유	84~87	11~13	~2.5	~3	~0.5	–	~0.2
중유	85~87	10~12	1~3.5	1~2	0.3~1	~0.1	~0.5
경유	85~86	12~14	~1	~2	~0.5	–	–
등유	85~86	14	–	~1	–	–	–

▼ 원유의 종류와 성질

명칭	성질	대표적인 원인
파라핀기 원유	파라핀계 탄화수소를 대량으로 함유하고 있으며, 고형 파라핀이나 양질윤활유의 제조에 가장 알맞다.	펜실베니아, 수마트라, 중동 원유
나프텐기 원유	나프텐계 원유를 대량 함유한 것으로서, 증류에 의하여 다량의 아스팔트 또는 피치를 남기므로 아스팔트기라고도 한다.	캘리포니아, 텍사스, 멕시코, 베네수엘라 원유
혼합기 원유	위 2종류의 혼합 성분을 갖는 것으로 중간기라고도 부르며, 윤활유나 연료 중유의 제조에 적합하다.	미드콘티넨트 원유
특수 원유	파라핀계, 나프텐계 이외의 탄화수소, 즉 방향족, 기타 탄화수소를 다량 함유한 것으로서 종류는 적다.	대만, 보르네오 원유

▼ 연료유의 첨가제 종류 및 효능

종류	효능	약제
안티녹제 (옥탄가향상제)	불꽃점화식 내연기관 실린더 내에서 가솔린 증기와 공기의 혼합물이 이상하게 빨리 연소되는 것을 완화하여 피스톤에의 충격(노킹)을 방지한다.	4에틸납, 4에틸납 및 그 혼합물(맹독물)
산화방지제	탄화수소에 불포화 탄화수소가 많이 함유되면 산화되어 검질로 변하여 제품의 착색, 냄새의 원인이 되는 산화방지제를 연료유 제조 직후에 첨가하면 효과적이다.	페놀류 방향족 아민화합물 등
청정제	내연기관의 블로 바이 가스에 의한 기화기의 더러움, 밸브의 막힘을 방지하고 연소실 흡입계통을 깨끗하게 유지한다. 불완전 연소 생성물을 흡착, 분산, 가용화, 중화한다.	아민류, 아미드류, 인화합물 등
방청제	연료유 속에 함유되어 있는 미량 수분의 연료와 맞닿는 금속면을 녹슬게 하는 것을 방지한다.	지방산-아민화합물, 술폰산염, 인화합물
빙결방지제	내연기관 기화기나 필터의 동결을 막는다.	계면활성제, 에틸렌글리콜, 글리세린, 이소프로필알코올 등
세탄가향상제	디젤 엔진에서 분사 초기의 열분해 생성물의 산화를 빠르게 하여 착화의 늦어짐을 적게 한다.	질산아밀 등

종류	효능	약제
대전방지제	연료유의 급유·수송·교반 시에 정전기가 축적되지 않게 전기도성을 부여한다.	염기성 지방산염의 혼합물, 요오드화합물 등
유동점강하제	연료유에 함유되어 있는 파라핀 왁스나 아스팔텐과 공정 또는 흡착하여 입자가 거대화하는 것을 막음으로써 저온 유동성을 유지한다.	염소화파라핀-나프탈렌축합물, 포화지방산의 알루미늄염, 폴리메타아크릴레이트 등
매연방지제	디젤기관, 제트엔진 등의 연료의 불완전 연소로 생기는 매연을 적게 하기 위해 산화촉진제를 가한다.	망간, 바륨 등의 유기화합물
조연제	버너 중유의 불완전 연소로 생기는 카본질을 적게 하기 위한 산화촉진제로서 유용성의 금속화합물과 계면활성제를 가한다.	크롬, 코발트, 구리 등의 나프텐산염, 술폰산염, 고급 알코올의 질산에스테르 등
슬러지분산제 유화방지제	중유 속의 슬러지 생인물질을 잘고 균일하게 분산시켜 유동성과 분무성을 좋게 하여 완전연소를 꾀한다.	여러 가지 계면활성제
회분개질제	중유의 연소에서 회분 속에 바나듐, 나트륨이 많이 함유되어 있으면 재의 융점이 내려가 금속면에 융착하여 부식시킨다. 이 방지법으로서 재의 융점을 높이는 물질을 가해둔다.	마그네슘화합물 알루미나 등

SECTION 04 원유

1 색과 냄새

원유는 흑갈색이 많고 담황색 또는 황갈색을 띠며 대개 불투명하고 특유한 냄새를 가지며 불포화화합물·산화물 등은 불쾌한 냄새를 풍긴다.

2 조성

(1) 파라핀계 탄화수소(C_nH_{2n+2})

① 원유 중 가장 많이 함유하고 비점이 낮은 유분 중에 노르말($n-$)파라핀이 많고 중질 유분에 함유된 파라핀 왁스도 $n-$ 파라핀이 주체이다.
② 탄소원자가 서로 결합하는 방법에 따라 $n-$ 파라핀 이외에 이소(iso$-$)파라핀, 네오(n대$-$) 파라핀이 존재한다.
③ 같은 탄소수를 가지는 파라핀 이성체에서는 보통 $n-$이 비점과 응고점이 가장 높고, 다음이 iso$-$, neo$-$의 순서이다.

(2) 나프탄계 탄화수소(C_nH_{2n})

　① 시클로 파라핀이라 하며 포화환상 탄화수소이다.
　② 포화고리모양의 탄화수소이다.
　③ 파라핀계 탄화수소보다 안정하며 비등점이 높아짐에 따라 다환식이 많아진다.

(3) 방향족 탄화수소(C_nH_{2n-6})

　① 저비점 유분에서는 벤젠핵이 하나 있는 것이 많으나 고비점 유분에서는 둘 이상의 것이 많다.
　② 다른 탄화수소보다 비중이 크고 열적으로 안정하며 불포화환상 탄화수소이므로 산소, 수소, 할로겐 등과 비교적 반응하기 쉬우며 벤젠, 톨루엔, 크실렌 등은 석유 화학공업원료이다.

(4) 올레핀계 탄화수소

　① 사슬모양의 불포화 탄화수소이다.
　② 이중결합을 한 개까지는 모노-올레핀, 두 개까지는 디-올레핀, 디엔이라 한다.
　③ 동족체도 탄소수가 증가함에 따라 비점, 융점이 증가하면 원유 중에는 비교적 소량 함유한다.
　④ 원유를 열분해하면 약간 생성하며 가장 중요한 석유화학 원료이다.

SECTION 05 기체연료(Gas Fuel)

1 기체연료의 종류

(1) 석유계

　천연가스, 액화천연가스, 오일가스

(2) 석탄계

　탄전가스, 석탄가스, 발생로가스, 고로가스, 수성가스, 증열수성가스

2 기체연료의 특징

(1) 장점

　① 적은 과잉공기로 완전연소가 가능하다.
　② 연소효율이 높다.
　③ 연소용 공기나 연료 자체의 예열이 용이하다.
　④ 저품의 연료도 고온이 유지된다.
　⑤ 연소조절이 편리하다.

⑥ 회분이나 매연발생이 없어서 연소 후 청결하다.
⑦ 점화나 소화가 용이하다.
⑧ 연소의 제어가 간편하다.
⑨ 공해 등 대기오염에 그다지 염려하지 않아도 된다.

(2) 단점

① 저장이나 취급이 불편하다.
② 시설비가 많이 든다.
③ 연료비가 고가이다.
④ 수송이나 저장이 불편하다.
⑤ 가스누설 시에 사고가 발생한다.(폭발에 주의한다.)
⑥ 수입에 의존한다.

3 기체연료의 성분

메탄(CH_4), 프로판(C_3H_8), 일산화탄소(CO), 수소(H), 중탄화수소(C_3H_6, C_2H_4), 탄산가스(CO_2), 질소(N), 수분(W)

▼ 탄화수소의 발열량

탄화수소	총발열량(기체, 25℃)			총발열량(액체, 25℃) (포화압하 kcal/kg)
	kcal/몰	kcal/kg	kcal/m³	
메탄	212.8	13,265	9,500	−
에탄	372.8	12,399	16,600	−
에틸렌	337.2	12,022	15,100	−
프로판	530.6	12,034	23,700	11,947
프로필렌	492.0	11,692	22,000	−
n-부탄	687.7	11,832	30,700	11,743
i-부탄	685.7	11,797	30,600	11,716
부탄-1	649.5	11,577	29,000	−
cis-부텐2	647.8	11,547	28,900	−
trans-부텐2	646.8	11,529	28,900	−
i-부텐	645.4	11,505	28,900	−
n-펜탄	845.3	11,715	37,700	11,626
i-펜탄	843.2	11,688	37,600	11,606
네오펜탄	840.5	11,650	37,500	11,576

4 석유계 기체연료의 종류별 특성

(1) 천연가스(Natural Gas)

① 습성가스

메탄이 80%, 에탄이 10~15%, 기타 프로판, 부탄이고 발열량이 10,400~12,200 kcal/Nm³이다.

② 건성가스

메탄이 주성분이고, 발열량이 9,000~9,300kcal/Nm³이고, 가압하여도 상온에서 액화하지 않는다.

(2) 액화천연가스(LNG ; Liquid Natural Gas)

연료의 조성은 천연가스와 비슷하다. 천연가스를 −162℃로 액화하여 액체로 만든 가스이며 냉각 시 제진, 탈황, 탈탄산, 탈수 등을 거쳐 불순물을 제거하여 양질의 무색, 무해, 무취의 청결된 연료이다.

① 비중 : 0.2~0.3 ② 기화점열 : 90kcal/kg
③ 임계온도 : −80℃ ④ 저장온도 : −162℃
⑤ 주성분 : CH_4

(3) 액화석유가스(LPG ; Liquefied Petroleum Gas)

프로판 등의 가스를 상온에서 낮은 압력으로 가압하면 액화되는 가스로서 탄화수소의 혼합물이다. 액화압력은 6~7kg/cm²이고, 부탄의 경우는 약 2kg/cm² 가압이다.

① 조성 : 프로판의 60% 이상이고, 부탄, 에탄, 프로필렌 등이다.

② 장점
  ㉮ 저장 및 수송이 편리하다.
  ㉯ 발열량이 높다.
  ㉰ 유황분이 도시가스의 1/10 정도인 0.02% 이하라서 유해성이 적다.
  ㉱ 유독성이 적다.

③ 단점
  ㉮ 비중이 공기보다 무거워서 누설하면 하부로 저장되어 폭발의 위험이 있다.
  ㉯ 기화잠열이 커서 사용 중 동상을 입을 우려가 있다.
  ㉰ 저장 시 증기압이 7kg/cm² 이상 압력에 견딜 수 있어야 한다.
  ㉱ 완전연소 시 연소속도가 완만하여 연소용 공기가 많이 사용된다.
  ㉲ 연소범위가 좁아서 특별한 연소기구가 필요하다.

▼ 가스의 성질

성분	분자식	분자량	15℃	빙점℃	액체의 비중(15℃)	가연성
메탄	CH_4	16	가스	−161.4	0.3	있음
에탄	C_2H_6	30	가스	−89.0	0.37	있음
에틸렌	C_2H_4	28	가스	−103.7		있음
프로판	C_3H_8	44	가스	−42.1	0.508	있음
프로필렌	C_3H_6	42	가스	−47.7	0.522	있음
부탄	C_4H_{10}	58	가스	−0.5	0.584	있음
이소부탄	C_4H_{10}	58	가스	−11.7	0.562	있음
부틸렌	C_4H_8	56	가스	−6.3	0.600	있음
이소부틸렌	C_4H_8	56	가스	−6.9	0.600	있음
부타디엔(1,3)	C_4H_6	54	가스	−5.0	0.6	있음
부타디엔(1,2)	C_4H_6	54	액체	18.0		있음
펜탄	C_5H_{12}	72	액체	36.1	0.631	있음

※ LPG 주성분은 프로판 가스이다.

가스명	성분	구성
LPG	C_2H_6(에탄) C_3H_8(프로판) $1-C_4-H_{10}$(부탄) $N-C_4-H_{10}$(부탄)	2.38(%) 94.3(%) 이상 0.27(%) 0.19(%)

※ 발열량 23,400kcal/Nm^3

④ 물리적인 성질과 성상

㉮ 비중이 1.5~2.0이다.(도시가스의 3배)

㉯ 가스의 기화잠열 : 90~100kcal/kg

㉰ 이론공기량 : 가스량의 25~30배가 필요하다.

㉱ 연소속도 : 석탄가스의 1/2 정도라서 매우 느리다.

㉲ 착화온도 : 440~480℃

㉳ 폭발범위 : 2.2~9.5%

㉴ 소화제 : 탄산가스, 드라이케미컬(분말소화기) 등을 사용

⑤ 액화석유가스의 저장

㉮ 가압식 저장 : 가스를 상온에서 가압액화하여 저장한다.
   • 저장용기 : 가동식 봄베, 고압탱크

㉯ 저온식 저장 : 가스를 냉각, 저온으로 액화시켜 상압에서 저장하는 방식으로 지하 저장, 지상저장이 있다.
   • 저장용기 : 일반용기, 대형용기, 횡형탱크, 구형탱크

⑥ 액화석유가스의 저장 시 취급상의 주의사항
　㉮ 용기의 전락이나 충격을 피한다.
　㉯ 직사광선을 피하고 용기의 온도가 40℃ 이상 되지 않게 한다.
　㉰ 찬 곳에 저장하고 공기의 유통을 좋게 한다.
　㉱ 주위 2m 이내에는 인화성 및 발화성 물질을 두지 않도록 한다.
　㉲ LPG는 유지 등을 잘 용해하기 때문에 이음부의 패킹 등에서 가스누설에 주의한다.
　㉳ 밸브의 개폐는 서서히 해야 한다.

(4) 오일가스(Oil Gas)

석유류의 분해 시에 얻어지는 가스로서, 상압증류, 가압증류에서 부산물로 얻어지는 가스이다.
① 가스의 조성
　㉮ 수소 : 53.5%

SECTION 06 도시가스의 기초(LNG의 기초)

1 천연가스(액화천연가스)

(1) 천연가스의 성질

① LNG는 액화천연가스의 영어 약자로서 메탄가스(CH_4)가 주성분이며 천연가스를 냉각시켜 액화한 것이다.
② 천연가스의 주성분인 메탄(CH_4)은 0℃ 1기압 상태에서는 가스 상태이나 $1m^3$의 메탄을 1기압하에서 $-162℃$까지 냉각시키면 $0.0017m^3$의 액체가 되어서 원래 체적의 1/600 정도로 축소된다.
③ 연료용 LNG는 액화과정에서 분진 제거, 탈황, 탈탄산, 탈수, 탈습 등의 전처리로서 유황분이나 기타 불순물이 거의 함유되어 있지 않은 청정연료가 된다. 천연가스의 제 성질은 다음과 같다.
　㉮ 비중 : 0.624
　㉯ 이론공기량 : $10.535Nm^3/Nm^3$
　㉰ 고위발열량 : $10,500kcal/Nm^3$
　㉱ 저위발열량 : $9,500kcal/Nm^3$(수분의 증발잠열 제외)
　㉲ 최대 연소속도 39~40cm/sec
　㉳ 폭발범위 : 4.8~14.5%(하한치와 상한치)

▼ 가스발열량의 제조특성

구분	발열량 (kcal/Nm³)	비중	웨버지수	비고	제조방식	공급압력(mmH₂O) 최저 표준 최고
1	7,000	0.76	8,370	8B	저압 Cyclic제조	200±50
2	7,000	0.72	8,250	8A	C.R.G 제조	100, 210, 300
3	11,000	0.87	11,790	11A	LPG, AIR 혼합	200±230
4	7,000	0.86	7,505	7B	LPG, AIR 혼합	170
5	15,000	1.33	13,000	13A	LPG, AIR 혼합	200
6	15,000	1.33	13,000	13A	LPG, AIR 혼합	200
7	15,000	1.33	13,000	13A	LPG, AIR 혼합	200
8	15,000	1.33	13,000	13A	LPG, AIR 혼합	200±50
9	15,000	1.33	13,000	13A	LPG, AIR 혼합	200±50
10	11,000	1.24	9,800	9A	LPG, AIR 혼합	245
11	11,000	1.24	9,880	9A	LPG, AIR 혼합	245
12	11,000	1.24	9,880	9A	LPG, AIR 혼합	200±250
13	15,000	1.33	13,000	13A	LPG, AIR 혼합	200±230
14	11,000	0.694	12,200	13A	LPG, AIR 혼합	

▼ 가스 성분의 화학방정식

성분	분자식	연소의 화학반응식	산소당량 (Nm³/Nm³)	총발열량 (kcal/Nm³)	연소생성물 생성비 CO_2	연소생성물 생성비 H_2O
일산화탄소	CO	$2CO + O_2 \rightarrow 2CO_2$	0.5	3,016	1	0
수소	H_2	$2H_2 + O_2 \rightarrow 2H_2O$	0.5	3,053	0	1
메탄	CH_4	$CH_4 + 2O_2 \rightarrow CO_2 + 2H_2O$	2.0	9,537	1	2
에틸렌	C_2H_4	$C_2H_4 + 3O_2 \rightarrow 2CO_2 + 2H_2O$	3.0	15,180	2	2
에탄	C_2H_6	$2C_2H_6 + 7O_2 \rightarrow 4CO_2 + 6H_2O$	3.5	16,830	2	3
프로필렌	C_3H_6	$2C_3H_6 + 9O_2 \rightarrow 6CO_2 + 6H_2O$	4.5	22,380	3	3
프로판	C_3H_8	$C_3H_8 + 5O_2 \rightarrow 3CO_2 + 4H_2O$	5.0	24,230	3	4
부틸렌	C_4H_8	$C_4H_8 + 6O_2 \rightarrow 4CO_2 + 4H_2O$	6.0	30,080	4	4
부탄	C_4H_{10}	$2C_4H_{10} + 13O_2 \rightarrow 8CO_2 + 10H_2O$	6.5	32,020	4	5
일반식	C_mH_n	$C_mH_n + m + \frac{n}{4}O_2 \rightarrow mCO_2 + \frac{n}{2}H_2O$	$m + \frac{n}{4}$		m	$\frac{n}{2}$

CHAPTER 04 연소설비

PART 01 | 보일러 취급 및 운전

SECTION 01 연소장치(Combustion Device)

1 연소장치

화격자, 버너, 연소실(노), 전연실, 후부연실, 연도, 연돌(굴뚝) 등이 이에 속한다.

(1) 화격자(화상)

고체연료 등을 연소할 때 금속재의 받침재이다.

(2) 버너

미분탄, 액체연료, 기체연료 등을 노내로 분사시킨다.

(3) 연소실(노)

연료를 연소시키는 장소로서 보일러에 따라 내분식 연소실과 외분실 연소실이 있다.
① 내분식 연소실 : 연소실이 기관 본체 내에 원통형으로 제작한 노통이 주가 된다.
  ㉮ 사용상의 장점
    ㉠ 설치면적을 적게 차지한다.
    ㉡ 복사열의 흡수가 크다.
    ㉢ 방산열손실이 적다.(노벽 등에서)
    ㉣ 설치가 용이하다.
  ㉯ 사용상의 단점
    ㉠ 연소실 크기는 기관 본체에 의해 결정된다.
    ㉡ 완전연소가 불가능하다.(공기 투입이 원활하지 못하기 때문에)
    ㉢ 역화나 가스폭발의 위험성이 크다.
② 외분식 연소실 : 보일러 본체 외부에 내화벽돌을 쌓아 각형으로 만든 연소실이며 횡연관식, 수관식 보일러 등의 연소실이 여기에 속한다.
  ㉮ 사용상의 장점
    ㉠ 연소실의 크기를 자유롭게 할 수 있다.
    ㉡ 공기 소통이 원활하여 완전연소가 가능하다.
    ㉢ 노내의 온도가 내분식보다 높다.

③ 연료의 선택이 자유로워서 열등탄의 연소에도 유리하다.
④ 연소효율이 높고 연소실 열발생률(kcal/m³h)이 크다.
④ 사용상의 단점
  ⊙ 설비비가 비싸다.
  ⓒ 설치 시 장소를 많이 차지한다.
  ⓒ 복사열의 흡수가 적다.
  ⓔ 방산열의 손실이 많다.
③ 연소실의 종류
  ② 내화벽 연소실 : 내화벽돌로써 연소실을 구축하였다.
  ④ 공랭 노벽 연소실 : 벽돌을 이중으로 쌓아 그 사이에 공기를 유통시켜서 열손실을 막아준다.(연소용 공기예열)
  ⓒ 수랭 노벽 : 내화벽돌로 쌓은 연소실 주위로 수랭로관이 울타리 모양과 같이 되어 있는 벽이며 방사열손실이 완전 차단된다.
    ⊙ 내화벽의 보호로 연소실의 수명 연장
    ⓒ 전열면적이 증가
    ⓒ 복사열의 흡수 이용
    ⓔ 노의 구조가 기밀도 향상
    ⓜ 가압 연소가 용이하다.

(4) 연도(Gas Duct)

연소실에서 발생된 열가스가 연돌까지 흐르는 통로이다.(연도와 연돌은 연소보조를 하며 통풍장치이기이도 하다.)

(5) 연돌(Smokestack)

연돌이란 굴뚝을 말하며, 연돌이 높으면 통풍력이 증가한다.

2 고체연료의 연소장치

(1) 고체연료의 연소방식

① 화격자 연소방식 : 수분식과 기계식이 있다.(고체연료 사용)
② 미분탄 연소방식 : 미분탄연료 연소 시에 사용한다.
③ 유동층 연소방식 : 화격자와 미분탄의 절충식(상압유동층, 가압유동층)

3 액체연료의 연소장치

액체연료인 경질유(휘발유, 등유, 경유)와 중질유인 중유($B-A, B-B, B-C$)의 연소에 필요한 연소장치가 액체연료의 연소장치이다.

(1) 연소방식

　① 기화 연소방식 : 쉽게 기화하는 경질유 등의 연소에 필요한 연소방식이 기화 연소방식이며 심지식, 포트식, 버너식, 증발식의 연소방식이 사용된다.

　② 무화 연소방식 : 중질유의 연료를 $10\sim50\mu m$의 범위로 안개방울 같이 무화하여 단위 중량당 표면적을 크게 하여 공기와의 혼합을 양호하게 한 후 연소하는 방식이다.

　　㉮ 무화의 목적
　　　㉠ 단위중량당 표면적을 크게 한다.
　　　㉡ 공기와의 혼합을 좋게 한다.
　　　㉢ 연료의 연소효율을 높인다.
　　　㉣ 열부하를 높인다.
　　　㉤ 연소율을 크게 증가시킨다.

　　㉯ 중유연료의 무화방식
　　　㉠ 유압무화식 : 연료펌프로서 연료 자체에 고압력을 주어서 무화시킨다.
　　　㉡ 이류체 무화식 : 증기나 공기 등의 무화매체를 사용하여 무화시킨다.
　　　㉢ 회전이류체 무화식 : 회전 분무컵에 의해 연료와 공기에 원심력을 주어서 무화시킨다.
　　　㉣ 충돌무화식 : 고온의 금속판에 연료를 고속으로 충돌시켜 무화시킨다.
　　　㉤ 진동무화식 : 초음파에 의하여 연료에 진동으로 주어서 무화시킨다.
　　　㉥ 정전기 무화식 : 연료에 정전기를 통과시켜 무화시킨다.

(2) 액체연료의 연소용 공기의 공급방식

　① 1차 공기 : 연료의 무화와 산화반응에 필요한 공기로서 버너에서 직접 공급된다.
　② 2차 공기 : 1차 공기로는 부족한 공기를 보충하기 위하여 화실로 직접 공급되는 공기로서 불완전 연소가 일어나면 2차 공기가 부족하여 일어난다.

(3) 버너의 선택과 용량계산

　① 선택기준
　　㉮ 노내 압력과 노의 구조에 적합할 것
　　㉯ 버너 용량이 가열용량과 보일러의 용량에 적합할 것
　　㉰ 유량 조절범위가 부하변동에 응할 수 있을 것
　　㉱ 보일러가 자동제어인 경우 자동제어 연결에 편리할 것

　② 오일버너의 용량산출

$$용량(l/h) = \frac{보일러의\ 정격용량(kg/h) \times 539(kcal/kg)}{연료의\ 발열량(kcal/kg) \times 연료의\ 비중(kg/l)}$$

4 버너의 종류

(1) 유압분무식 버너

유압펌프로 기름에 고압력을 주어서 버너팁에서 노내로 분출하여 무화시키는 버너이다. 그리고 유량의 조절은 기름의 유압을 가감하며 유량은 유압의 평방근에 비례한다. 즉, 유량을 1/2로 줄이려면 유압은 1/4로 줄여야 한다.

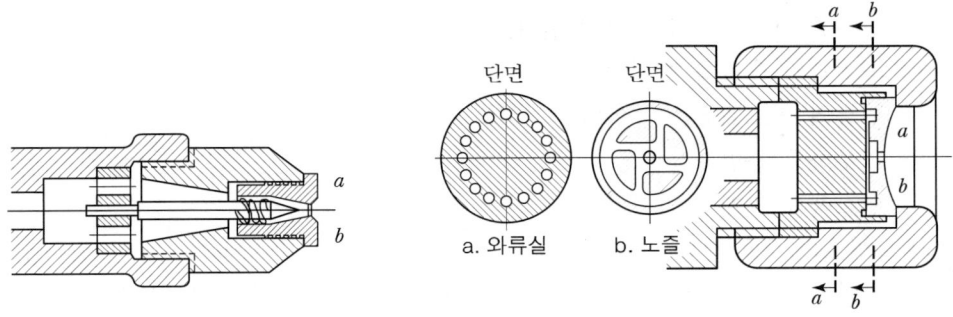

[압력유의 분무구조 양식]

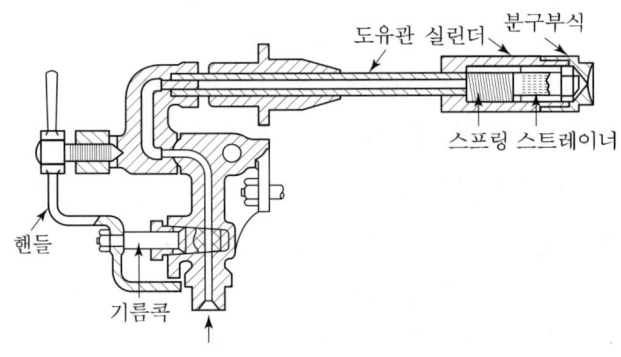

[압력분사식 버너]

① 종류
   ㉮ 환류식 : 직접분사형, 플런저형
   ㉯ 비환류식 : 내측 반환류형, 외측 반환류형
② 유압 : 일반적으로 5~20kg/cm²이다.
③ 유량조절범위
   ㉮ 환류식은 1 : 3, 연료의 분사각은 60~85°
   ㉯ 비환류식은 1 : 2, 연료의 분사각은 40~90°
④ 연소용량 : 15l/h~2,000l/h 정도
⑤ 유량조절방법
   ㉮ 버너수를 가감한다.

㈏ 환류식은 버너팁을 교환한다.
㈐ 리턴식을 사용한다.
㈑ 플런저식 버너 사용
⑥ 특징
㈎ 구조가 비교적 간단하다.
㈏ 무화매체인 증기나 공기가 필요하지 않다.
㈐ 분무 광각도는 40~90°이다.
㈑ 소음발생이 없다.
㈒ 대용량 버너의 제작이 가능하다.
㈓ 보일러 가동 중 버너교환이 용이하다.
㈔ 유량 조절범위가 좁다.
㈕ 무화특성이 별로 좋지 않다.
㈖ 중질유인 점도가 크면 무화가 곤란하다.
㈗ 유압이 5kg/cm² 이하가 되면 무화가 곤란하다.
㈘ 연소의 제어범위가 비교적 좁다.

▼ **유류버너의 분류**

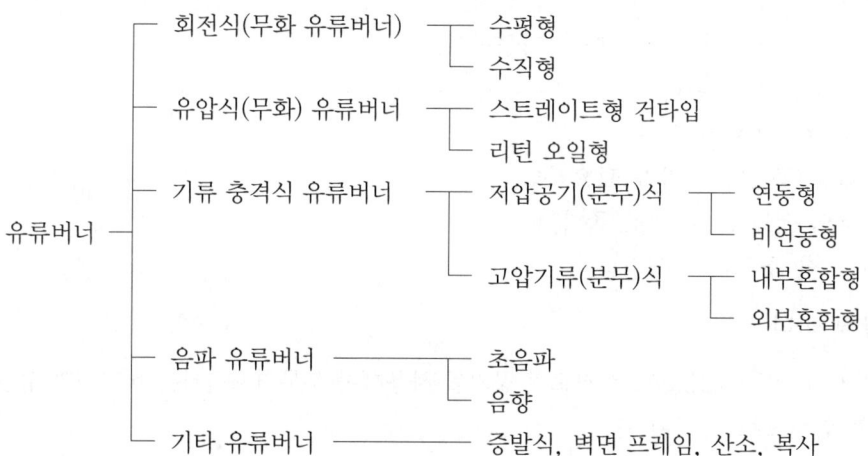

(2) 고압기류식 버너

비교적 고압인 2~7kg/cm²인 공기나 증기를 사용하여 기름이 무화되는 방식의 버너로서 기류식 버너이다.

① 종류
㈎ 외부 혼합식 버너(공기나 증기 이용)
㈏ 내부 혼합식 버너(공기나 증기 이용)

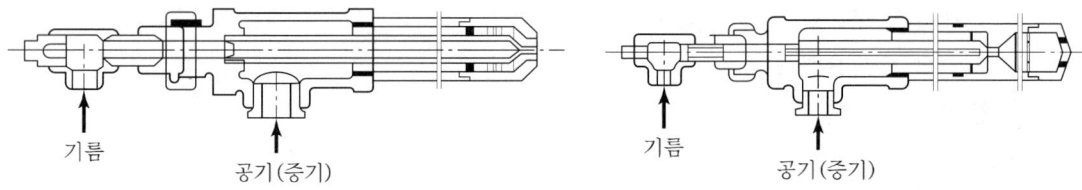

[고압기류식 버너]

② 유량조절범위

　1 : 10으로 매우 크다.

③ 버너용량

　㉮ 외부 혼합식 : 3~500l/h

　㉯ 내부 혼합식 : 10~1,200l/h

④ 연료의 유압력

　㉮ 외부 혼합식 : 0.3kg/cm² 이하, 무화에 필요한 공기량은 이론공기량의 2~7% 증기의 경우에는 20~60%이다.

　㉯ 내부 혼합식 : 6kg/cm² 이하, 무화에 필요한 증기소비량은 유량의 약 10%이다.

⑤ 특징

　㉮ 연료의 점도가 커서 무화가 잘 된다.

　㉯ 소량의 무화매체로서 무화가 가능하다.

　㉰ 유압이 낮아도 된다.

　㉱ 유량 조절범위가 크다.

　㉲ 무화용 공기나 증기가 필요하다.

　㉳ 분무의 광각도가 30°로 좁다.

　㉴ 연소 시 소음이 발생된다.

(3) 저압기류식 버너

비교적 저압인 0.05~0.25kg/cm² 정도인 공기를 사용하여 분무연소시키는 버너이며 유압이 0.3~0.5kg/cm²의 압력으로 공급된다.

① 종류

　㉮ 연동형 버너(비례조절 버너) : 분무용 공기나 연소용 공기가 전부 버너에서 공급한다. 즉, 기름장치와 공기조절장치를 연동시킨 형식의 버너이다.(유량 조절범위가 1 : 8 정도이다.)

　㉯ 비연동형 버너 : 기름양이나 공기량이 각각 따로 조정된 후 버너로 공급하는 형식의 버너이다.

② 유량조절버너

　㉮ 연동형 : 1 : 6 정도

　㉯ 비연동형 : 1 : 5 정도

③ 버너용량

　㉮ 연동형 : 0.6~150l/h

　㉯ 비연동형 : 8~260l/h

④ 특징

　㉮ 비교적 고점도의 유체도 연소가 가능하다.

　㉯ 공기의 압력이 높을수록 무화용 공기가 줄어든다.

　㉰ 유량 조절범위가 넓다.

　㉱ 분무 광각도가 30~60°로 비교적 넓다.

　㉲ 무화용으로 사용되는 공기가 많이 필요하다.

　㉳ 대용량 보일러에는 사용이 부적당하다.

　㉴ 소형의 보일러에 사용된다.

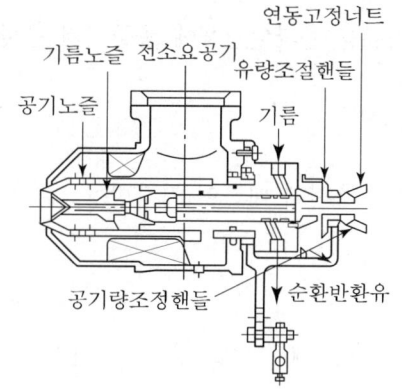

[연동형 저장공기]

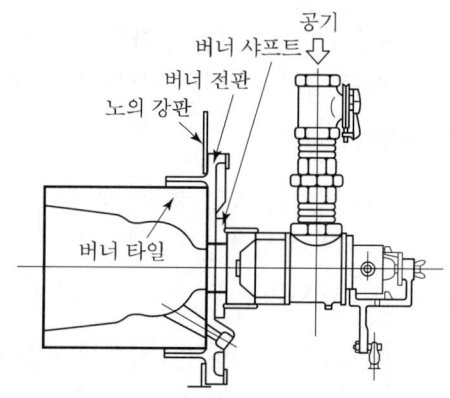

[연동형 저압공기식 버너의 부착]

(4) 건타입 버너(Gun Type)

이 버너는 유압분무식과 송풍기를 이용하여 사용하는 버너이다. 용도는 보일러나 열교환기에 사용되고, 사용연료는 등유, 경유, 중유 A급에 사용된다.

① 유압 : 7kg/cm² 이상
② 사용 송풍기 : 다익팬(시로코형), 축류팬 사용
③ 소음(Phon)

　㉮ 대형 : 80폰 이하

　㉯ 소형 : 70폰 이하

④ 특징

　㉮ 소형이며 전자동 연소가 이루어진다.

　㉯ 연소가 양호하다.

　㉰ 비교적 제작이 손쉽다.

㉣ 버너에 송풍기가 장치되어 있다.

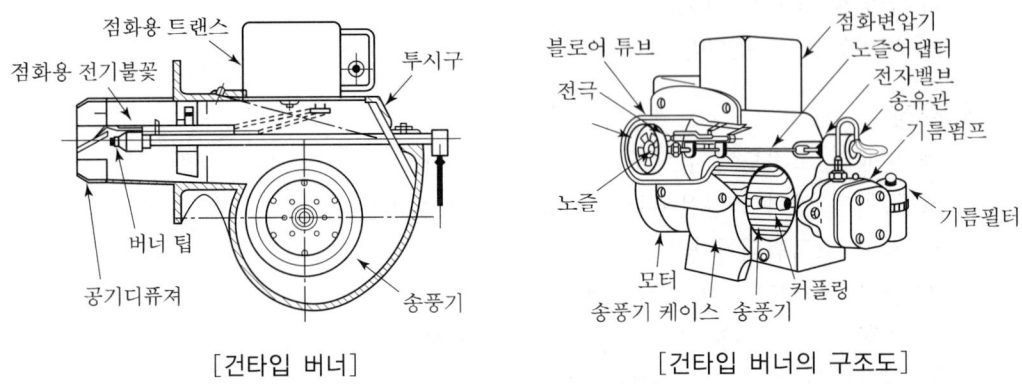

[건타입 버너]　　　　　　　[건타입 버너의 구조도]

(5) 초음파 버너

음파에너지로 오일을 무화시키는 버너이다. 고속기류를 음파발진체에 충돌시켜 음파를 발생하게 하는 음향버너이며 고압기류식의 일종이다.

(6) 월프레임 버너

종래의 버너는 축선 방향으로 직진하는데 이 버너는 축선에 대하여 직각방향으로 화염이 형성되어 노내 벽면을 따라 뻗어나가는 버너이다.

(7) 오일-산소버너

고온연소가 필요한 연소장치에 사용하는 버너이며 약 2,800℃ 정도의 이론 연소온도와 대단히 높은 연소부하율을 얻을 수 있는 버너이다.

SECTION 02 급유장치(연료의 공급장치)

급유장치란 액체연료를 버너까지 공급하는 일련의 모든 장치로서 10여 가지가 있다.

1 기름 저장탱크(Oil Storage Tank)

보일러실 등에서 장시간 사용에 충분한 양을 저장하는 기름 탱크로서 지하저장이나 안전지대에 설치하는 저유조의 대형 기름 저장탱크이다.

(1) 특징

① 탱크의 용량 : 7~30일 사용량을 저장

② 기름의 가열온도 : 40~50° 정도
③ 기름의 가열방법 : 국부가열, 복합가열, 전면가열
④ 가열열원 : 증기 또는 온수
⑤ 급유에 따른 점도 : 500~1,000cst(센티스토크스)
⑥ 부대설비 장치
   ㉮ 기름주입관   ㉯ 기름급유관   ㉰ 기름가열기
   ㉱ 기름온도계   ㉲ 액면계   ㉳ 드레인 빼기장치
   ㉴ 맨홀   ㉵ 사다리   ㉶ 통기관
   ㉷ 피뢰설비   ㉸ 오버플로관(일유관)

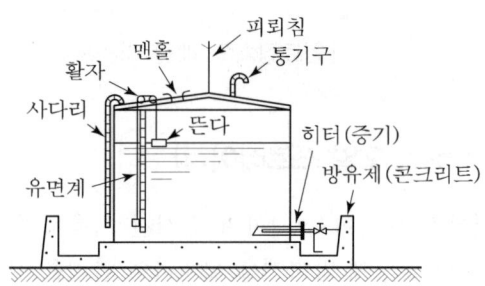

(a) 지상 저장탱크

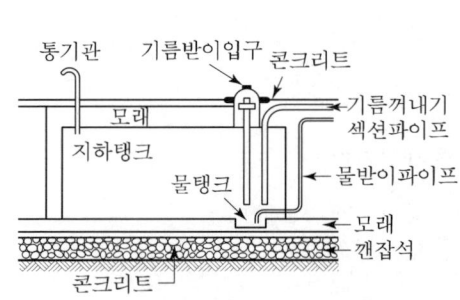
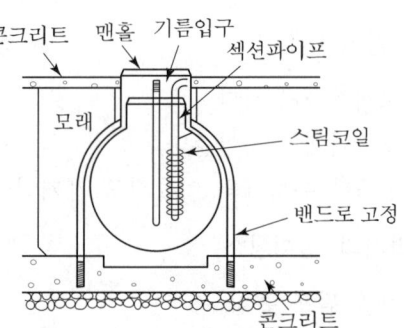

(b) 지하 저장탱크

[기름 저장탱크의 예]

2 급유배관(Feed Pype)

기름을 공급하기 위한 급유배관은 내식성이 좋아야 하며 기름온도의 하강을 막기 위하여 보온이나 이중관으로 설비한다. 그리고 기름의 적정유속은 관내에서 0.25~0.5m/s가 되는 데 지장이 없어야 한다.

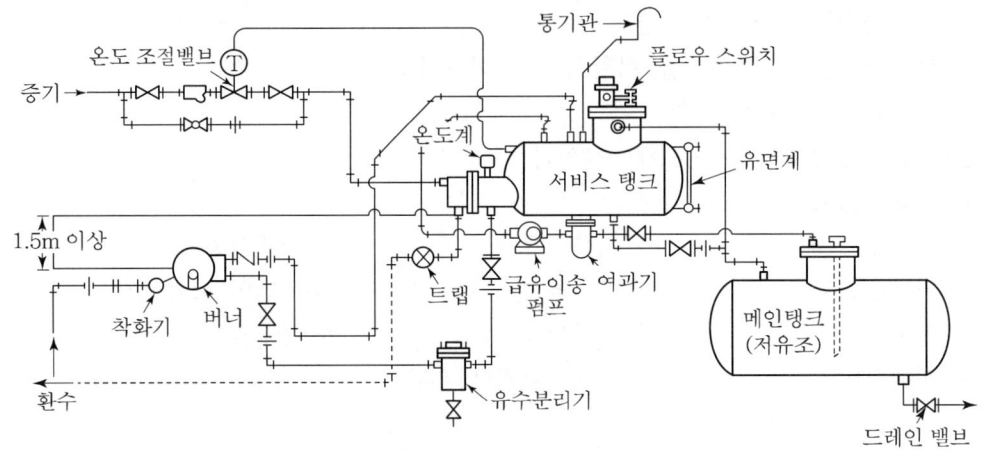

[연료장치의 배관 라인도]

❸ 기름여과기(Oil Strainer, 오일 스트레이너)

기름 속의 이물질을 제거하기 위하여 설치하며 장시간 사용하면 여과기가 막히기 때문에 그것을 알기 위하여 여과기의 입구와 출구에 압력계를 설치하여 압력을 감시하여야 한다. 그리고 그 압력차가 $0.2kg/cm^2$ 이상이 되면 여과기의 청소를 반드시 하여야 하며 여과기는 반드시 병렬로 설치한다.

(1) 사용상의 이점

① 교체가 가능하다.
② 노즐폐쇄를 막아준다.
③ 펌프나 유량계의 이물질을 제거하여 수명을 연장시킨다.

(2) 여과기의 설치장소

① 기름 펌프 흡입 측
② 기름 가열기의 전후 측
③ 급유량계 입구 측

(3) 여과기의 종류

① Y자형 여과기
② U자형 여과기(기름에서 가장 많이 사용하는 여과기)
③ V자형 여과기

(4) 여과망의 크기

① 유량계전 : 20~30mesh
② 버너입구 : 60~120mesh

(5) 여과망의 종류

① 금망
② 적층판형
③ 소결금속여지
④ 펀치드 포드

4 기름펌프(Oil Pump)

연료의 수송을 위한 이송펌프와 유압을 주기 위한 압송펌프가 있으며 종류는 다음과 같다.

(1) 기어 펌프

고점도의 액체수송에 이상적이다.

(2) 플런저 펌프

저점도의 유류나 고압의 액체수송에 적합하다.

(3) 스크루 펌프

고점도나 95℃의 고온까지 유체의 수송이 가능하다.
※ 압송펌프를 일명 분연펌프(미터링 펌프)라 한다.

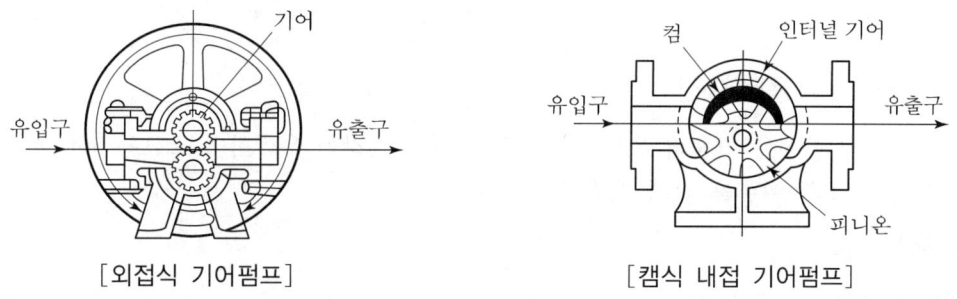

[외접식 기어펌프]　　　　　　　　[캠식 내접 기어펌프]

5 서비스 탱크(Service Tank)

저장탱크로부터 적당량의 기름을 받아 버너로 급유하는 탱크이며 이 탱크의 용량은 24시간 내지 48시간 정도의 공급분이 비축되는 기름탱크로서 사용이 편리하다.

(1) 설치위치

① 보일러 외측으로부터 2m 이상 떨어지게 설치한다.
② 버너 선단에서 1.5m 이상의 높이에 설치한다.

(2) 기름의 가열 적정온도

60~70℃

(3) 기름의 가열원

증기 및 온수

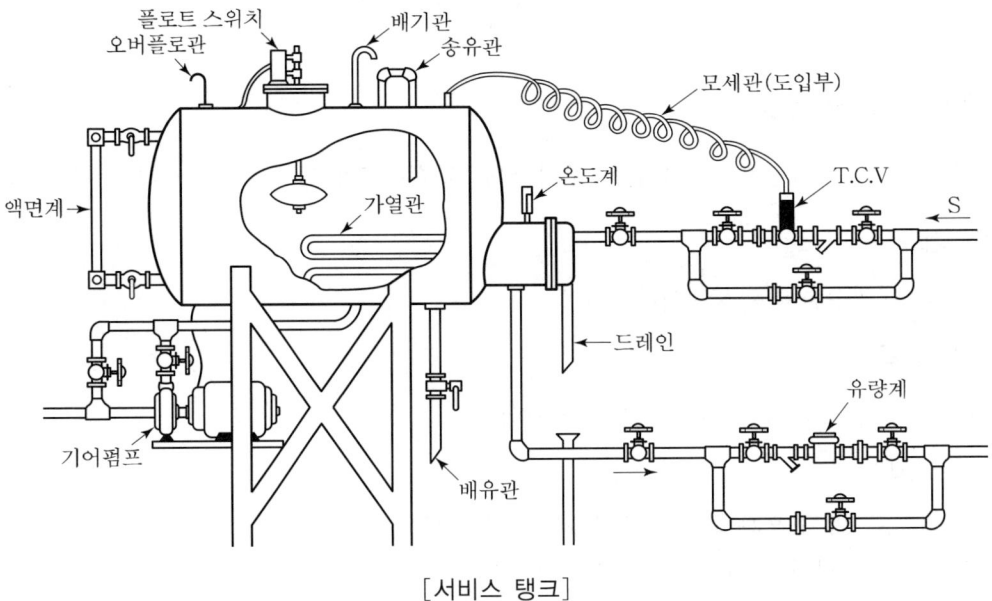

[서비스 탱크]

(4) 서비스 탱크의 내용적 계산

서비스 탱크의 용적은 기름의 온도상승에 의한 체적 팽창을 우려하여 소요용적에 필요한 내용적에 10% 정도의 여유를 갖게 제작한다.

(5) 탱크용량 계산

① 횡치원통형의 내용적(V)

횡치원통형의 내용적은 ①, ②, ③의 합이므로

$$V = \frac{\pi r^2}{3} l_1 + \pi r^2 l + \frac{\pi r^2}{3} l_2 = \pi r^2 \left(l + \frac{l_1 + l_2}{3} \right) \mathrm{m}^3$$

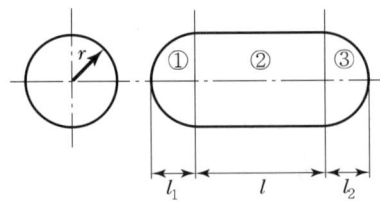

[횡치원형 탱크]

② 직립원통형의 내용적(V)

직립원통형의 탱크는 그 지붕에 의한 용적이 탱크의 유효용적에서 제외되므로

$$V = \pi r^2 l \, (\text{m}^3)$$

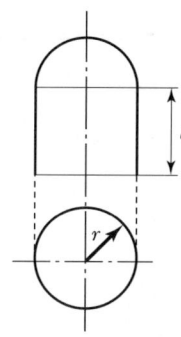

[직립원통형 탱크]

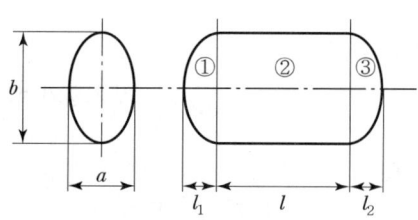

[횡치타원형 탱크]

③ 횡치타원형의 내용적(V)

횡치타원형도 횡치원통형과 동일한 방법으로 구하며, 내용적은 ①, ②, ③의 합이므로

$$V = \frac{1}{4} \cdot \frac{\pi ab}{3} l_1 + \frac{1}{4} \pi ab \times l + \frac{1}{4} \cdot \frac{\pi ab}{3} l_2$$

$$= \frac{\pi ab}{4} \left(l + \frac{l_1 + l_2}{3} \right) \text{m}^3$$

6 기름가열기(Oil Preheater, 오일프리히터)

버너에서 점도가 높은 액체연료의 연소 시 분무상태를 좋게 하기 위하여 적정온도로 기름을 가열시키기 위한 장치로서 종류는 대략 3가지로 나뉜다.

(1) 사용상의 특징

① 기름의 점도를 낮추어 준다.
② 기름의 유동성을 도와준다.
③ 분무상태를 양호하게 한다.
④ 완전연소에도 도움을 준다.
⑤ 전기나 증기 등의 매체가 소요된다.
⑥ 설치장소를 적게 차지하게 된다.
⑦ 전기식은 동력비가 추가된다.

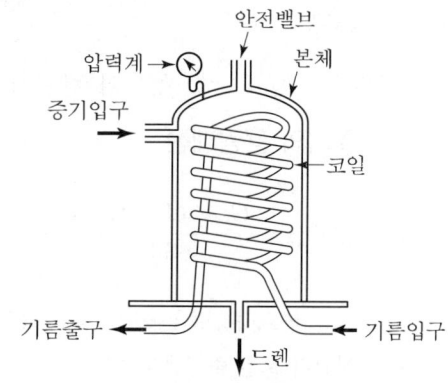

[입체형 증기식]

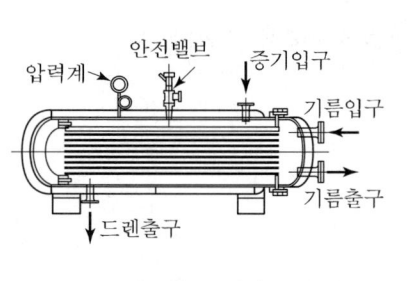

(a) 가로형 증기식   (b)전기식

[기름가열기]

(2) 기름의 가열온도

  80~90℃

(3) 가열온도가 너무 높을 때의 현상

  ① 관내에서 기름이 분해를 일으킨다.
  ② 분무상태가 고르지 못하다.
  ③ 탄화물 생성의 원인이 된다.
  ④ 분사각도가 흐트러진다.
  ⑤ 역화의 발생을 유발한다.(기름 속의 물 때문에)

(4) 가열온도가 너무 낮을 때 현상

  ① 무화의 불량을 일으킨다.
  ② 불길이 한편으로 흐른다.
  ③ 그을음의 생성 및 분진이 일어난다.

(5) 기름의 예열방식

  부분예열식, 전면예열식, 복합식

(6) 기름가열기의 종류

  ① 증기식 가열기   ② 온수식 가열기   ③ 전기식 가열기

(7) 전기식 기름가열기의 용량계산

$$용량(kWh) = \frac{G_f \times C \times (t_2 - t_1)}{860 \times \eta}$$

  여기서, G_f : 최대연료사용량(kg/h) C : 연료 평균비열(kcal/kg℃)
  t_2 : 예열기 오일 출구온도(℃) t_1 : 예열기 오일 입구온도(℃)
  η : 예열기 효율(%)

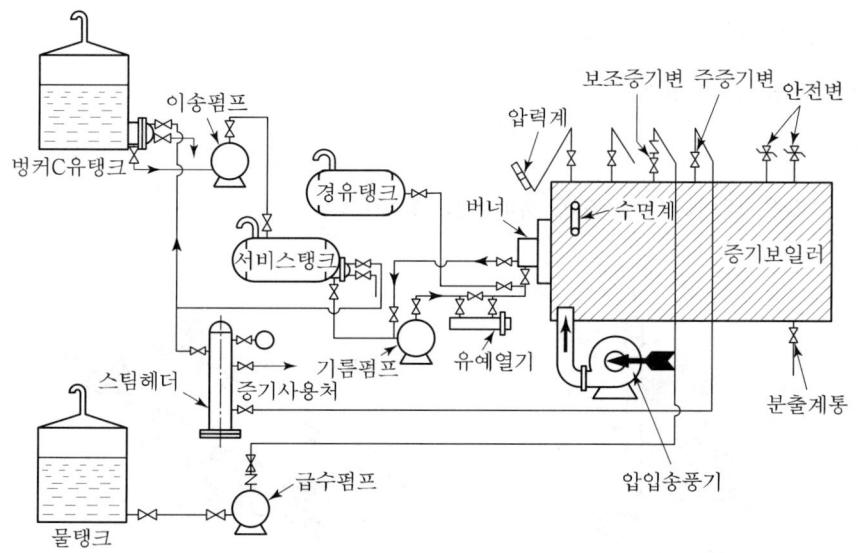

[급유장치 배관라인도]

7 기름온도계

기름의 온도가 적정온도에 달하였는지를 확인하기 위하여 사용된다.

(1) 온도계의 종류

① 유리제 온도계
② 바이메탈 온도계

(2) 기름온도계의 설치위치

① 기름 저장탱크
② 서비스 탱크
③ 기름가열기(오일히터)
④ 급유량계 입구전

8 급유량계(Flow Meter)

급유량계는 기름의 사용량을 측정하기 위하여 설치한다.

(1) 유량계의 사용종류

용적식 유량계(오벌기어식 등)

(2) 유량계의 설치위치

기름가열기와 버너 사이에 설치

(3) 바이패스관 설치

유량계의 고장을 대비하여 보조 급유배관을 설치한다.

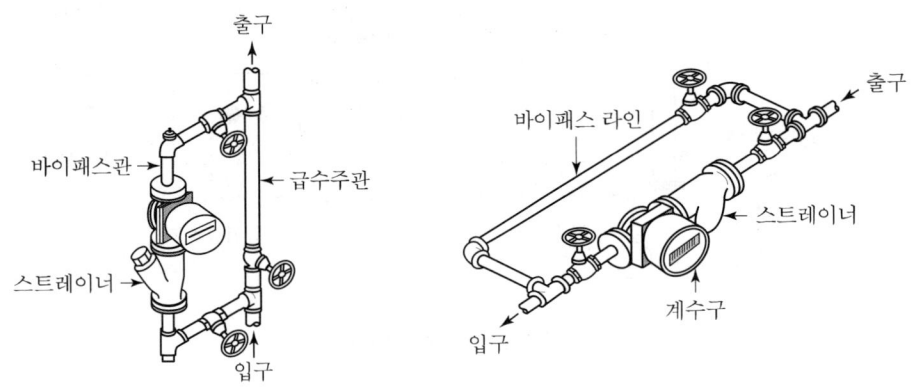

[오벌기어식 유량계]

9 오일 압력계(Oil Pressure Gauge)

기름 공급의 적정압력을 측정하기 위하여 버너 전에 부르동관 압력계 등을 설치하여 기름의 압력을 측정한다.

SECTION 03 연소안전장치

1 솔레노이드 밸브(Solenoid Valve : 전자밸브)

보일러 가동 중 연소의 소화, 압력초과 저수위 사고 등 인터록의 이상상태가 일어났을 때 긴급히 연료를 차단하여 보일러의 위해를 사전에 방지하는 일종의 안전장치이다. 연료가 차단되므로 버너 가동이 중지되고, 정전 시에도 예방되므로 연료계통에 필수적인 부대장치이다.

(1) 전자밸브에 연결되는 기기

① 화염검출기
② 증기압력 제한기
③ 저수위 제한기

(2) 설치위치

버너에서 가장 가까운 입구 측에 설치한다.

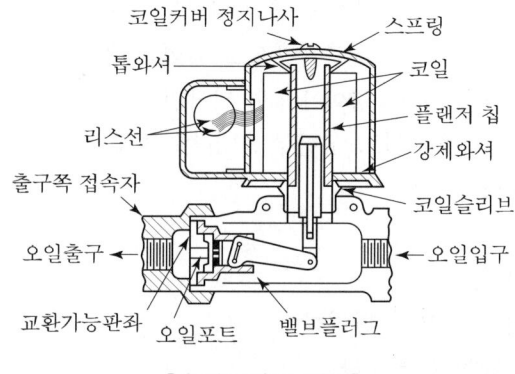

[솔레노이드 밸브]

(3) 화염검출기

화염검출기란, 보일러 운전 중 연소실 내의 화염의 유무를 검출하는 계기로서 갑자기 연소실에 실화가 일어나면 전자밸브에 신호를 보내서 연료공급을 차단하게 하는 목적이 있다. 부착위치가 중요하며 보일러 전부 윈드박스 상단에 설치하는 것이 원칙이다.

① 화염검출기의 종류
  ㉮ 플레임 아이(Frame Eye) : 연소 중에 발생하는 빛의 발광체를 이용하여 화염의 유무를 검출한다.
    ㉠ 불꽃감지부의 종류 : 황화카드뮴, 광전관, 황화납, 자외선 광전관 등
    ㉡ 플레임 아이의 안전사용온도 : 50℃ 이하
    ㉢ 사용기간 : 2,000시간 정도 사용한 후 교환한다.

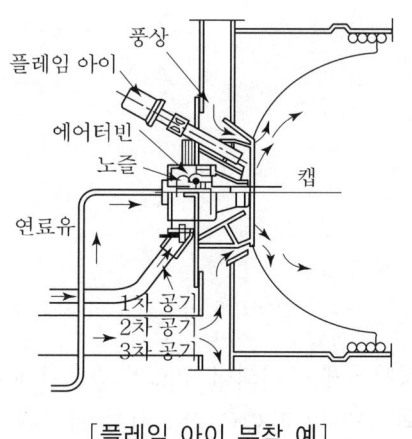

[플레임 아이 부착 예]

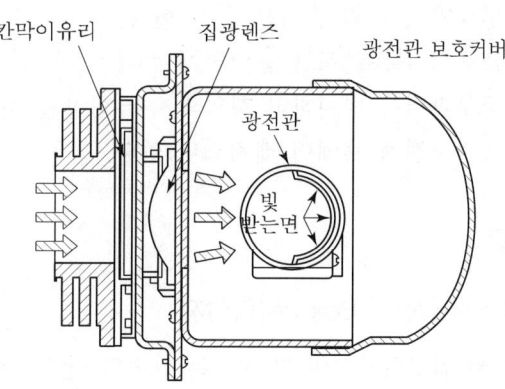

[플레임 아이 구조도]

㉮ 플레임 로드(Flame Rod) : 화염 속의 이온화(양성전자, 중성전자)로 전리되어 있음을 알고 버너에 글랜드 로드(Gland Rod)를 부착하여 화염 중에 삽입하여 화염의 유무를 검출한다. 연소시간이 짧은 가스버너 등에 사용 가능하다.

㉯ 스택 스위치(Stack Switch) : 연소 중에 발생되는 연소가스의 열에 의해 바이메탈의 신축작용으로 화염의 유무를 검출하고, 버너의 기름용량이 $10l/h$ 이하인 소용량 보일러 등에 사용된다.(연도 상단부 30cm에 설치)
㉠ 구조가 간단하다.
㉡ 가격이 싸다.
㉢ 설치가 간편하다.
㉣ 소용량 보일러에 사용이 편리하다.
㉤ 화염의 검출응답이 늦어진다.
㉥ 대용량 보일러에는 사용이 부적당하다.
㉦ 연도에 설치하여야 한다.

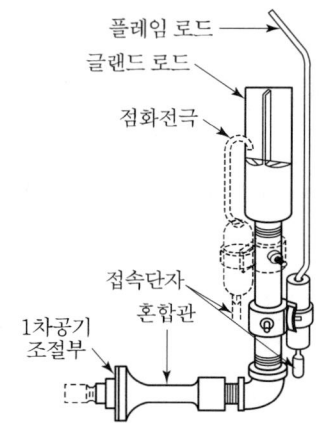

[플레임 로드]

SECTION 04 보염장치(착화와 화염 안전장치)

1 설치목적

① 연소용 공기의 흐름을 조절하여 준다.
② 확실한 착화가 되도록 한다.
③ 화염(불꽃)이 안정을 도모한다.
④ 화염의 형상을 조정한다.
⑤ 연료와 공기의 혼합을 좋게 한다.
⑥ 노내의 온도분포를 균일하게 한다.
⑦ 국부과열을 방지하고 화염의 편류현상을 막아준다.
⑧ 공기조절장치(에어 레지스터)이다.

2 종류

(1) 윈드박스(Wind Box : 바람상자)

밀폐된 원형상자이며 그 내부는 다수의 안내날개가 경사지게 구비되어 있으며 송풍기에 의해서 들어오는 연소용 공기가 선회류를 형성하면서 연료와 공기의 혼합을 촉진시켜 안정된 공기를 노내로 투입시킨다. 특히, 압입통풍 가압방식에 유리한 것이 특징이다.

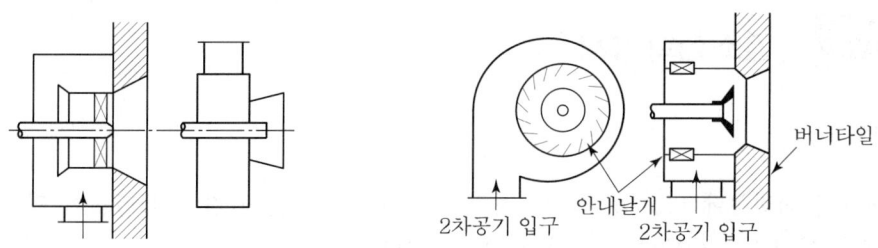

[윈드박스의 구조도]

(2) 스테빌라이저(보염기)

점화에 의해 착화된 화염이 버너 선단에서 공급 공기에 의해 꺼지지 않고 안정된 화염을 갖도록 하는 장치이다.

① 종류
㉮ 선회기 방식 : 축류식, 반경류식, 혼류식
㉯ 보염관 방식 : 보염관 사용

(3) 버너타일

버너에서 연료와 공기를 분사하는 노벽에 설치하여 분무 각도를 변화시키고 안정된 화염을 형성시켜 준다. 특히 버너 타일의 각도에 의해 화염의 영향을 받게 된다.

(4) 컴버스터(급속연소통)

둥근 원통의 금속재료로서 노내에서 불꽃의 꺼짐을 막아주고 급속연소를 시키는 역할을 한다. 설치목적은 다음과 같다.

① 연료의 착화를 손쉽게 한다.(불꽃 꺼짐의 방지)
② 저온의 노에서 연소를 안정시킨다.
③ 완전연소를 촉진시킨다.

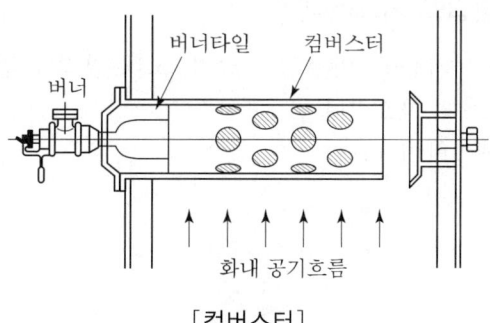

[컴버스터]

SECTION 05 연소점화장치

1 수동점화 토지

길이 1m 정도의 점화봉에 (10mm 직경) 석면이나 천을 끝부분에 감아서 만들어 경유에 적신 후 화구에 밀어 넣어서 5초 이내에 주버너에 착화시킨다.

① 점화 실패가 많다.
② 사용이 불편하다.
③ 연소용 공기의 압력이 높아서 점화봉의 불꽃이 꺼지지 않게 하여야 한다.

2 전기 스파크식(자동점화식)

버너에 플러그를 두고 변압기에서 고전압을 플러그로 보내면 강한 스파크(불꽃)가 발생하여 가스 연료나 경유에 순간적으로 점화가 일어난다.

(1) 사용상의 장점

① 착화가 수동식에 비해 손쉽다.
② 불꽃의 안정을 형성하는 노즐이 있다.
③ 불이 잘 꺼지지 않는다.
④ 자동식 점화다.

(2) 착화에 필요한 전압

① 가스연료 착화버너 : 5,000~7,000V(상용 8kV)
② 경유연료 착화버너 : 10,000~15,000V(상용 13kV)

(3) 가스착화 버너의 분류(파일럿 가스버너)

① 내부 혼합식 : 불꽃이 날카롭고, 안전성이 크며, 노내 압력에 관계없이 쓸 수 있다.
② 외부 혼합식(노즐 믹스형 가스버너)
③ 반혼합식(애트머스 패릭타입 버너)

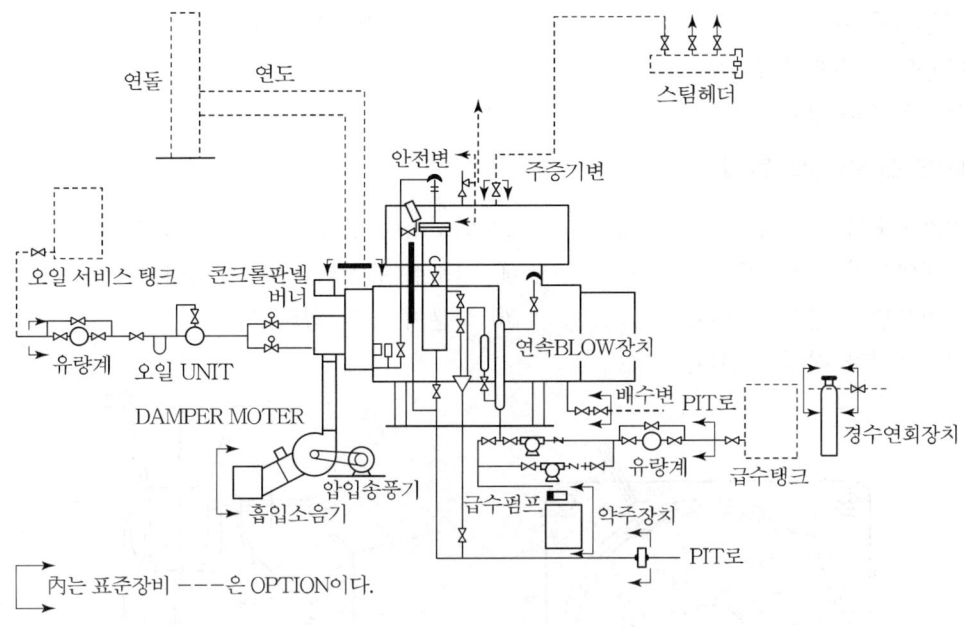

[Oil 연소용]

SECTION 06 기체연료의 연소장치

1 기체연료의 연소방식

기체연료의 연료방식은 연소용 공기의 공급방식에 따라 두 가지가 있다.

(1) 확산 연소방식

화구로부터 가스와 연소용 공기를 각각 연소실에 분사하고, 이것이 난류와 자연확산에 의한 가스와 공기의 혼합에 의해 연소하는 방식이다.
① 외부혼합식이다.
② 가스와 공기를 예열할 수 있다.
③ 고로가스나 발생로가스 등 탄화수소가 적은 가스연소에 유리하다.
④ 역화의 위험성이 적다.
⑤ 불꽃의 길이가 긴 편이다.
⑥ 부하에 따른 조작범위가 넓다.

(2) 예혼합 연소방식

기체연료와 연소용 공기를 사전에 버너 내에서 혼합하여 연소실 내로 분사시켜 연소를 일으키는 연소방식이며 완전 혼합형, 부분 혼합형의 2가지가 있다.

① 내부혼합식이다. ② 불꽃의 길이가 짧다.
③ 고온의 화염을 얻을 수 있다. ④ 연소실 부하가 높다.
⑤ 액화의 위험성이 크다.

(3) 기체연료의 연소성 특징

① 연소속도가 빠르다. ② 연소성이 좋고, 연소가 안정된다.
③ 완전연소가 가능하다. ④ 연소실 용적이 작아도 된다.
⑤ 대기오염의 발생이 적다. ⑥ 회분이 거의 없다.
⑦ 과잉공기가 적어도 된다.

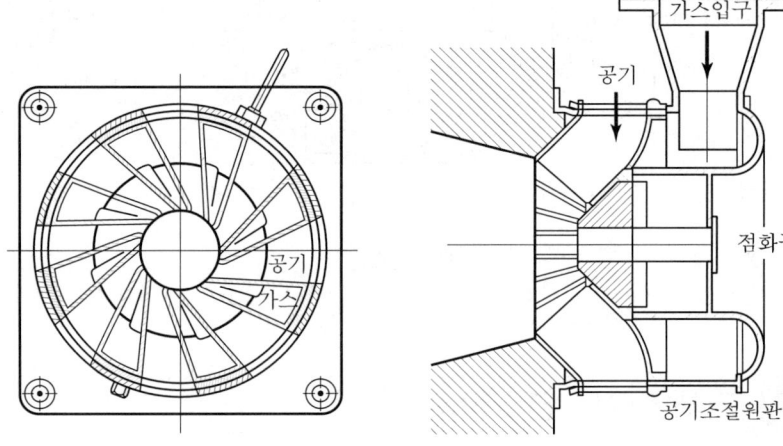

[가스버너]

(4) 버너의 종류

① 확산 연소방식의 버너

㉮ 포트형(Port Type) : 넓은 단면의 화구로부터 가스를 고속으로 노내를 확산하면서 공기와 혼합 연소하는 형식의 버너이다.
  ㉠ 발생로가스나 고로가스 등의 탄화수소가 적은 연료를 사용한다.
  ㉡ 가스와 공기를 고온으로 예열할 수 있다.
  ㉢ 가스와 공기의 속도를 크게 잡을 수 있다.

㉯ 선회형 버너(Guid Vane) : 가이드 베인이 있어 이것에 의해 가스와 공기를 혼합하여 그 혼합가스를 연소실로 확산시켜서 연소하는 버너이다. 특히 사용연료는 고로가스(용광로가스 등) 저품위의 연료가 사용된다.

㉰ 방사형 버너 : 천연가스와 같은 고발열량의 가스를 연소시키는 버너이며 연소방식은 선회형 버너와 비슷하다.

[포트형 가스버너]   [선회형 가스버너]   [방사형 가스버너]

② 예혼합 연소방식의 버너

㉮ 저압버너(공기흡인버너) : 송풍기를 사용하지 않으며 연소실 내를 부압으로 유지시켜 공기와 가스가 혼합유입되어 연소하는 버너이다.

㉠ 사용가스의 압력이 70~160mmH$_2$O 정도의 저압으로 가스가 공급된다.
㉡ 사용가스는 도시가스이다.
㉢ 가정용이나 공업용에 사용된다.
㉣ 노내가 부압이므로 자연흡입이 가능하다.
㉤ 고위발열량의 가스를 사용할 때는 노즐 구경을 작게 하고 공기의 흡입을 크게 한다.
㉥ 역화방지로 1차 공기량을 이론공기량의 약 30~60%를 흡인하도록 한다. 그리고 2차 공기로 불꽃이 확산되도록 한다.

㉯ 고압버너 : 노내의 압력을 정압으로 하여 가스와 공기를 혼합 연소시키는 버너이다.

㉠ 가스의 압력이 2kg/cm² 이상의 고압이다.
㉡ 소형의 고온로 등에 사용된다.
㉢ 사용연료는 도시가스, LPG, 부탄가스 등이다.

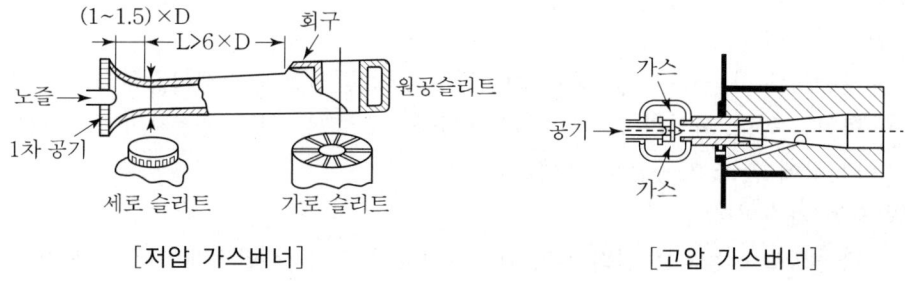

[저압 가스버너]   [고압 가스버너]

㉰ 송풍버너 : 공기를 압축시켜 가압연소로서 고압버너와 마찬가지로 노내 압력을 정압으로 유지시키는 버너이다. 반드시 역화방지장치가 필요하다.

(5) 가스버너의 장점

① 연소장치가 간단하고 보수가 양호하다.
② 고부하 연소가 가능하다.
③ 저질가스의 사용에도 유효하다.

④ 가스와 공기의 조절비 제어가 간단하다.
⑤ 온도 제어가 쉽다.
⑥ 연소의 조절범위가 넓다.

2 최근의 기체연료 연료방식과 버너

(1) 기체연료 사용 시 가스의 화염
① 예혼합화염(예혼합연소 방식)
㉮ 연소반응이 빨리 이루어지는 특징이 있다.
㉯ 연소부하율을 높게 할 수 있어 연소실의 크기를 작게 할 수 있다.
㉰ 가스의 분출속도가 빠르면 가스분출구에서 화염이 이탈되는 리프트(Lift)현상이 발생하고, 버너의 가스분출구에서 가스분출속도가 더욱 빨라지면 화염이 소멸된다.
㉱ 버너의 가스분출구에서 가스분출속도가 너무 느리면 화염이 버너 내부로의 역화(Back Fire)가 일어난다.
② 확산화염(확산연소방식)
㉮ 버너에서 연료와 공기를 별도로 분출시키거나 공기 중에 연료를 분출시켜서 연료와 공기의 확산에 의해 서서히 혼합되면서 연소가 형성된다.
㉯ 예혼합방식에 비해 연소부하율은 작지만 화염의 안정범위가 넓고 역화발생이 없다.
㉰ 조작이 간편하여 산업용 연소장치에 많이 이용된다.

(2) 가스버너의 종류
① 운전방식에 따른 분류
㉮ 자동 가스버너
㉠ 자동으로 작동되는 점화장치, 화염감시장치 및 연소 안전제어장치가 장착된 버너이다.
㉡ 화염의 점화, 화염의 감시는 물론 버너를 켜고 끄는 일이 운전자의 조작 없이 설정변수의 값에 따라 자동으로 제어된다.
㉯ 반자동 가스버너
㉠ 자동으로 작동되는 점화방지, 화염감시장치 및 연소 안전제어 장치가 장착된 것으로, 버너를 켜는 것은 수동으로 버너를 끄는 것은 수동 또는 자동으로 이루어진다.
㉡ 운전 중 화염감시장치에 의해 화염이 감시되고 재점화 기능은 없지만 운전 중 버너의 가스소비량은 수동이나 자동으로 제어되는 버너이다. 즉, 운전자의 조작에 의해 버너를 켜는 동작을 말한다.

② 연소용 공기의 공급방식에 따른 분류

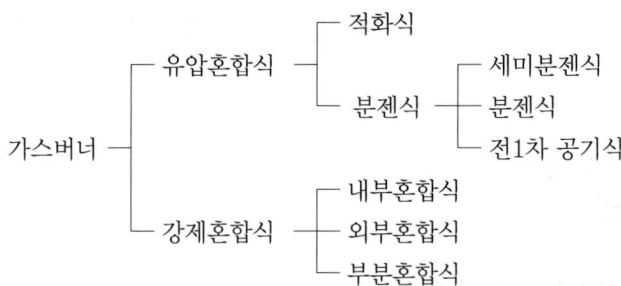

▼ 가스버너의 종류

버너형식			1차 공기량(%)	예	
유압 혼합식	적화(赤火)식		0	• Pipe 버너 • 충염버너	• 어미식(魚尾式) 버너
	분젠식	세미분젠식	40		
		분젠식	50~60	• Ring 버너	• Slit 버너
		전일차 공기식	100 이상	• 적외선버너	• 중압분젠버너
강제 혼합식	내부 혼합식		90~120	• 고압버너 • Ribbon 버너	• 표면연소버너
	외부 혼합식		0	• 고속버너 • 액중연소버너 • 혼소버너	• Radient Tube 버너 • 휘염버너 • 보일러용 버너
	부분 혼합식				

SECTION 07 온수보일러의 오일버너

1 오일버너의 종류와 특징

(1) 연소방식과 사용 버너

① 압력분무식 연소방식 : 버너의 종류 : 건타입 버너, 저압 공기분무식 버너
② 증발식 연소방식 : 포트식
③ 회전무화식 연소방식 : 로터리 버너, 월프레임 버너
④ 기화식 연소방식 : 기화식 버너
⑤ 낙차식 연소방식 : 고정한 심지에 연료를 보내 연소시킨다.(심지고정 낙차식 버너)

(2) 버너 특징(KSB 발췌)
① 건타입 버너
㉮ 특징
㉠ 가정용 버너이다.
㉡ 유량은 유압의 평방근에 비례한다.
㉢ 유압은 7kg/cm² 이상이다.
㉣ 자동제어가 용이하다.
㉤ 노내압이 너무 높으면 연소상태가 불량하다.
㉥ 종류가 매우 많다.
㉦ 기름 펌프와 송풍기의 모터가 동일 축선이다.
㉧ 대용량 버너인 경유, 중유 사용도 가능하다.

② 저압 공기분무식 버너
㉮ 특징
㉠ 분무매체는 400~2,000mmH₂O 정도의 저압의 공기를 사용한다.
㉡ 연료유압은 0.3~0.5kg/cm²이다.
㉢ 분무광 각도는 30~60°이다.
㉣ 유량 조절범위는 대략 1 : 5~1 : 6 정도이다.
㉤ 주로 사용연료는 경질유이다.
㉥ 중·소형 보일러용으로 편리하다.
㉯ 구조상의 분류
㉠ 연동형(비례조절 버너)
㉡ 비연동형(연료와 공기를 분리하여 조절한다.)

③ 포트식 버너
㉮ 특징
㉠ 완전자동화가 다소 곤란하다.
㉡ 점화나 소화 시에 다소 시간이 많이 걸린다.
㉢ 유면을 일정하게 유지해야 한다.
㉣ 연소열로 유면이 가열된 후 가연증기가 연소된다.
㉤ 휘발성이 높은 등유나 경유 등의 연료를 사용한다.
㉥ 소형이라 취급이 간편하다.
㉦ 연소 시 소음이 낮다.
㉧ 연료가 액상이라 점화 시 점화가 어려운 편이다.
㉨ 배기의 온도가 높다.
㉯ 포트식 버너는 로저부에 설치한 접시모양의 용기에 연료를 보내어 노내의 열로 증발시켜 연소한다.

④ 로터리 버너
　㉮ 특징
　　㉠ 원심력과 1차 공기에 의해 연료가 미립화한다.
　　㉡ 기름의 유압은 0.3kg/cm² 이상이다.
　　㉢ 유량 조절범위가 1 : 5라 높다.
　　㉣ 분무각 각도가 30~80°이다.
　　㉤ 고점도의 연료는 예열 후 무화가 필요하다.
　　㉥ 자동제어에 용이하다.
　　㉦ 중·소형 보일러에 이상적이다.
　㉯ 구조
　　㉠ 벨트식
　　㉡ 직결식
⑤ 월프레임 버너(회전분무식의 일종)
　㉮ 특징
　　㉠ 노벽의 방사열을 이용한다.
　　㉡ 넓은 면적으로 열량을 분산시킨다.
　　㉢ 불꽃이 수직 방향이다.
　　㉣ 기름 소비량이 3~10(l/h)이다.
　　㉤ 연통으로부터 역풍에 약하다.
　　㉥ 노벽면을 따라 퍼지는 불꽃 특성이 있다.
　㉯ 회전하는 연료 노즐에서 기름을 수평으로 방사하여 히터코일이나 노열로 가열되어 접촉 증발시키는 방식의 버너이다.
⑥ 기화식 버너
　㉮ 연료로 가열관을 가열하여 연료유를 공급 기화시켜 세공 등으로 분사시킨다.
　㉯ 사용연료는 등유나 경유이다.
　㉰ 특징
　　㉠ 완전연소가 용이하다.
　　㉡ 소형에 적당하고 공업용으로는 사용치 못한다.
　　㉢ 가압연소인 경우 압축용 펌프의 설치가 필요하다.
⑦ 낙차식 버너
　㉮ 연료가 낙차에 따라 고정시킨 장치에 보내어 연소가 된다.
　㉯ 화력의 조절은 연료유가 흐르는 부피를 변화시켜 조절한다.

CHAPTER 05 연소계산

SECTION 01 연소공학 개론

가연성 물질인 연료를 공기 중 산소(O_2)와의 화학반응으로 연소생성물의 상태나 양, 그에 필요한 연소 시의 공기량 등을 정확하게 파악하고, 연소상태의 양부를 계산하는 과정을 정확히 산출하는 데 연소계산의 목적이 있다.

※ 공기 중의 산소와 질소와의 비율

- 중량비 : 산소 23.2%, 질소 76.8%
- 체적비 : 산소 21%, 질소 79%

연소계산이나 열정산을 하는 경우에 산소반응의 중간에서의 변화에 대해서는 고려하지 않고 최후의 연소생성물에 대해서만 생각한다.

1 고체 및 액체 연료의 연소계산

(1) 탄소(C)의 연소

① 탄소가 연소되어 이산화탄소가 될 때(중량당 계산)

C	+	O_2	$(+N_2)$	=	CO_2	$(+N_2)$
1kmol		1kmol			1kmol	
12kg		32kg	106kg		44kg	106kg
1kg		2.67kg	8.83kg		3.76kg	8.83kg

공기량 11.5kg/kg   연소가스량 12.5kg/kg

② 탄소가 불완전 연소되어 일산화탄소가 될 때

$$C \quad + \quad \frac{1}{2}O_2 \quad (+N_2) \quad = \quad CO_2 \quad (+N_2)$$

1kmol	$\frac{1}{2}$ 1kmol		1kmol	
12kg	16kg	53kg	28kg	53kg
1kg	1.33kg	4.41kg	2.33kg	4.41kg

공기량 5.74kg/kg 연소가스량 6.74kg/kg

③ 산소나 이산화탄소는 기체이므로 용적으로 나타내면

$$C \quad + \quad O_2 \quad (+N_2) \quad = \quad CO_2 \quad (+N_2)$$

1kmol	1kmol		1kmol	
12kg	22.4Nm³	84.27Nm³	22.4Nm³	84.27Nm³
1kg	1.87Nm³	7.02Nm³	1.87Nm³	7.02Nm³

공기량 8.89Nm³/kg 생성가스량 8.89Nm³/kg

(2) 수소(H_2)의 연소

① 수소가 연소되어 물이 될 때(중량당 계산)

$$H_2 \quad + \quad \frac{1}{2}O_2 \quad (+N_2) \quad = \quad H_2O \quad (+N_2)$$

	1kmol	$\frac{1}{2}$	1kmol	1kmol
2kg	16kg	53kg	18kg	53kg
1kg	8kg	26.5kg	9kg	26.5kg

공기량 34.5kg/kg 생성가스량 35.5kg/kg

② 발생되는 수증기도 기체이므로 체적으로 나타내면

$$H_2 \quad + \quad \frac{1}{2}O_2 \quad (+N_2) \quad = \quad H_2O \quad (+N_2)$$

1kmol	$\frac{1}{2}$ kmol		1kmol	
2kg	11.2Nm³	42.13Nm³	22.4Nm³	42.13Nm³
1kg	5.6Nm³	21.07Nm³	11.2Nm³	21.07Nm³

공기량 26.67Nm³/kg 연소가스량 32.27Nm³/kg

(3) 황(S)의 연소

① 황이 연소되어 아황산가스가 될 때(중량당 계산)

S	+	O_2	$(+N_2)$	=	SO_2	$(+N_2)$
1kmol		1kmol			1kmol	
32kg		32kg	106kg		64kg	106kg
1kg		1kg	3.31kg		2kg	3.31kg

공기량 4.31kg/kg   연소가스량 5.31kg/kg

② 발생되는 아황산가스도 기체이므로 체적으로 나타내면

S	+	O_2	$(+N_2)$	=	SO_2	$(+N_2)$
1kmol		1kmol			1kmol	
32kg		22.4Nm³	84.27Nm³		22.4Nm³	84.27Nm³
1kg		0.7Nm³	2.63Nm³		0.7Nm³	2.63Nm³

공기량 3.33Nm³/kg   연소가스량 3.33Nm³/kg

2 이론산소량(O_0) 계산

(1) 체적으로 구할 때(O_0)

$$O_0 = \frac{22.4}{12}C + \frac{11.2}{2}\left(H - \frac{O}{8}\right) + \frac{22.4}{32}S$$

$$= 1.87C + 5.6\left(H - \frac{O}{8}\right) + 0.7S = 1.87C + 5.6H - 0.7(O-S)\,\text{Nm}^3/\text{kg}$$

(2) 중량으로 구할 때(O_0)

$$O_0 = \frac{32}{12}C + 16\left(H - \frac{O}{8}\right) + \frac{32}{32}S$$

$$= 2.67C + 8\left(H - \frac{O}{8}\right) + 1S = 2.67C + 8H - (O-S)\,\text{kg/kg}$$

> **REFERENCE**
>
> 위 식에서 $\left(H - \dfrac{O}{8}\right)$는 유효수소를 나타내는 것으로서, 연료 속의 수소는 그 연료 속의 산소와 혼합하여 화합수의 상태로 존재한다. 실제로 공기 중의 산소와 결합하여 연소할 수 있는 수소(유효수소)가 있다. 그러므로 유효수소는 연료 속의 총 수소(H)에서 화합수로 되는 수소$\left(\dfrac{O}{8}\right)$를 빼주면 그 값이 나온다.

3 연소용 공기량

(1) 이론공기량(A_0)

어떤 연료를 이론적으로 완전 연소시키는 데 필요한 공기량을 그 연료의 이론공기량이라 하며, 그 물체의 가연성분에만 필요한 것이므로 각 가연성분이 연소할 때 필요로 하는 공기량의 합이 된다.

① 체적으로 구할 때

$$A_0 = 8.89\text{C} + 26.67\left(\text{H} - \frac{\text{O}}{8}\right) + 3.33\text{S}$$

$$= 8.89\text{C} + 26.67\text{H} - 3.33(\text{O} - \text{S})\,\text{Nm}^3/\text{kg}$$

② 중량으로 구할 때

$$A_0 = 11.5\text{C} + 34.49\left(\text{H} - \frac{\text{O}}{8}\right) + 4.31\text{S}$$

$$= 11.5\text{C} + 34.49\text{H} - 4.31(\text{O} - \text{S})\,\text{kg}/\text{kg}$$

> **REFERENCE** 정미 이론공기량(항습 이론공기량)
>
> 연소용 공기 중에서 반드시 대기 중의 수분 $W_a(\text{m}^3/\text{m}^3)$이 포함되므로 정미 이론공기량은
> $$A_{ow} = A_0 \times \frac{1}{1 - W_a}\,\text{Nm}^3/\text{kg}$$
> 이와 같이 이론공기량은 연료의 가연성분으로부터 계산할 수 있고, 연료의 발열량으로부터 간단히 그 이론공기량의 양을 구할 수 있다.
> ① 액체연료인 경우
> $$A_0 = 12.38 \times \frac{H_l - 1{,}100}{10{,}000} = 2.96 \times \frac{H_h - 4{,}600}{1{,}000}\,(\text{Nm}^3/\text{kg})$$
> ② 고체연료인 경우
> $$A_0 = 1.01 \times \frac{H_l + 550}{1{,}000} = 0.242 \times \frac{H_h + 2{,}300}{1{,}000}\,(\text{Nm}^3/\text{kg})$$
> 여기서, H_L : 저위발열량, H_h : 고위발열량

(2) 실제공기량(A)

실제로 연료를 연소하는 경우에는 그 연료의 이론공기량만으로는 완전연소가 거의 불가능하므로 불완전연소가 되기 쉽다. 따라서 부족한 공기를 더 공급하여 연료를 완전연소시킬 때 공기를 실제공기량이라 한다. 실제로 사용한 공기량이 그 이론공기량의 몇 배에 상당하는가를 나타내는 수치를 공기비(과잉공기계수)라 하고 그 기호는 m으로 나타낸다.

※ 이론공기량에 공기비를 곱한($A = A_o \times m$) 것이 실제공기량(A)이 된다.
- 과잉공기량은 $A - A_0 = (m-1)A_0$
- 과잉공기율은 $(m-1) \times 100\%$

(3) 공기비(m)

① 공기비(m) = $\dfrac{\text{실제연소공기량}}{\text{이론연소공기량}} = \dfrac{\text{실제공기량}}{\text{실제공기량} - \text{과잉공기량}}$

$= \dfrac{A}{A_0} = 1 + \dfrac{A - A_0}{A_0} = \dfrac{\dfrac{N_2}{0.79}}{\dfrac{N_2}{0.79} - \dfrac{O_2}{0.21}}$

$= \dfrac{21 N_2}{21 N_2 - 79 O_2} = \dfrac{21}{21 - O_2}$ (완전연소 시)

② 불완전연소로 CO가 혼합되어 있을 때

$m = \dfrac{\dfrac{N_2}{0.79}}{N_2 - 0.79 \left(\dfrac{O_2}{0.21} - \dfrac{0.5 CO}{0.21} \right)}$ (불완전연소 시)

$= \dfrac{21 N_2}{21 N_2 - 79(O_2 - 0.5 CO)} = \dfrac{21}{21 - O_2 + 0.5 CO}$

$= \dfrac{N_2}{N_2 - 3.76(O_2 - 0.5 CO)}$

③ 또는 $\dfrac{CO_{2max}}{CO_2}$로도 구할 수 있다.[CO_{2max} : 탄산가스 최대발생량(%)]

※ 배기가스 중 질소(N_2), 산소(O_2), 일산화탄소(O), 탄산가스(CO_2) 검출로 공기비 계산

④ 공기비가 클 경우의 장해
   ㉮ 연소실 내의 연소온도가 저하된다.
   ㉯ 통풍력이 강하여 배기가스에 의한 열손실이 많아진다.
   ㉰ 연소가스 중에 무수황산(SO_3)의 함유량이 많아져 저온 부식이 촉진된다.
   ㉱ 연소가스 중의 이산화질소(NO_2)의 발생이 심하여 대기오염을 유발한다.

⑤ 공기비가 작을 경우의 장해
   ㉮ 불완전 연소가 되어 매연발생이 심하다.
   ㉯ 미연소에 의한 열손실이 증가
   ㉰ 미연소가스로 인한 폭발사고가 일어나기 쉽다.

(4) 이론 연소가스량(G_o)

이론 연소가스란, 이론공기량으로 연소시켰을 때 발생되는 것으로 연료의 성분에 따라 일산화탄소(CO), 이산화탄소(CO_2), 수증기(H_2O), 아황산가스(SO_2), 질소(N_2) 등이 포함된다. 이와 같이 전체의 생성 배기가스를 이론 습연소가스(G_{ow}), 생성 수증기(H_2O)를 제한 것을 이론 건연소가스(G_{od})라고 한다.

① 이론 습연소가스량(G_{ow})

㉮ 체적으로 구할 때

$$G_{ow} = 8.89C + 32.27H - 2.63O + 3.33S + 0.8N + 1.25W (Nm^3/kg)$$

$$= 8.89C + 32.27(H - \frac{O}{8}) + 3.33S + 0.8N + 1.25W (Nm^3/kg)$$

㉯ 중량으로 구할 때

$$G_{ow} = 12.5C + 35.49H - 3.31O + 5.31S + N + W (kg/kg)$$

㉰ 실제로는 공기 중에 습분(W_a)을 함유하므로 그것을 고려하여 연료 중의 수분(W)에 (A_0, W_a)를 가산할 필요가 있다. A_0은 이론공기량(Nm^3/kg)이고, W_a는 공기 속의 습분(건조공기에 대한 것, Nm^3/kg)이다. 연소가스는 생성물과 질소의 합이므로 공기와 함께 투입되는 질소의 전량에 각 생성물의 양을 합하여도 전체의 연소가스량을 구할 수 있다.

$$G_{ow} = (1 - 0.21)A_0 + 1.87C + 11.2H + 0.7S + 0.8 + 1.25W (Nm^3/kg)$$

$$G_{ow} = (1 - 0.23)A_0 + 3.67C + 9H + 2S + W (kg/kg)$$

※ $H_2O = \dfrac{22.4 Nm^3}{18 kg} = 1.25 Nm^3/kg$, $N_2 = \dfrac{22.4 Nm^3}{28 kg} = 0.8 Nm^3/kg$

REFERENCE

이론 습연소가스량도 발열량과 마찬가지로 연료의 원소분석치로 구하므로 다음과 같이 발열량에 의한 간단한 방법의 계산공식은,
① 액체연료인 경우

$$G_{ow} = 15.75 \times \frac{H_l - 1,100}{10,000} - 2.18 Nm^3/kg$$

② 고체연료인 경우

$$G_{ow} = 0.905 \times \frac{H_l + 550}{10,000} + 1.17 Nm^3/kg$$

② 이론 건연소가스량(G_{od})

㉮ 체적으로 구할 때

$$G_{od} = 8.89C + 21.07H - 2.63O + 3.33S + 0.8N \, (\text{Nm}^3/\text{kg})$$

$$= 8.89C + 21.07(H - \frac{O}{8}) + 3.33S + 0.8N \, (\text{Nm}^3/\text{kg})$$

$$G_{od} = (1 - 0.21)A_0 + 1.87C + 0.7S + 0.8N \, (\text{Nm}^3/\text{kg})$$

㉯ 중량으로 구할 때

$$G_{od} = 12.5C + 26.49H - 3.31O + 5.31S + N \, (\text{kg/kg})$$

$$G_{od} = (1 - 0.232)A_0 + 3.67C + 2S + N \, (\text{kg/kg})$$

※ 수소(H_2)의 연소 시 습연소가스량 32.27에서 건연소기준에서는 수소 1kg의 연소 시 수증기량 11.2를 제하면 수소의 연소 시 질소 값(32.27 - 11.2 = 21.07Nm³/kg)만 계산한다.

(5) 실제 연소가스량(G)

실제 연소가스량이란 연료가 실제로 연소하여 생성하는 가스의 실제공기량 중 이론공기량이 가연성분과 화합하여 이론 연소가스량이 되는 것과 나머지 과잉공기량과의 합이므로 다음과 같다.

① 실제 습연소가스량(G_w)

습연소가스 속에는 사용 공기 중의 수분(W_a)도 생성 수증기에 포함되므로 정확하게 표시하면

$$G_w = (m-1)A_0 + G_{ow}(+(m-1)A_0) \cdot W_a \, (\text{Nm}^3/\text{kg})$$

또한 연소가스량은 연소에 사용된 실제공기량(mA_0)와 연료의 연소변화에 의하여 증가한 가스량과의 합으로 나타내면

$$G_w = mA_0 + 5.6H + 0.7O + 0.8N + 1.25W(+ mA_0 \cdot W_a)(\text{Nm}^3/\text{kg})$$

다른 면으로 생각하면 연소가스량은 이론 가스량으로 연소한 생성가스량과 그 이외 공기량 이론공기 중의 질소량과 과잉공기량의 합으로 구성된다고 생각되므로,

㉮ 체적으로 구할 때

- $G_w = (m - 0.21)A_0 + 1.87C + 11.2H + 0.7S + 0.8N + 1.25W(+ mA_0 \cdot W_a)(\text{Nm}^3/\text{kg})$
- $G_w = G_{ow} + (m-1)A_0 \, (\text{Nm}^3/\text{kg})$
- $G_w = $ 실제건연소가스량 + 연소생성수증기량 $= G_d + W_g \, (\text{Nm}^3/\text{kg})$

㉯ 중량으로 구할 때

$$G_w = (m - 0.232)A_0 + 3.67C + 9H + 2S + N + W(+ mA_0 \cdot W_a)(kg/kg)$$

② 실제 건연소가스량(G_d)

이론 연소가스량과 마찬가지로 실제 건연소가스량도 습연소가스량에서 연소 생성수증기의 양(W_a)을 빼주면 된다.

$$G_d = G_w - W_g = mA_0 + 5.6H + 0.7S + 0.8N(Nm^3/kg) = G_{od} + (m-1)A_0(Nm^3/kg)$$

실제 습연소가스량과 마찬가지로 실제 건연소가스량에서도 다음과 같다.

㉮ 체적을 구할 때

$$G_d = (m - 0.21)A_0 + 1.87C + 0.7S + 0.8N(Nm^3/kg)$$

㉯ 중량으로 구할 때

$$G_d = (m - 0.232)A_0 + 3.67C + 2S + N(kg/kg)$$

③ 이론 연소가스량(G_o)과 실제 연소가스량(G)의 관계

$$G = G_o + (m-1)A_0(Nm^3/kg)$$

$$G_o = G - (m-1)A_0(Nm^3/kg)$$

④ 실제 습연소가스량(G_w)과 실제 건연소가스량(G_d)의 관계

$$G_w = G_d + 1.25(9H + W)(+ mA_0 \cdot W_a)(Nm^3/kg)$$

$$G_d = G_w - 1.25(9H + W)(+ mA_0 \cdot W_a)(Nm^3/kg)$$

(6) 연소 생성 수증기량(W_g) 계산

수소(H_2)의 연소 시 생성된 수증기와 부착수분 및 공기 중에 포함되어 들어오는 수분(W)이 증발된 수증기의 합을 말하며, 건연소가스라 하여도 완전히 건조한 가스의 뜻이 아니고 습연소가스에서 연소 생성 수증기를 뺀 것이다.

① 체적

$$W_g = 11.2H + 1.244W = 1.244(9H + W)(Nm^3/kg)$$

② 중량

$$W_g = 9H + W(kg/kg)$$

> REFERENCE
> - $(1-0.21)A_0$: 이론 공기량 중의 질소량(Nm^3/kg)
> - $(1-0.79)A_0$: 이론 공기량 중의 산소량(Nm^3/kg)
> - $(m-0.21)A_0$: 이론 공기량 중의 질소량과 과잉공기량과의 합(Nm^3/kg)
> - $(m-1)A_0$: 과잉공기량(Nm^3/kg)
> - $(m-1)100$: 과잉공기율(%)

(7) 최대 이산화탄소율(CO_{2max})

연료의 주성분은 탄소 및 그 화합물이지만, 이것이 연소하면 이산화탄소가 된다. 공기를 충분히 보내어 연소가 좋아지면 CO_2(%)는 상승하나, 주어진 공기가 이론양을 넘으면 연소가스 중에 과잉공기가 들어가기 때문에 CO_2는 감소한다. 따라서 연료에 공급되는 공기량이 부족, 최적량, 과잉이 되는 것에 따라서 CO_2(%)를 표시하면 상승, 최대하강과 같이 산형 모양의 커브를 그린다. 따라서 CO_2(%)를 그 높이 정상에 있도록 연소를 조절하는게 가장 좋다. 이 정상의 CO_2(%)를 최대 이산화탄소율(CO_{2max})이라 부른다.

$$CO_{2max} = \frac{CO_2}{\text{실제 건연소가스 체적} - \text{과잉공기 체적}} \times 100$$

① 완전연소 시 CO_{2max}

$$CO_{2max} = \frac{21(CO_2)}{21-O_2} (\%)$$

② 불완전연소 시 CO_{2max}

$$CO_{2max} = \frac{21(CO_2+CO)}{21-(O_2)+0.395(CO)} (\%)$$

③ 고체 및 액체연료의 원소분석에 따른 CO_{2max}

㉮ $CO_{2max} = \dfrac{1.867C}{8.89C + 21.07\left(H - \dfrac{O}{8}\right) + 3.33S + 0.8N} \times 100 (\%)$

㉯ $CO_{2max} = \dfrac{1.867C}{G_o} \times 100\% = \dfrac{1.867C}{\text{이론배기가스량}} \times 100 (\%)$

(8) 연소계산법에 의한 연소가스의 성분계산

연료 가연분의 조성이 판명되면, 연소 시 필요한 공기량 및 연소가스량을 계산할 수 있음과 동시에 배기가스 성분도 산출할 수 있다.

① 실제 습배기가스(G_w) 중의 성분을 용적(Nm^3/kg) 단위로 나타내면

- $CO_2 = \dfrac{1.87C}{G_w} \times 100\%$

- $O_2 = \dfrac{0.21(m-1)A_0}{G_w} \times 100\%$

- $N_2 = \dfrac{0.8N + 0.79mA_0}{G_w} \times 100\%$

- $SO_2 = \dfrac{0.7S}{G_w} \times 100\%$

㉮ 질소(N_2)는 $100 - (CO_2 + O_2 + SO_2)$의 식으로도 구할 수 있다.
㉯ 아황산가스(SO_2)는 오르자트 가스분석 시험을 할 때 수산화칼륨(KOH)에 이산화탄소와 함께 흡수되고, 그 성분이 극소량이므로 편의상 이산화탄소와 합산하여 계산하는 것이 원칙이다.

$$CO_2 = \dfrac{1.87C + 0.7S}{G_w} \times 100\%$$

② 이와 같이 습연소가스에 의하여 배기가스 분석을 하였지만 일반적으로 배기가스 분석은 실제 건연소가스(G_d)로 구하므로 공식은 다음과 같다.

- $O_2 = \dfrac{0.21(m-1)A_0}{G_d} \times 100\%$

- $CO_2 = \dfrac{1.87C + 0.7S}{G_d} \times 100\%$

- $N_2 = 100 - (O_2 + CO_2)\,(\%)$

SECTION 02 연료의 발열량 계산

연료의 발열량은 열량계로 측정되나, 연소 생성 수증기는 물로 응축되면서 증발잠열을 방출하게 된다. 그러므로 열량계로 측정한 발열량은 연료의 진정한 연소열과 증발잠열의 합을 의미하게 된다. 이때의 합을 고발열량이라 하고, H_h로 나타낸다. 그러나 실제로 보일러 속에서 연소된 뒤의 배기가스는 연돌을 지나 대기 중에 방산되며, 그 때의 온도는 적어도 100℃ 이상은 되고 배기가스 중의 수증기는 기체인 상태로 배출되므로 보일러에서 이용되는 열은 연소에 의한 열일 뿐 수증기의 증발잠열은 포함되지 않는다. 이처럼 실제로 사용할 수 있는 발열량을 저발열량(진발열량)이라 하며, H_l로 표시한다.

(1) 가연성분의 연소열(발열량)

- $C + O_2 = CO_2 + 97,200 \text{kcal/kmol}$
- $H_2 + \dfrac{1}{2}O_2 = H_2O + 68,000 \text{kcal/kmol}$ ·········· (액체)
- $H_2 + \dfrac{1}{2}O_2 = H_2O + 57,200 \text{kcal/kmol}$ ·········· (기체)
- $S + O_2 = SO_2 + 80,000 \text{kcal/kmol}$

여기서, 열량의 단위는 kcal/kmol로서, 가연성분 1kg 분자량이 연소할 때의 발열량이므로 kcal/kg 단위로 환산하여야 한다.

- 탄소(C) : $97,200 \times \dfrac{1}{12} = 8,100 \text{kcal/kg}$ (탄소 분자량 : 12)
- 수소(H) : $68,000 \times \dfrac{1}{2} = 34,000 \text{kcal/kg}$ (수소 분자량 : 2) ·········· (액체)
- 수소(H) : $57,200 \times \dfrac{1}{2} = 28,600 \text{kcal/kg}$ (수소 분자량 : 2) ·········· (기체)
- 황(S) : $80,000 \times \dfrac{1}{32} = 2,500 \text{kcal/kg}$ (황의 분자량 : 32)

(2) 고체, 액체 연료의 발열량 계산식(원소분석)

① 고발열량(H_h)

$$H_h = 8,100C + 34,000\left(H - \dfrac{O}{8}\right) + 2,500S \text{ kcal/kg}$$

② 저발열량(H_l)

$$H_l = 8{,}100C + 28{,}600\left(H - \frac{O}{8}\right) + 2{,}500S - 600\left(\frac{9}{8}O + W\right) \text{kcal/kg}$$

$$= 8{,}100C + 28{,}600H - 4{,}250O + 2{,}500S - 600W \,(\text{kcal/kg})$$

따라서, 고발열량(H_h)와 저발열량(H_l)과의 관계는

$$H_l = H_h - 600\left\{9\left(H - \frac{O}{8}\right) + \frac{9}{8}O + W\right\} = H_h - 600(9H + W)$$

$$H_h = H_l + 600(9H + W)\,\text{kcal/kg}$$

여기서, 600 : 온도 표준상태(℃ 1atm)를 기준한 물의 증발잠열(kcal/kg)
- $9\left(H - \dfrac{O}{8}\right)$: 유효수소가 타서 발생한 물
- $\dfrac{9}{8}O$: 연료 속의 수소와 산소가 화합하여 발생한 물
- W : 연료의 부착 수분

(3) 공업분석에 의한 연료의 발열량 계산

① 석탄인 경우

$$H_h = 97\{81F + (96 - aw)(V + W)\}\,\text{kcal/kg}$$

② 코크스인 경우

$$H_h = 8{,}100(V + F) = 8{,}100(1 - A - W)\,\text{kcal/kg}$$

단, F : 고정탄소, V : 휘발분, W : 수분, A : 회분
a : 수분에 관계있는 계수로서 다음과 같다.
$W < 5.0\%$이면 $a = 650$, $W \geq 5.0\%$이면 $a = 500$

(4) 중유의 비중에 의한 발열량 산출법

$$\text{고위발열량}(H_h) = 12{,}400 - 2{,}100d^2\,\text{kcal/kg}$$

$$\text{저위발열량}(H_l) = H_h - 50.45 \times H\,\text{kcal/kg}$$

단, H : 수소의 함유율로서 $(26 - 15d)$로 구한다.
d : 15℃ 중유의 비중

- 1kcal = 4.186kJ
- 1kW = 10^3W, 1kWh = 860kcal = 3,600kJ

SECTION 03 기체연료의 연소계산

1 기체연료의 화학반응식

기체연료는 탄화수소의 연소방정식이며 즉 기체연료는 공기 중 산소와 반응하여 CO_2(이산화탄소)와 H_2O(수증기)를 발생하는 과정에서 열이 생성된다.

$$\underline{C_m H_n} + \underline{(m+\frac{n}{4})O_2} \rightarrow \underline{mCO_2} + \underline{\frac{n}{2}H_2O} + \underline{Q}$$

(기체연료) + (공기 중 산소) → (이산화탄소) + (수증기) + (열)

예 메탄(CH_4)가스의 분수법이나 미정계수법 연소반응식

$$aCH_4 + bO_2 \rightarrow cCO_2 + dH_2O$$

탄소(C) $= 1a = c$ ················ ①
수소(H) $= 4a = 2d$ ················ ②
산소(O) $= 2b = 2c+d$ ················ ③

위의 연립방정식 중 $a=1$이라 가정하면 ①식에 의하여 $1\times 1 = c$이므로 $c=1$
②식에서 $4\times 1 = 2d$, $d=2$
①식에서 $2b = (2\times 1) + 2$ ∴ $2b = 4$, $b = 2$
완성반응식(CH_4)

$$CH_4 + 2O_2 \rightarrow CO_2 + 2H_2O$$로 계산된다.

2 기체연료 연소공학

▼ 기체연료의 연소반응식

구분	반응식	구분	반응식
수소(H_2)	$H_2 + 0.5O_2 \rightarrow H_2O$	프로필렌(C_3H_6)	$C_3H_6 + 4.5O_2 \rightarrow 3CO_2 + 3H_2O$
일산화탄소(CO)	$CO + 0.5O_2 \rightarrow CO_2$	프로판(C_3H_8)	$C_3H_8 + 5O_2 \rightarrow 3CO_2 + 4H_2O$
메탄(CH_4)	$CH_4 + 2O_2 \rightarrow CO_2 + 2H_2O$	부틸렌(C_4H_8)	$C_4H_8 + 6O_2 \rightarrow 4CO_2 + 4H_2O$
에틸렌(C_2H_4)	$C_2H_4 + 3O_2 \rightarrow 2CO_2 + 2H_2O$	부타디엔(C_4H_6)	$C_4H_6 + 5.5O_2 \rightarrow 4CO_2 + 3H_2O$
에탄(C_2H_6)	$C_2H_6 + 3.5O_2 \rightarrow 2CO_2 + 3H_2O$	부탄(C_4H_{10})	$C_4H_{10} + 6.5O_2 \rightarrow 4CO_2 + 5H_2O$

▼ 기체연료의 발열량(고위발열량, 저위발열량)

가스명 \ 발열량	고위발열량	저위발열량	고위발열량	저위발열량
CO	2,420kcal/kg	2,420kcal/kg	3,020kcal/Nm³	3,020kcal/Nm³
H_2	33,910kcal/kg	28,570kcal/kg	3,050kcal/Nm³	2,570kcal/Nm³
CH_4	13,280kcal/kg	11,930kcal/kg	9,520kcal/Nm³	8,550kcal/Nm³
C_2H_6	12,410kcal/kg	11,330kcal/kg	16,820kcal/Nm³	15,370kcal/Nm³
C_2H_4	12,130kcal/kg	11,360kcal/kg	15,290kcal/Nm³	14,320kcal/Nm³
C_6H_6	10,030kcal/kg	9,620kcal/kg	34,960kcal/Nm³	33,520kcal/Nm³

▼ 탄화수소의 고위 · 저위발열량(kcal/Sm³)

화학반응식 $C_mH_n + \left(m+\dfrac{n}{4}\right)O_2 \rightarrow mCO_2 + \dfrac{n}{2}H_2O$		열관리편람		기계공학편람		화학공학편람	
		H_h	H_l	H_h	H_l	H_h	H_l
CH_4(메탄)+$2O_2$	$\rightarrow$ CO_2+2H_2O	9,530	8,570	9,520	8,550	9,530	8,566
C_2H_6(에탄)+$3.5O_2$	$\rightarrow$ $2CO_2+3H_2O$	16,820	15,380	16,820	15,370	16,610	15,164
C_3H_8(프로판)+$5O_2$	$\rightarrow$ $3CO_2+4H_2O$	24,370	22,350			22,450	20,521
C_4H_{10}(부탄)+$6.5O_2$	$\rightarrow$ $4CO_2+5H_2O$	32,010	29,610			29,083	26,672
C_2H_2(아세틸렌)+$2.5O_2$	$\rightarrow$ $2CO_2+H_2O$	14,080	13,600			13,900	13,418
C_3H_4(프로렌)+$3O_2$	$\rightarrow$ $2CO_2+2H_2O$	15,280	14,320	15,290	14,320	14,900	13,936
C_3H_6(프로필렌)+$4.5O_2$	$\rightarrow$ $3CO_2+3H_2O$	22,540	21,100			22,000	20,553
C_4H_8(부틸렌)+$6O_2$	$\rightarrow$ $4CO_2+4H_2O$	29,110	27,190				
C_6H_6(벤젠)+$7.5O_2$	$\rightarrow$ $6CO_2+3H_2O$	34,960	33,520	34,960	33,520	34,420	32,973

▼ 가연 3원소의 발열량

단위	화학반응식			열관리편람		기계공학편람		화학공학편람	
				H_h	H_l	H_h	H_l	H_h	H_l
kcal/kg	$C+O_2$	$\rightarrow$	CO_2	8,100	8,100	8,100	8,100	8,130	8,130
	$H_2+0.5(O_2)$	$\rightarrow$	H_2O	34,000	28,600	33,910	28,570	34,200	28,800
	$S+O_2$	$\rightarrow$	SO_2	25,000	2,500	2,210	2,210	2,200	2,220
kcal/Sm³	$CO+0.5(O_2)$	$\rightarrow$	CO_2	3,035	3,035	3,020	3,020	3,045	3,045
	$H_2+0.5(O_2)$	$\rightarrow$	H_2O	3,050	2,570	3,050	2,570	3,049	2,571

(1) 혼합가스 기체연료의 이론산소량(O_0)

$$O_0 = 0.5H_2 + 0.5CO + 2CH_4 + 2.5C_2H_2 + 3C_2H_4 + 3.5C_2H_6 + 5C_3H_8 + 1.5H_2S - (O_2)(Nm^3/Nm^3)$$

※ 주어진 가연성 성분의 산소량만 계산한다. O_2는 연료 중의 산소량은 빼준다.

(2) 혼합가스 기체연료의 이론공기량(A_0)

- $A_0 = 2.38H_2 + 2.38CO + 9.52CH_4 + 11.91C_2H_2 + 14.29C_2H_4 + 16.67C_2H_6 + 23.81C_3H_8$
  $+ 7.14H_2S - 4.762(O_2)(Nm^3/Nm^3)$

- $A_0 = 이론산소량(O_0) \times \dfrac{1}{0.21}(Nm^3/Nm^3)$

- $A_0{'}(정미이론공기량 = 항습이론공기량) = A_0 \times \dfrac{1}{1 - 공기중수분(W_a)}(Nm^3/Nm^3)$

(3) 기체연료의 실제공기량(A)

$$A = 이론공기량 \times 공기비(m)(Nm^3/Nm^3)$$

기체연료의 공기비(m)

① $m : \dfrac{CO_{2\max}}{CO_2}$

② $m : \dfrac{21}{21 - 79\left(\dfrac{O_2 - 0.5CO}{N_2}\right)} = \dfrac{21}{21 - O_2 - 0.5CO}$

(4) 기체연료의 이론습연소가스량(G_{ow})

- $G_{ow} = CO_2 + N_2 + 2.88(H_2+CO) + 10.52CH_4 + 12.41C_2H_2 + 15.29C_2H_4 + 18.17C_2H_6$
  $+ 25.81C_3H_8 + 33.45C_4H_{10} + 7.64H_2S - 3.76(O_2) + (W + A_0W_a)Nm^3/Nm^3$

- $G_{ow} = (1-0.21)A_0 + CO_2 + N_2 + 3CH_4 + 3C_2H_2 + 4C_2H_4 + 5C_2H_6 + 7C_3H_8 + 9C_4H_{10}$
  $+ 2H_2S - 3.76(O_2) + (W + A_0W_a)(Nm^3/Nm^3)$

  여기서, W : 연료 중 수분, A_0W_a : 공기 중 수분

- $G_{ow} = G_{od} + W_g(연소 중 연소생성수증기량)(Nm^3/Nm^3)$

(5) 기체연료의 이론건연소가스량(G_{ow}) : 습연소가스에서 발생된 H_2O값 제외

- $G_{od} = CO_2 + N_2 + 1.88H_2 + 2.88CO + 8.52CH_4 + 11.41C_2H_2 + 13.29C_2H_4 + 15.17C_2H_6$
  $+ 21.81C_3H_8 + 28.45C_4H_{10} + 6.64H_2S - 3.762(O_2)\,(Nm^3/Nm^3)$

- $G_{od} = (1 - 0.21)A_0 + CO_2 + N_2 + CO + CH_4 + 2C_2H_2 + 2C_2H_4 + 2C_2H_6 + 3C_3H_8 + 4C_4H_{10}$
  $+ 6.64H_2S - 3.76(O_2)\,(Nm^3/Nm^3)$

- $G_{od} = G_{ow} - W_g$

(6) 기체연료 실제습연소가스량(G_w)

- $G_w = G_{ow} + (m-1)A_0\,(Nm^3/Nm^3)$

- $G_w = (m - 0.21)A_0 + CO_2 + N_2 + 3CH_4 + 3C_2H_2 + 4C_2H_4 + 5C_2H_6 + 7C_3H_8 + 9C_4H_{10}$
  $+ 2H_2S - 3.76(O_2)\,(Nm^3/Nm^3)$

(7) 실제건연소가스량(G_d)

- $G_d = G_{od} + (m-1)A_0\,(Nm^3/Nm^3)$

- $G_d = (m - 0.21)A_0 + CO_2 + N_2 + CO + CH_4 + 2C_2H_2 + 2C_2H_4 + 2C_2H_6 + 3C_3H_8 + 4C_4H_{10}$
  $+ H_2S - 3.76(O_2)\,Nm^3/Nm^3$

- $G_d = G_w - W_g\,(Nm^3/Nm^3)$

(8) 기체연료 실제습연소가스량(G_w)

$W_g = H_2O + 2CH_4 + C_2H_2 + 2C_2H_4 + 3C_2H_6 + 4C_3H_8 + 5C_4H_{10} + H_2S$
$(+ W + A_0 W_a)\,Nm^3/Nm^3$

(9) 기체연료의 발열량 계산

① 고위발열량(H_h) = $3{,}035CO + 3{,}050H_2 + 9{,}530CH_4 + 14{,}080C_2H_2 + 15{,}280C_2H_4$
$+ 16{,}810C_2H_6 + 24{,}370C_3H_8 + 32{,}010C_4H_{10}\,(kcal/Nm^3)$

② 저위발열량(H_l) = $3{,}035CO + 2{,}570H_2 + 8{,}570CH_4 + 13{,}600C_2H_2 + 14{,}320C_2H_4$
$+ 15{,}370C_2H_6 + 22{,}450C_3H_8 + 29{,}610C_4H_{10}\,(kcal/Nm^3)$

※ 수증기(H_2O)의 응축잠열값 $\begin{cases} 600\,kcal/kg \\ 480\,kcal/Nm^3 \end{cases}$

(10) 기체연료의 발열량에 의한 이론공기량, 이론습배기가스량

① 이론공기량(A_0) = $11.05 \times \dfrac{H_l}{10,000} + 0.2 (\text{Nm}^3/\text{Nm}^3)$

② 이론습배기가스량(G_{ow}) = $11.9 \times \dfrac{H_l}{10,000} + 0.5 (\text{Nm}^3/\text{Nm}^3)$

02 보일러 안전관리 및 보존

ENERGY MANAGEMENT

CHAPTER 01 보일러 취급 및 안전관리
CHAPTER 02 보일러 취급 및 보존과 정비

CHAPTER 01 보일러 취급 및 안전관리

PART 02 | 보일러 안전관리 및 보존

SECTION 01 보일러 운전

1 안전관리의 개요

안전사고란 사고를 미연에 방지하여 재해로부터 생명보호와 생산성 증대, 열손실의 최소화를 꾀하기 위하여 적절한 조치를 행하는 활동을 말한다.

> **REFERENCE** 보일러 사고의 구분
>
> - 파열사고 : 보일러 운전 중 압력초과, 저수위 사고, 과열, 부식 등 취급상의 원인과 제작상의 원인 등으로 파열사고의 원인이 되어서 일어난다.
> - 미연소 가스폭발 사고 : 연소계통 운전 중 미연소가스가 충만된 상태로 점화했을 경우 가스폭발이나 역화로 인하여 사고가 발생된다.

(1) 보일러 운전 중 사고의 원인
  ① 제작상의 사고
   ㉮ 재료 불량   ㉯ 강도부족
   ㉰ 구조불량   ㉱ 부속장치 미비
   ㉲ 용접불량   ㉳ 설계불량 등
  ② 취급상의 사고
   ㉮ 압력초과   ㉯ 저수위 사고
   ㉰ 급수처리 불량   ㉱ 부식
   ㉲ 과열   ㉳ 가스폭발
   ㉴ 부속장치 정비불량 등

(2) 사고의 발생시기
   ① 무인운전 시   ② 점화나 소화 후 30분 이내
   ③ 취급자의 교대근무 시   ④ 야간근무 시
   ⑤ 노후된 보일러를 장기간 사용할 때   ⑥ 작업 중 다른 일을 할 때
   ⑦ 단속운전을 할 때   ⑧ 취급기술이 불량할 때
   ⑨ 부하변동이 극심할 때   ⑩ 음주운전 시

(3) 조작상의 보일러 사고의 원인(취급자의 원인)

① 수위 유지를 잘못하였을 때
② 점화나 소화의 미숙으로 인하여
③ 댐퍼의 개폐를 잘못하였을 때
④ 버너의 조종을 잘못하였을 때
⑤ 각종 밸브의 조작이 미숙할 때
⑥ 급수관리가 불충분할 때
⑦ 조종자 자리 이탈로 무인운전을 하였을 때
⑧ 연료관리를 잘못하였을 때
⑨ 연료와 연소용 공기의 증감을 잘못하였을 때

2 보일러 운전 전 준비사항

(1) 신설보일러 사용 전 준비사항

① 동 내부 점검
　㉮ 보일러 신설과정 중 동 내부에 남아 있는 공구, 볼트, 너트, 기름걸레 등을 제거한다.
　㉯ 급수내관, 비수방지관, 기수분리기 등의 부착상태를 살핀다.
　㉰ 급수구, 분출관, 수면계 부착구 등에 부착찌꺼기를 제거한다.
② 소다 볼링
　㉮ 소다 사용원인 : 보일러 설치 시 동 내면에 부착된 녹이나 유지류 페인트가 묻어 있으면 부식과 과열의 원인이 되기 때문이다.
　㉯ 소다 사용방법 : 탄산소다($NaCO_3$)를 물 1,000kg 정도에 2kg과 수산화나트륨 2kg, 인산나트륨 2~5kg 정도로 하여(즉, 물속에 0.1% 정도) 용해시킨 후 보일러압력 2~3kg/cm² 저압으로 하여 2~3일간 끓인 다음 분출하고 새로운 물을 넣고 신진대사를 한다.

3 점화 전 준비사항

(1) 노내 환기(프리퍼지)

점화 전 노내 통풍환기는 노내의 미연가스에 의한 가스폭발을 방지하기 위하여 연도 댐퍼를 열고 통풍기로 충분히 환기시키는데, 노내 환기시간은 30초~5분으로 한다.

4 증기발생 시의 주의사항

(1) 연소 초기

① 점화 후 증기발생 시까지는 연소량을 조금씩 가감한다.(열응력과 스폴링 방지)
② 수면계의 주시를 철저히 한다.
③ 두 개의 수면계의 수위가 다르면 즉시 수면계를 시험해 본다.
④ 과열기가 설치된 보일러는 증기가 생성되기까지는 과열기 내로 물을 보내서 과열기의 과열을 방지한다.
⑤ 연도에 절탄기가 설치된 보일러에는 처음의 열가스는 부연도로 보낸 후 증기발생 후에 주연도로 보내어 저온부식이나 전열면의 오손을 막아준다.

(2) 증기압력이 오르기 시작할 때

① 급격한 압력상승을 방지하기 위하여 연소상태를 잘 조절한다.(증기안전밸브는 증기압력이 75% 이상 될 때의 분출시험)
② 압력계를 바라보면서 압력계 지침의 움직임을 관찰한다.
③ 공기밸브를 열고 공기를 배제시킨 후 밸브를 닫는다.
④ 기름 탱크나 서비스탱크에 기름을 가열하기 위하여 증기를 보낸다.
⑤ 맨홀 뚜껑 부분에서 증기의 누설이 없는지 살펴본다.

(3) 증기를 송기할 때 주의사항

① 증기관 내의 수격작용을 방지하기 위하여 응축수의 배출을 사전에 실시한다.(드레인 밸브 작동)
② 비수발생에 조심한다.
③ 과열기의 드레인을 배출시킨다.
④ 주증기 밸브를 조금 열어서 주증기관을 따뜻하게 한다.
⑤ 주증기 밸브를 열 때 1회전 소요시간은 3분 이상 천천히 연다.
⑥ 주증기 밸브를 완전히 개폐한 후 조금 되돌려 놓는다.
⑦ 압력계 수면계의 지시변동을 유심히 살펴본다.

(4) 증기를 열사용처로 보낸 후 주의사항

① 투시구를 바라보면서 화염 감시를 철저히 한다.
② 노내의 화염 색깔을 오일버너의 경우 오렌지색으로 조절한다.
③ 보일러 운전 중 비수나 포밍 등이 발생하면서 적절한 조지 후 가동시킨다.
④ 보일러 운전 중 관수가 농축되면 분출을 하고 새로운 물을 넣어서 신진대사를 꾀한다.
⑤ 저수위사고에 신경쓴다.(상용수위 유지도모)
⑥ 증기압력이 상용압력인지 자주 압력계를 감시한다.

5 증기압력의 초과, 저수위 사고 시 긴급정지 순서

(1) 기름이나 가스 보일러의 경우

    ① 연료의 즉시 차단
    ② 통풍기(송풍기) 가동 중지(동시 1차, 2차 공기댐퍼 차단)
    ③ 만약 다른 보일러와 연락하고 있는 경우에는 주증기 밸브 차단
    ④ 압력강하를 기다린다.(동시에 급수를 실시하여 본체 냉각시킴. 주철제 보일러는 절대급수를 하여서는 아니 된다.)
    ⑤ 압력이 완전히 강하하면 전열면의 변형 유무 점검
    ⑥ 마지막 상용수위가 되도록 급수하고 재점화한다.

(2) 석탄연소 보일러의 경우

    ① 석탄보일러는 연료 차단 및 저수위 사고 시 물을 신속히 차단하기 어렵기 때문에 젖은 재로서 화면을 덮고 화세를 억제시킨다.
    ② 공기댐퍼나 아궁이 재받이 문은 즉시 닫는다.
    ③ 나머지는 위의 기름보일러와 비슷하다.
    ※ 저수위 사고 시에는 보일러가 과열되었기 때문에 즉시 운전 정지 후 안전밸브를 열고 압력을 급강하시켜서 전열면의 변형을 방지하면 더욱 좋다.

6 보일러 일상정지 시의 조작순서(중유사용 또는 석탄용 보일러의 경우)

    ① 중유는 경유로 교체시킨다.
    ② 서서히 연료량과 공기량을 줄인다.
    ③ 버너밸브를 닫는다.
    ④ 석탄보일러는 매화작업을 한다.
    ⑤ 공기댐퍼를 닫고 통풍을 멈춘다.
    ⑥ 버너 모터를 정지시킨다.
    ⑦ 송풍기 모터를 정지시킨다.
    ⑧ 주증기 밸브를 닫는다.
    ⑨ 전원스위치를 내린다.

7 작업종료 후 조치사항

    ① 과열기가 있는 경우에는 출구정지 밸브를 닫는다.
    ② 드레인 밸브를 연다.
    ③ 버너팁을 청소한다.

④ 연료계통, 급수계통 밸브의 누설 유무를 조사한다.
⑤ 배어링부에는 주유를 한다.
⑥ 수면계 등의 수위확인 및 기름 탱크의 연료량을 조사한다.
⑦ 청소 후 기관일지를 작성한다.

8 보일러 운전 중 용어

(1) 매화작업

석탄 연소에서 다음 날 아침 점화를 용이하게 하기 위하여 불씨를 노내에서 새로운 석탄으로 묻어두고 가는 것을 매화작업이라 하고 다음날 점화 전에 분출을 용이하게 하기 위하여 현재의 수위에서 100mm 정도 수위를 높게 급수하여 둔다.

(2) 프리퍼지(Pre Purge)

보일러 점화 전 댐퍼를 열고 노내와 연도에 체류하고 있는 가연성 가스를 제거하기 위해 보일러 용량에 따라 송풍기로 30~40초 또는 3분~5분 정도 취출시키는 것을 말한다.

(3) 포스트퍼지(Post Purge)

보일러 운전이 끝난 후 노내와 연도에 체류하고 있는 가연성 가스를 송풍기로 취출하는 것이다. 단, 보일러 점화 실패 후의 노내 환기도 여기에 포함된다.

9 보일러 부속장치의 취급 시 주의사항

(1) 압력계

① 취급상의 주의사항
㉮ 압력계의 유리판은 눈금이 잘 보이도록 깨끗이 유지하며 심하게 더러워졌을 때는 묽은 염산액으로 세척한다.
㉯ 최고 사용압력은 적색표시, 사용압력은 녹색으로 표시한다.
㉰ 압력계의 콕은 콕의 핸들이 관의 방향과 같을 때 개통된다.
㉱ 겨울철 장기간 휴지할 경우에는 동결할 우려가 있으므로 압력계를 떼내어 보관하고 사이펀관은 비워 놓는다.
㉲ 압력계의 위치와 보일러 본체의 부착부와 높은 위치차가 있을 때에는 수두압에 의한 오차를 수정하여 준다.
㉳ 압력계의 뒷면을 손끝으로 때려 지침의 이상 유무를 조사한다.

② 압력계의 시험시기
㉮ 보일러를 장기간 휴지한 후 재사용하고자 할 때
㉯ 프라이밍(비수), 포밍(물거품 솟음)이 발생할 때

㉰ 압력계 지침의 정도가 의심스러울 때
㉱ 안전밸브의 분출작동과 압력계의 실제 작동압력과 조정압력이 서로 다를 때

(2) 수면계
① 취급상의 주의사항
㉮ 수면계는 항상 2조의 수면계의 수위가 일치하는지 관찰한다.
㉯ 수면계의 시험을 매일 1회 이상 실시한다.
㉰ 수면계의 시험시기
  ⊙ 내부에 압력이 존재할 때 : 점화 전
  ⊙ 내부에 압력이 없을 때 : 증기가 발생할 때
㉱ 수면계를 수주관에 장치할 때는 수주관의 하부에 취출관을 설치한다.
㉲ 수주관과 본체와의 수주연락관은 관내의 침전물이 생기기 쉬우므로 엘보를 쓰지 않고 티(T)이음으로 한다.
㉳ 수면계의 콕은 빠지기 쉬우므로 일정한 기간마다 분해 정비한다.
㉴ 차압식의 원방수면계는 도중에 누설이 있으면 오차가 심하기 때문에 누설을 방지하도록 한다.

② 수면계 유리관의 파손원인
㉮ 상하 콕의 중심선이 일치하지 않은 경우
㉯ 상하 수면계 부착에 무리한 힘을 가한 경우
㉰ 유리에 충격이나 급열, 급랭이 반복될 때
㉱ 보일러수 알칼리의 영향을 받아 현저하게 마모되어 있을 때
㉲ 동결로 장기간 휴지하여 동파되는 경우

③ 수면계의 시험시기
㉮ 보일러 운전하기 전
㉯ 보일러에서 압력이 올라가기 시작할 때
㉰ 두 조의 수면계의 수위가 차이날 때
㉱ 수위의 움직임이 둔하고 지시치에 의심이 갈 때
㉲ 유리관의 교체 시
㉳ 프라이밍, 포밍이 발생할 때

④ 수면계의 기능점검
㉮ 증기 콕과 물콕을 닫는다.
㉯ 드레인 콕을 열고 유리관 내의 물을 배출한다.
㉰ 물 콕을 열어서 물이 분출하는지 확인한다.
㉱ 물 콕을 닫고 증기콕을 열어서 증기가 취출하는지 확인 후 증기콕을 닫는다.
㉲ 드레인 콕을 닫고 물콕을 연 후 증기 콕을 열어서(이때 먼저 물콕은 열려 있어야 한다.) 정상적으로 점검을 마친다.

(3) 분출장치(취출장치)

　① 분출장치의 취급

　　㉮ 1일 1회는 반드시 취출한다.

　　㉯ 분출은 부하가 가장 적을 때 행한다.

　　㉰ 취출시에는 수면계 감시자와 분출자 두 사람이 한 조를 이룬다.

　　㉱ 취출시 다른 작업은 금물이다.

　　㉲ 취출이 끝나면 취출관의 끝에서 누설 여부를 확인한다.

　　㉳ 취출관이 연도나 연소실 내로 나와 있으면 석면로프(Asbestos Rope) 또는 내화물로서 내열방호하고, 특히 외분식 횡연관 보일러는 더욱 조심한다.

　② 취출방법

　　㉮ 분출장치를 직렬로 장치할 때에는 보일러 가까이에 급개밸브나 콕을 설치하고 그 다음에 점개밸브를 단다.

　　㉯ 취출 시 급개밸브는 완전히 열고 점개밸브는 수면계의 수위가 15mm 정도 취출 시까지는 반쯤 열고 다시 대량의 취출 시에는 완전히 연다.

　　㉰ 분출이 끝나면 점개밸브를 먼저 닫고 그 다음 급개밸브를 닫는다.

(4) 급수장치 취급

　① 급수내관의 취급

　　㉮ 보일러 급수를 그대로 보일러 급수 구멍으로부터 방출하면 국부적으로 냉각되어 좋지 못하므로 급수내관을 사용하여 적절한 위치에서 분산 방수한다.

　　㉯ 급수내관의 위치는 보일러 수위가 안전저수위까지 저하하여도 수면상에 나타나지 않도록 안전저수위보다 약간 아래(50mm 지점)에 설치한다.

　　㉰ 급수내관의 방수구멍은 수면 밑으로 향하게 한다.

　　㉱ 급수내관은 구멍이 스케일에 의해 막히기 쉬우므로 보일러 청소시 반드시 떼어 밖에서 청소 후 다시 부착한다.

(5) 절탄기의 취급

　① 절탄기의 급수온도는 연도가스의 노점(Dew Point)온도 이상으로 유지한다.

　② 석탄연소의 경우 급수온도는 45℃ 이상으로 한다.

　③ 유류연소의 경우는 유황분의 함유량에 따라 노점온도가 심하게 상승하기 때문에 외면에 그을음이 응축하여 부착하고 황산에 의해 심한 저온부식을 일으킨다.

　④ 절탄기 내면의 오손상황은 급수펌프 출구 측의 급수압력 변화에 의해 판단한다.

　⑤ 절탄기 내면의 급수 중 용해된 산소에 의한 영향이 매우 크므로 급수 중의 공기를 제거한다.

　⑥ 점화 시에는 절탄기 내의 물이 반드시 유동되도록 한다. 이는 절탄기 내부에 증기가 발생하는 것을 예방하기 위해서이다.

　⑦ 바이패스(By-pass) 연도가 있을 때는 바이패스에 연소가스를 보낸 후 절탄기로 급수한 다

음 연도를 전환시킨다.

(6) 공기예열기 취급

① 공기예열기는 연속가스에 의한 전열면의 오손이 심하여 철저한 청소가 요망된다.
② 기름 연소의 경우는 노점온도가 상승하여 그을음이 응축하여 부착하고 가스통로를 막으며 또 극심한 외면부식이 생겨 관을 단기간 내에 교체해야 한다.
③ 공기예열기의 연도에는 미연물의 매연이 다량으로 모이기 쉬워서 일정한 기간마다 청소하여 제거하지 않으면 미연물에 의해 2차 연소나 연도에서 화재가 발생한다.
④ 회전식 공기예열기인 재생식은 점화 전에 먼저 운전한다.

(7) 화염검출장치의 보수

① 광전관식은 열차폐유리, 채광렌즈의 오손 및 광전관 증폭기 전자관의 감도저하 배선의 절연성에 주의를 요한다. 유리렌즈는 매주 1회 이상 깨끗이 청소하고 또 6개월마다 광전관 전류를 측정하여 감도유지에 힘쓴다.
② 화염검출기의 위치는 불꽃에서의 직사광이 들어오도록 정착하고 연소실의 적열한 노벽을 직시하지 않는 위치로 한다. 화염검출기의 주위 온도는 50℃ 이상으로 해서는 안 된다.
③ 검출봉(플레임 로드)의 엘리먼트는 직접 불꽃에 접하여 오손 및 소손이 생기기 쉬우므로 1주에 1~2회 점검한다.

(8) 자동점화장치의 보수

① 점화전은 전극 및 절연유리에 그을음 미연 카본이 부착하기 쉬우므로 1주에 1~2회씩 점검한다.
② 점화용 버너는 주 버너와의 관계위치 점화용 연료와 공기와의 혼합비율 점화용 압력 등에 주의하고 1주에 1~2회 점검 손질한다.

SECTION 02 보일러 운전 중 장애와 사고

1 가마울림(공명음)

가마울림이란, 연소 중 연소실이나 연도 내에서 연속적인 울림을 내는 현상으로 보일러 연소 중에 발생된다.

(1) 원인

① 연료 중에 수분이 많을 경우
② 연료와 공기의 혼합이 나빠서 연소속도가 느릴 경우
③ 연도에 에어(공기)포켓이 있을 때

(2) 방지법

① 습분이 적은 연료를 사용한다.
② 2차 공기의 가열 통풍 조절을 개선한다.
③ 연소실이나 연도를 개조한다.
④ 연소실 내에서 완전 연소시킨다.
⑤ 연소속도를 너무 느리게 하지 않는다.

2 캐리오버(Carry Over) 현상

보일러에서 증기관 쪽에 보내는 증기에 비수의 발생 등에 의해 물방울이 많이 함유되어 배관 내부에 응축수나 물이 고여서 수격작용(워터해머)의 원인을 만들어내는 현상이다.

(1) 캐리오버(기수공발)의 물리적인 원인

① 증발수면적이 좁다.
② 보일러 내의 수위가 높을 때
③ 증기정지밸브를 급히 열 때
④ 보일러 부하가 갑자기 증가할 때
⑤ 압력의 급강하로 격렬한 자기증발을 일으켰을 때

(2) 화학적인 원인

① 나트륨 등 염류가 많고 특히 인산나트륨이 많을 때
② 유지류나 부유물 고형물이 많고, 용해 고형물이 다량 존재할 때

3 프라이밍(Priming)

프라이밍(비수)이란 관수의 급격한 비등에 의하여 기포가 수면을 파괴하고 교란시키며 수적이 증기 속으로 비산하는 현상이다.

4 포밍(Forming)

포밍(물거품 솟음)이란, 유지분이나 부유물 등에 의하여 보일러수의 비등과 함께 수면부에 거품을 발생시키는 현상이다. 즉, 프라이밍이나 포밍이 발생하면 필연적으로 캐리오버가 발생한다.

(1) 프라이밍, 포밍의 발생원인

① 주증기 밸브의 급개할 때
② 고수위의 보일러 운전 시
③ 증기부하의 과대

④ 보일러수의 농축
⑤ 보일러수 중에 부유물, 유지분, 불순물 함유

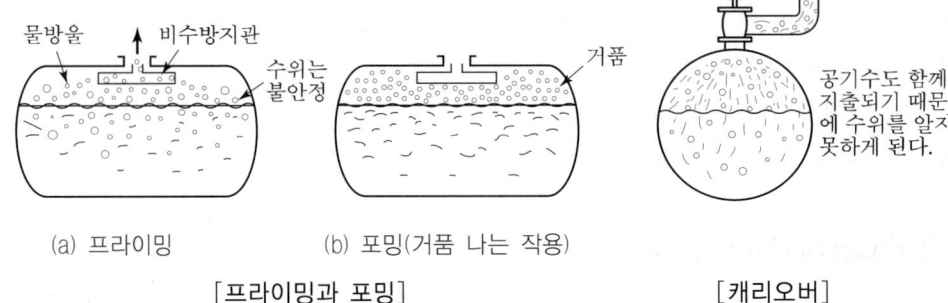

[프라이밍과 포밍]   [캐리오버]

(2) 프라이밍, 포밍 방지대책

① 주증기 밸브를 천천히 열 것
② 정상 수위로 운전할 것
③ 과부하 운전이 되지 않게 할 것
④ 보일러수의 농축방지
⑤ 급수처리를 하여 부유물, 유지분, 불순물을 제거할 것

5 수격작용(Water Hammer)

수격작용(워터해머)이란, 캐리오버(Carry Over) 등에 의해 증기계통에 고여 있던 응축수가 송기할 때 고온 고압의 증기에 이끌려 배관을 평소보다 14배 이상 강하게 타격하는 현상이다.

(1) 장해

① 배관의 무리나 파열을 준다.
② 배관의 부식이 촉진된다.
③ 증기의 손실이 많다.
④ 증기의 저항이 크다.

(2) 방지법

① 주증기 밸브를 천천히 연다.
② 증기배관의 보온을 철저히 한다.
③ 응축수 빼기를 철저히 한다.
④ 증기 트랩을 설치한다.
⑤ 포밍이나 프라이밍을 방지한다.
⑥ 송기 전에 소량의 증기로 증기관을 따뜻하게 예열한다.
⑦ 캐리오버 방지를 위하여 기수분리기나 비수방지관을 단다.

6 보일러 파열사고

(1) 원인

① 취급상(용수관리, 정비점검, 조작기능 미숙 등의 사고)
② 강도상(용접, 재료, 구조, 두께부족 등의 사고)

7 보일러 과열

(1) 원인

① 저수위 사고 시
② 동 내면에 스케일 생성
③ 보일러수의 과도한 농축
④ 보일러수의 순환불량
⑤ 전열면의 국부과열

(2) 과열의 방지법

위의 ①~⑤항까지를 방지한다.

8 보일러 압력초과

(1) 원인

① 압력계 주시를 태만히 했을 경우
② 압력계의 기능에 이상이 생겼을 때
③ 수면계의 수위 오판에 의한 보일러 운전을 했을 경우
④ 분출관에서의 누수현상
⑤ 급수펌프의 고장
⑥ 이상감수에 의한 운전
⑦ 급수내관이 이물질로 폐쇄된 경우
⑧ 안전밸브의 기능 이상

9 저수위 사고(이상감수)

(1) 원인

① 수면계의 수위오판
② 수면계 주시를 태만히 했을 경우
③ 분출장치의 누수

④ 급수펌프의 고장
⑤ 수면계의 연락관이 막혔다.
⑥ 급수내관이 스케일로 인하여 폐쇄되었다.
⑦ 보일러의 부하가 너무 크다.

10 역화(Back Fire)

(1) 원인

① 점화 시 착화가 5초 이내에 이루어지지 않을 때
② 점화 시 공기보다 연료공급이 먼저 이루어질 때
③ 노내 환기부족(Pre-Purge)
④ 압입 통풍은 강하나 연도나 연돌의 단면적이 너무 작을 때
⑤ 실화 시 노내의 여열로 재점화가 일어날 때
⑥ 연료공급을 다량으로 했을 때
⑦ 노내의 미연가스가 충만할 때 점화한 경우
⑧ 흡입 통풍의 부족

11 가스폭발

(1) 원인

① 연소실 내에 연도 내에 정체되어 있는 미연소가스 또는 탄진 등이 공기와 혼합되어 폭발한계 안에 들게 되었을 때 불씨가 들어가면 급격한 연소가 일어나서 폭발사고가 일어난다.
② 가스 또는 탄진의 양이 많을수록 큰 폭발이 생기며 양이 적을 때에는 역화라 한다.

(2) 방지법

가스 폭발의 방지법은 역화의 원인 8가지를 제거하면 된다.

12 소손

(1) 원인

① 과열이 지나쳐서 강재 속의 탄소 일부가 800℃ 이상에서 연소된 후 강재가 강도를 상실한 현상이다.
② 과열은 강재를 풀림처리하면 원래의 조직으로 재생되지만 소손은 열처리하여도 원래대로 성질이 회복되지 않는다.

(2) 방지법

과열의 원인을 제거하여야 한다.

13 압궤(Collapse)

(1) 원인

고온의 화염을 받는 전열면에 과열이 지나치면 외압에 견디지 못하여 안쪽으로 오목하게 들어간 현상이다.

(2) 압궤의 발생장소

① 노통
② 화실

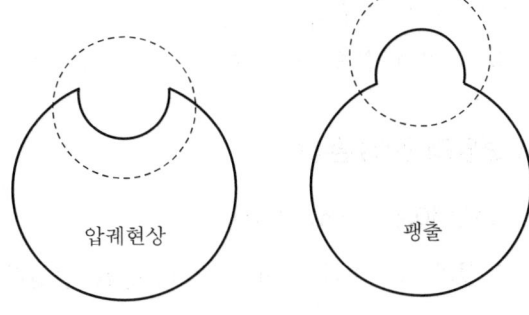
압궤현상   팽출

14 팽출(Bulge)

(1) 원인

전열면의 과열이 지나치면 내압력에 견디지 못하여 밖으로 부풀어나오는 현상이다.

(2) 팽출의 발생장소

① 수관
② 횡관
③ 동체

15 균열(Crack)

균열이란 반복응력의 집중으로 재료가 피로를 일으켜 조직의 일부가 파괴되어 미세하게 금이 생기는 크랙(Crack) 현상이다.

(1) 발생장소

① 리벳구멍
② 플랜지 이음
③ 노통

(2) 발생원인

① 보일러 구조상의 결함
② 불균일한 가열, 급열, 급랭 등에 의한 부동팽창
③ 공작불량
④ 압력의 과대

(3) 발생되는 부분

① 보일러 제조 시 공작의 무리로 인해 잔류응력이 남는 부분
② 응력이 집중되는 부분
③ 화염이 접촉되는 부분

16 보일러 판의 손상

(1) 라미네이션(Lamination)

보일러 강판이나 관이 두 장의 층을 형성하면서 다음과 같은 작용이 일어난다.

① 열전도가 방해된다.
② 균열이 생긴다.
③ 강도가 저하된다.

(2) 블리스터(Blister)

라미네이션의 재료가 외부로부터 강하게 열을 받아 소손되어 외부로 부풀어오르는 현상이다.

SECTION 03 보일러의 부식

1 보일러의 외부부식

(1) 외부부식의 발생원인

① 보일러 외면의 습기나 수분 등과 접촉할 때
② 보일러의 이음부나 맨홀, 청소구, 수관 등에서 물이 누설될 때
③ 연료 내의 황분이나 회분 등에 의하여

(2) 외부부식의 종류

① 전면부식

공기 속의 산소나 습기, 탄산가스 등이 보일러의 표면에 접촉 작용하여 산화철이 되면서 부식하면 보일러 외면의 부식 원인이 된다.

② 고온부식

중유의 연소 시에 중유 중에 포함되어 있는 바나듐(V)이 연소산화된 후 오산화바나듐(V_2O_5)으로 되어 고온의 전열면에 융착하여 550℃ 이상이 되면 전열면에 부착하여 그 부분이 부식된다.
㉮ 고온부식의 발생장소 : 과열기나 재열기 등

㉯ 고온부식 방지대책
　㉠ 중유 중의 바나듐 성분을 제거한다.
　㉡ 첨가제를 사용하여 바나듐의 융점을 550℃ 이상 훨씬 높여 준다.(돌로마이트나 알루미나 분말)
　㉢ 전열면의 온도가 높아지지 않게 설계한다.
　㉣ 연소가스의 온도를 낮게 하여 바나듐의 융점 이하가 되게 한다.
　㉤ 고온의 전열면에 보호피막을 씌울 것
　㉥ 고온의 전열면에 내식재료를 사용할 것
　㉦ 공기비를 적게 하여 바나듐의 산화를 방지한다.

③ 저온부식

연료 중의 유황(S)이 연소하여 아황산가스(SO_2)로 되고, 그 일부는 다시 산소와 산화하여 무수황산(SO_3)으로 된다. 이것이 가스 중의 수분(H_2O)과 화합하여 황산으로 된 후 보일러의 저온 전열면에 융착한 후 그 부분을 부식시킨다.

㉮ 저온부식의 생성과정

$$S + O_2 \rightarrow SO_2(\text{아황산가스})$$

$$SO_2 + \frac{1}{2}O_2 \rightarrow SO_3(\text{무수황산가스})$$

$$H_2O + SO_3 \rightarrow H_2SO_4(\text{진한 황산증기})$$

㉯ 무수황산(SO_3)의 노점온도 150℃에서 수증기와 마주치면 진한 황산이 된 후 부식이 촉진된다.
㉰ 저온부식의 방지법
　㉠ 연료 중의 황분(S)을 제거한다.
　㉡ 저온의 전열면 표면에 내식재료를 사용한다.
　㉢ 저온의 전열면에 보호피막을 씌운다.
　㉣ 배기가스의 온도를 노점온도 이상으로 유지시킨다.
　㉤ 배기가스 중의 CO_2 함량을 높여서 황산가스의 노점을 강하시킨다.
　㉥ 과잉공기를 적게 하여 배기가스 중의 산소를 감소시켜 아황산가스(SO_2)의 산화를 방지한다.
　㉦ 연료에 첨가제를 사용하여 노점온도를 낮춘다.(돌로마이트, 암모니아, 아연 등을 사용한다.)
㉱ 저온부식 발생위치 : 절탄기, 공기예열기

2 보일러의 내부부식

(1) 내부부식의 발생원인

① 강재에 포함된 인, 유황 등이 온도 상승과 함께 산화하여 산을 만들어 부식시킨다.
② 강은 포금이나 동에 대해 양극이 된다. 온도상승과 더불어 그 반응이 활발하여 부식된다.
③ 공장에서 전기의 누전에 의하여 보일러로 통하면 부식이 증가한다.
④ 급수 중에 유지분, 산소, 탄산가스 등에 의해 부식된다.
⑤ 보일러에서 온도차가 생기면 전류가 흘러 고온도가 양극이 되어 부식된다.
⑥ 굽힘에 의하여 조직이 변화하고 굽힘이 없는 부분과 전위차가 생겨 전류가 흐른다.
⑦ 강재가 다른 금속과 접하면 전류가 흐르고 양극이 된 금속이 부식된다.
⑧ 보일러판의 표면에 녹이 부착하면 국부적으로 전위차가 생기게 되고 전류가 흘러서 양극이 된 부분이 부식된다.
⑨ 급수처리가 부적당하면 부식이 일어난다.
⑩ 수질이 불량하면 부식이 일어난다.

(2) 내부부식의 종류

① **일반부식(전면식)** : 일반부식은 비교적 면적이 넓은 판면에 부식하는 것으로 물과 접촉하는 철판 표면에서 철이온(Fe^{2+})을 용출하여 물의 일부가 해리한($H_2O \rightleftarrows H^+ + OH^-$) OH^-와 철이온(Fe^{2+})과 결합하여 $Fe(OH)_2$를 침전시킨다. 이때 $Fe(OH)_2$가 물의 pH 낮거나 물속에 용존산소가 있을 때 또 물의 온도가 높으면 부식이 촉진되는 것이 일반부식이다.

㉮ $Fe + 2H_2O \rightarrow Fe(OH)_2 + H_2$ (pH 값이 낮을 때)
㉯ $4Fe(OH)_2 + O_2 + 2H_2O \rightarrow 4Fe(OH)_2H_2 + O_2 \rightarrow 2H_2O$ (용존산소가 있을 때)
㉰ $3Fe(OH)_2 \rightarrow Fe_3O_4 + 2H_2O + H_2$ (물의 온도가 높을 때)

② **점식(Pitting)**

㉮ 원인 : 보일러수 중의 산소에 의한 국부전지가 구성되어 생기는 전기화학적 부식이다. 특히 고온에서 산소의 용해가 심하다. 부식의 모양은 보일러 내면에 반점모양으로 생기는 부식이다.
㉯ 발생하는 위치
  ㉠ 물의 순환이 잘 되지 않고 화염이 접촉되는 곳
  ㉡ 연관의 외면이나 노통 상부, 입형보일러의 화실 관판
㉰ 발생하기 쉬운 곳
  ㉠ 산화철 피막이 파괴되어 있는 곳
  ㉡ 표면의 성분이 고르지 못한 곳
  ㉢ 표면에 돌출부가 많은 강재
  ㉣ 슬러지가 침전된 부분

㉔ 점식의 방지법
　㉠ 아연판을 매달아 둔다.
　㉡ 내면에 도료를 칠한다.
　㉢ 염류 등의 불순물을 처리한다.
　㉣ 산이나 O_2, CO_2 등을 제거한다.

③ 구식(Grooving)
　㉮ 원인 : 강재가 팽창, 수축 등에 의해 생긴 재질의 피로한 부분에 전기적이나 화학적 작용이 되어 부식이 발생되며 단면이 V형 또는 U자형으로 어느 범위의 길이에 도랑 모양의 홈이 생기는 부식이다.
　㉯ 구식을 일으키는 위치
　　㉠ 입형 보일러의 화실천장판의 연돌관을 부착하는 플랜지의 만곡부
　　㉡ 노통보일러의 경판과 노통이 접합하는 부분
　　㉢ 거싯스테이(Gusset Stay) 부착부
　　㉣ 리벳이음의 겹친 테두리
　　㉤ 접시형 경판의 구석 둥근 부분
　　㉥ 경판에 뚫린 급수구멍
　　㉦ 노통과 경판과의 부착된 만곡부 및 아담슨 조인트의 만곡부
　㉰ 구식의 방지법
　　㉠ 플랜지 만곡부의 반경을 작게 하지 않는다.
　　㉡ 230mm 이상의 브리딩 스페이스(Breathing Space)를 유지할 것
　　㉢ 노통의 열팽창을 일으키지 않도록 스케일을 제거할 것
　　㉣ 나사버팀의 경우 양단부 이외의 나사산을 깎아내서 탄력성을 줄 것

④ 알칼리 부식
　㉮ 원인 : 보일러수 중에 알칼리 농도가 지나치거나 농축된 부분에서 수산화 제1철($Fe(OH)_2$)이 용해되어 발생된다.
　㉯ 방지법 : 보일러수의 pH가 12~13 이상 올라가지 않게 한다.

⑤ 가성취화
보일러판의 리벳 구멍 등 농후한 알칼리 작용에 의해 강조직을 침범하여 균열이 생기는 부식의 일종이다. 즉, 철강조직의 입자 간이 부식되어 취약하게 되고 결정압계에 따라 균열이 생기는 현상이 가성취화이다.

⑥ 염화마그네슘에 의한 부식
물에 염화마그네슘($MgCl_2$)이 용해된 상태에서 온도가 180℃ 이상이 되면 염화마그네슘은 가수분해가 일어나서 수산화마그네슘($Mg(OH)_2$)으로 된다.
　㉮ $MgCl_2 + 2H_2O \rightarrow Mg(OH)_2 + 2HCl$(염산)
　㉯ $Fe + 2HCl \rightarrow FeCl_2 + H_2$(염화철 발생)
　㉰ $FeCl_2$(염화철)이 철의 표면을 부식시킨다.

⑦ 탄산가스 부식
  ㉮ 물에 CO_2가 용해하면 탄산(H_2CO_3)이 된다.
  ㉯ 철(Fe)이 탄산과 작용하면 중탄산철($Fe(HCO_3)_2$)이 된다.
    $Fe + 2H_2CO_2 \rightarrow Fe(HCO_3)_2 + H_2$
  ㉰ 중탄산철($Fe(HCO_3)_2$)이 되면 부식이 일어난다.

(3) 내부부식의 방지법

① 급수나 관수 중의 불순물 제거
② 보일러수의 pH 조절
③ 균일한 가열로 국부가열 방지
④ 급열, 급랭을 피하여 열응력 작용 방지
⑤ 보일러수의 순환촉진
⑥ 분출을 적당히 하여 농축수를 제거한다.
⑦ 정기적인 내부청소로 부식성 물질인 슬러지 생성이나 불순물을 제거한다.

> **REFERENCE** 부식속도 측정방법
>
> 전기화학적법 ─┬─ Tafel 외삽법
>   ├─ 선형분극법
>   └─ 임피던스법
>
> 비전기화학적법 ─┬─ 무게감량법
>   └─ 용액분석법

CHAPTER 02 보일러 취급 및 보존과 정비

PART 02 | 보일러 안전관리 및 보존

SECTION 01 급수처리

1 급수처리의 목적

① 전열면의 스케일 생성방지 ② 보일러수의 농축방지
③ 부식의 방지 ④ 가성취화 방지
⑤ 기수공발 현상의 방지

2 수질이 불량할 때의 장해

① 발생한 증기가 불순하다.
② 비수를 유발시킨다.
③ 슬러지, 스케일의 고착 등에 의한 열전도가 방해되고 각종 관을 폐쇄시킨다.
④ 분출을 자주 하게 됨으로써 열손실이 많아진다.
⑤ 청소를 자주 하게 되기 때문에 약품 등이 소모되고 많은 노력을 필요로 한다.

3 보일러수의 종류

① 천연수 ② 상수도수
③ 하천수 ④ 복수(응결수)
⑤ 급수처리수

4 물에 관한 용어

(1) PPM(Parts Per Million)

수용액 1L(1kg) 중에 함유하는 불순물의 양을 mg으로 표시한다.(중량 백만분율) 즉, 수용액 1,000L 중 1g에 상당하고 1/1,000,000에 해당함으로써 이것을 1ppm이라 하며 그 표시는 mg/kg, mg/L, g/ton, g/m^{3}으로 표시된다.

(2) PPB(Parts Per Billion)

수용액 1,000kg 중에 불순물의 양 1mg을 단위로 취하고 1ppb라 하며 그 표시는 mg/ton, mg/m^3, 즉 10억분율이다.

(3) EPM(Equivalents Per Million)

당량 농도라고 하며 용액 1kg 중의 용질 1mg당량, 즉 100만 단위중량 중의 1단위 중량 당량에 해당한다.(당량 수는 분자량을 원자가로 나눈 값이다.)

5 수질용어

(1) 탁도

탁도란, 점토 등의 현탁성에 의하여 물이 탁해진 정도로서 증류수 1L 중에 카올린(Al_2O_3, $2SiO_2$, $2H_2O$) 1mg이 함유된 것을 탁도 1도라 한다.

(2) 경도(Degree of Hardness : Haztegrad)

수중에 함유하고 있는 칼슘(Ca) 및 마그네슘(Mg)의 농도를 나타낼 때의 척도이며 이것에 대응하는 탄산칼슘(CaCO) 및 탄산마그네슘($MgCO_3$)의 함유량을 편의상 ppm으로 환산하여 나타낸다.

① 탄산염 경도(일시경도) : 수중의 Ca^+ 및 Mg^{2+}이 중탄산이온(HCO_3^{2+})과 결합하고 있는 성분을 탄산염 경도라 한다. 그러나 끓이면 경도성분이 제거된다.(중탄산염)

② 비탄산염 경도(영구경도) : 수중의 Ca^+ 및 Mg^{2+}, 염소이온(Cl^-), 즉 염화물이나 황산염(SO_4^{2-})과 결합하고 있는 성분이 비탄산염 경도이고 물을 끓여도 경도성분이 침전되지 않고 존재한다.

③ 칼슘 경도 : 수중의 Ca양을 그와 상응하는 탄산칼슘($CaCO_3$)으로 표시한 것

④ 마그네슘 경도 : 수중의 Mg양을 그와 상응하는 탄산칼슘($CaCO_3$)으로 표시한 것

⑤ 총경도 : 칼슘 경도와 마그네슘 경도의 합이다.

(3) 경도의 표시

① 탄산칼슘($CaCO_3$) 경도 : 수중의 Ca와 Mg양을 탄산칼슘($CaCO_3$)으로 환산해서 ppm으로 표시한다.

② 독일경도(dH) : 수중의 Ca양과 Mg양을 산화칼슘(CaO)으로 환산해서 나타낸다. 즉, 수중에 Ca와 Mg이 함유되어 있을 때 Mg을 산화마그네슘(MgO)으로 Mg량에다 1.4배하여 CaO로 환산한다.(예 : Mg 2mg이 수중에 함유되어 CaO로 환산하면 2mg×1.4=2.8mg, 즉 마그네슘(Mg) 2mg은 칼슘(Ca) 2.8mg과 같다는 뜻이다.)

※ 독일경도(CaO, $\dfrac{mg}{100mL}$) : 물 100mL(100cc) 중에 CaO가 1mg이 들어 있는 경도가 1도(1°dh)다.

㉮ 수중의 경도 성분함량 분류
  ㉠ 경수 : 칼슘경도 10.5 이상의 물(센물)
  ㉡ 연수 : 경도 9.5 이하의 물(단물)
  ㉢ 적수 : 경도 9.5~10.5 사이의 물
  ※ 연수는 비눗물이 잘 풀어지나 경수는 비눗물이 잘 풀어지지 않는다. 일반적으로 연수, 경수의 구별은 경도 10을 기준하여 경도 10 미만은 연수, 경도 10 이상은 경수라 칭한다.

(4) pH(수소이온 농도지수)

① 순수한 물은 약간 전리하며 수소이온(H^+)과 수산화이온(OH^-)은 실온에서 10^{-7}mol/L의 비율로 존재한다. 즉, 물에 산을 가하면 H^+의 농도가 증가하지만 H^+와 OH^-의 곱은 순수한 물의 경우와 같다. 따라서 H^+가 증가하면 반면에 OH^-은 감소한다.
② H^+양과 OH^-양을 곱한 것이 물의 이온적이다.
③ 순수한 물의 H^+양과 OH^-양은 각각 10^{-7}mol이므로 물의 이온적은 10^{-14}이다. 즉, 물의 이온적(K) = $10^{-7} \times 10^{-7} = 10^{-14}$이므로 이온적 10^{-14}의 물은 산수용액 알칼리 수용액 모두에 해당한다.
④ pH는 물에 함유하고 있는 수소이온(H^+) 농도지수를 나타낼 때의 척도이다.
⑤ 물 1L 중에 H^+의 몰수(g이온수)를 그 수용액의 수소이온 농도라고 하며 [H^+]로 표시한다.
⑥ 물 1L 중에 OH^-의 몰수(g이온수)를 그 수용액의 수산이온 농도라고 하며 [OH^-]로 표시한다.
⑦ pH는 물의 이온적에 따라서 0~14까지 있다.
  ㉮ pH가 7 미만이면, 산성
  ㉯ pH가 7이면, 중성
  ㉰ pH가 7 초과이면, 알칼리성
⑧ pH 관계식 : [H^+][OH^-] = 10^{-14}, pH = $\log 10 \dfrac{1}{[H^+]}$
  ㉮ 산성의 물 : [H^+] > [OH^-]
  ㉯ 중성의 물 : [H^+] = [OH^-] = 10^{-7}
  ㉰ 알칼리성의 물 : [H^+] < [OH^-]

REFERENCE pH 지시약

① pH 지시약은 중화 적정 시 중화점을 알아내기 위해서 pH 값에 따라 색이 변하는 색소를 이용한다. 즉, pH 지시약 리트머스 시험지가 물속에서 적색으로 변하면 그 물은 산성, 청색이면 알칼리성이 된다.
② pH 지시약은 pH 측정 시의 간이시험용으로 용이하게 물이 산성인지 중성인지 알칼리성인지를 확인한다.

▼ pH 지시약의 종류

지시약명	산성	중성	알칼리성	용도
메틸오렌지(M.O)	적색	주황색	황색	강산, 약염기에 적정
페놀프탈레인(P·P)	무색	무색	적색	약산, 강염기에 적정
리트머스(Litmus)	적색	보라색	청색	사용하지 않는다.
메틸레드(M·E)	적색	주황색	황색	강산, 약염기에 적정

(5) 산도(알칼리 소비량)

산도란, 수중에 함유하고 있는 탄산, 광산, 유기물 등의 산분을 중화하는 알칼리분을 ppm 또는 이것에 대응하는 탄산칼슘을 ppm으로 표시한 것이며 이 1ppm을 산도 1도라고 한다.

(6) 색도

물의 색도를 나타낸 것으로서 물 1L 속에 색도 표준용액 1mL가 함유되면 색도 1도라 한다.

(7) 알칼리도(산소비량)

수중에 녹아 있는 중탄산염, 탄산염, 수산화물, 인산염, 규산염 등의 알칼리분을 중화시키기 위한 황산의 양을 알칼리도라 하며 M알칼리도, P알칼리도가 있다.

SECTION 02 급수 속의 불순물과 장해

1 불순물의 분류

(1) 물에 녹지 않고 섞여 있는 것

 ① 찌꺼기
 ② 모래
 ③ 석회분
 ④ 유기물 유지

(2) 물에 녹아 있는 것

 ① 산소
 ② 탄산가스
 ③ 질소

(3) 물에 녹기 쉬운 것

 ① 중탄산칼슘
 ② 중탄산마그네슘
 ③ 초산칼슘
 ④ 염화마그네슘
 ⑤ 황산마그네슘
 ⑥ 초산마그네슘
 ⑦ 염화나트륨
 ⑧ 염화칼슘

(4) 물에 잘 녹지 않는 것

① 탄산칼슘
② 황산칼슘
③ 탄산마그네슘
④ 규산
⑤ 알루미나
⑥ 탄산철
⑦ 수산화 제2철
⑧ 수산화마그네슘

▼ 물에 대한 스케일 생성성분의 용해도

성분	농도단위	용해도(온도)				비고
탄산칼슘 $CaCO_3$(방해석)	ppm	14.3 (25℃)	15.0 (50℃)	17.8 (100℃)		공기 중에 CO_2를 함유하지 않은 경우
수산화칼슘 $Ca(OH)_2$	ppm	1,130 (25℃)	910 (50℃)	520 (100℃)	84 (190℃)	
황산칼슘 $CaSO_4$	ppm	2,980 (20℃)	2,010 (45℃)	670 (100℃)	76 (200℃)	
황산마그네슘 $MgSO_4$	g/100g H_2O	35.6 (20℃)	58.7 (67.5℃)	48.0 (100℃)	1.6 (200℃)	

2 가스분

(1) 종류

산소, 탄산가스, 암모니아, 아황산, 아질산

(2) 장해

보일러의 부식 발생

3 용해고형물

(1) 종류

탄산염, 규산염, 유산염, 황산염, 인산염, 중탄산염

(2) 장해

① 슬러지 발생으로 관석이 생겨서 열전도가 지연
② 캐리오버 발생
③ 부식 발생
④ 황산염, 규산염으로 관석이 발생

4 고형협잡물

(1) 종류

흙탕, 모래, 유지분, 수산화철, 유기미생물, 콜로이드상의 규산염

(2) 장해

① 침전물의 퇴적
② 스케일에 의한 열전도 방해
③ 부식, 포밍, 캐리오버 발생

5 염류

(1) 종류

탄산칼슘, 탄산마그네슘, 황산칼슘, 황산마그네슘, 염화마그네슘

(2) 장해

① 스케일(Scale) 생성
② 과열 초래

6 알칼리분

(1) 장해

① 청동을 부식시킨다.
② 가성취화 발생으로 열전도 방해
③ 균열을 일으킨다.

(2) 유지분의 장해

① 열전도 방해
② 과열을 일으킨다.
③ 보일러판의 부식
④ 포밍 발생

7 가수분해

급수 속에 산소 및 탄산가스가 포함되면 부식의 원인이 된다. 급수 속에 공기가 포함되면 이런 가스가 존재하여 열을 받고 분리된다. 특히 20℃의 물속에는 약 6ppm의 산소가 공존한다.

SECTION 03 급수처리의 방법과 해설

1 급수처리의 방법

- 화학적인 처리방법
- 기계적인 처리방법
- 전기적인 처리방법

(1) 보일러수 외처리의 종류

① 여과법
② 침전법
③ 응집법
④ 증류법
⑤ 약품처리법
⑥ 기폭법
⑦ 탈기법

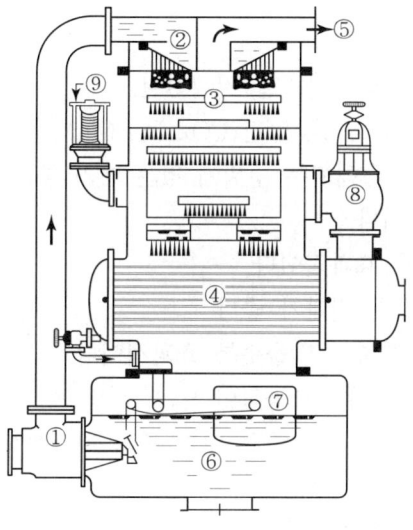

① 자동급수 조절밸브
② 수실상부
③ 살수부
④ 가열관
⑤ 배기구
⑥ 하부 물탱크
⑦ 플로트
⑧ 압력 조절밸브
⑨ 토출밸브

[탈기기]

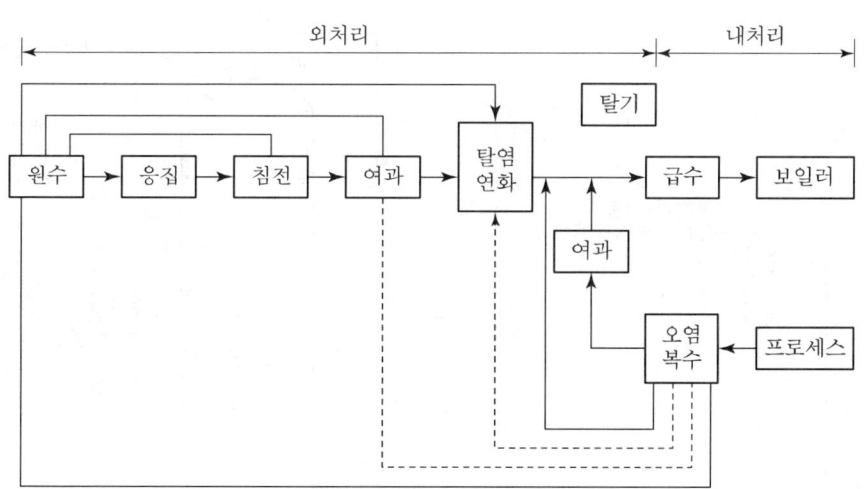

[보일러 외처리 및 내처리 공정도]

(2) 보일러수 내처리의 종류

① 청관제 사용법
② 보호피막에 의한 법
③ 페인트 도장법
④ 아연판 부착법
⑤ 전기를 통하게 하는 법

2 급수처리 외처리

(1) 용존가스분의 처리

① 기폭법

㉮ 기폭법의 역할
  ㉠ 탄산을 분해하여 탄산가스를 처리한다.
  ㉡ 급수 중의 탄산가스, 철, 망간(CO_2, Fe, Mn) 등을 제거한다.
  ㉢ 수중에서 기체에 용해되는 주위에 있는 대기 중의 가스의 분압에 비례한다는 헨리법칙을 적용한 것이다.
  ㉣ 수온이 높을수록 효과적이다.
  ㉤ 기폭시간이 길수록 결과가 좋다.
  ㉥ 물과 공기량의 접촉이 많을수록 효과적이다.
  ㉦ 물의 표면적이 클수록 효과적이다.
  ㉧ 수중의 가스농도가 높고 주위 대기 중의 가스농도가 낮을수록 커진다.

㉯ 기폭의 방법
  ㉠ 강수방식 : 공기 중에 물을 유하시킨다.
  ㉡ 용수 중에 공기를 흡입한 방식

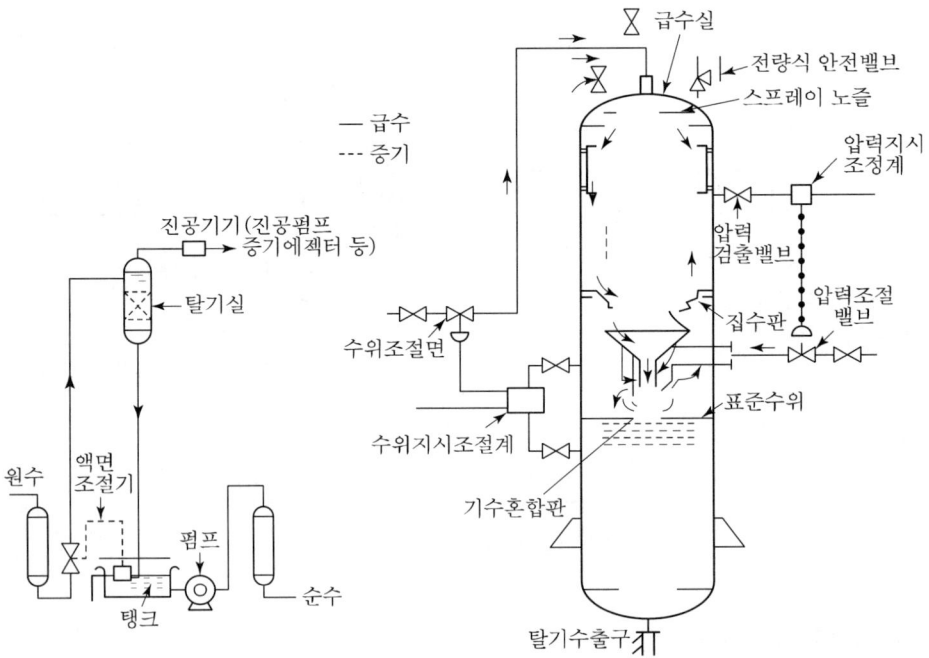

[스프레이형 가열탈기기 구조의 일례]

㉐ 기폭 처리방법
  ㉠ 물의 공중낙하에 의한 기폭 → 스프레이식·플레이트식, 목제분식·강제통풍식
  ㉡ 공기확산에 의한 기폭 → 압축공기에 의한 방법
② 탈기법
  ㉮ 급수 중에 용존되어 있는 O_2나 CO_2 제거에 사용되지만 주목적은 O_2의 제거이다.
  ㉯ 탈기효율
    ㉠ 진동도가 물의 증기압에 가까울수록 높다.
    ㉡ 처리하는 급수가 미세할수록 높다.
  ㉰ 탈기방식
    ㉠ 진공탈기 : 감압장치는 진공펌프, 공기이젝터 사용
    ㉡ 가열탈기 : 터빈의 추유 또는 생증기로 물을 비점온도까지 가열해서 탈기한다.(트레이식)
    ㉢ 스프레이식 : 스프레이 노즐에서 분무시킨다.

(2) 현탁질 고형물의 처리
  ① 여과법
    ㉮ 여과기 내로 급수를 보내어 크기가 0.01~0.1mm 정도 큰 협잡물을 처리한다.
    ㉯ 침강속도가 느리거나 침강분리가 곤란한 협잡물의 처리에 적용된다.
    ㉰ 완속여과와 급속여과가 있으나 급속여과가 주로 사용된다.
    ㉱ 여과기는 개방형의 중력식과 밀폐형의 압력식이 있다.
    ㉲ 여과재
      ㉠ 모래
      ㉡ 자갈
      ㉢ 활성탄소
      ㉣ 엔트라사이트

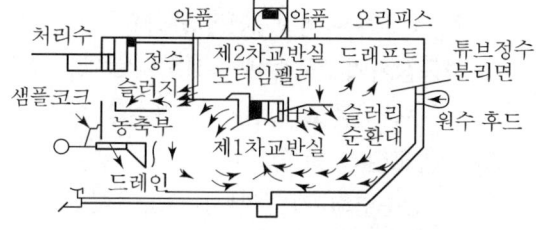

[슬러지-순환식 급속 침전장치]

  ② 침강법
    ㉮ 크기가 0.1mm 이상의 큰 협잡물은 자연 침강하여 처리된다.
    ㉯ 처리시간이 많이 걸려서 명반을 사용한다.
    ㉰ 방법
      ㉠ 회분식 침강
      ㉡ 연속식 침강
  ③ 응집법
    ㉮ 콜로이드상의 미세한 입자는 여과나 침전으로는 처리되지 않기 때문에 응집제를 첨가하여 흡착결합 후 자연 침강되게 하여 처리한다.

㉯ 응집제
ㄱ) 황산알루미늄
ㄴ) 폴리염화알루미늄

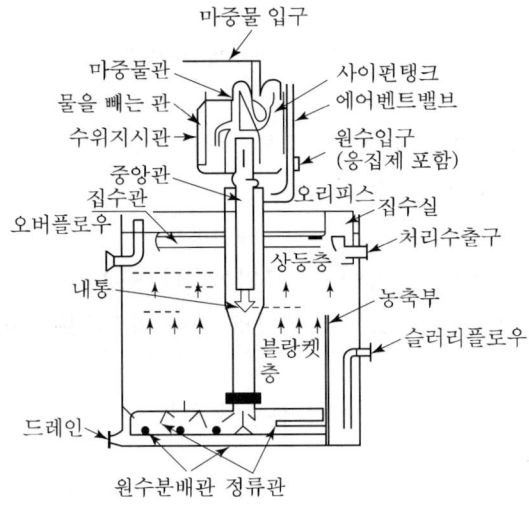

[맥동식 급속 응집침전장치]

(3) 용존고형물의 처리

① 증류법
㉮ 물을 가열시켜 발생된 증기를 응축하여 좋은 수질을 얻는다.
㉯ 증류법은 비경제적이나 박용 보일러에서는 사용이 가능하다.
② **약품첨가법** : 물속에 소석회, 소다회, 제올라이트 등을 가하여 중탄산염 및 유산염, 탄산염 또는 수산화물로 침전시켜 경수를 연수로 만든다.
③ 이온교환법 종류
㉮ 단순연화(경수연화) : Na^+ 이외의 양이온을 Na^+로 이온교환시킨다.
㉯ 탈알칼리 연화 : 양이온의 이온교환은 단순연화와 동일하지만 그 외의 알칼리도 성분(중탄산염)의 대부분은 제거된다.
㉰ 탈염 : 실리카 이외의 모든 전해질(이온상 실리카까지)을 제거한다.
④ 이온교환법 원리 : 이온교환법은 이온교환체에 결합하고 있는 특정이온과 급수 중의 이온을 교환하여 경수를 연수로 연화시키는 방법이다.
㉮ 이온교환 수처리 방법은 원수를 Na형의 강산성 양이온 교환수지에 통과시켜 원수 중에 칼슘(Ca^{2+}), 마그네슘(Mg^{2+}) 이온을 수지 중에 Na이온과 교환하는 방법이며, 저압보일러의 급수와 세척용 수처리에 사용된다.
㉯ 강산성 양이온 교환수지의 이온 선택성은 $Ca^{2+} > Mg^{2+} > Na^+$이므로 경수 연화반응은 다음과 같다.

$$2(RSO_3Na) + Ca^{2+} \rightleftarrows (RSO_3)_2Ca + 2Na^+R$$

㈐ 경수연화반응은 가역반응이라서 원수 중에 Ca, Mg 이온보다 많은 경우에는 연화반응이 화학평형의 역으로 되어 경도의 누출이 많고 교환용량도 감소한다. 따라서, 이런 경우에는 재생레벨을 높여서 운전해야 하며 재생재로서 5~15% 식염수, 해수는 때에 따라서 황산소다(Na_2SO_4)를 사용한다. 황산칼슘 석출이 되는 것을 줄이기 위하여 재생재의 농도를 낮추어서 비교적 저속으로 재생한다.

$$(RSO_3)_2Ca + NaSO_4 \rightarrow RSO_3Na + CaSO_4 \downarrow$$

▼ 이온교환수지의 종류

구분	이온의 기호에 의한 분류	교환기의 끝에 결합되어 있는 이온에 의한 분류				강약의 분류
		결합되어 있는 양이온		결합되어 있는 음이온		
		Na^+	H^+	OH^+	Cl^+	
이온 교환 수지	양이온 교환수지	Na형	H형			강산성 양이온 교환수지
						중산성 양이온 교환수지
						약산성 양이온 교환수지
	음이온 교환수지			OH형	Cl형	강염기성 음이온 교환수지 (Ⅰ형, Ⅱ형)
						중염기성 음이온 교환수지
						약염기성 음이온 교환수지

주) ☐ 내의 이온교환 수지가 보일러 외처리에서 주로 이용되고 있음

3 급수처리 내처리

(1) 청관제의 종류

① 종류
  ㉮ 무기물 : 탄산소다, 가성소다, 인산 제3소다, 아황산소다, 황산알루미늄
  ㉯ 유기물 : 탄닌류, 전분(녹말) 등
  ㉰ 혼합물
② 청관제 사용상의 주의사항
  ㉮ 청관제 주입장치는 급수배관계통에서 주입한다.

④ 청관제 사용량은 급수량과의 비율을 충분히 고려하여 비례한다.
④ 청관제를 일시에 다량으로 주입하면 급격한 농도변화가 생긴다.

▼ 보일러 내처리제로 사용되는 약제의 종류 및 작용

약품명	분자식	작용
수산화나트륨 탄산나트륨 제3인산나트륨 제1인산나트륨 헥사메타인산나트륨 인산 암모니아	$NaOH$ Na_2CO_3 Na_3PO_4 NaH_2PO_4 $Na_6P_6O_{18}$ H_3PO_4 NH_3	pH, 알칼리 조정제 (급수, 보일러의 pH 및 알칼리도를 조절하고 스케일 부착 시 보일러 부식방지)
수산화나트륨 탄산나트륨 제3인산나트륨 제2인산나트륨 헥사메탄인산나트륨 메트라인산나트륨	$NaOH$ Na_2CO_3 Na_3PO_4 Na_2HPO_4 $Na_6P_6O_{18}$ $Na_6P_4O_{13}$	경수연화제 (보일러수의 경도 성분을 불용성으로 침전, 측슬러지로 하여 스케일 부착방지)
탄닌 리그닌 전분 해초추출물 고분자유기화합물	$C_{76}H_{52}O_{46}$ $(C_6H_{10}O_5)$	슬러지 조정제 (화학적 및 물리적 작용에 의해 슬러지를 보일러수 중에 분산·현탁시켜서 블로하기 쉽게 하고 스케일 부착을 방지)
아황산나트륨 중아황산나트륨 히드라진 탄닌	Na_2SO_3 Na_2HSO_3 NaH_4 $C_{76}H_{52}O_{46}$	탈산소제 (급수 중의 용존산소를 화학적으로 제거하여 부식을 방지)
고급지방산폴리아민 고급지방산폴리알코올		포밍 방지제
질산나트륨 인산나트륨 탄닌 리그린	$NaNO_3$	가성취화 방지제

(2) 청관제의 적정 사용처

① pH 및 알칼리도 조정제

㉮ 보일러 부식 및 스케일 생성을 방지하기 위해서 사용된다.
㉯ 조정제 : 수산화나트륨(가성소다), 탄산나트륨, 인산3나트륨, 암모니아 등

㈐ 탄산나트륨은 고온수에서 가수분해를 일으키기 때문에 고압보일러에서는 사용이 불가능하다.
② 경도성분 연화제
㈎ 용수 중의 경도성분인 불순물을 슬러지로 만들어서 스케일의 생성을 방지한다.
㈏ 연화제 : 수산화나트륨, 탄산나트륨, 각종 인산나트륨
③ 슬러지조정(Sludge)
㈎ 스케일 성분을 슬러지로 만들어서 관석의 생성을 방지한다.
㈏ 조정제 : 탄닌, 전분, 리그린 등
④ 탈산청소(탈산소제)
㈎ 용수 중에 산소가 약 6ppm 정도 들어 있다. 이것은 점식의 부식발생 원인이 되므로 산소를 제거해야 한다.
㈏ 탈산청소 : 아황산소다 사용
　㉠ 고압보일러용 : 히드라진
　㉡ 저압보일러용 : 아황산소다, 히드라진, 탄닌 등
　　※ 아황산나트륨 반응 : $2Na_2SO_3 + O_2 \rightarrow 2Na_2SO_4$
　　　히드라진 반응 : $N_2H_4 + O_2 \rightarrow N_2 + 2H_2O$
⑤ 가성취화 억제제
㈎ 고온고압보일러에서 pH가 12 이상이 되면 알칼리도가 높아져서 Na, H 등이 강재의 결정경계에 침투하여 재질을 열화시키는 현상이다.
㈏ 억제제 : 인산나트륨, 탄닌, 리그닌, 질산나트륨
⑥ 기포방지제(포밍방지제)
㈎ 방지제 : 고급지방산 알코올, 고급지방산 에스테르, 폴리아미드, 프탈산아미드

▼ 내처리 방식에 따른 처리제와의 관계

처리방식 항목	알칼리 처리	인산염 처리	휘발성 물질 처리
처리약제	수산화나트륨 제3인산 나트륨	제3인산 나트륨 제2인산 나트륨	암모니아 히드라진
pH 범위	10.5~11.8	9.0~10.5	8.5~9.0
특징	• 정상상태 및 저온의 경우 방식력이 크다. • pH 조정이 쉽다. • 경도성분에 대응하기 쉽다.	• 정상상태 및 저온의 경우 방식력이 크다. • 경도성분에 대응하기 쉽다.	• 고형물량이 적다. 블로량이 적다. • 알칼리 성분의 농축이 없다.
문제점	• 고형물 양이 많다. • 알칼리 부식의 우려가 있다. • 인산염의 하이드 아웃	• 고형물 양이 많다. • 국부부식의 우려가 있다. • 인산염의 하이드 아웃	• 냉각수가 주입되는 경우, 인산염의 조기주입이 필요 • 저온에서 부식방지가 어렵다. • 실리카의 허용치가 낮다.

(3) 급수와 보일러수의 pH 한계치

① 급수의 pH
㉮ 구리합금이 없는 경우 : pH 범위는 8.0~9.0
㉯ 구리합금이 있는 경우 : pH 범위는 9.0 이하 엄수

② 보일러수의 pH
㉮ 일반적으로 pH는 10.5~11.8
㉯ 일반적으로 pH는 12 이하로 유지한다.

(4) pH 알칼리도 조정제, 경수연화제, 탈산청소 개요와 반응식

① pH 알칼리도 조정제
　pH와 부식에 관계하여 부식을 방지하는 조건으로 pH를 적당한 범위의 높은 수치로 유지하여야 한다. 또 보일러수 중의 경도성분을 불용성의 것으로 하여 스케일 부착방지를 위해서도 pH를 적당히 높게 하여야 하며, pH가 커지면 Ca나 Mg 화합물의 용해도는 감소하게 된다. 알칼리 조정제에는 관수에 알칼리를 부여하는 부여제와 과도한 알칼리 농도를 억제하는 억제제의 두 가지가 있다.

㉮ 알칼리 부여제 : 수산화나트륨, 탄산나트륨, 고압보일러에는 수산화나트륨, 인산제3나트륨, 암모니아가 있다. 수산화나트륨은 조해성이 강해 피부를 상하게 하고 눈에 들어가면 수정체를 상하게 하여 실명하는 경우가 있으므로 취급에 주의를 요한다.(수산화나트륨 NaOH의 반응식)

㉯ 탄산나트륨(소다회 : Na_2CO_3)을 사용하면 대기 중에서 비교적 안정하고 가격이 싸며 수산화나트륨보다 위험성이 적다.

㉰ 인산나트륨 : 고압보일러에서는 내부 부식 때문에 보일러수 pH치를 유지하는 방법으로 사용된다.

② 경수연화제
　경도 성분을 불용성의 화합물, 즉 슬러지로 변화시켜 스케일의 부착을 방지하는 약제이다. 종류는 수산화나트륨, 탄산나트륨, 인산나트륨 등이다.

※ 중화인산나트륨 : 트리폴리인산나트륨($Na_3P_4O_{13}$), 헥사메타인산나트륨($Na_6P_6O_{18}$)이 있다.

③ 탈산청소(용존산청소거제)
㉮ 아황산소다(Na_2SO_3) : 물 속의 산소와 결합하여 황산소다가 된다.
$2Na_2SO_3 + O_2 \rightarrow 2Na_2SO_4$(산소와 아황산소다의 비는 1 : 7.88)
이 반응은 pH가 9.6~10.6에서 가장 효과가 좋고 pH 12에서 가장 느리다.

㉯ 히드라진(N_2H_4) : 인화점이 낮고 환원성이며 유독성 물질이다. 위험을 줄이기 위하여 35% 수용액으로 판매한다.
$N_2H_4 + O_2 \rightarrow 2H_2O + N_2 \uparrow$

4 슬러지 및 스케일

(1) 슬러지(Sludge)

가마검댕이라 하며 보일러 동내부의 바닥에 침전하여 앙금 상태로 쌓여 있는 연질의 불순물이다. 고착하지 않은 관계로 분출 시에 일부가 배출된다.
① 주성분 : 탄산염, 수산화물, 산화철 등이다.
② 슬러지의 장해
　㉮ 부식
　㉯ 과열
　㉰ 취출관의 폐쇄원인

(2) 스케일(Scale)

① 스케일의 주성분은 칼슘, 마그네슘의 탄산염, 유산염, 실리카, 황산칼슘, 황산마그네슘이다.
② 관석은 규산칼슘, 황산칼슘이 주성분이다.
③ 슬러지의 주성분은 탄산칼슘, 인산칼슘, 수산화마그네슘, 탄산마그네슘이다.
④ 스케일이 보일러에 미치는 영향은 스케일의 열전도율이 0.2~2kcal/mh℃ 정도로서 단열재와 같아서 열전도의 방해로 인한 전열면이 과열되어 각종 부작용이 일어난다.

⑤ 스케일의 장해
　㉮ 보일러 효율 저하
　㉯ 연료소비가 증대한다.
　㉰ 배기가스의 온도를 높인다.
　㉱ 과열로 인한 파열사고가 일어난다.
　㉲ 보일러 순환의 장해
　㉳ 전열면의 국부과열 현상

⑥ 스케일의 생성원인
　㉮ 높은 온도에 의해 용해도가 낮은 형태로 변화하여 석출하는 경우 : 탄산칼슘($CaCO_3$)이나 탄산마그네슘($MgCO_3$)은 물에 대한 용해도가 매우 낮아 스케일이 되기 쉬운데 이들은 원수 중에서 용해도가 높은 중탄산염의 형태로 존재하고 있다가 열을 받게 되면 분해하여 CO_2를 방출, 용해도가 낮은 탄산염 형태로 석출하여 스케일이 된다.
　㉯ 온도의 상승에 의해 용해도가 저하하여 석출하는 경우
　㉰ 농축에 의하여 과포화상태로부터 석출하는 경우
　㉱ 이온화 경향이 낮은 물질이 보일러에 유입하여 석출하는 경우
　㉲ 알칼리성의 용액에서 용해도가 저하하여 석출하는 경우

5 보일러의 보일러수 농축과 국부가열

(1) 보일러수의 농축

 ① 농축수의 장해
  ㉮ 침전물의 생성
  ㉯ 물의 순환방해
  ㉰ 전열면의 과열
  ㉱ 포밍의 유발(물거품 솟음)
  ㉲ 수면계의 수위판단 곤란
  ㉳ 가성취화가 발생된다.

 ② 방지법
  ㉮ 적당한 간격으로 분출을 실시한다.
  ㉯ 보일러수에 알맞은 급수처리를 한다.

(2) 전열면의 국부가열

 ① 원인
  ㉮ 관석이 부착된 곳에 방사열을 받을 때
  ㉯ 화염이 어느 한쪽에만 집중 가열될 때

 ② 방지법
  ㉮ 버너 장착을 바르게 한다.
  ㉯ 화염의 분사각도를 고르게 한다.
  ㉰ 노내의 온도분포를 고르게 한다.
  ㉱ 급열을 피한다.
  ㉲ 보일러 설계를 개선시킨다.
  ㉳ 연소장치를 개선한다.

 ③ 국부가열의 장해
  ㉮ 열응력이 발생한다.
  ㉯ 과열이 일어난다.
  ㉰ 부식을 초래한다.

(3) 보일러수의 순환불량

 ① 원인
  ㉮ 보일러수의 지나친 농축
  ㉯ 스케일 부착으로 관경이 좁아졌을 때
  ㉰ 전열면에 스케일이나 침전물이 발생하였을 때
  ㉱ 연소실 구조가 양호하지 못할 때

㈑ 보일러 설계가 옳지 못할 때
② 장해
㈎ 전열면의 과열발생
㈏ 증기발생 시간이 길어진다.
㈐ 열손실이 많아진다.
㈑ 열효율이 떨어진다.

6 보일러의 청소(Boiler Cleaning)

(1) 청소방법

① 내부청소
㈎ 기계적인 청소방법
㈏ 화학적인 청소방법
② 외부청소 : 기계적인 청소방법

(2) 보일러 청소의 목적

① 열전도를 좋게 한다.
② 과열이나 파열을 방지한다.
③ 전열면에 부착된 그을음, 재, 스케일을 제거한다.
④ 부식을 방지한다.
⑤ 보일러 연료소비를 감소시킨다.
⑥ 보일러 열효율을 증가시킨다.
⑦ 보일러의 수명을 연장시킨다.
⑧ 통풍력을 크게 한다.
⑨ 보일러수의 순환을 좋게 한다.
⑩ 보일러 효율저하를 방지한다.

(3) 보일러 내부 청소시기

① 연간 1회 이상 청소를 실시한다.
② 급수처리를 하지 않는 저압 보일러는 연간 2회 이상 실시한다.
③ 본체나 노통수관, 연관 등에 부착된 스케일 두께가 1~1.5mm 정도에 달하면 청소한다.
④ 보일러 사용시간이 1,500~2,000시간 정도에서 청소를 실시한다.

(4) 보일러 외부 청소시기

① 배기가스의 온도가 별안간 높아진 때
② 통풍력이 갑자기 저하한 때
③ 보일러 증기발생 시간이 길어질 때

④ 월 2회 정도 청소한다.
⑤ 연소관리 상황이 현저하게 차이가 날 때
⑥ 장기간 매연이 발생할 때

(5) 청소요령

① 외부 청소요령

㉮ 노가 완전히 냉각되도록 기다린다.
㉯ 댐퍼를 열고 통풍을 유지시킨다.
㉰ 청소는 고온부에서 저온부 쪽으로 이동한다.
㉱ 수트 블로어를 사용할 때에는 응축수를 제거한 후 실시한다.
㉲ 와이어브러시는 연관 내경보다 조금 작은 것을 사용한다.
㉳ 청소가 끝나면 강한 통풍력으로 불어낸다.(통풍력을 크게 한다.)

 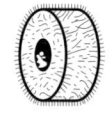 

[전동클리너]

㉴ 청소가 끝난 후 주의사항
  ㉠ 보일러 외면의 부식 및 손상유무를 조사한다.
  ㉡ 고온부의 전열면의 변색이나 변형조사
  ㉢ 노벽 및 연도벽의 상태와 내화재의 피복부분, 이탈된 내화물 등을 조사한다.
  ㉣ 석탄보일러는 클링커를 제거한다.
  ㉤ 배플 등의 손상에 의한 부분을 조사한다.
  ㉥ 매연취출장치가 바른지 확인한다.

② 보일러 내부 청소요령

㉮ 다른 보일러와 연결되었으면 주증기 밸브를 닫고 연락을 차단한다.
㉯ 소화작업 후 서서히 냉각시킨 후 청소한다.
㉰ 보일러 압력이 떨어지고 냉각되면 공기빼기를 열고 분출을 하여 내부의 물을 완전히 뺀다.
㉱ 동 내부로 들어가기 전에 다시 한번 잠가 놓은 밸브가 이상이 없나 확인한다.
㉲ 보일러 내로 충분한 공기를 삽입시키고 유독가스를 배기시킨다.
㉳ 동내부에 사람이 들어가 있는 표시를 반드시 설치한다.
㉴ 사고를 방지하기 위해 내부청소는 반드시 2인 이상이 한다.

㉕ 내부조명을 위하여 안전가이드가 있는 전구를 사용한다.
㉖ 조명을 위한 전압은 감전사를 방지하기 위하여 낮은 것을 사용한다.
㉗ 급수내관이나 구멍에 찌꺼기가 들어가지 않게 조심한다.
㉘ 튜브클리너 등을 가지고 청소할 때에는 한 자리에 3초 이상 청소를 하지 않는다.
㉙ 고온의 전열면이나 구석진 부분의 청소는 반드시 조심한다.
㉚ 청소가 끝나면 물로 씻어낸 후 대청소를 실시한다.
㉛ 분해가 되는 부속품은 떼어내서 청소하고 결합 시는 누설이 되지 않게 잘 결합시킨다.

(6) 각종 보일러에 알맞은 내부 청소방법과 공구

① 노통보일러
기계적인 방법 : 스크레이퍼, 해머, 튜브 클리너 등 공구 사용

② 연관보일러와 노통연관보일러
화학세관방법 : 산 세관, 알칼리 세관, 유기산 세관

③ 수관식 보일러
㉮ 기계적인 방법 : 해머, 튜브 클리너 등 공구 사용
㉯ 화학세관방법 : 산 세관, 알칼리 세관, 유기산 세관

(7) 각종 보일러에 알맞은 외부 청소방법과 공구

① 원통형 보일러
사용공구 : 스크레이퍼, 튜브 클리너, 와이어 브러시

② 수관식 보일러
㉮ 압축공기 분무제거(에어소킹법)
㉯ 증기 분무제거(스팀소킹법)
㉰ 물 분무제거(워터소킹법)
㉱ 모래 사용제거(샌드블루법)
㉲ 작은 강구 사용제거(스틸쇼트클리닝법)

(8) 보일러 수관, 연관의 외부 청소방법(기계적 방법)

① 수관 : 수트 블로어 사용
② 연관 : 와이어 브러시, 튜브 클리너 사용
③ 동체 : 스크레이퍼, 튜브 클리너 사용
④ 노통 : 스크레이퍼, 튜브 클리너 사용

SECTION 04 보일러 세관작업

1 화학세관방법

(1) 산 세관방법

사용약품 : 염산, 황산, 인산, 기타 부식억제제 첨가

(2) 알칼리 세관방법

사용약품 : 수산화나트륨, 탄산나트륨, 인산소다, 암모니아, 기타 질산나트륨 첨가

(3) 유기산 세관방법

사용약품 : 구연산, 익산, 초산, 옥살산, 술파민산

2 화학세관처리

(1) 산세관

① 산의 종류
  ㉮ 염산(HCl)
  ㉯ 황산(H_2SO_4)
  ㉰ 인산(H_3PO_4)
  ㉱ 질산(HNO_3)

② 세관처리 : 일반적으로 염산을 물속에 5~10% 용해하여 온도를 60±5℃ 정도로 유지하고 5시간 보일러 내부를 순환시켜 관석을 제거한다. 그러나 염산의 약성에 의해 부식이 촉진되므로 부식억제제인 인히비터(Inhibitor)를 0.2~0.6% 혼합하여 함께 처리한다.

③ 부식억제제의 종류
  ㉮ 수지계 물질
  ㉯ 알코올류
  ㉰ 알데히드계
  ㉱ 머캡탄류
  ㉲ 아민유도체

④ 스케일 용해 촉진제 : 황산염, 규산염 등의 경질스케일은 염산에 잘 용해되지 않아 소 용해촉진제(불화수소산 : HF)를 사용한다.

⑤ 부식억제제의 구비조건
  ㉮ 부식억제능력이 클 것
  ㉯ 침식발생이 없을 것
  ㉰ 물에 대한 용해도가 클 것
  ㉱ 세관액의 온도농도에 대한 영향이 작을 것
  ㉲ 시간적으로 안정할 것

⑥ 염산의 특징
　㉮ 취급이 용이하며 위험성이 적다.
　㉯ 부식억제제가 많다.
　㉰ 가격이 싸서 경제적이다.
　㉱ 스케일의 용해능력이 비교적 크다.
　㉲ 물에 대한 용해도가 커서 세척이 용이하다.

⑦ 산세관방법
　㉮ 순환법 : 펌프식 이용
　㉯ 침적법 : 수치식 이용

⑧ 중화방청처리 산세척 수 씻은 물의 pH가 5 이상이 될 때까지 충분히 물로 씻은 후 중화나 방청처리를 실시한다.
　㉮ 사용약품 : 탄산나트륨(Na_2CO_3), 수산화나트륨(NaOH), 인산나트륨(Na_3PO_4), 아황산나트륨($NaSO_3$), 히드라진(N_2H_4), 암모니아(NH_3) 등
　㉯ 방법 : pH9~10 정도로 하여 약액의 온도를 80~100℃로 가열하여 약 24시간 정도 순환시킨 후 천천히 냉각 후 배출하고 처리는 필요에 따라 물로 씻어낸다.

(2) 알칼리 세관
① 알칼리 세관 약품 : 암모니아(NH_3), 가성소다(NaOH), 탄산소다(Na_2CO_3), 인산소다(Na_3PO_4) 등
② 세관처리 : 물속에 알칼리를 0.1~0.5% 넣고 온도를 70℃ 정도로 하여 순환시킨다.
③ 가성취화 방지제 : 알칼리 세관을 하면 알칼리에 의해 가성취화가 일어난다. 이것을 방지하기 위하여 가성취화 방지제를 첨가한다.
　㉮ 질산나트륨($NaNO_3$)
　㉯ 인산나트륨(Na_3PO_4)

(3) 유기산 세관
① 유기산 세관약품 : 구연산, 옥살산, 설파민산 등 사용
② 세관처리 : 중성에 가까운 구연산 등을 물속에 약 3% 정도 용해하여 수용액을 90±5℃ 정도로 하여 특히 오스테나이트계 스테인리스강에 세관시킨다.
③ 부식억제제 : 사용이 불필요하다.
④ 특징
　㉮ 가격이 비싸다.
　㉯ 관석의 용해능력은 크다.
　㉰ 구연산이 많이 사용된다.

3 최근 보일러 보수 시의 화학세정 및 스케일 제거

최근 보일러는 고온, 고압, 고효율화와 더불어 보일러 내면의 각종 부착물에 의한 사고가 발생되는 경향이 있어서 보일러 내 부착물에 의한 부식과 열전달률의 저하로 과열, 파열사고를 미연에 방지하고 보일러의 제 성능과 보일러 내면을 깨끗이 유지하기 위하여 화학세정을 해야 한다. 중·저압 보일러는 튜브클리너(Tube Cleaner) 등에 의한 기계적인 방법에 의해서도 가능하지만 보일러가 대형화되고 구조가 복잡하여 기계적인 방법만으로는 충분한 효과를 거두지 못하므로 반드시 화학세정이 필요하다.

(1) 플러싱(Flushing)

① 플러싱은 알칼리 세정과 소다끓임을 실시하기에 앞서 전처리로서 실시하는 조작이다.
② 물로 플러싱을 실시하는 경우에는 깨끗한 물을 펌프로부터 고유속으로 분사시켜 세정 출구수가 깨끗해질 때까지 실시하여야 한다.
③ 플러싱을 효과적으로 또 내부에 물이 남아있지 않도록 실시하기 위해서는 세정계통의 배수 가능한 구역을 몇 계통으로 나누어서 가장자리 구역으로 플러싱을 실시하면서 그 효과가 나타난 다음에 다른 인접구역으로 진행시켜야 한다.
④ 배수가 가능하지 않은 구역은 수증기나 순수에 히드라진 약 100ppm을 첨가한 세정수로 플러싱을 하면 효과적이다.

(2) 알칼리 세정

① 고압 순환보일러나 관류보일러는 급수, 복수계통이 플러싱이 끝난 다음에 유지 제거를 위하여 알칼리 세정을 실시하는 경우가 많다.
② 세정액은 다음의 알칼리 약품과 계면활성제를 녹인 물이 사용된다.
   ㉮ 계면활성제
   ㉯ NaOH(또는 Na_2CO_3)
   ㉰ Na_3PO_4
③ 전농도는 0.2~0.5% 정도이다.
④ 세정액의 적정온도를 60~80℃로 유지하고 세정계통을 순환시키며 세정출구에서 세정액의 탁도 또는 유지농도가 일정하게 유지되면 세정액을 배출하고 수세수와 pH가 9 이하로 유지될 때까지 수세를 하여야 한다.

(3) 소다끓임(Soda Boiling)

소다끓임은 수관식 보일러나 절탄기(연도에서 급수가열기) 내부의 유지나 모래, 먼지 등을 제거하는 데 그 목적이 있다.
① 소다끓임의 준비
   ㉮ 보일러 드럼 내부에 있는 장치 중 약액 예정수위보다 상부에 있는 장치는 분리하여 약액의 순환을 방해하지 않도록 약액 예정수위의 아래쪽에 두어야 한다.

㈏ 수면계나 기타 드럼에 부착되어 있는 계기는 원래의 밸브는 닫아 놓고 별도로 가수면계를 설치한다.
㈐ 패킹은 수압시험용을 그대로 사용하며 필요한 경우 정상가동 시 패킹(Packing)을 교체하도록 한다.
㈑ 드럼의 공기빼기 밸브(Air Vent Value) 및 과열기가 부착된 경우에는 그 출구 헤더(Header)의 공기빼기 밸브와 드레인 밸브, 절탄기가 부착된 경우에는 보일러와의 사이에 있는 밸브를 열어두고 그 외에 밸브는 모두 닫아둔다.

② 약액의 조성 : 약액이 보일러 내에서 급수와 혼합하여 계획된 조성으로 되게 미리 농도를 맞추어 조제하여야 한다. 약액의 조성은 보일러 내부에 있는 오염물의 종류나 양에 따라 가감된다.

㈎ 약액 조성 약품
  ㉠ NaOH(수산화나트륨)　　㉡ Na_2CO_3(탄산나트륨)
  ㉢ Na_3PO_4(제3인산나트륨)　㉣ Na_2SO_3(황산나트륨)

③ 소다끓임 조작

㈎ 먼저 드럼의 맨홀을 열어 맨홀 밖으로 물이 넘치지 않도록 급수하고 약액을 넣은 후 맨홀을 닫고 수면계의 하부까지 급수한다.
㈏ 드럼이 2개 이상 있는 경우에는 아래쪽의 드럼으로부터 순차적으로 급수하고 약액 분할 주입 후 맨홀을 닫은 후 수면계의 하부까지 급수해서 약액의 주입을 끝낸다.
㈐ 과열기가 부착된 경우에는 그 내부에 약액이 주입되지 않도록 주의하여야 한다.
㈑ 보일러 점화를 행함에 있어서 벽돌건조를 겸하여 소다끓임을 행하는 경우에는 건조가 끝날 때까지 증기압력을 상승시키지 않을 정도로 화력을 조정한다.
㈒ 가열은 천천히 행하고 압력 $2kg/cm^2$에서부터 약 8시간 정도 걸쳐서 최종압력까지 승압한다.
㈓ 최종압력은 상용압력에 대응해서 정하는 것이 보통이며 다음의 압력에 맞추는 것이 이상적이다.

보일러의 상용압력(kg/cm^2)	소다끓임 최종압력(kg/cm^2)
7 미만	상용압력
7 이상 35 미만	7
35 이상 105 미만	상용압력의 1/5
105 이상	21

㈔ 최종압력은 약 8시간 유지시킨다. 중간 블로를 행하는 경우에는 약 4시간 유지한 후에 불을 꺼서 블로가 가능한 정도의 압력까지 압력을 떨어뜨린 후 각 블로 밸브로부터 수면계가 150mm 정도로 떨어지게 블로를 행하고 다시 기준 수면까지 급수하여 점화를 행한 다음 최종 압력으로 약 4시간 유지시킨다.
㈕ 소다끓임 조작 중에는 정기적으로 약액을 시험하여 유지가 거의 없고 탁도・알칼리도・실리카 농도가 변화하지 않음을 확인해서 조작완료 시점을 고려하여야 한다.

㉣ 소다끓임 조작 중에는 약액농도를 알칼리도 등으로 조사하여 농도계획의 1/2 이하가 되면 다시 약액을 보충함이 바람직하며 산세척 설비가 부착되어 있으면 최초의 약액농도의 감시와 더불어 중간에 약액을 보충하는 데에 이용할 수 있다.

④ 약액의 배출과 수세
㉮ 보일러를 소화(消火)한 후 냉각될 때부터 천천히 블로를 행하며 압력이 약 1kg/cm²로 되면 각 블로 밸브를 열어서 약액을 전부 배출한다.
㉯ 각 부의 온도가 90℃ 이하가 되면 맨홀, 기타 점검부를 열어서 유지가 완전히 제거되었는가의 여부를 확인하고 난 다음 수세한다.
㉰ 수관보일러에서 수관의 수세는 각각 1개씩 증기 드럼 측으로부터 호스를 이용하여 수세하거나 혹은 급수·블로를 2~3회 반복 실시하거나, 급수 → 점화 → 수저(水底)를 1회 실시하면 된다.

⑤ 운전준비
보일러를 운전 가능한 상태로 복귀시켜야 하며 가능한 빨리 급수·운전 개시에 들어가야 한다. 단, 즉시 운전으로 들어가지 않을 경우, "보존방법"에 따라서 보존하고 부식발생을 방지하여야 한다.

(4) 산세척

보일러에서 산세척이라 함은 보일러 내부의 스케일과 부식생성물 등을 산액으로 용해·분해시켜 제거하는 산액처리와 중화·방철처리를 중심으로 하는 일련의 처리공정을 조합시킨 화학세정이다.

① 산세척의 처리공정
㉮ 소다끓임 조작이 끝난 후에 신설보일러 내부에 남아있는 부착물은 밀(Mill)스케일과 녹 등의 철산화물로 되어 있기 때문에 산액처리만으로도 제거될 수 있다. 그러나 가동보일러의 내부에 부착된 스케일과 부식생성물은 산액처리만으로는 완전히 제거될 수 없는 조성과 상태로 되어 있는 수가 있으므로 이와 같은 경우에서는 선세척의 제1처리공정으로서 전처리를 행하여야 한다.
㉯ 산세척의 처리공정은 다음과 같다.

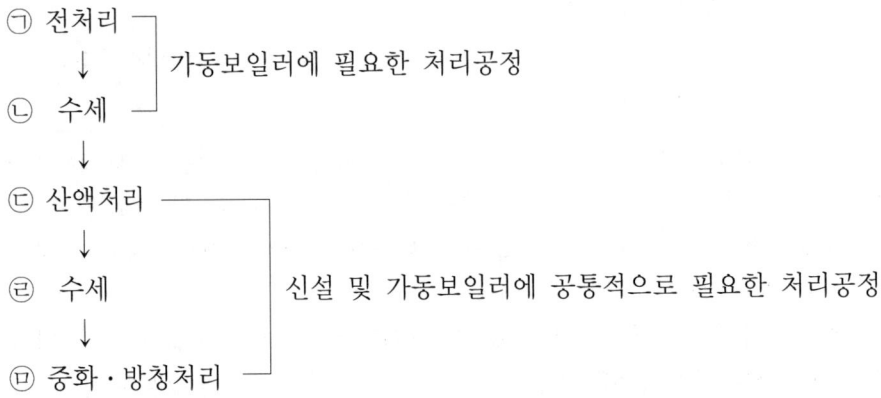

② 가동보일러에 부착된 스케일
  ㉮ 보일러 내부에 부착되어 있는 스케일과 부식생성물의 조성 및 양을 조사하는 것은 전처리의 필요성 여부, 산액의 조성 및 농도를 결정하는 데 중요한 역할을 한다. 따라서 보일러 내부로부터 채취한 부착물을 분석하여 평균조성을 조사하고 일정 면적당의 평균 부착량을 실측하여 부착물의 전량을 추산하고 또 실제 약액으로 부착물 용해시험을 실시하여 약액의 조성 및 농도를 결정함이 바람직하다.
  ㉯ 원수의 수질에 따라서는 대략 다음과 같이 부착물 성분 및 양을 축적할 수 있다.
    ㉠ 보일러 내부에 부식이 발생한 경우 : 철의 산화물이 많다.
    ㉡ 원수를 급수하는 경우 : 부착물의 주성분은 Ca염, Mg염, 규산염, 실리카이며 부착량은 많다.
    ㉢ 연화수, 탈염수를 급수하는 경우 : 부착물의 주성분은 실리카, 산화철이며 부착량은 비교적 많다.
    ㉣ 순수를 급수하는 경우 : 부착물의 주성분은 산화철이며 부착량은 미량이다.
③ 전처리
  ㉮ 실리카, 규산염 및 황산염이 주성분인 스케일은 산액처리만으로는 쉽게 붕괴 및 용해가 되지 않는다. 특히 실리카의 함유율이 높은 스케일은 염산 및 황산과 같은 강산을 사용하여도 쉽사리 제고되지 않는 성질을 갖고 있다.
  ㉯ 그러나 위와 같은 성분이 주성분으로 함유된 스케일도 가성 알칼리와 불화물을 사용하면 쉽게 용해 또는 팽윤될 수 있다. 일반적으로 실리카가 40% 이상 함유된 경질 스케일이 부착되어 있는 경우에는 0.5~5%의 NaOH에 적당량의 불화물을 첨가한 가열약액으로 대부분의 스케일을 용해 또는 팽윤시킬 수 있는 전처리를 행하면 그 후의 산액처리로 스케일이 쉽게 제거될 수 있다.
  ㉰ 금속동(金屬銅)은 처리하기에 까다로운 것 중의 하나로서 산액처리에 사용하는 염산 및 황산으로는 녹지 않으나 산화제(예를 들면 과황산암몬)와 암모니아를 혼합 가온용액으로 사용하면, 용해가 될 뿐만 아니라 안정된 착화물이 된다. 따라서 이러한 전처리를 암모니아 처리 또는 암모니아 세정이라고 하며 그 처리조건의 일례는 다음과 같다.
    ㉠ 약액 조성 : 과황산암모늄 0.5%＋암모니아 1.5%
    ㉡ 처리온도, 시간 : 60℃에서 6시간
④ 전처리 후의 수세
  가능하면 온수를 사용하여 수세를 하고 수세 폐수의 pH가 9 이하가 될 때까지 수세를 계속한다.
⑤ 산액처리
  ㉮ 사용되는 산액 : 산액으로는 염산, 황산, 인산, 구연산 등의 수용액이 사용된다.
    ㉠ 일반적으로 가격이 저렴하고 산화철과 대부분의 스케일에 대한 용해력이 강한 염산을 5~10%의 농도로 사용한다.

ⓒ 염화물에 의해서 응력부식을 일으키는 오스테나이트계 스테인리스강을 사용한 보일러에는 염산을 사용하지 않고 약 3%의 구연산과 5% 전후의 황산을 사용한다.
㉯ 산액의 농도 : 보일러 내면으로부터 채취한 부착물, 혹은 수관으로부터 떼어낸 스케일 시험판을 이용하여 예비시험을 행하고, 필요로 하는 농도를 결정하는 방법이 가장 좋지만, 정기적으로 산세척을 행하는 보일러에는 급수수질과 보일러 처리·운전조건이 거의 변동되지 않는다면, 과거의 실적을 참고로 정하는 수도 있다.
㉰ 부식방지 : 산은 강을 녹이는 성질이 있으며 염산과 황산은 특히 이 성질에 강하므로 산액에는 필히 소량의 부식을 억제시켜야 한다.
㉱ 산액처리 온도 : 온도를 높일수록 스케일과 부식생성물이 제거되기 쉬우나 부식 억제제의 부식 억제율은 대략 60~90℃ 이상에서 저하되기 때문에 이 온도를 초과하지 않도록 한다.
㉲ 산액처리 시간 : 약 6시간 정도가 보통이지만 산액이 산, 철 이온 등의 농도를 정기적으로 실측해서 그 시간을 결정함이 바람직하다.

⑥ 산액의 배출과 수세

산액처리가 끝나면 가능한 빨리 산액을 배출하고 수세수(온수)로 급수, 순환, 배수를 반복하여 수세폐수의 pH가 5 이상으로 될 때까지 실시한다. 이때 산액과 수세수를 질소가스로 치환 및 배출하고 보일러 내부에 공기가 들어가지 않도록 보일러 내부에 녹이 발생함을 방지할 수 있다.

⑦ 중화, 방청처리

㉮ 산액처리를 실시한 후 아무리 수세를 여러 번 행한다 하더라도 미량의 산이 남아 있을 가능성이 높기 때문에 보일러 내면은 녹이 발생하기 쉬운 상태에 있다. 따라서 이러한 경우에는 중화, 방청처리를 실시하여 금속표면에 보호피막을 형성시키도록 하여야 한다.
㉯ 중화, 방청은 별개의 공정으로 행하여지는 수도 있으며, 하나의 공정으로 처리되는 경우 약액조성의 일례는 다음과 같다.
　ⓐ NaOH : 1%
　ⓑ $NaPO : 12H_2O$ ↑ 0.3%
　ⓒ Na_2SO : 0.1%

SECTION 05 보일러 보존

1 보일러의 보존방법

(1) 보존의 보존의 목적

① 보일러 휴지 시 보일러 내면, 외면에 부식방지
② 보일러 휴지 시 수명단축 방지
③ 보일러 휴지기간 부식으로 인한 보일러 강도의 안전도 저하방지

(2) 보일러 보존방법

① 만수보존(소다만수보존법)
② 건조보존(석회밀폐건조법, 질소가스봉입법)
③ 페인트 도장법(특수보존법)
④ 기체보존법(질소보존법)

2 보일러 보존방법별 주의사항

(1) 만수보존법(단기보존, Wet Method)

만수보존법은 2~3개월 정도 보일러 휴지기간 동안 보존하는 방법이며, 보일러 내에 물을 가득 채운 후 0.35kg/cm² 정도의 압력을 올려 물을 비등시키고 용존산소나 탄산가스를 제거시킨 후 수산화나트륨(NaOH)을 넣어서 알칼리도 300ppm을 수용액으로 한 보존법이다.

① 주의사항
  ㉮ 건조보전이 어려운 경우에만 실시한다.
  ㉯ 동결의 염려가 있으면 사용이 부적당하다.
  ㉰ 보일러 동 내부에 만수한 후 누수가 없도록 밀폐, 보존시킨다.
  ㉱ 2~3개월 이상은 효과가 없다.
  ㉲ 10~20일 정도 pH를 조사한다.(pH는 11~12 유지)

② pH 11~12 정도를 위한 약품 사용
  물 톤에 대한 사용약품의 용해량은 다음과 같다.
  ㉮ 가성소다(NaOH) 0.3kg(저압보일러용)
  ㉯ 아황산소다(Na_2SO_3) 0.1kg(저압보일러용)
  ㉰ 히드라진(N_2H_4) 0.1kg(고압보일러용)
  ㉱ 암모니아(NH_3) 0.83kg(고압보일러용)

(2) 건조보존법(Dry Method, 장기보존법)

① 일반적으로 보일러 휴지 시 6개월 이상이 될 때 밀폐건조보존을 실시한다.
② 특히, 겨울에 동결의 우려가 있거나 급수에 부식성 성분이 존재할 때에는 만수보존보다 건조보존이 우수하다.(일명 석회밀폐건조보존법)
③ 주의사항
　㉮ 동 내부의 산소를 제거하기 위하여 숯불을 용기에 넣어서 태운다.
　㉯ 습기방지를 위하여 흡습제를 내용적($1m^3$)에 대하여 다음과 같이 사용한다.
　　㉠ 생석회(산화칼슘) 0.25kg
　　㉡ 실리카겔(규산겔) 1.2kg
　　㉢ 염화칼슘($CaCl_2$) 1.2kg
　　㉣ 활성알루미나 : 1~1.3kg
　㉰ 흡습제 교환은 2~3개월마다 한다.

(3) 질소보존법(질소건조법)

① 보일러 동 내부로 질소가스를 $0.6kg/cm^2$ 정도로 가압시켜 밀폐 건조시킨다.
② 질소의 순도는 99.5% 이상이 요구된다.(보일러 동 내부의 산소를 제거하기 위하여)

(4) 페인트 도장법

① 보일러에 도료를 칠하여 보존한다.
② 도료의 주성분은 흑연, 아스팔트, 타르 등이 사용된다.
③ 주의사항
　㉮ 작업 중 휘발성으로 인한 인화의 위험에 주의한다.
　㉯ 작업 시 환기에 주의한다.
　㉰ 보일러 재사용 시에는 알칼리 세관으로 세정한다.

03 보일러 부속장치

ENERGY MANAGEMENT

CHAPTER 01 급수장치
CHAPTER 02 송기장치(증기이송장치)
CHAPTER 03 통풍과 집진장치
CHAPTER 04 보일러 안전장치
CHAPTER 05 보일러 계측장치
CHAPTER 06 분출장치
CHAPTER 07 스팀트랩 및 밸브
CHAPTER 08 자동제어
CHAPTER 09 폐열회수장치

CHAPTER 01 급수장치

PART 03 | 보일러 부속장치

SECTION 01 급수장치

급수장치란, 보일러 운전 중 부하변동 시에 일정수위를 유지하기 위하여 거의 연속적으로 보일러 동 내부로 급수를 보충해 줄 수 있는 모든 장치를 말한다.

1 급수장치의 종류

(1) 급수탱크(Feed Water Tank)

보일러에서 사용되는 응축수(복수)가 부족할 때 이를 보충하기 위하여 지하수나 상수도수를 급수처리하여 저장하였다가 유사 시 사용하는 탱크이다.

(2) 응축수 탱크(Drain Tank)

열사용처에서 사용된 증기가 물로 응축할 때(온도 50~70℃ 정도) 그 응축수가 회수된 후 보일러로 공급되는 탱크이다.

(3) 급수밸브

전열면적이 $10m^2$ 이하에서는 15A 이상이며 $10m^2$ 이상에서는 20A 이상의 밸브가 필요하다. 급수밸브에는 정지밸브와 체크밸브가 사용된다.

(4) 급수펌프

보일러에서는 항상 단독으로 최대 증발량을 발생시키는데 필요한 급수를 할 수 있는 2세트 이상의 급수펌프(인젝터 펌프 포함)를 갖추어야 한다.

(5) 기타 급수장치

① 급수관
② 급수처리 약품주입 탱크
③ 수압계
④ 급수량계
⑤ 급수내관

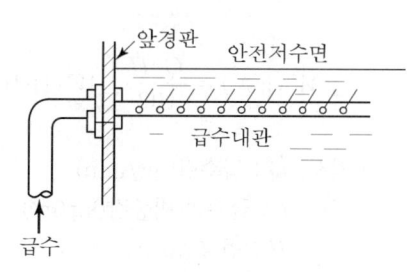

[급수내관]

2 급수장치의 조건과 급수펌프

(1) 급수장치

① 급수장치는 보일러에서는 항상 주펌프세트가 설치되어야 한다.(인젝터 포함)
② 다만 다음의 조건하에서는 보조펌프가 생략되어도 된다.
　㉮ 전열면적이 12m^2 이하의 보일러, 전열면적 14m^2 이하의 가스용 온수보일러
　㉯ 전열면적이 100m^2 이하의 관류 보일러
③ 주펌프세트 및 보조펌프세트는 보일러 상용압력에서 정상가동상태에 필요한 물을 각각 단독으로 공급할 수 있어야 한다.
④ 보조펌프세트의 용량은 최대증발량의 25% 이상의 능력을 갖추어야 한다.

(2) 급수펌프의 구비조건

① 고온, 고압에도 충분히 견디어야 한다.
② 급격한 부하변동에도 대응할 수 있어야 한다.
③ 작동이 확실하고 조작이 간편하여야 한다.
④ 저부하시나 고부하시에도 효율이 좋아야 한다.
⑤ 병렬운전에도 지장이 없어야 한다.
⑥ 회전식은 고속회전에 지장이 없어야 한다.

(3) 펌프의 양정계산

전양정 = [흡입양정 + 토출양정 + 수두양정 + 마찰손실 × 수두양정] × 1.2배
① 급수펌프의 양정은 최대 양정의 20%의 여유가 있어야 한다.
② 흡입양정은 보통 6~8m 정도로 한다.
③ 펌프의 성능이 좋으면 실양정이 증가되지만, 흡입양정에는 어느 한계가 있어 토출양정(배출양정)만 크게 된다.

(4) 급수펌프의 동력계산

① **펌프의 수동력** : 물을 실제로 공급하는 데 필요한 펌프의 동력을 수동력 또는 수마력이라고 한다.

$$W(\text{kW}) = \frac{QrH}{102}, \quad W(\text{HP}) = \frac{QrH}{75}$$

여기서, Q : 급수량(m^3/min)
　　　　r : 급수의 비중량(kg/m^3)
　　　　H : 전양정(m)

② **펌프의 축동력** : 펌프에서 실제 일어나는 마찰손실 등을 더한 동력이다. 축동력에는 kW와 HP(PS)가 있다.

$$S(\text{kW}) = \frac{QrH}{102 \times 60\eta}, \quad S(\text{PS}) = \frac{QrH}{75 \times 60\eta}$$

여기서, S : 펌프의 축동력(kW, PS)
　　　　η : 효율(%)

③ **급수펌프의 구경** : 급수펌프의 크기는 토출구의 지름으로 표시되며, 펌프의 구경(지름)은 소요급수량과 구경을 계산식에 의해 급수량 Q는 m³/s, 구경을 d(m)라 하면 계산은 아래와 같다.

$$d = \sqrt{\frac{4Q}{\pi V}}$$

여기서, V : 급수의 유속(m/s)

SECTION 02 급수펌프

1 급수펌프의 종류

(1) 동력 펌프

　① 회전식 펌프 : 볼류트 펌프, 터빈 펌프, 프로펠러 펌프
　② 왕복식 펌프 : 플런저 펌프(단작동 펌프), 워싱턴 펌프, 웨어 펌프

(2) 비동력 펌프

　① 왕복식 펌프 : 워싱턴 펌프, 웨어 펌프(증기 사용)
　② 인젝터 : 메트로폴리탄형, 그레샴형
　③ 환원기 : 응축수 회수탱크(수압과 증기압 사용)
　④ 급수탱크(수원 이용)

(3) 급수펌프의 특징과 원리

　① **다단 터빈 펌프(Turbine Pump)** : 고압다단식 펌프로서 임펠러와 안내날개가 있고 양정이 20m 이상인 큰 급수펌프에 해당하는 펌프이다.

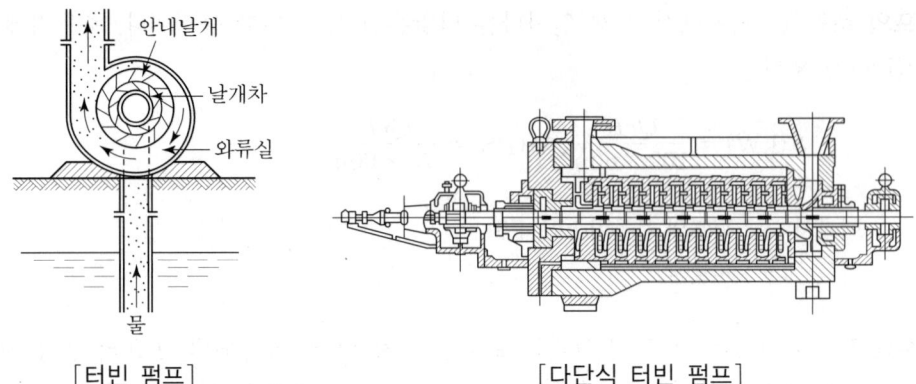

[터빈 펌프]   [다단식 터빈 펌프]

㉮ 단수는 2~8단 정도이다.
㉯ 1단의 수압은 2.5~3.5kg/cm² 정도이다.
㉰ 고속회전에 적합하고 효율이 높다.
㉱ 토출흐름이 고르고 조용하다.

② **볼류트 펌프**(Volute Pump : 소용돌이 펌프) : 터빈 펌프와 형태는 같으나 안내날개가 없고 양정 20m 미만에 사용된다.

③ **플런저 펌프**(Plunger Pump) : 전동기를 사용하여 플런저가 크랭크 축의 회전에 의해서 급수하는 펌프이다.

㉮ 유압펌프로 많이 이용된다.
㉯ 고압용에 사용된다.
㉰ 형체가 작은 편이다.
㉱ 단작동식이다.
㉲ 구조가 복잡하다.
㉳ 토출흐름이 고르지 않아서 배관에 무리가 온다.(공기실을 설치하여 운전)

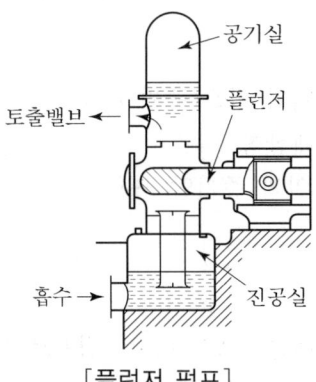

[플런저 펌프]

④ 워싱턴 펌프(Worthington Pump)
   ㉮ 증기의 압력에너지를 이용하여 피스톤을 작동시켜 급수를 행하는 비동력 펌프이다.
      ㉠ 고압용 소량에는 사용이 편리하다.
      ㉡ 증기의 실린더 단면적이 물실린더 단면적보다 2배 정도 크다.
      ㉢ 복동식, 복작동 펌프이다.(토출압의 조절이 용이하다.)
      ㉣ 증기를 이용하여야 급수가 흡입된다.(유체의 흐름에 맥동이 발생)

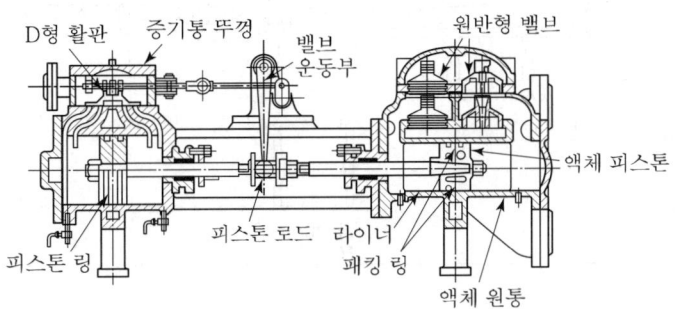

[단동식 듀플렉스 펌프(워싱턴 펌프)]

   ㉯ 워싱턴 펌프의 토출압력 계산

$$토출압력 = \frac{증기실린더\ 단면적(cm^2)}{물실린더\ 단면적(cm^2)} \times 증기압력(kg/cm^2)$$

⑤ 웨어펌프(Weir Pump) : 워싱턴 펌프와 동일한 구조이나 피스톤이 1쌍밖에 없는 펌프이다.
   ㉮ 동력이 불필요하다.
   ㉯ 급수량이 적다.
   ㉰ 예비용 급수펌프로 이상적이다.
   ㉱ 무동력 펌프라서 증기가 필요하다.
⑥ 급수설비 인젝터(Injector) : 비동력 급수펌프로서 중·소형 보일러에 예비 급수용으로 많이 사용된다.(보일러에서 발생된 증기를 사용한다.)
   ㉮ 급수의 원리
      증기의 열에너지 → 운동에너지로 변환 → 압력에너지로 변화 → 급수
   ㉯ 종류
      ㉠ 메트로폴리탄형(Metropolitan) : 급수온도 65℃ 이하 사용
      ㉡ 그레셤형(Gresham) : 급수온도 50℃ 이하 사용

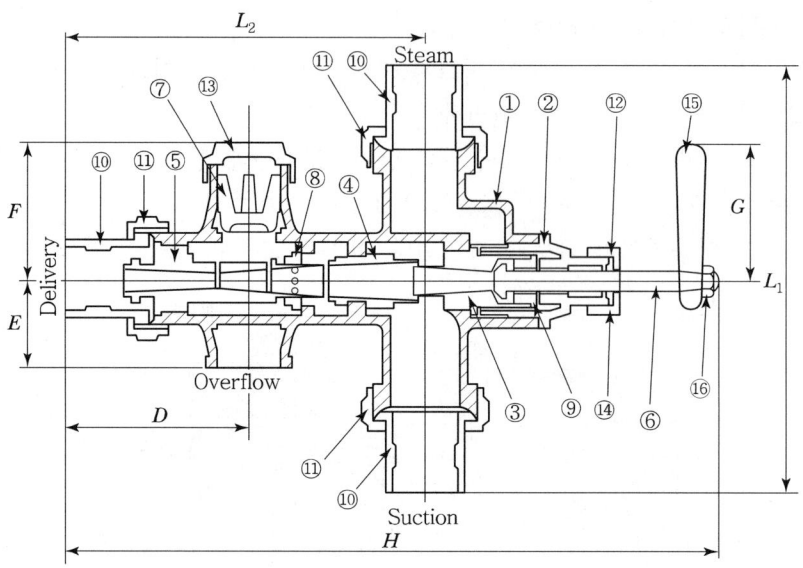

No.	품명	재질	수량	No.	품명	재질	수량
①	몸체	Bronze	1	⑨	노즐고정너트	Bronze	1
②	보닛	Bronze	1	⑩	닛불	Bronze	3
③	증기노즐	Bronze	1	⑪	닛불고정너트	Bronze	3
④	혼합노즐	Bronze	1	⑫	패킹너트	Bronze	1
⑤	방출노즐	Bronze	1	⑬	오버너트	Bronze	1
⑥	스템	Bronze	1	⑭	패킹	Asbestos	1
⑦	과압밸브	Bronze	1	⑮	핸들	FC	1
⑧	상압밸브	Bronze	1	⑯	너트	SS	1

[인젝터]

㈑ 내부의 구조(노즐이용)

　㉠ 증기노즐

　㉡ 혼합노즐

　㉢ 토출노즐(분출노즐)

㈒ 인젝터의 작동순서(시동순서)

　㉠ 출구정지밸브를 연다.

　㉡ 흡수밸브를 연다.(급수밸브)

　㉢ 증기밸브를 연다.

　㉣ 핸들을 연다.

⑭ 인젝터의 정지순서
　㉠ 핸들을 닫는다.
　㉡ 증기밸브를 닫는다.
　㉢ 급수밸브를 닫는다.
　㉣ 출구정지밸브를 닫는다.
⑮ 인젝터 사용상의 장단점
　㉠ 장점
　　ⓐ 구조가 간단하고 다른 펌프에 비해 모양이 작다.
　　ⓑ 설치장소를 적게 차지한다.
　　ⓒ 증기와 물이 혼합하여 급수가 예열된다.
　　ⓓ 시동과 정지가 용이하다.
　　ⓔ 가격이 싸다.
　㉡ 단점
　　ⓐ 급수용량이 부족하여 장기간 사용에는 부적당하다.
　　ⓑ 대용량 보일러에는 사용이 부적당하다.
　　ⓒ 급수량의 조절이 곤란하다.
　　ⓓ 급수의 효율이 낮다.
　　ⓔ 급수에 시간이 많이 걸린다.
　　ⓕ 흡입양정이 낮다.
⑯ 인젝터 급수불능의 원인
　㉠ 급수의 온도가 50~55℃ 이상이면 사용이 불가능하다.(급수불능)
　㉡ 증기압력이 $2kg/cm^2$ 이하일 때
　㉢ 흡입관에 공기가 새어들 때
　㉣ 노즐의 마모나 폐쇄
　㉤ 체크밸브의 고장
　㉥ 인젝터 자체의 과열
　㉦ 증기가 매우 습할 때
　※ 인젝터는 급수탱크보다 낮은 위치에 설치하여야 한다. 그 이유는 흡입양정이 매우 낮기 때문이다.

REFERENCE | 펌프의 이상현상

- 캐비테이션(공동현상) : 펌프 운전 중 흡입압력이 부족하면 펌프실 내의 진동, 소음, 급수불능, 부식 등이 발생하여 펌프의 성능이 저하된다.
- 서징현상(맥동현상) : 공동현상에 의해 발생된 흐름이 정상적으로 되돌아오면서 기포가 깨져 맥동을 일으키는 현상

⑦ 환원기(Return Tank) : 응축수를 회수하여 보일러의 급수로 공급하는 급수펌프의 대용으로 소용량 보일러에서 사용되며 환원기 내의 급수량의 수두압과 보일러에서 발생되는 증기를 투입한 후 증기압을 동시에 이용하여 급수한다.
  ㉮ 보일러 상부보다 1m 이상 높은 곳에 설치한다.
  ㉯ 보일러의 열효율이 향상된다.
  ㉰ 응축수를 사용하여 유지비가 적게 든다.
  ㉱ 불순물의 장해가 적다.
  ㉲ 동력이 불필요하다.

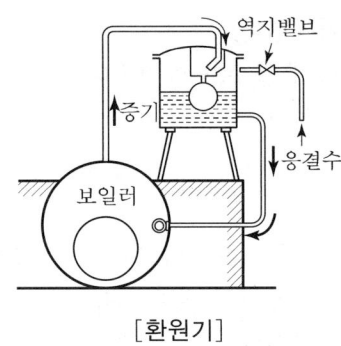

[환원기]

REFERENCE 응축수량 계산

① 방열기 표준상태 응축수량

방열기 1m²당 표준방열량은 증기의 경우 650kcal/m²h이므로 $\dfrac{650}{539} = 1.21\text{kg/m}^2\text{h}$가 된다.

그러나 표준난방이 아닐 때에는 (방열기 1m²당 방열량/r)이 된다.

② 보일러의 전응축수량(전 장치 내의 응축수량)

$$\text{응축수량(kg/h)} = \dfrac{\text{방열기 1m}^2\text{당 방열량}}{r} \times 1.3 \times \text{EDR}$$

여기서, r : 물의 증발잠열(kcal/kg), EDR : 상당방열면적(m²)

※ 일반적으로 증기배관 내의 응축수량은 방열기에서 생성되는 응축수량의 30%로 보기 때문에 1.3을 곱한다.

③ 응축수 펌프의 용량 : 응축수 펌프의 용량은 1분당 발생되는 응축수량의 3배로 본다.

$$\text{펌프용량(kg/min)} = \dfrac{\text{시간당 전 장치 내의 응축수량(kg/h)}}{60} \times 3$$

④ 응축수 탱크용량 : 응축수 탱크용량은 응축수 펌프용량의 2배 크기로 만든다.

탱크용량(kg) = 응축수 펌프용량(kg/min) × 2

---

⑧ 급수내관(Feed Water Injection Pipe) : 보일러 동길이 방향으로 긴 관을 설치하여 양 선단은 폐쇄된 상태이고 관의 하부는 적당한 간격으로 작은 구멍을 뚫고 구멍으로 급수를 분포시키는 관을 급수내관이라 한다. 그리고 그 구멍의 지름은 38~75mm 정도의 크기로 한다.

㉮ 급수내관의 설치목적
  ㉠ 보일러 동판의 국부적 냉각으로 생기는 부동팽창 방지
  ㉡ 동내부의 프라이밍(비수) 방지
㉯ 급수내관의 설치위치 : 급수내관의 부착위치는 보일러 안전저수위보다 50mm 조금 낮은 위치가 이상적이다.
  ㉠ 부착위치가 너무 높으면 습증기의 발생, 급수내관의 수면노출로 과열된다.
  ㉡ 부착위치가 너무 낮으면 체크밸브 고장 시 관수의 역류발생이나 동저부의 전열면의 냉각장애가 일어난다.

⑨ 급수량계 : 보일러에 공급되는 급수량을 측정한다.
  ㉮ 용적식 유량계
  ㉯ 임펠러식 유량계(유속식)

⑩ 급수밸브
  ㉮ 정지밸브
    ㉠ 보일러 가까운 곳에 설치한다.
    ㉡ 슬루스 밸브나 앵글밸브가 사용된다.
  ㉯ 역정지밸브(Check Value)
    ㉠ 보일러수의 역류방지
    ㉡ 스윙식과 리프트식이 있다.
    ㉢ 보일러 압력이 1kg/cm² 이하에서는 생략되어도 된다.
  ㉰ 역정지밸브의 설치상 주의할 점
    ㉠ 스윙식 : 수직이나 수평배관에 설치가 가능하다.
    ㉡ 리프트식 : 수평배관 이외에는 사용이 불가능하다.

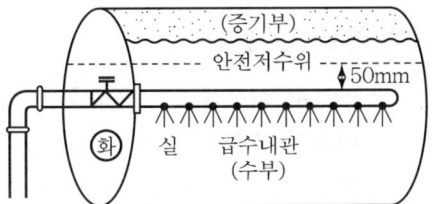

(4) 기타 펌프

① 원심식 우에스코 펌프
  ㉮ 와류 펌프이며 임펠러에 많은 홈이 있어서 그 회전에 의해 가압이 반복되는 펌프이다.
  ㉯ 소형이며 가정에서 우물물용이나 지하수용으로 사용된다.

② 심정 펌프(우물물 펌프)
  ㉮ 보어홀 펌프
    ㉠ 동력비가 많이 든다.
    ㉡ 모터와 펌프를 일직선 또는 수직으로 설치해야 한다.
    ㉢ 운전 중 소음진동이 많다.
    ㉣ 펌프실 설치가 필요하다.
    ㉤ 고장이 많다.

㉯ 수중모터 펌프
　㉠ 고장이 적다.
　㉡ 동력비가 적게 든다.
　㉢ 양 수관의 수리가 간단하다.
　㉣ 운전 중 소음진동이 적다.
　㉤ 펌프 설치가 불필요하다.
㉰ 제트 펌프
　㉠ 수중에 제트부를 설치하여 그 내부의 벤투리관의 원리로 가압수를 통하여 흡인작용을 일으켜 양수한다.
　㉡ 구조는 센트리퓨갈 펌프(원심식) 부분과 제트부분으로 구분된다.
　㉢ 25m 정도의 우물용 펌프로 사용된다.
　㉣ 제트는 4m 이내의 깊이에 설치하고 토출양정이 18m 이상이면 체크밸브가 필요하다.

(5) 응축수 회수탱크

① 응축수 회수탱크는 응축수를 회수하여 보일러에 공급하는 급수저장탱크 기능을 갖고 있다. 여기서 응축수 전량을 고온응축수 회수펌프를 사용하여 보일러에 직송하는 시스템에서, 재발증기를 회수하기 위해서도 응축수 탱크가 필요하다.

② 응축수 회수탱크 내부와 물은 온도가 높기 때문에 재증발증기가 발생하며 이것은 잠열을 보유하고 있기 때문에 열손실이 크다. 따라서 재증발증기의 발생을 억제하는 것이 매우 중요하며 재증발증기의 보유열을 회수하기 위하여 배출구에 바로 매트릭 콘덴서를 설치하고 냉수를 스프레이하는 방법이 많이 이용된다. 또한 탱크 내에 플라스틱 플로트(float)볼을 띄워 표면이 공기와 접촉되는 것을 차단시키는 방법도 매우 효과적이며, 응축수 회수관은 물속에 잠기도록 하여 가능한 볼이 물에 젖는 것을 억제하는 것이 중요하다. 또한 증기를 사용하지 않을 때에는 응축수 회수관으로 역류하는 경우가 발생할 수 있으므로 이에 대비한다.

③ 응축수는 그 온도가 40~70℃ 정도이므로 응축수를 급수로 재사용하면 에너지소비량이 매우 절감된다.

CHAPTER 02 송기장치(증기이송장치)

PART 03 | 보일러 부속장치

SECTION 01 송기장치(증기이송장치) 및 온도조절기

1 비수방지관(Antipriming Pipe)

보일러의 수면에서 증발되는 증기를 한 곳으로만 취출하면 그 부근은 압력이 저하하면서 수면이 동요되는 동시에 비수가 발생된다. 이를 방지하기 위하여 설치하는 것이 비수방지관(프라이밍 방지관) 또는 증기내관이라고 한다.

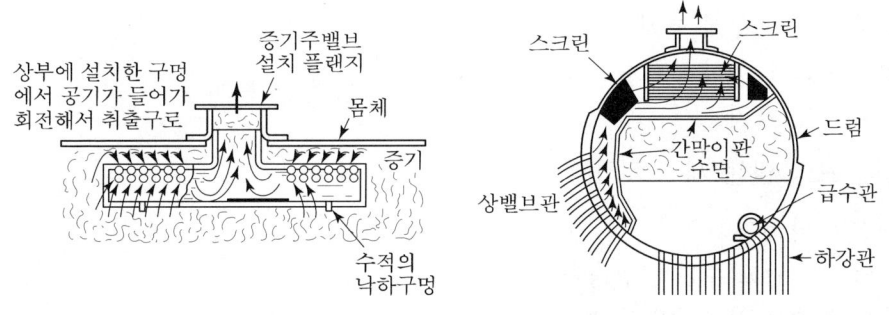

[비수방지관]　　　　　[수관 보일러 증기드럼 내의 증기분리기]

(1) 설치위치

　원통형 보일러 동 내부 증기 취출구에 설치한다.

(2) 비수방지관의 면적

　비수방지관에 뚫린 전체 구멍의 면적은 주증기 밸브의 단면적보다 1.5배 이상이 되어야 증기의 배출에 지장이 없다.

(3) 용어해설

　① 프라이밍(비수) : 보일러 동 수면에서 작은 입자의 물방울이 증기와 함께 튀어오르는 현상이며 프라이밍(Priming), 포밍(Forming)이 발생되면 캐리오버(Carry Over)가 필연적으로 발생된다.

　② 포밍(물거품) : 보일러 동 저부로부터 기포들이 수없이 수면 위로 오르면서 수면부가 물거품 솟음으로 덮이는 현상이다.

③ 캐리오버(기수공발) : 증기 속에 혼입된 물방울이나 기타 불순물이 증기관 외부로 이송 운반되어서 수격작용(Water Hammer)의 발생원인을 제공하는 현상이다.

(4) 프라이밍, 포밍 등의 발생원인

① 주증기 밸브의 급개
② 부하의 급변
③ 고수위의 보일러 운전
④ 증기발생의 과대
⑤ 증기발생부가 적을 때
⑥ 관수의 농축
⑦ 급수처리 등의 부적당
⑧ 청관제 등의 약품처리의 부적합

(5) 프라이밍, 포밍의 장해

① 수면의 동요가 심하여 수위의 판단이 곤란하다.
② 압력계나 수면계의 연락관이 막히기 쉽다.
③ 습증기 발생의 과다
④ 증기엔탈피(kcal/kg)의 감소
⑤ 배관 내 응축수로 인한 수격작용(워터해머) 발생
⑥ 열설비 계통의 부식 초래
⑦ 보일러의 효율 저하
⑧ 증기의 저항 증가

(6) 프라이밍, 포밍 발생 시 조치사항

① 연소량을 낮춘다.
② 증기밸브를 닫고 수위의 안정을 꾀한다.
③ 농축된 관수를 분출시킨 후 새로운 급수로서 신진대사를 꾀한다.
④ 수면계 등의 연락관을 조사한다.(안전밸브나 압력계도 함께)

2 기수분리기(Steam Separater)

수관식 또는 관류 보일러 등에서 증기의 압력이 고압으로 되면 포화수와 포화온도가 높아져 증기와 포화수 간의 비중량의 차가 적어지면서 발생되는 증기는 많은 물방울을 함유하게 된다. 이 증기 속에 포함된 물방울을 제거한 후 건조증기를 만들기 위하여 증기드럼 내나 주증기배관에 설치하여 증기와 물방울을 분리시키는 장치를 기수분리기라 한다.

(1) 기수분리기 설치 시의 이점

① 건조도가 높은 포화증기를 얻는다.
② 증기의 손실을 막아준다.
③ 증기의 엔탈피가 증가한다.
④ 기관의 열효율이 높아진다.

⑤ 배관 내에 수격작용이 방지된다.
⑥ 부식이 방지된다.
⑦ 증기의 저항이 감소된다.

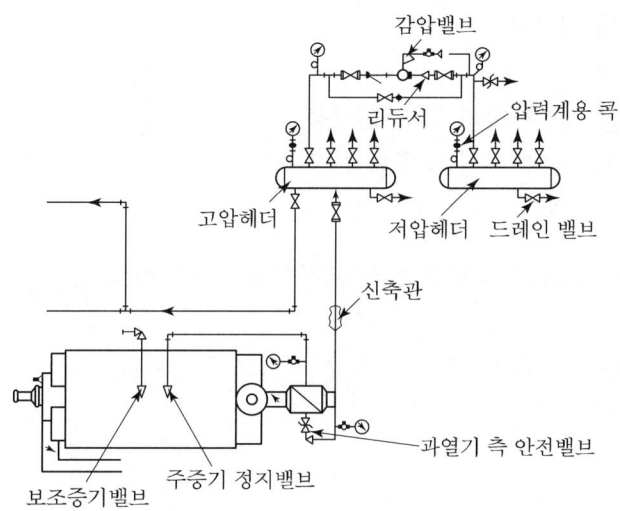

[증기계통도]

(2) 기수분리기의 종류

① 사이클론식(원심분리기 사용)
② 스크러버식(파형의 다수강판 사용)
③ 건조 스크린식(금속망판 조합)
④ 배플식(방향전환 이용)
⑤ 다공판식(다수의 구멍 사용)

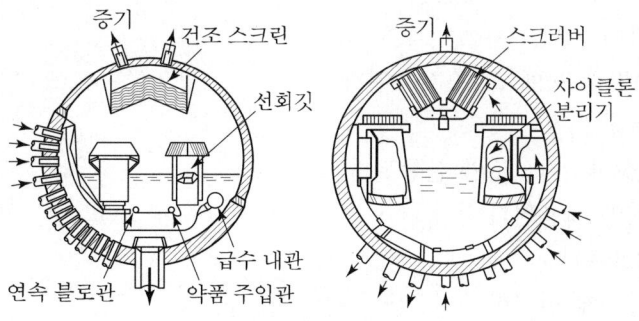

[드럼 내 기수분리기]

3 증기밸브 및 밸브

(1) 주증기 밸브

증기를 개폐시킬 때 사용되는 밸브로서 앵글밸브가 사용된다.
① 부착위치 : 보일러 상부에 부착한다.
② 주증기 밸브의 재질
　㉮ 주철제 : 16kg/cm² 미만의 압력에 사용
　㉯ 주강제 : 16kg/cm² 이상의 압력에 사용

(2) 밸브의 종류

① 앵글밸브(Angle Value) : 유체의 흐름을 직각방향으로 바꿀 때 사용되는 밸브이다.(주증기 밸브용)
② 글로브 밸브(Glove Value) : 형체가 둥근 구형으로 생겼다.
　㉮ 유체의 저항이 크다.
　㉯ 가볍고 가격이 싸다.
　㉰ 유량조절이 용이하다.
　㉱ 고압이나 기체 배관 등에 사용된다.
③ 슬루스 밸브(Sluice Value) : 게이트 밸브이다.
　㉮ 유체의 저항이 적다.
　㉯ 리프트(양정)가 커서 개폐에 시간이 걸린다.
　㉰ 절반만 개폐하면 밸브가 마모되기 쉽다.
　㉱ 유량조절이 불가능하다.
④ 체크밸브(Check Value) : 역정지밸브로서 유체의 역류를 방지하며 유체가 한쪽 방향으로만 흐르게 하는 밸브로서 그 종류로는 스윙식과 리프트식이 있다.
　㉮ 스윙식의 특징
　　㉠ 밸브 자체가 좌우로 회전된다.
　　㉡ 마찰저항이 적다.
　　㉢ 수직, 수평관 등에 모두 사용된다.
　㉯ 리프트식 특징
　　㉠ 밸브가 상하수직으로만 운동된다.
　　㉡ 수평관에만 사용된다.
⑤ 풋밸브(Foot Value)
　㉮ 펌프의 흡입관에 설치한다.
　㉯ 흡입관에 흡상된 물의 역류에 의한 유출방지용
　㉰ 일종의 체크밸브의 역할을 한다.

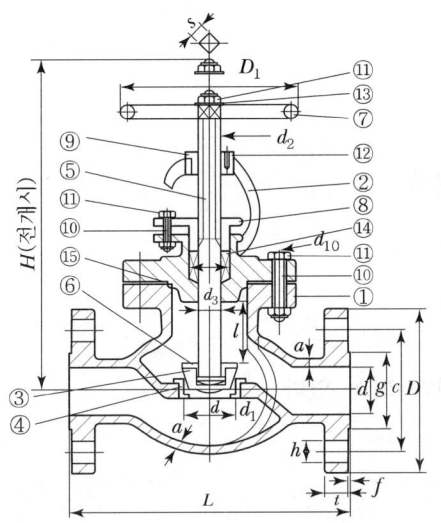

No.	품명	재질	No.	품명	재질
①	몸체	SCPH2	⑨	나사끼움링	$HBSC_2$
②	덮개	SCPH2	⑩	볼트	SCMI, SF45
③	디스크	STS 420J2	⑪	너트	SM45C, SS41
④	디스크시트	STS 420J2	⑫	고정나사	SS41
⑤	밸브대	STS 403	⑬	와셔	SS41
⑥	디스크 누르개	STS 420J2	⑭	패킹	Asbestos
⑦	핸드휠	BMC 28	⑮	개스킷	Asbestos
⑧	패킹 누르개	SF 45			

[글로브 밸브]

⑥ 콕(Cock) : 구멍이 뚫린 원추를 90° 또는 180°로 회전시켜 유체의 흐름을 차단 또는 조절하는 것으로서 일명 플러그 밸브라고도 한다.

㉮ 콕의 유체통로 면적과 관의 통로면적이 같고 일직선이다.

㉯ 유체의 저항이 적다.

㉰ 유체의 통로 개폐가 신속히 이루어진다.

㉱ 접촉면이 커서 누설이 다소 생긴다.

4 증기헤더(Steam Header)

(1) 설치목적

보일러의 증기를 한 곳에 모아서 사용처로 배분시킨다.

(2) 특징

① 증기의 공급량을 조절한다.
② 불필요한 열손실을 방지한다.
③ 헤더 하부에는 트랩을 이용한 응결수 빼기가 되어 있다.
④ 제2종 압력용기에 속한다.

5 신축이음(Expansion Joint)

증기관 내로 고온의 증기나 온수가 통과하면 배관이 팽창을 하게 되는데 이를 조절하여 열설비 계통의 무리가 오는 것을 방지하기 위한 목적으로 설치된다.

(1) 강관의 신축량

온도 1℃ 상승에 따라 관 1m 길이에서 0.012mm씩 신축하며 동관은 0.07mm씩 신축한다.

(2) 증기관의 길이에 따른 신축이음

① 저압의 경우에는 관길이 30m 정도마다 1개씩 설치한다.
② 고압의 경우에는 관길이 10m 정도마다 1개씩 설치한다.

(3) 신축이음의 종류

① 루프형(Loop Type) 신축이음 : 강관을 둥글게 휨 가공(굴곡가공)한 것으로 만곡관형이라고 한다.
  ㉮ 고압의 옥외 증기배관용이다.
  ㉯ 응력을 수반하는 결점이 있다.
  ㉰ 굽힘반경은 관경의 6배 정도이다.
  ㉱ 만곡관(루프형)의 필요길이 계산

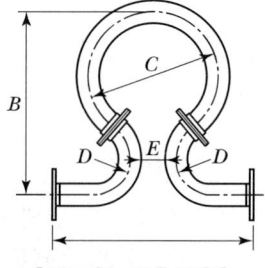

[루프형 신축이음]

　㉠ $L(m) = 0.073\sqrt{만곡관의\ 외경(mm) \times 흡수해야\ 할\ 배관의\ 신축량(mm)}$
　㉡ ΔL(흡수해야 할 배관의 신축량(mm))
　　　배관의 길이(m)×0.012(보일러 사용 후 온도 – 보일러 가동 전 온도)

② 벨로스형(Bellows Type) 신축이음 : 벨로스의 변형에 의해 관의 신축을 조절하는 주름통 신축이음이다.
  ㉮ 냉난방용으로 사용이 가능하다.
  ㉯ 누설의 염려가 없다.
  ㉰ 신축으로 인한 응력을 받지 않는다.
  ㉱ 트랩과 같이 사용된다.

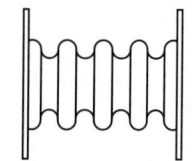
[벨로스형 신축이음]

③ 슬리브형(Sleeve Type) 신축이음
  ㉮ 미끄럼형 신축이음이다.
  ㉯ 저압증기 및 온수배관에 사용된다.
  ㉰ 과열증기에 부적합하다.

[슬리브형 신축이음]

④ 스위블형(Swivel Type) : 두 개 이상의 엘보를 사용하여 나사회전에 의한 배관의 신축을 조절한다.
  ㉮ 온수난방이나 저압의 증기배관에 사용된다.
  ㉯ 유체 누설의 염려가 있다.

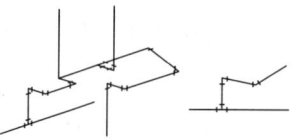
[스위블형 신축이음]

> **REFERENCE** 신축흡수의 크기 순서
>
> 루프형 > 슬리브형 > 벨로스형 > 스위블형

6 감압밸브(Reducing Value)

보일러에서 발생된 증기가 감압밸브의 상하운동에 의한 증기통로의 면적을 증감시켜 증기의 유속 변화를 주면서 증기의 압력을 감소시키는 밸브이다.

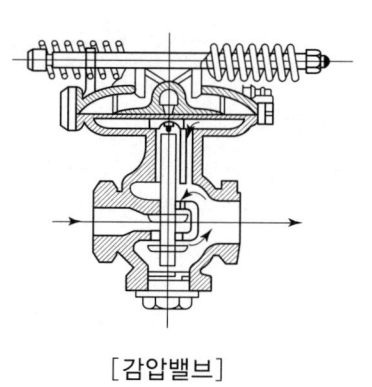
[감압밸브]

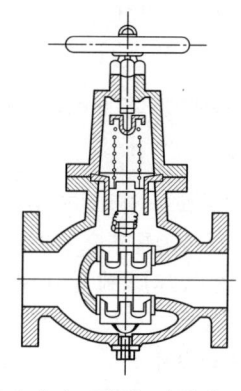
[다이어프램식 감압밸브]

(1) 설치목적
① 고압의 증기를 저압으로 변화시킨다.
② 부하측 증기의 압력을 일정하게 유지시킨다.
③ 고압의 증기와 저압의 증기를 동시에 사용이 가능하다.

(2) 설치 시 주의사항
감압밸브의 설치 시에는 고압 측은 정지밸브, 여과기, 압력계를 달고 저압 측에서는 정지밸브, 압력계, 안전밸브를 설치해야 된다. 그리고 감압밸브는 증기배관 또는 유체배관 주증기관에 설치한다.

(3) 감압밸브의 종류
① 작동방법에 따른 분류
 ㉮ 피스톤식
 ㉯ 다이어프램식
 ㉰ 벨로스식
② 구조에 따른 분류
 ㉮ 스프링식
 ㉯ 추식

(4) 감압밸브 설치 시 감압밸브의 보호 방법
① 감압밸브의 주변배관 구경 선정 시 적정한 구경으로 한다.
② 감압밸브는 가능한 증기사용처에 가깝게 설치한다.
③ 감압밸브는 반드시 이물질 손상으로 인하여 손상방지를 위하여 여과기로 보호한다.
④ 감압밸브 앞에는 여과기 및 기수분리기를 설치한다.
⑤ 향후 증설을 대비하여 배관하는 경우 설비에 대한 고려가 필요하다.

> **REFERENCE** 실내온도 조절기(Room Thermostat)
>
> (1) 원리 및 특징
> 난방을 할 때 온도를 일정하게 유지하기 위하여 사용되는 조절스위치로서 주 안전제어기들과 결속된 후 버너의 작동 및 정지를 함으로써 실내 온도를 유지하게 된다. 주로 온수난방 등에 사용됨으로써 송기장치로는 볼 수 없지만 난방에 많이 이용된다.(바닥에서 1.2m 높이에 설치)
> (2) 구조에 따른 종류
> ① 바이메탈 스위치식
> ② 바이메탈 머큐리 스위치식
> ③ 다이어프램 팽창식

7 증기축열기(Steam Accumulator)

보일러 가동 중 저부하 시에 남은 잉여증기를 저장하였다가 과부하 시에 긴급히 사용하는 잉여증기의 저장고로서 과잉의 증기를 포화수와 같은 모양으로 저장 후 정압식(온수)과 변압식(증기) 방식으로 이용하는 장치이다.

(1) 정압식

잉여증기를 보일러 급수 중에 넣어 그 열을 저장하고 정압의 상태에서 필요에 따라 축열을 이용하여 급수라인에 설치한다. 즉 보일러 입구 쪽 급수계통에 설치된다.

(2) 변압식

잉여증기는 물이 저장된 탱크로 보낸 후 필요할 때 그 내부의 감압으로 압력을 변동시켜 자체에서 증기를 발생시켜 사용한다. 즉 보일러 출구 증기계통에 설치된다.

REFERENCE 어큐뮬레이터의 종류

(1) 변압식 어큐뮬레이터
 ① 가로형 : 가열증기는 역지밸브를 통하여 증기축열기 축방향으로 다수배치된 흡입관에 의하여 순환통 내 상향으로 흡입된다. 동 내의 물은 순환통 하부에서 흡입되어 순환해서 축열되고 동 내의 상하 열수 온도차는 2~4℃이다. 소요증기를 빼낼 때는 역지밸브가 열리고, 용기 내 압력이 저하되면 비등점 저하에 의하여 즉시 증발한다.
 ② 세로형 : 흡입관이 하나에 집중하고 순환통도 하나로 대형이 된다. 세로형이기 때문에 증발면적이 작아 특수한 내부장치에 의해 단위면적당 증발량을 확보한다. 열수에서 발생할 수 있는 증기량은 처음 압력과 끝의 압력강하차가 많을수록 많다.
 ③ 증기축열기의 배치
  ㉮ 병렬 배관 : 고압 쪽 증기는 보일러에서 저압 쪽 증기는 보일러 및 어큐뮬레이터에서 공급을 받는다. 고압 쪽 압력이 과잉되면 증기는 어큐뮬레이터(증기축열기)에 설치된다. 저압 쪽에 증기량이 부족하면 자동적으로 증기축열기에서 보급받는다.
  ㉯ 직렬 배관 : 저압 쪽으로부터 보급받는 방법이다.

(2) 정압식 어큐뮬레이터
 ① 잉여보일러수를 축적하는 방법 : 부하가 낮을 때 저온급수를 많이 하여 잉여보일러수를 증기축열기에 저장했다가 부하가 높아지면(증기소비량이 많이 필요할 때) 열수(축열기 내부의 저장온수)를 보일러에 보급하면 연소비율은 일정하나 증기의 발생량은 크게 증대한다. 과열기가 있는 경우에는 부하 저하 시 과열기 전열면의 온도상승이 생기므로 주의한다.
 ② 증기에 의한 급수예열방법 : 부하가 낮을 시 보일러에서 과잉증기나 증기기관의 폐증기를 급수가열에 이용하여 증기축열기를 축적하는 방법이다. 부하 저하 시(증기소비가 많이 필요하지 않을 때) 과열기 통과증기량은 확보되지만 과열기의 온도상승은 없다.

CHAPTER 03 통풍과 집진장치

SECTION 01 통풍

1 통풍의 개요

통풍이란 노내 또는 아궁이를 중심으로 공기 또는 열가스가 연속적으로 유동하는 상태를 말하며 그 유동할 때의 힘을 통풍력(mmH_2O)이라 한다.

(1) 통풍방식

① **자연통풍방식** : 굴뚝(연돌)높이에 의존하는 통풍방식이다.
② **강제통풍방식** : 연돌과 송풍기를 이용하는 통풍방식이며 3가지가 있다.
  ㉮ 압입통풍
  ㉯ 흡인통풍(흡입통풍)
  ㉰ 평형통풍

2 통풍의 특징

(1) 자연 통풍(Natural Draft)

굴뚝의 높이에 의존하는 통풍이며 특징은 아래와 같다.
① 장점
  ㉮ 송풍기가 불필요하다.(동력소비가 불필요하다.)
  ㉯ 배기의 부력만 이용하면 통풍이 된다.
  ㉰ 설비가 간단하여 설비비가 싸다.
② 단점
  ㉮ 통풍력이 약하다.
  ㉯ 대용량 열설비에는 사용이 부적당하다.
  ㉰ 노내가 부압이 되어 외기의 침입이 허용된다.(노내압 : $-3 \sim 4mmH_2O$)
  ㉱ 통풍력은 연돌높이 배기가스 온도, 외기온도, 습기 등에 영향을 받는다.
  ㉲ 외기의 침입이 많으면 연소실의 온도가 저하된다.
③ 배기가스 유속 : $3 \sim 4m/s$ 정도

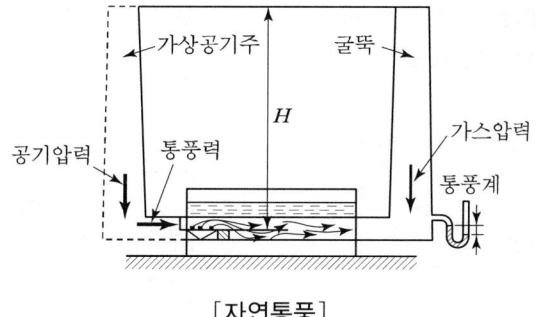

[자연통풍]

> **REFERENCE** 자연통풍을 증가시키는 요인
>
> ① 연돌(굴뚝)이 높을수록 통풍력이 증가한다.
> ② 배기가스의 온도가 높을수록 통풍력이 증가한다.
> ③ 연돌의 단면적이 클수록 통풍력은 증가한다.
> ④ 외기의 온도가 낮을수록 통풍력이 증가한다.
> ⑤ 공기의 습도가 낮을수록 통풍력이 증가한다.
> ⑥ 연도의 길이가 짧을수록 증가한다.

(2) 강제통풍(인공통풍)

① **압입통풍(Forced Draft)** : 연소용 공기를 송풍기에 의해 연소실 앞에서 연소실로 밀어 넣는 통풍방식이다.

㉮ 장점
㉠ 노내가 정압이 유지되어 연소가 용이하다.
㉡ 가압연소가 되므로 연소율이 높다.
㉢ 고부하 연소가 가능하다.
㉣ 300℃ 이상의 연소용 예열공기 사용이 가능하다.
㉤ 통풍저항이 큰 보일러에 사용이 가능하다.
㉥ 송풍기의 고장이 적고 점검이나 보수가 용이하다.
㉦ 연소용 공기의 조절이 용이하다.

㉯ 단점
㉠ 노내압이 높아 연소가스가 누설되기 쉽다.
㉡ 연소실 및 연도의 기밀유지가 필요하다.
㉢ 통풍력이 높아 노재의 손상이 일어난다.
㉣ 송풍기 가동으로 동력소비가 많다.
㉤ 자연 통풍에 비하여 설비비가 많이 든다.

㉰ 배기가스의 유속 : 8m/s 정도가 된다.

② **흡인통풍(Induced Draft)** : 연도에 배풍기를 설치하고 배기가스를 유인하여 연돌로 배기시켜 연소가스를 빨아내는 방식이다.

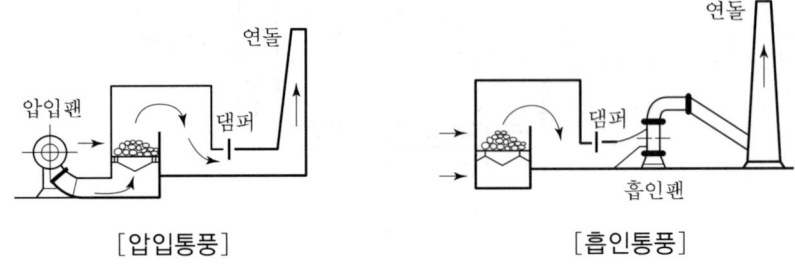

[압입통풍]   [흡인통풍]

㉮ 장점
   ㉠ 강한 통풍력이 형성된다.
   ㉡ 노내가 항상 부압이 유지되어 노내의 손상이 적다.
   ㉢ 연돌높이에 관계없이 연소가스가 배출된다.
㉯ 단점
   ㉠ 배풍기의 소요동력으로 동력소비가 많다.
   ㉡ 노내가 부압(-압력)이라 외기침입에 의해 열손실이 많다.
   ㉢ 연소가스의 접촉으로 배풍기의 손상이 초래된다.
   ㉣ 연소용 공기가 예열되지 않는다.
   ㉤ 배풍기 고장 시 점검, 보수, 교환이 불편하다.
   ㉥ 배풍기의 수명이 짧다.
   ㉦ 배기가스의 침식을 방지하기 위하여 내열성이나 내식성 있는 재료가 필요하다.
㉰ 흡인통풍의 용도 : 통풍 저항이 큰 곳
㉱ 흡인통풍방식
   ㉠ 직접식 : 배풍기 사용
   ㉡ 간접식 : 인젝터노즐을 사용
㉲ 배기가스 유속 : 8~10m/s 정도

③ **평형통풍(Balanced Draft)** : 노내 압력을 임의대로 조절하기 위한 압입통풍과 흡인통풍을 겸용한 통풍방식이다. 즉, 송풍기와 배풍기가 함께 사용된다.
㉮ 장점
   ㉠ 통풍조절과 노내 압력이 용이하다.
   ㉡ 대풍량이 요구되는 곳에 사용 가능하다(중·대형 보일러용).
   ㉢ 강한 통풍력을 얻을 수 있다.
   ㉣ 연소실 구조가 복잡하여도 통풍이 양호하다.
   ㉤ 가스의 누설이나 외기의 침입이 없다.
㉯ 단점
   ㉠ 통풍기에 의한 소요동력 소비가 많다.

ⓒ 설비비나 유지비가 많이 든다.
ⓓ 통풍기로부터 소음발생이 심하다.
ⓔ 소규모 열설비에는 사용이 부적당하다.
㉯ 배기가스 유속 : 10m/s 이상이다.

❸ 통풍의 조절

연소실에 투입된 연료량에 대하여 연소용 공기량이 부족하거나 너무 많아서도 안 되기 때문에 송입 공기량이 일정한 통풍력의 조절이 요구된다.

(1) 통풍의 조절방법(송풍기 사용)

① 댐퍼 조절에 의한 방법
  ㉮ 연도댐퍼에 의한 방법
  ㉯ 1차, 2차 공기댐퍼에 의한 조절
② 전동기의 회전수에 의한 방법
  ㉮ 제작비가 많이 든다.
  ㉯ 저부하 제어에 적당하다.
  ㉰ 장치의 면적이 많이 소요된다.
③ 섹션베인의 개도에 의한 방법
  ㉮ 소요동력이 절약된다.
  ㉯ 제작비가 적게 들며 조작이나 취급이 용이하다.
  ㉰ 설치면적을 작게 차지한다.
  ㉱ 운전효율이 좋다.
  ㉲ 풍량제어가 용이하다.

(2) 노내의 압력조절

연도에 설치된 댐퍼로 조절된다.

(3) 연소용 공기량의 조절

공기의 댐퍼로 조절한다.

(4) 통풍력의 측정위치

굴곡이 없는 연도에서 측정한다.

(5) 통풍력 계측기(Draft Gauge)

① U자관식 압력계(마노미터)
② 침종식 압력계
③ 링밸런스식 압력계

4 통풍력이 클 때와 작을 때의 현상

(1) 통풍력이 클 때의 현상

① 연소율이 증가한다.
② 연소실 열부하가 커진다.
③ 연료의 소비가 증가한다.
④ 배기가스의 온도가 높아진다.
⑤ 보일러의 증기생성이 빨라진다.
⑥ 보일러의 열효율이 낮아진다.

(2) 통풍력이 작을 때 현상

① 통풍불량이 온다.
② 연소율이 작아진다.
③ 연소실 열부하가 작아진다.
④ 역화의 위험이 생긴다.
⑤ 완전연소가 어렵다.
⑥ 배기가스의 온도가 저하되어 저온부식을 초래한다.
⑦ 보일러 열효율이 낮아진다.
※ 통풍력은 너무 크지도 작지도 않은 설비에 알맞은 적정수준이 가장 좋다.

SECTION 02 통풍력(Z) 계산

1 이론통풍력

자연 통풍방식에 의해 이론통풍력은 통풍력의 손실이 전혀 없는 상태에서 계산되는 통풍력이다. 통풍력은 밀도×굴뚝 높이로서 단위가 mmAq이다.

(1) 공기와 가스와의 밀도차와 연통의 높이에 의한 계산(연소가스의 정지상태)

공기 및 가스의 비중만 알 때

$$Z = (r_a - r_h) \times H$$

여기서, r_a : 외기비중량(kg/m³) r_h : 배기가스 비중량(kg/m³)
H : 굴뚝 높이(m) Z : 이론통풍력(mmH₂O 또는 mmAq)

(2) 0℃, 1기압(760mmHg) 상태에서 공기와 배기가스의 밀도가 주어진 상태에서 통풍력 계산(배기가스의 유동 시)

굴뚝 높이와 배기가스 비중, 온도가 같이 주어졌을 때

$$Z = 273H\left(\frac{r_a}{273+t_a} - \frac{r_g}{273+t_g}\right)$$

여기서, t_a : 외기온도(℃)
r_a : 외기비중량(kg/Nm³) ※ r_a : 1.293(kg/Nm³)
t_g : 배기가스 온도(℃) r_g : 1.354(kg/Nm³)
r_g : 배기가스 비중량(kg/Nm³)

(3) 공기와 배기가스의 비중량을 1.3kg/Nm³로 본 상태에서 통풍력 계산

외기비중이 주어지지 않을 때

$$Z = 355H\left(\frac{1}{273+t_a} - \frac{1}{273+t_g}\right)$$

여기서, t_a : 외기온도(℃)
t_g : 굴뚝 내 평균 가스온도(℃)

※ $Z = H\left(\dfrac{353}{273+t_a} - \dfrac{367}{273+t_g}\right)$

※ $353 = 273 \times 1.293$
$367 = 273 \times 1.354$

2 실제통풍력

실제통풍력은 이론통풍력의 80%로 보며 이론 통풍력에서 손실되는 통풍력을 뺀 값의 통풍력이다. 즉, 손실통풍력은 이론통풍력×0.2이다.

(1) 통풍력 손실의 원인

① 폐열회수장치 등에서의 손실
② 배가스의 방향전환 시에 나타나는 손실
③ 연도의 확대나 축소 시에 나타나는 손실
④ 굴뚝의 상하 압력차, 온도차 등에 따른 손실
⑤ 배기가스의 유속에 의한 연도 내의 마찰손실

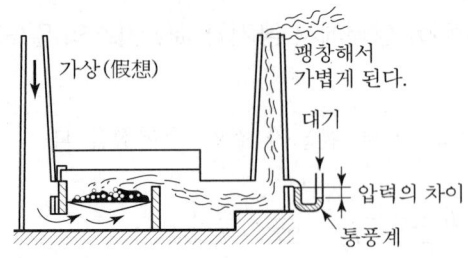

[연돌의 통풍상태]

(2) 실제통풍력(Z) 계산

$$Z = 이론통풍력 \times 0.8 (mmH_2O)$$

여기서, 통풍력의 단위는 실제통풍력 : mmH_2O, 이론통풍력 : mmH_2O

SECTION 03 통풍장치(Draft Equipment)

1 통풍력을 유지하기 위한 통풍장치

(1) 통풍장치의 종류

① 통풍기(송풍기와 배풍기)   ② 덕트(Duct)
③ 댐퍼   ④ 연도
⑤ 연돌(스택)   ⑥ 통풍압력계

2 통풍기

(1) 통풍기의 종류

① 원심식 통풍기
  ㉮ 다익형(흡인형)
  ㉯ 플레이트형(흡인형)
  ㉰ 터보형(압입형)

② 축류식 통풍기
  ㉮ 프로펠러형(배기, 환기용)
  ㉯ 디스크형(배기, 환기용)

3 원심식 통풍기의 특징

(1) 터보형(Turbo Fan)

임펠러의 주판과 축판 사이에 8~24개의 후향 임펠러(Impeller)를 설치한 송풍기이다.

① 장점
- ㉮ 효율이 높다.
- ㉯ 다른 통풍기에 비해 동력소비가 적은 편이다.
- ㉰ 고온이나 고압의 대용량에 적합하다.
- ㉱ 구조가 견고하다.
- ㉲ 압입 통풍용으로 이상적이다.

② 단점
- ㉮ 형상이 커서 설치장소를 많이 차지한다.
- ㉯ 가격이 다소 비싸다.

③ 효율 : 55~75%로 높은 편이다.

④ 풍압 : 15~500mmH$_2$O 정도이다.

(2) 시로코형(Sirocco Fan)

구조가 얕고 폭이 긴 전향의 임펠러를 다수 설비한 형식의 다익형 통풍기이다.

① 장점
- ㉮ 소형이며 가벼운 경량이다.
- ㉯ 풍량이 많다.
- ㉰ 흡인용으로 용이하다.

② 단점
- ㉮ 효율이 40~50%로 낮다.
- ㉯ 많은 동력이 필요하다.
- ㉰ 구조상 고온, 고압, 고속에는 부적당하다.

③ 풍압 : 15~200mmH$_2$O 정도이다.

④ 풍량 : 5,000m^3/min

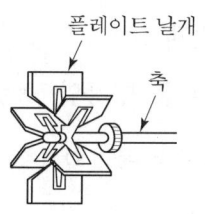
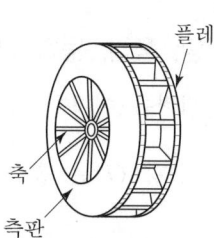

[다익형 통풍기]

(3) 플레이트형(Plate Fan)

방사형 날개를 6~12개 정도 부착한 연도 및 연도 근거리의 흡인용 통풍기이다.

① 장점
- ㉮ 구조가 견고하고 마모부식에 강하다.
- ㉯ 효율이 50~60% 정도로 비교적 높다.
- ㉰ 플레이트의 교체가 용이하다.
- ㉱ 풍량이 많은 편이다(대용량에 적합).

② 단점
   ㉮ 대형이며 중량이 많이 나간다.
   ㉯ 설비비가 비싸다.
③ 풍압 : 400mmH₂O 이하

4 축류식 송풍기의 특징

일종의 프로펠러형의 송풍기이며 판을 여러 개 설치하고 주로 배기나 환기용으로 사용된다.

(1) 장점

① 고속운전에 적합하다.
② 대풍량이 요구되는 곳에 사용이 가능하다.
③ 흡인용으로 이상적이다.
④ 효율이 50~70%로 높다.
⑤ 고압력을 필요로 하는 데 사용한다.

(2) 단점

소음이 심하다.

5 송풍기의 성능

(1) 풍량, 풍압, 동력 간의 관계

원심력을 이용한 송풍기의 풍량, 풍압, 동력 간에는 다음과 같은 법칙이 적용된다.

① 풍량(Q)은 송풍기 회전수 증가의 1승에 비례한다.

$$Q = Q_1 \times \left(\frac{N_2}{N_1}\right)^1 [\text{m}^3/\text{min}]$$

② 풍압(H)은 송풍기 회전수 증가의 2승에 비례한다.

$$H = H_1 \times \left(\frac{N_2}{N_1}\right)^2 [\text{mmH}_2\text{O}]$$

③ 풍동력(HP)은 송풍기 회전수 증가의 3승에 비례한다.

$$HP = HP_1 \times \left(\frac{N_2}{N_1}\right)^3 [\text{kW}]$$

여기서, Q_1, H_1, HP_1은 회전수가 변화하기 전의 풍량, 풍압, 동력이다.

(2) 송풍기의 소요동력(N) 계산

① PS를 구할 때

$$N = \frac{Z \cdot Q}{60 \times 75 \times \eta} \text{(PS)} \quad \text{또는} \quad N = \frac{Z \cdot Q}{4,500\eta} \text{(PS)}$$

② kW를 구할 때

$$N = \frac{Z \cdot Q}{60 \times 102 \times \eta} \text{(kW)} \quad \text{또는} \quad N = \frac{Z \cdot Q}{6,120 \times \eta} \text{(kW)}$$

③ 간이식 $N = \dfrac{0.0098 \times V \times H}{\eta}$ (kW)

여기서, N : 송풍기 마력(PS) 또는 동력(kW) Z : 출구의 압력(mmH_2O)
Q : 송풍량(m^3/min) η : 송풍기 효율
V : 송풍량(m^3/s) H : 송풍기의 전압력(mmH_2O)

6 공기덕트(Air Duct)

덕트란 연소용 공기를 보일러 전부에 있는 윈드박스(바람상자)까지 보내는 통로로서 모양에 따라 각형과 원형이 있다.

(1) 공기유속에 따른 분류

① 저속덕트 : 덕트 내의 풍속이 15m/s 이하
② 고속덕트 : 덕트 내의 풍속이 20m/s 이상

(2) 덕트의 송풍량 계산

$$Q(m^3/min) = 단면적(m^2) \times 공기의\ 유속(m/s) \times 60sec/min$$

(3) 송풍을 위한 덕트는 필요한 송풍량보다 10% 더한 값의 용적으로 크기가 결정된다.

7 연도

연도란 배기가스를 연소실에서 굴뚝까지 수평으로 연결시켜 주는 장치이며 연도가 짧을수록 통풍력이 증가한다.

8 댐퍼(Damper)

연소용 공기나 배기가스량의 조절을 위하여 또는 일정한 통풍력을 얻기 위하여 설치한다.

(1) 댐퍼의 설치목적

　① 통풍력의 조절
　② 공기나 배기가스량의 조절
　③ 주연도와 부연도가 있을 경우 가스흐름을 교체한다.
　④ 가스흐름의 차단

(2) 댐퍼의 분류

　① 공기댐퍼
　　㉮ 1차 공기댐퍼
　　㉯ 2차 공기댐퍼
　　　㉠ 2차 공기댐퍼의 종류 : 회전식 댐퍼
　② 연도댐퍼
　　㉮ 승강식 댐퍼 : 중·대형 보일러용
　　㉯ 회전식 댐퍼 : 소형 보일러용

(3) 형상에 의한 댐퍼의 분류

　① 버터플라이 댐퍼 : 소형 덕트 및 흡수구에 사용
　② 다익 댐퍼 : 덕트가 대형일 때 편리하다.
　③ 스플리트 댐퍼 : 덕트의 분지에 사용하며 풍량조절용이다.

9 연돌(Smokestack, 굴뚝)

(1) 연돌의 설치목적

　① 배기가스의 배출을 신속히 한다.
　② 역풍을 일부 막아준다.
　③ 유효통풍력을 얻는다.
　④ 매연 등을 멀리 확산시켜 대기오염을 줄인다.

(2) 굴뚝의 재료와 구성

　① 철판 굴뚝　　　　　　　　② 벽돌 굴뚝
　③ 철근콘크리트 굴뚝　　　　④ 철관 굴뚝

(3) 연돌의 높이

① 중유나 무연탄 연소일 때 : 15m 이상
② 유연탄 연소일 때 : 23m 이상
③ 코크스 연소일 때 : 9m 이상
※ 연돌의 높이는 주위건물의 2.5배 이상이면 이상적이다.

(4) 연돌 상단부 면적(F) 계산

$$F = \frac{G \times (1 + 0.0037t)}{3,600w}$$

여기서, F : 연돌의 상단부 최소 단면적(m³) t : 출구가스 온도(℃)
　　　　G : 시간당 연소가스량(Nm³/h) w : 출구가스 속도(m/s)

(5) 굴뚝 정상부 구경(D)의 결정

$$D = \sqrt{\frac{4 \times F}{3.14}} \text{ (m)}, \quad F = \frac{Q \times T}{273 \times 3,600 \times V'} \text{ (m}^2\text{)}$$

여기서, D : 굴뚝 정상부 구경(m)　　　　F : 굴뚝 정상부 단면적(m²)
　　　　T : 굴뚝 출구 가스온도(273+℃)　V' : 굴뚝 내 실제가스속도(m/sec)

(6) 배기가스의 평균온도 계산

$$t_m = \frac{t_1 - t_2}{2.3 \log \frac{t_1}{t_2}} \text{ 또는 } \frac{t_1 - t_2}{\ln \frac{t_1}{t_2}}$$

여기서, t_m : 평균온도(℃), t_1 : 연돌입구 온도(℃), t_2 : 연돌출구 온도(℃)

(7) 배기가스 압력과 온도가 주어질 때의 굴뚝의 상단부 면적(A) 계산

$$A = \frac{G_f \times Q \times \frac{760 \times T_g}{273 \times P_g}}{3,600\,W} = \frac{G_0 \times \frac{T_g \times 760}{273 \times P_g}}{3,600\,W} \text{ (m}^2\text{)}$$

여기서, A : 연돌 상부단면적(m²)　　　G_0 : 0℃ 1기압에서 배기가스량(Nm³/h)
　　　　G_f : 연료소모량(kg/h)　　　　Q : 연료 1kg당 연소가스량(Nm³/kg)
　　　　P_a : 대기의 압력(760mmHg)　 P_g : 배기가스의 압력(mmHg)
　　　　T_a : 대기의 절대온도(273°K)　 T_g : 배기가스의 절대온도(°K)
　　　　W : 배기가스 속도(m/sec)

① 연돌의 높이와 직경의 비율

$$d \geq 2.5 \rightarrow H \leq (25 \sim 30)d$$

$$d > 2.5 \rightarrow H \leq 20d$$

여기서, d : 연돌의 직경(m^2)　　　H : 연돌의 높이(m)

② 석탄의 사용량 계산

$$B = (147A - 27\sqrt{A})\sqrt{H}$$

$$B = (116d^2 - 24d)\sqrt{H}$$

여기서, B : 석탄연소량(kg/h)　　　A : 연돌 단면적(m^2)
　　　　H : 연돌의 높이(m)　　　　d : 연돌의 지름(m)

위 식에서 보면 연소량을 증가시키려면 연돌을 높게 하는 것보다 연돌지름을 크게 하는 것이 효과적이다.

SECTION 04 매연

1 매연의 개요

매연이란, 연료 내의 탄화수소물질이 분해 연소하는 과정에서 미연의 탄소입자가 모여 응집한 무리이다. 매진이란 연료 속의 회분, 생성물질 등으로, 이것이 합쳐져 배기가스와 함께 연돌로 배출되는 대기오염의 인자를 총칭하여 매연이라 한다.

(1) 매연발생의 영향

① 불완전연소의 과·소
② 연소 시 노내 압력의 고·저
③ 화염온도의 고·저
④ C/H(탄화수소) 과·소

(2) 매연의 종류

① 황화물 : SO_2, SO_3 등의 황산화물(SO_4)
② 질화물 : NO, NO_2 등의 질소산화물(NO_4)
③ 일산화탄소(CO)
④ 그을음과 분진 등

(3) 매연발생의 원인

① 통풍력이 부족한 경우
② 통풍력이 너무 지나친 경우
③ 무리하게 연소한 경우
④ 연소실의 용적이 작은 경우
⑤ 연료의 질이 좋지 않을 때
⑥ 연소실의 온도가 낮을 때
⑦ 연료와 연소장치가 맞지 않을 때
⑧ 취급자의 기술이 미숙할 경우
⑨ 기름의 압력과 기름의 예열온도가 부적당한 경우

(4) 매연의 발생방지대책

① 통풍력을 알맞게 조절한다.
② 무리한 연소를 하지 않는다.
③ 연료가 연소하는 데 충분한 시간을 준다.
④ 질이 좋은 연료를 연소시킨다.
⑤ 연소실과 연소장치를 개선한다.
⑥ 연소기술을 향상시킨다.
⑦ 연료 속의 유황분을 전처리한 후 연소시킨다.
⑧ 연소실의 온도를 알맞게 유지한다.
⑨ 집진장치를 설치한다.

2 매연농도계

매연농도계 측정기기는 링겔만 농도계, 광학적 농도계, 로버트 농도표, 매연포집중량계, 돈농도계 등이 있다.

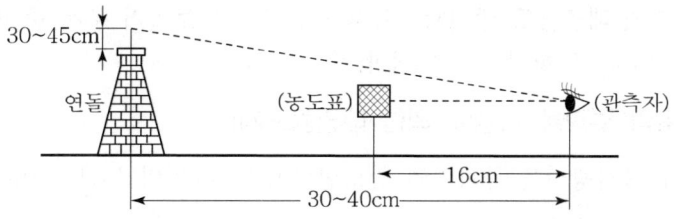

(1) 링겔만 농도표(링겔만 비탁표)

링겔만 농도표는 가로 세로 10mm의 흑선으로 되어 있다.

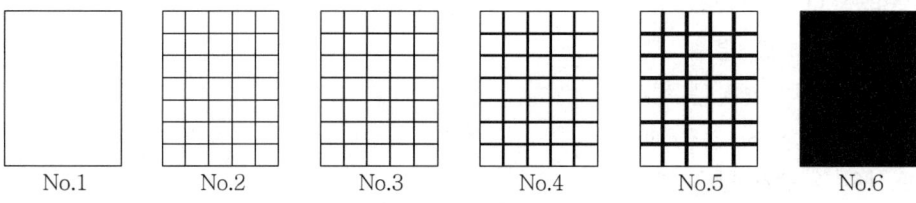

[링겔만 스모크 차트]

① 매연농도표 : No.0에서 No.5까지의 6단계로 분류하며 농도 1도가 매연농도율 20%이다.
② 매연농도 측정방법
    ㉮ 관측자와 연돌과의 거리 : 30~39m 떨어진 거리
    ㉯ 관측자와 링겔만 농도표와의 거리 : 전방 16m
    ㉰ 연기의 농도 측정거리 : 연돌상부에서 30~45cm 사이
③ 관측요령
    ㉮ 매연농도 측정 시 태양을 정면으로 받지 않는다.
    ㉯ 주위배경은 밝은 위치에서 관측한다.
    ㉰ 개인차가 있으므로 여러 사람이 여러 번 측정한다.
④ 매연의 농도계산

$$매연농도율(\%) = \frac{연기의\ 농도치}{측정시간(분)} \times 20$$

⑤ 보일러 운전 중 연기색
    ㉮ 엷은 회색 : 공기의 공급량이 알맞다.(화염은 오렌지색이며 온도는 1,000℃ 정도)
    ㉯ 흑색 또는 암흑색 : 공기의 공급이 부족하다.(화염은 암적색으로 온도는 600~700℃)
    ㉰ 백색 또는 무색 : 공기가 과잉공급되었다.(화염은 회백색이며 온도는 1,500℃)
⑥ 보일러 운전 중의 매연농도 한계치 : 링겔만 농도표는 보일러 운전 중 매연농도가 2도 이하 (매연율 40% 이하)로 항상 유지되어야 한다.

(2) 광학적 농도계(빛의 투과율 측정에 의한 매연농도계)

연도나 매연 속에 복사광선을 통과시켜 광도변화에 따른(빛의 투과율 이용) 매연농도가 지시 기록된다.

(3) 매연포집 중량계(매진량 자동연속 측정장치)

연소가스를 가스 채취관으로부터 뽑아내어 석면이나 암면의 광물질 섬유에 가스를 여과시켜 채집된 양을 측정하여 통과가스량에 대한 매연농도율을 측정하는 방식이다.

▼ 매연농도표에 따른 연기와 색

농도번호	격자백선폭(mm)	격자흑선폭(mm)	매연농도(%)	연기색
No.0	전백	-	0	무색(백색)
1	9.0	1.0	20	엷은 회색
2	7.7	2.3	40	회색
3	6.3	3.7	60	엷은 흑색
4	4.5	5.5	80	흑색
5	-	전흑	100	암흑색

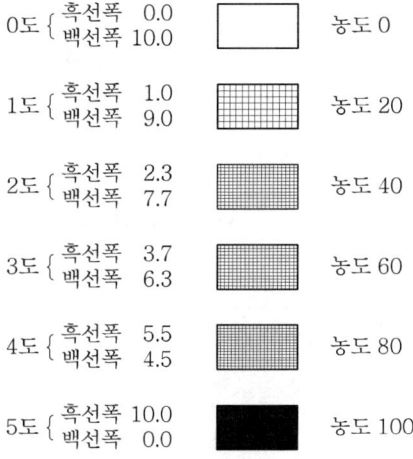

[링겔만 매연농도표]

SECTION 05 집진장치(Dust Collector)

1 집진의 개요

배기가스 중의 분진 및 매연 등의 유해물질을 제거하여 대기오염을 방지하기 위해 연도 등에 설치하는 기구가 집진장치이며, 그 종류로는 매연을 분리하는 방식으로 건식, 습식, 전기식으로 구분된다.

2 집진장치의 종류

(1) 건식 집진장치

　① 중력 집진장치(중력침강식, 다단침강식)
　② 관성력 집진장치(충돌식, 반전식)
　③ 원심력 집진장치(사이클론형, 멀티사이클론형, 블로다운형)

(2) 습식 집진장치

　① 유수식 집진장치
　　㉮ 전류형 스크러버식　　㉯ 로터리 스크러버식
　　㉰ 피보디 스크러버식
　② 가압수식 집진장치
　　㉮ 벤투리 스크러버식　　㉯ 충진탑
　　㉰ 사이클론 스크러버식　㉱ 제트 스크러버식
　　㉲ 분무탑　　　　　　　㉳ 포종탑
　③ 회전식 집진장치
　　㉮ 임펄스 스크러버식　　㉯ 타이젠 와셔식

(3) 전기식 집진장치

　① 코트렐 집진장치
　　㉮ 건식 집진기　　　　　㉯ 습식 집진기

(4) 기타 집진장치

　① 여과식 집진장치 : 표면여과법, 내면여과법
　② 음파 집진장치

3 집진장치의 선정 시 고려할 사항

　① 처리해야 할 물질의 크기 및 성분조성
　② 사용연료의 종류
　③ 연료의 연소방법
　④ 배기가스의 배기가스량, 온도, 습도 등
　⑤ 배기가스 중의 SO_3의 농도
　⑥ 전기저항과 친수성 및 흡수성
　⑦ 집진입자의 비중

4 집진장치의 특징과 포집입자

(1) 건식

　① **중력식 집진기** : 매연을 함유한 가스를 집진기 내로 유도하여 분진 자체의 중력에 의해 자연 침강시켜 청정가스와 분리시켜 매연을 포집한다.
　　㉮ 구조가 간단하여 설비비가 싸다.
　　㉯ 배기가스의 압력손실이 10mmH₂O로 적다.

㉠ 다단식은 20μm 정도까지 집진시킨다.
㉡ 1차 집진기로 많이 사용된다.
㉢ 일반적으로 50μm 이상의 미립자 분진을 제거한다.

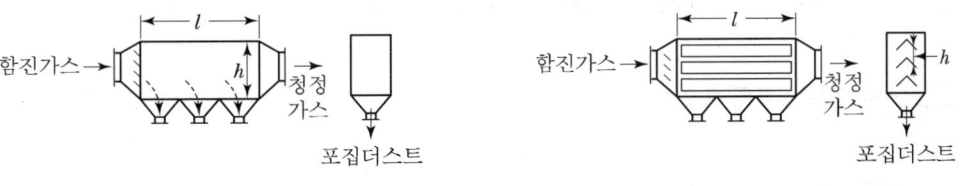

(a) 중력침강식   (b) 다단침강식

[다단침강식]

② **원심력 집진기** : 매연을 함유한 함진가스를 선회운동시켜 입자의 원심력을 이용해서 분리하는 방법이다.
  ㉮ 사이클론식(Cyclone) 집진기
    ㉠ 고급재료가 필요하다.
    ㉡ 함진가스의 충돌로 집진기가 마모된다.
    ㉢ 압력손실이 100~200mmH$_2$O 정도이다.
    ㉣ 집진입자의 범위는 10~20μm 정도이다.
    ㉤ 집진기 입구의 배기가스 유속은 15~20m/s 정도이다.
    ㉥ 분진처리 능력에 한계가 있다.

[목욕탕용 사이클론]   [목욕탕용 멀티클론]

  ㉯ 멀티클론식(Multiclone) 집진기
    ㉠ 성능이 우수하다.
    ㉡ 사이클론의 병렬식이다.(2개 이상 설치)
    ㉢ 수(數)미크론까지 집진된다.(5μm까지)

ⓔ 집진효율이 70~95%로 높다.
ⓜ 매연의 처리량이 많다.
ⓗ 가스도입방법 : 유압식, 축류식
㉰ 블로 다운형 : 사이클론식의 성능을 향상시킨 것

|REFERENCE| 사이클론 집진장치

(1) 접선유입식
  ① 사이클론 입구 배기속도 7~15m/sec로 한다.
  ② 접선유입식 사이클론 압력손실은 100mmH$_2$O 전후이다.
  ③ 제진율의 변화는 비교적 작다.
(2) 축류식(반전형과 직진형)
  ① 반전형 : 입구속도는 10m/sec 전후 접선유입식에 비하여 동일 압력손실로서 배기가스량은 3배의 처리가 가능하다. 배기가 빨리 고르게 된다는 이점이 있으며 멀티사이클론에 적용하며 비교적 용량이 큰 배기가스에 사용된다. 압력손실은 80~100mmH$_2$O이다.
  ② 직진형 : 압력손실은 40~50mmH$_2$O 정도이며 설치면적이 작다. 사이클론 내압의 균형이 맞지 않아서 집진효율이 낮아지면 관내에 불순물이 쌓인다는 단점이 있다.
(3) 블로 다운형(Blow Down)
  사이클론이 집진효율을 높이는 방법의 하나로서 더스트박스 또는 Hopper부에서 처리가스의 5~10%를 흡입해 선회류의 교란을 방지하고 분리된 먼지가 다시 비산되어 빠져나가지 않게 하는 방법이다.

▼ 여과집진시설에 사용되는 여재와 종류 및 특성

섬유	처리온도(℃)		내산성	내알칼리성	부식마멸성	공기투과성 (m/min)*	흡수성 (%)	상대비율
	연속 사용 시	간헐 사용 시						
면	82	107	약함	좋음	대단히 우수	3~6	8	2.0
폴리프로필렌	88	93	양호~우수	대단히 좋음	우수함	2.1~9	0	1.5
양모	93~102	121	대단히 우수	약함	보통	6~18	1.6	3.0
나일론	90~107	121	양호	양호~우수	우수함	4.5~12	4	2.5
오론	116	127	양호~우수	보통	양호	6~13.5	0.4	2.75
아크릴	127	137	양호	보통	양호	–	–	3.0
다크론	135	163	양호	양호	대단히 양호	3~18	–	2.8
노막스	204	218	약함, 양호	양호~우수	우수함	7.5~16.2	–	8.0
테프론	204~232	260	불소 이외에는 대단히 우수	우수(단, 불소연소 및 알칼리용융 물질에는 약함)	보통	4.5~19.5	–	25.0
초자섬유	206	288	양호	양호	보통	3~21	0	6.1

* 13mmH$_2$O의 압력차에서 측정

③ 관성력 집진기 : 매연이 함유된 함진 배기가스의 방향을 전환시켜 급격한 기류의 관성력을 이용하여 분진을 처리한다.

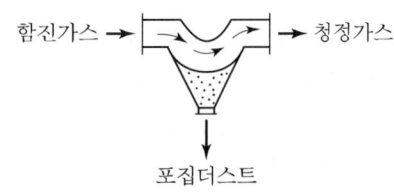
[관성력 집진기]

㉮ 충돌식
㉠ 1단식 ㉡ 다단식
㉢ 미로식 ㉣ 곡관식

㉯ 반전식
㉠ 곡관식
㉡ 루버식
㉢ 포켓식
  ⓐ 집진효율이 낮다.
  ⓑ 배가스의 유속이 2~30m/s이다.
  ⓒ 압력손실은 50mmH$_2$O 이하이다.
  ⓓ 20μm 이상의 분진을 포집한다.
  ⓔ 구조가 간단하다.

④ 여과집진기(백필터식, Bag Filter) : 여포로 원통이나 평판상의 필터(Filter)를 만들어 필터와 필터 주위에 분진(Duct Cake)을 집진하며 배가스를 연속 백(Bag) 내부로 송입시킨다. 또한 집진기 바깥쪽에 공기를 분사시키거나 진동을 주어서 집진층을 떨어낸다.

㉮ 특징
㉠ 집진효율이 99% 이상 매우 높다.
㉡ 설비비가 많이 든다.
㉢ 함진농도가 높아도 처리가 가능하다.
㉣ 가동 중 고장이 적다.
㉤ 장기간 사용하면 여과재가 막히기 쉽다.
㉥ 일정시간 사용 후 여과재의 교환이 필요하다.
㉦ 200℃ 이상 고온의 가스 사용 시에는 백에 영향을 미치기 때문에 사용이 불가능하다.
㉧ 배기가스의 유속이 5m/s 이하에서 집진된다.
㉨ 배기가스이 압력손실은 30~50mmH$_2$O이다.
㉩ 집진입자의 크기는 1~4μm 정도이다.

㉯ 여과방법
㉠ 표면여과법(많이 이용된다. 백필터 사용)
㉡ 내면여과법

⑤ 음파집진기 : 매연분진에 음파의 진동을 주어서 그 속에서 부유하는 매연을 공진시키고 입자의 진동에 의해 서로 충돌시켜 입자를 포집하여 크게 한 다음 사이클론 등으로 포집하는 방식의 집진기이다.

(2) 습식

① **유수식(貯流水式)** : 물이나 그 밖의 액체를 항시 일정량을 보존하고 있는 장치 내에 보유하고 있는 함진가스를 액즙으로 통과시킬 때 분진이 처리된다.

② **가압수식** : 함진가스에 물이나 세정액을 가압 분사시켜 분진을 처리하는 방식으로 다음과 같은 종류가 있다.

　㉮ 벤투리 스크러버식 : 입자가 $0.1 \sim 1\mu m$ 까지 처리된다.

　㉯ 충진탑 : $0.5 \sim 3\mu m$ 정도까지 입자가 처리된다.

　㉰ 사이클론 스크러버식 : 입자가 $1 \sim 5\mu m$ 정도까지 처리된다.

③ **회전식** : 세정액을 임펠러의 기계적 회전에 의해 분사시키고 함진가스는 송풍기에 의해 분산된 세정액 속으로 불어 넣어서 분진을 제거한다.

REFERENCE 습식 집진장치

(1) 스크러버형 집진장치 : 스크러버는 액적 또는 액막을 형성시켜 함진가스와의 접촉에 의해 오염물질을 제거시키는 장치이다.
　① 저수식 : 저류시킨 물 또는 세정액 내로 배출가스를 통과시켜 형성되는 액적이나 액막에 의해 배출가스를 세정하는 방식이다. 압력손실은 $100 \sim 200 mmH_2O$ 범위이다. 저수식에는 S임펠러형, 가이드 베인형, 분출형 단답형, 십자탑 및 포층탑 등이 있다.

(2) 벤투리 스크러버(Venturi Scrubber) : 벤투리관을 설치하여 함진가스 중에서 세정액을 가압분사시켜 형성되는 관성력, 확산력, 부착력, 중력 등에 의해 함진가스 등의 먼지를 세정분리하는 장치이다. 배기가스의 기본유속은 $60 \sim 90 m/sec$, 압력손실은 $300 \sim 800 mmH_2O$, 액가스비 $0.3 \sim 1.5 L/m^3$로 운전된다.

(3) 제트 스크러버 : 증기 또는 액분사장치와 동일하며 세정수를 회전날개를 가진 분무 노즐에 의해 고속으로 분사시켜 주위의 함진가스를 흡입 후 Throat 부분에서 가속 확대관을 통과하는 사이에 기액이 혼합 액적과 분진의 충돌 확산 등에 의해 분진을 분리하는 장치이다. 액가스비는 $10 \sim 50 L/m^3$으로서 가압수식 충전탑 및 회전식 10~20배이며, 압력은 승압되어 송풍기는 필요 없다.

(4) 분무탑(Spray Tower) : 공탑 내에 3~4단의 스프레이단을 설치하고 상승하는 함진가스와 상부에서 분무된 세정액의 액적 사이에 충분한 접촉시간으로 분진을 세정시키는 방식이다. 구조가 간단하고 운전관리 및 보수가 쉽고 압력손실이 적다. 통상 스프레이탑이 액가스비는 $2 \sim 3 L/m^3$이며 압력손실은 대체로 $30 mmH_2O$ 전후이다.

(5) 사이클론 스크러버 : 탑 하부 중심에 다수의 스프레이 노즐을 가진 분무관을 설치하여 함진가스를 직접 유인시키면 가스는 탑 내를 선회하면서 상승하는 동안 스프레이 노즐로부터 분무된 세정액의 액적에 의해 세정되고 액적에 충돌부착된 분진 또는 미스트는 원심력에 의해 탑벽에 포집된다. 액가스비는 일반적으로 $1 \sim 2 L/m^3$ 정도이며 압력손실은 원심력을 이용하기 때문에 $120 mmH_2O$이다.

(6) 충전탑식 : 충전탑은 함진가스를 탑 하부에서 상부로 통과시키고 세정액은 탑 하부로 하여 충진재 표면에서 액막을 형성시켜 세정시키는 방식으로 충전부에서 함진가스의 유속은 약 $1 \sim 2 m/sec$이다. 압력손실은 $100 \sim 200 mmH_2O$ 범위로서 액가스비는 $2 \sim 3 L/m^3$이다.

(7) 회전식 : 팬의 회전을 이용하여 공급수와 함진가스를 교반시켜 공급수에 의해 형성된 다수의 액적 액막 또는 기포에 의해 분진을 분리포집하는 방식이다. 종류에는 타이젠워셔, 임펄스 스크러버, 제트 콜렉터 등이 있으며, 액가스비는 $0.3 \sim 2 L/m^3$, 압력손실은 $50 \sim 150 mmH_2O$ 정도이다.

(3) 전기식 집진기

관상이나 관상의 집진극인 양극 내에 침상방전극인 음극을 달아매고 양극 사이에 고전압을 걸면 양극 사이에 코로나(Corona) 방전이 일어난다. 그 사이에 분진이나 미스트를 함유한 가스를 1~3m/s 속도로 통과시키면, 분진이 이온화하고 음이온화한 가스입자는 강한 전장의 작용으로 양극을 향하여 운동한다. 고체분진은 음(-)으로 대전하여 양극변에 모여서 분진이 제거되고 청정가스는 배기된다.

① 특징
　㉮ 설비비가 많이 든다.
　㉯ 배기가스의 압력손실이 10mmH₂O 이하이다.
　㉰ 집진효율이 90~99.5%로 가장 높다.
　㉱ 대용량 설비에 사용된다.
　㉲ 소형이라 간편하다.
　㉳ 신뢰도가 높다.
　㉴ 고전압 및 정류설비가 필요하다.
　㉵ 500℃ 이상의 배기가스나 습도가 높아도 처리가 가능하다.
② **집진입자의 크기** : 0.5μm 이하의 미립자도 처리된다.
③ **사용전압** : 30,000~100,000V 정도이다.
④ **집진기의 분류** : 습식, 건식
⑤ 전기식의 대표적인 집진기 종류는 코트렐 집진기이다.

▼ 각종 집진장치의 실용성능

원리	명칭	처리입경 (μm)	압력손실 (mmH₂O)	집진율 (%)	설비비	운전비
중력	침강실	1,000~50	10~15	40~60	소	소
관성력		100~10	30~70	50~70	소	소
원심력	Cyclone	100~3	50~150	85~95	중	중
세정	Venturi Scrubber	100~0.1	300~380	80~95	중	대
음파		100~0.1	60~100	80~95	중 이상	중
여과	Bag Filter	20~0.1	100~200	90~99	중 이상	중 이상
전기집진	Electric Precipitator	20~0.05	10~20	80~99.9	대	소~중

CHAPTER 04 보일러 안전장치

SECTION 01 보일러의 일반적인 종류와 구조

1 안전밸브(Safety Value)

보일러의 증기압력이 설정압력 또는 최고 사용압력 이상이 되면 자동적으로 밸브가 열려서 고압의 증기를 밖으로 분출시켜 압력을 저하시키므로 보일러의 파열이나 피해를 사전에 방지하는 장치가 안전밸브이다. 보일러 설치검사 기준에 의해 스프링식 안전밸브를 부착하게 된다.

(1) 안전밸브의 부착방법

안전밸브는 검사를 쉽게 할 수 있는 장소에 설치하며 보일러 증기부 몸체에 밸브 축을 수직으로 부착한다.

(2) 안전밸브의 크기

① 안전밸브는 전열면적에 정비례하고, 압력에 반비례하도록 크기를 결정한다.
② 증기 보일러의 안전밸브는 보일러의 최대 증발량을 분출할 수 있도록 크기와 개수를 정하여야 한다.
③ 안전밸브나 압력 방출장치의 크기는 호칭지름 25mm 이상이어야 한다. 단, 다음의 조건에서는 호칭 지름을 20mm 이상으로 할 수 있다.
  ㉮ 최고 사용압력 0.1MPa 이하 보일러
  ㉯ 최고 사용압력 0.5MPa 이하의 보일러로서 동체의 안지름이 500mm 이하, 동체의 길이가 1,000mm 이하의 보일러
  ㉰ 최고 사용압력이 0.5MPa 이하로서 전열면적이 $2m^2$ 이하인 것
  ㉱ 최대 증발량이 5ton/h 이하의 관류 보일러
  ㉲ 소용량 보일러

(3) 안전밸브의 개수

① 증기 보일러에서는 2개 이상의 안전밸브를 설치하여야 한다. 단, 전열면적이 $50m^2$ 이하에서는 1개 이상이면 된다.
② 과열기에서는 그 출구에 1개 이상이 안전밸브를 설치한다. 이 경우에 분출량은 과열기의 온도를 설계온도 이하로 유지하는 데 필요한 양 이상이어야 한다.

③ 과열기의 안전밸브는 보일러 본체 안전밸브보다 낮게 조정하여야 한다.
④ 독립 과열기에는 안전밸브를 입구와 출구에 각각 1개 이상 설치한다.

(4) 안전밸브의 작동시험

안전밸브의 취출압력을 행하는 경우에는 취출압력의 75% 이상의 압력에서 레버를 작동시켜 시험한다.

▼ 안전밸브 분출압력의 허용차

분출압력(kg/cm²)	허용오차
7 이하	±0.2kg/cm²
7~23 이하	±3%×분출압력
23~70 미만	±0.7kg/cm²
70 이상	±0.1kg×분출압력

(5) 안전밸브의 누출방지

① 전누출방지

안전밸브는 스프링과 증기압력계 압력 간에 균형을 상실하면 분출하기 쉽다. 사전누출 없이 갑자기 누출하기 때문에 밸브시트 연마면의 잔유압하중을 크게, 밸브시트의 폭을 작게 연마면 외부에 홈 또는 조정환을 설치, 밸브 몸체와 밸브시트 크기의 상호관계 스프링 안정도를 높이는 등 구조상 대책을 마련한다. 고온도에서는 내식성이나 강도 및 경도가 높은 재료를 선택하여 제작한다. 소량의 전누출은 피하기 힘들지만 감소시키면 급분출로 이행시키며 소리내는 것을 방지하기 위하여 분출증기의 반동력 및 스프링 정수가 작은 스프링을 이용한다.

② 후누출방지

밸브를 열 때 시트 연마면의 기밀이 불충분하여 증기 누출이 생기면 밸브 시트는 부분적으로 냉각을 일으켜 누출이 심해진다. 직접원인은 스프링 하중에 의한 밸브 시트면에 잔유하는 압착력이 작은 점과 스프링측 하중의 부하상태 및 밸브 시트의 중심이 틀린 점 등이다.

(6) 안전밸브의 종류

① 스프링식 안전밸브

㉮ 종류

㉠ 저양정식 : 밸브의 양정이 밸브 시트 구경의 $\frac{1}{40} \sim \frac{1}{15}$ 미만인 것

㉡ 고양정식 : 밸브의 양정이 밸브 시트 구경의 $\frac{1}{15} \sim \frac{1}{7}$ 미만인 것

㉢ 전양정식 : 밸브의 양정이 밸브 시트 구경의 $\frac{1}{7}$ 이상인 것

㉣ 전양식 : 밸브 시트 증기통로 면적은 목부분 면적의 1.05배 이상

⑭ 스프링식 안전밸브의 분출용량 계산

저양정식 안전밸브	고양정식 안전밸브
$W(\text{kg/h}) = \dfrac{(1.03p+1)SC}{22}$	$W(\text{kg/h}) = \dfrac{(1.03p+1)SC}{10}$
전양정식 안전밸브	전양식 안전밸브
$W(\text{kg/h}) = \dfrac{(1.03p+1)SC}{5}$	$W(\text{kg/h}) = \dfrac{(1.03p+1)AC}{2.5}$

※ 전양식 안전밸브의 크기 : 밸브지름이 목지름의 1.15배 이상인 것이고, 밸브가 열렸을 때 밸브지름의 증기통로 면적이 목면적의 1.05배 이상이고, 밸브의 입구 및 관 내의 증기통로 면적은 1.7배 이상이어야 한다.(C : 밸브시트면적(mm^2), 단 밸브시트가 45°일 때는 그 면적에 0.707배를 한다. C : 계수로서 증기압력 12MPa 이하, 증기온도가 280℃ 이하일 때는 1로 한다. A : 안전밸브 최소 증기통로면적(mm^2))

② 지렛대식 안전밸브

㉮ 레버(Lever)에 추를 매달아 추의 좌우이동으로 분출압력을 조정하는 형식이다. 그러나 지렛대식 안전밸브에서는 받는 전압이 600kg을 초과하면 사용이 불가능하다.

㉯ 지렛대식 안전밸브의 추(W)의 중량 계산

$$W(\text{kg}) = \frac{\text{안전밸브의 단면적} \times \text{분출압력} \times \text{레버의 짧은 길이}}{\text{레버의 전 길이}} = \frac{P \times A \times L_1}{L}$$

여기서, L : 레버의 전 길이(cm) L_1 : 레버의 짧은 길이(cm)
　　　　P : 분출압력(kg/cm^2)　A : 안전밸브의 단면적(mm^2)

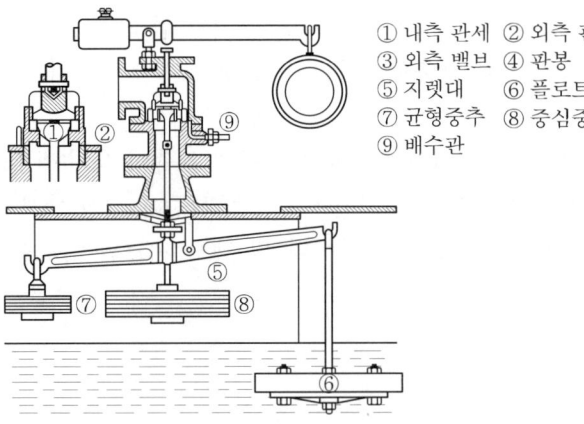

① 내측 관세　② 외측 관세
③ 외측 밸브　④ 관봉
⑤ 지렛대　　⑥ 플로트(浮子)
⑦ 균형중추　⑧ 중심중추
⑨ 배수관

[복합 안전밸브]

③ 중추식 안전밸브

㉮ 추의 하중에 의해 분출압력을 조절하는 안전밸브로서 보일러에 사용하기에는 부적당하다.

㉯ 중추 하중(W)의 계산

$$W(\text{kg}) = \text{밸브 단면적}(mm^2) \times \text{분출압력}(kg/cm^2)$$

④ 복합식 안전밸브

지렛대식과 스프링식을 조합한 안전밸브로서 먼저 지렛대식, 다음은 스프링식의 순서로 압력이 조정된다.

(7) 안전밸브의 누설원인

① 공작불량으로 밸브와 시트가 잘 맞지 않을 경우
② 스프링이 불량하여 밸브가 잘 닫히지 않을 경우
③ 밸브와 밸브 시트 사이에 불순물이 끼어 있을 경우
④ 스프링의 중심이 기울어져서 밸브가 밸브 시트에 잘 맞지 않을 경우

2 온수보일러 방출밸브 및 방출관의 크기

(1) 방출밸브(릴리프 밸브)

온수보일러의 안전장치 역할을 한다. 다만, 온수의 온도가 120℃ 이상일 때는 방출밸브보다는 안전밸브를 설치해야 한다. 이때 방출밸브의 크기는 20mm 이상으로 한다.

(2) 방출관(안전관)

방출관에서는 정치밸브 및 체크밸브 등을 설치하지 않으며, 방출관의 크기는 보일러의 전열면적에 비례한다.

▼ 방출관의 크기

전열면적(m^2)	방출관의 안지름(mm)
10 미만	25 이상
10 이상 ~ 15 미만	30 이상
15 이상 ~ 20 미만	40 이상
20 이상	50 이상

3 가용마개(용해 Plug)

보일러에서 소정의 온도 이상 과열되면 고온에서 용해하기 쉬운 가용전(합금)을 노통이나 화실 천장부에 끼워 놓고서 보일러의 수위가 안전수위 이하로 감소하는 경우 보일러 노가 과열되어 가용마개 합금이 녹아 구멍이 뚫리고 그 부분으로 기수가 분출하여 노내의 연소를 차단하여 수위감소 등으로부터 보일러 파열 또는 과열을 사전에 방지하는 장치로서 그 용해온도는 주석과 납의 합금비율에 따라 각각 다르다. 재료는 황동, 청동 등에 아연이나 주석 등의 합금이 주입된다.

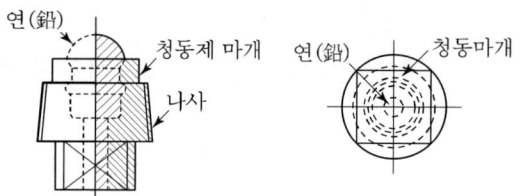

[가용 플러그]

주석 : 납	용융온도(℃)
3 : 10	250
3 : 3	200
10 : 3	150

4 방폭문(폭발구)

연소실 내에 불완전연소나 석탄연료의 경우 매화작업 등에 의해 미연가스가 충만한 경우 점화에 의한 가스폭발이나 역화 등으로 노내의 가스압력이 상승하여 노통이나 내화벽돌 등에 악영향을 미칠 수 있기 때문에 폭발된 가스를 외부 안전한 장소로 배기시켜 사고에 의한 피해를 방지하는 안전기구이다.

(1) 부착위치

연소실 후부나 좌우측에 설치한다.

(2) 종류

① 개방식(스윙식) : 자연 통풍방식에서 사용된다.
② 밀폐식(스프링식) : 고압 보일러나 압입 통풍방식에 사용된다.

(3) 연소가스의 폭발원인

① 연소실이나 연도에 미연가스가 충만할 경우
② 매화 등에 의해 미연가스가 충만할 경우
③ 점화 전에 노내 환기(프리퍼지)가 부족한 경우
④ 점화가 실패한 경우
⑤ 착화시간이 5초 이상 걸리는 경우
⑥ 보일러 운전 중 실화하여 연료가 노내에 누설된 경우

5 기타 안전장치

기타 안전장치인 ① 화염검출기, ② 고저수위 경보장치, ③ 증기압력 제한기 등은 연소장치나 보일러 자동제어 장치에서 설명한다.

CHAPTER 05 보일러 계측장치

PART 03 | 보일러 부속장치

SECTION 01 온도측정

1 온도 측정방법에 따른 분류

(1) 접촉식 온도 측정방법

측정기의 감온부를 직접 접촉시켜 양자 사이에 열수수를 행하게 하여 평형이 되었을때 검출부의 온도에서 대상물의 온도를 측정하는 방법이다.

① 열팽창을 이용한 것
  ㉮ 팽창에 의한 체적변화 또는 자유팽창 이용 : 유리제 봉입식 온도계, 바이메탈 온도계
  ㉯ 팽창에 의한 압력 이용 : 압력식 온도계
② 열기전력을 이용한 것
  ㉮ 귀금속 열전대 : PR열전대, IC열전대, CC열전대
  ㉯ 비금속 열전대 : CA열전대
③ 저항변화를 이용한 것
  ㉮ 금속선 저항변화 이용 : 백금(Pt), 니켈(Ni), 구리(Cu)선 등 이용
  ㉯ 반도체의 저항변화 이용 : Thermister(서미스터)
④ 상태변화를 이용한 것 : 제겔콘, 서머컬러(시온도료)

(2) 비접촉식 측정방법

측온체와 접촉하지 않고 물체에서 방사하는 열복사의 강도를 측정하여 온도를 측정하는 방법이다.

① 전방사에너지를 이용한 것 : 방사온도계
② 단파장(가시광선) 에너지를 이용한 것 : 광고온도계, 광전관 온도계, 색온도계

(3) 비접촉식 온도계의 특징(접촉식 온도계에 비해)

① 피측정물로부터 열적 교란이 적다.
② 구조 및 내구성이 우수하다.
③ 1,000℃ 이상의 고온측정이나 이동물체의 온도측정이 가능하다.
④ 온도에 대한 반응이 빨라 응답성이 빠르다.
⑤ 환경 및 상태의 교란을 받으면 지시가 내려간다.(연기, 먼지, CO_2, H_2O 등)

⑥ 방사온도계를 제외하고는 700℃ 이하의 온도측정이 곤란하다.
⑦ 표면 온도측정에 한하며 방사율 보정에 어려움이 따른다.

(4) 온도계 선정 시 유의사항

① 온도의 측정범위 및 정밀도가 적당할 것
② 지시 및 기록 등을 쉽게 행할 수 있을 것
③ 피측온 물체의 크기가 온도계 크기에 비해 적당할 것
④ 견고하고 내구성이 있을 것
⑤ 취급하기도 쉽고 측정이 간편할 것
⑥ 피측온체의 화학반응 등으로 온도계에 영향이 없을 것

SECTION 02 압력측정

1 압력측정의 정의

일반적으로 압력이란 용기나 관벽 등의 단위면적에 작용하는 유체의 힘의 크기로 표시한다. 따라서 압력측정은 공업용에서 중요하게 다루고 있으며 사용하는 계기는 압력계로서 이는 힘의 강약을 측정하는 계기이므로 일종의 힘의 계측에 필요한 역(力)계라 볼 수 있다.

2 압력의 종류

(1) 작용상

① 정압 : 유체가 정지하고 있는 상태에서 모든 방향에 걸리는 압력(정유체압)
② 동압 : 유동하고 있는 상태에서 흐름 방향에만 작용하는 압력(동유체압)
③ 전압 : 정압+동압

(2) 측정법상

① 게이지 압력
   압력계로 측정하는 압력으로 대기압이 0으로 기준되며 단위 뒤에는 g을 붙인다.
   예 $kg/cm^2 g$, atg

② 절대압력
   완전진공을 기준 0으로 하며 단위 뒤에 abs 또는 a를 붙인다.
   예 $kg/cm^2 abs$, abs

> **REFERENCE** 측정압에 따른 압력계 분류
>
> ① 압력계 : 양의 게이지 압력측정용이다.
> ② 진공계 : 음의 게이지 압력측정용이다.
> ③ 연성계 : 양 및 음의 게이지 압력측정용이다.

3 압력단위

(1) 표준대기압

0℃ 수은주로 760mm에 상당하는 압력을 1표준기압이라 하고, 760mmHg 또는 1atm의 기호로 나타낸다.

$$1atm = 760mmHg = 1.0332kg/cm^2 = 1.033at = 10.3325mH_2O, \ 101,325N/m^2 = 101,325Pa$$

(2) 공업기압

1cm²당 1kg(중량)의 힘이 작용하는 압력을 1공업기압 또는 단순히 기압이라 하며 1kg/cm² 또는 1at의 기호로 나타낸다.

$$1at = 1kg/cm^2 = 735.56mmHg = 10mH_2O = 10^4 kg/m^2 = 10^4 mmAq$$

> **REFERENCE** 각 압력단위 사이의 관계
>
> $1bar = 1.0197kg/cm^2 = 750.06mmHg = 10,197mmH_2O$
> $1mH_2O = 0.098bar = 0.099kg/cm^2 = 73.553mmHg = 1,000mmH_2O = 0.0967atm$
> $1mHg = 1.333bar = 1.359kg/cm^2 = 1,000mmHg = 1.3157atm$
>
> ① 미국과 영국에서는 1in²당 1 lb의 힘이 작용할 때의 압력단위로 1 lb/in²을 사용하고 있다.
> $1psi = 1 \ lb/in^2 = 0.0703kg/m^2$
> ② atm과 at와의 관계는 다음과 같다.
> $1atm = 14.7 \ lb/in^2, \ 1at = 14.2 \ lb/in^2$
> ③ 압력의 보조계량단위는 다음과 같다.
>   • bar : μbar, mmbar
>   • mHg : cmHg, mmHg
>   • kg/cm² : gr/cm², kg/cm²
>   • mH₂O : cmH₂O, mmH₂O

4 압력계의 분류

(1) 탄성체의 변형을 이용하는 방법

　　부르동관식, 벨로스식, 다이어프램식

(2) 기기의 중량과 균형을 맞추는 방법

　　① 액체의 무게와 중력을 균형시키는 것(액주식, 침종식, 링밸런스식)
　　② 고체의 무게와 중력을 균형시키는 것(분동식)

(3) 전기적 현상을 이용한 것

　　저항선 변형계, 압전형 압력계

SECTION 03　액면계

1 액면계의 측정방법에 따른 분류

(1) 직접법

　　① 직접관측법
　　② 플로트에 의한 방법

(2) 간접법

　　① 압력계, 차압계를 이용하는 방법
　　② 음향을 이용하는 방법
　　③ 방사선을 이용하는 방법

SECTION 04 유량계

1 유량측정계

유체가 어느 관로 내를 흐르는 경우 관의 단면적을 $A(\text{m}^2)$, 평균유속을 $V(\text{m/sec})$로 하면 유량 $Q = A \cdot V(\text{m}^3/\text{sec})$에 의해 구해진다. 이와 같이 단위시간에 흐르는 유량을 순시유량이라 하고 어느 시간 내에 흐르는 유체의 총량을 적산유량이라 한다.

유량측정은 프로세스(Process)에 있어 온도측정 다음으로 압력측정과 같이 중요한 측정으로서 가스체, 액체 모두 대상이 되기 때문에 많은 측정방식이 고안되어 사용되고 있다.

▼ 유량측정의 종류와 원리

종류	원리	유량계
차압식 (조리개 기구식)	유체가 흐르는 관로 내에 교축기구를 넣어 교축기구 전후의 압력차, 즉 차압을 측정하여 순간치를 아는 방법	• 오리피스 유량계 • 벤투리 유량계 • 플로 노즐 유량계
용적식	일정한 용적의 용기에 유체를 도입하여 적산치를 아는 방법	• 오발 유량계 • 루츠 유량계 • 원판형 유량계 • 로터리 베인 유량계 • 로터리 피스톤 유량계 • 건식·습식 가스미터
면적식	차압을 일정히 유지하고 조리개의 면적을 변화시켜 유량을 측정, 순간치를 아는 방법	• 플레이트형(로터미터) • 게이트형 • 피스톤형
전자식	관로의 유체가 흐르는 방향과 직각방향으로 자계를 가하고 다시 이 양자에 직각인 방향으로 전극을 붙여 이 전극 사이의 기전력을 측정한다.	• 전자유량계
유속식	유체 중의 날개바퀴(프로펠러) 등의 회전으로 적산치를 측정한다.	• 날개바퀴형 유량계 • 터빈형 유량계
속도수두를 측정하는 방법	관중의 유체의 전압과 정압과의 차, 즉 동압을 측정하여 유속을 아는 방법	• 피토관 유량계
열선식	유체에 의한 가열선의 냉각도, 또는 유체의 열흡수량으로 측정한다.	• 미풍계 • 토마스 미터 • Thermal 유량계
와류를 측정하는 방법	와류의 생성속도를 검출하여 유량을 측정한다.	• 와유량계 • 스와르 미터 • Delta 미터

SECTION 05 가스분석계

1 연료가스와 연소가스의 분석

(1) 연료가스 분석

연소 후 생성되는 연료가스는 여러 성분의 혼합가스가 많으며 또한 성분이 급변하는 일이 없으므로 보통은 오르자트 가스분석장치나 헴펠분석장치로 분석한다. 이외에도 실험용 가스크로마토그래피를 사용하는 경우도 있다.

(2) 연소가스 분석

① 목적

연소상태를 파악하여 배기열 손실을 최소로 하기 위한 것으로 분석결과로 공기비를 구할 수 있다.

※ 공기비 = $\dfrac{실제공기량}{이론공기량}$

② 연소가스의 조성

일반적으로 CO_2, O_2, CO, N_2이며 CO_2 또는 O_2의 농도를 측정하여 연소상태를 판단할 수 있다.

(3) 가스분석계의 종류

가스성분 분석은 물질의 화학적·물리적 성질을 이용해 행해지나 공업용 분석계는 이것을 연속적으로 측정하여 지시, 기록하고 자동제어를 가능하게 하는 것으로 널리 이용되고 있다.

CO_2계는 비교적 분석하기 쉬운 특징을 가지고 있으며 그 분석계의 취급도 비교적 간단하기 때문에 CO_2계는 널리 사용되고 있다. 그러나 연소가스 중의 CO_2, O_2, CO의 양과 공기비의 관계에서 CO_2의 농도는 이론공기량으로 완전연소하였을 경우에 최대가 되며 동일의 O_2에 대해서 둘의 공기비가 있으므로 CO_2%만으로는 공기의 과부족을 모른다. 그러므로 경우에 따라서는 연소의 모양, 연기의 색 등으로 공기의 부족을 확인할 필요가 있다.

그러나 O_2의 양은 공기비가 커질수록 증가하므로 O_2의 양에 의하여 직접 공기비를 알 수 있다. 또 CO_2의 양은 같은 공기비라도 연료의 종류에 따라서 다르다. O_2의 양은 거의 달라지므로 연료의 종류가 바뀌거나 혼소 등의 경우 또는 연료 이외의 것에서 배기가스 중에 CO_2가 혼입해 오는 경우에는 O_2의 양을 측정하는 것이 좋다. O_2계의 것을 과잉공기계, $CO+H_2$계의 것을 미연가스계라고도 한다. 수많은 종류 중에서 열에너지용으로 사용되는 주된 공업용 가스분석계의 방식과 특성을 비교하여 표시한 것은 다음 표와 같다.

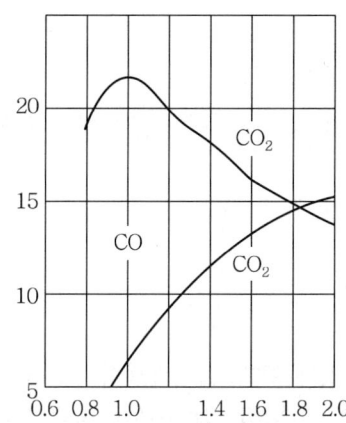
[공기비와 연소 배기가스와의 농도]

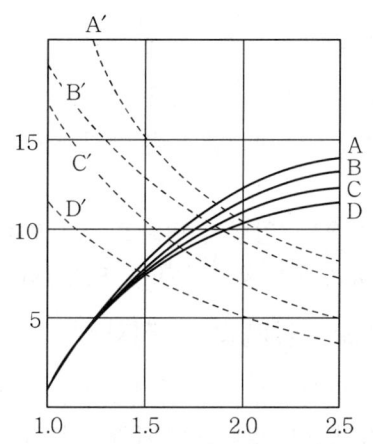
[각종 연료에 있어서의 공기비와 배기가스 농도]

AA′ : 코크스 가스
BB′ : 중유
CC′ : 석탄
DD′ : 코크스

▼ 가스분석계의 종류

종류	구분	측정법	측정대상	선택성	정량범위	비고
화학적 가스 분석계	A	자동 오르자트법	적당한 흡수액에 쉽게 흡수되는 기체(CO_2, O_2, CO)	○	0.5~5% 정도	자동화학식 CO_2계 간헐 자동측정식
	A	연소열법	H_2, CO, C_mH_n 가연성 기체 및 O_2	○	10^{-3}~25% 정도	미연연소 가스계 (CO+H_2)계 연소식 O_3계
물리적 가스 분석계	B	밀도법	밀도가 다른 2성분으로 볼 수 있는 혼합기체(CO_2)	×	1~100%	라나렉스계 라우터계
	B	열전도율법	열전도율이 다른 성분 또는 2성분으로 볼 수 있는 혼합기체(CO_2)	×	0.01~100%	전기식 CO_3계
	B	가스 크로마토 그래피법	기체 및 비점 300℃ 이하의 액체	◉	몰비 0.1~100%	간헐 자동측정기
	C	도전율법	전율이 변하는 기체	○	1ppm~100%	저농도 가스 측정
	C	세라믹법	O_2가스	○	0.1ppm~100%	지르코니아식 O_2계
	D	자화율법	O_2가스	◉	0.1~100%	자기식 O_2계
	E	적외선 흡수법	단원자 분자대칭 이원자 분자(H_2, O_2, N_2) 이외의 가스	◉	10ppm~100%	

주) A : 화학적 반응을 이용한 방법
    B : 물리적 정수에 의한 방법
    C : 전기적 성질을 이용한 방법
    D : 자기적 성질을 이용한 방법
    E : 광학적 성질을 이용한 방법

◉ : 선택성 뛰어남
○ : 선택성 좋음
× : 선택성 나쁨

(4) 가스분석계의 특징

① 선택성에 대한 고려가 필요하다.
② 원리적으로나 구조적으로 다른 계기에 비하여 복잡하며 설치조건이나 보수에 주의할 필요가 있다.
③ 시료가스의 온도, 압력의 변화로 측정오차를 일으킬 우려가 있다.
④ 적정한 시료가스의 채취장치가 필요하다.

(5) 연도가스의 시료 채취방법 및 장치

아래 그림은 연도가스의 시료 채취장치를 나타낸 그림이다. 시료가스는 측정기에 도입하기 전에 1차 필터, 냉각기, 2차 필터를 통과하여 분석기로 들어가도록 되어 있다. 가스 유량의 적당 여부를 유량계로 체크할 수 있다.

① 1차 필터는 고온의 연도 내에 삽입하므로 알런덤(Alundum), 카보런덤(Carborundum)과 같은 다공질로 제진효과가 큰 내열성 필터를 사용하고 1차 필터의 양부는 계기의 성능에 중대한 영향을 끼치므로 측정상·보수상으로 매우 중요하다. 또한 정기적으로 역방향으로 강하게 공기를 불어넣어서 청소할 필요가 있다. 냉각기는 가스의 온도를 상온으로 내려서 일정하게 유지하게 하기 위하여 원칙적으로 실내온도까지 냉각한다.

② 2차 필터는 계기의 직전에 설치되어 있어 제어여과기 또는 주위여과기라고도 하며 면이나 글래스면이 사용된다. 가스의 흡인속도는 가스흡인기에 부속하고 있는 마노미터(Manometer)에서 항상 일정하게 되도록 조정하고 배관은 경사를 붙여서 드레인 배제에 주의하지 않으면 안 된다.

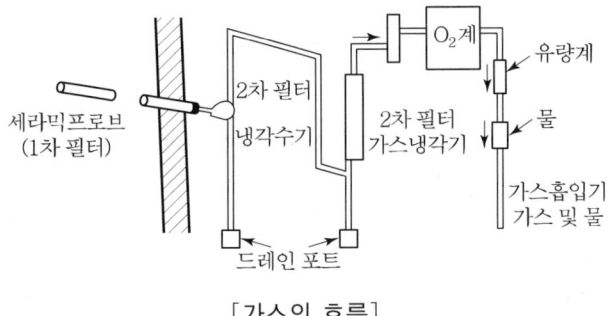

[가스의 흐름]

(1) 가스 채취 시 주의사항

① 연도의 중심부에서 채취하고 벽에 가까운 가스는 피하며 공기 등의 침입이 없도록 한다.
② 가스성분과 화학반응을 일으키는 배관부품을 사용하지 않는다.
③ 배관은 경사로 붙이고 최저부에는 드레인 빼기를 장치한다.
④ 정기적으로 점검 청소를 할 필요가 있는 채취 필터의 설치는 보수가 쉽게 되도록 설치장소를 고려한다.

⑤ 600℃ 이상의 부품에는 철관 등의 사용을 피한다.
⑥ 시료가스 채취배관을 짧게 하여 시료가스가 분석기에 도착할 때까지의 시간을 짧게 한다.

2 화학적 가스분석장치

(1) 오르자트(Orsat) 가스분석기

규정량의 가스를 채취하여 차례로 각각의 흡수병으로 이끌어서 충분히 흡수시켜 감량에 의하여 성분의 양을 아는 것이다. 배기가스의 시료검량, 연소관리 등에 이용하는 장치로서 CO_2, O_2, CO를 측정한다.

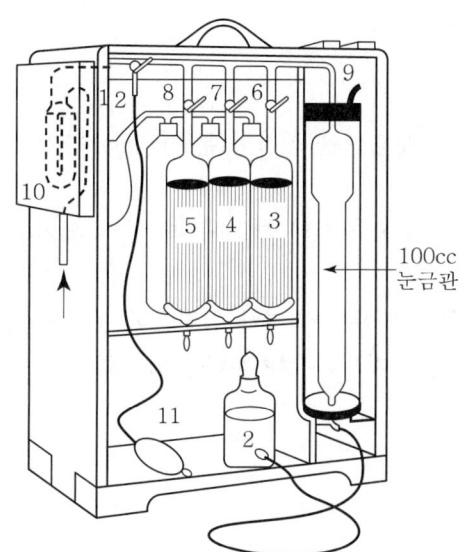

① 가스 용적 측정관
② 수준병
③, ④, ⑤ CO_2, O_2, CO 흡수병
⑥, ⑦, ⑧ CO_2, O_2, CO 흡입콕
⑨ 삼방콕
⑩ 고무제 주머니
⑪ 흡인펌프

[오르자트 가스분석기]

① 배기가스용 흡수제
  ㉮ 탄산가스 : 수산화칼륨(KOH) 수용액 30%
  ㉯ 산소 : 인 또는 알칼리성 피로갈롤 용액
  ㉰ 일산화탄소 : 염화암모니아 또는 수용액인 염화제1동(Cu_2Cl)
② 가스분석 시 조작순서
  $CO_2 \rightarrow O_2 \rightarrow CO$.
③ 특징
  ㉮ 선택성이 좋고 정도가 높다.(0.1~0.2% 정도)
  ㉯ 15℃ 이하에서 분석하면 흡수제의 성능이 저하되므로 20℃ 정도에서 행하는 것이 좋다.
  ㉰ 염화제1동의 CO 흡수작용이 느리고, 흡수능력이 적으므로 측정오차를 가져오기 쉽다.
  ㉱ 구조가 유리부품이므로 부품이 파손되기 쉽고 점검・보수・소모품 대체에 잔손이 많이 간다.

CHAPTER 06 분출장치

SECTION 01 분출장치

1 분출장치(Blow Off Attachment)

(1) 분출장치의 종류

보일러 가동 중 동 내부에 농축된 관수를 분출관을 통하여 분출(Blow)하기 위하여 설치하는 장치가 분출장치이다.

① **연속분출장치(수면분출장치)** : 동수면이나 저수위 부근에 떠 있는 유기물이나 불순물 등의 부유성 물질을 제거한다.
② **단속분출장치(수저분출장치)** : 동저부에 있는 슬러지나 침전물이 농축된 관수를 밖으로 분출하여 관석의 부착을 방지하기 위하여 동저부에 설치한다.(1일 1회 정도 실시)

(2) 분출장치의 설치목적

① 보일러수의 농축을 방지한다.
② 전열면에 스케일 생성을 방지한다.
③ 관수의 순환을 좋게 한다.
④ 가성취화를 방지한다.(pH 조절도 겸한다.)
⑤ 프라이밍이나 포밍의 생성을 방지한다.
⑥ 보일러 고수위 운전을 방지한다.

(3) 분출시기

① 보일러 점화 전에 실시한다.
② 연속운전인 보일러에는 부하가 가장 가벼울 때 실시한다.
③ 프라이밍, 포밍의 발생 시에 실시한다.
④ 수위가 고수위로 가동할 때 행한다.
⑤ 관수의 농축이 지나치다고 생각될 때 실시한다.

(4) 분출할 때의 주의사항

① 분출작업은 반드시 2명 이상이 한다.(분출 시 타 작업은 금물)
② 동시에 여러 대의 보일러 분출을 하여서는 안 된다.

③ 분출이 끝나면 분출밸브나 콕이 확실하게 닫혔나 확인한다.
④ 분출관의 끝이 보이게 설치하면 누설방지를 할 수 있어 더욱 좋다.

(5) 분출방법(취출방법)

① 분출 시에는 콕이나 밸브를 신속하게 열어준다.
② 보일러 가까이에는 콕이 설치되고 밸브가 멀리 장착되므로 분출 시에는 콕을 먼저 열고 밸브는 나중에 연다.(밸브는 여는 개념, 콕은 닫는 개념이다.)
③ 작업이 끝나면 닫을 때에는 밸브를 먼저 닫고 콕을 나중에 닫는다.

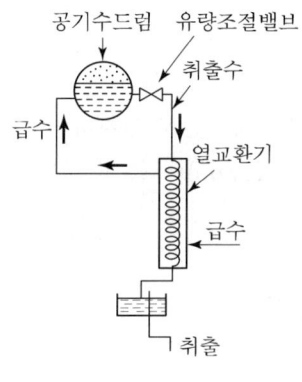

[연속취출장치]

④ 저압 보일러에서는 밸브가 먼저 설치되는 경우가 많으므로 작업순서에서 밸브를 먼저 연다.

2 분출의 종류 및 분출량

(1) 분출의 종류

① 간간이 블로(간헐 블로) : 보일러 점화 전에 실시한다. 횟수는 1일 1회 정도이다.
② 연속 블로 : 보일러에서 불순물이 생기는 즉시 연속적으로 양을 조금씩 계속 분출한다.

(2) 분출량과 분출률 계산

① 분출량$(y) = \dfrac{W(1-R)d}{b-d}$

② 분출률$(k) = \dfrac{d}{b-d} \times 100$

여기서, 분출량 : kg/day, 분출률 : %
W : 1일 관수사용량(kg/day)
d : 급수 중의 불순물 허용농도(ppm)
b : 보일러수의 불순물 허용농도(ppm)
R : 응축수 회수율(%)

CHAPTER 07 스팀트랩 및 밸브

PART 03 | 보일러 부속장치

SECTION 01 증기 트랩

1 증기 트랩(Steam Trap)

증기배관에서 응축수(Drain)가 고이기 쉬운 곳에 설치하여 증기는 내보내지 않고 응축수만 배출하는 덫이며 워터해머(수격작용 : Water Hammer)를 방지한다.

(1) 워터해머 발생원인

① 증기관 내에 응축수가 고여 있을 때
② 증기밸브의 급개
③ 프라이밍, 포밍, 캐리오버의 발생
④ 증기 트랩의 고장
⑤ 증기관의 보온이 원활하지 못하였을 때

> **REFERENCE**
>
> - 트랩이 차가운 원인 : 밸브 고장, 여과기 막힘, 기계식의 경우 압력이 높다, 플루트식은 플루트에 구멍 발생
> - 트랩이 뜨거운 원인 : 트랩의 용량부족, 배압이 높다, 밸브에 이물질 흡입, 밸브의 마모, 벨로스 손상, 바이메탈 변형

(2) 워터해머의 작용

증기배관의 응축수가 주증기 밸브의 급개 시에 증기의 유속에 날려 평소압력 14배의 압력으로 밸브나 배관에 무리를 주는 작용을 함으로써 다음과 같은 나쁜 작용이 생긴다.
① 증기관 및 배관장치 등에 손상을 입힌다.
② 증기관 주위에 시공한 보온재가 파손된다.
③ 증기 및 응축수가 누설된다.(열손실 초래)

(3) 증기 트랩의 구비조건

① 유량 또는 유압이 소정(배관) 내에서 변화해도 작동이 확실할 것
② 구조가 간단하고 내마모성이 클 것

③ 마찰저항이 적을 것
④ 공기빼기가 양호할 것
⑤ 봉수가 확실할 것
⑥ 사용정지 후에도 작동이 확실할 것(응축수를 배출할 수 있을 것)
⑦ 내식성 및 내구성이 있을 것

2 증기 트랩의 종류

(1) 응축수와 증기의 비중차를 이용한 것(기계식 트랩)

　① 버킷식 트랩 : 상향 버킷 트랩, 하향 버킷 트랩
　② 플로트식 트랩 : 레버플로트식 트랩, 프리플로트식 트랩

(2) 응축수와 증기의 온도차를 이용한 것(온도조절식 트랩)

　① 벨로스식 트랩(압력 평형식 트랩)
　② 바이메탈식 트랩
　③ 임펄스식 트랩

(3) 응축수와 증기의 열역학적 특성을 이용한 것(열역학적 트랩)

　① 오리피스식 트랩(충격식)
　② 디스크식 트랩(서모다이나믹 트랩)

3 증기 트랩의 사용

(1) 트랩 부착 시 이점

　① 수격작용의 방지
　② 관내 유체의 흐름에 대한 저항감소
　③ 응축수로 인한 열설비 효율저하 방지
　④ 응축수에 의한 관 내부의 부식초래 방지

(2) 스팀트랩 선정조건

　① 증기압력의 고저　　　② 증기온도의 고저
　③ 응축수량　　　　　　④ 제반 설치조건 사항

(3) 트랩의 고장 탐지

　① 점검용 청진기 오티폰 사용　　② 작동음의 판단
　③ 냉각 또는 가열 상태로 파악　　④ 사이트글라스 확인

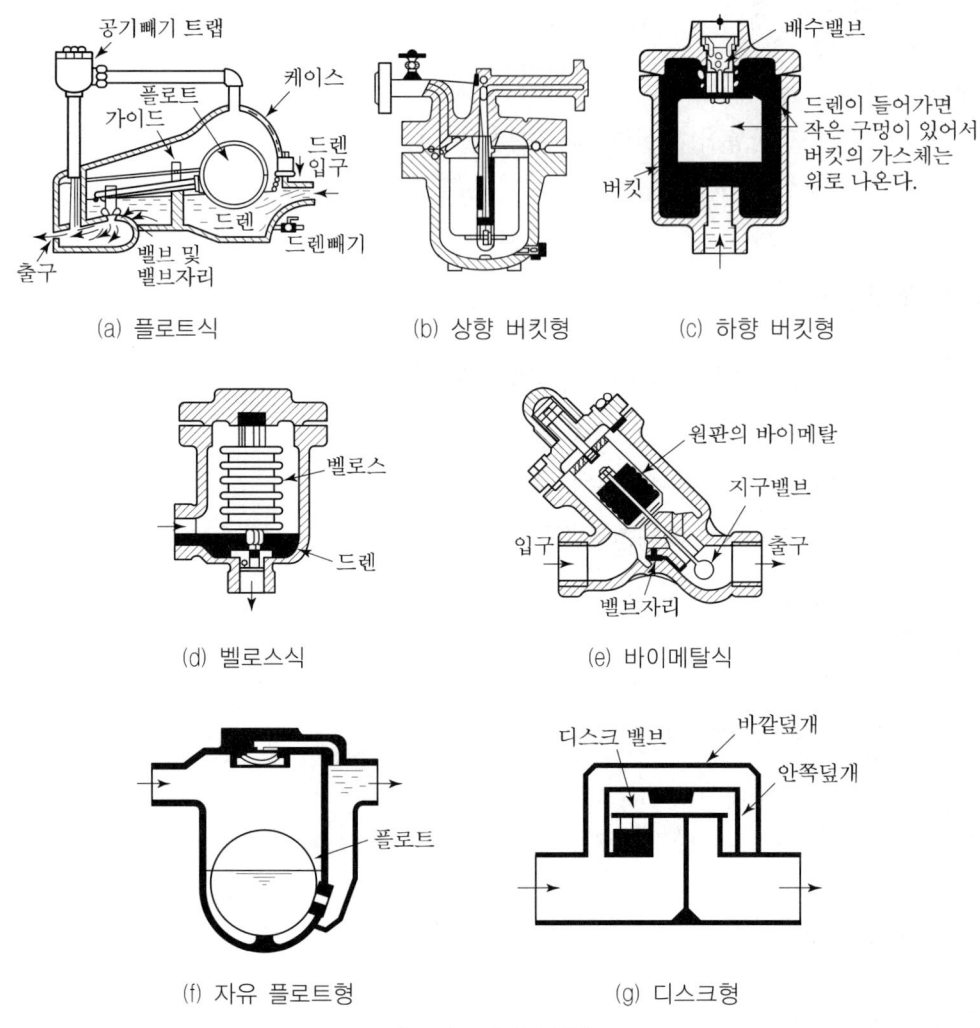

[스팀트랩의 종류]

> **REFERENCE** 트랩 설치 시 주의사항
>
> ① 드레인 배출구에서 트랩 입구에의 배관은 굵고 짧게 한다.
> ② 트랩 입구의 배관은 트랩 입구를 향해서 내림구배가 좋다.
> ③ 트랩 입구의 배관은 입상관으로는 하지 않는다.
> ④ 트랩 입구의 배관은 보온하지 않는다.

4 스팀트랩의 차압

증기 트랩의 용량은 공급압력과 분출압력의 차이가 기초가 된다. 이 때문에 차압을 안다는 것은 증기 트랩을 선정하는 데 반드시 필요하다.

배관상의 문제로 인하여 배압(Back Pressure)이 발생하게 되는데 이것은 매우 중대하게 다루어져야 한다. 특히 입상라인에 있어 라인상 차압을 가질 때 트랩 이후에 체크밸브의 설치가 필요하다. 응축수를 내뿜어 올릴 수 있는 높이는 사용압력과 되돌아오는 배압의 양에 따라 다르지만 이론적으로 압력을 10mAq 올릴 수 있다. 하지만 트랩 자체의 마찰손실과 열설비의 압력손실, 관의 깊이, 배압 등의 문제가 있다.

$$P_1 = P_0 \times 0.6 = 7\text{mAq}$$

$$P_2 = P_0 \times 0.3 = 4\text{mAq}$$

REFERENCE 증기 트랩의 작동불량

(1) 증기배출의 불량
 ① 증기가 뻗쳐 나올 때 : 트랩 내부의 손실, 마모, 파손에 의한 개폐기능의 고장
 ② 증기누수 : 밸브기능의 약화와 Lapping(래핑) 불량
(2) 응축수를 분출하지 못하는 불량
 ① Disc(디스크) & Seat(시트)의 끼임(트랩 폐쇄)
 ② 트랩의 분출능력 부족
(3) 압력부족 : 트랩의 규정된 압력의 사용저하, 용량부족 및 트랩 수명의 단축
(4) 분출불량 : 배관 내의 잔류공기 및 불응축성 가스의 배제 불량

▼ 증기 트랩의 종류별 장단점

종류	장점	단점
상향버킷식 트랩	• 응축수의 배출능력이 높다. • 차압이 80%라도 배출이 가능하다. • 작동이 확실하다. • 수실이 되어 증기손실이 없다. • 최고 16kg/cm², 220℃까지 사용 가능하다.	• 형체가 비교적 대형이다. • 반드시 수평으로 설치해야 한다. • 동결의 우려가 있다. • 배기능력이 빈약하다.
하향버킷식 트랩	• 배기능력이 좋다. • 응축수의 배출능력이 높다 • 가장 많이 사용되고 있다. • 최고 16kg/cm², 220℃까지 사용 가능하다.	• 증기손실이 많다. • 동결의 우려가 있다. • 부착이 불편하다. • 수평으로 설치해야 한다.

종류	장점	단점
레버플로트식 트랩	• 작은 부하에 적합하다. • 대량 응결수 배출이 가능하다. • 20kg/cm²까지 사용 가능하다.	• 워터해머에 약하다. • 레버 연결부의 마모로 고장이 많다. • 수평으로 설치해야 한다.
프리플로트식 트랩	• 소형으로 구조가 간단하다. • 연속배출이 가능하다. • 증기의 누출이 거의 없다. • 기동 시에 공기빼기를 할 필요가 없다. • 최고 100kg/cm²까지 사용 가능하다. • 응결수 배출은 소용량에서 대용량까지 된다.	• 워터해머를 위한 필요조치를 해야 한다. • 옥외설치 동결의 우려가 있다.
벨로스식 트랩 (열동식 트랩)	• 난방용 방열기 출구에서 사용된다. • 형체가 소형이다. • 응축수의 온도조절이 가능하다. • 배기능력이 뛰어나다.	• 워터해머에 약하다. • 1kg/cm² 이하의 저압용에 사용된다. • 과열증기에 부적당하다.
바이메탈식 트랩	• 구조상 고압력에 적합하다. • 증기의 누설이 전혀 없다. • 배압력이 높아도 사용 가능하다. • 응결수 배출이 연속적이다. • 수평, 수직 설치가 가능하다. • 동결의 우려가 없다. • 최고 16kg/cm², 220℃까지 사용 가능하다.	• 과열증기에 부적당하다. • 개폐온도의 차가 크다. • 사용기간 동안 바이메탈의 특성이 변한다.
임펄스식 트랩	• 구조가 간단하다. • 응축수의 온도변화에 따라 연속배출이 가능하다. • 공기를 배출할 수 있다. • 고압, 중압, 저압에 모두 사용 가능하다.	• 취급하는 응축수량에 비하여 소형이다. • 다소 증기가 누설된다.
충격식 트랩	• 소형이며 정밀하다. • 과열증기 사용에 적합하다. • 작동효율이 높다. • 기동 시에 공기빼기가 불필요하다. • 설치가 자유롭다. • 사용압력은 제한이 없다.	• 정밀하므로 마모시 손질이 어렵다. • 증기누설이 많다. • 배압의 허용도가 30% 미만이다. • 응축수 배출용량은 중소량이다.
디스크식 트랩	• 소형이며 구조가 간단하다. • 고장이 적고 보수가 편하다. • 과열증기 사용에 적합하다. • 작동효율이 높다. • 워터해머에 강하다. • 기동 시 공기빼기가 불필요하다. • 증기온도와 같은 온도의 응축수를 배출할 수 있다. • 최고 200kg/cm², 550℃까지 사용 가능하다.	• 배압의 허용도가 50% 이하이다. • 최저 작동압력차 0.3kg/cm²이다. • 배기능력이 미약하다. • 증기누출이 많다. • 작동 시 소음이 크다. • 응축수 배출용량은 중소량이다.

(1) 트랩의 용량

증기 트랩의 용량은 응축수의 시간당 배출량(kg/h)으로 표시한다.

(2) 트랩의 배압허용도

$$배압허용도(\%) = \frac{최고허용배압(kg/cm^2)}{입구압력(kg/cm^2)} \times 100$$

(3) 스팀트랩의 구경산정

스팀트랩도 일종의 자동밸브이며 각각 고유의 응축수 배출용량을 갖고 있다. 따라서 임의로 배관구명을 기준으로 트랩의 구경을 선정하다 보면 부족한 용량의 트랩을 선정하여 응축수의 배출이 원활하지 못한 경우가 있다. 특히 부하변동이 심한 설비의 경우에는 예열부하 등을 고려한 구경선정이 이루어져야 하며 동일구경과 비슷한 작동압력을 가진 트랩이라 하더라도 메이커별로 용량이 다르므로 주의하여야 한다.

(4) 최근 스팀트랩의 점검방법

① 대기방출에 의한 방법 ② 사이트글라스에 의한 방법
③ 초음파 누출탐지기에 의한 방법 ④ 전기전도도에 의한 방법

▼ 증기사용설비별 최근의 적정 스팀트랩의 선정

사용설비명	제1선택	제2선택	사용설비명	제1선택	제2선택
증기주관	TD	FT, IB	가공용 자켓솥	FT	BPT
기수분리기	FT	TD, IB	양조용 구리솥	FT	IB
증기관말	TD	FT, IB	증류기	FT	IB
열교환기	FT	IB	열풍건조기	FT	IB
난방용 방열기	BPT	TD, IB	다단파이프 건조기	IB	FT
컨벡터	BPT	TD, IB	실린더 건조기	FT	FT
유닛히터	FT	IB	다단식 실린더	FT	FT
공조기 히팅코일	FT	IB	프레스	TD	FT, BPT
방열패널, 파이프	BPT	FT, IB	텀블러	FT	BPT
고정식 냄비, 주방	FT	BPT	다단 프레스	TD	FT, IB
경사식 냄비, 주방	FT	BPT	레토르트	FT	FT
스팀오븐	BPT	FT	가류장치	FT	IB, TD
열관	BPT	FT	탱크 히팅코일	IB	FT, TD
병원살균기	BPT	FT	아웃플로히터	FT	IB
오토클레이브	BPT	FT	자켓 파이프	BPT	SM, TD
대형 저장탱크	IB	FT, TD	트레이서	BPT	SM, TD

주 : • TD : 디스크식 트랩   • FD : 플로트식 트랩   • BPT : 다이어프램식 트랩
    • IB : 버킷식 트랩   • SM : 바이메탈식 트랩

CHAPTER 08 자동제어

PART 03 | 보일러 부속장치

SECTION 01 자동제어계

1 자동제어의 개요

(1) 제어

제어(Control)란, 어떤 대상을 어떤 목적에 적합하도록 조절하는 역할을 말한다. 제어란 대상을 그대로 방치하면 각각의 법칙에 따라 변화하는 것을 적극적으로 대상에 작용을 가함으로써 의도하는 대로 대상의 동작을 변화시키는 것이다.
① 통제하여 잘 다스리는 것
② 상대방을 누르고 자기의 의지대로 동작시키는 것

(2) 제어의 구분

① **자동제어(Automatic Control)** : 사람의 손에 의하지 않고 컴퓨터와 기계에 의해 자동적으로 된다. 자동제어에서는 피드백(Feed Back)이 그 기본으로 되어 있다.
② **수동제어** : 사람의 손으로 하는 제어

2 보일러 자동제어의 목적과 설계

(1) 목적

① 보일러의 운전을 안전하게 한다.
② 효율적인 운전으로 연료비 등이 절감된다.
③ 보다 경제적인 증기를 생산한다.
④ 인건비가 절약된다.

(2) 자동제어 설계조절시 주의할 점

① 제어 동작이 불규칙(발진)상태가 되지 않을 것
② 신속하게 제어동작을 완료할 것
③ 제어량이나 조작량을 과대하게 도를 넘지 않도록 할 것
④ 잔류편차가 요구되는 제어 정도 사이에서 억제할 것

(3) 자동제어장치의 성질조건

① 인간과 같은 판단력을 가질 것
② 사람과 같은 신속한 수정동작을 할 것

(4) 자동제어 운영상의 동작순서

① 검출 : 제어대상을 계측기를 사용하여 검출한다.
② 비교 : 목표값으로 이미 정한 물리량과 비교한다.
③ 판단 : 비교하여 결과에 다른 편차(옵셋)가 있으면 판단하여 조절한다.
④ 조작 : 판단된 조작량을 조작기에서 증감하여 편차를 없앤다.

3 자동제어계 블록선도와 용어해설

(1) 자동제어 블록(Block)선도 해설

① 제어대상과 자동제어장치의 조합을 자동제어계라 한다.
② 제어계의 구성요소를 사각으로 표시하여 이 요소에 출입하는 신호를 화살표로 연결하여 계통도를 그린 것이다.
③ 블록선도를 보면 제어계에 대해서 한층 더 알기가 쉽다.
④ 피드백 제어계의 복잡한계를 일률적으로 나타낸다.
⑤ 계의 구조와 동작특성 사이의 관련이 확실하게 되고 물리적 의미를 쉽게 파악할 수 있다.
⑥ 블록선도(Block Diagram)를 그리는 방법은 자동제어계의 각 요소를 하나의 블록에 표시하고 그 블록 속에 요소의 명칭이나 전달함수 등의 특성을 표시한 후 그 사이에 신호의 흐름을 화살표로 연결한다.

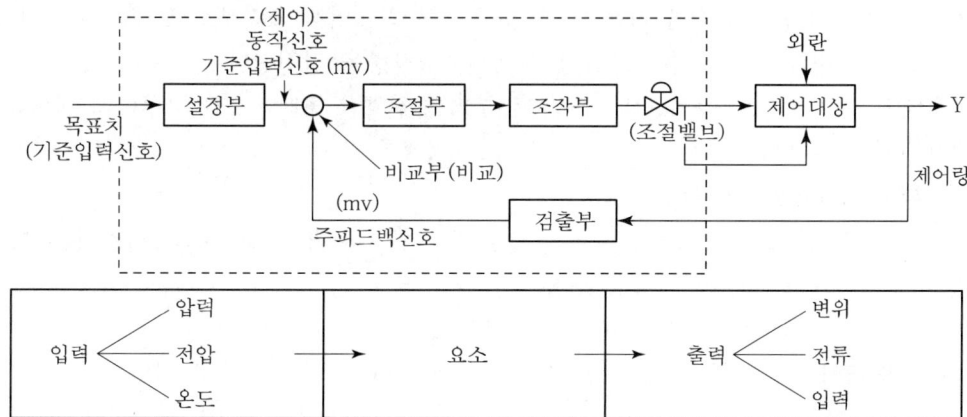

[자동피드백 제어의 회로구성]

(2) 블록선도의 요소 용어해설

① **목표값** : 입력이라고도 하며 목표치(Set Poit)이다. 즉, 제어량에 대한 희망치로서 제어계에 외부로부터 주어지는 값이다.
② **기준입력 요소** : 제어계를 작동시키는 목표치를 주피드백 신호와 같은 종류의 신호를 만들어 비교부로 보낸다. 이 목표치로부터 기준입력에의 변환은 설정부에 의하여 이루어진다.
③ **주피드백(Main Feed Back)량** : 제어량의 값은 목표치(기준입력)와 비교하기 위한 주피드백 신호를 말한다. 즉, 피드백이란 폐쇄(閉鎖) 루프를 형성하여 출력 측의 신호를 입력 측에 되돌리는 것을 말한다.
④ **동작신호** : 기준입력과 주피드백량을 비교하여 얻은 편차량의 신호를 말하며 조절부의 입력이 된다.
⑤ **제어 편차** : 목표치에서 제어량을 뺀 값이다.
⑥ **조작량(Manipulated Variable)** : 제어량을 조정하기 위해 제어장치가 제어대상으로 주는 양을 말한다.
⑦ **제어량(Controlled Variable)** : 제어대상에 속하는 양 중에서 그것을 제어하는 것이 목적으로 되어 있는 양을 말한다.
⑧ **외란(Disturbance)** : 제어계의 상태를 변화시키는 외적 작용을 말하며 조작량 이외의 양이다. 즉, 목표치와 어긋나서 제어편차가 생긴다.
　㉮ 외란의 원인 : 유출량, 탱크 주위의 온도, 가스의 공급압력, 가스의 공급온도, 목표치 변경
⑨ **검출부(Primary Means)**
　㉮ 압력이나 온도, 유량 등의 제어량을 측정하고 그 값을 신호로 만들어서 주피드백 신호로 하여 비교부로 보낸다.
　㉯ 검출부는 비교부로 전달할 수 있는 알맞은 양이어야 하고 또한 정확 신속하여야 한다.
⑩ **조절부(Controlling Means)**
　㉮ 제어계에 필요한 동작을 하는 데 쓰일 신호를 만들어서 조작부로 보내는 부분이다.
　㉯ 조절부에서는 조작부에서 조작할 수 있는 조작량을 결정한다.
⑪ **조작부(Final Control Element)** : 조절부로부터의 신호를 조작량으로 바꾸어서 제어대상으로 작용시키는 부분이다.
⑫ **비교부(Comparison Element)**
　㉮ 기준입력 신호와 주피드백 신호가 합류하여 생기는 제어 편차량를 산출하는 부분이다.
　㉯ 비교부는 독립기구가 아니고 조절기의 한 부분이다.

4 조절계(調節計)

조절계를 패널(Panel)실에 집중 장치하여 작업을 집중 관리하는 것이 일반화되었기 때문에 검출부로부터의 검출신호나 조절기로부터의 조작신호와 전송거리가 수백 미터에 미치는 것도 있다. 현재는 전송방법으로서 공기압식과 전기식(전류신호)이 널리 이용된다.

조절계는 일반적으로 2차 변환기 비교부, 조절기 등의 기능 및 지시, 기록기구 등을 가진 계기를 말하나 1차 변환기와 2차 변환기가 하나로 되어 있어 검출부로서 조입(組入)되는 경우도 있다.

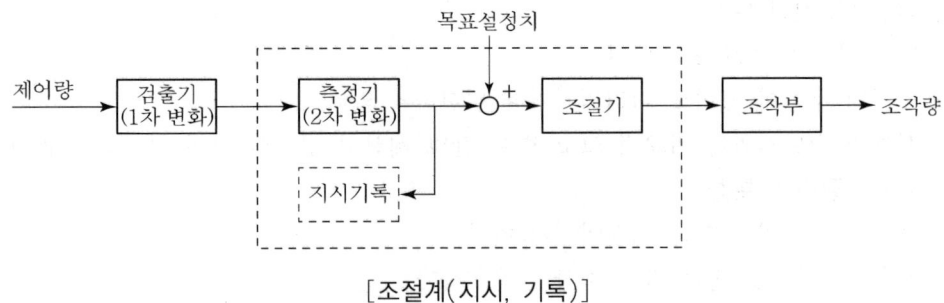

[조절계(지시, 기록)]

(1) 신호전송(信號傳送)

① 공기압 신호전송

㉮ 0.2~1.0kg/cm²의 공기압이 신호로 되며 [4φ]~[8φ]ID의 공기배관으로 전송된다.

㉯ 공기압 범위가 통일되어 있기 때문에 취급이 편리하다.

㉰ 공기압 신호는 관로저항에 의해 전송지연을 일으키지만 실용상 100m 정도에서도 거의 지장이 없이 사용된다.

㉱ 신호 공기원으로서는 충분히 제습, 제진된 공기압을 기기에 공급하는 것이 중요하다.

② 전기식 신호전송

㉮ 4~20mA 또는 10~50mA DC의 전류를 통일신호로 하고 있다.

㉯ 전송거리를 길게 하여도 전송지연이 생길 염려는 없다.

㉰ 방폭이 요구되는 경우에는 그의 대책에 주의할 필요가 있다.

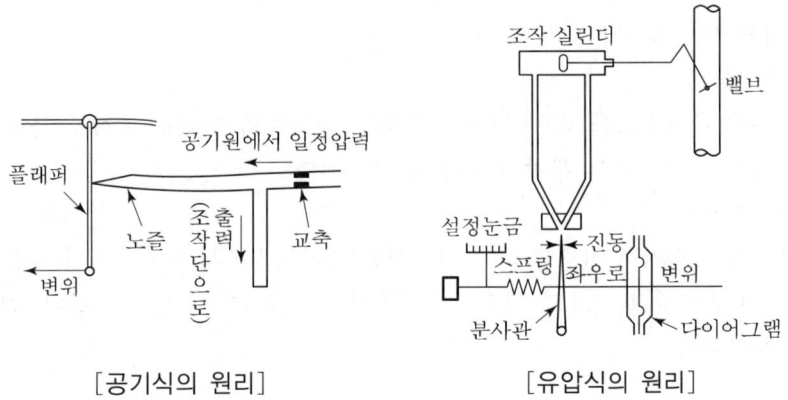

[공기식의 원리]　　　　[유압식의 원리]

(2) 조절기(調節器)

작동동력에 따라 공기식, 전기식, 유압식으로 대별하여 3가지가 있다.

① 공기식 조절기의 특징
⑦ 방폭 대책이 필요하지 않다.
⑭ 공기의 누설이 있어도 더러워지거나 위험하지 않다.
㉰ 신호의 전달지연이 비교적 크고 변수 간의 계산이 전기와 같이 간단하지 않다.

② 전기식 조절기의 특징
⑦ 계기를 움직이는 데는 배선이 필요하다.
⑭ 신호의 취급 및 변수 간의 계산이 용이하다.
㉰ 신호의 전달지연이 거의 없다.
㉱ 폭발성 가스를 사용하는 곳에서는 방폭구조가 필요하다.

③ 유압식 조절기의 특징
⑦ 조작력, 조작속도가 빠르고 장치가 견고하다.
⑭ 기름의 누설로 더러워지거나 화재의 위험이 있다.
㉰ 배관이 까다롭다.
㉱ 주위의 온도에 영향을 받는다.

(3) 조작부(操作部)

조절기에서 나오는 신호를 조작량으로 변환시켜 제어대상에 조작을 가하는 부분으로서 조절기로부터의 제어신호의 에너지를 직접 이용하는 자력 제어와 필요한 에너지를 보조동력원을 이용하여 얻는 타력 제어방식의 조절기로 나눈다.

① 공기식 조작장치
조절기로부터 공기압 신호를 받아 이 신호에 따라 구동축의 위치가 각도를 조작하는 장치로서 다이어프램식 밸브가 대표적이다.

② 유압식 조작장치
조절기로부터 유압신호를 받아 이에 대응하는 구동축의 변위로 조작을 가하는 장치인데 다이어프램식으로 구동력이 부족한 경우에 사용된다.

③ 전기식 조작장치
조절기로부터의 전기적 신호에 따라 작동하는 조작장치로서 공기식이나 유압식에 비하여 신호의 전송이 용이하고 신호의 처리도 고도화할 수 있으며 조작용 전동기, 전자밸브, 전동밸브 등이 사용된다.

▼ 각 신호에 대한 특성

분류	장점	단점
공기압 신호전송	• 공기압 신호는 0.2~1.0kg/cm²가 사용된다. • 공기압 범위가 통일되어 취급이 편리하다. • 전송거리는 100m 정도이다. • 위험성이 없다. • P.I.D 동작이 간단히 현실화된다. • 조작부의 동특성이 좋다.	• 신호전송에 시간지연이 있다. • 제습, 제진의 공기가 필요하다. • 조작에 지연이 있다. • 희망특성을 살리기가 어렵다. • 배관을 필요로 한다. • 계장공사의 변경이 간단하지 않다.
유압식 신호전송	• 조작속도가 빠르고 장치가 견고하다. • 전송거리 최고 300m이다. • 조작력이 크고 전송에 지연이 적다. • 희망특성의 것을 만들기 용이하다. • 조작부의 동특성이 좁다.	• 기름이 누설로 더러워지거나 위험성이 있다. • 배관이 까다롭다. • 주위온도의 영향을 받는다. • 수기압의 유압원을 필요로 한다. • 기름의 유동저항을 고려해야 한다. • 유를 사용하는 데는 곤란하다.
전기식 신호전송	• 4~20mA 또는 10~50mA DC의 전류를 통일신호로 한다. • 전송에 시간지연이 없다. • 배선설비가 용이하다. • 복잡한 신호에 용이하다. • 전송거리는 수 km까지이다. • 조작력이 크게 요구될 때 사용된다. • ON-OFF가 극히 간단하다. • 특수한 동작원이 불필요하다.	• 방폭이 요구되는 경우에는 방폭시설을 하여야 한다. • 조작속도가 빠른 비례조작부를 만들기가 곤란하다. • 보수 및 취급에 기술을 요한다. • 고온, 다습한 곳은 곤란하다. • 조절밸브 모터의 동작에 관성이 크다.

SECTION 02 보일러의 자동제어

1 보일러 자동제어의 설치

(1) 자동제어 설치목적

① 작업능률을 향상시키기 위하여
② 제품의 균일화 및 경제적인 운영을 위하여
③ 제품의 품질향상을 위하여
④ 작업에 따른 위험부담의 감소를 위하여
⑤ 사람이 할 수 없는 힘든 조작을 용이하게 하기 위하여
⑥ 인건비의 절약 및 근로자의 수고를 덜기 위하여

(2) 보일러 자동제어의 특징

① 장점
㉮ 생산품질이 향상된다.
㉯ 균일한 제품을 얻는다.
㉰ 원료나 연료가 절약된다.
㉱ 동력의 절감이 따른다.
㉲ 인건비가 절약된다.
㉳ 위험한 환경이 안정화된다.
㉴ 노동조건이 향상된다.
㉵ 생산설비의 수명이 길어진다.
㉶ 자동화에 의해 생산원가가 절감된다.

② 단점
㉮ 설비비의 고액 투자가 요망된다.
㉯ 고도의 기술을 요구한다.
㉰ 운전이나 수리, 보관에 숙련된 기술이 요구된다.
㉱ 일부의 고장에도 전체 생산에 영향을 준다.

2 자동 보일러 제어(Automatic Boiler Control)

고압보일러 및 대용량 보일러에서는 증기발생량에 대하여 보일러 내의 보유수량에 관한 제어가 반드시 필요하기 때문에 보일러의 안전운전을 위하여 자동 보일러 제어(A.B.C.)가 설치된다.

(1) 자동 보일러 제어(A.B.C. ; Automatic Boiler Control)

① 연소제어(A.C.C. ; Automatic Combustion Control)
② 급수제어(F.W.C. ; Feed Water Control)
③ 증기온도제어(S.T.C ; Steam Temperature Control)

▼ 보일러 제어의 제어량과 조작량

제어의 분류	제어량	조작량
자동연소제어	증기압력	연료량, 공기량
	노내압력	연소가스량
자동급수제어	보일러 수위	급수량
과열증기온도제어	증기온도	전열량

(2) 보일러 수위제어(Feed Water Control)

① 급수제어의 설치목적 : 보일러의 연속운전이 되는 동안에 증기의 부하변동이 생기면서 수위변동이 일어난다. 이 수위변동이 생길 때 일정 수위가 되도록 급수를 조절해 주어야 운전이 유지되기 때문에 수위제어(F.W.C)가 설치된다.

② 수위제어 검출방식
- ㉮ 플로트식(맥도널식, 맘모스식, 자석식, 웨어로버트식)
- ㉯ 전극식
- ㉰ 차압식

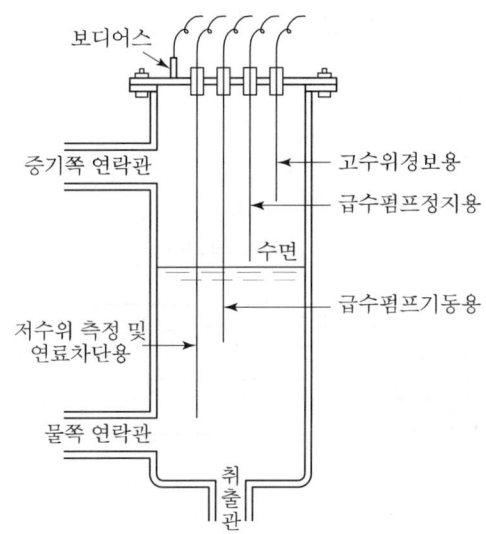

[전극식 자동급수 조정장치]

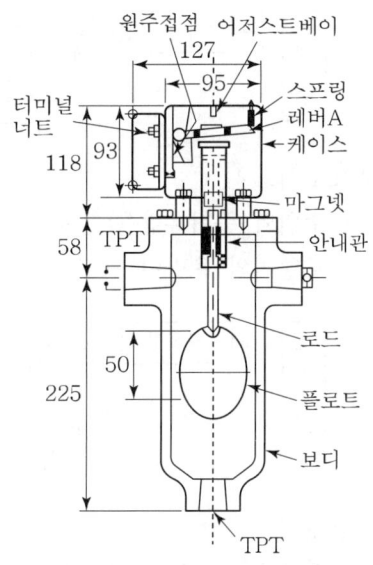

[마그넷식 플로트 수위검출기]

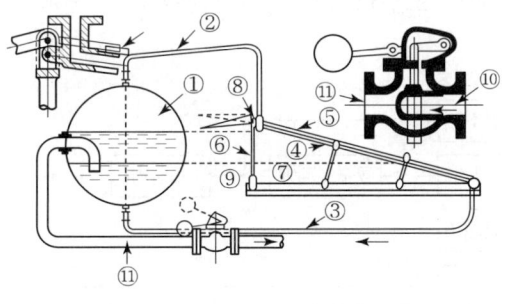

① 증기동　　② 증기실 도관
③ 수실도관　④ 감열관
⑤, ⑥, ⑦ 삼각형 봉　⑧ 벨트랭크의 지점
⑨ 연결봉　　⑩ 피스턴판
⑪ 급수관

[Copes식 급수조정기]

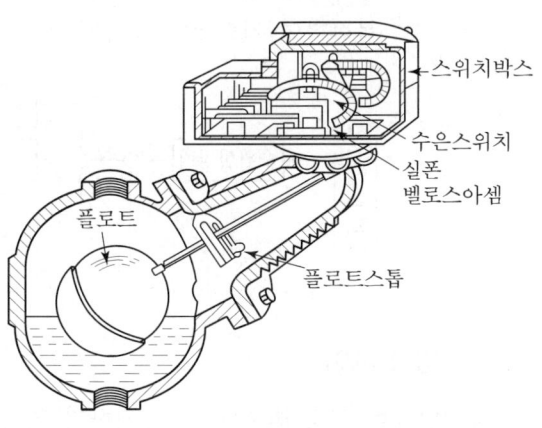

[맥도널식]

CHAPTER 08 자동제어 **197**

③ 수위 제어방식
   ㉮ 단요소식(1요소식) : 수위만 검출
   ㉯ 2요소식 : 수위검출 및 증기유량까지 검출
   ㉰ 3요소식 : 수위, 증기유량, 급수유량을 동시 검출
④ 수위 제어방식 해설
   ㉮ 단요소식
      ㉠ 수위만 검출한다.
      ㉡ 중·소형 보일러에서 수위 제어방식으로 이용되고 있다.

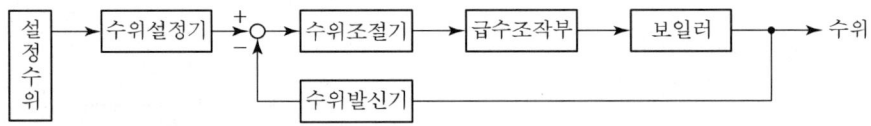

   ㉯ 2요소식
      ㉠ 수위와 증기유량을 동시에 검출한다.
      ㉡ 보일러의 용량이 크고 수위변동이 심한 보일러에 사용된다.

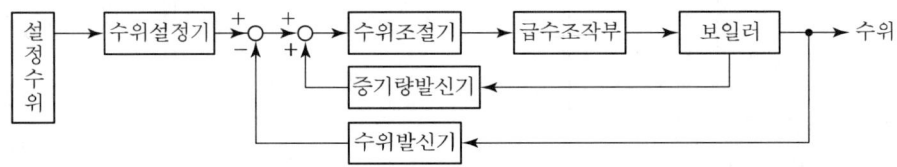

   ㉰ 3요소식
      ㉠ 수위와 증기유량, 급수유량을 동시에 검출하여 수위를 일정수위가 되도록 급수를 가감한다.
      ㉡ 증기부하 변동이 매우 심한 대형 수관식 보일러에서 많이 사용된다.
      ㉢ 복잡하여 기술적인 문제가 따른다.

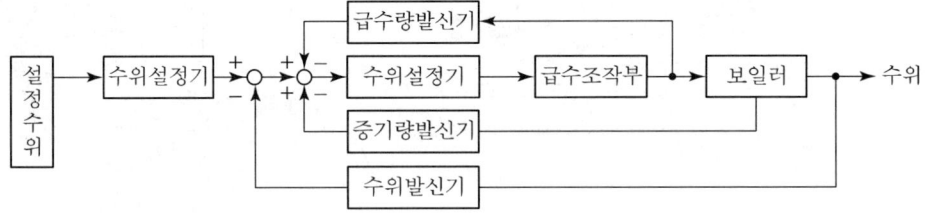

(3) 증기압력 제어
증기압력을 일정 범위 내로 유지하기 위하여 연료공급량과 연소용 공기량을 조작한다.
① 증기압력 검출기
   ㉮ 부르동관(고압용)   ㉯ 벨로스(저압용)

② 증기압력 제어방식
  ㉮ 병렬제어(중소형 패키지형 보일러용)
  ㉯ 비율제어(대형 보일러용)

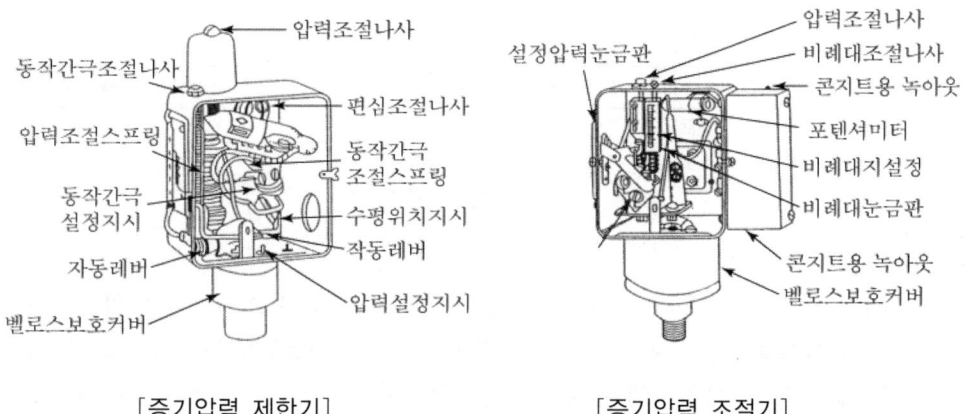

[증기압력 제한기] [증기압력 조절기]

③ **증기압력 병렬 제어방식** : 증기압력에 따라 압력조절기가 제어동작을 행하여 그 출력신호를 배분기구에 의하여 재료 조절밸브 및 공기댐퍼에 분배하여 양자의 개도를 동시에 조절하여 연료 분사량 및 공기량을 조절하는 방식이다.

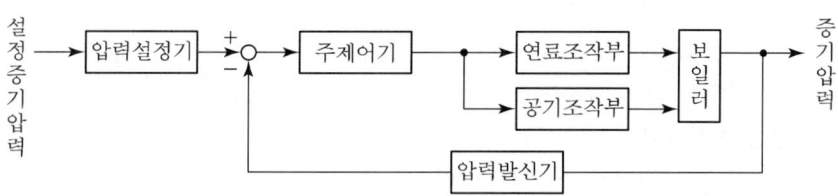

④ **증기압력 비율 제어방식** : 병렬제어와 유사하나 병렬제어는 유량과 공기량을 검출하지 않아 공기와 일정한 비율을 유지하기 어렵지만, 비율 제어방식은 연료유량과 공기유량을 검출하므로 고압수관식 보일러 등에서 고효율을 얻기 위해서 사용된다.

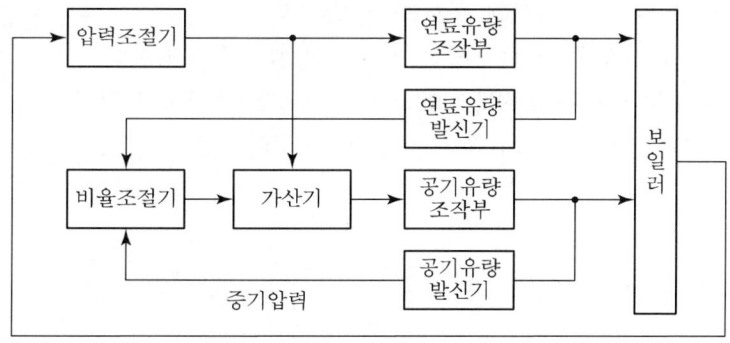

⑤ 연소실 부하 캐스케이드 제어 : 보일러에 여러 대의 버너를 사용하여 연소실의 부하를 조절하는 경우 버너 특성변화에 따라 버너의 대수를 수시로 바꾸는 데 이 캐스케이드 제어방식이 사용된다.

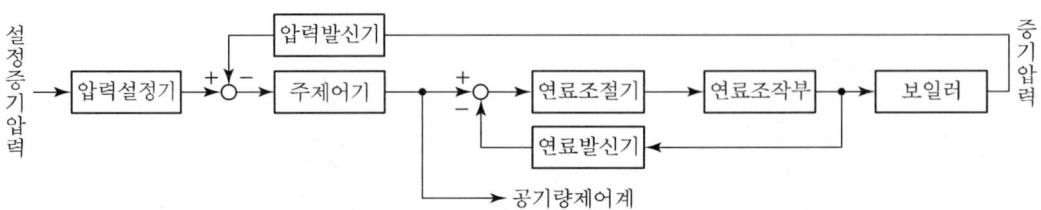

⑥ 증기압력 조절기
  ㉮ 증기압력 제한기 : 제한기 내부의 증기압력에 따라서 수은 스위치의 변위에 의해 전기의 온·오프 신호를 만들어서 버너와 연료조작부인 전자밸브로 보내어 밸브의 개폐를 이룬다.
  ㉯ 증기압력 조절기 : 보일러에 발생되는 증기압력에 따라서 벨로스의 신축작용으로 전기저항 변화를 일으켜 연료량의 조절신호로서 연료조작부인 모듀트롤 모터로 보내어 연료량과 공기량을 증감시켜 증기압력을 조절시킨다.

(4) 과열증기 온도제어

① 과열기의 종류
  ㉮ 복사과열기(방사형)
  ㉯ 대류과열기(접촉형)
  ㉰ 복사대류 과열기(방사접촉형)

② 과열증기 온도조절 방법
  ㉮ 습증기 일부를 과열기로 이끄는 방법
  ㉯ 연소가스유량을 가감하는 방법
  ㉰ 전용회로를 설치하는 방법
  ㉱ 과열저감기를 사용하는 방법(표면 냉각식과 물 분사식)

(5) 연료제어

① 중소 보일러에서는 국부 피드백 회로를 설계한다.
② 주제어 조절기의 지령에 의하여 직접 연료 조절밸브를 조작한다.
③ 대형 보일러에서는 버너나 조절밸브의 비선형 특성을 보상하기 위해 다음 그림과 같이 설계해서 연료유량을 일정하게 유지, 주제어 조절기에서의 신호로 연료조절기의 목표치를 변경하도록 한다.

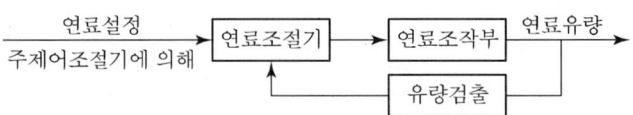

(6) 연료제어 및 연소제어

① **중소형 보일러** : 주제어 조절기에서 연료제어와 함께 직접 공기량의 조작부를 작동하는 위치식 제어를 취한다.
② **대형 보일러** : 조작단의 비선형 특성을 보상하기 위해 필히 공기량 조절기를 설계, 주제어 조절기에서의 신호로 목표치를 나타내는 측정식인 캐스케이드식 제어를 채택한다.

3 보일러 인터록(Interlock)

인터록이란, 어느 조건이 구비되지 않을 때에 기관동작을 저지하는 것을 말한다. 보일러에서 점화시나 운전 중에 어느 조건이 충족되지 않을 때 전자밸브를 닫을 수 있는 저수위 안전장치, 압력제한 스위치, 화염검출기, 저연소, 프리퍼지 등의 인터록이 필요하게 된다.

(1) 저수위 인터록

수위가 소정의 수위 이하일 때에는 전자밸브를 닫아서 연소를 저지한다.

(2) 압력초과 인터록

증기압력이 소정 압력을 초과할 때에는 전자밸브를 닫아서 연소를 저지시킨다.

(3) 불착화 인터록

버너에서 연료를 분사한 후 소정의 시간이 경과하여도 착화를 볼 수 없을 때나 또는 어떠한 원인으로 화염이 소멸한 상태로 된 때에는 전자밸브를 닫아서 연소를 저지한다.

(4) 저연소 인터록

연소 초기 유량 조절밸브가 저연소(총부하 30% 정도) 상태로 되지 않으면 전자밸브를 열지 않아 점화를 저지한다.

(5) 프리퍼지 인터록

대형 보일러인 경우에 송풍기가 작동하지 않으면 전자밸브가 열리지 않고 점화가 저지된다.

▼ 보일러 자동장치의 소요부품 일람표

사용기기	제어방식	표준형	
		반자동(Semi Auto)	전자동(Full Auto)
맥도널(Low Water Alarm & Cut Valve)		1~2개	1~2개
전자밸브(Solenoid Valve)		1	1
화염검출기(Flame Detector)		1	1
자동착화기(Ignitor)		1	1
증유예열기(Oil Preheater)		1	1

사용기기 \ 제어방식	표준형 반자동(Semi Auto)	표준형 전자동(Full Auto)
제어반(Electrical Control Pannel)	1	1
고저압차단기(Pressostate)	1	1
압력비례조절기(Proportional Pressure)		1
풍압스위치(Air Flow Switch)		1
화력조절모터(Modutrol Motor)		1~2
최저상태 검출스위치(Low Fire Interlock Switch)		1
제어모터 연결봉(Damper Linkage)		3~5
프로그램 릴레이(Flame Safeguard Control)		1

4 보일러 자동기동과 정지

(1) 전자밸브(긴급 연료차단 밸브)

① 종류
  ㉠ 통전개형(通電開型, 상시폐지형)
  ㉡ 통전폐형(通電閉型, 상시개방형)

② 사용목적 : 버너에서 기름을 분출·정지시키기 위하여 사용되며, 전자석의 작용에 의하여 밸브를 개폐시켜 버너에의 유류 공급 정지를 행하는 것으로 전원이 중단되었을 때 유배관에 압력이 가해져 있어도 버너에서 연료가 분사되지 않도록 하는 목적으로 사용된다. 단, 바이패스 회로는 설치하지 않는다.

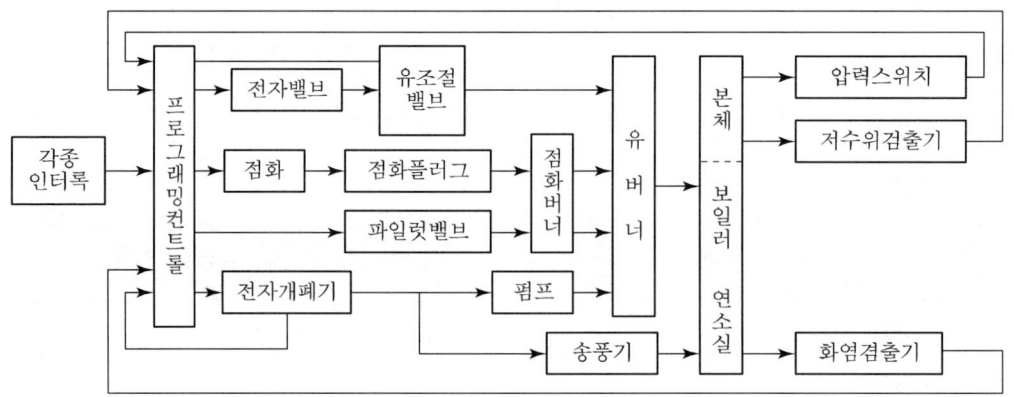

[자동기동·정지장치의 구성]

(2) 자동점화

① 점화용 불씨를 만들기 위해 착화 트랜스, 점화 플러그, 점화 버너 및 그 연료를 공급 차단하기 위한 파일럿 밸브를 설치한다.
② 점화 플러그는 간격이 3~5mm의 1조의 전극이며, 기름 점화시는 10,000~15,000V, 가스 연료의 경우에는 5,000~7,000V의 전압을 가하여 스파크를 발생, 점화시킨다.
③ 버너의 분사량이 많으면 스파크에 의해 착화가 곤란하므로 분사량이 적은 버너를 먼저 점화 버너(Pilot Burner)에 점화 플러그의 불꽃으로 점화시킨 후 그 화염을 주버너에 점화용 불씨로 사용한다.
④ 점화 버너의 연료는 경유 및 가스로는 LPG나 도시가스가 사용된다.

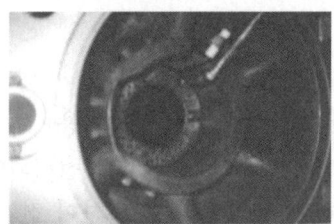

[파일럿 버너(점화용 버너)]

(3) 보일러용 화염검출기

① **설치목적** : 보일러 운전 중 정전이나 실화, 연료의 누설로 인한 가스폭발을 사전에 방지하기 위하여 설치하며, 연소실 내의 화염의 유무를 검출하는 계기로서 갑자기 실화가 되면 전자밸브로 신호를 보내 전자밸브가 닫혀 연료공급을 차단시키도록 하는 역할을 한다.
② **종류**
　㉮ 프레임 아이(Frame Eye, 화염의 발광체를 이용)
　　㉠ 원리 : 연소 중에 발생하는 화염빛을 감지부에서 전기적 신호로 바꾸어 화염유무를 검출한다.
　　㉡ 종류
　　　ⓐ 황화카드뮴 광도전 셀(경유버너에 사용 가능)
　　　ⓑ 황화납 광도전 셀(기름이나 가스연료에 사용)
　　　ⓒ 적외선 광전관(사용이 용이하다.)
　　　ⓓ 자외선 광전관(기름이나 가스버너에 사용)
　　㉢ 광전관의 재질 : 은세늄옥사이드가 많이 사용된다.
　　㉣ 안전 사용온도 : 50℃ 이하
　　㉤ 수명 : 2,000시간마다 교체가 된다.
　　㉥ 광전관의 원리 : 빛을 받으면 -극(음전자)이 흐른다.
　　㉦ 광전관의 전류측정은 6개월마다 실시한다.

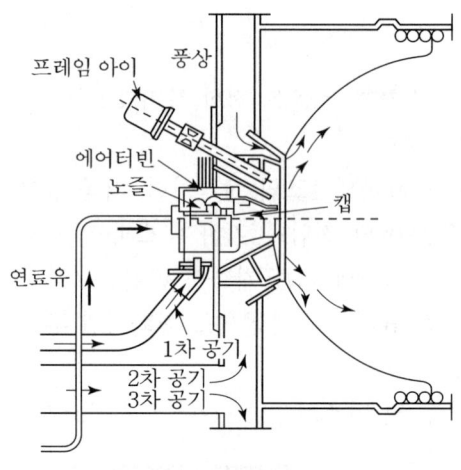

[화염검출기]

- ④ 프레임 로드(Frame Rod, 화염의 이온화를 이용)
  - ㉠ 원리 : 화염 중에는 양성전자와 중성전자가 전리되어 있음을 알고 버너에 글랜드 로드(Gland Rode)를 부착하여 화염 중에 삽입하여 전기적 신호를 전자밸브로 보내어 화염을 검출한다.
  - ㉡ 사용용도 : 연소 시간이 짧은 가스버너에 일반적으로 사용된다.
  - ㉢ 점검시간 : 1일 1회 점검 및 손질한다.
  - ㉣ 단점 : 전극봉(글랜드 로드)이 불꽃에 의해서 오손이나 손상되기 쉽다.
- ⑤ 스택 스위치(Stack Switch, 화염의 발열체를 이용)
  - ㉠ 원리 : 연소 중에 발생되는 연소가스의 열에 의해 바이메탈의 신축작용으로 전기적 신호를 만들어 전자밸브로 그 신호를 보내면서 화염을 검출한다.
  - ㉡ 사용용도 : 버너 기름 사용량 $10l/h$ 이하에 사용된다.
  - ㉢ 특징
    - ⓐ 구조가 간단하다.
    - ⓑ 설치가 용이하다.
    - ⓒ 화염검출의 응답이 느려서 소용량 설비에만 사용이 가능하다.

③ 화염검출기 염(炎)의 종류
  - ㉮ 울트라비젼
    - ㉠ 매체는 광(光)
    - ㉡ 염의 성질은 염으로부터 방사되는 자외선을 이용
  - ㉯ 광전관
    - ㉠ 매체는 광(光)
    - ㉡ 염의 성질은 염으로부터 방사되는 가시광선을 이용
  - ㉰ CdS 광전관 셀(cell)

㉠ 매체는 광(光)
㉡ 염의 성질은 염으로부터 방사되는 가시광선을 이용
㉣ PdS 광전관 셀(cell)
㉠ 매체는 광(光)
㉡ 염의 성질은 염으로부터 방사되는 가시광선을 이용
㉤ 프레임 로드
㉠ 매체는 염(炎)
㉡ 염의 성질은 화염 자신의 이온을 이용
㉥ 서모 – 커플(Thermo – Couple)
㉠ 매체는 열(熱)
㉡ 염(炎)의 성질은 염의 발열을 이용한다.

▼ 각종 화염검출기와 연료와의 적합성

검출기의 종류	연료			오동작의 원인		
	가스	등유~A중유	중유 B, C	노벽의 방사	점화용 변압기의 스파크	광흡수 매체가 있을 때
CdS 셀	×	△	○	○	×	○
PdS 셀	○	○	○	○	×	○
광전관	×	△	○	○	×	○
자외선 광전관	○	○	○	×	○	△
프레임 로드	○	※	※	×	×	○

○ 검출한다, × 검출하지 못한다, △ 검출이 불안정하다. ※ 부적당하다.

5 기름용 온수보일러의 제어장치

(1) 프로텍터 릴레이(Protector Relay)

버너에 부착하여 사용하며 오일버너의 주안전 제어장치로 난방, 급탕 등의 전용 제어 회로에 이용된다. 그러나 아쿠아스탯(리밋)을 별도로 설치해야 한다.

① 종류
  ㉮ 전자식(신형)   ㉯ 기계식(구형)
② 점화방법
  ㉮ 순간점화식   ㉯ 계속점화식
③ 프리퍼지 시간 : 16~24초
④ 사용전압
  ㉮ 110V용   ㉯ 220V용

(2) 콤비네이션 릴레이(Combination Relay)

보일러 본체에 설치하여 사용하고 그 특징을 프로텍터 릴레이와 아쿠아스탯의 기능을 합한 것으로서 버너 주안전 제어장치로 고온차단, 저온점화, 순환펌프 회로가 한 개의 제어기로 만들어진 것이다.

① 내부에 H_i, L_o 설정기가 장치되어 있다.
  ㉮ H_i(버너 정지온도, 일명 최고온도)
  ㉯ L_o(순환펌프 작동온도, 일명 순환시작온도)

② 종류
  ㉮ 전자식
  ㉯ 기계식

③ 사용용도에 의한 종류
  ㉮ 난방 급탕 전용식(실내온도 조절스위치에 의해 순환펌프가 작동된다.)
  ㉯ 지역난방식
  ㉰ 난방 또는 급탕 전용식

(3) 스택 릴레이(Stack Relay)

보일러 연소가스 배출구의 300mm 상단의 연도에 부착하여 연소가스열에 의하여 연도 내부로 삽입되는 바이메탈의 수축팽창으로 접점을 연결 차단하여 버너를 작동시키거나 정지 하게 된다.

① 종류
  ㉮ 계속 점화식
  ㉯ 순간 점화식

② 특징
  ㉮ 바이메탈이 손상되기 쉽다.
  ㉯ 280℃ 이상의 온도에는 사용이 불가능하다.
  ㉰ 연료소비량 10L/h 이하에서만 사용이 가능하다.
  ㉱ 광전관은 별도로 설치하지 않는다.

(4) 아쿠아스탯(Aquastat)

자동온도 조절기로 현장에서는 하이리밋 컨트롤이라고 부른다. 스택 릴레이나 프로텍터 릴레이와 함께 사용되며, 주로 고온차단용, 저온차단용, 순환펌프 작동용으로 사용된다.

① 구조
  ㉮ 감온부
  ㉯ 도압부
  ㉰ 감압부
  ㉱ 마이크로 스위치는 보일러 본체에 삽입된다.
  ㉲ 온도조절부로 되어 있으며 감온부(온도감지부)는 보일러 본체에 삽입된다.

② 종류
 ㉮ 자연순환식 배관용(2개 단자식) : 고온차단용
 ㉯ 강제순환식 배관용(3개 단자식) : 저온차단 및 순환펌프 작동기능이 있다.
③ 설치 시 주의사항 : 본체에 하이리밋을 제거하더라도 관수가 누수되지 않도록 먼저 웰(Well)을 설치한 후 감온부를 삽입한다.

(5) 인터널 서모스탯
① 버너의 모터 과열로 소손을 방지하기 위하여 모터 내부에 설치한다.
② 바이메탈식 과열보호장치로 모터의 기동이 불량하거나 펌프의 이상 등으로 코일에 발생되는 열에 의하여 작동된다.
③ 재기동 시에는 수동기동 버튼인 리셋 버튼을 눌러야만 재기동이 된다.

(6) 바이메탈 온도식 안전장치
① 보일러 본체에 부착시켜서 보일러가 과열되는 경우에 전기 전원을 차단시킨다.
② 사용목적은 보일러의 과열을 방지하기 위함이다.
③ 작동온도는 95℃ 내외이다.
④ 재기동 시에는 수동 리셋을 사용한다.

(7) 저수위 차단기
보일러 내부에 관수량이 부족하면 과열이 일어나므로 보일러에서 보충수가 되지 않으면 보일러 가동을 정지시켜 미급수로 인한 과열을 저지 보호한다.

(8) 실내온도 조절기(Room Thermostat)
① 설치목적은 난방온도를 일정하게 유지하기 위하여 사용되는 조절스위치이다.
② 주안전제어기들과 결속되어 버너의 작동 및 정지를 명함으로써 실내의 온도가 유지된다.
③ 설치 시 주의사항
 ㉮ 바닥에서 1.5m 위치에 설치한다.
 ㉯ 수직으로 설치하여야 한다.
 ㉰ 직사광선을 피한다.
 ㉱ 방열기 상단이나 현관 등에는 설치하지 않는다.
 ㉲ 실내온도가 표준이 될 만한 장소에 설치한다.

CHAPTER 09 폐열회수장치

SECTION 01 여열장치(폐열회수장치)

보일러에서 배기되는 연소가스의 여열을 이용하기 위하여 각종 부속기구를 연도에 설치한 후 보일러 열효율을 높이기 위하여 설치한다. 연소가스의 폐열을 이용한 종류로는 과열기, 재열기, 절탄기, 공기예열기 등을 총칭하여 여열장치라 한다.

1 과열기(Super Heater)

연소가스의 열을 이용하여 보일러의 포화증기를 압력변화 없이 온도만 상승시키기 위한 장치가 과열기이다. 과열증기의 온도는 높은 것이 좋으나 과열기 재료의 내열성 때문에 600℃ 이하로 유지하는 것이 좋고 통상 200~450℃까지가 일반적으로 사용된다.

(1) 과열기의 특징

① 장점
   ㉮ 증기기관의 이론적인 열효율이 높아진다.
   ㉯ 증기관 내의 마찰저항을 감소시킨다.
   ㉰ 적은 증기량으로 많은 일을 할 수 있다.
   ㉱ 배관 및 장치의 부식이 방지된다.
   ㉲ 증기의 엔탈피(kcal/kg)가 증가한다.
   ㉳ 연료가 절약되고 증기 사용이 경제적이다.

② 단점
   ㉮ 설비비가 많이 든다.
   ㉯ 고온부식이 발생된다.
   ㉰ 연소가스의 저항으로 압력손실이 많다.
   ㉱ 증기의 열에너지가 많아 열손실이 많아진다.
   ㉲ 고온의 증기에 의해 배관 및 열설비 계통에 무리가 온다.

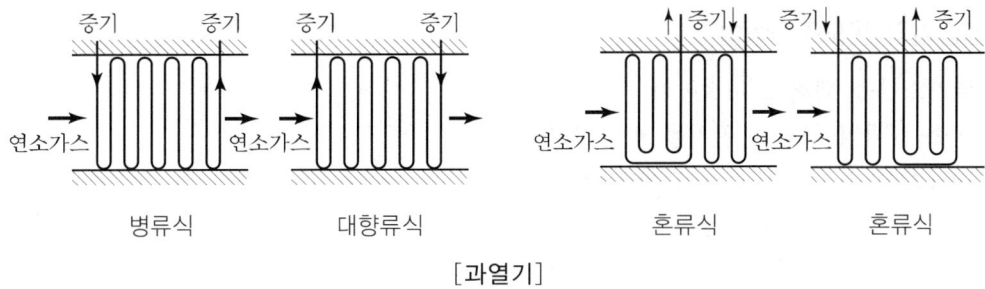

[과열기]

(2) 전열방식에 의한 과열기의 분류

　① **복사과열기** : 과열기를 연소실 내에 설치하여 복사열을 이용한 것
　② **대류과열기** : 연도에 설치하여 연소가스의 대류열을 이용한 것
　③ **복사대류과열기** : 연소실 출구와 연도 경계선에 설치하여 복사열과 대류열을 이용한 것

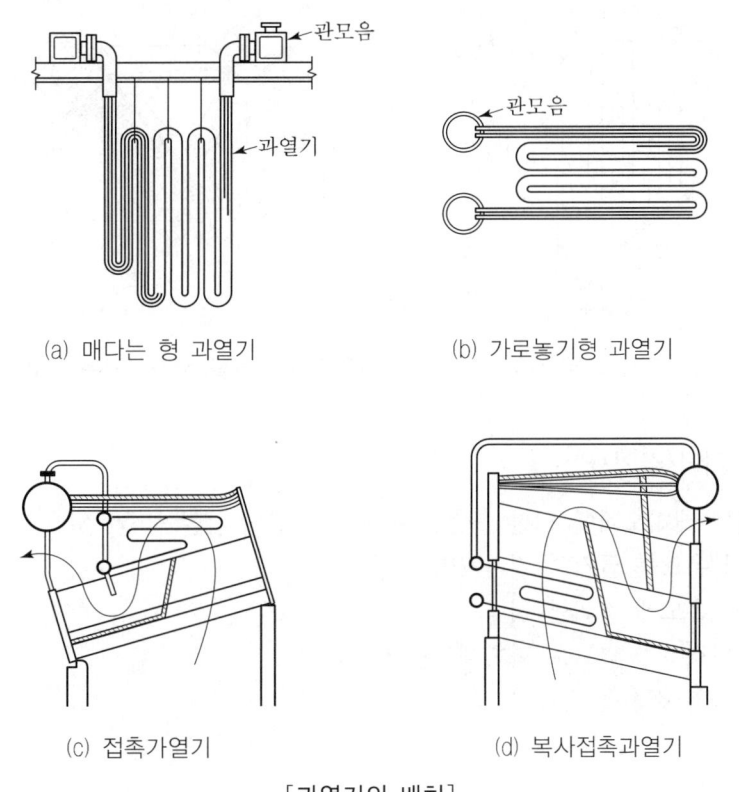

[과열기의 배치]

(3) 열가스 흐름상태에 의한 분류

　① **병류형** : 연소가스와 증기가 같이 지나면서 열교환
　② **향류형** : 연소가스와 증기의 흐름이 정반대 방향으로 지나면서 열교환(효율이 크다.)
　③ **혼류형** : 향류와 병류형의 혼합형

(4) 과열증기의 온도조절방법

① 열가스량을 댐퍼로 조절한다.
② 연소실 내의 화염의 위치를 변환시킨다.
③ 폐가스를 연소실 내로 재순환시킨다.
④ 습증기 일부를 혼합한다.
⑤ 과열저감기를 사용한다.
  ㉮ 과열저감기의 종류
    ㉠ 표면냉각식 : 과열증기 일부를 급수와 열교환하는 방법
    ㉡ 순수분무식 : 과열기 속에 급수를 분무시키는 방법

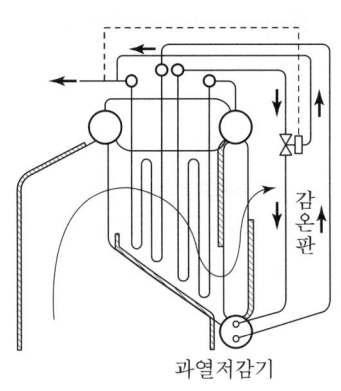

[과열온도의 조적(과열 저감기)]   [과열증기에 물을 분사시키는 과열온도 조절법]

(5) 과열기 취급 시의 주의사항

① 과열기 내에 캐리오버에 의한 불순물 유입이 투입되지 않게 할 것
② 과열증기의 온도를 급격히 저하시키지 말 것
③ 과열증기의 온도에 주의할 것
④ 과열기가 더러우면 별도로 화학세정을 할 것
⑤ 과열기의 과열 소손을 방지할 것

2 재열기(Reheater)

과열증기가 증기원동소 등에서 터빈을 돌리고 난 다음 급격히 팽창한 후 포화온도에 가까워진 증기를 빼내서 다시 적당한 온도의 과열증기로 만든 후 저압부의 터빈을 돌리게 하는 여열장치로 제차 증기에 온도를 높이는 여열장치이다.(고온부식 발생 우려)

(1) 재열기의 종류

 ① 열가스를 이용한 재열기

  ㉮ 전열방식 이용 : 복사재열기, 접촉재열기

  ㉯ 연소방식 이용 : 직접연소식, 간접연소식

 ② 증기를 이용한 재열기

(2) 여열장치의 설치순서

보일러 증발관 → (과열기 → 재열기 → 절탄기 → 공기예열기)의 순서이다.

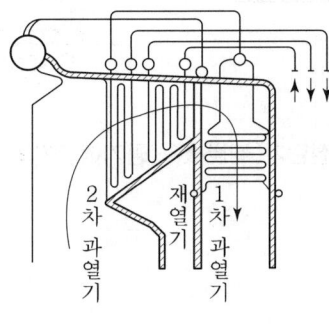

[재열기]

3 절탄기(Economizer)

보일러 배기가스의 여열을 이용하여 보일러 급수를(연도 등에서 설치하여) 가열하며 석탄이나 기타 연료를 절약하여 보일러 효율을 높이는 폐열회수이용 기구이다. 일명 이코노마이저라고도 한다. (급수가열기)

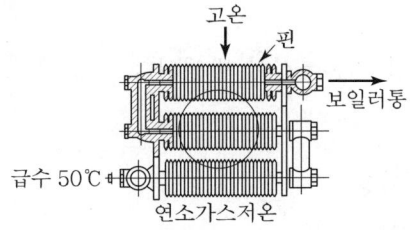 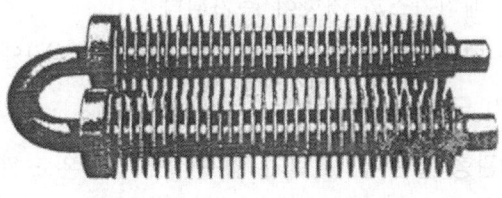

[절탄기]

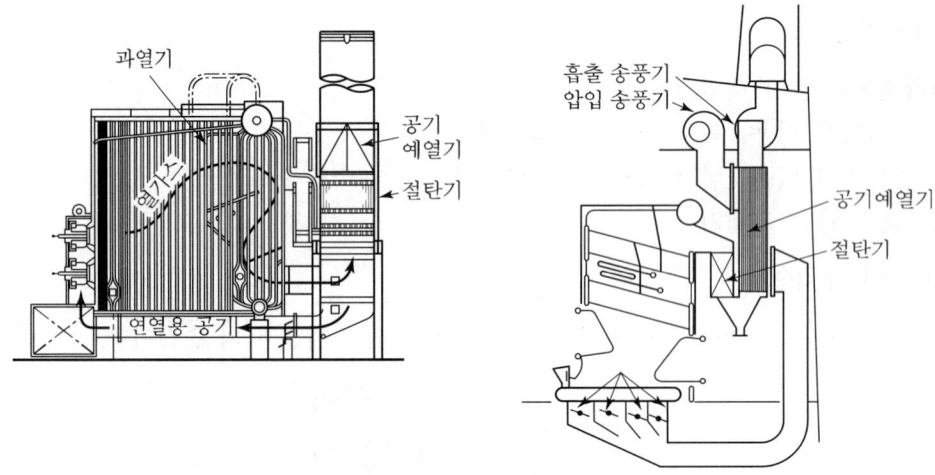

[수관 보일러의 과열기 절탄기(切炭機)·공기예열기의 배열도(미쓰비시-EC)]

(1) 사용상의 특징

① 장점
㉮ 보일러의 열효율을 높인다.
㉯ 급수의 보일러수와의 온도차가 적어 열응력을 감소시킨다.
㉰ 일부의 불순물이 제거된다.
㉱ 보일러의 증발능력이 상승된다.
㉲ 연료의 사용량을 줄일 수 있다.

② 단점
㉮ 설비비가 많이 든다.
㉯ 배기가스의 압력손실이 떨어진다.
㉰ 배기가스의 저항이 증가된다.
㉱ 배기가스의 온도가 낮으면 황산(H_2SO_4)에 의한 저온부식이 발생된다.

(2) 절탄기 급수의 적정온도

① 강관형 절탄기 : 절탄기 입구에서 급수온도 70℃ 이상
② 주철관형 절탄기 : 절탄기 입구에서 급수온도는 50℃ 이상
③ 절탄기의 급수 가열온도는 보일러의 포화온도보다 10~20℃ 이하가 되어야 한다.
※ 절탄기에서 급수온도를 10℃ 높일 때마다 보일러 효율은 약 1.5%가 증가된다. 그리고 절탄기의 배기가스 출구온도는 170℃ 이상이어야 저온부식이 방지된다.

(3) 절탄기의 구조에 의한 분류

① 주철관형 : 저압 보일러에 사용되며 내식성이 좋다.
㉮ 평활관형 절탄기 : 20kg/cm² 까지 사용(일명 그린 절탄기)
㉯ 핀형 절탄기 : 35kg/cm² 까지 사용

② 강관형 : 고압 보일러에 사용

㉮ 회전식 절탄기

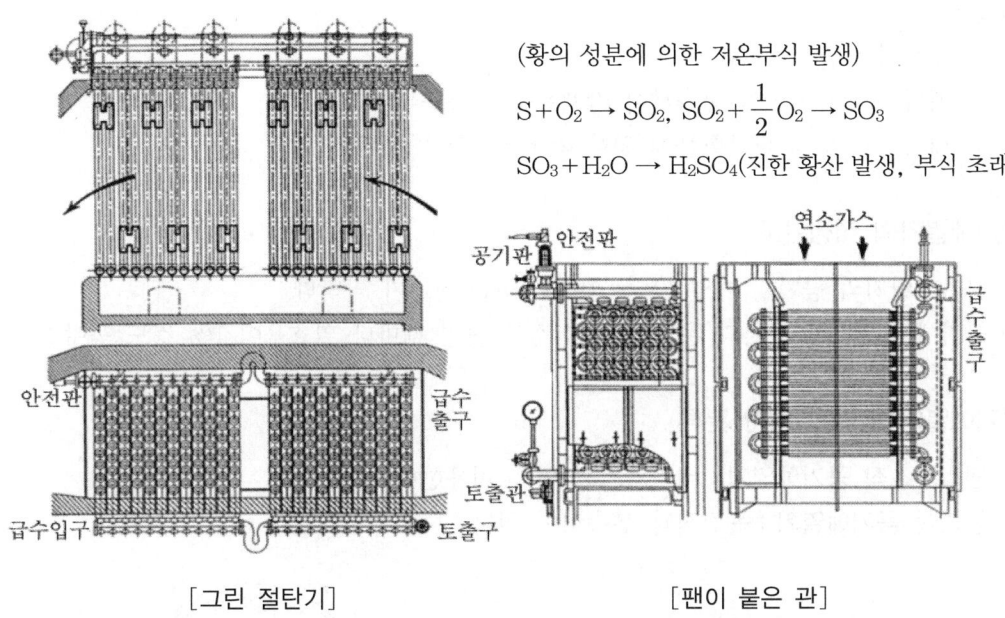

[그린 절탄기] [팬이 붙은 관]

(4) 절탄기의 사용상 주의사항

① 보일러 가동 시에는 절탄기 내의 물이 움직이는가 확인하여야 한다.
② 저온부식 방지를 위해 점화 후에는 처음에는 바이패스 연도로 배기가스를 보내고 그 다음 절탄기로 급수한 후 연도댐퍼를 교체하여 절탄기로 배기가스를 보낸다.
③ 절탄기 내의 급수온도는 연도가스 노점온도 이상이 될 수 있도록 조절하여야 한다.
④ 절탄기 내에 보내는 급수는 공기 등 불응축가스를 제거시킨 후 사용한다.(가스의 부식방지를 위하여)

4 공기예열기(Air Preheater)

배기가스의 여열을 이용하여 연소용 공기를 예열시키는 장치가 공기예열기이다.

(1) 공기예열기의 특징

① 장점

㉮ 보일러 효율이 5~10% 정도 높아진다.
㉯ 연료의 착화와 연소상태를 양호하게 한다.
㉰ 노 내의 온도가 높아져서 열전도가 좋아진다.
㉱ 적은 공기비로 완전연소시킨다.
㉲ 열등탄 등의 저질연료도 연소가 가능하다.

ⓑ 과잉공기가 적어도 된다.
ⓐ 전열량이 증가한다.

② 단점

㉮ 설비비가 많이 든다.
㉯ 배기가스의 저항이 증가하여 강제통풍이 요구된다.
㉰ 배기가스 중의 황산화물에 의한 저온부식이 발생된다.

(2) 공기예열기의 적정온도

① 공기예열기의 공기의 예열온도는 180~350℃ 정도가 알맞다.
② 공기에서 연소용 공기의 온도를 25℃ 정도 높일 때마다 열효율이 1% 정도 높아진다.

(3) 공기예열의 열원에 의한 분류

① 연소가스식 공기예열기 : 배기가스의 열을 이용한다.
② 증기식 공기예열기 : 독립식과 부속식이 있다.

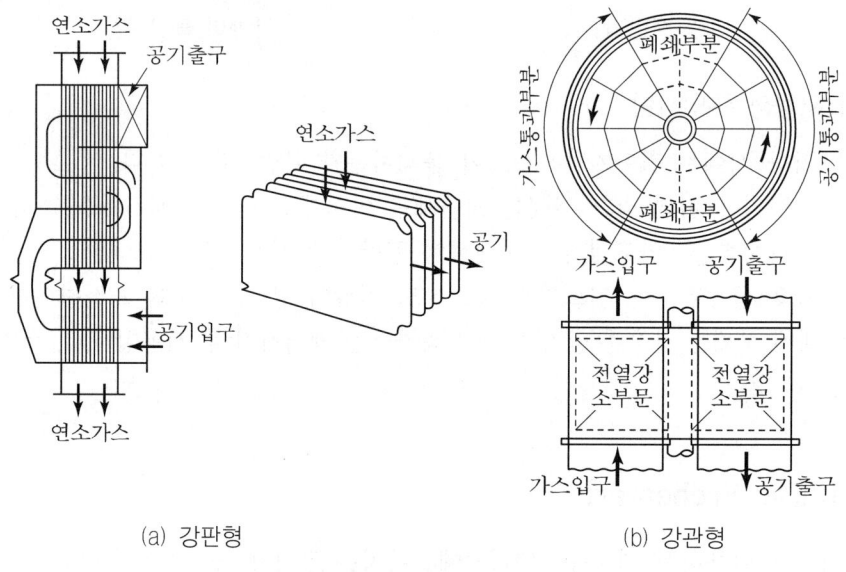

(a) 강판형   (b) 강관형

[공기예열기의 종류]

(4) 구조에 의한 공기예열기의 분류

① 전열식 공기예열기(전도식)

㉮ 관형의 공기예열기 : 열가스는 예열기관 내로 연소용 공기는 용기 내를 통과하면서 공기가 예열된다.
㉯ 판형의 공기예열기 : 좁은 간격에서 중첩된 강판의 양측면 사이로 연소가스와 공기가 교차되면서 열교환이 이루어진다.

② 축열식(재생식) 공기예열기

재생식 공기예열기(융스트룀식) : 전열면적이 크고 소형으로 제작된다. 중대형 보일러에 사용되며 축의 회전속도는 분당 3~5회전하며 그 종류는 회전식, 이동식, 고정식이 있다.(독일인 융스트룀 형제가 제작)

(5) 공기예열기 사용상의 주의사항

① 저온 부식을 조심하여야 한다.
② 급작스럽게 연소가스를 보내면 공기예열기의 열팽창을 발생시킨다.
③ 전열을 좋게 하기 위해선 수시로 그을음 등의 불순물을 시간나는 대로 청소하여야 한다.
④ 파열을 방지하여야 한다.(국부과열 방지)
⑤ 회전식 공기예열기는 보일러 가동 전에 운전시켜야 한다.
⑥ 관형의 공기예열기에는 에어클리너형 그을음 제거기를 사용한다.

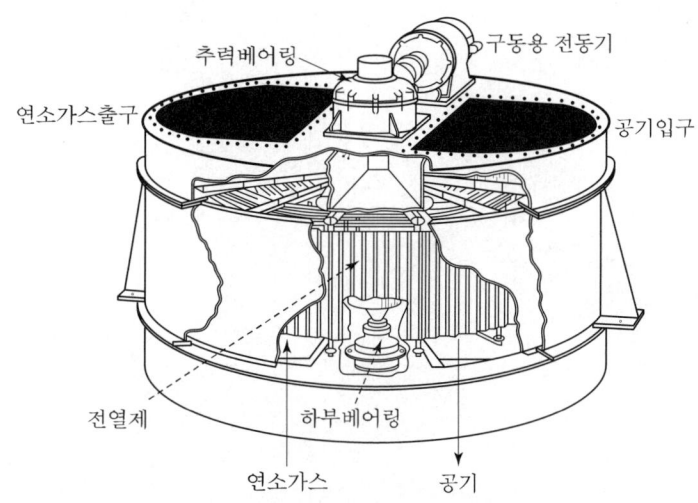

[융스트룀식 공기예열기]

04 보일러 시공 및 부하, 배관일반

ENERGY MANAGEMENT

CHAPTER 01 난방부하 및 난방설비
CHAPTER 02 배관재료 및 배관부속품
CHAPTER 03 배관공작
CHAPTER 04 배관도시법
CHAPTER 05 단열재, 보온재 및 내화물
CHAPTER 06 온수온돌 시공기준

CHAPTER 01 난방부하 및 난방설비

SECTION 01 난방부하

난방에서 부하(負荷)라 함은 열손실을 말하는 것이다. 난방부하 손실은 크게 나누어서 다음과 같다.
- 외벽, 지붕, 바닥난방을 하지 않는 방과의 칸막이나 천장을 통한 온도차로 인한 열손실량
- 창문의 틈새 및 환기를 위한 외부공기 유입 등과 벽이나 지붕을 통하여 전도되는 전도열 손실량

1 열관류율(열통과율) 계산

열전도율이 다른 여러 층의 재료와 내외부에 열전달률에 의하여 열의 전달을 저하하는 경우 열의 흐름 자체가 정상상태라고 하면 고온으로부터 저온으로 열이 이동할 때를 평균통과율이라고 생각할 수 있다. 그 단위는 kcal/m²h℃로 나타내고, 역수를 열저항(R)이라고 하며 m²h℃/kcal로 한다.

(1) 열의 이동속도

$$열이동속도 = \frac{추진력(\Delta t)}{열저항(R)} [kcal/m^2h]$$

(2) 통과된 열량(Q)

$$Q = K \cdot F \cdot \Delta t$$

여기서, F : 열전달면적(m²)
K : 열관류율(kcal/m²h℃)
Δt : 온도차(℃)

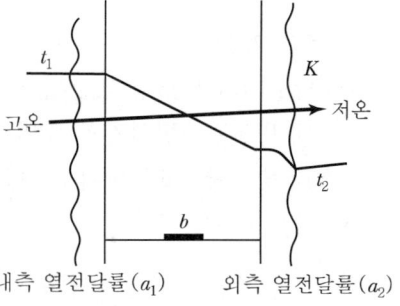

(3) 열관류율(K)

$$K = \frac{1}{R}$$

(4) 전열저항계수(R)

$$R = \frac{\frac{1}{\alpha_1} + \frac{b_1}{\lambda} + \frac{1}{\alpha_2}}{1} [m^2 h \text{℃}/kcal]$$

2 난방부하 계산

(1) 상당방열면적(EDR)으로부터 계산

① EDR : 상당방열면적이라고 하며 표준방열량을 말한다. 방열면적 1m²를 1EDR이라 한다. 방열량은 온수난방의 경우 450kcal/m²h, 증기난방의 경우 650kcal/m²h이다.
  ※ 주철제 방열기의 경우 온수 평균온도가 80℃, 실내온도가 18.5℃인 경우에 온수난방 시 표준방열량이 450kcal/m²h이다.

② 표준방열량과 상당방열면적

구분	방열기 내의 평균 온도	난방온도	온도차	방열계수	표준방열량 (kcal/m²h)
온수난방	80℃	18.5℃	61.5℃	7.31	450
증기난방	102℃	18.5℃	83.5℃	7.78	650

일반적으로 증기난방에서 실내온도는 102℃ - 81℃ = 21℃로 본다.

③ 방열량 계산
  ㉮ 방열기의 방열량(kcal/m²h) 계산
    ㉠ 방열량 = 방열기의 방열계수 × 온도차
    ㉡ 방열량 = 표준방열량 × 방열량 보정계수
  ㉯ 온도차(℃) 계산

$$\text{온도차} = \frac{\text{방열기 입구온도} + \text{방열기 출구온도}}{2} - \text{실내온도}$$

④ 난방부하(kcal/h) 계산
  ㉮ 난방부하 = EDR × 방열기의 표준방열량
  ㉯ 난방부하 = 방열기의 소요방열면적 × 방열기의 방열량

⑤ 방열기의 소요방열면적(m²) 계산

$$\text{소요방열면적} = \frac{\text{난방부하}(kcal/h)}{\text{방열기의 방열량}(kcal/m^2 h)}$$

⑥ 상당방열면적(EDR) 계산

$$상당방열면적 = \frac{난방부하(kcal/h)}{표준방열량(온수 : 450, 증기 : 650)}$$

(2) 열손실 열량으로부터 난방부하 계산

벽체, 천장, 바닥, 유리창, 중간벽, 실내 환기 등에서의 손실을 총 열손실 난방부하라고 한다.

① 난방부하 = 열손실 합계 – 임의 취득열량

임의 취득열량이란, 각 전열기구나 인체 발생열 등의 부산물에서 얻어지는 열량이다.

② 열관류율(K)에 의한 난방부하(kcal/h) 계산

$$Q = K \cdot F \cdot \Delta t$$

여기서, Q : 열손실 합계(kcal/h)
K : 열관류율(kcal/m²h℃)
F : 벽체, 바닥, 천장, 유리창, 중간벽 등의 열관류율이 생길 수 있는 전체면적(m²)
Δt : 실내와 외기의 온도차(℃)

③ 열관류율(K) 계산

$$K = \frac{1}{R} \text{(kcal/m}^2\text{h℃)}$$

$$전열저항계수(R) = \frac{1}{실내측\ 열전달률} + \frac{두께}{열전도율} + \frac{1}{실외측\ 열전달률}$$

(3) 간이식으로부터 열손실 계산

① 난방부하(kcal/h) 계산

$$Q = 단위면적당\ 열손실지수 \times 난방면적$$

② 열손실지수(kcal/m²h) : 일반주택의 경우 각 지역별 보온, 단열상태에 따라 정한 값으로 일반주택에서는 모든 자료를 종합한 열량이다.

③ 간이식 난방부하에서는 유류보일러인 경우 외기온도에 대한 열용량의 여유가 적기 때문에 간이식으로부터 계산된 난방부하에서 25% 정도 높은 값을 적용하여야 난방부하에 차질이 생기지 않는다.

④ 기준주택과 열손실지수가 다른 경우에는 시공주택 열손실지수도 환산하여 사용한다.
　㉮ 열관류율에 의한 열손실지수 보정

$$\text{시공주택 열손실지수} = \frac{\text{시공주택 열관류율}}{\text{기준주택 열관류율}} \times \text{기준주택 열손실지수}$$

　㉯ 외기온도에 의한 열손실지수 보정

$$\text{시공주택 열손실지수} = \frac{\text{동절기 최저 온도차}}{\text{최저 평균온도차}} \times \text{기준주택 열손실지수}$$

일반적으로 최저 평균온도차는 28℃로 한다. 그 이유는 온수난방 시 실내온도가 18℃이고, 외기의 평균온도를 동절기에는 −10℃로 보기 때문에 18℃−(−10℃)=28℃가 되기 때문이다.

3 난방부하 계산 시 고려해야 할 사항

(1) 건물의 위치

① 일사광선 풍향의 방향
② 인근 건물의 지형지물 반사에 의한 영향 등

(2) 천장높이와 천장과 지붕 사이의 간격

천장높이가 높으면 호흡선의 온도를 보다 높은 온도로 하는 난방설계가 필요하다.

(3) 건축구조

벽 지붕, 천장, 바닥 등의 두께 및 보온, 단열상태 벽체의 경우 열관류율이 0.5kcal/m²h℃ 이하가 되도록 건축법에서 규정하기 때문에 온수온도가 높은 바닥의 열관류율은 0.2kcal/m²h℃보다 작게 하여야 한다.

① 보온재 적정 두께
　㉮ 단독주택 : 50mm
　㉯ 공동주택 : 70mm

(4) 주위환경 조건

(5) 유리창의 크기 및 문의 크기

(6) 마루, 현관 등의 공간

SECTION 02 보일러의 용량계산

1 온수보일러의 효율계산과 난방부하 계산

구멍탄 보일러나 온수보일러에서 보일러의 효율계산은 기본적으로 같다.

(1) 효율

$$\frac{G_w \cdot C_P(t_2 - t_1)}{G_0 \cdot H_1} \times 100[\%]$$

여기서, G_w : 온수출탕량(kg/h)　　　　　C_P : 물의 평균비열≒1kcal/kg℃
　　　　t_2 : 온수의 평균 출구온도(kg/h)　t_1 : 온수의 평균 입구온도(℃)
　　　　G_0 : 연료소비량(kg/h)　　　　　H_1 : 연료의 저위발열량(kcal/kg)

(2) 온수보일러 난방출력

$$G_h \cdot C_P(th_2 - th_1)[\text{kcal/h}]$$

여기서, G_h : 출탕량 또는 급수량(kg/h)　C_P : 물의 평균비열(kcal/kg℃)
　　　　th_2 : 난방출구온도(℃)　　　　th_1 : 난방입구수온(℃)

(3) 온수보일러 연속 급탕출력

$$G_h \cdot C_P(th_2 - th_1)[\text{kcal/h}]$$

여기서, G_h : 급탕 또는 급수량(kcal/h)　C_P : 물의 평균비열(kcal/kg℃)
　　　　th_2 : 급탕 평균온도(℃)　　　　th_1 : 급수온도(℃)

(4) 온수보일러의 현열

$$G \cdot C_P \cdot (t_2 - t_1)[\text{kcal}]$$

여기서, G : 온수의 사용량(kg)　　　　　C_P : 온수의 비열(kcal/kg℃)
　　　　t_2 : 온수 출구온도(℃)　　　　t_1 : 보일러수의 온도(℃)

2 난방용 보일러의 출력계산(보일러 정격용량)

(1) 정격출력(kcal/h)

$$H_m = H_1 + H_2 + H_3 + H_4 (난방부하+급탕부하+배관부하+예열부하)$$

(2) 상용출력(kcal/h)

$$H_1 + H_2 + H_3 (난방부하+급탕부하+배관부하)$$

(3) 표준 방열기 부하

① 난방부하(H_1) 계산

㉮ 상당방열면적으로부터 계산
 ㉠ 상당방열면적을 EDR이라 한다.
 ㉡ 상당방열면적에서 표준방열량
  ⓐ 증기의 경우 650kcal/m²h
  ⓑ 온수의 경우 450kcal/m²h
 ㉢ 난방부하=EDR×방열기의 방열량

▼ 표준방열량과 상당방열면적의 비교

구분	방열기 내의 평균온도	난방온도	온도차	방열계수	표준방열량
증기	120℃	18.5℃	83.5℃	7.38	650
온수	80℃	18.5℃	61.5℃	7.31	450

$$온도차 = \frac{방열기\ 입구온도 + 방열기\ 출구온도}{2} - 실내온도$$

$$평균온수의\ 온도 = \frac{방열기\ 입구온도 + 방열기\ 출구온도}{2}$$

㉯ 손실열량으로부터 계산

$$H_1 = K \cdot F \cdot \Delta t \cdot Z [\text{kcal/h}]$$

여기서, K : 열관류율(kcal/m²h℃), $K = \dfrac{1}{R}$

R : 전열저항계수(열저항)(m²h℃/kcal)
F : 벽체, 바닥 등의 총면적(m²)
Δt : 실내·실외의 온도차(℃)
Z : 방위에 따른 부가계수

> REFERENCE
>
> 방위에 따른 부가계수란, 남쪽 벽은 태양열을 받아서 벽체 온도가 상승되지만 북쪽 벽은 열을 받지 않아서 남쪽 벽보다 15~20% 정도의 열손실이 생긴다고 보는 계수로서 일반적으로 부가계수 Z는 1.1~2.0 정도이다.

$$K(열관류율) = \frac{1}{\frac{1}{\alpha_1} + \frac{b}{\lambda} + \frac{1}{\alpha_2}}$$

$$R(전열저항계수) = \frac{\frac{1}{\alpha_1} + \frac{b}{\lambda} + \frac{1}{\alpha_2}}{1}$$

여기서, α_1 : 실내측 열전달률(kcal/m²h℃)
  α_2 : 실외측 열전달률(kcal/m²h℃)
  λ : 벽체의 열전도율(kcal/mh℃)
  b : 벽체의 두께(m)

② **급탕 및 취사부하(H_2) 계산** : 보일러에서 급탕이란 냉수를 공급하여 온수를 만들어서 사용하는 것이다.

$$H_2 = G \cdot C_P \cdot \Delta t [\text{kcal/h}]$$

여기서, G : 시간당 급탕사용량(kg/h)
  C_P : 물의 평균비열(kcal/kg℃)
  Δt : 출탕온도에서 급수온도를 뺀 값의 온도(℃)

일반적으로 급탕온도와 급수온도가 없으면 60kcal/h로 계산된다.

③ **배관부하(H_3) 계산** : 배관부하는 배관에서 생기는 열손실로, 난방, 급탕 등의 목적으로 온수를 배관을 통하여 공급하는 경우 온수의 온도와 배관 주위의 공기가 접해서 생기는 온도차로 많은 열손실이 생긴다. 그러나 배관부하는 적을수록 좋다.
  ㉮ $H_3 = (H_1 + H_2) \times (0.25 \sim 0.35)$
  ㉯ $H_3 = K \cdot F \cdot L \cdot \Delta t$
    여기서, K : 관의 표면 열전달률(kcal/m²h℃)
      F : 배관의 나관 1m당 표면적(m²)
      L : 배관의 총길이(m)
      Δt : 관의 표면온도에서 접촉공기의 온도를 뺀 값의 온도

④ 시동부하(예열부하, H_4) 계산 : 보일러 가동 전 냉각된 보일러를 운전온도가 될 때까지 가열하는 데 필요한 열량으로 보일러, 배관 등의 전철(금속)의 무게가 예열되는 데 필요한 열량과 보일러 내부 보유수의 물을 가열하는 데 소비되는 총열량이다.

㉮ $H_4 = (C \cdot W + U \cdot C_P)(t_2 - t_1)$ [kcal]

여기서, C : 철의 비열(kcal/kg℃)
W : 철의 무게(kcal/h)
C_P : 물의 비열(kcal/kg℃)
t_2 : 보일러 가동상태의 물의 온도(℃)
t_1 : 보일러 가동 전 물의 온도(℃)
U : 물의 무게(kg)

㉯ $H_4 = (H_1 + H_2 + H_3) \times (0.25 \sim 0.35)$

⑤ 정격출력(H_m) 계산(보일러 용량계산)

$$H_m = \frac{(H_1 + H_2)(1+a)B}{K} \text{[kcal/h]}$$

여기서, H_1 : 난방부하(kcal/h)
H_2 : 급탕부하(kcal/h)
a : 배관부하
B : 예열부하(여력계수 : 1.40~1.65)
K : 출력저하계수

보일러 출력저하계수 K는 연료가 액체연료인 경우는 1이고, 석탄연소인 경우는 다음과 같다.

석탄의 발열량	보일러 효율(%)	출력저하계수(K)
6,900kcal/kg	70	1.00
6,600kcal/kg	68	0.94
6,100kcal/kg	65	0.82
5,500kcal/kg	61	0.69
5,000kcal/kg	57	0.58

(4) 보일러 예열에 필요한 시간(hr)

$$H_r = \frac{H_4}{H_m - \frac{1}{2}(H_1 + H_3)}$$

여기서, H_4 : 예열부하(kcal/h)
H_m : 정격출력(kcal/h)
H_1 : 난방부하(kcal/h)
H_3 : 배관부하(kcal/h)
$\frac{1}{2}(H_1+H_3)$: 예열시간 중의 평균열손실(kcal/h)

(5) 방열기

① 온수난방 방열기의 방열량(kcal/m²h)

방열량＝방열기의 방열계수×(방열기 내의 평균 온수온도－실내온도)

② 온수난방 사용방열면적(m²)

사용방열면적＝난방부하÷450(또는 실제 방열기의 발열량)

③ 방열기에 의한 난방부하(kcal/h)

난방부하＝소요방열면적×방열기의 방열량

여기서, 방열기의 방열량(kcal/m²h)
방열기의 방열계수(kcal/m²h℃)
난방부하(kcal/h)

④ 온수난방 방열기의 쪽수

$$방열기의\ 쪽수 = \frac{난방부하}{450 \times 쪽당\ 표면적}$$

⑤ 증기 및 온수난방 소요방열면적(m²)

$$소요방열면적 = \frac{난방부하(kcal/h)}{방열기의\ 방열량(kcal/m^2h)}$$

⑥ 상당방열면적(EDR, m²)

$$상당방열면적 = \frac{난방부하(kcal/h)}{450}(온수난방),\ \frac{난방부하(kcal/h)}{650}(증기난방)$$

(6) 온수순환량(kg/h) 계산

$$온수순환량 = \frac{시간당\ 난방부하(kcal/h)}{온수의\ 비열(kcal/kg℃) \times (송수온도 - 환수온도)(℃)}$$

(7) 자연순환수두(가득수두, mmAq) 계산

$$1{,}000 \times (보일러\ 가동\ 전\ 물의\ 밀도 - 보일러\ 운전\ 중\ 물의\ 밀도) \times 배관의\ 수직높이$$

여기서, 보일러 가동 전 물의 밀도(kg/l), 배관의 높이(m)

(8) 온수 팽창량(V_1)의 계산

$$V_1 = 보일러\ 내의\ 물의\ 양(l) \times \left(\frac{1}{송수의\ 밀도} - \frac{1}{보일러\ 가동전\ 물의\ 밀도}\right)(l)$$

여기서, 밀도(kg/l)

(9) 개방식 팽창탱크의 용량(V_2) 계산

$$V_2 = 온수팽창(l) \times 2 \sim 2.5배(l)$$

(10) 밀폐식 팽창탱크의 용량(V_3) 계산

$$V_3 = \frac{온수팽창량}{\dfrac{1}{1+0.1 \times h} - \dfrac{1}{보일러최고허용압력(abs)}}\,(l)$$

여기서, h : 배관 최고 높이의 수직거리(m)
　　　　abs : (보일러 게이지 압력+1)

SECTION 03 난방방식의 분류

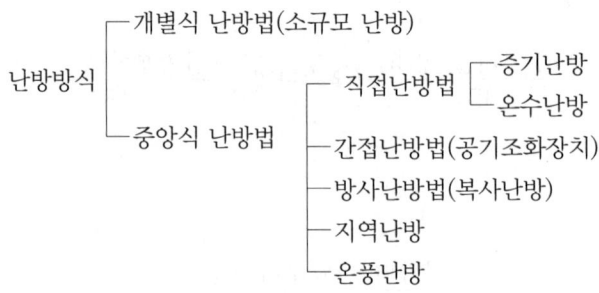

1 온수난방법(Hot Water Heating System)

(1) 온수난방이 증기난방보다 우수한 점

① 난방부하의 변동에 따라 온도조절이 용이하다.
② 가열시간은 길지만 잘 식지 않아서 증기난방에 비해 배관의 동결 우려가 없다.
③ 방열기의 표면온도가 낮아서 화상의 염려가 없고 실내의 쾌감도가 높다.
④ 보일러의 취급이 용이하고 소규모 주택에 적당하다.
⑤ 연료비도 비교적 적게 든다.

(2) 온수난방의 분류

온수난방은 증기난방에 비해 우수한 점들이 많아 일반 주택용으로 많이 이용된다.

분류기준		종류
온수온도	보통온수식	보통 85~90(℃)의 온수사용, 개방식 팽창탱크
	고온수식	보통 100(℃) 이상의 고온수 사용, 밀폐식 팽창탱크
온수순환방법	중력순환식	중력작용에 의한 자연순환
	강제순환식	펌프 등의 기계력에 의한 강제순환
배관방법	단관식	송탕관과 복귀탕관이 동일 배관
	복관식	송탕관과 복귀탕관이 서로 다른 배관
온수공급방법	상향공급식	송탕주관을 최하층에 배관, 수직관을 상향 분기
	하향공급식	송탕주관을 최상층에 배관, 수직관을 하향 분기

(3) 온수의 순환방법에 의한 분류

① 중력순환식 온수난방
　㉮ 온수의 온도가 저하되면 무거워지는 것을 이용하여 자연적으로 순환시킨다.(밀도차를 이용)
　㉯ 보일러 설치는 최하위의 방열기보다 낮은 곳에 설치하여야 한다.(그러나, 소규모일 때에는 보일러와 방열기가 같은 층에 설비하는 동층 온수난방, 일명 동계 같은 층 온수난방을 할 수 있다.)

② 강제순환식 온수난방
　㉮ 순환펌프 등에 의해 온수를 강제순환시키는 방법으로 대규모 난방용으로 적당하다.
　㉯ 순환펌프 : 센트리퓨갈 펌프, 축류형 펌프, 하이드로레이터 펌프 등이 있다.

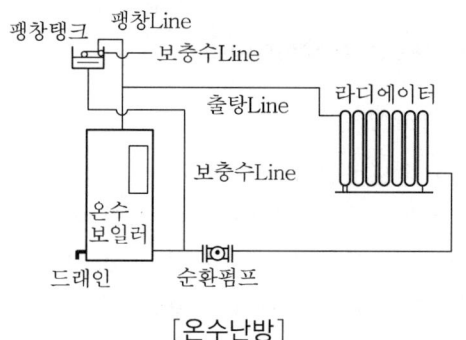

[온수난방]

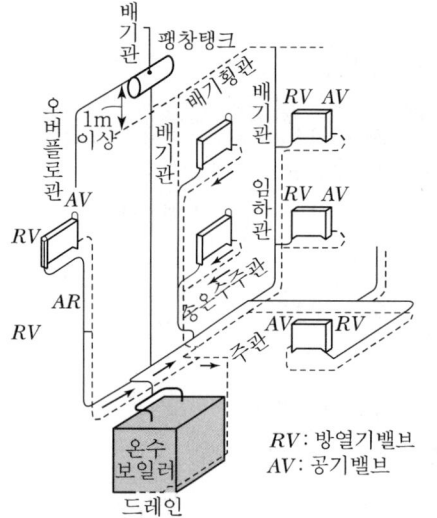

[복관 중력순환식 온수난방법(하향 공급)]

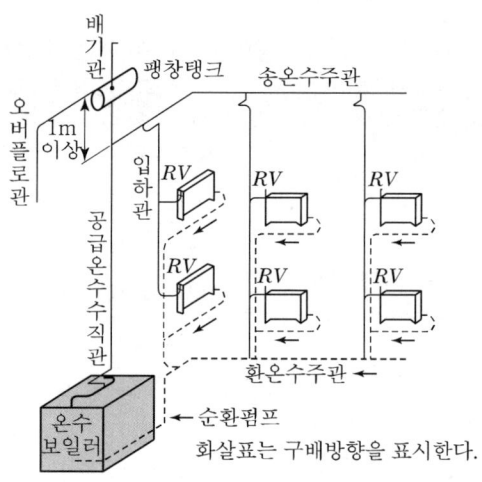

[복관 강제순환식 온수난방법(하향 공급)]

(4) 온수보일러 설치 시 단점

① 동일 방열량에 대하여 증기난방보다 방열면적이 커야 한다.
② 배관의 직경이 큰 것을 써야 한다.
③ 설비비가 많이 든다.
④ 건축물 높이에 상당하는 수압이 보일러나 방열기에 가해져서 건축물 높이에 제한을 받는다.

2 증기난방법

(1) 중력환수식 증기난방

① 단관 중력환수식 증기난방
  ㉮ 저압보일러용이다.
  ㉯ 난방이 불완전하다.

㈐ 환수관이 없어서 난방을 용이하게 하기 위해 공기빼기장치가 반드시 필요하다.
㈑ 방열기의 밸브는 방열기 하부 태핑에 장착하고 공기빼기 밸브는 상부 태핑에 장착한다.
㈒ 개폐에 의한 증기량 조절이 되지 않는다.
㈓ 배관경은 크고 길이는 짧게 할 수 있다.
㈔ 증기와 응축수가 관 내에서 역류하므로 증기의 흐름에 방해가 된다.
㈕ 소규모 주택 등의 난방에서 사용된다.

② **복관 중력환수식 증기난방**
증기와 응축수가 각각 다른 관을 통해 공급되는 난방이므로 일반적으로 방열기 밸브는 위로 설치하고 반대편 하부 태핑에 열동식 트랩을 장치한다.
㉮ 통기의 배기방법
  ㉠ 에어리턴식(Air Return)
  ㉡ 에어벤트식(Air Vent)

분류기준		종류
증기압력	고압식	증기압력 1kg/cm² 이상
	저압식	증기압력 0.15~0.35kg/cm²
배관방법	단관식	증기와 응축수가 동일 배관
	복관식	증기와 응축수가 서로 다른 배관
증기공급법	상향공급식	증기주관을 건물의 하부에 배관
	하향공급식	증기주관을 건물의 상부에 배관
응축수 환수법	중력환수식	응축수를 중력 작용으로 환수
	기계환수식	펌프로 보일러에 강제환수
	진공환수식	진공펌프로 환수관 내 응축수와 공기를 흡입순환
환수관의 배관법	건식환수관식	환수주관을 보일러 수면보다 높게 배관
	습식환수관식	환수주관을 보일러 수면보다 낮게 배관

(2) 기계환수식 증기난방

응축수를 일단 탱크 내에 모아서 펌프를 사용하여 보일러에 급수하는 난방이다.
① 응축수가 중력환수가 되지 않는 보일러에 사용된다.
② 탱크(수주탱크)는 최하위의 방열기보다 낮은 곳에 설치한다.
③ 방열기에는 공기빼기가 불필요하다.
④ 방열기 밸브의 반대편 하부 태핑에 열동식 트랩을 단다.
⑤ 응축수 펌프는 저양정의 센트리퓨갈 펌프가 사용된다.
⑥ 탱크 내에 들어온 공기는 자동 공기드레인 밸브에 의하여 공기 속으로 배기된다.
⑦ 펌프의 압력은 0.3~1.4kg/cm² 정도이다.

(3) 진공환수관 증기난방

대규모 난방에 사용되며 환수관의 끝에서 보일러 바로 앞에 진공펌프를 설치하여 난방시킨다. 즉, 환수관 내의 응축수와 공기를 펌프로 빨아내고 관내를 100~250mmHg 정도의 진공상태로 유지하여 응축수를 빨리 배출시킨다.

① 증기의 회전이 제일 빠른 난방이다.
② 환수관의 직경이 작아도 된다.
③ 방열기 설치장소에 제한을 받지 않는다.
④ 방열량이 광범위하게 조절된다.

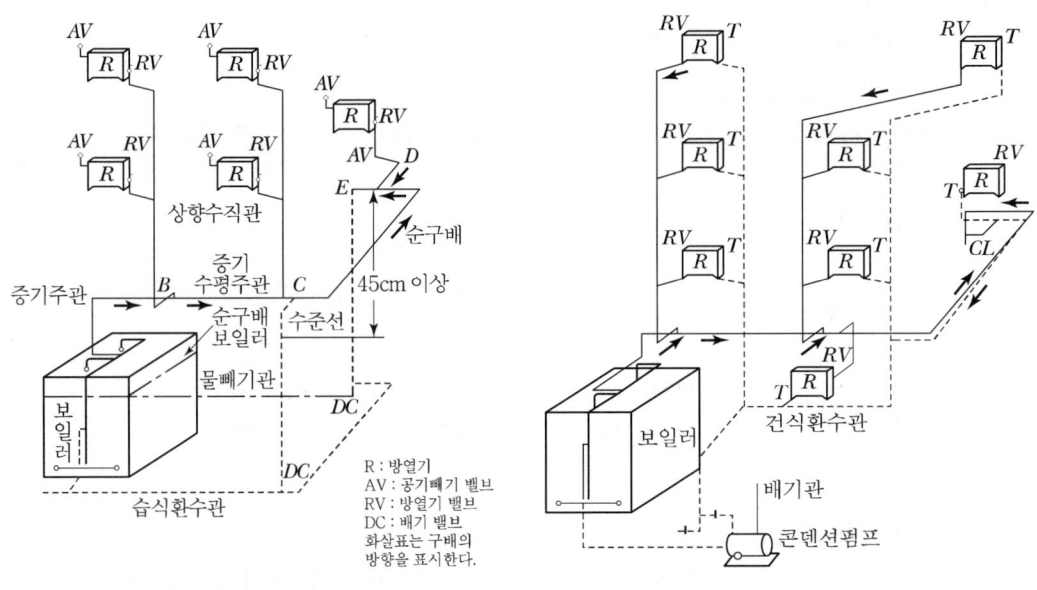

[단관 중력환수식 증기난방(상향 급기)]   [기계환수식 증기난방]

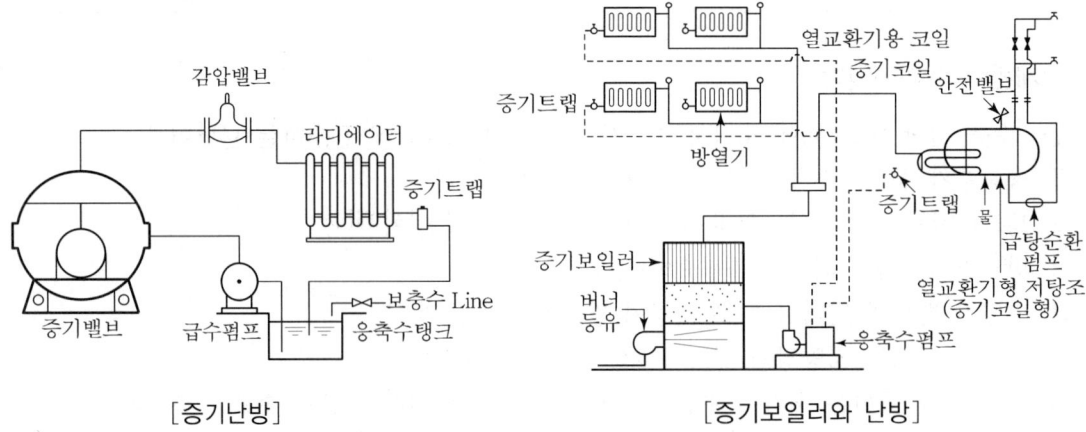

[증기난방]   [증기보일러와 난방]

3 복사난방법(Panel Heating System)

복사난방이란, 벽 속에 가열코일을 묻어서 그 코일 내에 온수를 보내어 그 복사열로 난방을 한다.

(1) 복사난방의 장단점
   ① 장점
      ㉮ 실내온도가 균일하여 쾌감도가 높다.
      ㉯ 방열기의 설치가 불필요하여 바닥면의 이용도가 높다.
      ㉰ 동일 방열량에 대해 열손실이 대체로 적다.
      ㉱ 공기의 대류가 적어서 공기의 오염도가 적다.
      ㉲ 평균온도가 낮아서 열손실이 적다.
      ㉳ 천장이 높은 집에 난방이 적당하다.
   ② 단점
      ㉮ 외기 온도변화에 따른 조작이 어렵다.
      ㉯ 배관을 벽 속에 매설하기 때문에 시공이 어렵다.
      ㉰ 고장 시 발견이 어렵고 벽 표면이나 시멘트모르타르 부분에 균열이 발생한다.
      ㉱ 단열재의 시공이 필요하다.

(2) 복사난방의 패널
   ① 패널의 종류
      ㉮ 바닥패널 : 패널면적이 커야 한다.
      ㉯ 천장패널 : 패널면적이 작아도 된다.
      ㉰ 벽패널 : 시공이 곤란하여 활용가치가 없다.
   ② 패널의 재료
      ㉮ 강관
      ㉯ 동관
      ㉰ 폴리에틸렌관
   ③ 벽면 코일배열법
      ㉮ 그릿 코일법
      ㉯ 밴드 코일법
      ㉰ 벽면 그릿코일법
   ④ 열전도율의 순서 : 동관>강관>폴리에틸렌관
   ⑤ 패널의 한 조당 길이 : 코일 길이는 40~60m 정도이다.

(3) 패널의 구조(크기)
　① 바닥코일
　　㉮ 탄소강 강관 : 20~25A 정도 사용
　　㉯ 동관 : 13~16A 정도 사용
　② 천장코일 : 15A 정도 사용

> **REFERENCE** 패널(Panel)의 분류
>
> (1) 천장패널
>   ① 바닥패널에 비교해서 시공이 곤란하다.
>   ② 방사면이 실내의 가구 등에 의해 방해되는 일이 없다.
>   ③ 바닥패널보다도 높은 43.3℃까지 올릴 수 있어 패널면적이 적어도 된다.
>   ④ 천장이 너무 높거나 너무 낮은 경우에는 사용이 불편하다.
> (2) 바닥패널
>   ① 시공이 용이하다.
>   ② 표면온도는 35℃ 이상 올리지 않는 것이 좋다.
>   ③ 패널면적이 커야 한다.
>   ④ 패널의 방사면이 가구에 의해서 방해를 받는다.
> (3) 벽패널
>   ① 창의 가까운 곳에 설치한다.
>   ② 가구에 의해 열이 차단되는 경우가 많다.
>   ③ 바닥패널이나 천장패널의 보조로 사용된다.
>   ④ 시공이 불편하다.
>   ⑤ 실외로 열이 방열되지 않게 주의하여 시공한다.

4 지역난방

(1) 지역난방의 개요

　지역난방은 1개소 또는 수개소의 보일러실에서 어떤 지역 내의 건물에 증기 또는 온수를 공급하는 난방방식이다.
　① 지역난방의 장점
　　㉮ 각 건물에 보일러를 설치하는 경우에 비해 대규모 설비로 되어 있어 관리도 한번에 할 수 있고 열효율도 좋아 연료비가 절감된다.
　　㉯ 각 건물에 보일러실 연돌이 필요 없으므로 건물의 유효면적이 증대된다.
　　㉰ 설비의 고도화에 따라 도시 매연이 감소된다.
　　㉱ 인건비가 경감된다.
　　㉲ 각 건물의 난방운전이 합리적으로 이루어진다.

② 지역난방의 열매체
　㉮ 증기 : 게이지 압력 1kg/cm²에서 15kg/cm²까지 사용된다.
　㉯ 온수 : 주로 100℃ 이상의 고온수가 사용된다.
③ 지역난방의 열매체 사용상의 특징
　㉮ 증기사용
　　㉠ 응축수 펌프가 필요하다.
　　㉡ 증기 트랩의 고장이 있다.
　　㉢ 각종 기기의 보수관리에 노력이 많이 든다.

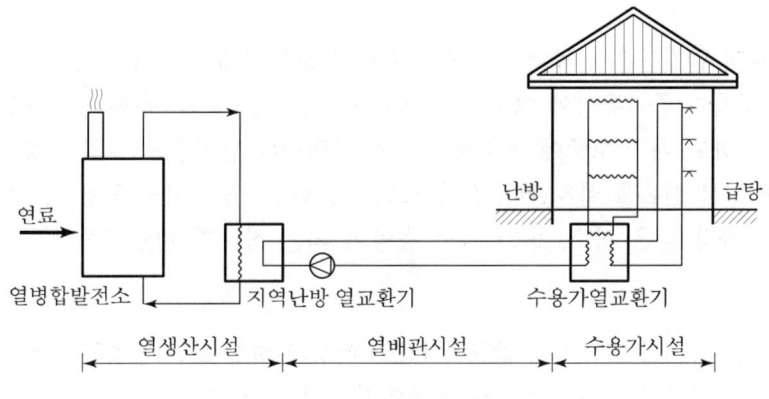

[지역난방 열공급 계통도]

　㉯ 온수사용
　　㉠ 지형의 고저가 있어도 온수 순환펌프에 의해 순환이 가능하다.
　　㉡ 외기의 온도변화에 따라 온수의 온도가 가감된다.
　　㉢ 난방부하에 따라 보일러의 가동이 가감된다.
　　㉣ 연료의 절약이 가능하다.
　　㉤ 열용량이 커서 연속운전이 아니면 시동 시 예열부하 손실이 크다.
　　㉥ 증기에 비해 관 내 저항손실이 커서 넓은 지역난방에서는 사용이 불편하다.

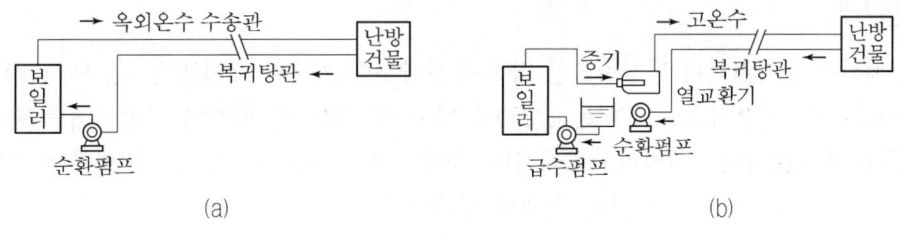

[온수에 의한 지역난방의 배관방식]

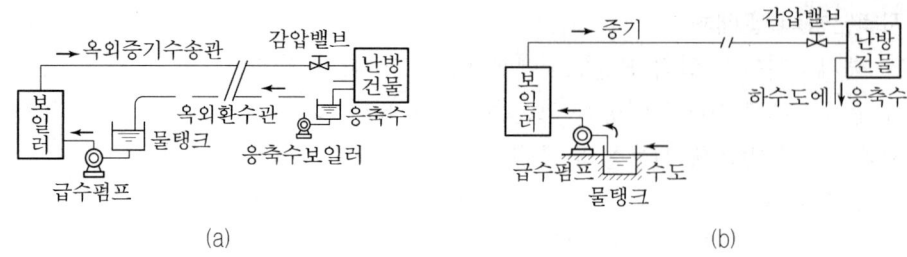

[증기에 의한 지역난방의 배관방식]

(2) 증기배관

옥외 증기배관의 관지름은 건물에 필요한 증기압과 보일러에 대한 압력차에서 단위길이당 허용 압력 강하를 구하여 증기유량에 대해 적합한 관지름을 선정한다. 옥외 증기배관은 지형에 맞추어 하향구배로 하고 배관 도중에 설치하는 증기 트랩이나 감압밸브가 있는 장소에는 후일 점검 수리에 편리하도록 맨홀을 설치한다. 감압밸브는 가급적 난방부하의 중앙 지점에 설치하여 펌프실은 지역 중 가장 낮은 장소, 또는 지역 중앙이 되는 장소가 바람직하다.

(3) 고온수배관

옥외 온수배관은 공기가 정류하지 않도록 1/250 이상의 하향 또는 상향구배로 하고 공기가 정류되는 부분에는 플로트식 자동 공기배출 밸브를 부착한다. 또 배관 중 가장 낮은 위치에는 드레인 밸브를 설치하여 드레인을 제거시킨다.

SECTION 04 배관시공법

1 온수난방시공

(1) 배관구배

온수배관은 공기밸브나 팽창탱크를 향하여 상향구배로 하며 에어포켓(Air Pocket)을 만들지 않게 배관한다. 일반적으로 구배는 1/250로 하고 배수밸브를 향하여 하향구배를 한다.

① 단관 중력순환식 : 메인파이프에 선단 하향구배를 하고 공기는 모두 팽창탱크에서 배제하도록 한다. 그리고 온수주관은 끝내림 구배를 준다.

② 복관 중력환수식
  ㉮ 하향공급식 : 공급관이나 복귀관 모두 선단 하향구배이다.
  ㉯ 상향공급식
    ㉠ 공급관을 선단 상향구배
    ㉡ 복귀관을 선단 하향구배

③ 강제순환식
   ㉮ 배관의 구배는 선단 상향, 하향과는 무관하다.
   ㉯ 배관 내에 에어포켓을 만들어서는 안 된다.

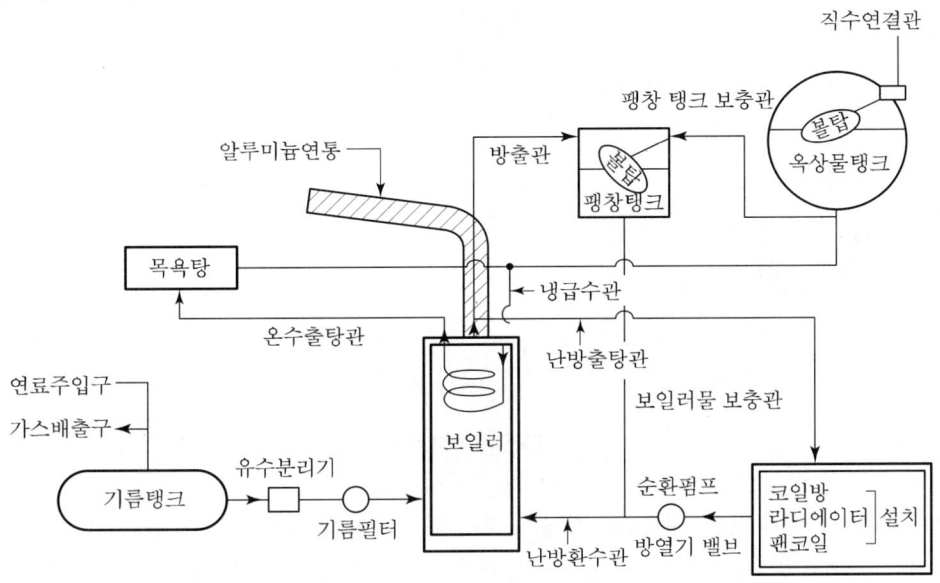

[온수보일러 설비계통도]

2 증기난방시공

(1) 배관구배

① **단관식 중력식 증기난방** : 단관식의 경우는 가급적 구배를 크게 하여 하향식·상향식 모두 증기와 응축수가 역류되지 않게 한다. 그러기 위하여 선단 하향구배(끝내림 구배)를 준다.
   ㉮ 순류관 구배 : 증기가 응축수와 동일 방향으로 흐르며, 구배는 1/100~1/200 정도이다.
   ㉯ 역류관(상향공급식)에서 구배는 1/50~1/100 정도이다.
② **복관중력식 증기난방** : 복관식의 경우 환수관이 건식과 습식에서는 시공법이 다르지만 증기 메인 파이프는 어느 경우에도 구배가 1/200 정도의 선단 하향구배이다.
   ㉮ 건식 환수관 : 1/200 정도의 선단 하향구배로 보일러실까지 배관하고 환수관의 위치는 보일러 표준 수위보다 650mm 높은 위치에 시공하여 급수에 지장이 없도록 한다. 또한 증기관과 환수관이 연결되는 곳에는 반드시 증기 트랩을 설치하여 증기가 환수관으로 흐르지 않도록 방지한다.
   ㉯ 습식 환수관 : 증기관 내의 응축수를 환수관에 배출할 때 트랩장치를 사용하지 않고 직접 배출이 가능하다. 또 환수관 말단의 수면이 보일러 수면보다 응축수의 마찰손실 수면이 높아지므로 증기주관을 환수관의 수면보다 400mm 이상 높게 하고 이 설비가 불가능하면 응축수 펌프를 설비하여 보일러에 급수한다.

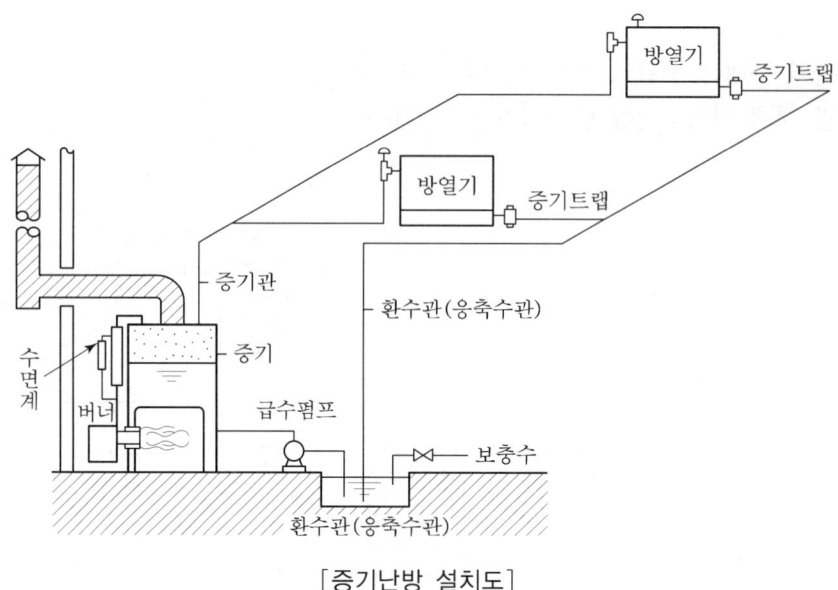

[증기난방 설치도]

③ **진공환수식 증기난방** : 진공환수식에서 환수관은 건식환수관을 사용한다. 또한 증기주관은 1/200~1/300 하향구배(끝내림)를 만들고 방열기, 브랜치관 등에서 선단에 트랩장치를 가지고 있지 않은 경우에는 1/50~1/100의 역구배를 만들고 응축수를 증기주관에 역류시킨다. 그리고 저압증기 환수관이 진공펌프의 흡입구보다 저위치에 있을 때 응축수를 끌어올리기 위한 설치로 리프트 피팅을 시공하는 경우에는 환수주관보다 1~2mm 정도 작은 치수를 사용하고 1단의 흡상높이는 1.5m 이내로 한다. 리프트 피팅의 그 사용개수는 가급적 적게 하고 급수펌프 가까이에서 1개소만 설비토록 한다.

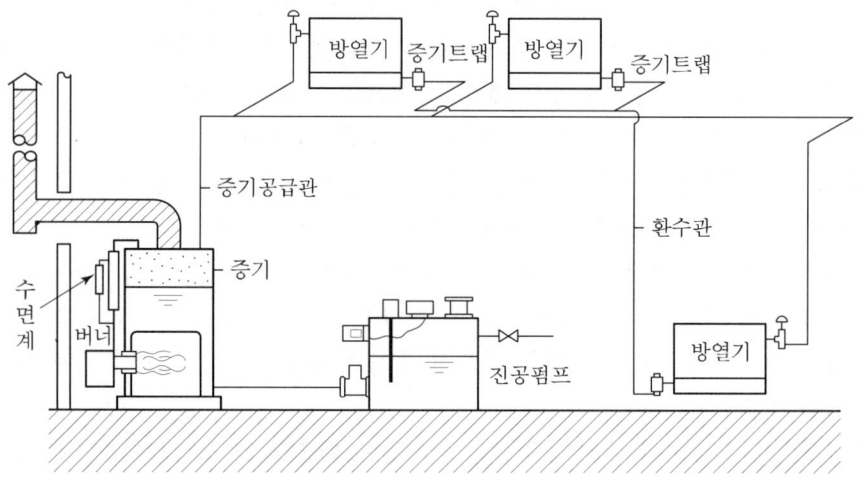

[진공환수식 증기난방]

(2) 보일러 주위의 배관

하트포드 접속법(Hartford Connection)은 보일러의 물이 환수관에 역류하며 보일러 속의 수면이 저수위 이하로 내려가는 경우가 있는데, 증기관과 환수관 사이에 균형관(밸런스관)을 설치해서 증기압력과 환수관의 균형을 유지시켜 환수주관에서 흘러나오는 물이 보일러로 들어가지 않게 방지하는 역할을 하는 방법이다.

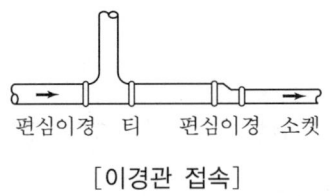

[이경관 접속]

▼ 하트포드 접속법의 밸런스관 관경

보일러 화상면적(m²)	밸런스관 관경(mm)
0.37 이하	40
0.37~1.4	65
1.4 이상	100

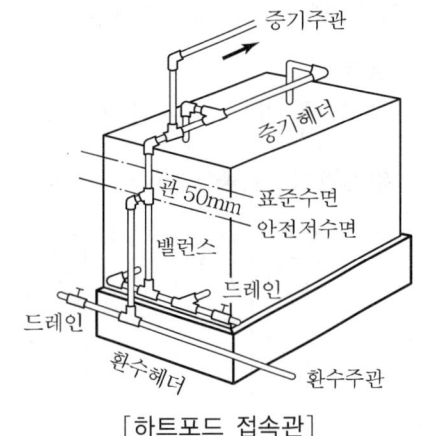

[하트포드 접속관]

(3) 방열기 주변 배관

방열기 지관은 스위블 이음을 이용해 따내고 지관의 구배는 증기관의 끝올림 환수관을 끝내림으로 한다. 주형 방열기는 벽으로부터 50~60mm 띄워서 설치한다. 또한 벽걸이형은 방바닥에서 150mm 높게 설치하여야 한다.

(4) 감압밸브 설치

감압밸브의 설치는 배관에서 유체가 흐르는 입구 쪽으로부터 압력계(고압측), 글로브밸브, 여과기, 감압밸브, 인크레서(Increaser), 슬루스 밸브, 안전밸브, 저압측 압력계의 순으로 설치된다. 그리고 감압밸브에서 파일럿관을 이을 때에는 감압밸브로부터 3m 떨어진 유체의 출구 쪽에 접속하고 밸브는 글로브 밸브를 설치한다.

(5) 리프트 피팅(Lift Fitting) 설치

리프트 피팅에서 응축수를 끌어 올리는 높이가 1.5m 이하 시에는 1단 리프트 피팅을 하고 3m 이하일 때는 2단 리프트 또는 1단 리프트 피팅을 한다.

(6) 드레인 포켓

증기주관에서 응축수를 건식환수관에 배출하려면 주관과 동경으로 100mm 이상 내리고 하부로 150mm 이상 연장해 드레인 포켓을 만들어 준다.

SECTION 05 방열기(Radiator)

방열기(라디에이터)는 주로 대류난방에 사용되며 재료상 주철제, 강판제, 알루미늄제가 있다.

1 방열기의 종류

(1) 주형 방열기(Columm Raditor)

① 종류

㉮ 2주형(Ⅱ)　　㉯ 3주형(Ⅲ)　　㉰ 3세주형　　㉱ 5세주형

② 방열면적 : 한쪽(Section)당 표면적으로 나타낸다.

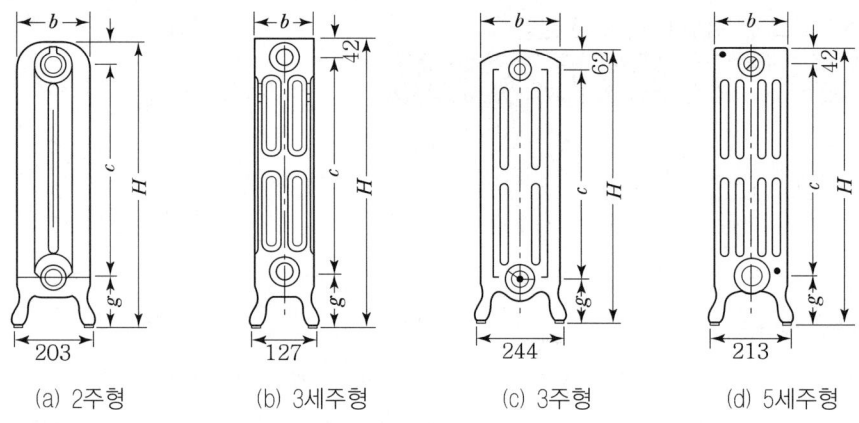

(a) 2주형　　(b) 3세주형　　(c) 3주형　　(d) 5세주형

[주형 방열기]

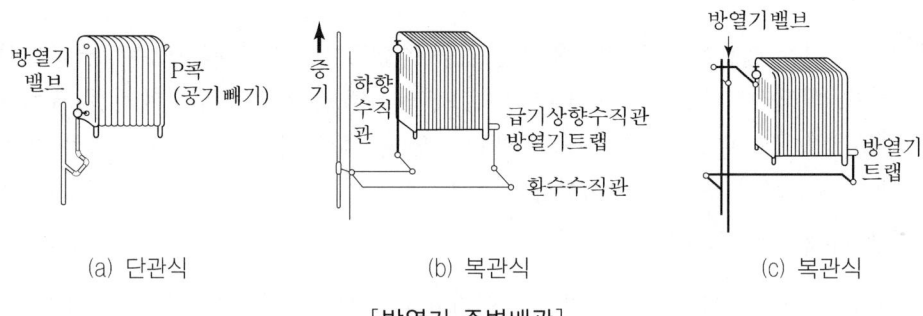

(a) 단관식　　(b) 복관식　　(c) 복관식

[방열기 주변배관]

(2) 벽걸이 방열기(Wall Radiator)

주철제로서 횡형과 종형이 있다.

① 횡형($W-H$)　　② 종형($W-V$)

(3) 길드 방열기(Gilled Radiator)

1m 정도의 주철제로 된 파이프가 방열기이다.

(4) 대류방열기(Covector)

강판제 캐비닛 속에 관튜브형의 가열기가 들어 있는 방열기이며 캐비닛 속에서 대류작용을 일으켜 난방한다. 특히 높이가 낮은 대류방열기를 베이스 보드 히터라 하며 베이스 보드 히터는 바닥면에서 최대 90mm 정도의 높이로 설치한다.

2 방열기의 배치

(1) 설치장소 : 외기와 접한 창 밑에 설치한다.

(2) 배치거리 : 벽에서 50~60mm 떨어진 곳에 설치한다.

3 방열기의 호칭

(1) 종별-형×쪽수

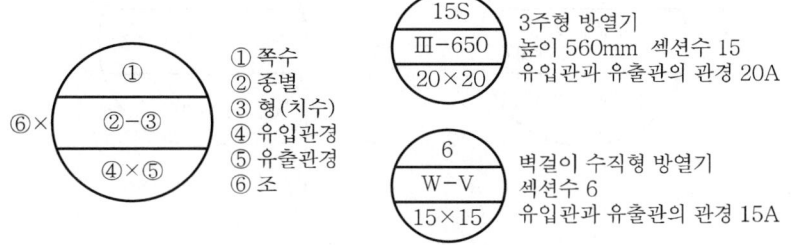

[방열기 도시법]

(2) 기타 방열기의 도시기호

① 벽걸이형(수직형, 수평형) 방열기

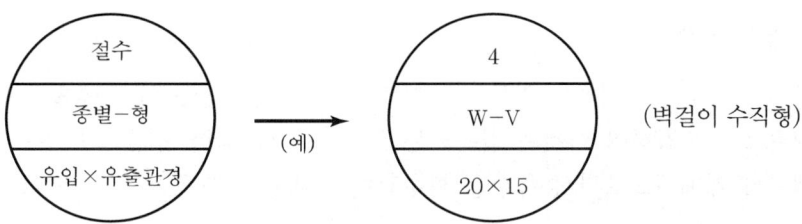

② 길드형 방열기

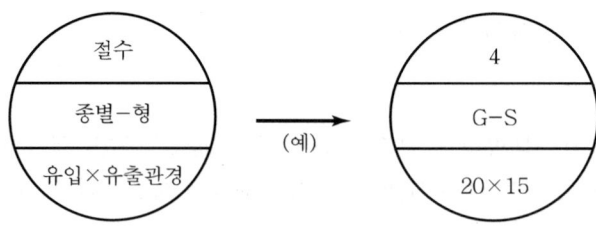

③ 캐비닛 히터(EDR 5m^2)

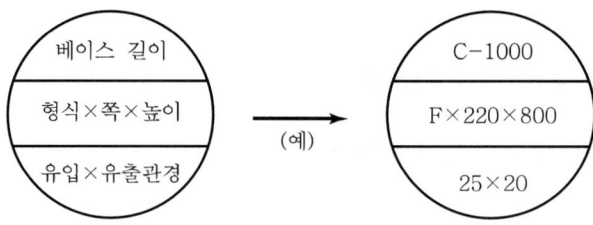

④ 베이스 보드 히터(EDR 5m^2)

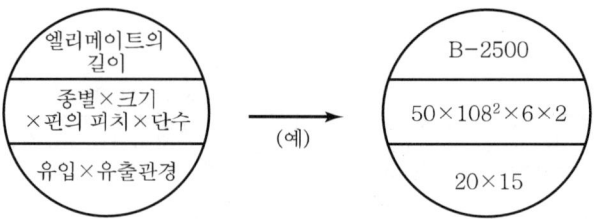

4 방열기의 부속

(1) 방열기 밸브

방열기 입구에 설치해서 증기나 온수의 유량을 수동으로 조절한다. 일명 팩리스 밸브(Packless Valve)라고 한다.

(2) 방열기 트랩

방열기 출구에 설치하는 열동식 트랩(Thermostatic Trap)이며 에테르 등의 휘발성 액체를 넣은 벨로스를 부착하여 이것에 접촉되는 열의 고저에 의한 팽창이나 수축작용으로 벨로스 하부의 밸브가 개폐됨으로써 응축수를 환수관에 보내는 역할을 하는 트랩이다.

5 방열면적 계산

(1) 소요방열면적(m²)

$$\text{소요방열면적} = \frac{\text{시간당 난방부하}}{\text{방열기의 방열량}}$$

(2) 상당방열면적(EDR, m²)

$$\text{상당방열면적} = \frac{\text{시간당 난방부하}}{450}(\text{온수난방}),\quad \frac{\text{시간당 난방부하}}{650}(\text{증기난방})$$

※ $\dfrac{450\text{kcal/m}^2\text{h} \times 4.186\text{kJ/kcal}}{3{,}600\text{kJ/kWh}} = 0.523\text{kW} = 523\text{W}$

$\dfrac{650\text{kcal/m}^2\text{h} \times 4.186\text{kJ/kcal}}{3{,}600\text{kJ/kWh}} = 0.756\text{kW} = 756\text{W}$

6 방열기 쪽수 계산

(1) 소요방열 쪽수 계산

$$\text{방열기 쪽수} = \frac{\text{시간당 난방부하}}{\text{방열기의 방열량} \times \text{쪽당 방열표면적}}$$

(2) 방열기 쪽수 계산

$$\text{방열기 쪽수} = \frac{\text{시간당 난방부하}}{450 \times \text{쪽당 방열표면적}}(\text{온수난방}),\quad \frac{\text{시간당 난방부하}}{650 \times \text{쪽당 방열표면적}}(\text{증기난방})$$

여기서, 시간당 난방부하(kcal/h)
　　　　방열기의 방열량(kcal/m²h)
　　　　쪽당 방열표면적(m²/섹션당)

SECTION 06 팽창탱크

1 팽창탱크

팽창탱크는 온수보일러의 안전장치로서 온수의 온도가 상승하여 온수체적의 증가로 수압의 상승에 의한 보일러의 파열사고를 방지하기 위해 설치된다.

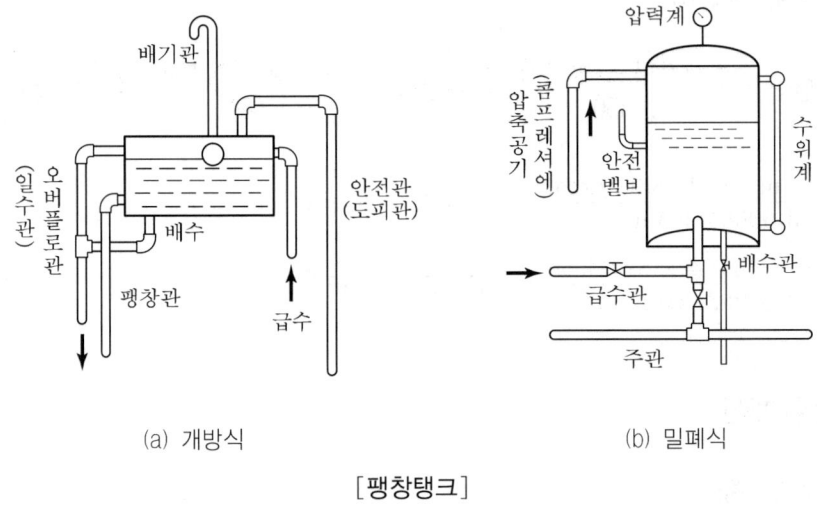

[팽창탱크]

(1) 설치목적]

① 보일러 운전 중 장치 내의 온도상승에 의한 체적팽창이나 이상팽창의 압력을 흡수한다.
② 운전 중 장치 내를 소정의 압력으로 유지한다.
③ 팽창한 물의 배출을 방지하여 장치 내의 열손실을 방지한다.
④ 보충수를 공급하여 준다.
⑤ 공기를 배출하고 운전정지 후에도 일정압력이 유지된다.

2 팽창탱크의 종류

- 구조에 따라 ┌ 개방식
          └ 밀폐식
- 재질에 따라 ┌ 강철제
          └ 내열성 합성수지

(1) 개방식 팽창탱크

일반 주택 등에서 저온수 난방 시에 주로 사용되며, 대기에 개방된 개방관은 팽창탱크에 두고 온수팽창에 의한 팽창압력을 외부로 배출한다.

① 설치 시 주의사항
  ㉮ 최고 부위 방열기나 방열관보다 1m 이상 높게 설치한다.
  ㉯ 100℃ 이상의 온도에 견딜 수 있는 재료를 선택한다.
  ㉰ 팽창탱크 내부의 수위를 알 수 있는 구조이어야 한다.
  ㉱ 용량은 온수팽창량의 2배 정도가 되어야 한다.
  ㉲ 동결에 의한 방지조치가 필요하다.
  ㉳ 필요 시 자동급수장치를 갖추는 것을 원칙으로 한다.
  ㉴ 팽창탱크에는 상부에 통기구멍을 설치한다.
  ㉵ 팽창탱크의 과잉수에 의해 화상을 당하지 않게 하기 위하여 오버플로관을 설치한다.
  ㉶ 탱크에 연결되는 팽창흡수관은 탱크바닥면보다 25mm 이상 높게 설치한다.
  ㉷ 수도관이나 급수관이 보일러나 배관 등에 직접 연결되지 않도록 한다.

② 팽창탱크의 연결장치(온수보일러)
  ㉮ 팽창관의 크기
    ㉠ 30,000kcal/h 이하 : 15mm 이상
    ㉡ 30,000~150,000kcal/h 이하 : 25mm 이상
    ㉢ 150,000kcal/h 초과 : 30mm 이상
  ㉯ 방출관(안전관 크기)
    ㉠ 30,000kcal/h 이하 : 15mm 이상
    ㉡ 30,000~150,000kcal/h 이하 : 25mm 이상
    ㉢ 150,000kcal/h 초과 : 30mm 이상

(2) 밀폐식 팽창탱크

주로 고온수난방에 사용되며 설치위치에 관계없이 설비가 가능하다. 팽창압력을 압축공기 등으로 흡수해야 하기 때문에 여기에 장치가 필요하다.

① 밀폐식 팽창탱크 부대장치
  ㉮ 수위계
  ㉯ 방출밸브
  ㉰ 압력계
  ㉱ 압축공기관
  ㉲ 급수관
  ㉳ 배수관

3 팽창탱크 용량계산

(1) 개방식(V_1)

$$V = \alpha \cdot V \cdot \Delta t, \quad \Delta V = \left(\frac{1}{\rho_2} - \frac{1}{\rho_1}\right) \times V$$

여기서, α : 물의 팽창계수 0.5×10^{-3}/℃
  Δt : 온도상승(℃)(운전온도 − 시동 전 온도)
  V : 보유수량(전수량)
  ρ_1 : 시동 전 물의 밀도(비중)
  ρ_2 : 운전 중 물의 밀도(비중)

(2) 밀폐식(V_2)

$$V_2 = E \cdot T(l) = \frac{\Delta V}{\dfrac{P_a}{P_a + 0.1h} - \dfrac{P_a}{P_1}}$$

여기서, ΔV : 온수팽창량(l)
  P_a : 대기압(kg/cm²) = 1kg/cm²(1.0332kg/cm²a)
  h : 팽창탱크로부터 최고부까지 높이(m)
  P_1 : 보일러의 최고 허용압력(kg/cm²abs)

(3) 밀폐식 팽창탱크에 필요한 공기압(H_T)

$$H_T = h + H_t + \frac{1}{2}h_p + 2$$

여기서, H_T : 필요한 공기압(mH₂O)
  h : 최고부까지의 높이(m)
  h_p : 펌프의 양정(m)
  h_t : 온수온도에 상당하는 포화증기압(mH₂O)

CHAPTER 02 배관재료 및 배관부속품

PART 04 | 보일러 시공 및 부하, 배관일반

SECTION 01 관의 재료

배관을 할 수 있는 관의 재료는 철금속관, 비철금속관, 비금속관이 있다.

1 강관(Steel Pipe)

강관은 용도가 다양하며 특히, 물, 증기, 기름, 가스, 공기 등의 유체 배관에 널리 사용된다. 강관의 재질은 탄소강이며 제조법상에 따라 가스단접관, 전기저항 용접관, 이음매 없는 관, 아크용접관 등이 있으며 강관의 부식을 막기 위하여 관의 내외면에 아연을 도금한 아연도금강관(배관)과 아연도금을 하지 않는 흑관이 있다.

(1) **아연도금** : 주로 물, 온도, 공기, 가스 등의 배관에 사용

(2) **흑관** : 증기, 기름, 냉매배관 등에 사용

(3) **강관의 장점**

① 인장강도가 크다.
② 내충격성이나 굴요성이 크다.
③ 가격이 저렴하다.
④ 연관이나 주철관에 비해 가볍다.
⑤ 관의 접합작업이 용이하다.

(4) **강관의 스케줄 번호(Schedule No.)**

관의 두께를 나타내는 번호로서 계산식은 아래와 같다.

① 스케줄 번호(SCH) = $10 \times \dfrac{P}{S}$

② 관의 두께(t) = $\left(\dfrac{PD}{175\sigma_w}\right) + 2.54 \,(\text{mm})$

여기서, P : 사용압력(kg/cm²), S : 허용응력(kg/mm²), S = 인장강도 ÷ 안전율
t : 관의 두께(mm), D : 관의 외경(mm), σ_w : 허용인장응력(kg/mm²)

▼ KS에 정해진 재질 및 용도별 분류

종류		KS 규격 기호	용도
배관용	배관용 탄소강 강관	SPP	• 사용압력이 낮은 증기, 물, 기름 및 공기 등의 배관용 • 호칭 지름 15~500A(0.1MPa 이하용)
	압력 배관용 탄소강 강관	SPPS	• 350℃ 이하에서 사용하는 압력 배관용 • 관의 호칭은 호칭 지름과 두께(스케줄 번호)에 의한다. • 호칭 지름 6~500A, 25종이 있다.(0.1~10MPa 사용)
	고압 배관용 탄소강 강관	SPPH	• 350℃ 이하에서 사용압력이 높은 고압 배관용 • 관지름 6~500A, 25종이 있다.(10MPa 이상 사용)
	고온 배관용 탄소강 강관	SPHT	• 350℃ 이상 온도의 배관용(350~450℃) • 관의 호칭은 호칭 지름과 스케줄 번호에 의한다. • 호칭 지름 6~500A
	배관용 아크용접 탄소강 강관	SPW	• 사용압력 1MPa의 낮은 증기, 물, 기름, 가스 및 공기 등의 배관용, 2.1MPa 이상 수압시험 실시 • 호칭 지름 350~1,500A이며 22종이 있다.
	배관용 합금강 강관	SPA	• 주로 고온도의 배관용, 증기관, 석유정제용 배관 • 호칭 지름 6~500A, 두께는 스케줄 번호로 표시
	배관용 스테인리스 강관	STS×TP	• 내식용, 내열용 및 고온 배관용, 저온 배관용에도 사용 • 호칭 지름 6~300A, 두께는 스케줄 번호로 표시
	저온 배관용 강관	SPLT	• 빙점 이하 특히 저온도 배관용 • 호칭 지름 6~500A, 두께는 스케줄 번호로 표시
수도용	수도용 아연 도금 강관	SPPW	• 정수두 100m 이하의 수도로서 주로 급수 배관용 • 호칭 지름 10~300A
	수도용 도복장 강관	STPW	• 정수두 100m 이하의 수도로서 주로 급수 배관용 • 호칭 지름 80~1,500A
열전달용	보일러·열교환기용 탄소강 강관	STH	관의 내외에서 열의 수수를 행함을 목적으로 하는 장소에 사용
	보일러·열교환기용 합금강 강관	STHA	보일러의 수관, 연관, 과열관, 공기예열관, 화학공업, 석유공업의 열교환기, 가열로 관 등에 사용
	보일러·열교환기용 스테인리스 강관	STS×TB	
	저온 열교환기용 강관	STLT	빙점하의 특히 낮은 온도에서 관의 내외에서 열의 수수를 행하는 열교환기관 콘덴서관
구조용	일반 구조용 탄소강 강관	SPS	토목, 건축, 철탑, 지주와 기타의 구조물용
	기계 구조용 탄소강 강관	STM	기계, 항공기, 자동차, 자전차 등의 기계 부품용
	구조용 합금강 강관	STA	항공기, 자동차 기타의 구조물용

2 주철관(Cast Iron Pipe)

주철관의 용도는 급수, 배수, 통기관 등에 사용되며 비교적 내구력이 크다. 매몰 시에는 부식이 적으며, 기타의 관에 비하여 강도도 크다. 특히, 오수관, 가스공급관, 케이블 매설관, 광산용, 화학공업용에 널리 사용된다.

(1) 주철관의 종류

① 수도용 수직형 주철관
  ㉮ 보통압관 : 정수도 75m 이하에 사용
  ㉯ 저압관 : 정수두 45m 이하에 사용
② 수도용 원심력 사형 주철관
  ㉮ 고압관 : 정수두 100m 이하에 사용
  ㉯ 보통압관 : 정수두 75m 이하에 사용
  ㉰ 저압관 : 정수두 45m 이하에 사용
③ 원심력 모르타르 라이닝 주철관(부식방지관)
  부식을 방지할 목적으로 관 내면에 모르타르를 바른다.
④ 배수용 주철관
  ㉮ 1종(두꺼운 것)   ㉯ 2종(얇은 것)

3 동관

(1) 동관의 종류

① 타프피치동관   ② 인탈산동관(수소용접에 적합)
③ 무산소동관   ④ 동합금관

(2) 동관의 용도

열교환기용, 급수관, 압력계 연결관, 급유관, 냉매관, 급탕관, 화학공업용 관

(3) 장점

① 내식성이 좋다.   ② 수명이 길다.
③ 마찰저항이 적다.   ④ 무게가 가볍다.
⑤ 열전도율이 크다.   ⑥ 가공성이 좋다.
⑦ 동결에 파열되지 않는다.

(4) 단점

① 외부의 충격에 약하다.   ② 가격이 비싸다.

(5) 동합금관의 종류

① 이음매 없는 황동관(BsST)
② 이음매 없는 단동관(RBsP)
③ 이음매 없는 제지롤 황동관(BsPP)
④ 이음매 없는 복수기용 황동관(BsPF)
⑤ 이음매 없는 규소-황동관(SiBP)
⑥ 이음매 없는 니켈-동합금관(NCuP)

4 연관

(1) 연관의 종류

① 수도용 연관(1종, 2종)　　② 공업용 연관(일반용)
③ 배수용 연관(HASS)　　　④ 경질연관

(2) 연관의 용도

가정용 수도 인입관, 가스배관, 기구의 배수관, 화학공업용

(3) 장점

① 부식에 잘 견딘다.
② 산성에는 강하다.
③ 전연성이 풍부하고 굴곡이 용이하다.
④ 신축성이 매우 좋다.
⑤ 바닷물이나 수돗물 등에 의한 관의 용해나 부식이 방지된다.

(4) 단점

① 중량이 크다.(비중이 크기 때문에 횡주배관에서 휘어 늘어지기 쉽다.)
② 초산이나 농초산, 진한 염산에 침식된다.
③ 알칼리에는 약하다.

5 알루미늄관

(1) 용도

알루미늄관의 용도는 열교환기, 선박, 차량 등에 사용된다.

(2) 사용상의 장점

① 전기 및 열전도율이 좋다.

② 전연성이 풍부하다.
③ 내식성이 뛰어나다.(알칼리에는 약하다.)
④ 비중이 가벼운 편이다.(비중 2.7)
⑤ 기계적 성질이 우수하다.

6 스테인리스관

(1) 특징

① 내식성·내열성이 있다.(철+크롬 12~20% 정도 함유)
② 관내 마찰손실수두가 작다.
③ 강도가 크다.
④ 온수·온돌용으로 사용이 가능하다.
⑤ 배관작업 시간의 단축이 가능하다.

(2) 단점

① 굽힘가공이 곤란하다.
② 수리작업이 비교적 어렵다.
③ 열전도율이 낮다.

7 비금속관

(1) 경질염화비닐관(합성수지관)

① 특징
  ㉮ 가격이 싸다.
  ㉯ 마찰손실이 적다.
  ㉰ 내식성이 있다.
  ㉱ 중량이 가볍다.
  ㉲ 저온이나 고온에서는 강도가 떨어진다.
  ㉳ 열팽창률이 커서 온도변화가 심한 곳은 사용이 부적당하다.
  ㉴ 증기나 고온수 및 -10℃ 이하에는 사용이 부적당하다.
② 용도 : 물, 기름, 공기 등의 배관에 이상적이다.

(2) 철근콘크리트관

철근콘크리트관은 관의 길이가 1m, 구경이 600mm 또는 소켓이 붙어 있는 형상이다. 짧은 거리의 대지 하수관 또는 옥외 배수관에 사용된다.

(3) 원심력 철근콘크리트관(Hume Pipe, 흄관)

철망을 원통형으로 엮어서 형틀에 넣고 회전기로 수평 회전시키면서 콘크리트를 주입한 다음 고속으로 회전시켜 균일한 두께의 관으로 제조한 관이다.

(4) 관의 특징

① 동관의 특징
 ㉮ 담수에 대한 내식성은 크나 연수에는 부식된다.
 ㉯ 경수에는 아연화동, 탄산칼슘의 보호피막이 생성되므로 동의 용해가 방지된다.
 ㉰ 상온의 공기에서는 변하지 않으나 탄산가스를 포함한 공기 중에는 푸른 녹이 생긴다.
 ㉱ 아세톤, 에테르, 프레온 가스, 휘발유 등 유기약품에는 침식되지 않는다.
 ㉲ 가성소다, 가성칼리 등 알칼리성에는 내식성이 강하다.
 ㉳ 암모니아수, 습한 암모니아가스, 초산, 진한 황산에는 심하게 침식된다.

② 스테인리스 강관의 특징
 ㉮ 내식성이 우수하고 계속 사용 시 내경의 축소, 저항증대 현상이 없다.
 ㉯ 위생적이어서 적수, 백수, 청수의 염려가 없다.
 ㉰ 강관에 비해 기계적 성질이 우수하고 두께가 얇아 운반이나 시공이 용이하다.
 ㉱ 저온 충격성이 크고 한랭지에도 배관시공이 가능하며 동결에 대한 저항이 크다.
 ㉲ 나사식, 용접식, 몰코식, 플랜지 이음법 등의 특수가공법으로 시공이 간단하다.

③ 합성수지관(플라스틱관)의 특징
 ㉮ 가소성이 크고 가공이 용이하다.
 ㉯ 비중이 작고 강인하며 투명하고 착색이 자유롭다.
 ㉰ 내수성, 내유성, 내약품성이 크며, 특히 산이나 알칼리에 강하다.
 ㉱ 쉽게 타지는 않으나 내열성은 금속에 비하여 낮다.
 ㉲ 전기절연성이 좋다.
 ㉳ 경질염화비닐관, 폴리에틸렌관 등이 있다.

④ 석면시멘트관 : 석면과 시멘트를 1 : 5~1 : 6으로 배합하고 물을 혼입하여 풀형상으로 된 것을 윤전기에 의해 얇은 층으로 만들고 5~9kg/cm² 고압을 가하여 성형한다.

⑤ 유리관(Glass Tubes) : 붕규산 유리로 만들어져 배수관으로 사용되며 관경이 140~150mm, 길이 1.5~3m가 제작된다.

SECTION 02 관의 이음쇠

1 강관의 이음쇠

(1) 강관용 관이음쇠

① 나사결합형
  ㉮ 강관제
  ㉯ 가단주철제
② 용접형
③ 플랜지형 조인트

(2) 나사결합형의 사용처별 분류(가단주철제관 이음쇠)

① 배관의 방향을 바꿀 때 : 엘보, 벤드
② 관을 도중에서 분기할 때 : T, Y, 크로스
③ 같은 관(동경)을 직선 결합할 때 : 소켓, 유니언, 니플
④ 다른 관(이경관)을 연결할 때 : 리듀서, 이경엘보, 줄임티, 부싱
⑤ 관의 끝을 폐쇄할 때 : 플러그, 캡
⑥ 관의 수리 교체가 필요할 때 : 유니언, 플랜지
  ㉮ 크로스(Cross) : 동경 크로스, 이경 크로스

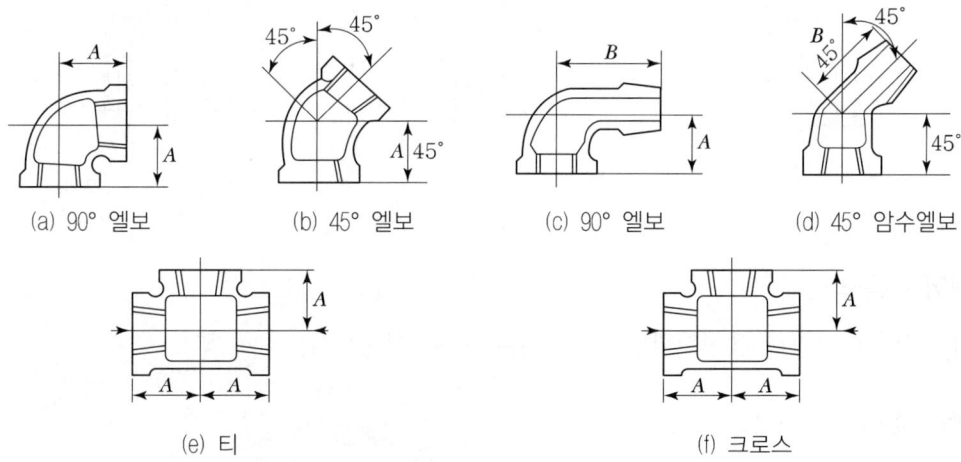

(a) 90° 엘보   (b) 45° 엘보   (c) 90° 엘보   (d) 45° 암수엘보

(e) 티   (f) 크로스

[엘보, 티, 크로스(동경)]

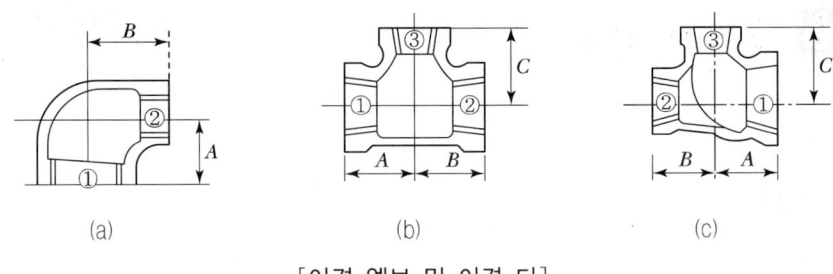

[이경 엘보 및 이경 티]

㉯ 와이(Y) : 45°Y, 90°Y, 이경 90°Y

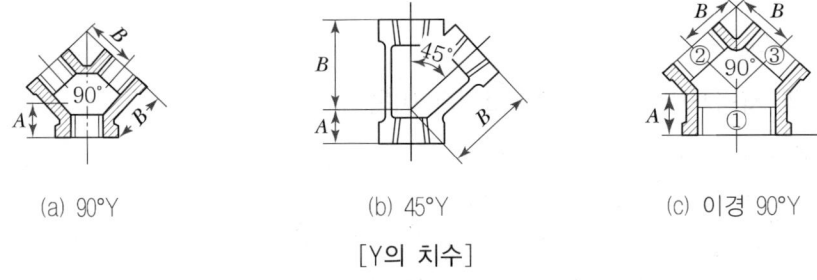

(a) 90°Y   (b) 45°Y   (c) 이경 90°Y

[Y의 치수]

㉰ 소켓(Socket) : 동경 소켓, 이경 소켓, 암수 소켓, 편심 소켓
㉱ 벤드(Bend) : 90° 벤드, 암수벤드, 수벤드, 45° 벤드, 45° 암수벤드, 리턴 벤드

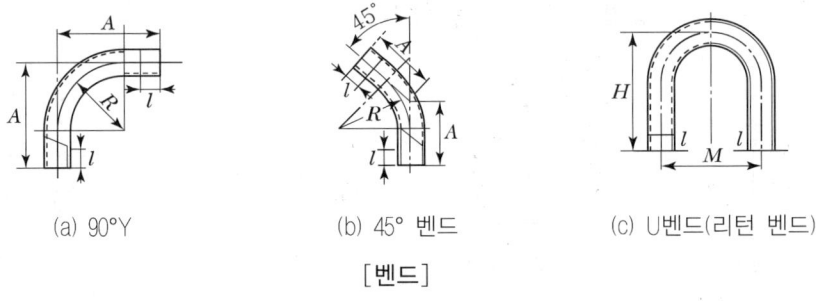

(a) 90°Y   (b) 45° 벤드   (c) U벤드(리턴 벤드)

[벤드]

(3) 플레어 이음쇠

용접접합이 어렵거나 용접접합을 할 수 없는 곳에 사용된다.

(4) 동합금 주물 이음쇠(Cast Bronze Fitting)

청동 주물로서 이음쇠 본체를 만들고 관과의 접합부분을 기계 가공으로 다듬질한 것이다.

(5) 순동 이음쇠

① 동관을 성형 가공시킨 것이다.
② 주로 엘보, 티, 커플링 등이 있다.
③ 냉온수 배관, 도시가스, 의료용 산소, 건축용 동관의 접합에 사용한다.

④ 사용상의 이점
   ㉮ 땜납 시 가열시간이 짧아 공수절감을 가져온다.
   ㉯ 벽 두께가 균일하여 취약부분이 적다.
   ㉰ 재료가 동관과 같은 순동이라서 내식성이 좋고 부식에 의한 누수의 염려가 없다.
   ㉱ 내면이 동관과 같아 압력손실이 적다.
   ㉲ 콤팩트(조밀하다)한 구조이므로 배관공간이 없어도 된다.
   ㉳ 다른 이음쇠에 의한 배관에 비하여 공사비용이 절감된다.

SECTION 03 신축이음(Expansion Joint)

1 설치목적

철은 온도가 1℃ 변화할 때마다 길이 1m에 대하여 0.012mm씩 신축한다. 온도변화에 따른 파이프의 신축에 의해 배관 및 기기류에 손상을 입히는 것을 방지하기 위하여 설치한다.

2 종류

(1) 슬리브형(Slip Type Joint, 미끄럼형)
   ① 형식
      ㉮ 단식   ㉯ 복식
   ② 호칭 지름 50A 이하는 청동제 조인트이고, 호칭 지름 65A 이상은 슬리브, 파이프는 청동제이고 본체 일부가 주철제이거나 전체가 주철제로 되어 있다.
   ③ 관과의 접합은 호칭 지름 50A 이하는 주로 나사이음이고, 호칭 지름 65A 이상은 플랜지 접합이다.
   ④ 슬리브형은 조인트 본체와 슬리브 파이프로 되어 있으며 관의 팽창수축은 본체 속을 슬리브 파이프에 의해 흡수된다.
   ⑤ 최고 사용압력 10kg/cm² 정도의 포화증기, 온도변화가 심한 기름, 물, 증기 등의 배관에 사용된다.
   ⑥ 구조상 과열증기에는 사용이 부적당하다.
   ⑦ 배관에 곡선부분이 있으면 신축이음에 비틀림이 생겨서 파손의 원인이 된다.

(2) 벨로스형(Bellows Type)
   ① 형식
      ㉮ 단식   ㉯ 복식

② 일명 팩리스(Packless) 신축이음이다.
③ 재료는 인청동, 스테인리스가 사용된다.
④ 접합은 나사이음식, 플랜지이음식이 있다.
⑤ 관의 신축에 따라 벨로스는 슬리브와 함께 신축하며 슬리브 사이에서 유체가 새는 것을 방지한다.
⑥ 설치장소를 많이 차지하지 않는다.
⑦ 응력이 생기지 않는다.
⑧ 벨로스의 주름이 있는 곳에 응축수가 고이면 부식되기 쉽다.

(3) 루프형(Loop Type)

① 고압증기의 옥외 배관에 많이 사용된다.
② 관에 사용할 때 굽힘 반경은 파이프 지름의 6배 이상으로 한다.
③ 신축곡관이라 하며 관을 굽혀서 그 디플렉션(Deflexion)을 이용한다.
④ 장소를 많이 차지하며 응력이 생기는 결점이 있다.

(4) 스위블형(Swivel Type) : 지블이음

① 스윙타입이라고도 하며 주로 증기 및 온수난방용 배관에 사용된다.
② 2개 이상의 엘보를 사용하여 이음부의 나사회전을 이용해서 배관의 신축을 흡수한다.
③ 굴곡부에서는 압력강하가 생긴다.
④ 신축량이 큰 배관에서는 나사접합부가 헐거워져 누수의 원인이 된다.
⑤ 설비비가 싸고 조립이 용이하다.

3 신축이음쇠의 특징

(1) 슬리브형 신축이음쇠(Sleeve Type Expansion Joint)

① 신축량이 크고 신축으로 인한 응력이 생기지 않는다.
② 직선으로 이음하므로 설치공간이 루프형에 비해 적다.
③ 배관에 곡선부분이 있으면 신축이음쇠에 비틀림이 생겨 파손의 원인이 된다.
④ 장시간 사용시 패킹의 마모로 누수의 원인이 된다.

(2) 벨로스형 신축이음쇠(Bellows Type Expansion Joint)

① 설치공간을 넓게 차지하지 않는다.
② 고압배관에는 부적당하다.
③ 자체응력 및 누설이 없다.
④ 벨로스는 부식되지 않는 스테인리스, 청동제품 등을 사용한다.

(3) 루프형 신축이음쇠(Loop Type Expansion Joint)

① 설치공간을 많이 차지한다.
② 신축에 따른 자체 응력이 생긴다.
③ 고온 고압의 옥외 배관에 많이 사용된다.

> **REFERENCE** 신축량의 크기
>
> 루프형 > 슬리브형 > 벨로스형 > 스위블형

(4) 스위블형 신축이음쇠(Swivel Type Expansion Joint)

① 직관길이 30m에 대하여 회전관 1.5m 정도로 조립하면 된다.
② 굴곡부에서 압력강하를 가져온다.
③ 신축량이 큰 배관에는 부적당하다.
④ 설치비가 싸고 쉽게 조립할 수 있다.

SECTION 04 밸브의 종류

1 글로브 밸브(옥형밸브, Glove Valve)

① 형상은 구형(옥형)이다.
② 직선배관의 중간에 설치한다.
③ 밸브 디스크(Disk)의 형상으로는 평면형, 원뿔형, 반구형, 부분원형 등이 있다.
④ 유체의 저항이 크나 개폐가 용이하다.
⑤ 일명 스톱밸브이다.(Y형 글로브 밸브도 있다)
⑥ 가볍고 가격이 싸다.
⑦ 유량조절 밸브로 사용된다.
⑧ 50A 이하는 포금제의 나사결합형이다.
⑨ 65A 이상은 밸브와 밸브 시트는 포금제이고, 본체는 주철제의 플랜지형이다.

2 앵글밸브(Angle Valve)

① 주증기밸브 등에서 많이 사용된다.
② 엘보와 글로브 밸브의 조합형이라서 직각형이다.
③ 유체의 저항을 막아준다.

3 니들밸브(Needle Valve)

① 15~16mm의 원뿔모양의 침이다.
② 극히 유량이 적거나 고압일 때 유량을 조금씩 가감하는 데 사용된다.

4 게이트 밸브(Gate Valve, Sluice Valve)

① 일명 슬루스 밸브라고 한다.
② 유체 흐름의 저항이 아주 적다.
③ 대형은 동력으로 조작한다.
④ 가격이 비싸다.
⑤ 밸브의 개폐에 시간이 많이 걸린다.
⑥ 밸브를 자주 개폐할 필요가 없는 곳에 사용한다.
⑦ 유량 조절에는 부적당하다.
⑧ 단면적을 조정하여 유량을 조정한다.
⑨ 찌꺼기가 체류하는 곳에서는 사용이 부적당하다.
⑩ 반개하면 파손이나 마모가 온다.(절반만 열면 : 반개)
⑪ 종류
   ㉮ 바깥나사식(50A 이하 배관용)
   ㉯ 속나사식(65A 이상 배관용)
⑫ 디스크의 구조에 따른 종류
   ㉮ 웨지 게이트 밸브(Wedge Gate Valve)
   ㉯ 패러럴 슬라이드 밸브(Parallel Slide Valve)
   ㉰ 더블 디스크 게이트 밸브(Double Disk Gate Valve)

5 체크밸브(Check Valve)

(1) 설치목적

유체의 흐름이 역류하면 자동적으로 밸브가 닫혀서 역흐름을 차단시킨다.

(2) 종류

① 스윙형(Swing Type) : 수직배관, 수평배관에 사용
② 리프트식(Lift Type) : 수평배관에만 사용

(3) 특징

① 스윙형은 유수에 마찰저항이 리프트식보다 적다.

② 리프트형은 글로브 밸브와 같은 시트의 구조이다.
③ 리프트형 밸브의 리프트는 지름의 1/4 정도이고 유체의 흐름에 대한 마찰저항이 크다.
④ 리프트형 내의 날개가 달려서 충격을 완화시키는 스모렌스키형이 있다.
⑤ 10~15A의 것은 청동나사 이음형이고, 50~200A의 것은 주철 또는 주강 플랜지형이다.

SECTION 05 패킹재(Packing)

패킹재는 배관 라인의 각종 접합부로부터 누설을 방지하기 위하여 사용되는 것이며 일명 개스킷이다.

1 패킹재의 선택조건

① 배관 내에 흐르는 유체의 물리적 성질을 고려한다.
② 관내의 유체에 대한 화학적 성질을 고려한다.
③ 배관 내외의 기계적인 조건을 고려한다.

2 패킹재의 종류

(1) 플랜지 패킹제

① 고무패킹
  ㉮ 천연고무
    ㉠ 내산성, 내알칼리성이 있다.
    ㉡ 100℃ 이상의 온도에는 사용이 불가하다.
    ㉢ 열과 기름에 약하다.
    ㉣ 흡수성이 없다.
  ㉯ 네오프렌
    ㉠ 합성고무제이다.
    ㉡ 내열범위가 -46~121℃이다.
    ㉢ 증기배관에는 사용이 불가하다.
    ㉣ 기계적 성질이 우수하다.
② 석면 조인트 시트
  ㉮ 섬유가 가늘고 강한 광물질로 된 패킹재이다.
  ㉯ 내열범위가 450℃까지이다.
  ㉰ 증기나 온수 고온의 기름배관에 사용된다.

③ 오일 실 패킹(Oil Seal Packing)
㉮ 한지를 여러 장 붙여 내유 가공한 식물성 섬유제품이다.
㉯ 내유성이 좋으나 내열성은 나쁘다.
㉰ 보통 펌프나 기어 박스에 사용된다.

④ 합성수지 패킹(Teflon)
㉮ 가장 대표적인 합성수지는 테프론이다.
㉯ 내열범위가 $-260 \sim 260$℃이다.
㉰ 기름에 침해되지 않는다.
㉱ 탄성이 부족해서 석면, 고무, 금속판 등과 같이 쓴다.

⑤ 금속패킹
㉮ 금속재 : 구리, 납, 연강, 스테인리스 강재
㉯ 탄성이 작아서 배관의 팽창, 수축, 진동 등에 의해 누설하기 쉽다.

(2) 나사용 패킹

① 페인트
㉮ 광명단을 섞어 사용한다.
㉯ 고온의 기름배관 외에는 전부 사용이 가능하다.

② 일산화연
㉮ 페인트에 소량 타서 사용한다.
㉯ 냉매 배관용이다.

③ 액화합성수지(액상합성수지)
㉮ 내열범위가 $-30 \sim 130$℃까지이다.
㉯ 화학약품에 강하다.
㉰ 내유성이 크다.
㉱ 증기, 기름, 약품수송 배관에 많이 쓴다.

(3) 글랜드 패킹

밸브나 펌프 등의 핸들 또는 레버와 몸체 사이의 회전 부분에 사용되며 누설을 방지한다.

① 석면 각형 패킹
㉮ 내열성, 내산성이 좋다.
㉯ 대형의 밸브에 사용된다.

② 석면 얀
㉮ 소형 밸브나 수면계의 콕에 사용된다.
㉯ 소형 글랜드용이다.

③ 아마존 패킹
㉮ 면포와 내열 고무 컴파운드를 가공 성형하였다.

㈏ 압축기의 글랜드용이다.
④ 몰드 패킹
㈎ 석면, 흑연, 수지 등을 배합 성형한 것이다.
㈏ 밸브, 펌프 등의 글랜드용이다.

SECTION 06 방청도료(Paint)

1 종류

① 광명단 도료(연단)
    밀착력이 강하고 풍화에 잘 견디며 페인트 밑칠에 사용한다.
② 합성수지도료
    ㈎ 요소 멜라민계   ㈏ 프탈산계
    ㈐ 염화비닐계   ㈑ 실리콘 수지계
③ 산화철도료
④ 알루미늄 도료(은분)
⑤ 타르 및 아스팔트
⑥ 고농도 아연도료

SECTION 07 배관용 지지쇠

1 행거(Hanger)

배관계에 걸리는 하중을 위에서 걸어 당김으로써 지지하는 지지쇠이다.

(1) 리지드 행거(Rigid Hanger)

I빔에 턴 버클을 연결하여 관을 걸어 당겨 지지하는 행거로서 수직방향에 변위가 없는 곳에 사용한다.

(2) 스프링 행거(Spring Hanger)

관의 수직 이동에 대해 지지하중이 변화하는 행거로서 하중조절을 턴 버클로 행한다.

(3) 콘스턴트 행거(Constant Hanger)

지정된 이동거리 범위 내에서 배관의 상하이동에 대하여 항상 일정한 하중으로 배관을 지지한다. 그리고 구조에 따라 스프링식과 중추식이 있다.

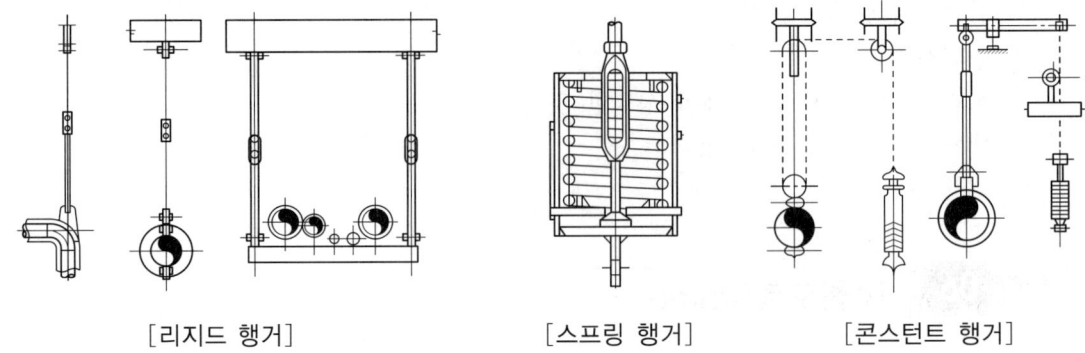

[리지드 행거]　　　　　[스프링 행거]　　　　　[콘스턴트 행거]

2 서포트(Support)

배관에 걸리는 하중을 아래에서 위로 떠받쳐 지지하는 것

(1) **스프링 서포트(Spring Support)**

　스프링의 작용으로 상하 이동이 자유로워서 배관에 걸리는 하중변화에 따라 완충작용을 한다.

(2) **롤러 서포트(Roller Support)**

　롤러가 관을 받침으로써 배관의 축 방향 이동을 자유롭게 한다.

(3) **파이프 슈(Pipe Shoe)**

　배관이 굽힘부 또는 수평부에 관으로 영구히 고정시킴으로써 배관의 이동을 구속한다.

(4) **리지드 서포트(Rigid Support)**

　강성이 큰 빔 등으로 만든 배관 지지쇠로서 정유공장 등 산업설비 배관의 파이프 랙(Pipe Rack)으로 이용한다.

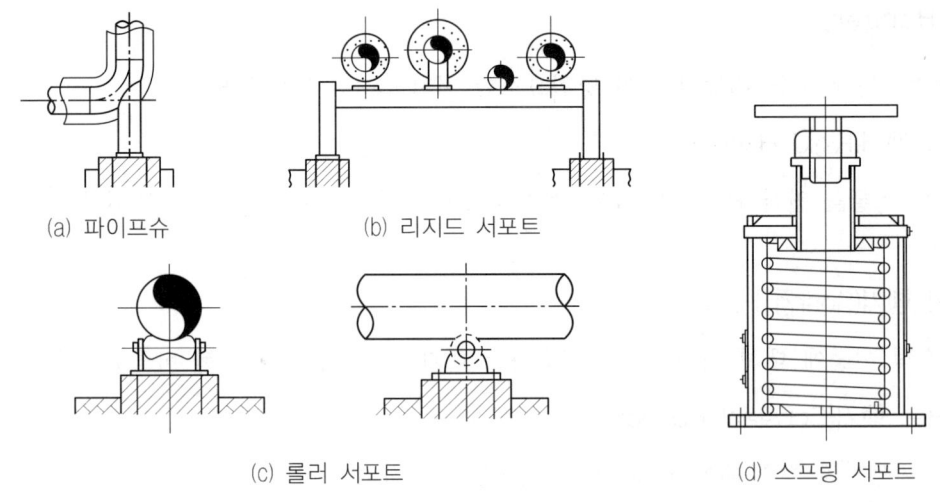

(a) 파이프슈　　(b) 리지드 서포트

(c) 롤러 서포트　　(d) 스프링 서포트

[서포트]

3 리스트레인트(Restraint)

열팽창 등에 의해 신축이 발생되는 좌우상하 이동을 구속하고 제한하는 데 사용한다.

(1) 앵커(Anchor)

배관의 이동이나 회전을 방지하기 위해 지지점 위치에 완전히 고정시킨 일종의 리지드 서포트이다. 또한 시공 시 열팽창, 신축에 의한 진동 등이 다른 부분에 영향이 미치지 않게 배관을 분리, 설치하여 고정한다.

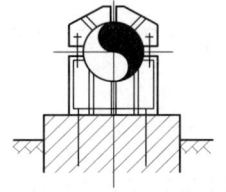 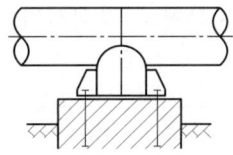

[앵커]

(2) 스톱(Stop)

배관의 일정한 방향의 이동과 회전을 구속하고 나머지 방향은 자유롭게 이동할 수 있는 구조로 되어 있다.

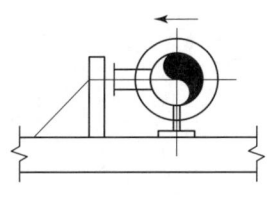 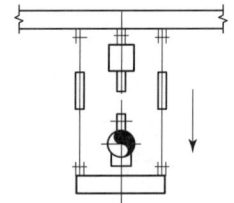

[스톱]

(3) 가이드(Guide)

배관 라인의 축방향 이동을 허용하는 안내역할을 하며 축과 직각방향의 이동을 구속한다.

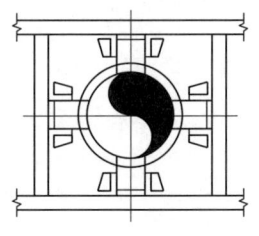 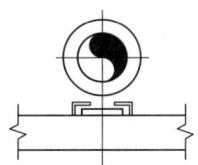

[가이드]

4 브레이스(Brace)

배관계의 진동을 방지하거나 감쇠시키는 데 사용한다.

(1) 완충기

지진 수격작용 안전밸브의 흡출반력 등에 의한 충격을 완화시킨다. 구조에 따라 스프링식과 유압식이 있다.

(2) 방진기

배관계의 진동을 방지하거나 감쇠시키며 구조에 따라 스프링식과 유압식이 있다.

> REFERENCE
>
> 턴 버클(Turn Buckle)이란 지지봉, 지지용 로프 등을 조이거나 늦출 때 편리하게 사용되는 지지부품으로서 양 끝에 오른나사 및 왼나사가 있다.

CHAPTER 03 배관공작

PART 04 | 보일러 시공 및 부하, 배관일반

SECTION 01 배관공작용 공구 및 기계

1 강관의 공작용 공구 및 기계

(1) 공작용 공구

① 파이프 커터(Pipe Cutter)
  ㉮ 관을 절단할 때 사용되는 공구이다.
  ㉯ 종류
   ㉠ 1개의 날에 2개의 롤러로 된 것(1개 날)
   ㉡ 날만 3개로 된 것(3개 날)

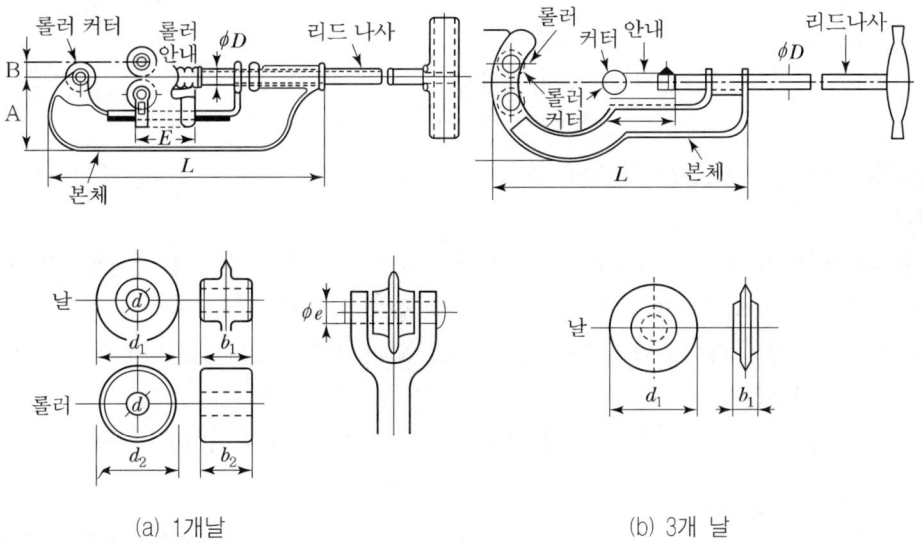

[파이프 커터의 종류]

▼ 파이프 커터의 종류

1개 날		3개 날	
호칭번호	파이프 치수	호칭번호	파이프 치수
1	6~32A		
2	6~50A	2	15~50A
3	25~75A	3	32~75A
		4	65~100A
		5	100~150A

② 쇠톱(Iron Saw)
  ㉮ 크기 : 톱날 끼우는 구멍의 간격(Fitting Hole)
  ㉯ 종류 : 200mm, 250mm, 300mm(3종류가 있다.)
  ㉰ 톱날의 이수(1인치당) : ㉠ 14 ㉡ 18 ㉢ 24 ㉣ 32

▼ 톱날의 잇수와 공작물의 재질

잇수 (25.4mm당)	공작물의 종류	잇수 (25.4mm당)	공작물의 종류
14	탄소강(연강), 주철, 동합금, 경합금, 레일	24	강관, 합금강, 앵글
18	탄소강(경강), 주철, 합금강	32	얇은 철판, 얇은 철관, 작은 지름의 관, 합금강

③ 파이프 리머(Pipe Reamer) : 관을 절단한 후 생기는 거스러미(Burr)를 제거하는 관용 리머이다.

④ 수동 나사절삭기(Pipe Threader) : 관 끝에 나사를 절삭하는 수동용 나사절삭기이며 리드형(Reed Type)과 오스터형(Oster Type)의 두 종류가 있다.
  ㉮ 리드형 : 2개의 다이스와 4개의 조(Jaw)로 되어 있으며 그 특징은 좁은 공간에서도 절삭작업이 가능하다.
  ㉯ 오스터형 : 다이스 4개로 나사를 절삭하며 현장작업용으로 많이 사용된다.

▼ 오스터의 종류별 사용관경

형식	No.	사용관경	형식	No.	사용관경
오스터형	112R(102)	8A−32A	리드형	2R4	15A−32A
	114R(104)	15A−50A		2R5	8A−25A
	115R(105)	40A−80A		2R6	8A−32A
	117R(107)	65A−100A		4R	15A−50A

⑤ 파이프 렌치(Pipe Wrench) : 관 접속부나 부속류의 분해 조립 시에 사용하는 렌치이며 보통형, 강력형과 대형관에 사용하는 체인형이 있다.
  ㉮ 크기 : 입을 최대로 벌려놓은 전장으로 표시한다.
  ㉯ 체인형은 200A 이상의 대형관에 사용한다.
  ㉰ 조정 파이프 렌치는 2개의 조로 되어 있다.

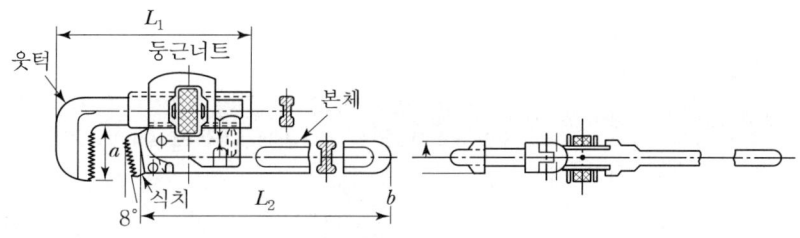

[파이프 렌치]

▼ 파이프 렌치의 종류

호칭 (mm)	치수 (인치)	사용관경 (mm)	호칭 (mm)	치수 (인치)	사용관경 (mm)
150	6	6~15	250	10	6~25
200	8	6~20	300	12	6~32
350	14	8~40	900	36	15~90
450	18	8~50	1,200	48	25~125
600	24	8~65			

⑥ 파이프 바이스(Pipe Vise) : 파이프 바이스는 둥근 관을 잡아서 절단, 나사절삭 조립 시에 고정시키는 역할을 한다.

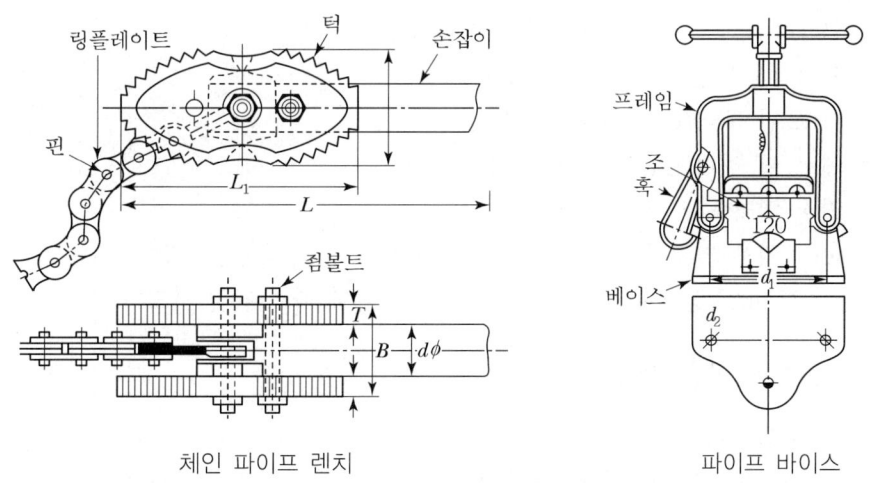

체인 파이프 렌치   파이프 바이스

[파이프 바이스]

㉮ 종류
　㉠ 고정식(일반 작업용)
　㉡ 가반식(현장용)
㉯ 크기 : 고정이 가능한 관경의 치수로 표시한다.
㉰ 체인을 사용하는 바이스는 체인 파이프 바이스라 하며, 3~200mm의 크기도 있다.(3~65mm, 10~200mm)

▼ **파이프 바이스의 종류**

호칭	호칭번호	파이프 치수
50	#0	6A~50A
80	#1	6A~65A
105	#2	6A~90A
130	#3	6A~115A
170	#4	15A~150A

⑦ 평바이스(수평바이스) : 강관의 조립이나 관의 열간 벤딩작업 시에 쉽게 하기 위해 관을 고정할 때 사용한다.
　㉮ 크기 : 조(Jaw)의 폭으로 표시된다.
⑧ 줄(File) : 금속을 조금 깎거나 표면을 매끈하게 다듬질할 때에 사용된다. 모든 줄은 포인트, 모서리, 면, 힐, 탱의 5부분으로 되어 있다.
　㉮ 줄은 단면의 형상에 따라 평줄, 각줄, 원줄, 반원줄, 삼각줄 등으로 분류된다.
　㉯ 100mm, 150mm, 200mm, 250mm, 300mm, 350mm, 400mm의 7종류의 크기가 있다.
⑨ 해머(Hammer) : 일반적으로 못, 스파이크, 드리프트, 핀, 볼트 및 쐐기를 박거나 빼거나 하는 데 사용된다.
　㉮ 해머의 종류
　　㉠ 볼 핀 해머(Ball Peen Hammer)
　　㉡ 가로 핀 해머(Cross Peen Hammer)
　　㉢ 세로 핀 해머(Straight Peen Hammer)
　　㉣ 연질 해머(Soft Faced Hammer)
⑩ 정(Chisel) : 강을 열처리 단조해서 정을 만들며 평정, 평홈정, 홈정이 있다. 정의 날 끝 각도는 일반적으로 60° 정도지만 공작물의 재질의 종류에 따라 날끝 각도가 25~70°인 것도 있다.

(2) 공작용 기계(동력 이용 기계)
① 동력용 나사절삭기
　㉮ 오스터식 : 관경이 적은 관을 동력으로 저속 회전시키면서 나사를 절삭한다.

▼ 오스터형 나사절삭기의 종류와 규격

형식	번호	사용관경	체이서 종류	핸들 수
오스터형	112R(102)	8A-32A	1/4~3/8, 1/2~3/4, 1~11/4	2
	114R(104)	15A-50A	1/2~3/4, 1~11/4, 11/2~2	2
	115R(105)	40A-80A	11/2~2, 21/2~3	4
	117R(107)	65A-100A	21/2~3, 31/2~4	4

㈏ 호브식 : 호브를 100~180rev/min의 저속도로 회전시키면 이에 따라 관은 어미나사와 척의 연결에 의하여 1회전하면서 1피치만큼 이동한다. 호브는 합금강제 원추에 관용나사 치형이 새겨져 있으며 원추의 테이퍼는 관용나사의 테이퍼와 같다. 또한 이 기계에 호브와 사이드 커터를 함께 장치하면 관의 나사, 절삭과 절단이 동시에 이루어진다.

㈐ 다이헤드식 : 다이헤드는 관용나사의 치형을 가진 체이서 4개가 1조로 되어 있으며 이 나사절삭기는 관의 절단, 나사절삭, 거스러미(Burr) 제거 등의 일을 연속적으로 해내는 특징이 있다.

② 파이프 절단용 기계

㈎ 핵 소잉 머신 : 관이나 환봉을 동력에 의해 톱날이 상하 왕복운동을 하면서 관이 절단되는 기계이다. 일명 기계톱이라 하며 매분 절삭속도가 50~150번 정도 움직이면서 절단가공이 된다.

㈏ 고속 숫돌 절단기 : 두께 0.5~3mm 정도의 넓은 원판의 숫돌을 고속회전시키면서 관을 절단하는 기계로 절단 성능이 좋은 반면 절단 휠이 너무 빨리 달아 없어지는 결점이 있다.

㈐ 가스절단기 : 수동식과 자동식이 있으며 파이프를 가스(Gas)로 절단(Cutting)한다. 수동식은 절단 토치를 사용하고, 자동식은 기계로 가스절단을 하게 된다.

③ 파이프 벤딩 머신(Pipe Bending Machine)

㈎ 유압식(Ram Type) : 현장용이며 유압펌프전동기 램, 실린더 센터포머 등이 부품이다. 수동식은 주로 50A 이하의 벤딩(굴곡)을 하며 모터를 이용한 동력식은 100A 이하의 관을 벤딩한다. 특히, 현장에서 상온 가공 시에 많이 사용된다.

㈏ 로터리식(Rotary Type) : 관의 두께에 관계없이 상온에서 강관, 스테인리스관, 동관, 황동관 등을 쉽게 벤딩할 수 있으며 또한 공장에서 동일 모양의 관을 대량생산 밴딩하는 데 사용된다. 관의 구부림 반경이 관경의 2.5배 이상이어야 한다. 이 방식의 특징은 상온에서 파이프의 단면 변형이 없다는 것이다.

④ 기타 공구와 공작용 기계

㈎ 스트랩 파이프 렌치(Strap Pipe Wrench)

㈏ 스크루 드라이버(Screw Driver)

㈐ 측정기구 : 자(Rule), 디바이더(Divider), 캘리퍼스(Calipers), 각자(Square), 버니어 캘리퍼스(Vernier Calipers), 마이크로미터(Micrometer)

㉣ 그라인더(Grinder) 머신
㉤ 드릴(Drill)
㉥ 직각자와 곧은 자

2 연관용 공구

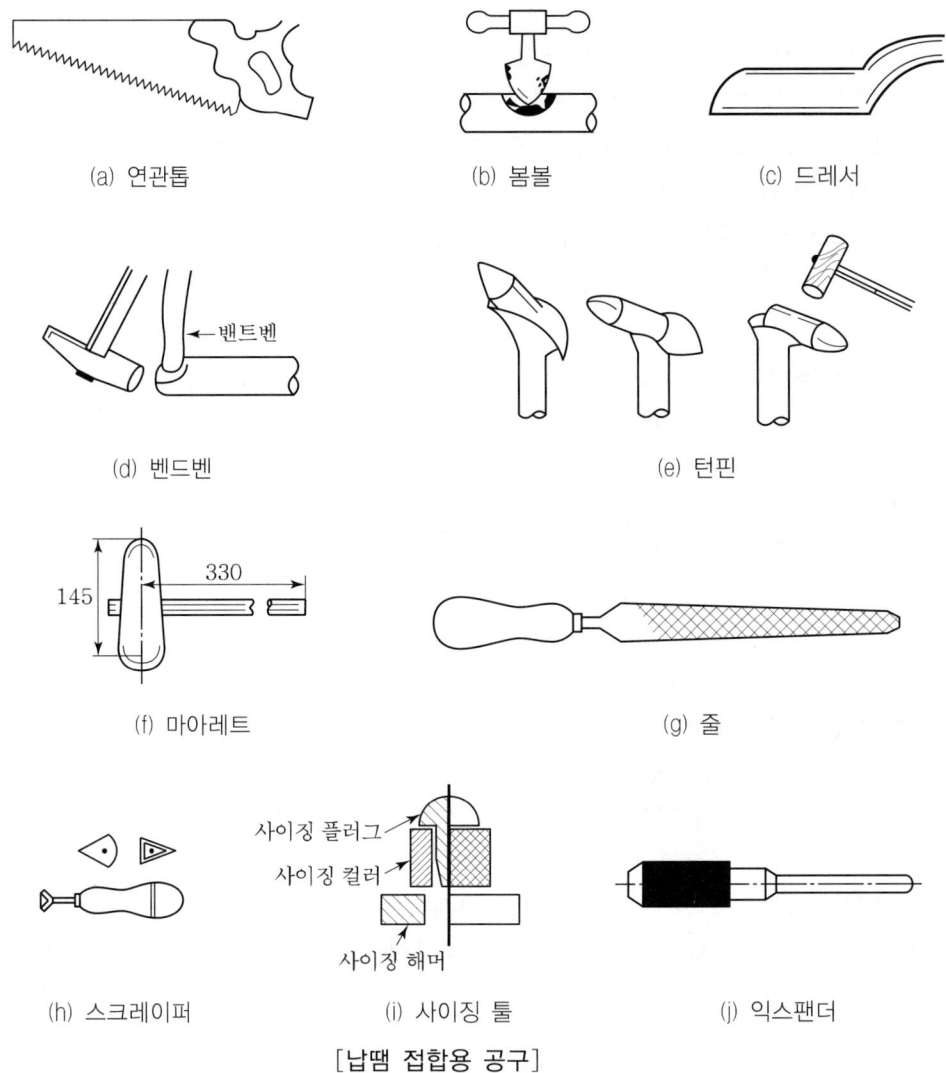

(a) 연관톱   (b) 봄볼   (c) 드레서
(d) 벤드벤   (e) 턴핀
(f) 마아레트   (g) 줄
(h) 스크레이퍼   (i) 사이징 툴   (j) 익스팬더

[납땜 접합용 공구]

① 봄볼 : 연관의 분기관 따내기 작업 시 주관에 구멍을 뚫는다.
② 드레서 : 연관 표면의 산화물을 깎아 낸다.
③ 벤드벤 : 연관을 굽히거나 굽은 관을 펼 때 사용된다.
④ 턴핀 : 접합하려는 연관의 끝부분을 소정의 관경으로 넓혀준다.
⑤ 맬릿 : 턴핀을 때려 박든가 접합부의 주위를 오므리는 데 사용한다.

3 동관용 공구

① 토치 램프 : 납땜이음이나 구부리기 등의 부분적 가열이 필요할 때 쓰이는 공구이며 사용연료는 가솔린용과 경유용이 있다.
② 사이징 툴 : 동관의 끝부분을 원형으로 교정한다.
③ 플레어링 툴 셋 : 동관의 압축이나 접합용에 사용되며 나팔관 모양을 만든다.
④ 튜브벤더 : 동관의 벤딩용 공구이다.
⑤ 익스팬더 : 동관의 관끝 확관용 공구이다.
⑥ 튜브커터 : 작은 동관의 절단용 공구이다.
⑦ 리머 : 동관의 절단 후 생기는 관의 내면 외면에 생긴 거스러미를 제거한다.

4 주철관용 공구

① 납 용해용 공구세트 : 냄비, 화이어 포트, 납물용 국자, 산화납 제거기 등의 세트이다.
② 클립 : 소켓접합시 용해된 납물의 비산을 방지한다.
③ 코킹 정 : 소켓접합시 다지기(코킹)에 사용한다.
④ 링크형 파이프 커터 : 주철관의 전용 절단공구이다.

5 PVC관용 공구

① 가열기 : PVC관의 접합 및 벤딩을 위해 관을 가열할 때 사용한다.
② 열풍용접기(Hot Jet Welder, 핫제트건) : PVC관의 접합 및 수리를 위하여 용접 시 사용한다.
③ 파이프 커터 : PVC관의 관을 절단할 때 쓰이는 공구이다.
④ PVC 리머 : PVC관의 절단 후 관 내면에 생긴 거스러미를 제거한다.

6 스테인리스관용 공구

① 압축용 프레스 실 유닛 : 스테인리스관을 몰코 접합할 때에 사용되는 압착공구이다.
② 튜브 커터 : 스테인리스관을 자르고자 할 때에 사용하며 또한 쇠톱이나 동관용 공구와 병용하면 더욱 좋다.

SECTION 02 관의 접합(파이프의 접합)

1 강관의 접합

(1) 강관의 접합방법

① 나사 접합
② 용접 접합
③ 플랜지 접합

(2) 나사접합

① 관의 절단방법

㉮ 수동공구에 의한 절단
㉯ 가스절단
㉰ 동력기계절단

② 나사 절삭과 결합

㉮ 나사의 테이퍼는 $\frac{1}{16}$이다.

㉯ 나사산 수 : 길이 25.4mm에 대한 나사산 수로 표시

㉰ 나사산의 각도 : 55°

㉱ 나사 절삭 시는 절삭유를 수시로 치며 2~3회 나누어 절삭하면 더욱 좋다.

㉲ 나사 결합 시는 1~2산 정도 남겨두고 조립한다.

㉳ 나사 접합 시에는 누설을 방지하기 위하여 패킹재를 사용한다.

▼ 관 이음쇠의 치수 (단위 : mm)

호칭	부속명	중심거리		수나사 유효 나사부	최소 물림길이	공간거리 ㉮		물림 길이	공간거리 ㉯	
		엘보, 티	45°L			엘보, 티	45°L		엘보, 티	45°L
15		27	21	15	11	16	10	13	14	8
20		32	25	17	13	19	12	15	17	10
25		38	29	19	15	23	14	17	21	12
32		46	34	22	17	29	17	19	27	15
40		48	37	23	19	30	19	20	28	17
50		57	42	26	20	37	22	22	35	20

㈎ 관 길이 산출법
  ㉠ 공간거리 = 여유치수
    ⓐ 공간거리㉮ = 중심거리 - 최소 물림길이
    ⓑ 공간거리㉯ = 중심거리 - 물림길이
  ㉡ 강관 나사 접합 시 : 아래 그림에서 배관의 중심선 길이를 L, 관의 실제 길이를 l, 부속의 끝 단면에서 중심선까지의 치수를 A, 나사가 물리는 길이를 a라 할 때, $L = l + 2(A - a)$ 의 공식을 이용한다. 이때 관의 실제 길이를 구하는 공식은 $l = L - 2(A - a)$으로 된다. 즉, 관의 실제 절단 길이 = 전체길이 - 2(부속의 중심 길이 - 관의 삽입길이)

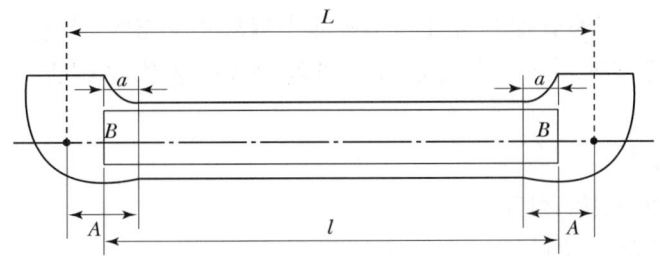

▼ 배관용 탄소강 강관의 호칭별 외경

관의 호칭		외경 (mm)	관의 호칭		외경 (mm)
(A)	(B)		(A)	(B)	
6	$\frac{1}{8}$	10.5	80	3	89.1
8	$\frac{1}{4}$	13.8	90	$3\frac{1}{2}$	101.6
10	$\frac{3}{8}$	17.3	100	4	114.3
15	$\frac{1}{2}$	21.7	125	5	139.8
20	$\frac{3}{4}$	27.2	150	6	165.2
25	1	34.0	175	7	190.7
32	$1\frac{1}{4}$	42.7	200	8	216.3
40	$1\frac{1}{2}$	48.6	225	9	241.8
50	2	60.5	250	10	267.4
65	$2\frac{1}{2}$	76.3	300	12	318.5

(3) 용접접합
  ① 접합방법
    ㉮ 가스용접접합
    ㉯ 전기용접접합
  ② 특징
    ㉮ 가스용접은 용접속도가 느리다.
    ㉯ 가스용접은 변형의 발생이 크다.
    ㉰ 가스용접은 관이 비교적 얇고 가는 관의 접합에 사용된다.
    ㉱ 전기용접은 가스용접에 비하여 용접속도가 빠르고 변형이 적다.
    ㉲ 용접 시에 용입이 깊어서 두껍고 굵은 관의 맞대기 용접, 슬리브 용접, 플랜지 용접에 사용된다.
  ③ 용접접합의 이점
    ㉮ 유체의 저항손실이 적다.
    ㉯ 접합부의 강도가 강하고 누수의 염려가 없다.
    ㉰ 보온 피복시공이 용이하다.(돌기부가 없어서)
    ㉱ 중량이 가볍다.
    ㉲ 배관의 용적을 축소시킬 수 있다.
    ㉳ 시설의 유지비, 관리비가 절감된다.
  ④ 전기용접
    ㉮ 맞대기 용접
      ㉠ 누설의 염려가 없다.
      ㉡ 강도가 크다.
      ㉢ 가급적 하향 자세로 용접한다.
      ㉣ 파이프 내에 용착금속이 새어나가지 않게 주의한다.
      ㉤ 일을 할 때 보조물이 필요 없고 관지름이 변화가 없이 저항이 적다.
    ㉯ 슬리브 접합
      ㉠ 누설의 염려가 없다.
      ㉡ 배관용적이 작아도 된다.
      ㉢ 슬리브의 한쪽은 미리 공장에서 접합하고 나머지 한쪽은 현장에서 접합한다.
      ㉣ 슬리브의 길이는 파이프 지름의 1.2~1.7배로 한다.

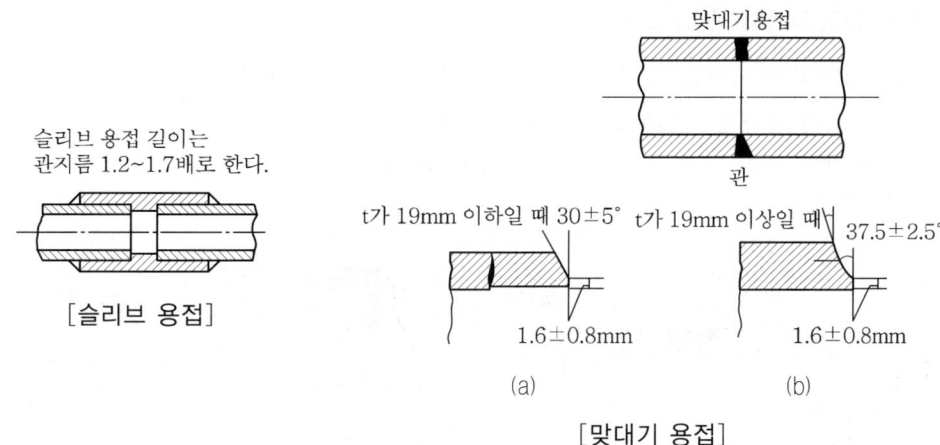

[슬리브 용접]

[맞대기 용접]

㈐ 플랜지 접합 : 용접접합, 나사접합
  ㉠ 관 끝에 용접이음 또는 나사이음을 하고 양 플랜지 사이에 패킹을 넣어 볼트 및 너트로 연결시키는 접합법이다.
  ㉡ 플랜지의 볼트 및 너트를 조일 때에는 균일하게 대칭으로 조인다.
  ㉢ 대구경관의 직관은 공장에서 접합하고 곡관부분은 보통 현장에서 접합한다.

2 주철관의 접합

주철관은 용접이 어렵고 인장강도가 낮아 다음과 같은 방법을 쓴다. 주철관 접합법에는 소켓, 기계적, 빅토리, 플랜지, 타이톤 등이 있다.

(1) 소켓접합(Socket Joint)

주철관의 허부 속에(Hub) 스피고트(Spigot)가 있는 쪽을 삽입하여 파이프로 고정한다. 관의 소켓부에 얀(Yarn)을 단단히 꼬아 허브 입구에 감아서 정으로 다져 놓고 크로스 파이프일 때에는 입구 옆에 클립(Clip)을 감아 녹인 납을 흘려서 넣는다. 응고한 후 클립을 풀어 납의 표면을 코킹한다. 시공상의 주의사항은 다음과 같다.
① 얀(Yarn)의 길이
  ㉮ 급수관에서는 소켓 길이의 1/3
  ㉯ 배수관에서는 배수관 파이프의 2/3
② 납은 충분히 가열하며 표면의 산화막을 제거한 후 접합부 1개소에 필요한 양은 한번에 부어 준다.
③ 접합부는 수분이 있으면 주입하는 납이 폭발하기 때문에 수분을 제거한 후 납을 주입한다.
④ 납이 굳은 후 코킹 작업을 한다.

(2) 기계적 접합(Mechanical Joint)

150mm 이하의 수도관용으로 소켓접합과 플랜지 접합의 장점을 따서 만든 접합이며, 벤딩이 풍부하고 다소의 굴곡에서는 누수하지 않는다. 또한 작업이 간단하여 수중에서도 접합이 가능하다. 다만 접합작업 시에 스피고트에 주철제 푸시 풀리(Push Pulley)와 고무링을 삽입하여야 한다.

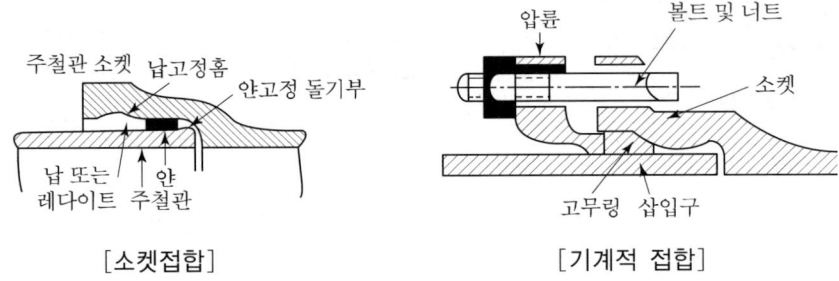

[소켓접합]   [기계적 접합]

(3) 플랜지 접합(Flanged Joint)

플랜지가 달린 주철관을 서로 맞추고 볼트로 죄어서 접합한다. 특히 고압의 배관이나 펌프 등의 기계 주위에 이용된다. 그리고 플랜지 접촉면에는 고무, 석면, 마, 아스베스트 등의 패킹재가 사용되고 패킹 양면에 그리스를 발라두면 관을 해체할 때 편리하다.

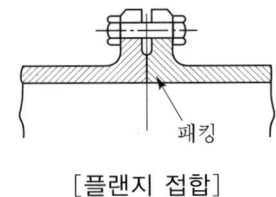

[플랜지 접합]

(4) 빅토리 접합(Victoric Joint)

빅토리 접합은 주철관을 사용한 가스배관에 사용된다. 빅토리형 주철관을 고무링과 컬러(누름판)를 사용하여 접합한다. 압력이 증가할수록 고무링이 더욱 관벽에 밀착되어 누수가 방지된다. 가단주철제 컬러로 관경 350mm 이하이면 2분하여 볼트로 조이고, 400mm 이상이면 4분하여 볼트로 죈다.(영국에서 개발된 방법)

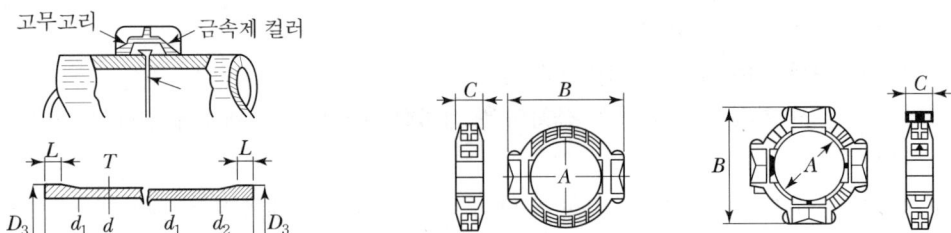

(a) 내경 350mm까지는 2할제   (b) 내경400mm 이상은 4할제

[빅토리 조인트]

(5) 타이톤 접합(Tyton Joint)

원형의 고무링 하나만으로 접합이 가능한 방법이다.

3 동관의 접합

(1) 용접접합

용접접합은 모세관현상을 이용한 겹침 용접으로 건축배관용 동관접합의 대부분에 이용되고 있는 접합이다.

① 납땜접합(연납용접)

수파이프의 선단을 사이징 툴로 둥글게 하고 암파이프는 익스팬더(Expander)로 파이프를 넓힌다. 그리고 접합부의 길이는 파이프 지름의 약 1.5배로 한다. 접합면을 잘 닦아 용제인 페이스트(Paste)나 크림 플라스턴(Cream Plastann)을 발라 파이프 안에 삽입하여 가볍게 접합한다. 토치 램프로 접합부 주변을 균일하게 가열하여 납땜이나 와이어 플라스턴(Wire Plastann)을 사용하여 접합한다.

㉮ 용접온도는 200~300℃이다.
㉯ 가열방법은 토치 램프, 프로판, LP가스 토치, 전기가열기 등이 사용된다.
㉰ 용도는 사용압력이 낮은 곳에 또는 소구경관의 용접 시에 사용한다.
㉱ 용접재는 연납이다.

② 경납용접(Brazing)

인동납이나 은납 등을 가지고 접합부의 강도를 필요로 하는 곳에(온수관 접합 및 진동이 심한 곳) 사용된다. 동관과 동관을 산소, 수소 또는 산소, 아세틸렌으로 용접접합한다.

㉮ 용접온도는 700~850℃이다.
㉯ 강도가 강하다.
㉰ 용접 시 과열을 피한다.
㉱ 용도는 고온 및 사용압력이 높은 곳이나 특수한 곳에 사용된다.

(2) 플래어 접합(Flare Joint)

압축접합이라고 하며 일반적으로 구경이 20mm 이하의 파이프에 삽입하여 기계의 점검이나 보수 또는 동관을 분해할 경우에 접합하는 방법이다.

(3) 플랜지 접합(Flanged Joint)

① 동관용 플랜지의 종류는 끼워맞춤형, 홈형, 유합 플랜지형이 있다.
② 동관용 플랜지는 황동제, 포금제, 주철제 등의 재료가 있다.
③ 플랜지 접합은 강관의 플랜지 접합과 동일하나 유합 플랜지를 쓸 때에는 플랜지를 미리 관에 꽂아 놓고 관 끝을 뒤집기도 한다. 특히, 유합 플랜지는 플랜지 맞춤을 할 필요가 없으며 상당한 고압에도 잘 견딘다.

(4) 분기관 접합(Branch Pipe Joint)

메인 파이프의 중간에서 이음을 사용하지 않고 지관을 접합하는 것으로서 이 방법은 상용압력 20kg/cm² 정도의 배관에 사용된다.

4 연관의 접합

연관은 수도관의 분기점, 기구 배수관, 가스배관, 화학공업용 배관 등에 사용된다.

(1) 플라스턴 접합(Plastann Joint)

플라스턴이란 납(Pb)가 60%, 주석(Sn)이 40%인 합금으로서 용융점이 232℃이다. 이 용융점이 낮은 플라스턴을 녹여서 연관을 접합하고 이음의 형식에 따라 5가지가 있다.
① 수전소켓의 접합
② 맨더린 접합(Mandarin Duck Joint)
③ 지관접합(Branch Joint)
④ 직선접합
⑤ 맞대기 접합

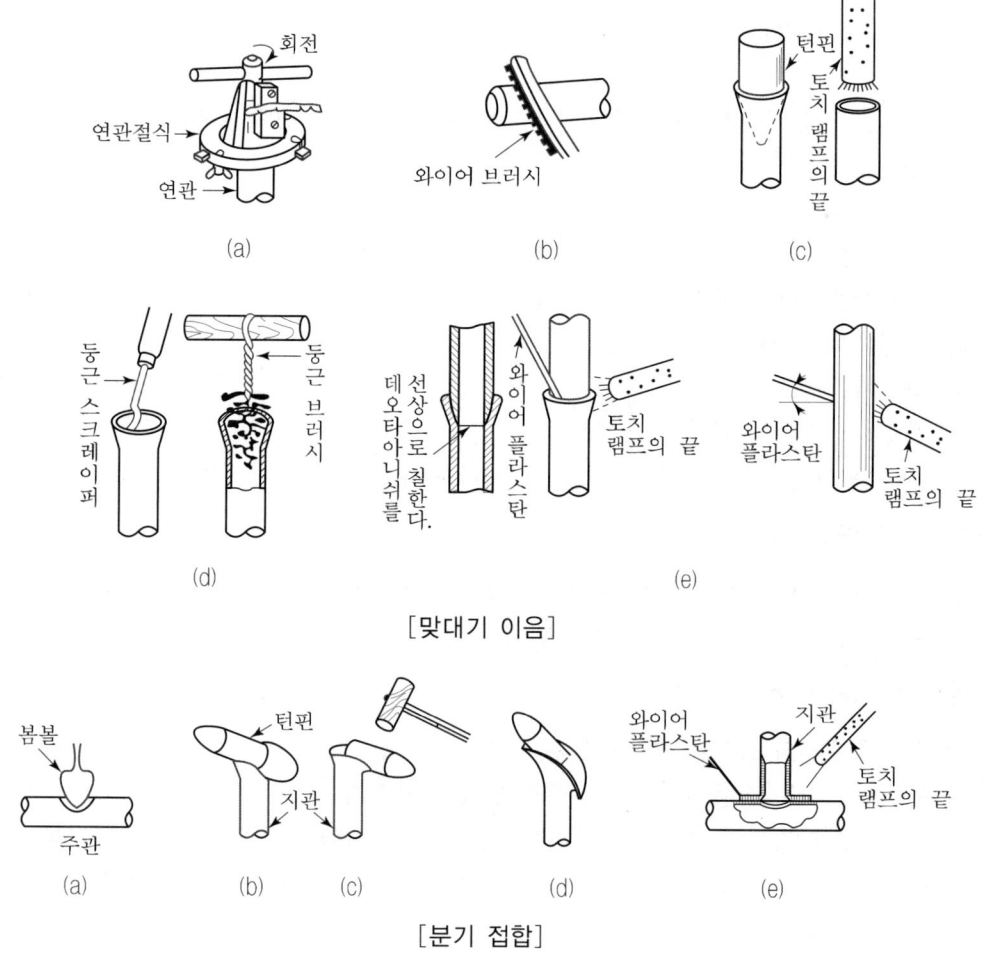

[맞대기 이음]

[분기 접합]

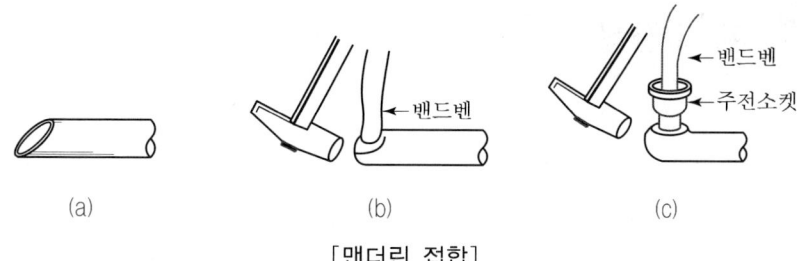

[맨더린 접합]

(2) 살붙임 납땜접합(Over Castsolder Joint)

라운드 접합(Round Joint) 또는 위프드 접합(Wiped Joint)이라고 하며 양질의 땜납을 260° 내외로 녹여서 사용한다. 이 방식은 땜납은 토치 램프로 녹여서 붙이는 방법과 녹은 땜납을 접합부에 부어서 접합하는 방법이 있다.

(3) 이종관의 결합

재질이 서로 다른 관끼리 접합하는 방법으로 연관과 강관을 또 연관과 동관을 접합하는 접합법이다.

5 염화비닐관의 접합

① 냉간 접합법
② 열간 삽입 접합법
③ 용접법 : 용접에는 핫제트건(Hot Jet Gun)을 사용하며 이 용접기는 $0.25 \sim 0.4 kg/cm^2$ 정도의 더운 압축공기를 노즐에서 분사시킨다.
④ 플랜지 접합법
⑤ 테이퍼 코어 접속법(Taper Coer Joint)
⑥ 테이퍼 조인트 접합법
⑦ 나사접합

6 폴리에틸렌관의 접합

① 용착 슬리브 접합
② 테이퍼 접합법
③ 인서트 접합

SECTION 03 관의 굽힘

1 강관의 굽힘

(1) 굽힘방법

① 수동굽힘
  ㉮ 냉간 굽힘
    ㉠ 수동 롤러 사용   ㉡ 냉간 벤더기 사용
  ㉯ 열간 굽힘 : 800~900℃까지 가열하여 굽힘
② 기계굽힘
  ㉮ 로터리식 벤더에 의한 굽힘
  ㉯ 램식 벤더에 의한 굽힘
    ㉠ 레버식   ㉡ 동력식

(2) 굽힘작업의 장점

① 연결용 이음쇠가 불필요하다.   ② 재료비가 절약된다.
③ 작업공정이 줄어든다.   ④ 접합작업이 불필요하다.
⑤ 관내의 마찰저항 손실이 적다.

▼ 로터리식 벤더에 의한 굽힘의 결함과 원인

결함	원인
관이 미끄러진다.	• 관의 고정이 잘못 되었다. • 관 고정용 클램프나 관에 기름이 묻었다. • 압력조정이 너무 빡빡하다.
주름이 발생한다.	• 관이 미끄러진다. • 받침쇠가 너무 들어갔다. • 굽힘형의 홈이 관경보다 크거나 작다. • 외경에 비해 두께가 작다. • 굽힘형이 주축해서 빗나가 있다.
관이 파손되었다.	• 압력 조정이 세고 저항이 크다. • 받침쇠가 너무 나와 있다. • 굽힘 반경이 너무 작다. • 재료에 결함이 있다.
관이 타원형으로 된다.	• 받침쇠가 너무 들어가 있다. • 받침쇠와 관 내경의 간격이 크다. • 받침쇠의 모양이 나쁘다. • 재질이 무르고 두께가 얇다.

(3) 벤딩 길이의 산출방법

① 90°, 45° 벤딩 곡선길이 산출방법

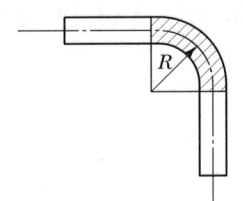 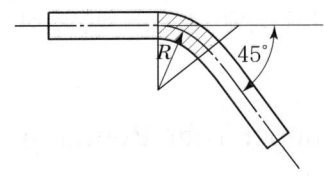

$$90° = 1.5 \times \frac{D}{2} + \frac{1.5 \times \frac{D}{2}}{20} \quad \text{또는} \quad 45° = \left(1.5R + \frac{1.5R}{20}\right) \times \frac{1}{2}$$

$$90° = 1.5R + \frac{1.5R}{20} \quad \therefore \ 90°, \ 45° = 2 \times 3.14 \times R(r) \times \frac{\theta}{360}$$

여기서, D : 지름, $R(r)$: 반지름

② 180° 벤딩 곡선길이 산출방법

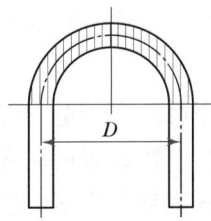 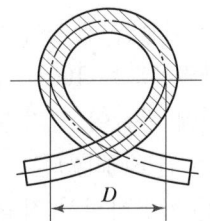

$$180° = 1.5D + \frac{1.5D}{20} \quad \text{또는} \quad 360° = 3D + \frac{3D}{20}$$

③ 360° 벤딩 곡선길이 산출방법

$$360° = \pi \cdot D = 3.14 \times \text{지름(원둘레 길이)}$$

※ 원둘레의 길이는 $D \times 3.14$ 이다.

④ 특수각 벤딩 곡선길이 산출방법

45°, 90°, 180°, 360° 외에 임의의 각도로 구부릴 때

$$L = \frac{B90°}{90} \times x \quad \text{또는} \quad L = \frac{1.5R + \frac{1.5R}{20}}{90} \times x$$

여기서, L : 곡선의 길이
x : 벤딩 각도

(4) 굽힘 가공 시 주의사항

① 관을 굽힐 때 굽힘 반지름(R)은 관경의 6~8배 정도로 한다.
② 기계 벤딩 시에 기계 구조상 재굽힘이 되지 않으므로 너무 무리하게 굽히지 않는다.

2 동관의 굽힘(Copper Tube Bending)

(1) 동관의 굽힘

① 냉간법 : 벤더기 사용
② 열간법 : 토치 램프 사용

(2) 사용상의 주의사항

① 냉간법의 굽힘 시에 곡률반경은 굽힘반경의 4~5배 정도로 하여야 한다.
② 열간법에서는 600~700℃의 온도로 가열하여 굽힌다.

3 연관의 굽힘

① 모래를 채우거나 심봉을 관속에 넣어 토치 램프로 가열해가며 구부린다.
② 연관 굽힘 시 가열온도는 100℃ 전후이다.
③ 굽힘 가공 시 배에 좌굴이 생기면 벤드벤으로 교정하고 급격한 가열은 피한다.
④ 관을 굽힐 때에는 원도(原圖)를 그려 형판(型板)을 만들고 굽히는 부분을 색연필로 표시를 하고 토치 램프를 가열하면서 적당한 온도에 이르면 지렛대를 굽히는 위치까지 꽂아서 서서히 굽힌다.

4 폴리에틸렌관의 굽힘

① 관 외경의 8배 이상의 굽힘반경으로 굽힐 때에는 상온가공이 되지만 굽힘반경이 그보다 작을 때는 가열하여 굽힌다.
② 가열 시에는 가열기나 100℃ 정도의 비등수를 사용한다.

5 염화비닐관

① 호칭경 200mm 이하의 관에는 모래를 채우지 않고 25~30mm의 관은 관 내부에 모래를 채우고 굽힌다.
② 굽힘반경은 관경의 3~6배로 하고 가열온도는 130℃ 전후로 한다.

SECTION 04 강관의 나사내기와 나사부 길이 산출법

1 강관 나사내기

① 관경 15~20A 강관은 나사를 1회에 낸다.
② 관경 25A 이상은 2~3회에 걸쳐 나사를 낸다.
③ 관의 지름에 따라 나사부의 길이는 다음 표에 따른다.

관지름	15	20	25	32	40	50	65	80	100	125	150
나사부 길이(mm)	15	17	19	22	23	26	28	30	32	32	37
나사가 물리는 길이(mm)	11	13	15	17	19	20	23	25	28	30	33

2 직선길이 산출

$$L = l + 2(A - a)$$
$$l = L - 2(A - a)$$
$$l' = L - (A - a)$$

여기서, L : 이음부의 중심선 길이
l, l' : 관의 실제 절단 길이

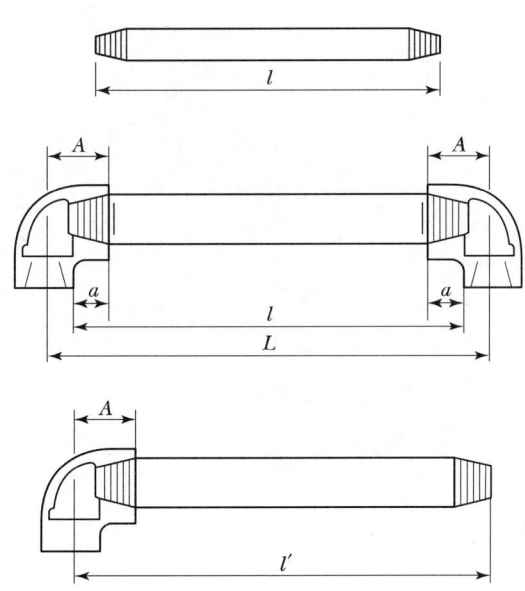

3 빗변길이 산출

l_1, l_2를 알고 빗변길이 l을 미지수라 하면 피타고라스의 정리를 응용하여,

$$l^2 = l_1^2 + l_2^2, \quad l = \sqrt{l_1^2 + l_2^2}$$

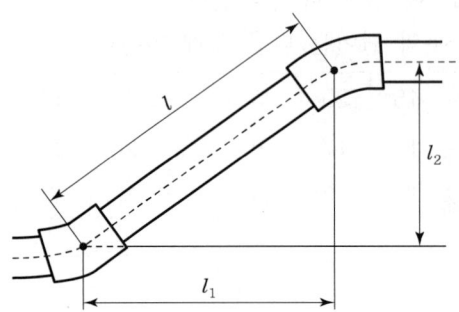

CHAPTER 04 배관도시법

PART 04 | 보일러 시공 및 부하, 배관일반

SECTION 01 배관도의 표시법

1 배관도의 종류

(1) 평면배관도

배관장치를 위에서 아래로 내려다보며 그린 그림이다.

(2) 입면배관도(측면도)

배관장치를 측면에서 본 그림이다.

(3) 입체배관도

입체적인 형상을 평면에 나타낸 그림이다.

(4) 부분조립도

배관조립도에 포함되어 있는 배관의 일부분을 작도한 그림, 즉 배관일부분을 인출하여 그린 그림이다.

2 치수기입법

(1) 치수표시

치수는 mm를 단위로 하여 표시하되 치수선에는 숫자만 기입한다. 각도는 일반적으로 도(°)로 표시하며 필요에 따라 도, 분, 초로 나타내기도 한다.

(2) 높이 표시

배관도면을 작성할 때 사용하는 높이의 표시는 기준선을 설정하여 이 기준선으로부터의 높이를 표시한다.
① EL 표시 : 배관의 높이를 관의 중심을 기준으로 표시한 것이다.
② BOP 표시 : 지름이 서로 다른 관의 높이를 표시할 때 관의 중심까지의 높이를 기준으로 표시하면 측정과 치수기입이 복잡하므로 배관제도에서는 관 바깥 지름의 아래 면까지의 높이를 기준으로 표시한다.

③ TOP 표시 : BOP와 같은 방법으로 표시하며, 관의 바깥지름의 윗면을 기준하여 표시한다.
④ GL 표시 : 포장된 지표면을 기준으로 하여 배관장치의 높이를 표시할 때 적용된다.
⑤ EL 표시(Elevation Line)
  ㉮ EL+4,500 : 관의 중심이 기준면보다 4,500mm 높은 장소에 있다.
  ㉯ EL-600BOP : 관의 밑면이 기준면보다 600mm 낮은 장소에 있다.
  ㉰ EL-350TOP : 관의 윗면이 기준면보다 350mm 낮은 장소에 있다.

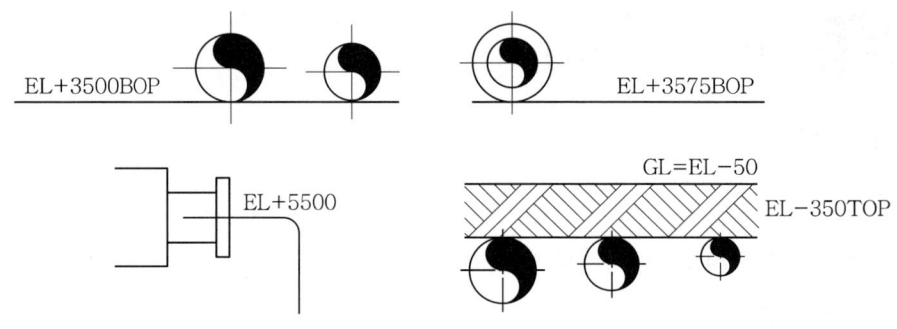

[관의 중심 표시]

3 배관도의 표시법

(1) 관의 표시법

관은 한 개의 실선으로 표시하며 같은 도면에서 다른 번호를 표시할 때는 같은 굵기의 선으로 표시하는 것이 원칙이다.

① **유체의 표시** : 관내를 흐르는 유체의 종류, 상태, 목적을 표시할 때에는 인출선을 긋고 그 위에 문자 기호로 도시하는 것을 원칙으로 한다.
  ㉮ 유체의 종류를 표시하는 문자기호는 필요에 따라 관을 표시하는 선을 끊고 표시할 수도 있다.
  ㉯ 유체의 방향을 표시할 때는 관을 표시하는 선 옆에 화살표로 표시한다.
② **관의 굵기와 재질의 표시** : 관의 굵기와 재질을 표시할 때는 관의 굵기를 숫자로 표시한 다음, 그 위에 관의 종류와 재질을 문자기호로 표시한다.
  ㉮ 복잡한 도면에서는 착오를 방지하기 위해 인출선을 그어서 도시한다.
  ㉯ 특별한 경우에는 관속을 흐르는 유체의 종류, 상태, 목적 또는 관의 굵기, 종류를 선의 종류나 굵기를 달리하여 표시하기도 한다.
③ 관의 접속상태
  ㉮ 접속하지 않을 때
  ㉯ 접속해 있을 때
  ㉰ 갈라져 있을 때

▼ 관의 접속상태 및 입체적 표시법

굽은 상태	실제 모양	도시기호
파이프가 A가 앞쪽 수직으로 구부러질 때		A ⊙
파이프 B가 뒤쪽 수직으로 구부러질 때		B ─○
파이프 C가 뒤쪽으로 구부러져서 D에 접속될 때		C ─○─ D

④ 관의 이음방법 표시

이음방법	나사이음	플랜지 이음	턱걸이 이음	용접이음	땜이음(납땜이음)
도시기호	─┼─	─┼┼─	─⊂─	─●─	─○─

(2) 밸브의 계기표시

밸브나 콕, 계기를 표시하는 경우는 다음과 같다. 특히 계기의 종류를 표시할 때에는 ○ 속에 압력계는 P, 온도계는 T 등으로 표시된다.

- (TW) : 열원
- (T1) : 온도지시계
- (TRC) : 온도기록조절기
- (⊗) : 트랜스미터
- (PR) : 압력기록기
- (PIC) : 압력지시조절기
- (PRC) : 압력기록조절기
- (PSV) : 압력안전밸브
- (F1) : 유량지시계
- (FR) : 유량기록계
- (TA) : 온도경보기
- (TR) : 온도기록기
- (PC) : 압력조절기
- (FRC) : 유량기록조절기
- (LC) : 수위조절기
- (LG) : 수고계
- (HCV) : 수동조절밸브

4 배관의 도시기호(KS 발췌)

(1) 관의 접속상태

접속상태	실제모양	도시기호
접속하고 있을 때		
분기하고 있을 때		
접속하지 않을 때		

(2) 투영에 의한 배관 등의 표시방법

관의 입체적 표시방법 : 1방향에서 본 투영도로 배관계의 상태를 표시하는 방법은 다음과 같다.

▼ 화면에 직각방향으로 배관되어 있는 경우

	정투상도	각도
관 A가 화면에 직각으로 바로 앞쪽으로 올라가 있는 경우		
관 A가 화면에 직각으로 반대쪽으로 내려가 있는 경우		
관 A가 화면에 직각으로 바로 앞쪽으로 올라가 있고 관 B와 접속하고 있는 경우		
관 A로부터 분기된 관 B가 화면에 직각으로 바로 앞쪽으로 올라가 있으며 구부러져 있는 경우		
관 A로부터 분기된 관 B가 화면에 직각으로 반대쪽으로 내려가 있고, 구부러져 있는 경우		

[비고] 정투영도에서 관이 화면에 수직일 때 그 부분만을 도시하는 경우에는 다음 그림 기호에 따른다.

(3) 화면에 직각 이외의 각도로 배관되어 있는 경우

정투영도	등각도
관 A가 위쪽으로 비스듬히 일어서 있는 경우	
관 A가 아래쪽으로 비스듬히 내려가 있는 경우	
관 A가 수평방향에서 바로 앞쪽으로 비스듬히 구부러져 있는 경우	
관 A가 수평방향으로 화면에 비스듬히 반대쪽 윗방향으로 일어서 있는 경우	
관 A가 수평방향으로 화면에 비스듬히 바로 앞쪽 윗방향으로 일어서 있는 경우	

[비고] 등각도의 관의 방향을 표시하는 가는 실선의 평행선 군을 그리는 방법에 대하여는 KS A 0111(제도에 사용하는 투상법) 참조

13.2 밸브·플랜지·배관부속품 등의 입체적 표시방법 : 밸브·플랜지·배관부속품 등의 등각도 표시방법은 다음 보기에 따른다.

[수평방향 배관]

CHAPTER 05 단열재, 보온재 및 내화물

SECTION 01 단열재

1 단열재

단열재란 열전도율이 작은 재료로서 고열공업 등 공업요로에서 방산되는 열량을 적게 하기 위하여 사용되는 재료를 의미하는, 즉 열손실 차단재이다.

(1) 단열재의 구비조건

① 열전도율이 작을 것
② 세포조직인 다공질층일 것
③ 기공의 크기가 균일할 것

(2) 단열재의 사용효과

① 축열용량이 작아진다.
② 열전도가 작아진다.
③ 노내 온도가 균일해진다.
④ 노내 외의 온도구배가 완만하여 스폴링이 방지된다.
⑤ 내화물의 수명이 길어진다.

(3) 내화물, 단열재, 보온재의 구분

구분		내용
내화재		SK 26(1,580℃) 이상 SK 42(2,000℃)까지
내화단열재		SK 10(1,300℃) 이상의 물질
단열재		800~1,200℃에 사용
보온재	유기질	100~500℃에 사용
	무기질	500~800℃에 사용
보냉재		100℃ 이하에 사용

(4) 단열재의 원료

　① 규조토　　　　　　　　　② 석면
　③ 질석　　　　　　　　　　④ 팽창혈암
　⑤ 펄라이트

(5) 다공질 방법

　① 톱밥이나 코크스와 같은 가연성 물질을 혼합한다.
　② 팽창질석이나 펄라이트 이외의 경량립을 이용한다.

(6) 단열재의 사용처

　① 단열벽돌 : 노 벽의 배면용으로 사용
　② 내화 단열벽돌 : 노의 고온면용으로 사용

2 단열재의 종류

(1) 저온용 단열벽돌

　① 규조토질 단열벽돌 : 천연에 퇴적한 규조토과로부터 형상을 잘라내어 분말로 만든 다음 소량의 가소성 점토 및 톱밥 등을 가해서 혼련 성형하여 800~850℃로 소성한 벽돌이다.
　　㉮ 안전사용온도 : 800~1,200℃
　　㉯ 특징
　　　㉠ 압축강도 및 내마모성이 작다.
　　　㉡ 재가열 시 수축이 크다.
　　　㉢ 스폴링 저항에 약하다.
　　　㉣ 열전도율이 0.12~0.2kcal/mh℃이다.
　　　㉤ 압축강도가 5~30kg/cm²이다.
　　　㉥ 기공률이 70~80%이다.
　　　㉦ 비중이 0.45~0.7 정도이다.

　② 적벽돌(보통벽돌) : 점토에 흙이나 강가에 모래 등을 배합하고 5% 정도의 산화철을 첨가하여 기계로 혼련 성형하며 900~1,000℃ 정도로 건조소성하여 만든다.
　　㉮ 안전사용온도 : 800~1,200℃
　　㉯ 특징
　　　㉠ 노벽 외측에 사용된다.
　　　㉡ 압축강도가 100~300kg/cm²이다.
　　　㉢ 겉보기 비중이 1.60~1.87이다.
　　　㉣ 흡수율이 4~23%이다.

(2) 고온용 단열벽돌

① **점토질 단열벽돌** : 점토질이나 고알루미나질에 톱밥이나 발포제를 넣어서 고온소성(1,200~1,500℃)하여 만든다.
  ㉮ 안전사용온도 : 1,200~1,500℃
  ㉯ 특징
    ㉠ 벽돌이 가벼워서 중량이 가볍다.
    ㉡ 고온용에 적합하다.
    ㉢ 스폴링 저항이 크다.
    ㉣ 노벽의 내·외면에 모두 사용된다.
    ㉤ 열전도율이 0.15~0.45kcal/mh℃이다.
    ㉥ 벽돌이 가벼워서 벽돌의 열용량이 가볍다.
    ㉦ 물체의 가열시간이 25~30% 정도 단축된다.

SECTION 02 보온재

1 보온재

보온재란 열전도율이 0.1kcal/mh℃ 이하의 작은 재료로서 보일러나 요로, 난방배관에서 유체의 방열손실을 방지하여 유체의 온도를 보호한다. 보온재의 열전도율을 작게 하려면 재질 내의 독립기포로 된 다공질층이어야 한다.

(1) 열전도율에 영향을 미치는 요소

① 재질 자체의 기공의 크기가 작을수록 열전도율은 작아진다.
② 재료의 두께가 두꺼울수록 열전도율은 작아진다.
③ 재료의 온도가 높을수록 열전도율은 커진다.
④ 재질 내의 흡습성이 클수록 열전도율은 커진다.
⑤ 재질 자체의 밀도가 클수록 열전도율은 커진다.
⑥ 재질 내의 기공이 균일할수록 열전도율은 작아진다.

(2) 보온재의 구비조건

① 열전도율이 작고 보온능력이 클 것
② 장시간 사용하여도 사용온도에 충분히 견딜 것
③ 장시간 사용하여도 변질되지 않을 것
④ 어느 정도의 기계적 강도를 가질 것
⑤ 가볍고 비중이 작을 것

⑥ 흡습성이나 흡수성이 적을 것
⑦ 시공이 용이할 것
⑧ 가격이 저렴할 것
⑨ 열전도율이 0.07kcal/mh℃ 이하일 것

(3) 보온재의 종류

① 유기질 보온재　　　② 무기질 보온재　　　③ 금속질 보온재

▼ 유기질 보온재의 종류

보온재 종류		최고 안전사용온도(℃)	열전도율(kcal/mh℃)
식물성	탄화코르크	130~200	0.035
	텍스류	120 이하	0.057~0.058
	면화	160	
동물성	우모펠트	130	0.042~0.046
	양모펠트	130	0.042~0.046
	닭털	130	0.042~0.046
인공폼	플라스틱폼	100~140	0.03
	고무폼	50~-50	0.03
	염화비닐폼	60~200	0.03
	폴리스티렌폼	70~-50	0.03
	폴리우레탄폼	130~-200	0.03

▼ 무기질 보온재의 종류

보온재 종류		최고 안전사용온도(℃)	열전도율(kcal/mh℃)
천연폼	석면(아스베스토)	350~550	0.048~0.065
	규조토	500	0.08~0.095
	질석팽창	650	0.1~0.2
	펄라이트	650	0.055~0.067
인공폼	암면(록울)	400~600	0.039~0.048
	규산칼슘	650	0.053
	탄산마그네슘	250	0.05~0.07
	그라스 울	300	0.036~0.057
	폼그라스	300	0.05~0.06
고온용	실리카 파이버	50~1,100	0.05
	세라믹 파이버	30~1,300	0.036~0.06

(4) 안전사용온도에 따른 보온재의 구분

① 저온용 보온재
② 중온용 보온재
③ 고온용 보온재

(5) 경제적인 보온방법

① 보온재의 두께가 두꺼우면 보온효율이 좋다.
② 보온재가 80mm 정도 두께일 때 경제적이다.
③ 보온재 두께가 증가하면 열손실 감소비율이 작아져서 경제적이지 못하다.

(6) 보온효율 계산

$$보온효율 = \frac{Q_0 - Q}{Q_0} \times 100\%$$

여기서, Q_0 : 배관에서 보온하지 않은 면에서 손실되는 열량(kcal/h)
Q : 보온면에서 손실되는 열량(kcal/h)

2 보온재의 종류

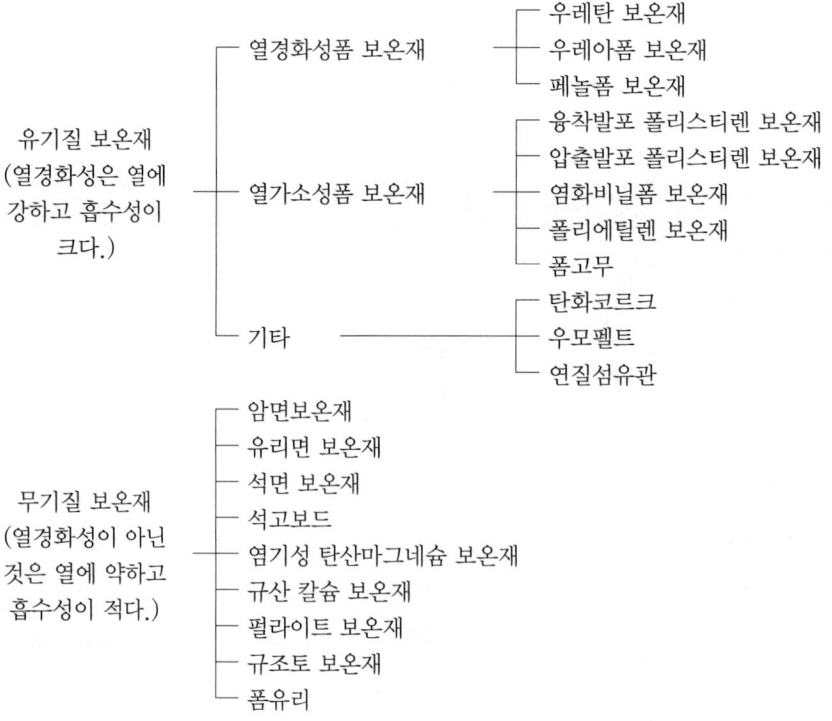

(1) 유기질 보온재

① 펠트(Felt)류 : 양모, 우모, 마모 등의 재료를 사용하여 만든 보온재이다.
    ㉮ 안전사용온도 : 100℃ 이하
    ㉯ 특징
        ㉠ 우모펠트는 곡면의 시공에는 매우 편리하다.
        ㉡ 주로 방로 보온용이다.
        ㉢ 아스팔트와 아스팔트천을 가지고 방습 가공한 것은 -60℃까지 보냉이 가능하다.

② 텍스류 : 톱밥, 목재, 펄프를 주원료로 해서 압축판 모양으로 만들었다.
    ㉮ 안전사용온도 : 120℃
    ㉯ 특징과 용도
        ㉠ 불연재이다.
        ㉡ 시공이 간편하다.
        ㉢ 실내벽의 보온 및 방음용이다.
        ㉣ 방습, 흡음, 단열의 효과가 있다.

③ 코르크(Cork)
    ㉮ 안전사용온도 : 130℃ 이하
    ㉯ 특징
        ㉠ 보냉, 보온재로서 우수하다.
        ㉡ 냉수, 냉매배관 및 냉각기 펌프 등의 보냉용에 사용된다.
        ㉢ 탄화코르크는 무르고 가요성이 없으므로 시공 면에 틈이 생기기 쉽다.

④ 기포성 수지(스폰지)
    ㉮ 사용온도 : 80℃ 이하
    ㉯ 특징
        ㉠ 열전도율이 낮고 가볍다.
        ㉡ 부드럽고 불연성이다.
        ㉢ 보온, 보냉효과가 있다.
        ㉣ 흡수성은 좋지 않다.
        ㉤ 굽힘성이 풍부하다.
    ㉰ 원리 : 합성수지, 고무 등으로 다공질 제품으로 만든 폼류이다.
    ㉱ 종류 : 경질우레탄폼, 폴리스티렌폼, 염화비닐폼 등

> **REFERENCE** 폴리스티렌폼과 폴리우레탄폼
>
> (1) 폴리스티렌폼(스티로폼) : 비드(Beads) 상태의 발포형 수지를 금형 내에서 발포시킨 것과 압출기를 사용하여 보드상태로 발포시킨 것이 있다.
>   ① 발포 폴리스티렌폼 : 원료는 구슬형태로 되어 있고, 이것은 발포제로서 휘발하기 쉬운 펜탄을 7% 함유하고 있다. 이 원료를 예비 발포기에 넣어서 수증기로 가열시켜 적당한 금형에 넣는다. 다시 증기가열 발포한 후 냉각시키고 표면에 붙은 수분을 건조시킨 후 소정의 두께로 절단하여 제품을 만든다.
>   ② 압출 발포 폴리스티렌폼 : 폴리스티렌과 발포제인 프레온가스 및 난연제 기타의 첨가물을 압출 발포기에서 용융시키고 고압고온하에서 겔(Gel) 상태로 만들고 대기 중에 압출하여 발포시켜 연속적으로 일정 비중의 판상으로 발포제를 만든 후 소정의 길이, 두께, 폭으로 절단하여 만든다.
> (2) 폴리우레탄폼 : 폴리올(Polyol)과 이소시아네이트(Isocyanate)의 중합반응에 의하여 수지화되며, 폴리올, 이소시아네이트, 촉매발포제난연제 등 원료의 배합비에 따라 연질 및 경질 등 여러 발포제를 만든다.
>   ① 연질제품 : 스폰지로서 널리 알려져 있으며 투습성이 우수하여 결로방지에 좋다.
>   ② 경질제품 : 주로 보온단열재로 이용되며 제품형태를 크게 나누면 주입, 스프레이, 절단보드, 라미네이트보드, 패널 등이 있다. 열전도율이 낮은(0.07kcal/mh℃) 프레온가스가 들어 있어 타 보온재보다 열전도율이 낮다.

(2) 무기질 보온재

① 석면(Asbestos, 아스베스토스)
  ㉮ 안전사용온도 : 450℃ 이하
  ㉯ 사용처 : 선박과 같이 진동이 심한 장치 등에 이상적이다.
  ㉰ 특징
    ㉠ 금이 가거나 부서지는 일이 없다.
    ㉡ 파이프, 탱크, 노벽 등의 보온용이다.
    ㉢ 400℃ 이상에서는 탈수분해되고 800℃ 이상에서는 강도와 보온성이 상실된다.
    ㉣ 곡관부나 플랜지부의 배관에 사용된다.

② 암면(Rock Wool)
  ㉮ 안전사용온도 : 400℃ 이하
  ㉯ 사용처 : 파이프, 덕트, 탱크 등의 보온용으로 사용된다. 또한 열설비의 보온, 보냉, 단열용이다.
  ㉰ 특징
    ㉠ 석면에 비하여 거칠고 부서지기 쉽다.
    ㉡ 보냉용의 것은 방습을 위하여 아스팔트 가공을 한다.
    ㉢ 식물성 접착제를 사용한 것은 습기에 약하다.
  ㉱ 원리 : 안산암이나 현무암 등에 석회석을 섞어서 용해하여 보온재를 만든다.

③ 규조토(광물질의 잔해 퇴적물)
    ㉮ 안전사용온도 : 500℃ 이하
    ㉯ 사용처 : 500℃ 이하의 파이프, 탱크, 노벽에 사용
    ㉰ 특징
        ㉠ 열전도율이 크고 단열효과가 낮아서 두껍게 시공한다.
        ㉡ 시공 후 건조시간이 길다.
        ㉢ 진동이 있는 곳에서는 사용이 불가능하다.
        ㉣ 접착성은 좋은 편이다.
        ㉤ 시공 시에 철사망 등의 보강재가 필요하다.
④ 탄산마그네슘 : 염기성의 탄산마그네슘 85%에 15%의 석면을 혼합하여 만든다.
    ㉮ 안전사용온도 : 250℃ 이하
    ㉯ 사용처 : 관, 탱크 등의 보온재로 사용된다.
    ㉰ 특징
        ㉠ 열전도율이 낮다.
        ㉡ 가볍고 보온성이 우수하다.
        ㉢ 300℃ 이상에서 열분해한다.
        ㉣ 방습가공한 것은 옥외배관이나 습기가 많은 지하 덕트 내의 배관에 적합하다.
⑤ 유리면(Gloss Wool, 그라스 울) : 유리를 용융하여 섬유화한 보온재이다.
    ㉮ 안전사용온도
        ㉠ 일반용 : 300℃ 이하
        ㉡ 방수처리용 : 600℃ 이하
    ㉯ 사용처 : 건축물의 벽이나 천장 바닥 등의 보온, 보냉 단열용이며 파이프나 덕트에도 사용이 가능하다.
    ㉰ 특징
        ㉠ 열전도율이 낮아서 보온효과가 크다.
        ㉡ 불연성이며 유독가스가 발생되지 않는다.
        ㉢ 시공이 간편하다.
        ㉣ 흡음효과가 크다.
        ㉤ 외관이 아름답다.
⑥ 광재면(Slag Woll, 슬래그 울) : 용광로에서 발생된 슬래그를 이용하여 만든다. 그 특징은 암면과 동일한 면이 많다.
    ㉠ 안전사용온도 : 400~600℃
⑦ 규산칼슘 보온재 : 규산질 분말에 소석회 및 3~15%의 석면섬유를 가해서 수증기를 이용하여 경화시킨 보온재이다.
    ㉮ 안전사용온도 : 650℃
    ㉯ 사용처 : 제철소, 발전소, 선박 등의 고온배관용이다.

㈐ 특징
  ㉠ 압축강도가 크다.
  ㉡ 내수성이 크다.
  ㉢ 내구성이 우수하다.
  ㉣ 시공이 용이하다.
  ㉤ 반영구적으로 사용이 가능하다.
⑧ **펄라이트(Pearlite, 팽창질석)** : 흑요석이나 진주암 등을 1,000℃로 가열하여 체적을 8~20배 정도로 팽창시켜 만든다. 접착제와 3~15%의 석면이 첨가된다.
  ㈎ 안전사용온도 : 650℃ 이하
  ㈏ 특징
    ㉠ 가볍다.
    ㉡ 단열성이 우수하다.

(3) 고온용 보온재(내화단열재)

① **실리카 파이버** : 규산칼슘계 광물을 수열반응시켜 고온용 결정구조를 갖게 한 보온재이다.
  ㈎ 안전사용온도 : 1,100℃
  ㈏ 사용처 : 섬유공업 파이프나 탱크 보일러 등
② **세라믹 파이버(내화단열재)** : 고순도의 실리카 알루미나를 2,000℃에서 용융 섬유화한 보온재로서 고온용이다.
  ㈎ 안전사용온도 : 1,300℃
  ㈏ 사용처 : 열설비 및 석유화학 공업에 쓰이며 우주선의 외표피 등에 사용된다.
③ **실리카와 세라믹의 특징**
  ㈎ 고온에서 열전도율이 낮아서 단열효과가 크다.
  ㈏ 가볍고 유연성이 크다.
  ㈐ 강도가 강하다.
  ㈑ 시공성이 좋다.
④ **금속질 보온재** : 금속 특유의 복사열에 대한 반사특성을 이용하여 보온효과를 얻는 것으로서 만든 보온재이다.
  ㈎ **알루미늄 박(泊)** : 알루미늄 판 또는 박(泊)을 사용하여 공기층을 만들며 그 표면은 열복사에 대한 방사능을 이용한 금속질 보온재이다. 특히 두께가 10mm 이하일 때가 효과가 크다.

CHAPTER 06 온수온돌 시공기준

PART 04 | 보일러 시공 및 부하, 배관일반

SECTION 01 온수온돌의 시공

1 온수온돌 시공기준

(1) 적용범위

이 기준은 온수보일러(이하 "보일러"라 한다)의 온수를 방열관에 공급하여 난방하는 온수온돌의 시공에 관한 구조와 재료 및 시공기준에 대하여 적용한다.

(2) 용어의 정의

① **단열층** : 온수온돌에서 방출되는 열이 하향으로 손실되는 것을 방지하기 위하여 축열재 밑을 단열처리한 층이다.
② **축열층** : 방열관으로부터 방출되는 열을 축적시키기 위하여 방열관 주위에 골재 또는 시멘트 몰탈 등을 충진시키는 층이다.
③ **공기방출기** : 순환수 중에 함유된 기포를 외기로 방출시키기 위한 장치이다.
④ **방열관** : 온돌 속에 온수를 순환시켜 열을 얻기 위하여 매립하는 관이다.

(3) 구조

온수온돌은 바탕층, 방수층, 단열층(설치하는 경우에 한함), 축열층, 방열관, 미장 마감층으로 구성된다.

① **바탕층** : 지면에 면하는 바탕은 배합비 1 : 3 : 6(시멘트 : 모래 : 자갈)인 콘크리트로 설치하고 두께 30mm 이상이어야 한다.
② **단열층** : 단열재를 사용하고, 그 두께는 건축법 시행규칙 규정에 따른다.
③ **축열층** : 축열층의 두께는 40mm 이상, 70mm 이하이어야 한다.
④ **방열관**
  ㉮ 방열관은 호칭 직경이 15mm 이상인 것으로 하고, 관의 간격은 150mm 이상 400mm 이하로 하여야 한다.
  ㉯ 분기되는 1개 구간의 배관길이는 50m를 초과해서는 안 된다. 단, 구멍탄 온수보일러일 경우에는 35m를 초과해서는 안 된다.

⑤ 미장 시멘트몰탈의 품질은 KSF 2262에 적합한 것이어야 하며, 그 두께는 방열관의 윗표면에서 15mm 이상, 25mm 이하를 유지하여야 한다.
⑥ 배관의 구배는 1/200 정도로 하여야 하며, 구멍탄용 온수온돌은 자연순환이 가능하도록 배관하여야 한다.
⑦ 분기되는 방열관의 1개 구간마다 공기방출기를 설치하여야 한다.

(4) **재료**

① **단열재** : 건축법 시행규칙 규정에 의한 단열재 중에서 압축강도 0.9kg/cm 이상인 것을 사용하여 온수온돌이나 가구 등의 하중에 의하여 변형이 없도록 하여야 한다.
② **방열관** : 내식성과 내구성이 있는 자재이어야 한다.
③ 골재, 시멘트몰탈 콘크리트 등을 사용한다.

(5) **시공**

① **기초**
  ㉮ 지면과 접하지 않는 슬라브인 경우에는 기초 콘크리트 및 방수층을 생략한다.
  ㉯ 방수층은 주변 벽면의 10cm 높이까지 방수처리되도록 하여야 한다.
② **단열층** : 단열재는 바닥전체에 틈새가 없도록 시공하여야 한다.
③ **축열층** : 축열재의 충진 시에 난방배관이 뒤틀리거나 밀리지 않도록 하고, 보온재가 충격 등에 의해 손상을 입지 않도록 하여야 한다.
④ **방열관**
  ㉮ 받침대 위에 배관을 하는 경우에는 관의 재질에 따라 1m 이내의 적정간격으로 받침대를 설치하여야 하며, 흔들림을 방지하기 위하여 클립프나 철선을 사용하여 연결하여야 한다.
  ㉯ 매립되는 부위에서는 되도록 이음을 피해야 한다.
⑤ **미장 마감층** : 마감층은 수평이 되도록 하고 바닥의 균열방지를 위하여 48시간 이상 습윤상태로 자연 양생하여야 한다.

(6) **시험**

① **마감층의 평활도** : 마감층 표면에 1m 길이의 곧은 자를 놓았을 때 2mm 이상의 틈이 있어서는 안 된다.
② **온수 순환시험** : 보일러에 연료를 연소시켜 온수 순환상태를 시험한다.

(7) **기타**

이 기준에 명시되지 않은 구조, 재료, 시공방법으로서 본 기준에서 정하는 이상의 성능이 있다고 인정되는 경우에는 본 기준을 적용하지 않을 수 있다.

2 온수온돌 시공층 단면도

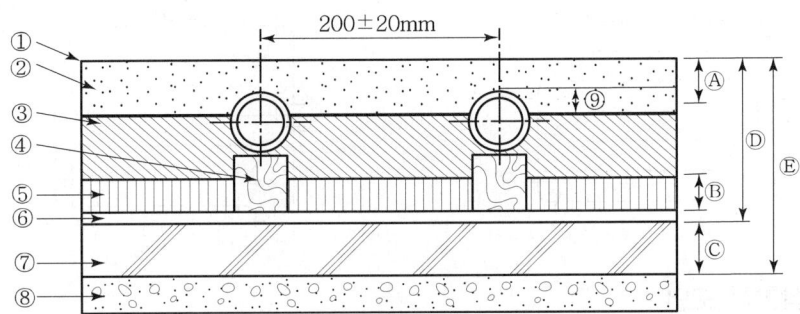

① 장판
② 시멘몰탈층
③ 자갈층
④ 받침재
⑤ 단열보온층
⑥ 방수층
　Ⓐ 2~3cm
　Ⓑ 3cm 이상
　Ⓒ 3cm 이상
　Ⓓ 13cm 이상
　Ⓔ 16~20cm
⑦ 배관기초(콘크리트층)
⑧ 흙, 바닥층
⑨ $\frac{1}{4}D$ 정도
　※ D : 방열관 외경(mm)

3 상향식 온수온돌 난방

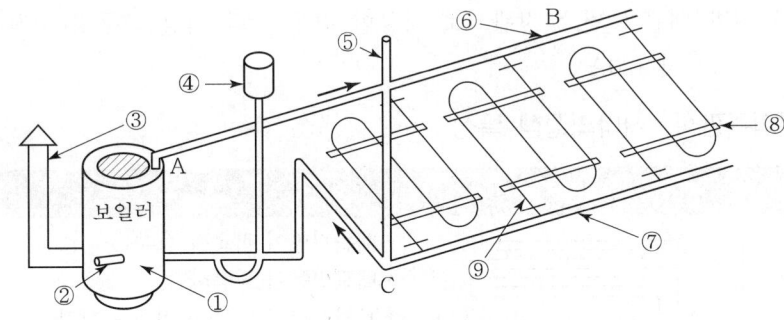

① 온수보일러
② 공기조절기
③ 굴뚝
④ 팽창탱크
⑤ 공기방출기
⑥ 송수주관
⑦ 환수주관
⑧ 방열관 받침재
⑨ 온수온돌 방열관
⑩ 방열관의 ⑨번 피치 : 200±20mm
⑪ C 부분이 가장 높게 시공된다.(공기방출기 설치)

(1) 온수온돌 상향식 분리주관식 구배표시

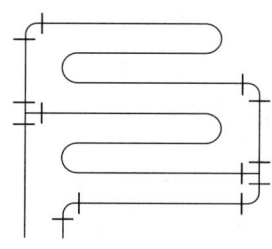 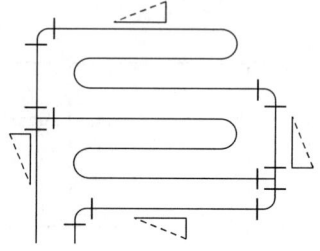

(2) 온수온돌 상향식 도면

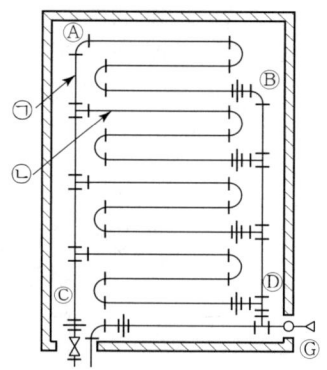

① 주관 및 방열관의 가로, 세로 방향의 적당한 경사도 : 1/200
② 도면에서 송수주관 및 환수주관의 위치 비교 : 전체 면에서 높은 곳부터 Ⓓ-Ⓑ-Ⓐ-Ⓒ
③ Ⓖ의 명칭 및 개방식일 경우 설치상의 주의사항
　공기방출기이며, 팽창탱크 수면보다 50cm 높게 한다.
④ ㉠과 ㉡을 일반 배관용 탄소 강관으로 사용할 경우 각각 적당한 구경(호칭지름)
　㉠ 32A　　　㉡ 20A

(3) 온수온돌 분리주관식 · 사다리꼴식 특징

구분	배관도	특징
분리주관식		• 배관저항이 비교적 적다. • 배관비용이 적당하다. • 1갈래 길이는 15m 이내로 한다.
사다리꼴식		• 나사 이음식은 관 이음쇠 소비가 많다. • 용접 이음식은 배관저항이 적다. • 구배잡기가 용이하다. • 양산이 가능하다.

4 하향식 온수온돌 배관도

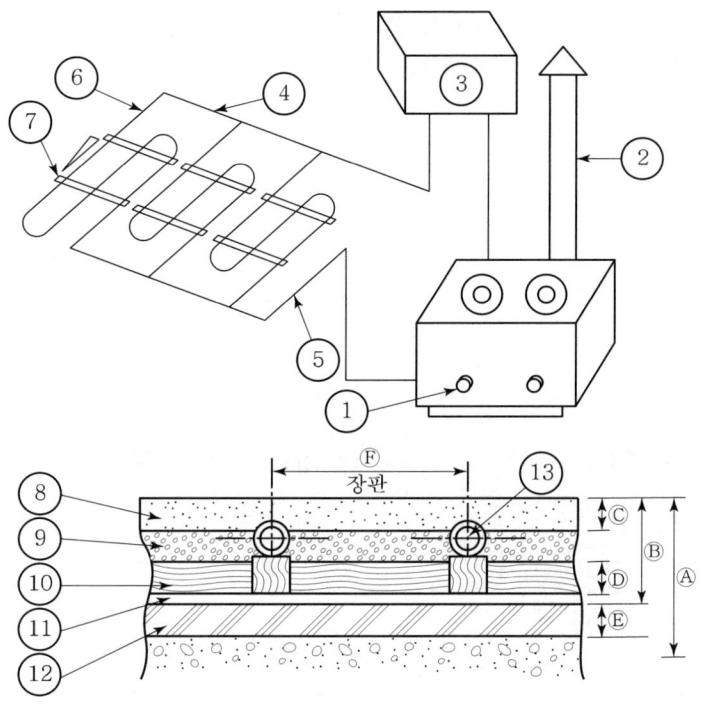

① 공기구멍(공기조절기) ② 굴뚝(연돌) ③ 팽창탱크겸 공기 방출기
④ 송수주관 ⑤ 환수주관 ⑥ 방열관
⑦ 받침재 ⑧ 시멘트 몰탈층 ⑨ 자갈층 ⑩ 단열층

- ⑬번의 구배 : $\dfrac{1}{200}$ 이상
- Ⓐ~Ⓔ의 적당한 치수 : Ⓐ 16~20cm, Ⓑ 13cm 이상, Ⓒ 2~3cm, Ⓓ 3cm 이상, Ⓔ 3cm 이상
- ⑥번의 한 갈래당 길이 : 15m

(1) 자연순환식 온수온돌

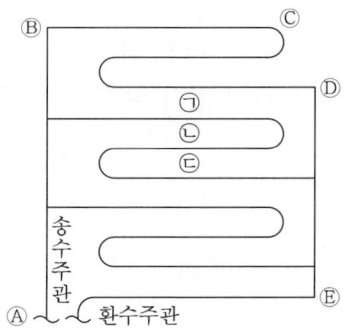

① 이 배관이 상향순환식일 경우 공기방출기의 설치위치 : Ⓔ
② 이 배관이 하향순환식일 경우 공기방출기의 설치위치 : Ⓐ 또는 공기방출기와 팽창탱크를 겸하여 보일러 바로 위 온수 출구에 설치한다.
③ ㉠, ㉡, ㉢의 방열관 중 ㉡ 방열관의 경사도 : 수평

(2) 온수온돌 배관방법

① 직렬식

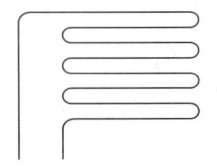

② 사다리꼴식

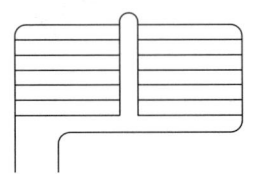

③ 병렬식(인접주관식)

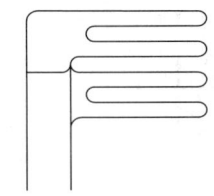

④ 병렬식(분리주관식)

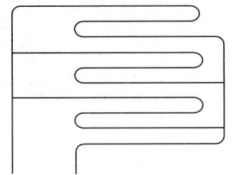

(3) 온수온돌 상향식 배관도

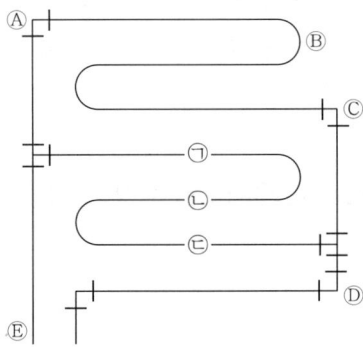

① 상향식일 경우 Ⓐ~Ⓔ 중 공기방출기 설치 위치 : Ⓓ(환수관선 부근)
② 하향식일 경우 Ⓐ~Ⓔ 중 공기방출기 설치 위치 : 공기방출기와 팽창탱크를 겸하여 보일러 바로 위에 설치
③ ㉡의 경사도 : 수평

(4) 온수온돌 시공층 단면도

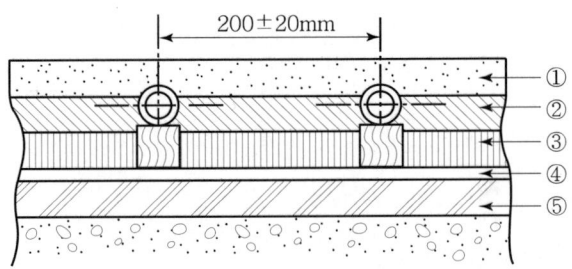

① 시멘몰타르층   ② 자갈층   ③ 단열층   ④ 방수층   ⑤ 콘크리트층

(5) 온수온돌 시공층 단면도

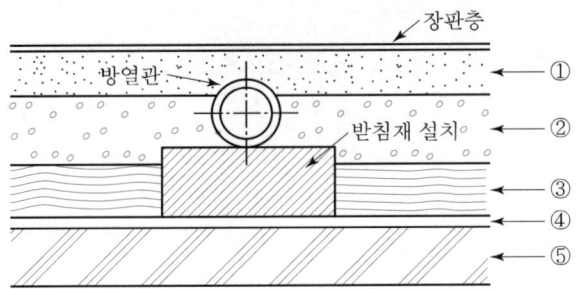

① 시멘트 모르타르층   ② 자갈층   ③ 단열층   ④ 방수층   ⑤ 콘크리트층

(6) 온수온돌 시공순서

배관기초 → 방수처리 → 단열처리 → 받침재 설치 → 배관작업 → 공기방출기 설치 → 보일러 설치 → 팽창탱크 설치 → 굴뚝 설치 → 수압시험 → 온수순환 및 경사도 조정 → 골재충전 → 시멘트 몰탈 바르기 → 양생건조작업

05 작업형 문제

ENERGY MANAGEMENT

CHAPTER 01 배관작업 유효나사길이 산출법
CHAPTER 02 배관부속 종류
CHAPTER 03 강관 및 동관 조립
CHAPTER 04 보일러 및 부속장치 계통도

CHAPTER 01 배관작업 유효나사길이 산출법

PART 05 | 작업형 문제

SECTION 01 유효나사길이 산출법

1 Size별 나사부의 길이

관경	15A	20A	25A	32A	40A
부속삽입길이	11mm	13mm	15mm	17mm	19mm
나사가공길이	13mm	15mm	19mm	21mm	25mm

2 동일 Size 부속의 공간길이

관경	15A A−a	20A A−a	25A A−a	32A A−a	40A A−a
90° 엘보	27−11=16	32−13=19	38−15=23	46−17=29	48−19=29
45° 엘보	21−11=10	25−13=12	29−15=14	34−17=17	37−19=18
유니언	21−11=10	25−13=12	27−15=12	30−17=13	34−19=15
정티	27−11=16	32−13=19	38−15=23	46−17=29	48−19=29
소켓	18−11= 7	20−13= 7	22−15= 7	25−17= 8	28−19= 9
엔드 캡	20−11= 9	24−13=11	28−15=13	30−17=13	32−19=13
부싱	배관부속 부싱이 들어가는 경우의 공간치수 $A+11-a'$				

3 용접용 배관 부속 끝단에서 중심축까지의 거리(A)

관경	15A		20A		25A		32A		40A	
	38		38		38		48		57	
90° 엘보	20A×15A		25A×20A		25A×15A		32A×25A		32A×20A	
	20A	19	25A	26	25A	26	32A	26	32A	26
	15A	19	20A	26	15A	26	25A	26	20A	26
리듀서	40A×32A		40A×25A		40A×20A		40A×15A		32A×15A	
	40A	32	40A	32	40A	32	40A	32	32A	26
	32A	32	25A	32	20A	32	15A	32	15A	26

4 이경부속의 공간길이 산출법

		20A×15A		25A×20A		25A×15A		32A×25A		32A×20A	
이경 엘보	20A	29−13=16	25A	34−15=19	25A	32−15=17	32A	41−17=24	32A	38−27=21
	15A	30−11=19	20A	35−13=22	15A	33−11=22	25A	45−15=30	20A	40−13=27
		40A×32A		40A×25A		40A×20A		40A×15A		32A×15A	
	40A	45−19=26	40A	41−19=22	40A	38−19=19	40A	35−19=16	32A	34−17=17
	32A	48−17=31	25A	45−15=30	20A	43−13=30	15A	42−11=31	15A	38−11=27
		20A×15A		25A×20A		25A×15A		32A×25A		32A×20A	
이경 티	20A	29−13=16	25A	34−15=19	25A	32−15=17	32A	40−17=23	32A	38−17=21
	15A	30−11=19	20A	35−13=22	15A	33−11=22	25A	42−15=27	20A	40−13=27
		40A×32A		40A×25A		40A×20A		40A×15A		32A×15A	
	40A	45−19=26	40A	41−19=22	40A	38−19=19	40A	35−19=16	32A	34−17=17
	32A	48−17=31	25A	45−15=30	20A	43−13=30	15A	42−11=31	15A	38−11=27
		20A×15A		25A×20A		25A×15A		32A×25A		32A×20A	
리듀서	20A	19−13=6	25A	22−15=7	25A	21−15=6	32A	25−17=8	32A	26−17=9
	15A	19−11=8	20A	20−13=7	15A	20−11=9	25A	23−15=8	20A	22−13=9
		40A×32A		40A×25A		40A×20A		40A×15A		32A×15A	
	40A	26−19=7	40A	29−19=10	40A	26−19=7	40A	26−19=7	32A	24−17=7
	32A	26−17=9	25A	23−15=8	20A	26−13=13	15A	26−11=15	15A	24−11=13

SECTION 02 배관 실제 절단길이 산출법

1 직선길이 산출

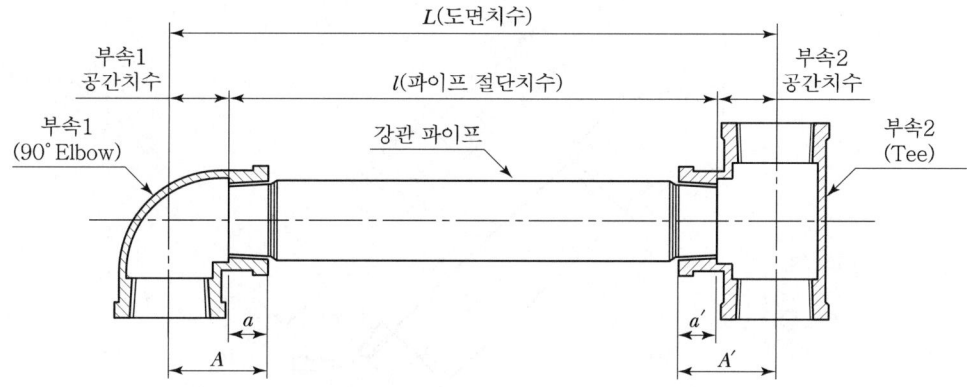

① L : 배관의 중심선 길이
② l : 관의 길이
③ A : 이음쇠의 중심선에서 부속 끝 단면까지의 치수
④ a : 나사길이

REFERENCE 파이프의 실제(절단)길이

- 양쪽 부속이 같은 경우 : $l = L - 2(A - a)$
- 양쪽 부속이 다를 경우 : $l = L - [(A - a) + (A' - a')]$

2 굽힘길이 산출

$L = l_1 + l + l_2$

$l = 2\pi R \dfrac{\theta}{360}$

따라서, $L = l_1 + 2\pi R \dfrac{\theta}{360} + l_2$

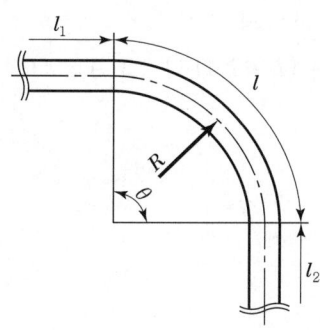

3 빗변길이 산출

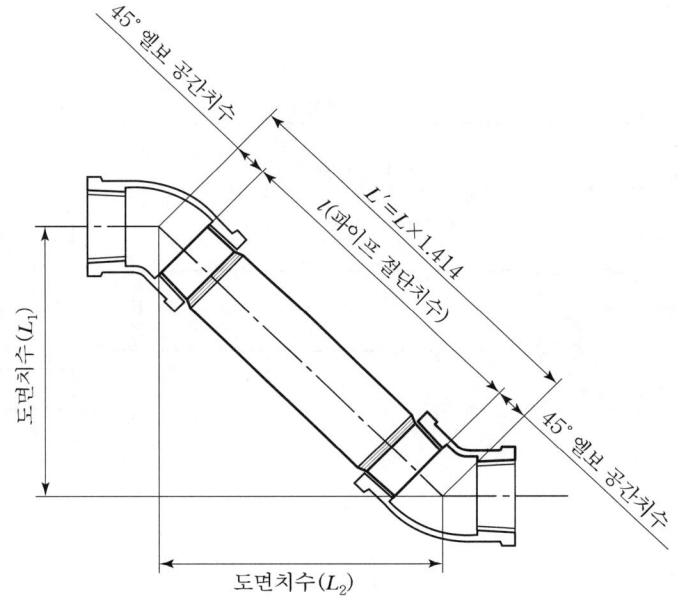

① $(L')^2 = L_1{}^2 + L_2{}^2$

$L' = \sqrt{L_1{}^2 + L_2{}^2}$

만약, $L_1 = L_2$이면

$L' = L_1\sqrt{2}$

따라서, 관의 길이

$l = L' - [(A-a) + (A'-a')]$
$\quad = (L \times \sqrt{2}) - [(A-a) + (A'-a')]$
$\quad = (L \times 1.414) - [(A-a) + (A'-a')]$

② 동일부속($A = A'$)의 경우

관의 길이(l) $= (L \times 1.414) - 2(A-a)$

4 부싱 부품 결합 부분의 공간길이 산출

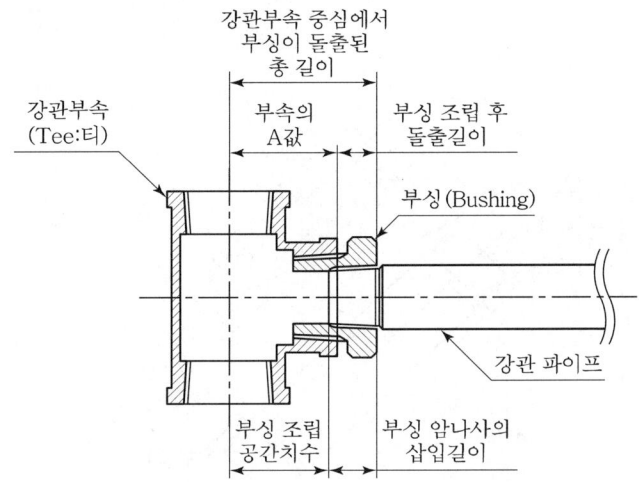

부싱 조립 공간치수 = (부속의 A값) + (부싱 조립 후 돌출길이) − (부싱 암나사의 삽입길이)

5 어댑터 결합 동관길이 산출

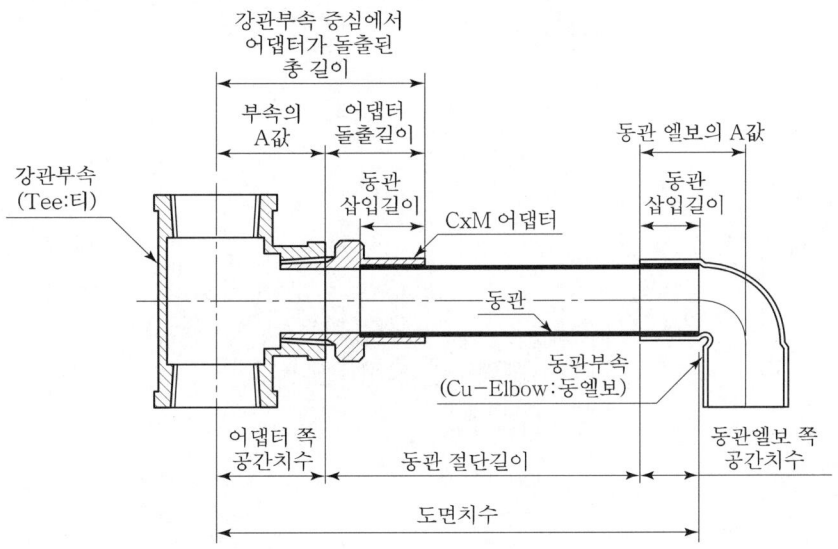

동관 절단길이 = 도면치수 − (① 어댑터 쪽 공간치수) + (② 동관부속 공간치수)
① 어댑터 쪽 공간치수 = (부속의 A값) + (어댑터 조립 후 돌출길이) − (어댑터 동관 삽입길이)
② 동관부속 공간치수 = (동관부속의 A값) − (동관부속의 동관 삽입길이)

6 플랜지 용접 부분의 공간치수 계산

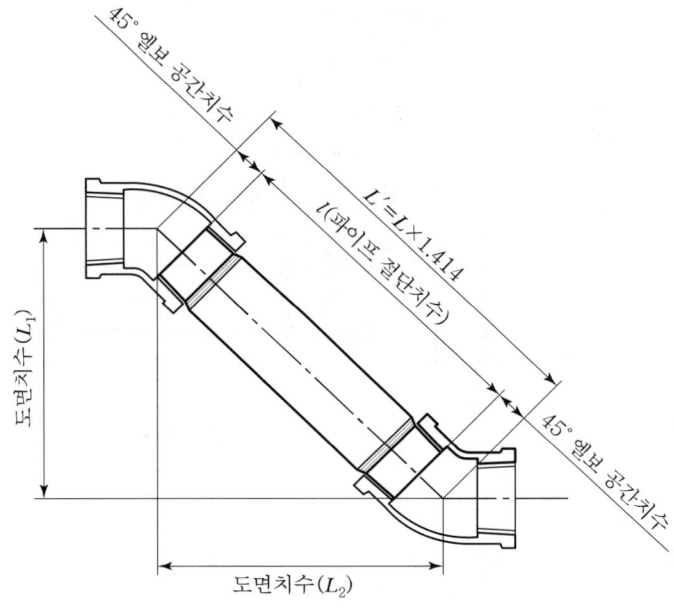

플랜지 부분의 공간치수 = $\dfrac{개스킷\ 두께}{2}$ + 압연판 두께

PART 05 | 작업형 문제

CHAPTER 02 배관부속 종류

SECTION 01 배관부속 및 동관부속 명칭

풀이 90° 엘보(25×25)

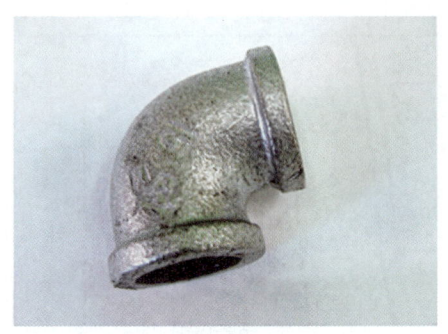

풀이 90° 엘보(25×25, 20×20)

풀이 ▶ 90° 엘보(20×20)

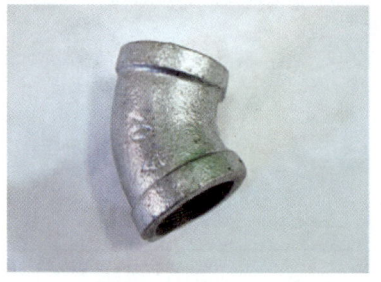 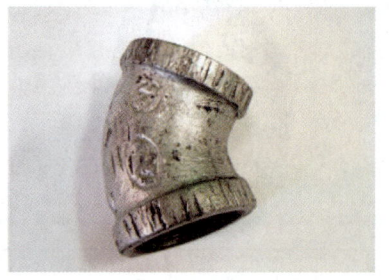

풀이 ▶ 45° 엘보(15×15, 20×20)

 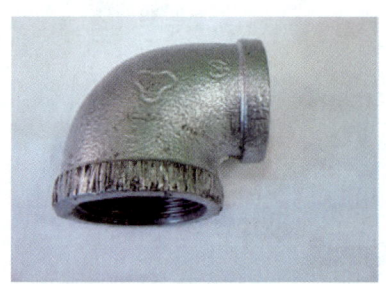

풀이 ▶ 이경엘보(32×15, 32×20)

[풀이] 이경엘보(32×15, 25×20)

[풀이] 티(25×25)

[풀이] 이경티(25×15, 25×20)

🔴풀이 리듀서(25×20)

🔴풀이 부싱(25×20, 20×15)

🔴풀이 부싱(25×20)

풀이 45° 엘보 + 부싱 결합

풀이 티 + 부싱 결합

풀이 유니언(25×25, 20×20)

풀이 유니언(25×25)

풀이 SORF 플랜지

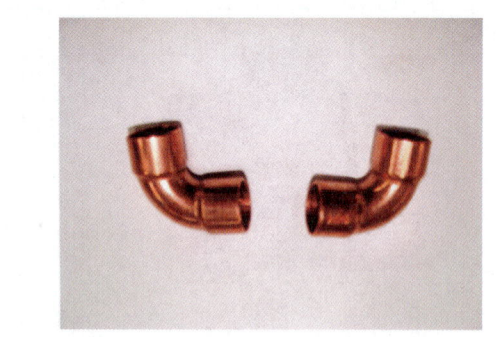 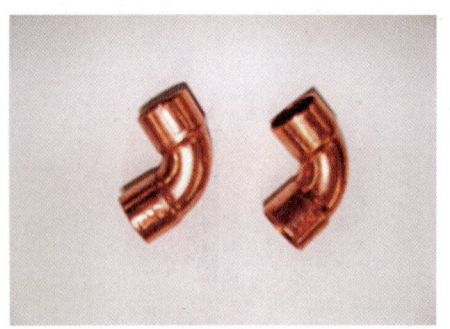

풀이 동관부속(90° 엘보)

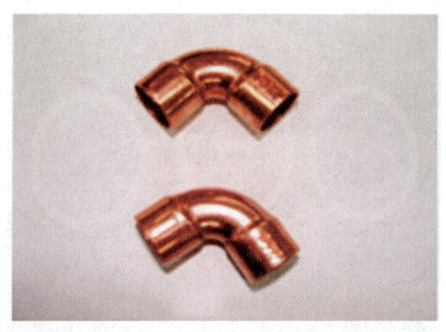

풀이 동관부속(90° 엘보)

풀이 동관부속(어댑터 C×M형)

풀이 동관부속(CM어댑터)

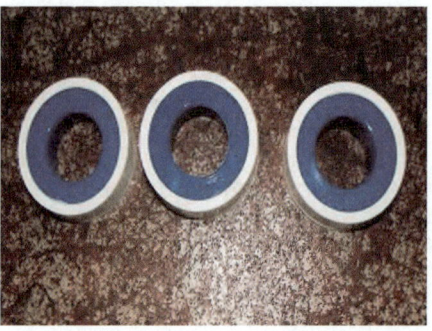

🔸풀이 패킹제(태프론)

🔸풀이 동관부속(이경티, 정티)

🔸풀이 동관부속(리듀서 : 줄임쇠)

ENERGY MANAGEMENT

풀이 동관부속(CM어댑터)

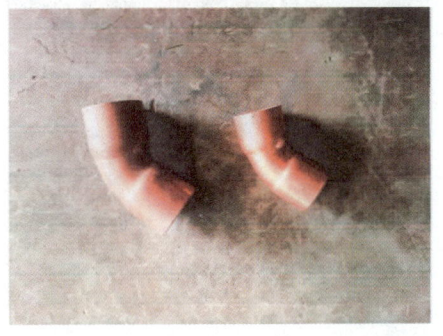

풀이 동관부속(45°, 90° 엘보)

SECTION 02 파이프머신

풀이 파이프머신(파이프 자동나사 절삭기)

SECTION 03 동관 용접을 위한 가스용접 자재

풀이 동관 파이프

풀이 붕사

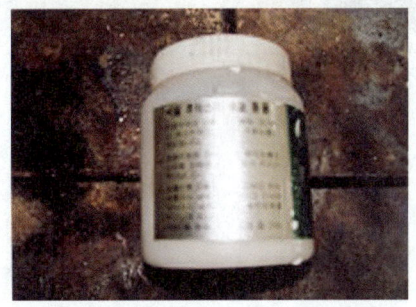

풀이 붕사(가스용접용)

풀이 아세틸렌 가연성 가스 용기

풀이 산소와 아세틸렌 연결(가스용접용)

풀이 산소, 아세틸렌가스 용기

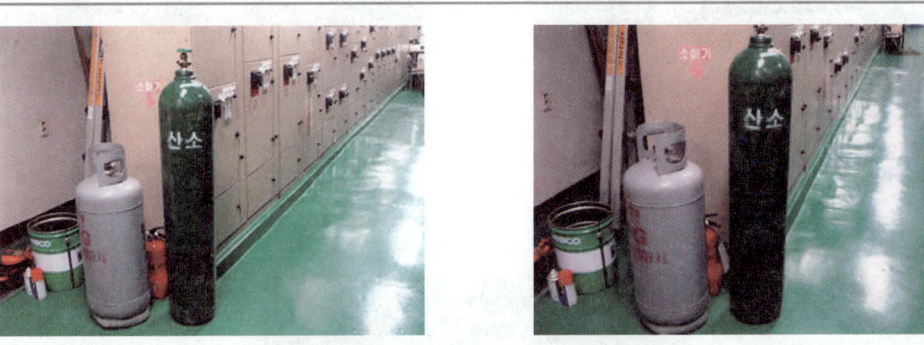

풀이 LPG, 산소 가스용접 용기

SECTION 04 작업형 공구

풀이 파이프커터

풀이 파이프렌치

풀이 파이프바이스

풀이 평바이스

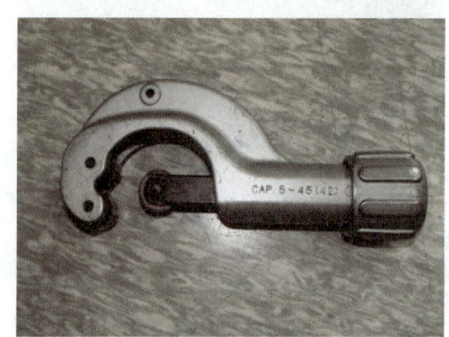 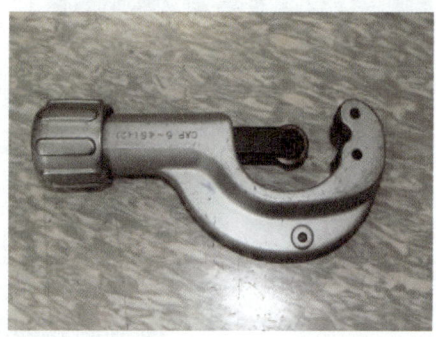

풀이 동관 커터

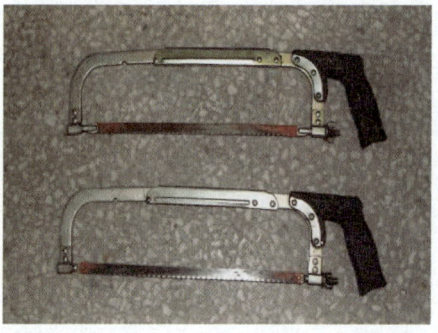

풀이 수동 나사절삭용 톱

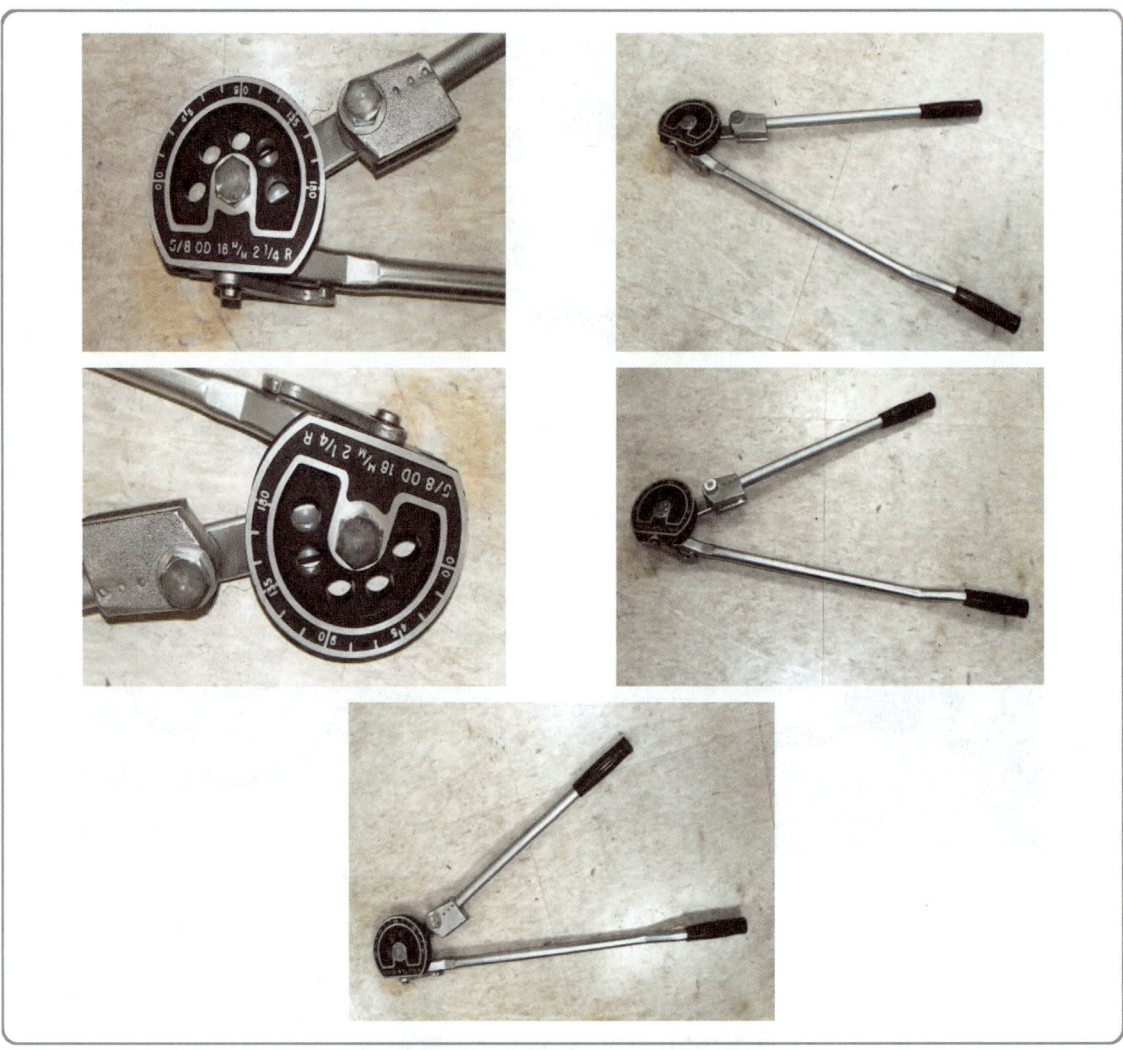

풀이 동관 일체형 벤더

CHAPTER 03 강관 및 동관 조립

PART 05 | 작업형 문제

SECTION 01 지급재료 목록

일련번호	재료명	규격	단위	수량	비고
1	강관(SPP), 흑관	25A×1200	개	1	KS 규격품
2	강관(SPP), 흑관	20A×1500	개	1	KS 규격품
3	동관(경질 L형, 직관)	15A×800	개	1	KS 규격품
4	90° 엘보(가단주철제)(백)	20A	개	2	KS 규격품
5	90° 엘보(가단주철제)(백)	25A	개	1	KS 규격품
6	90° 이경엘보(가단주철제)(백)	25A×20A	개	2	KS 규격품
7	90° 이경엘보(가단주철제)(백)	20A×15A	개	2	KS 규격품
8	45° 엘보(가단주철제)(백)	20A	개	1	KS 규격품
9	이경티(가단주철제)(백)	25A×20A	개	1	KS 규격품
10	리듀서(가단주철제)(백)	25A×20A	개	1	KS 규격품
11	동관용 어댑터(C×M형)	황동제 15A	개	2	KS 규격품
12	동관용 엘보(C×C형)	동관제 15A	개	2	KS 규격품
13	평플랜지(RF형)	25A(10kgf/cm^2)	개	2	KS 규격품
14	플랜지 개스킷(비석면제)	25A 플랜지용(t1.5mm)	개	1	KS 규격품
15	육각 볼트, 너트(플랜지용)	M16×50	조	4	KS 규격품
16	실링 테이프	t0.1×13×10,000	R/L	5	
17	인동납 용접봉	B CuP-3(ϕ2.4×500)	개	1	
18	플럭스(동관 브레이징용)	200g	통	1	30인 공용
19	고산화티탄계 아크 용접봉	ϕ3.2×350	개	8	KS : E4313
20	산소	120kgf/cm^2(내용적 40L)	병	1	30인 공용
21	아세틸렌	3kg	병	1	30인 공용
22	절삭유(중절삭용)	활성 극압유(4L)	통	1	30인 공용
23	동력나사절삭기용 체이서	25A용	조	1	15인 공용
24	동력나사절삭기용 체이서	25A용	조	1	15인 공용

SECTION 02 강관 조립에 대한 유효치수 값

이음쇠 중심에서 끝까지의 치수 – 나사삽입길이 = 여유치수

1 나사배관의 부속별 유효치수 값

• 일반부속

관경	15A	20A	25A	32A	40A
티	16	19	23	29	29
90° 엘보	16	19	23	29	29
40° 엘보	10	12	14	17	18
유니언	10	12	12	13	15
부싱	10	11	12	13	14

• 이경부속

	20×15	25×20	25×15	32×25	32×20
이경티 이경엘보	20A=16	25A=20	25A=17	32A=23	32A=21
	15A=19	20A=22	15A=22	25A=27	20A=27
	32×15	40×32	40×25	40×20	40×15
	32A=17	40A=26	40A=22	40A=20	40A=16
	15A=27	32A=31	25A=30	20A=30	15A=31

• 일반부속

	20×15	25×20	25×15	32×25	32×20
리듀서	20A=6	25A=6	25A=6	32A=7	32A=7
	15A=8	20A=8	15A=10	25A=9	20A=11
	32×15	40×32	40×25	40×20	40×15
	32A=7	40A=9	40A=7	40A=7	40A=7
	15A=13	32A=9	25A=11	20A=13	15A=15

2 용접용 배관 부속 끝단에서 중심축까지의 거리

90° 엘보	15A	20A	25A	32A	40A
	38	38	38	46	57
이경엘보	20×15	25×20	25×15	32×25	32×20
	20A=19	25A=26	25A=26	32A=26	32A=26
	15A=19	20A=26	15A=26	25A=26	20A=26
리듀서	32×15	40×32	40×25	40×20	40×15
	32A=26	40A=32	40A=32	40A=32	40A=32
	15A=26	32A=32	25A=32	20A=32	15A=32

① 동관의 연결작업은 마지막에 실측하면서 진행한다.
② 플랜지 부위의 배관치수는 1mm를 뺀 값을 적용한다.
③ 45° 배관길이는 높이×$\sqrt{2}$ 또는 1.414를 곱한 값으로 결정한다.
　(피타고라스의 정리 : $a^2 + b^2 = c^2$)

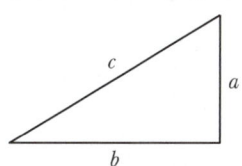

| 자격종목 | 에너지관리산업기사 | 과제명 | 강관 및 동관 조립 1 | 척도 | N.S |

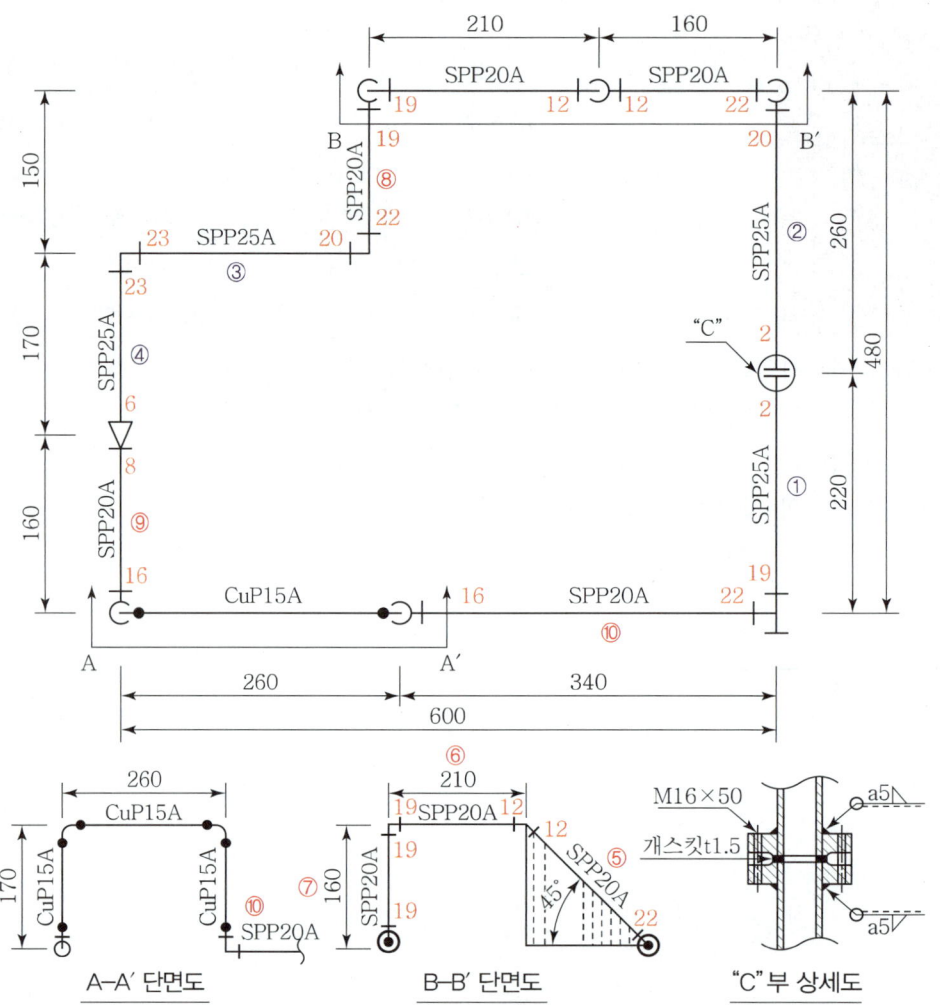

25A 배관		20A 배관	
①	220−(19+2)=199	⑤	226−(22+12)=192
②	260−(2+20)=238	⑥	210−(12+19)=179
③	230−(20+23)=187	⑦	160−(19+19)=122
④	170−(23+6)=141	⑧	150−(19+22)=109
		⑨	160−(8+16)=136
		⑩	340−(16+22)=302

- 45° 길이 = 높이 × $\sqrt{2}$ (1.414)
- 동관 접합부의 치수는 실측 후 제작

ENERGY MANAGEMENT

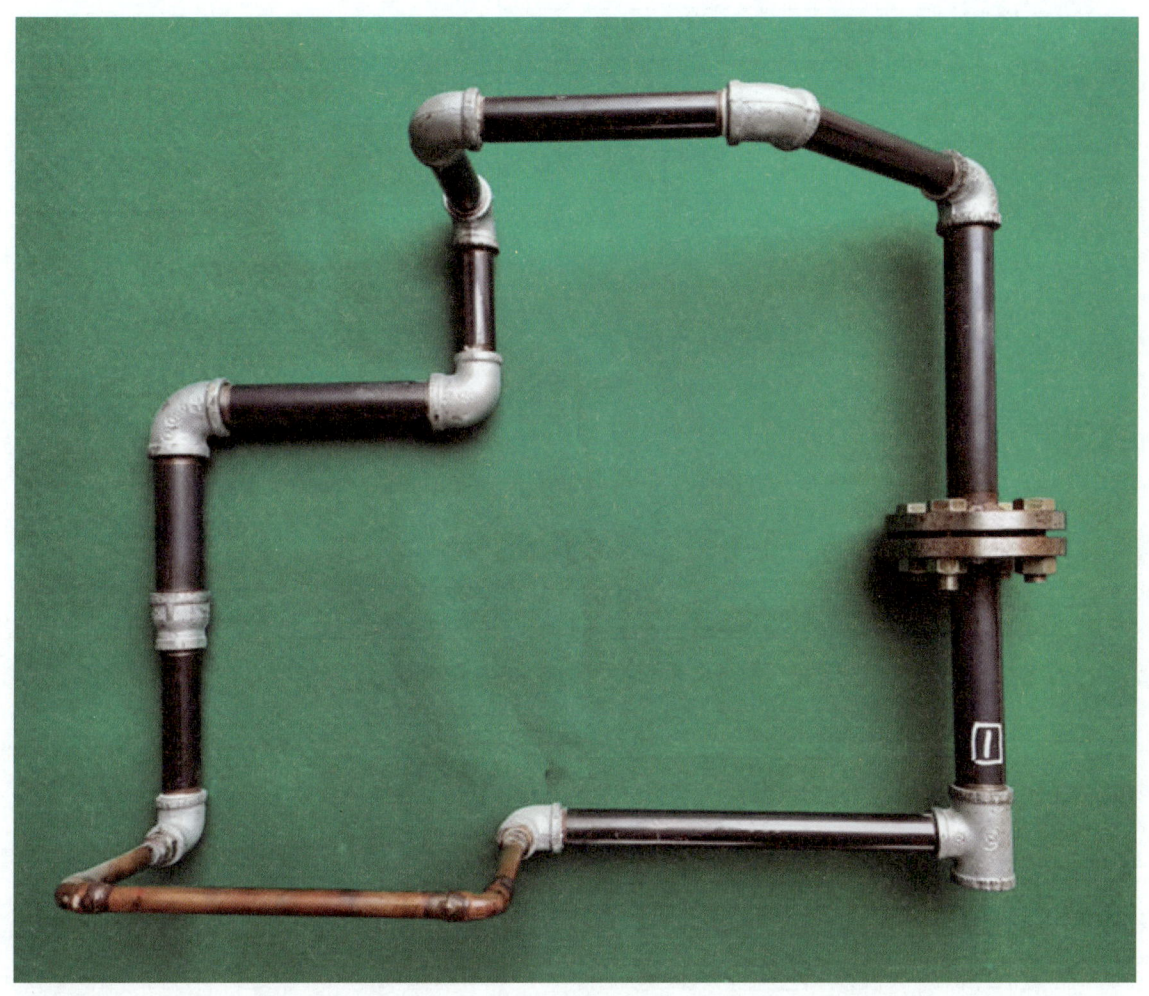

CHAPTER 03 강관 및 동관 조립 **335**

| 자격종목 | 에너지관리산업기사 | 과제명 | 강관 및 동관 조립 2 | 척도 | N.S |

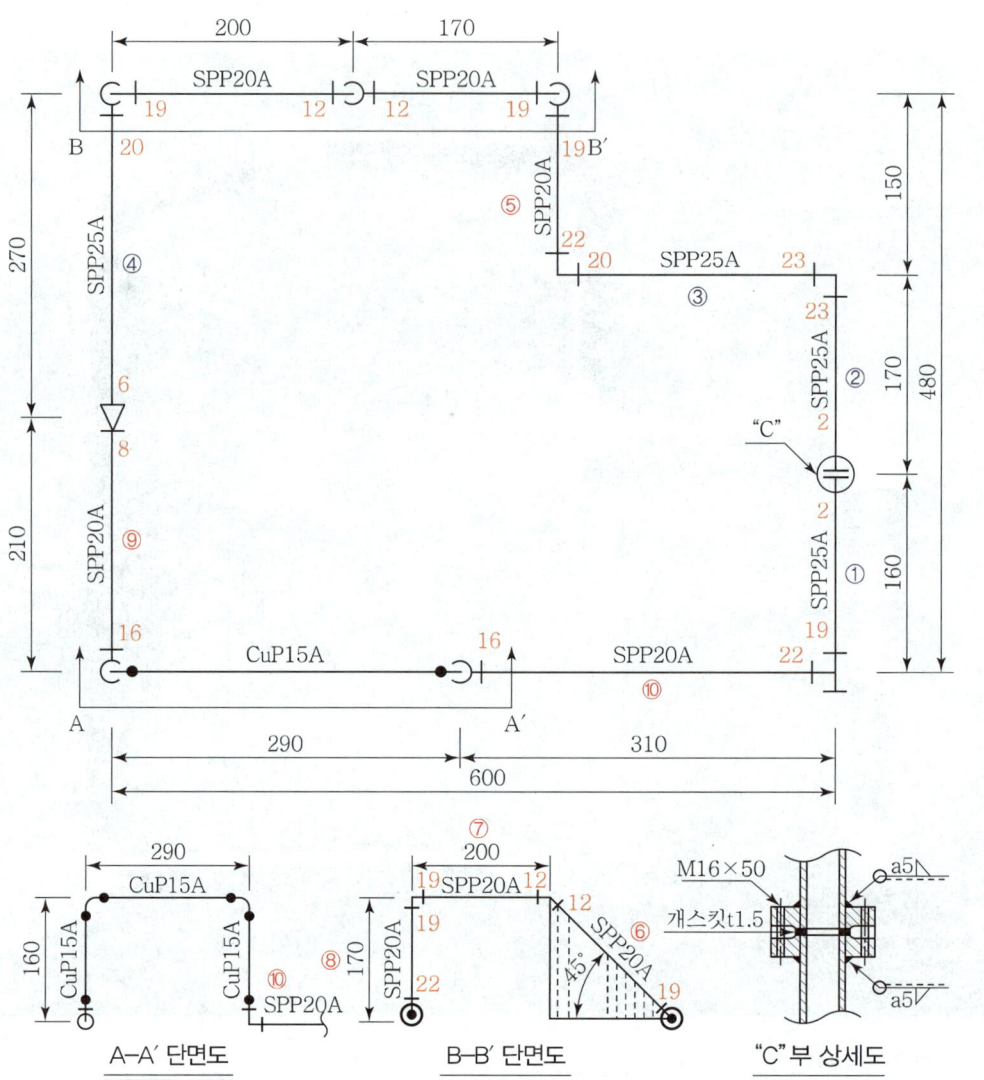

25A 배관		20A 배관	
①	160−(19+2)=139	⑤	150−(19+22)=109
②	170−(2+23)=145	⑥	240−(19+12)=209
③	230−(20+23)=187	⑦	200−(12+19)=169
④	270−(20+6)=244	⑧	170−(19+22)=129
• 45° 길이 = 높이 × $\sqrt{2}$ (1.414)		⑨	210−(8+16)=186
• 동관 접합부의 치수는 실측 후 제작		⑩	310−(16+22)=272

ENERGY MANAGEMENT

CHAPTER 03 강관 및 동관 조립

| 자격종목 | 에너지관리산업기사 | 과제명 | 강관 및 동관 조립 3 | 척도 | N.S |

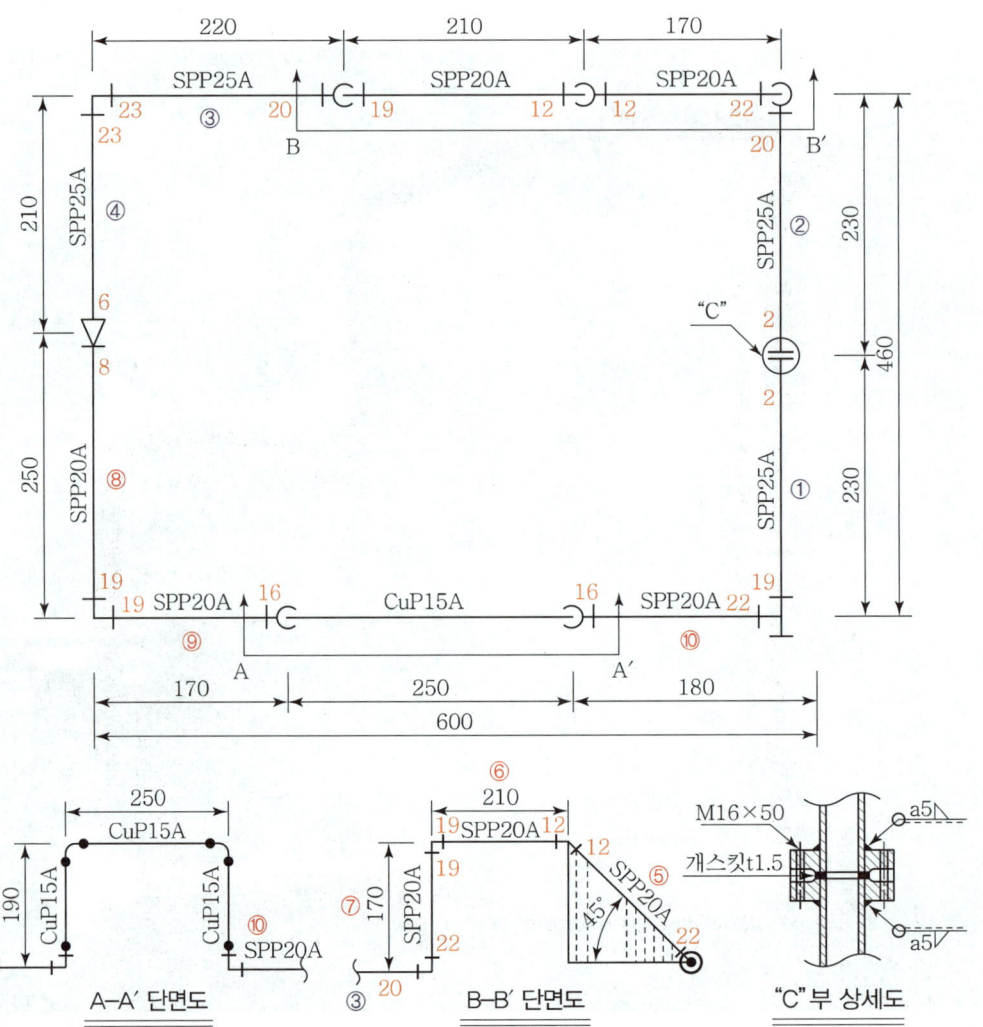

25A 배관		20A 배관	
①	230−(19+2)=209	⑤	240−(22+12)=206
②	230−(2+20)=208	⑥	210−(12+19)=179
③	220−(20+23)=177	⑦	170−(19+22)=129
④	210−(23+6)=181	⑧	250−(8+19)=223
• 45° 길이=높이× $\sqrt{2}$ (1.414)		⑨	170−(19+16)=135
• 동관 접합부의 치수는 실측 후 제작		⑩	180−(16+22)=142

ENERGY MANAGEMENT

CHAPTER 03 강관 및 동관 조립

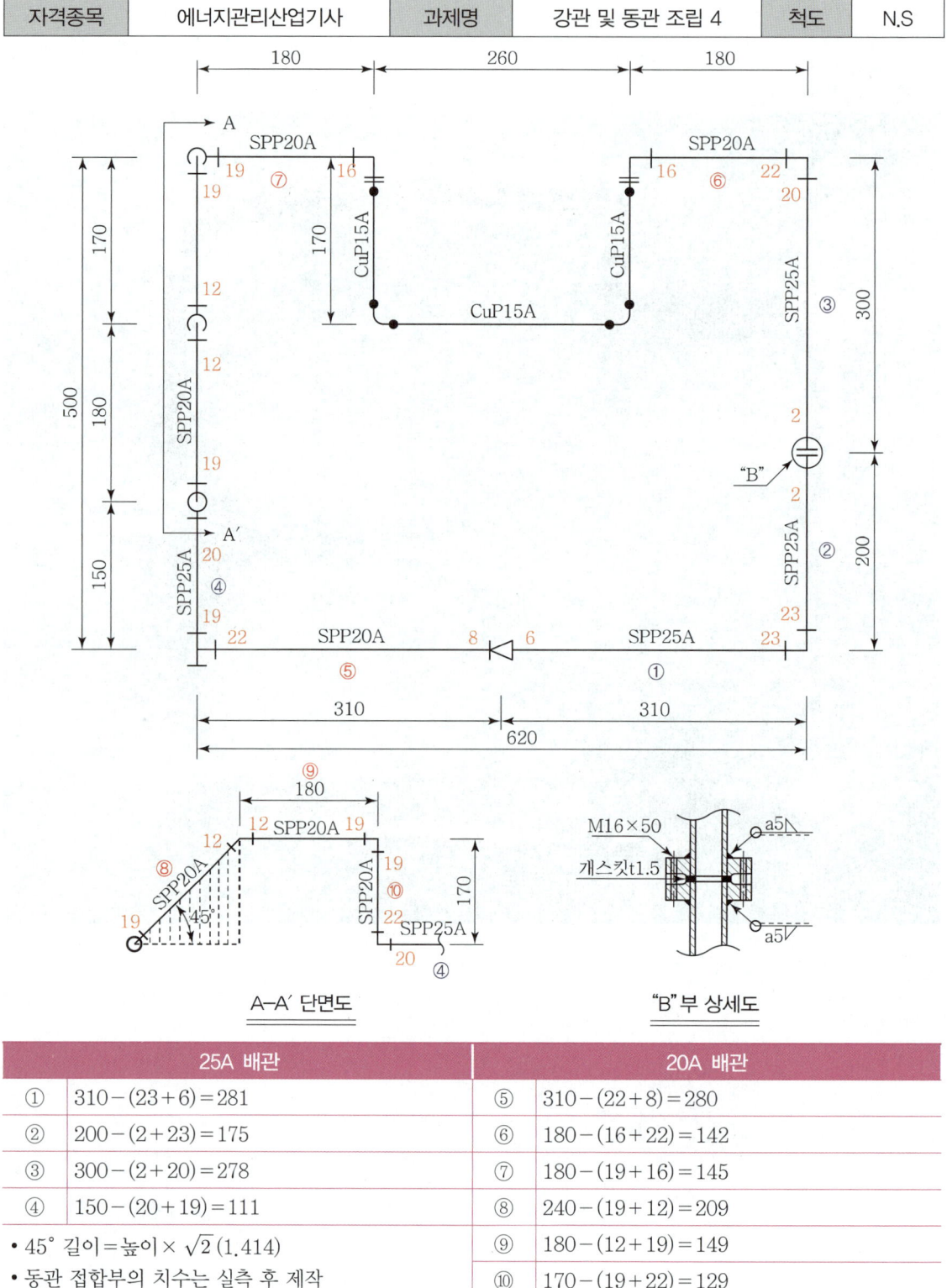

25A 배관		20A 배관	
①	310−(23+6)=281	⑤	310−(22+8)=280
②	200−(2+23)=175	⑥	180−(16+22)=142
③	300−(2+20)=278	⑦	180−(19+16)=145
④	150−(20+19)=111	⑧	240−(19+12)=209
• 45° 길이＝높이×$\sqrt{2}$ (1.414)		⑨	180−(12+19)=149
• 동관 접합부의 치수는 실측 후 제작		⑩	170−(19+22)=129

ENERGY MANAGEMENT

CHAPTER 03 강관 및 동관 조립

| 자격종목 | 에너지관리산업기사 | 과제명 | 강관 및 동관 조립 5 | 척도 | N.S |

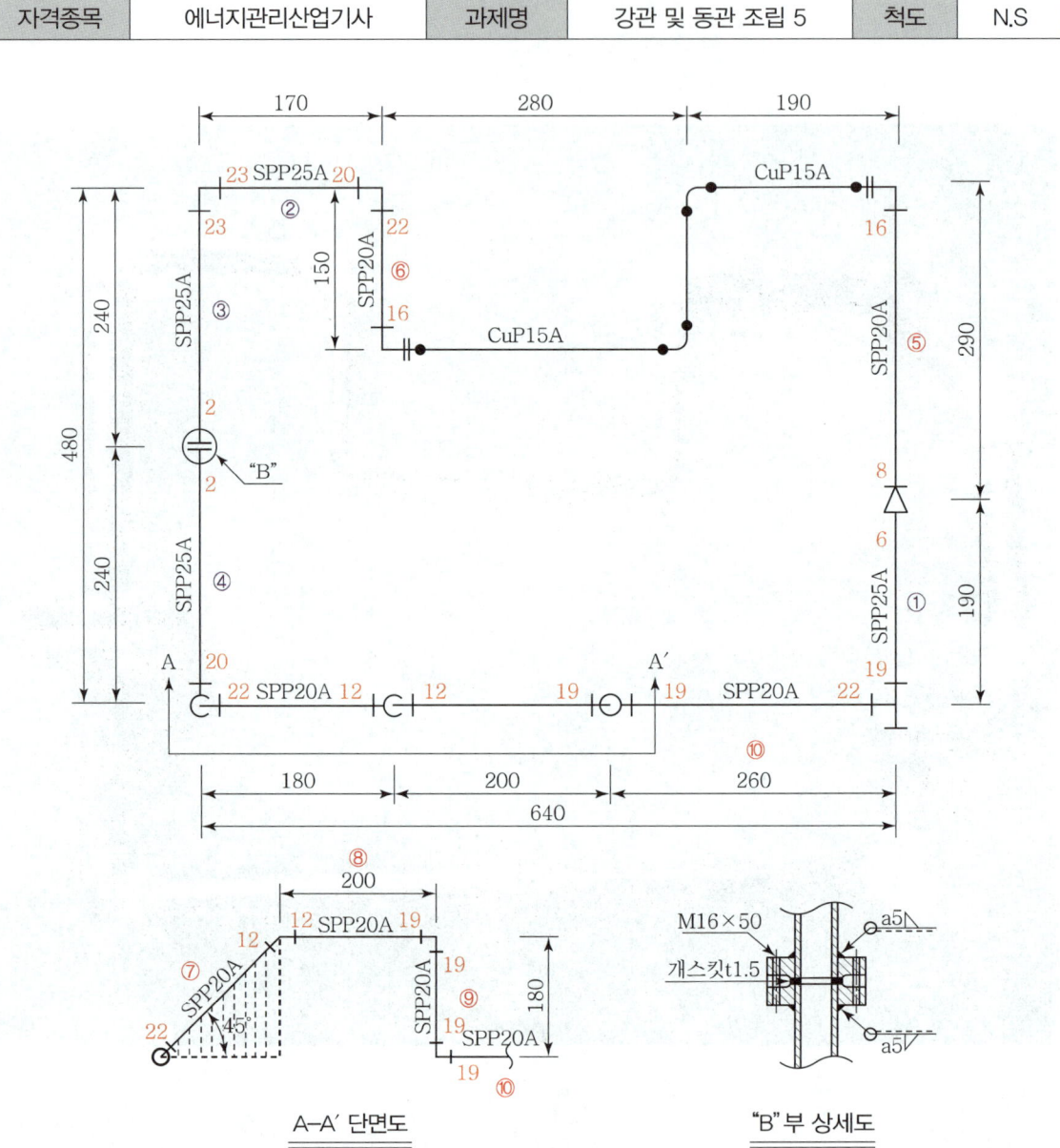

A-A′ 단면도

"B"부 상세도

25A 배관		20A 배관	
①	$190-(19+6)=165$	⑤	$290-(8+16)=266$
②	$170-(23+20)=127$	⑥	$150-(22+16)=112$
③	$240-(2+23)=215$	⑦	$254-(22+12)=220$
④	$240-(2+20)=218$	⑧	$200-(12+19)=169$
• 45° 길이=높이×$\sqrt{2}$ (1.414)		⑨	$180-(19+19)=142$
• 동관 접합부의 치수는 실측 후 제작		⑩	$260-(19+22)=219$

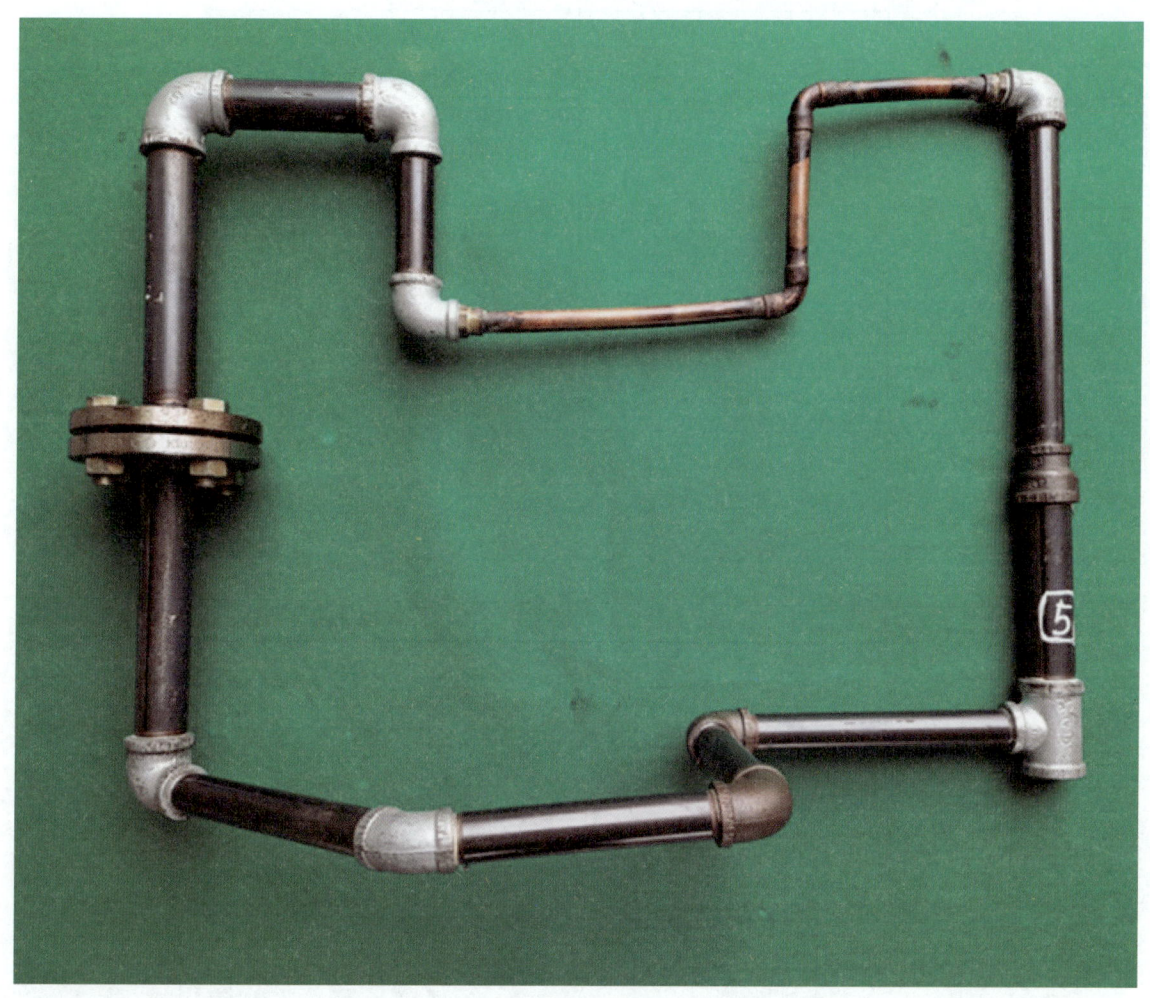

| 자격종목 | 에너지관리산업기사 | 과제명 | 강관 및 동관 조립 6 | 척도 | N.S |

25A 배관		20A 배관	
①	180 − (20 + 23) = 137	⑤	226 − (22 + 12) = 192
②	190 − (23 + 6) = 161	⑥	160 − (12 + 19) = 129
③	350 − (20 + 2) = 328	⑦	160 − (19 + 22) = 119
④	280 − (2 + 19) = 259	⑧	160 − (19 + 8) = 133
• 45° 길이 = 높이 × $\sqrt{2}$ (1.414)		⑨	160 − (19 + 16) = 125
• 동관 접합부의 치수는 실측 후 제작		⑩	340 − (16 + 22) = 302

CHAPTER 03 강관 및 동관 조립

보일러 및 부속장치 계통도

PART 05 | 작업형 문제

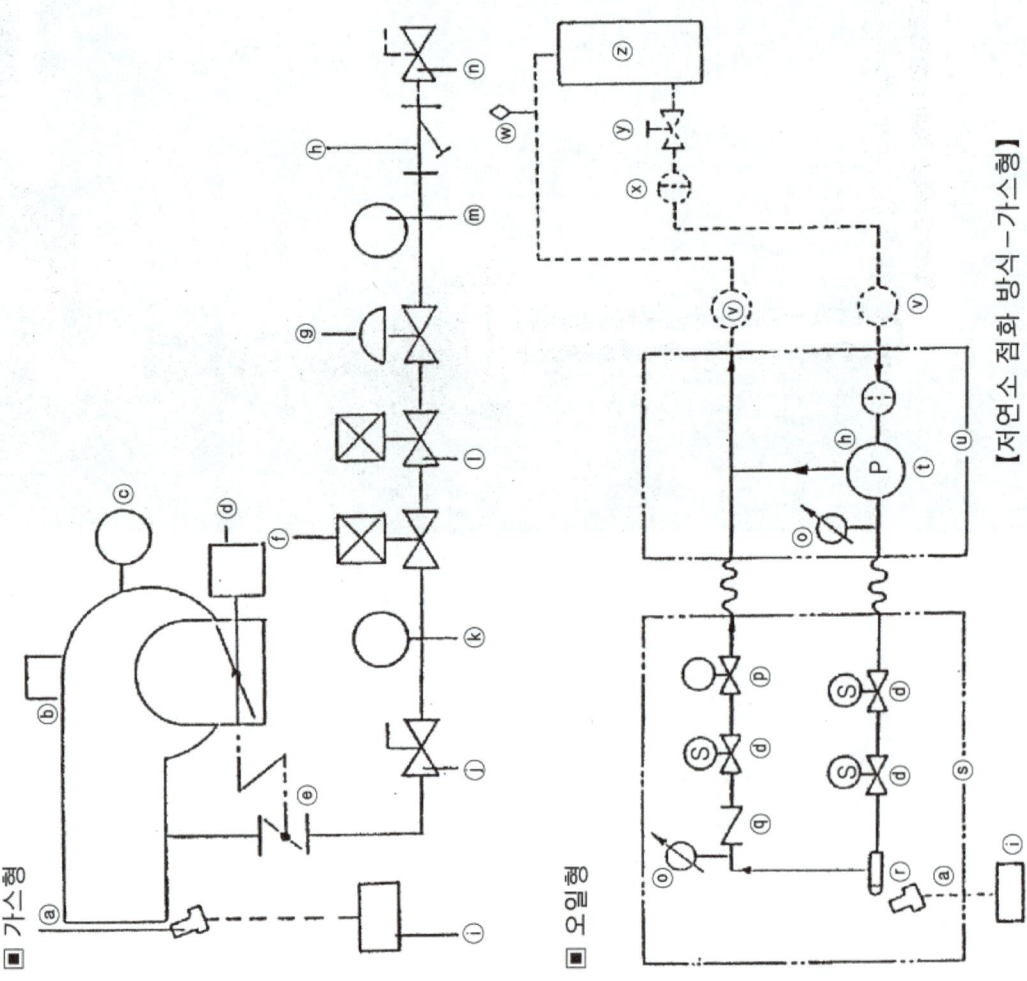

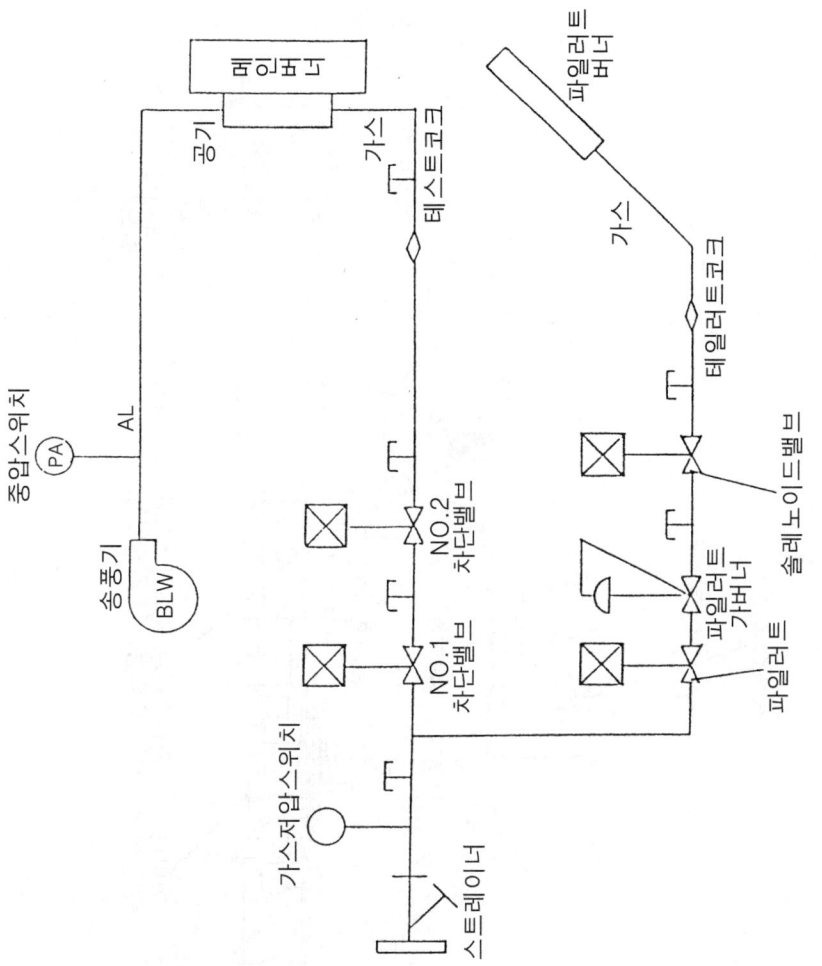

【연소장치 계통도】

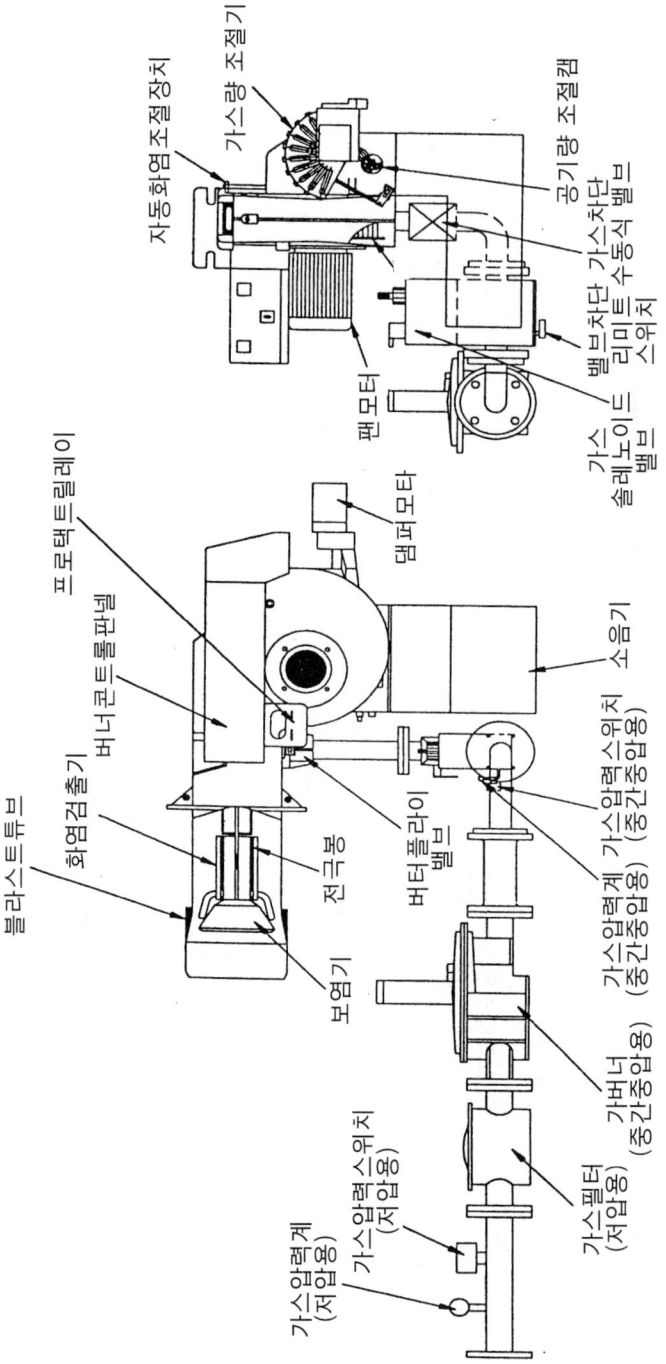

[가스용 메인축화식 버너]

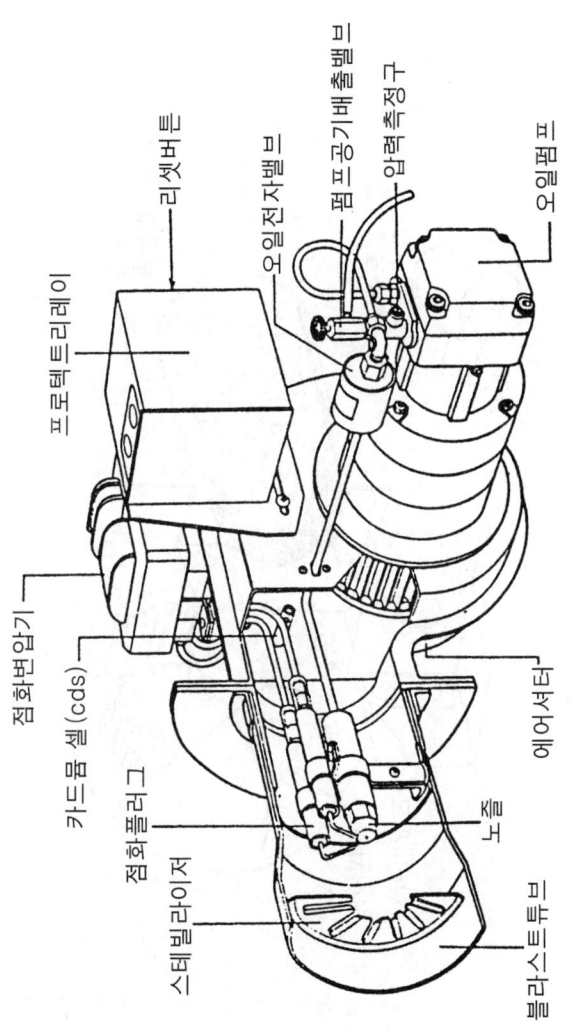
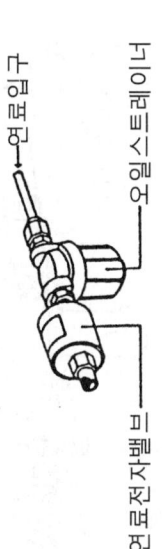

[오일버너 내부 부속장치계통도]

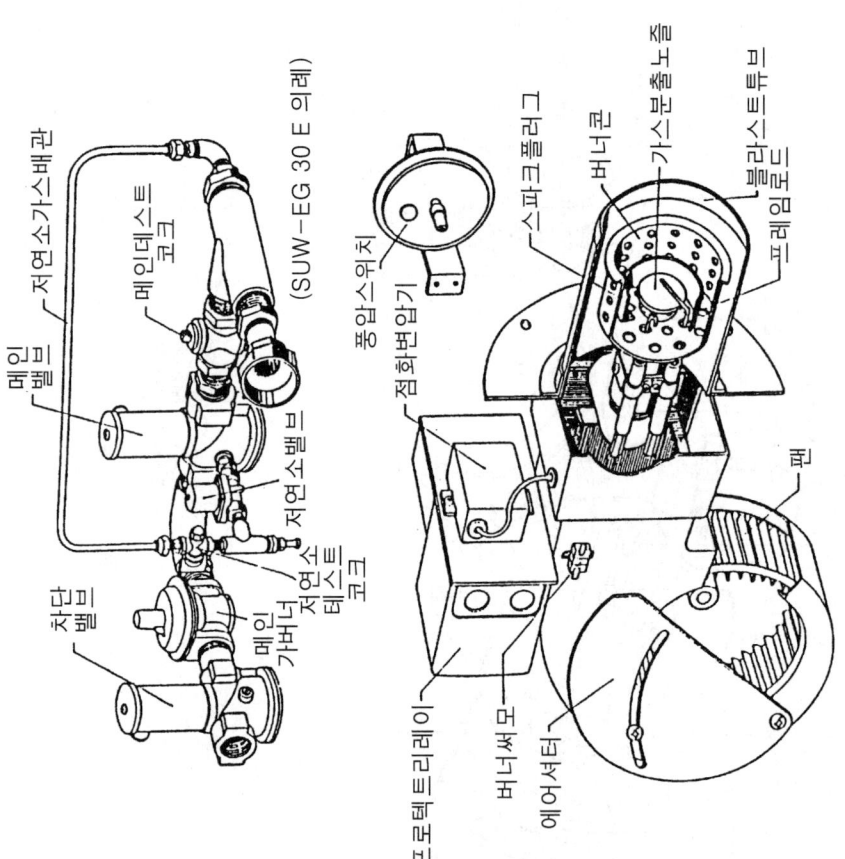

[연소장치 구조도-가스버너]

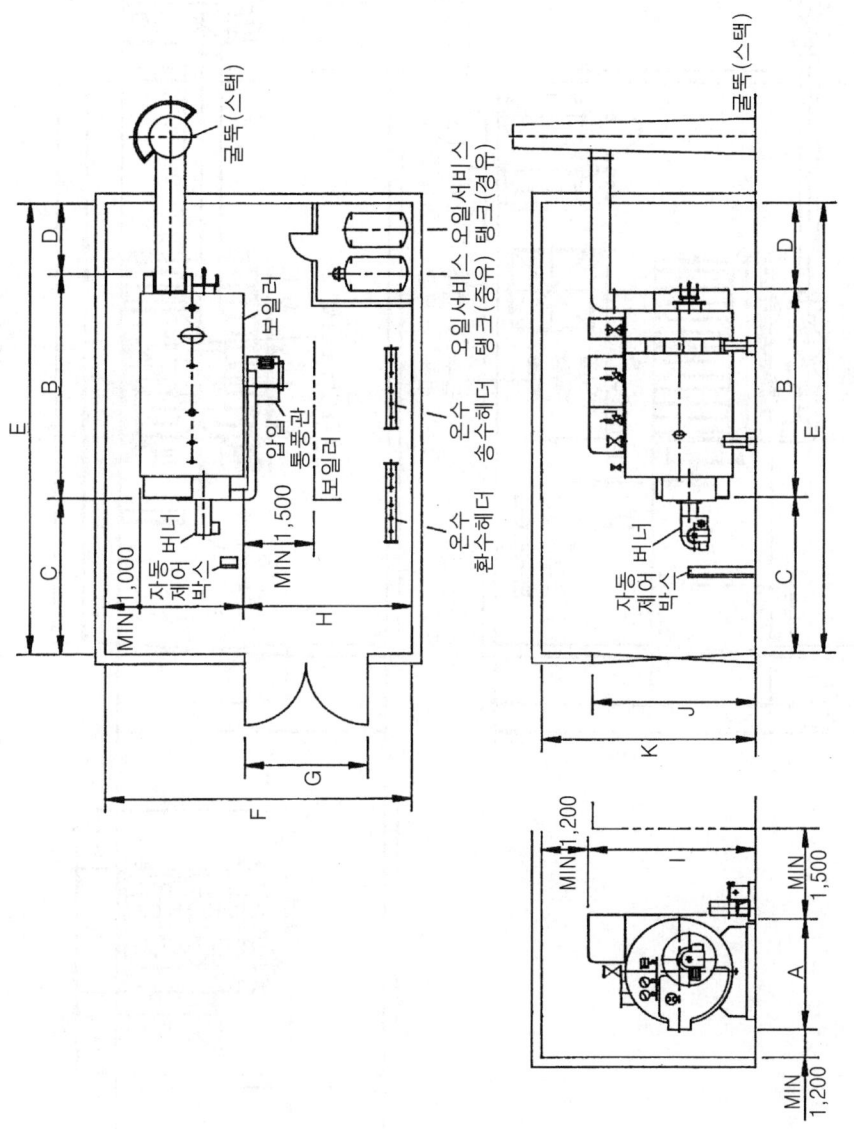

【표준실내배치도－노통연관식 보일러】

CHAPTER 04 보일러 및 부속장치 계통도

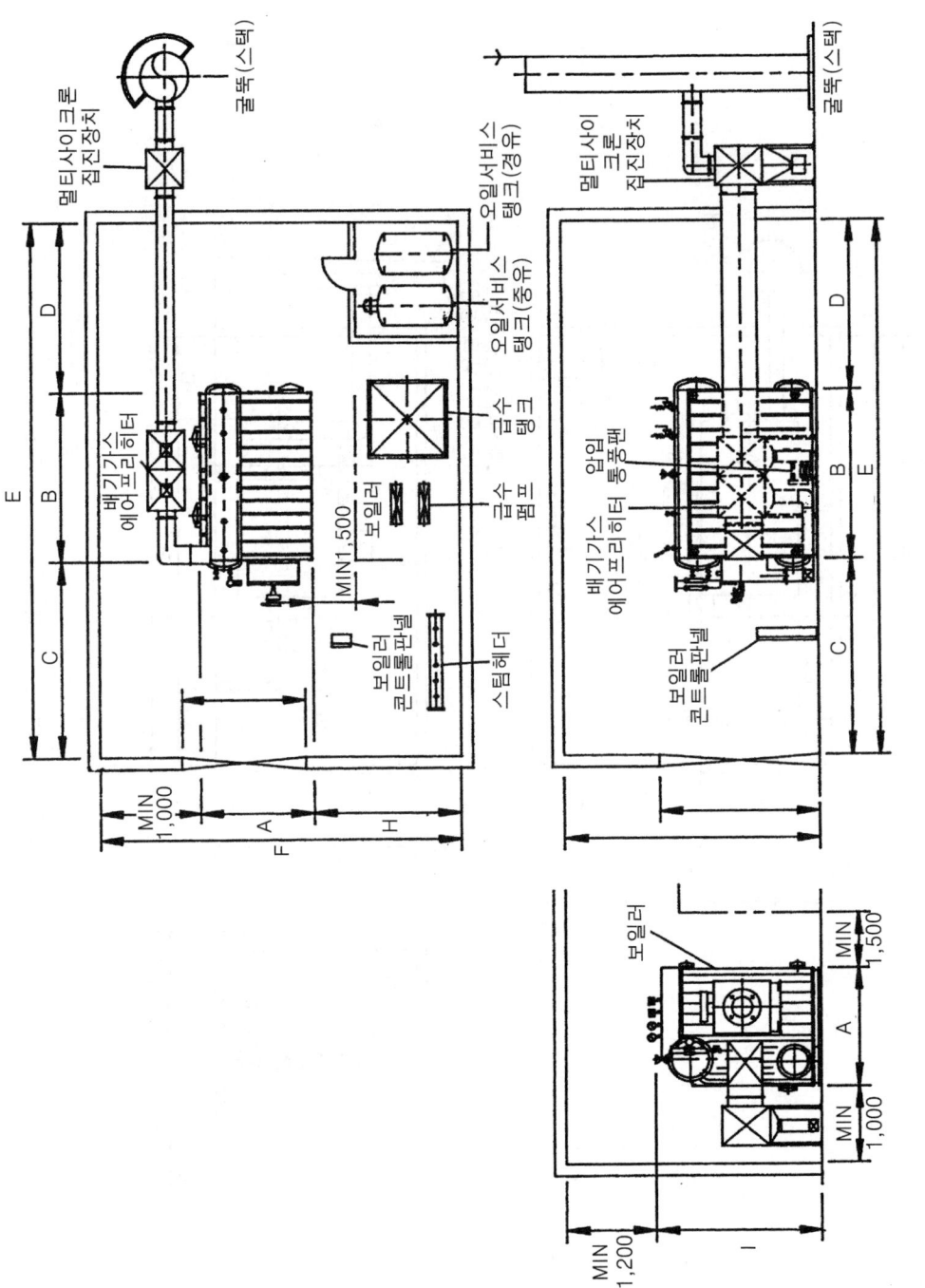

[표준실내배치도-2동D형 수관식 보일러]

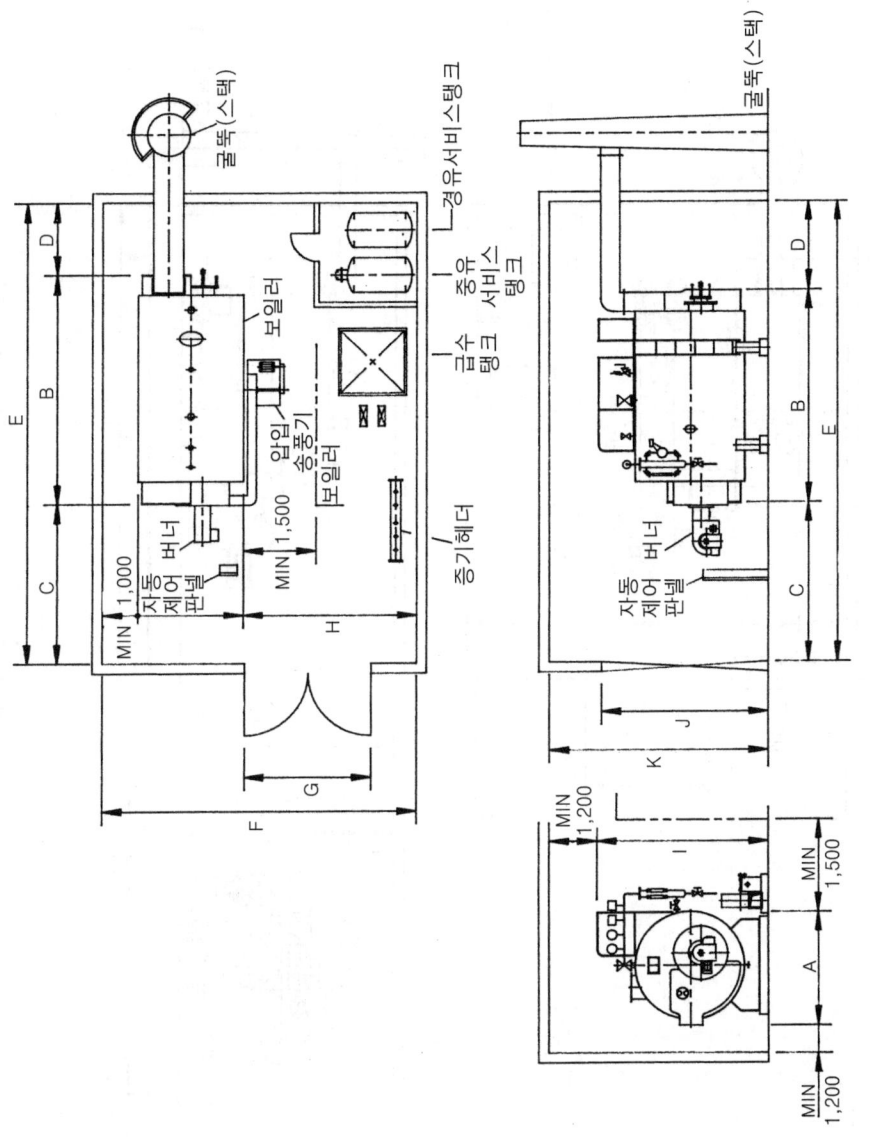

【표준실내배치도 — 노통연관식 보일러】

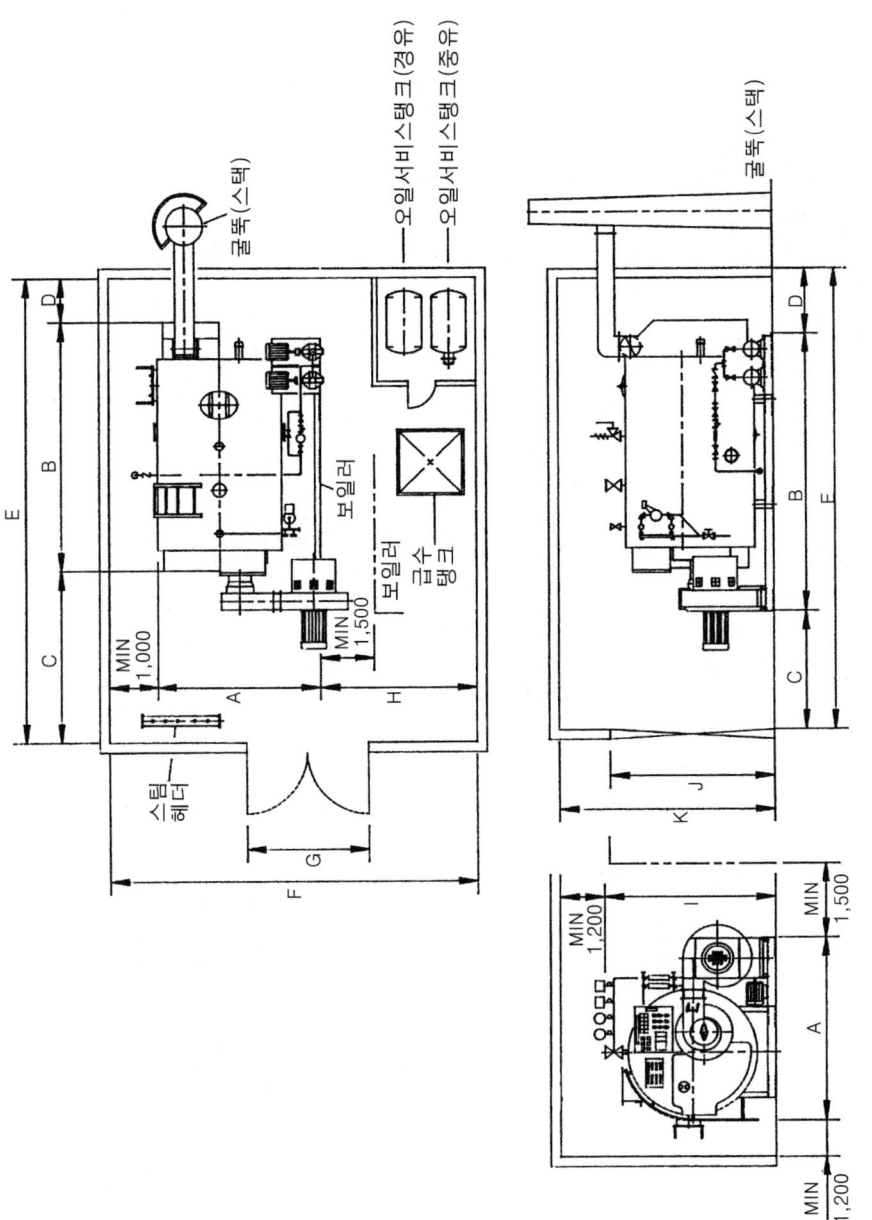

【표준실내배치도 - 노통연관식 보일러 계통도】

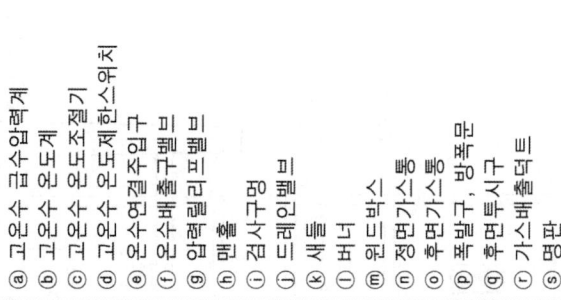
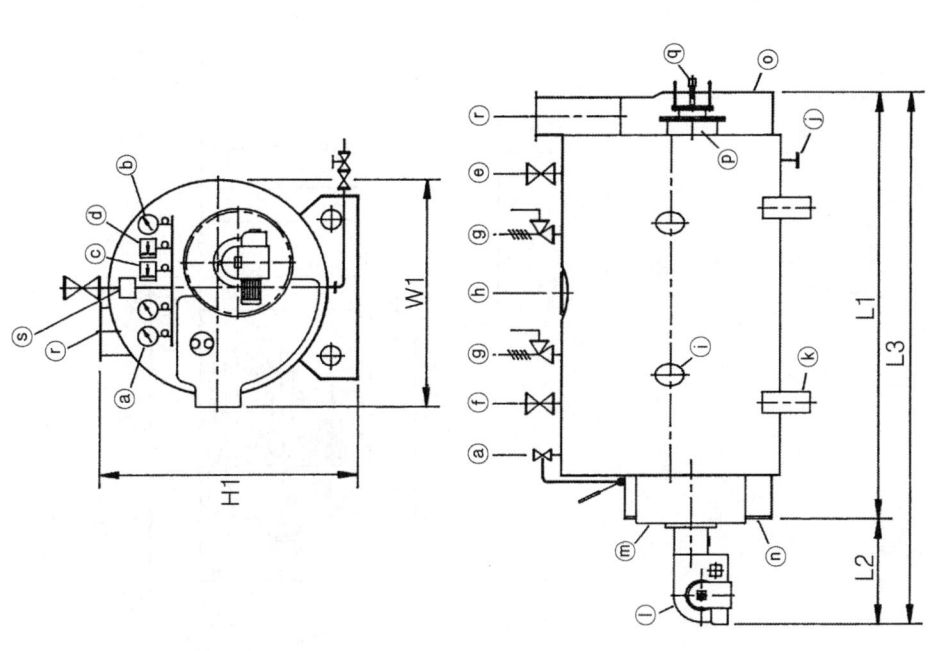

【노통연관식 중온수 보일러】

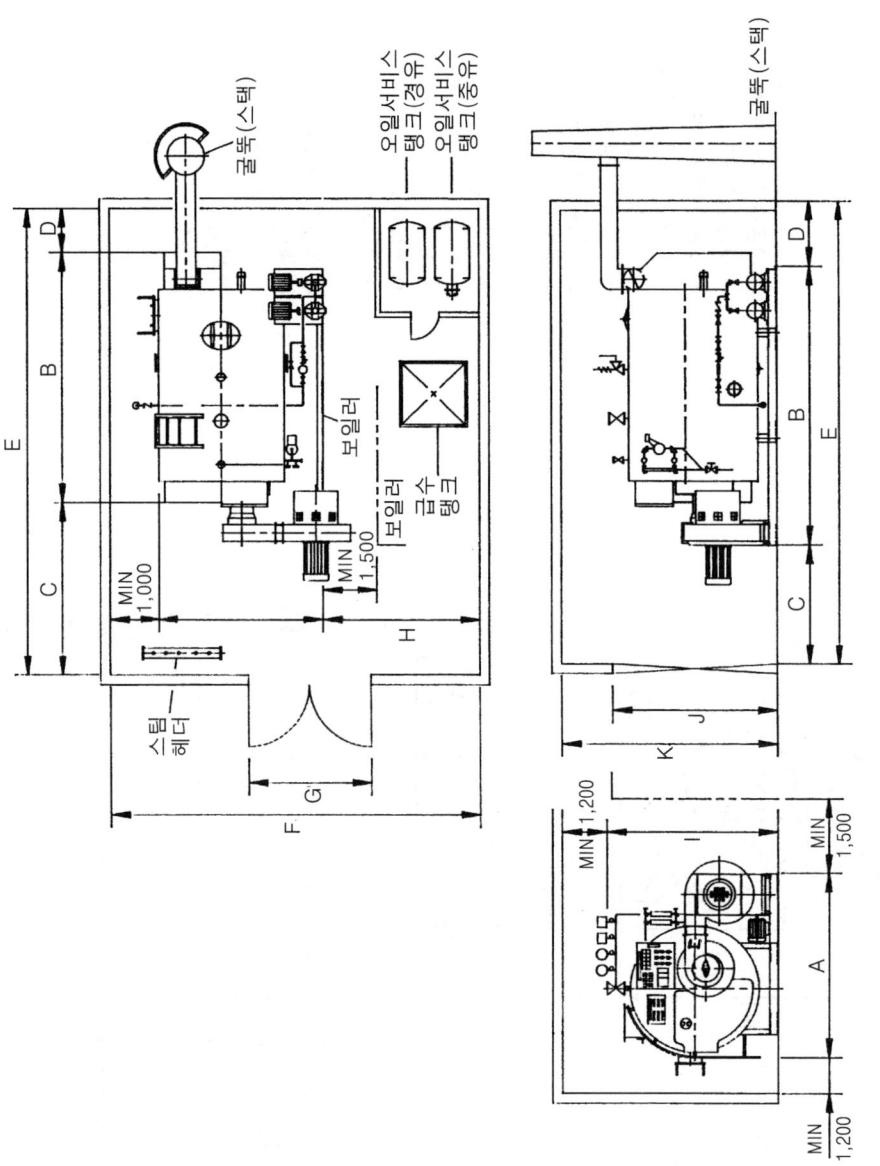

[표준실내배치도-노통연관식 보일러 계통도]

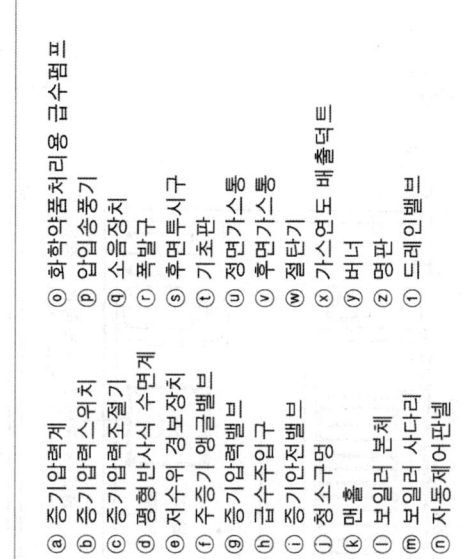
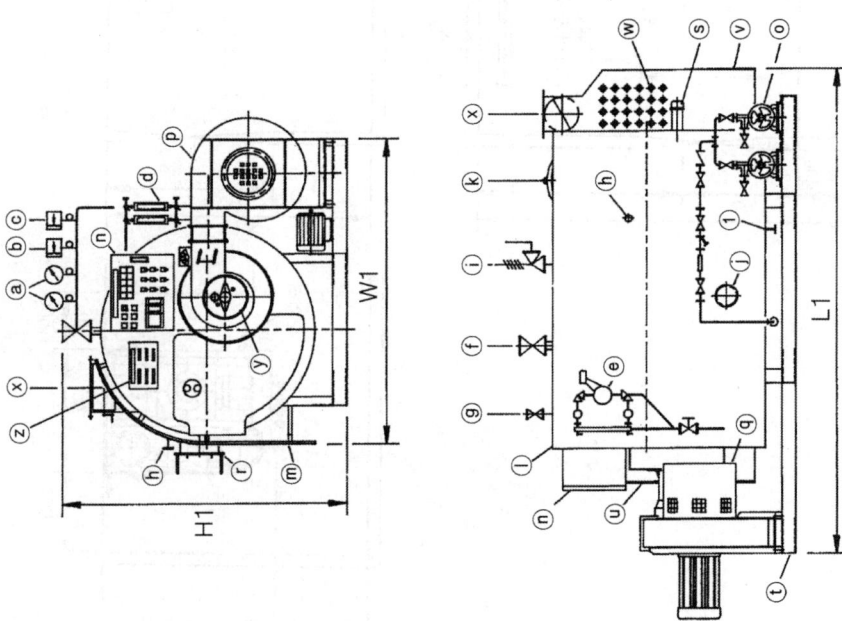

ⓐ 증기압력계
ⓑ 증기압력스위치
ⓒ 증기압력조절기
ⓓ 평형반사식 수면계
ⓔ 저수위 경보장치
ⓕ 주증기 행글밸브
ⓖ 증기압력밸브
ⓗ 급수주입구
ⓘ 증기안전밸브
ⓙ 청소구멍
ⓚ 맨홀
ⓛ 보일러 본체
ⓜ 보일러 사다리
ⓝ 자동제어판넬
ⓞ 화학약품처리용 급수펌프
ⓟ 압입송풍기
ⓠ 소음장치
ⓡ 폭발구
ⓢ 후면투시구
ⓣ 기초판
ⓤ 정면가스통
ⓥ 후면가스통
ⓦ 절탄기
ⓧ 가스연도 배출덕트
ⓨ 버너
ⓩ 명판
ⓣ 드레인밸브

[노통연관식 증기 초소형 고효율 보일러]

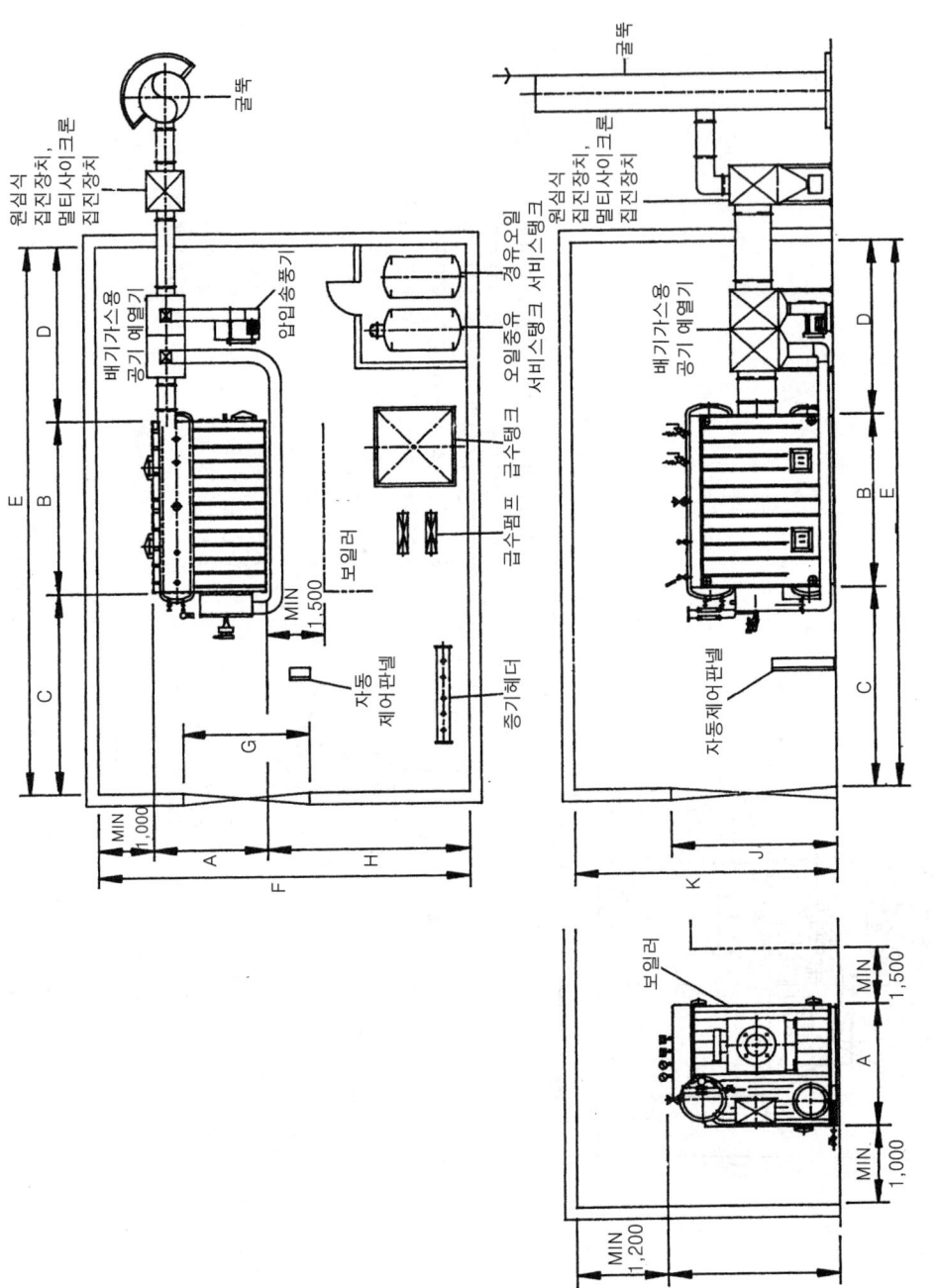

[표준실내배치도 - 수관식 보일러]

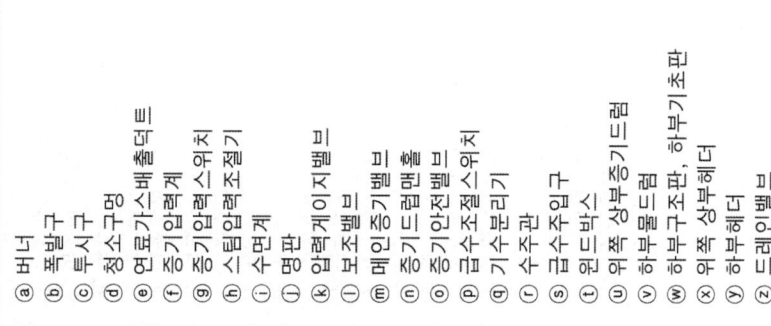

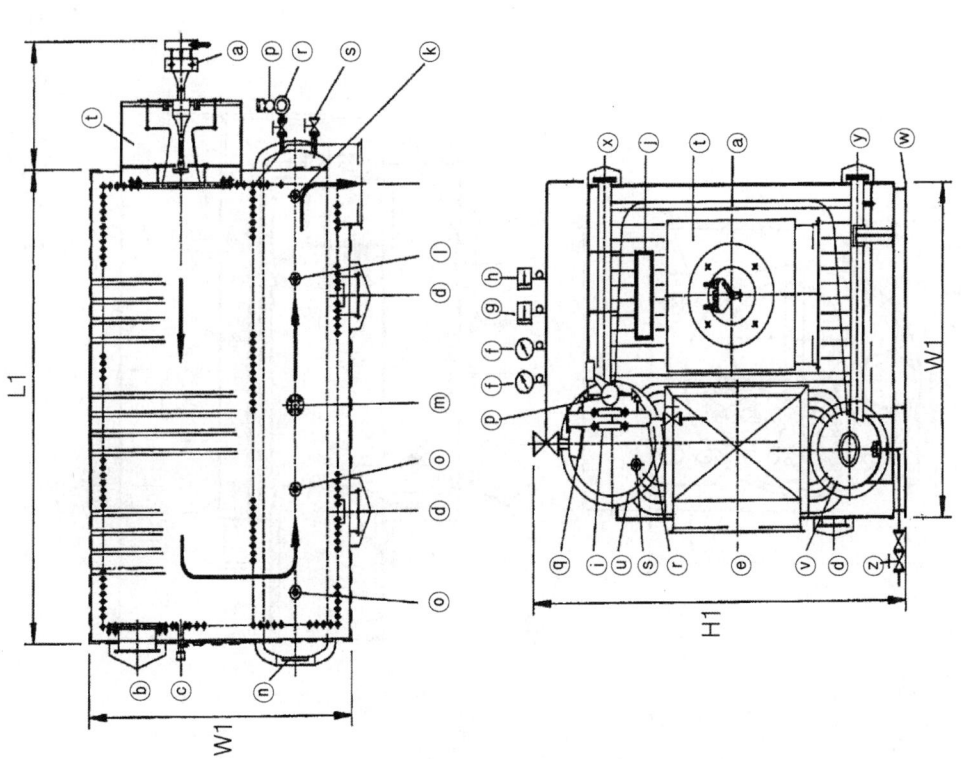

【수관식 증기 2-PASS 보일러】

CHAPTER 04 보일러 및 부속장치 계통도

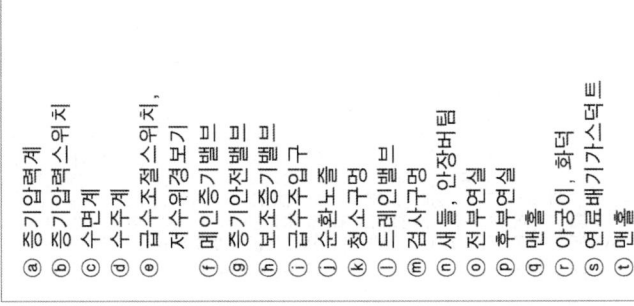

ⓐ 증기압력계
ⓑ 증기압력스위치
ⓒ 수면계
ⓓ 수주계
ⓔ 급수조절스위치, 저수위경보기
ⓕ 메인증기밸브
ⓖ 증기안전밸브
ⓗ 보조증기밸브
ⓘ 급수주입구
ⓙ 순환노즐
ⓚ 청소구멍
ⓛ 드레인밸브
ⓜ 검사구멍
ⓝ 세들, 안장버팀
ⓞ 전부연실
ⓟ 후부연실
ⓠ 맨홀
ⓡ 아궁이, 화덕
ⓢ 연료배기가스덕트
ⓣ 맨홀

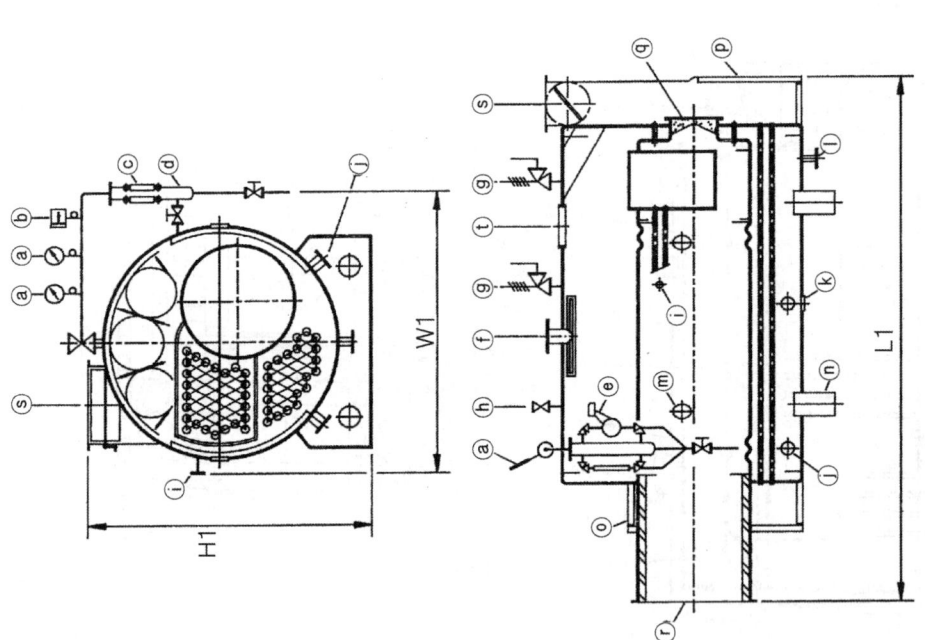

【노통연관식 증기 폐열보일러】

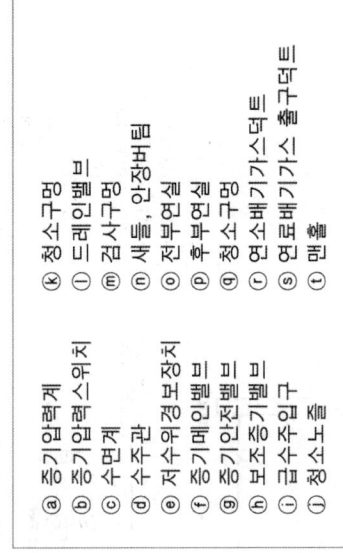

- ⓐ 증기압력계
- ⓑ 증기압력스위치
- ⓒ 수면계
- ⓓ 수주관
- ⓔ 저수위경보장치
- ⓕ 증기메인밸브
- ⓖ 증기안전밸브
- ⓗ 보조증기밸브
- ⓘ 급수주입구
- ⓙ 청소노즐
- ⓚ 청소구멍
- ⓛ 드레인밸브
- ⓜ 검사구멍
- ⓝ 새들, 안장버팀
- ⓞ 전부연실
- ⓟ 후부연실
- ⓠ 청소구멍
- ⓡ 연소배기가스덕트
- ⓢ 연료배기가스 출구덕트
- ⓣ 맨홀

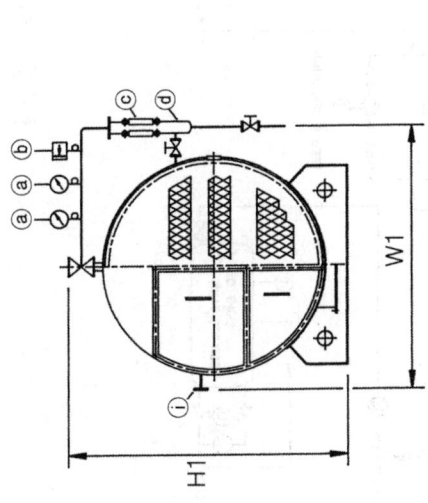
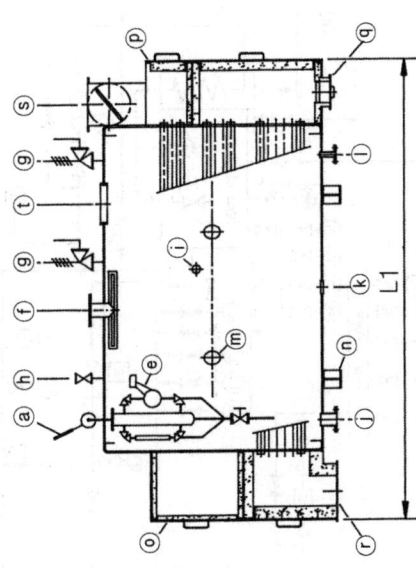

【연관식 증기 폐열보일러】

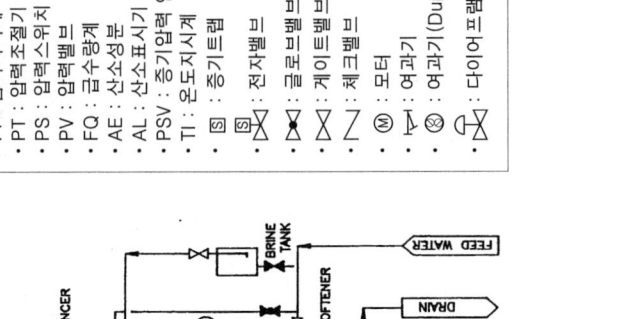

【보일러 설치 계통도】

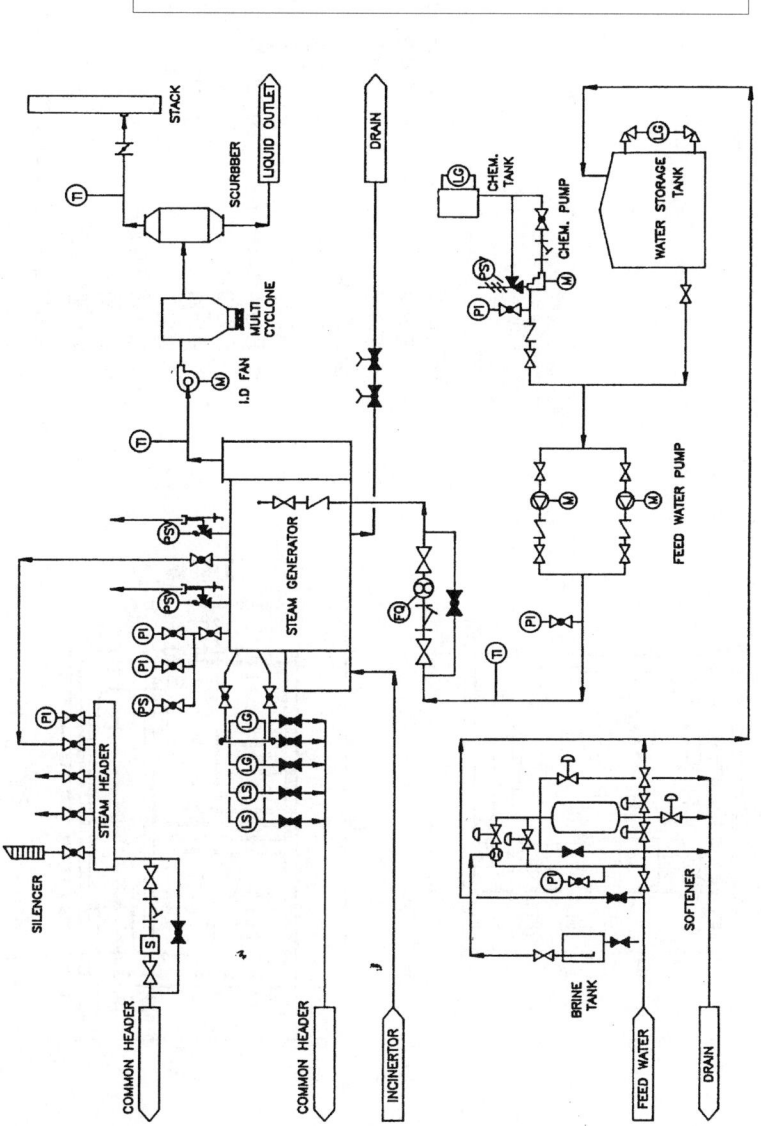

[보일러 설치 계통도]

@ 버너
ⓑ 폭발구
ⓒ 투시구
ⓓ 청소구멍
ⓔ 연료가스배출덕트
ⓕ 증기압력계
ⓖ 증기압력스위치
ⓗ 스팀압력조절기
ⓘ 수면계
ⓙ 명판
ⓚ 압력게이지밸브
ⓛ 보조밸브
ⓜ 메인증기밸브

ⓝ 증기드럼맨홀
ⓞ 증기안전밸브
ⓟ 급수조절스위치
ⓠ 기수분리기
ⓡ 수주관
ⓢ 급수주입구
ⓣ 윈드박스
ⓤ 아쪽 상부증기드럼
ⓥ 하부물드럼
ⓦ 하부구조판, 하부기초판
ⓧ 아쪽 상부물드럼
ⓨ 하부헤더
ⓩ 드레인밸브

※ 표시부의 치수는 버너 종류에 따라 변경됨

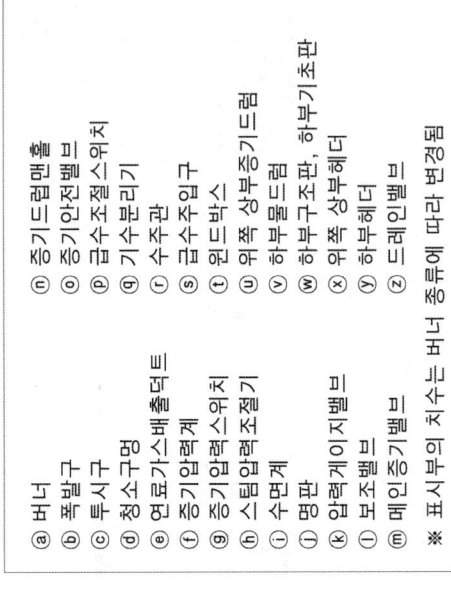
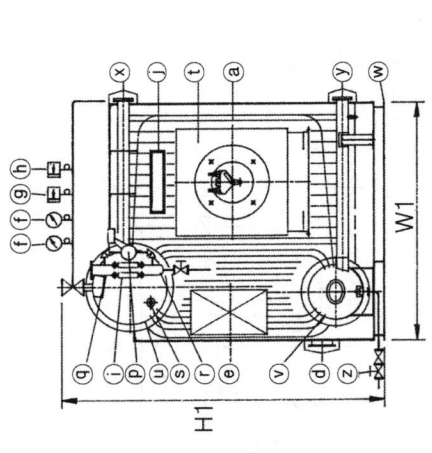
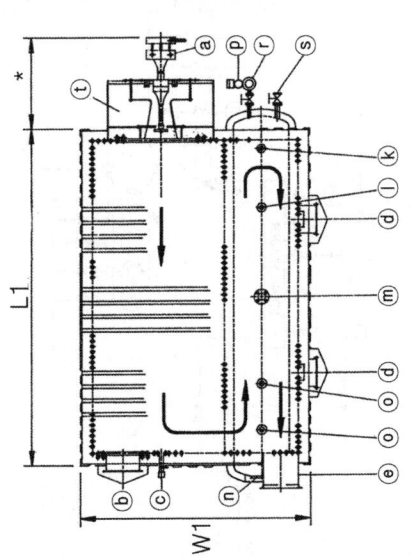

【수관식 증기 3-PASS 보일러】

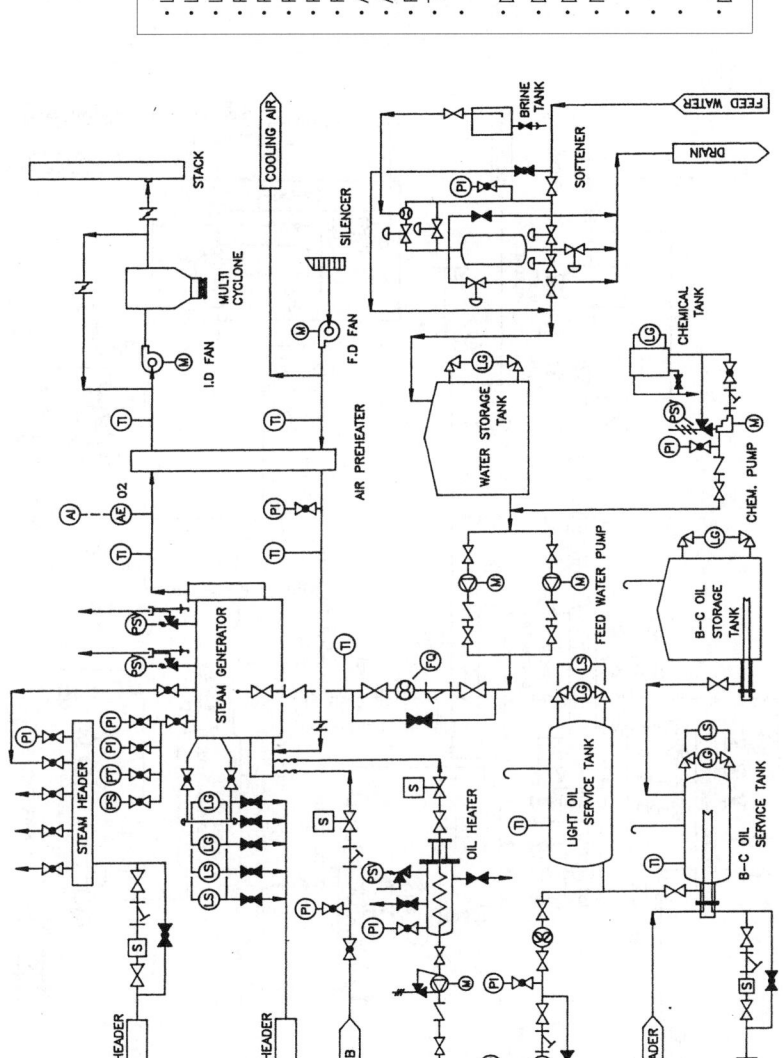

[보일러 설치 계통도]

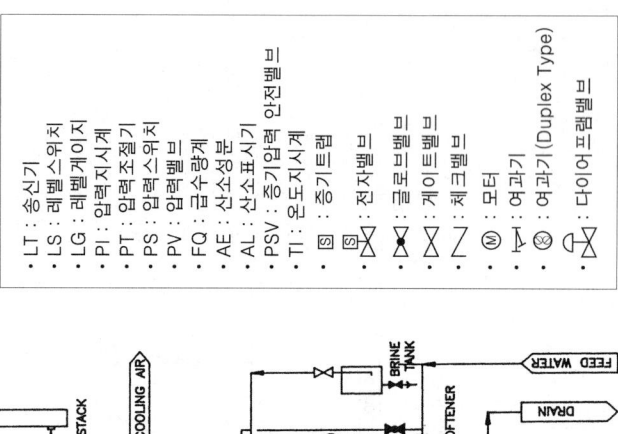
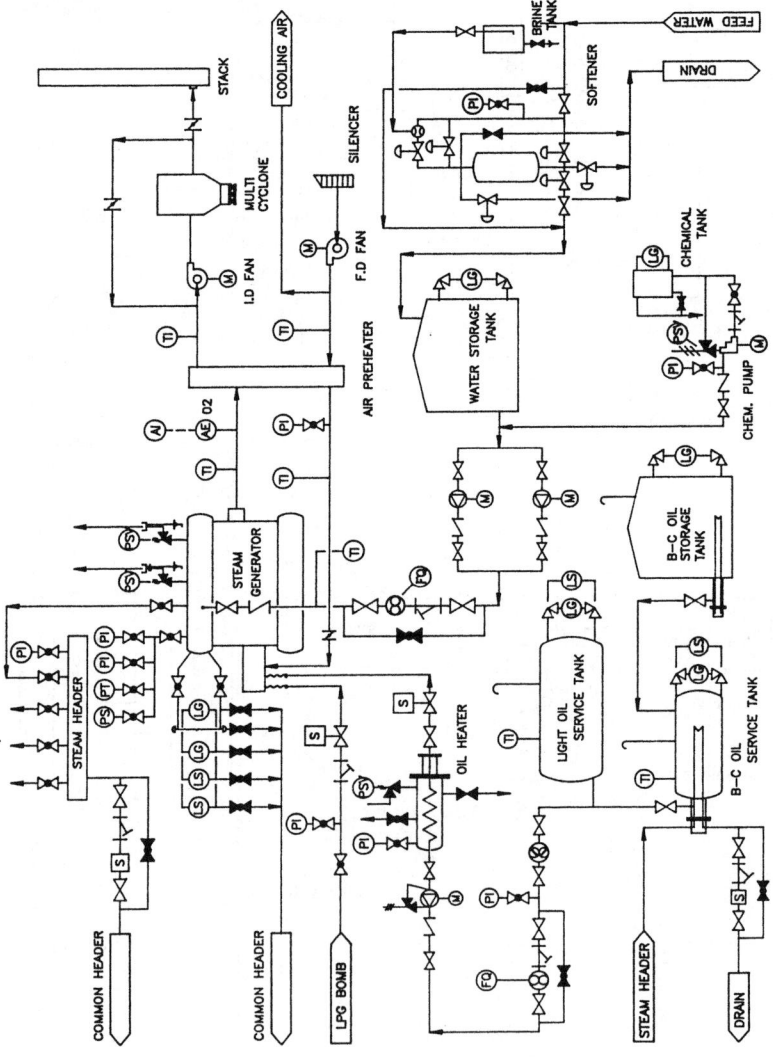

[수관식 2동 D형 보일러 계통도]

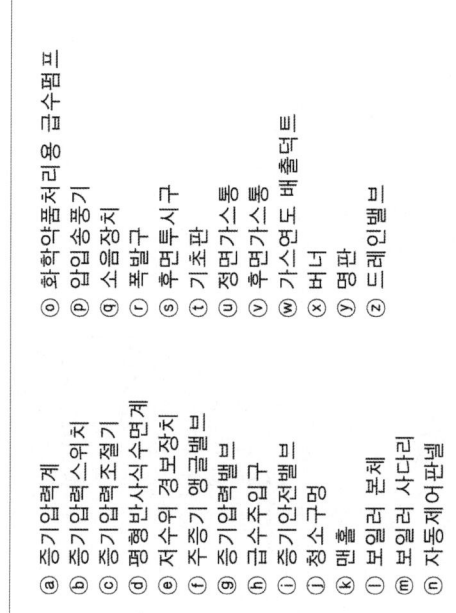
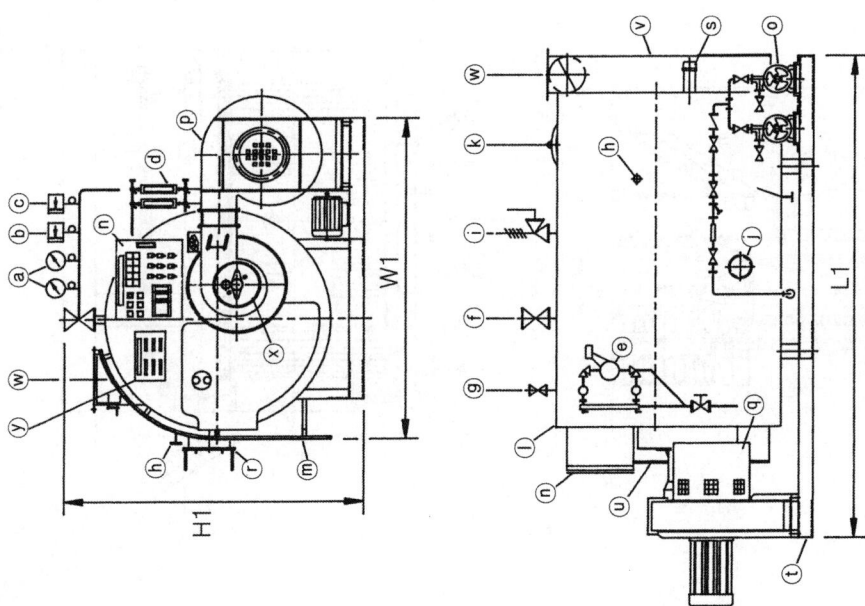

[노통연관식 증기 초소형 보일러]

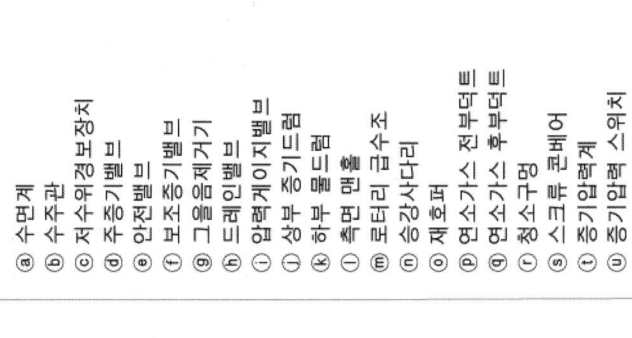

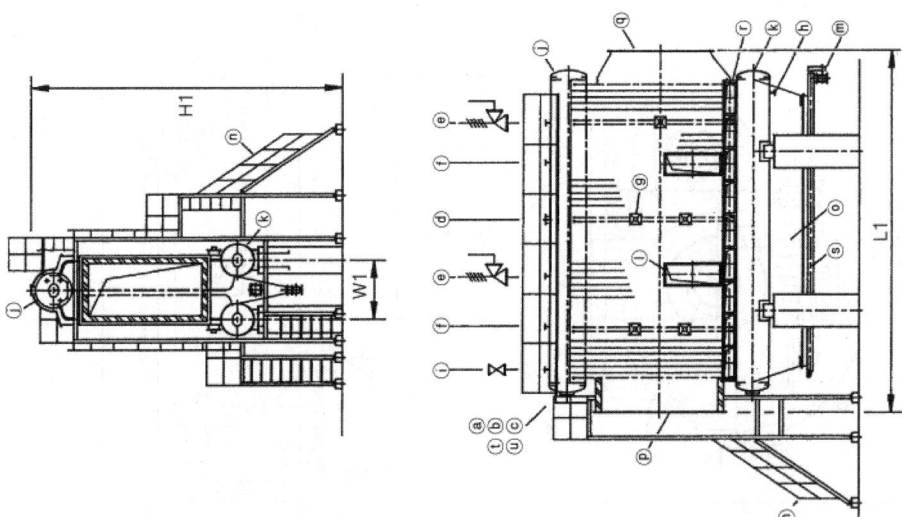

【수관식 증기 폐열 3-DRUM 보일러】

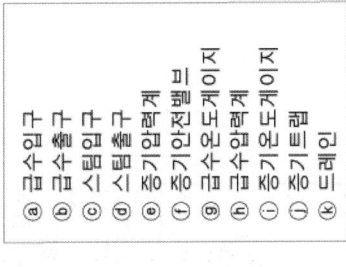

ⓐ 급수입구
ⓑ 급수출구
ⓒ 스팀입구
ⓓ 스팀출구
ⓔ 증기압력계
ⓕ 증기안전밸브
ⓖ 급수온도게이지
ⓗ 급수압력계
ⓘ 증기온도게이지
ⓙ 증기트랩
ⓚ 드레인

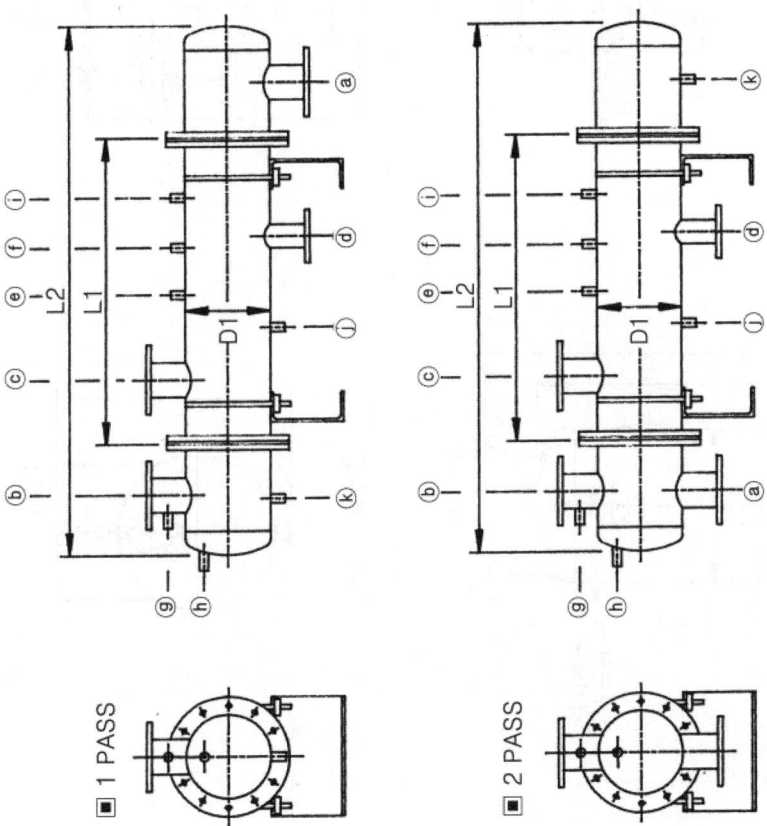

【열교환기】

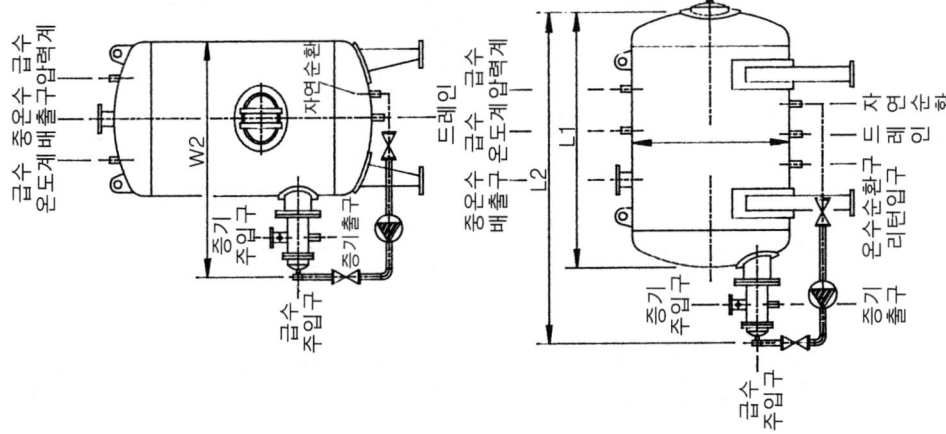

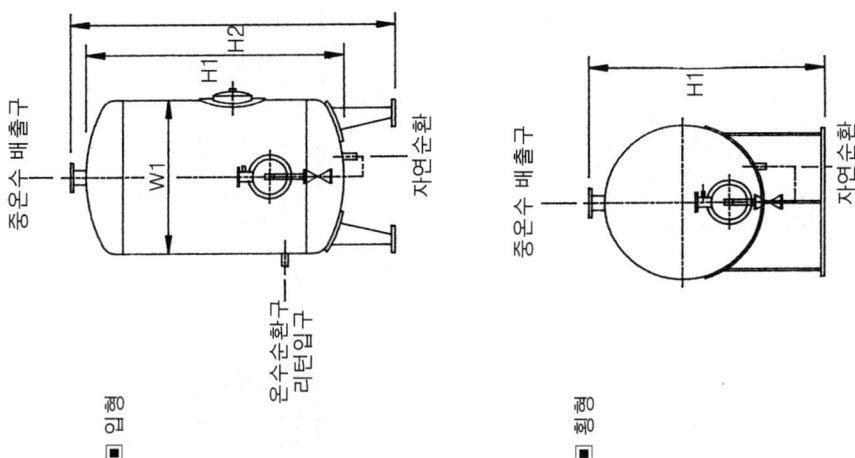

[온수가열기]

ⓐ 수면계, 저수위경보기, 수주관, 증기압력계
ⓑ 급수투입구, 증기압력스위치
ⓒ 메인증기밸브
ⓓ 증기안전밸브
ⓔ 보조증기밸브
ⓕ 증기압력밸브
ⓖ 맨홀
ⓗ 오름관
ⓘ 하위관
ⓙ 증기드럼
ⓚ 보일러 본체
ⓛ 가스연실통
ⓜ 재호퍼
ⓝ 로터리급수기
ⓞ 재박스
ⓟ 받침대 구조체
ⓠ 청소구멍
ⓡ 호퍼맨홀
ⓢ 2열 분리기
ⓣ 1세트 분리기
ⓤ 연소배기가스 전부덕트
ⓥ 연소배기가스 후부덕트
ⓦ 드레인밸브

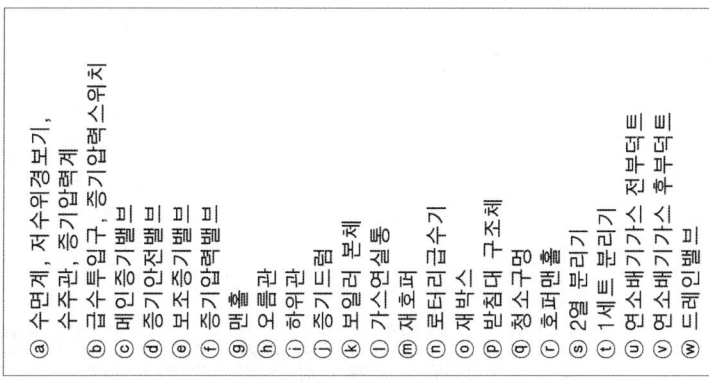

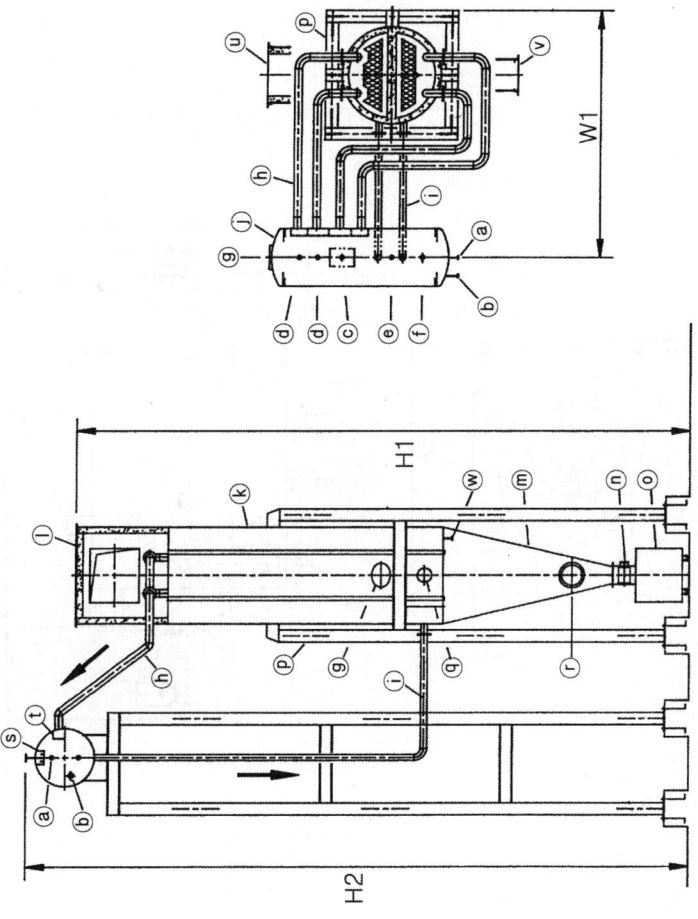

【입형연관식 증기 폐열보일러】

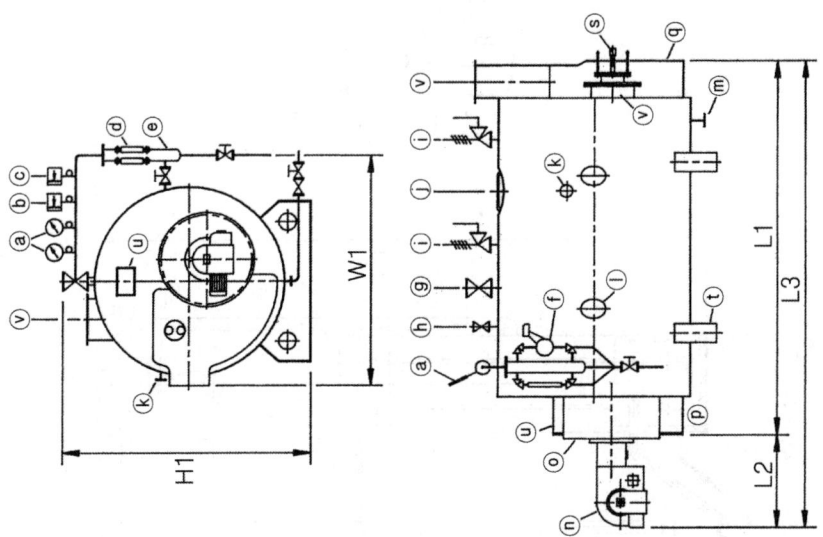

【노통연관식 증기 보일러】

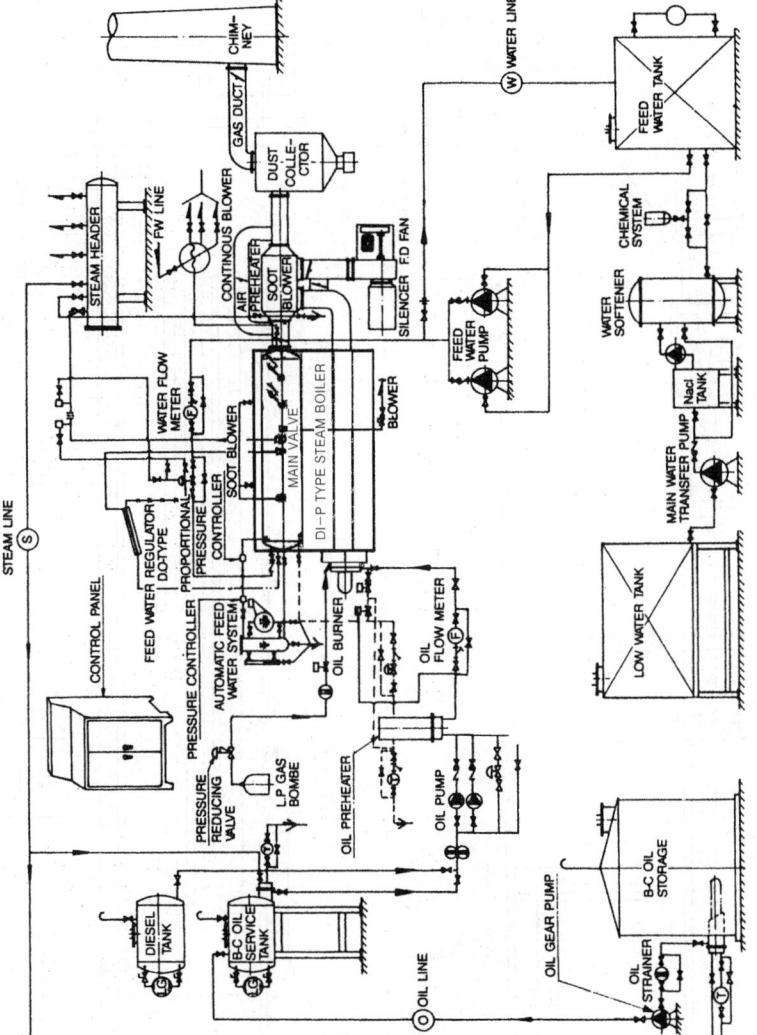

[노통연관식 보일러 계통도]

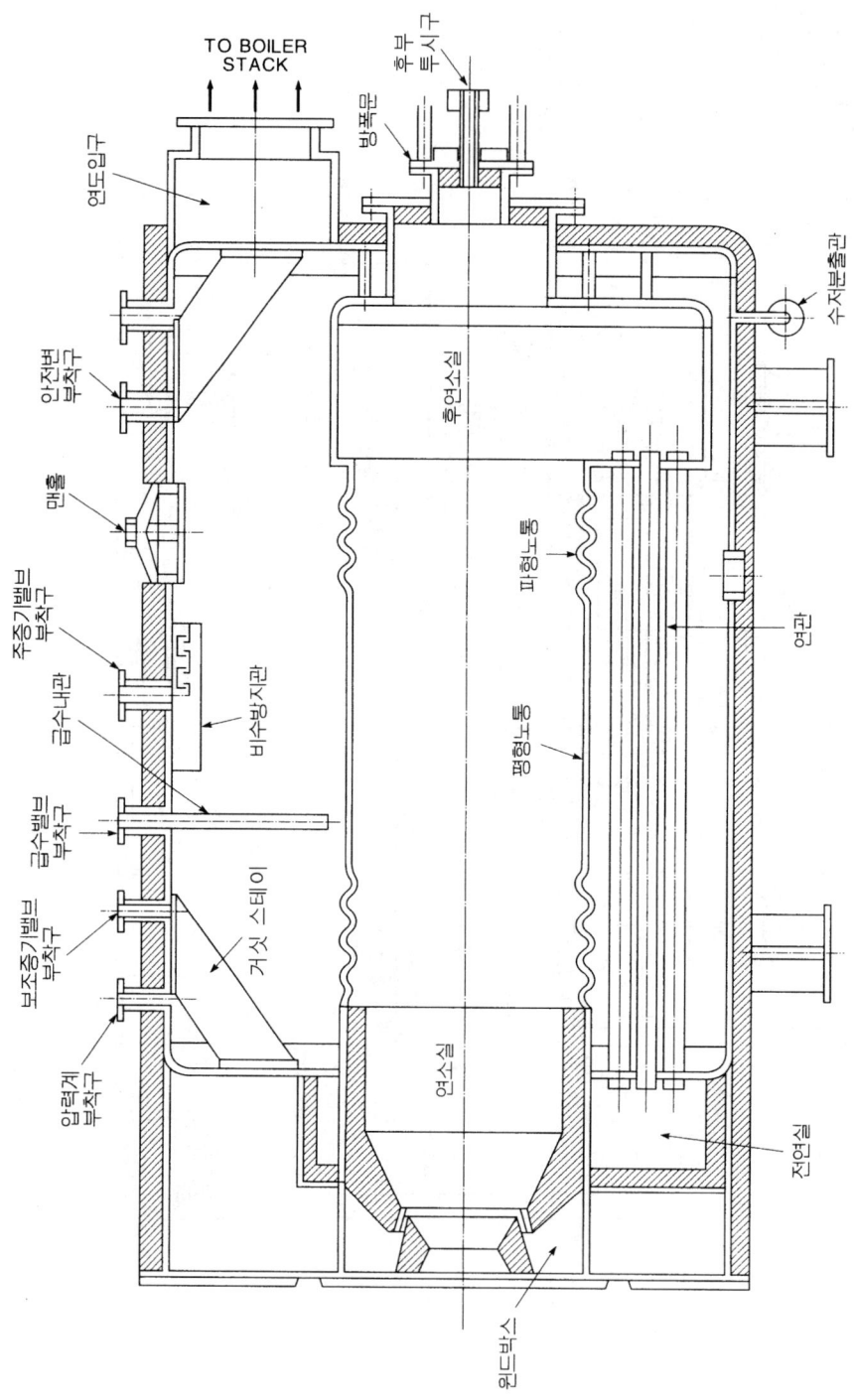

[노통연관보일러의 내·외부 부속장치 계통도]

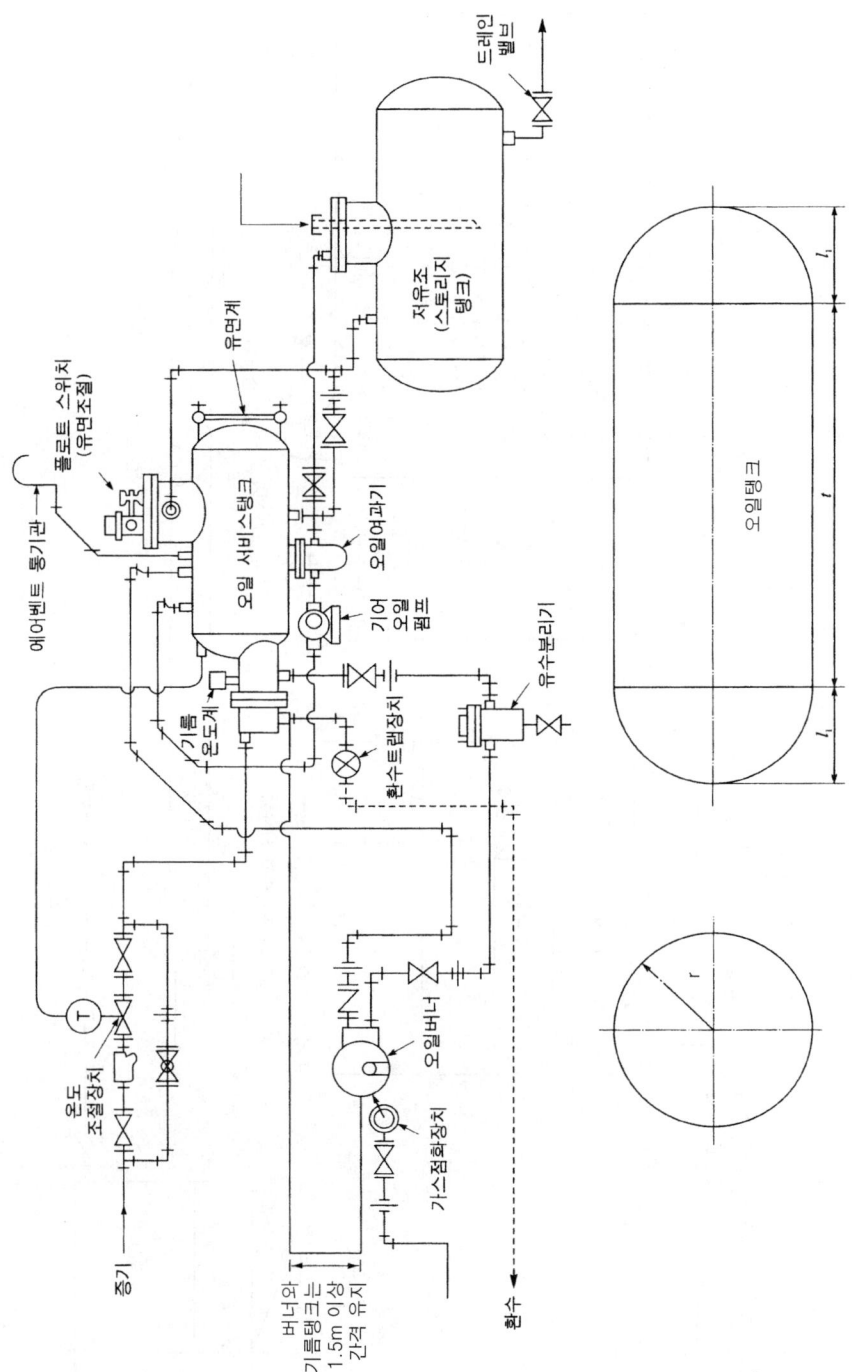

[노통연관보일러의 급유장치 계통도]

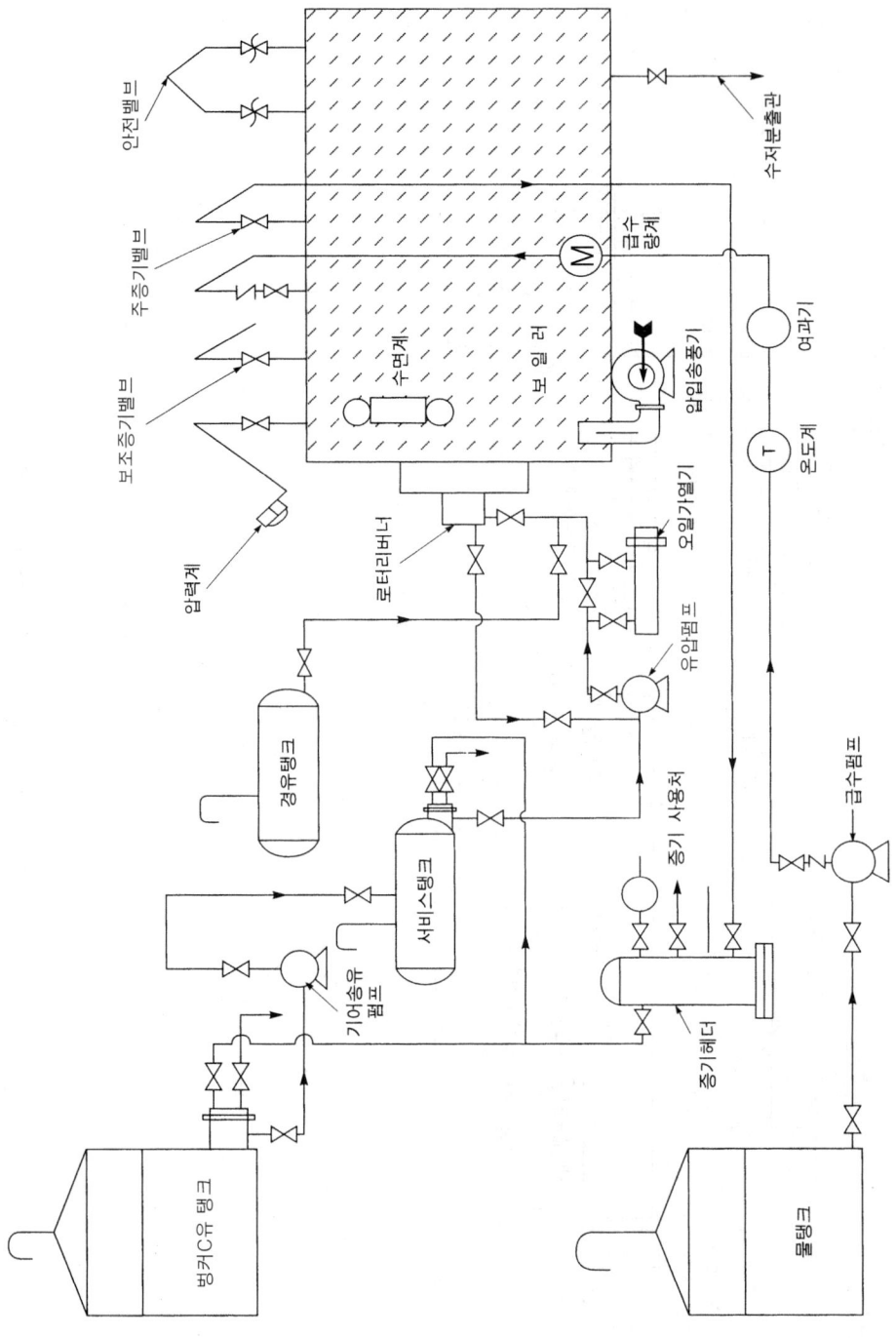

[보일러 급유 계통도]

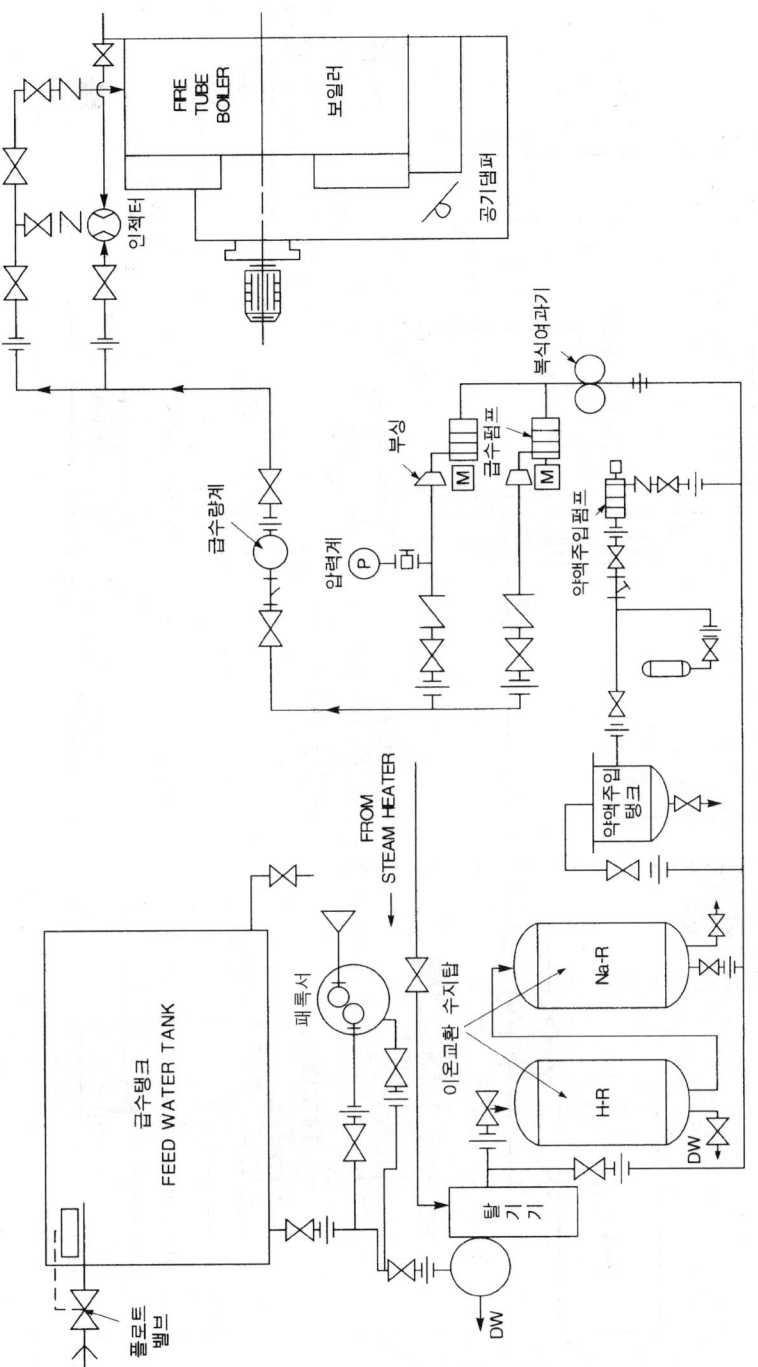

[보일러 급수장치 계통도]

CHAPTER 04 보일러 및 부속장치 계통도

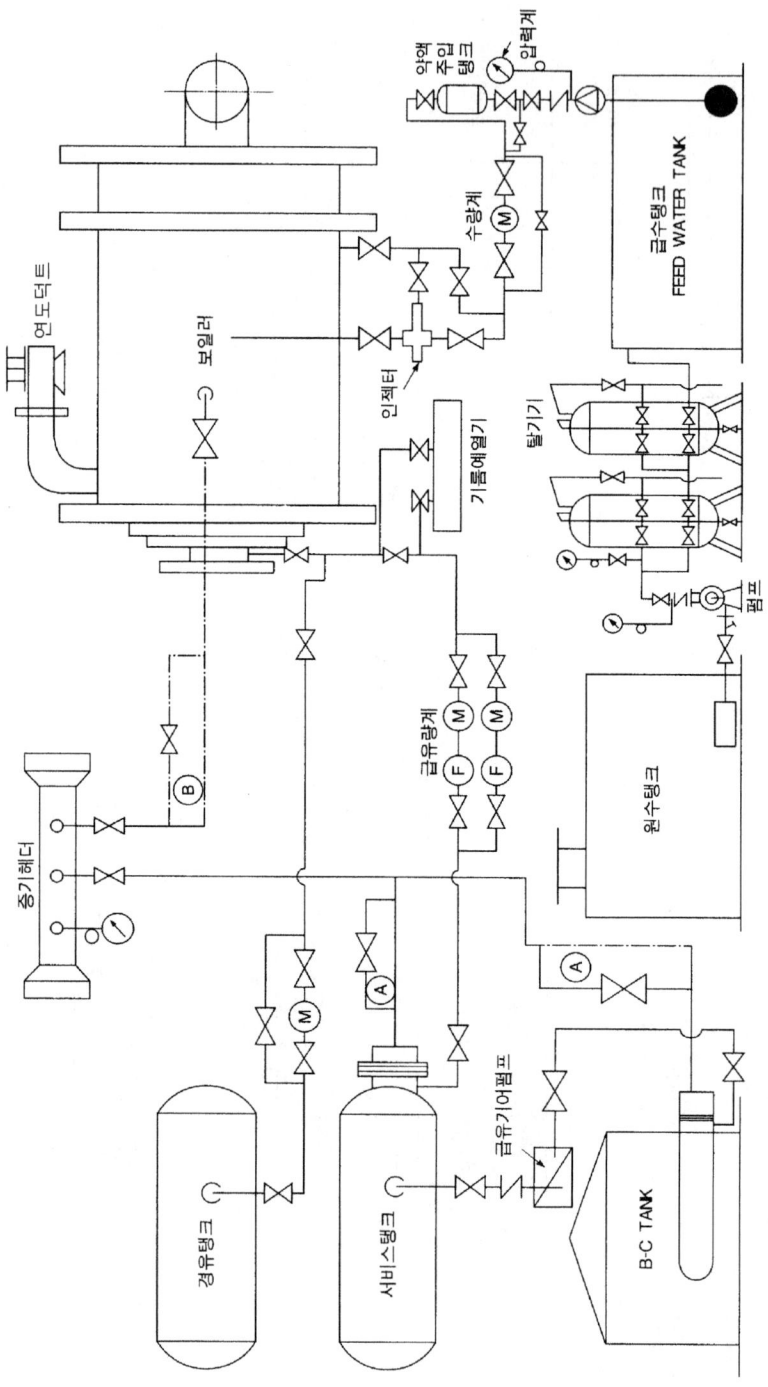

[급수장치와 오일공급장치]

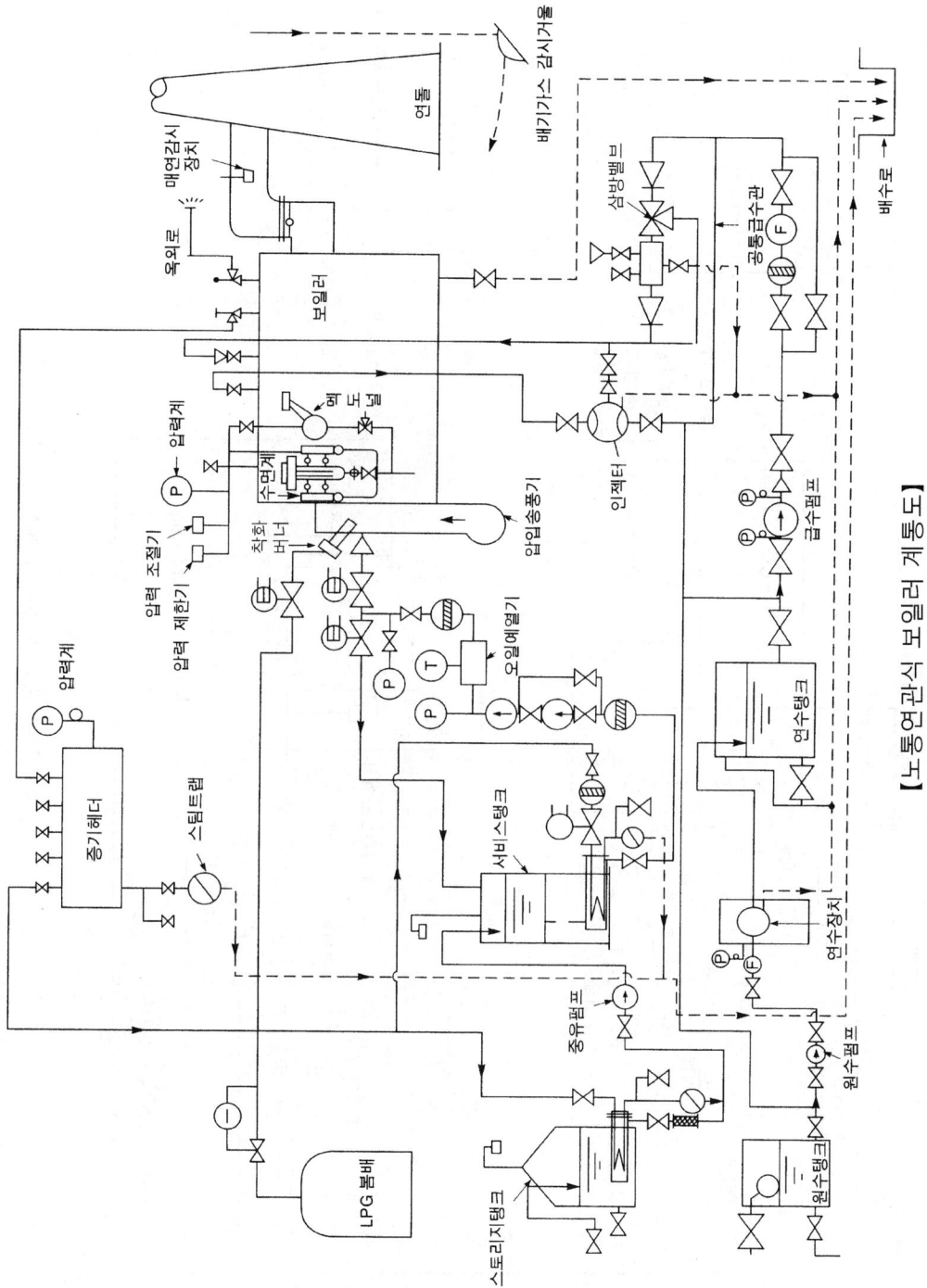

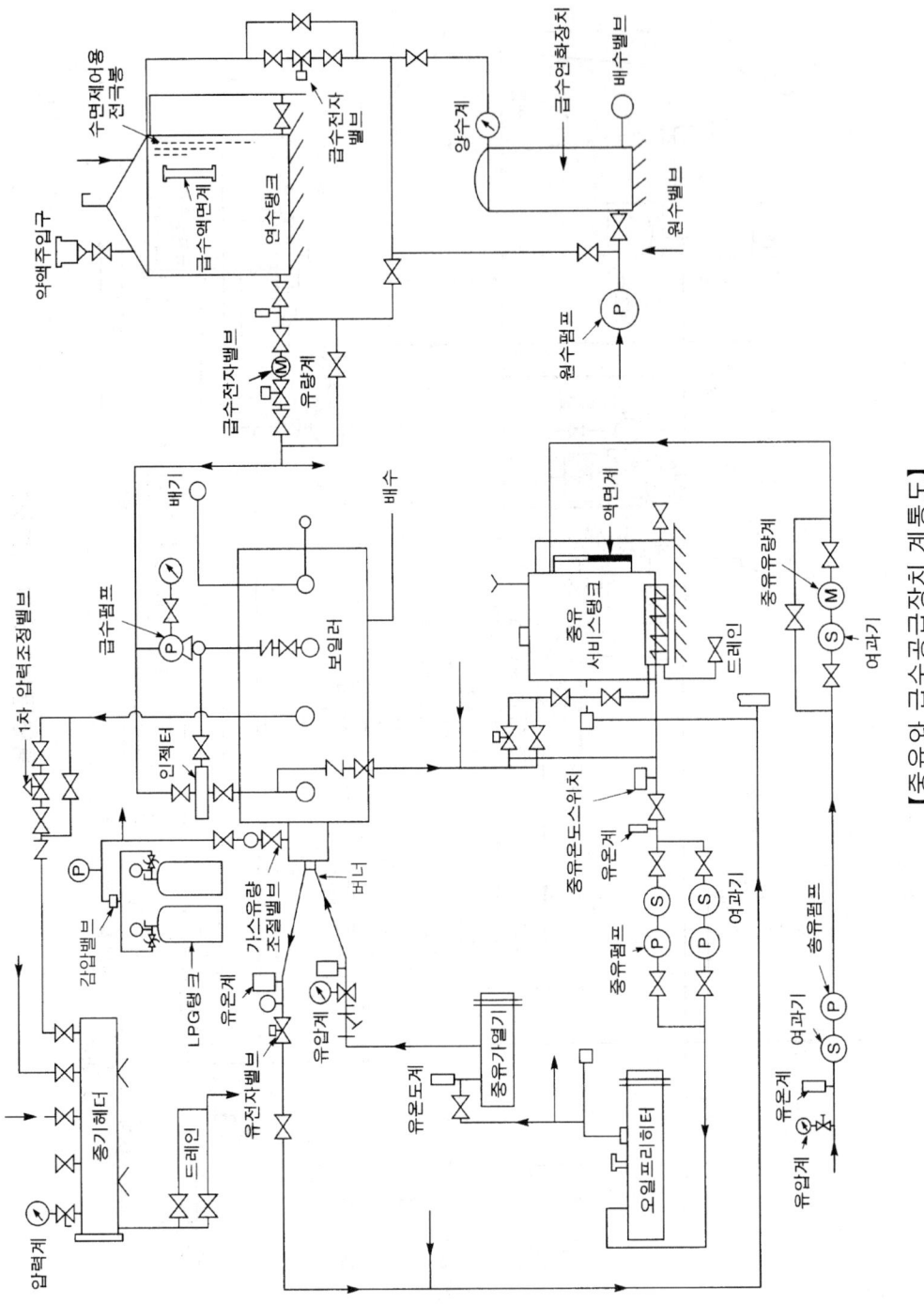

[중유와 급수공급장치 계통도]

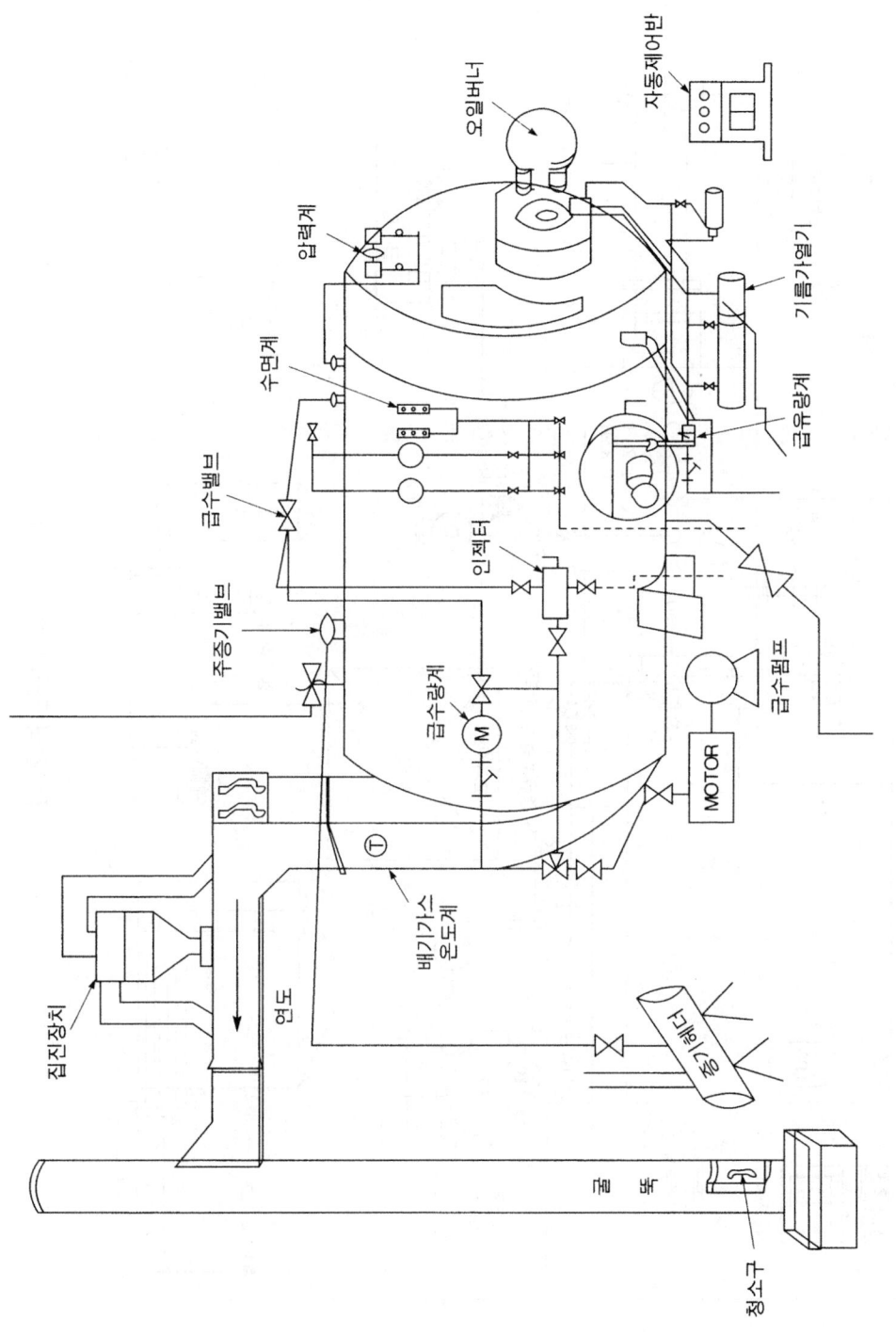

【노통연관식 보일러 계통도】

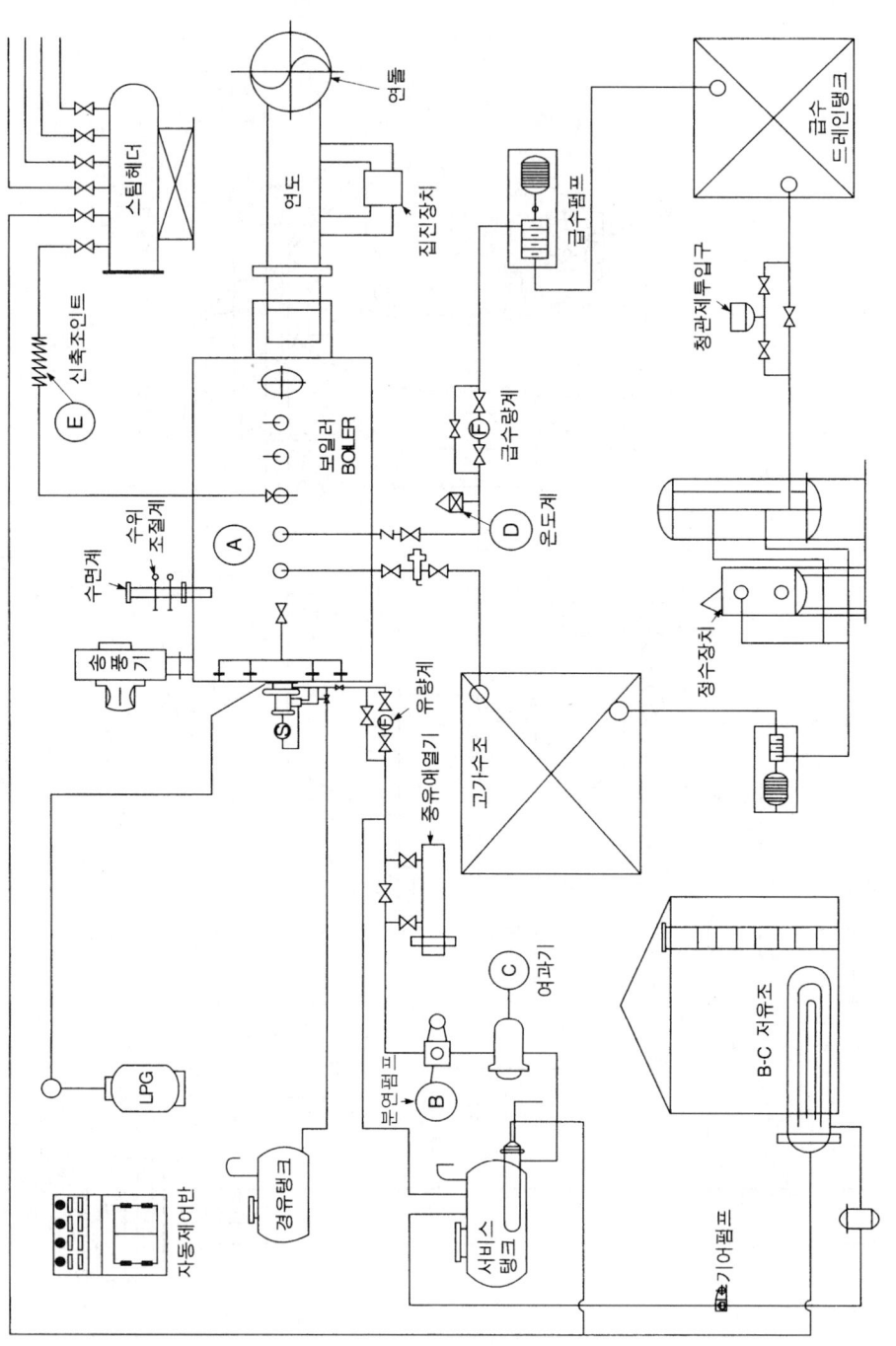

[보일러 공급장치 계통도]

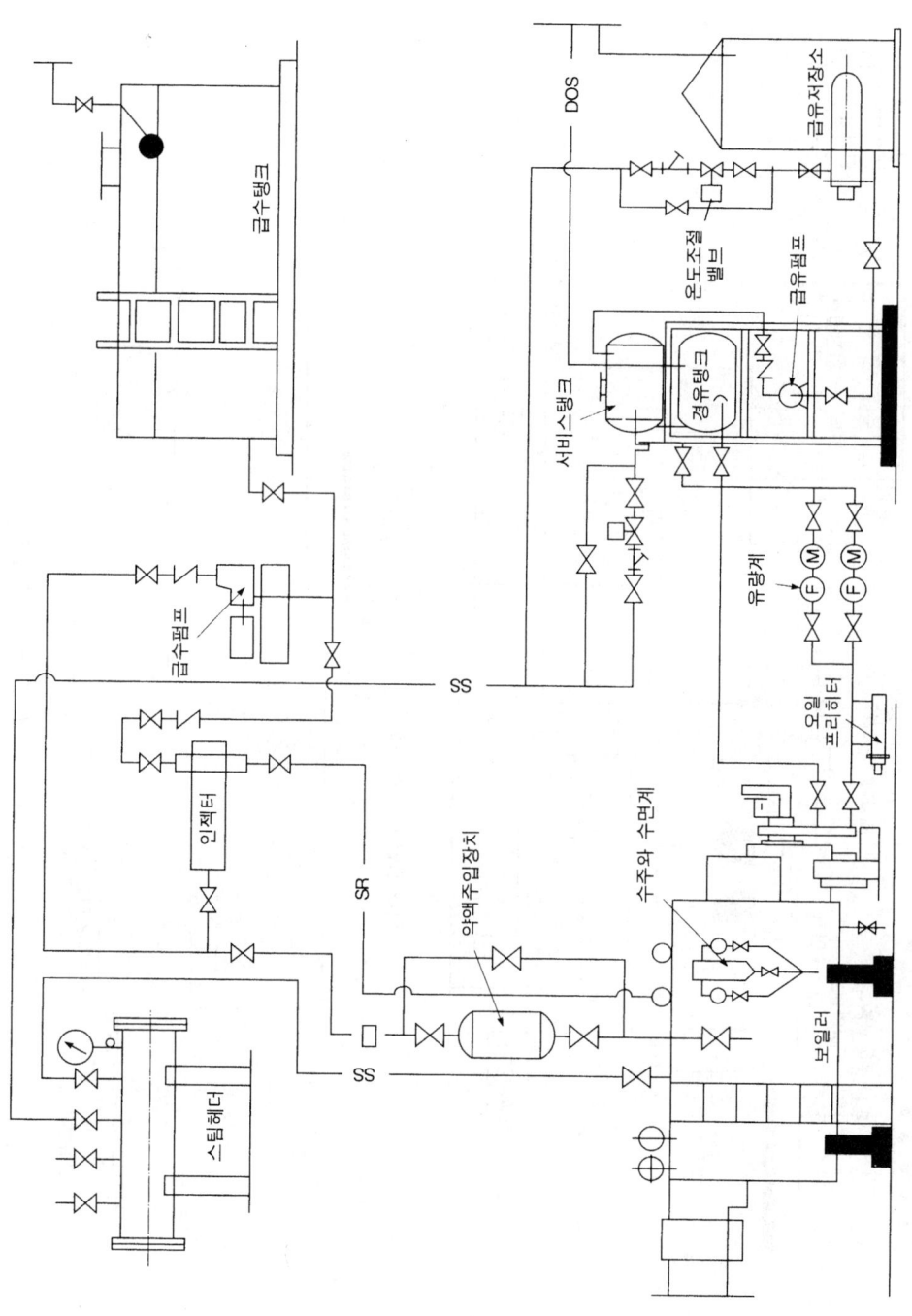

【보일러 계통도】

CHAPTER 04 보일러 및 부속장치 계통도

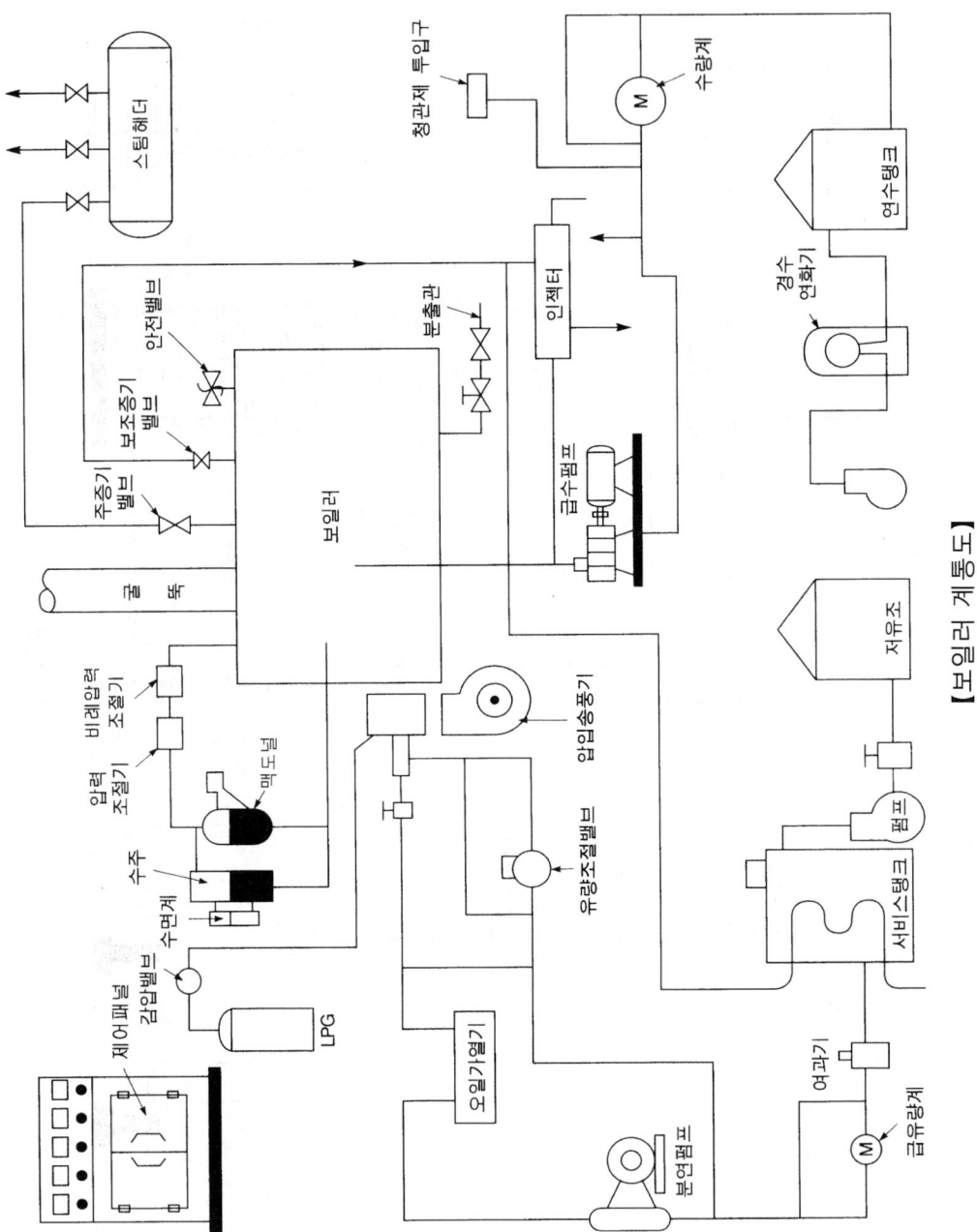

【보일러 계통도】

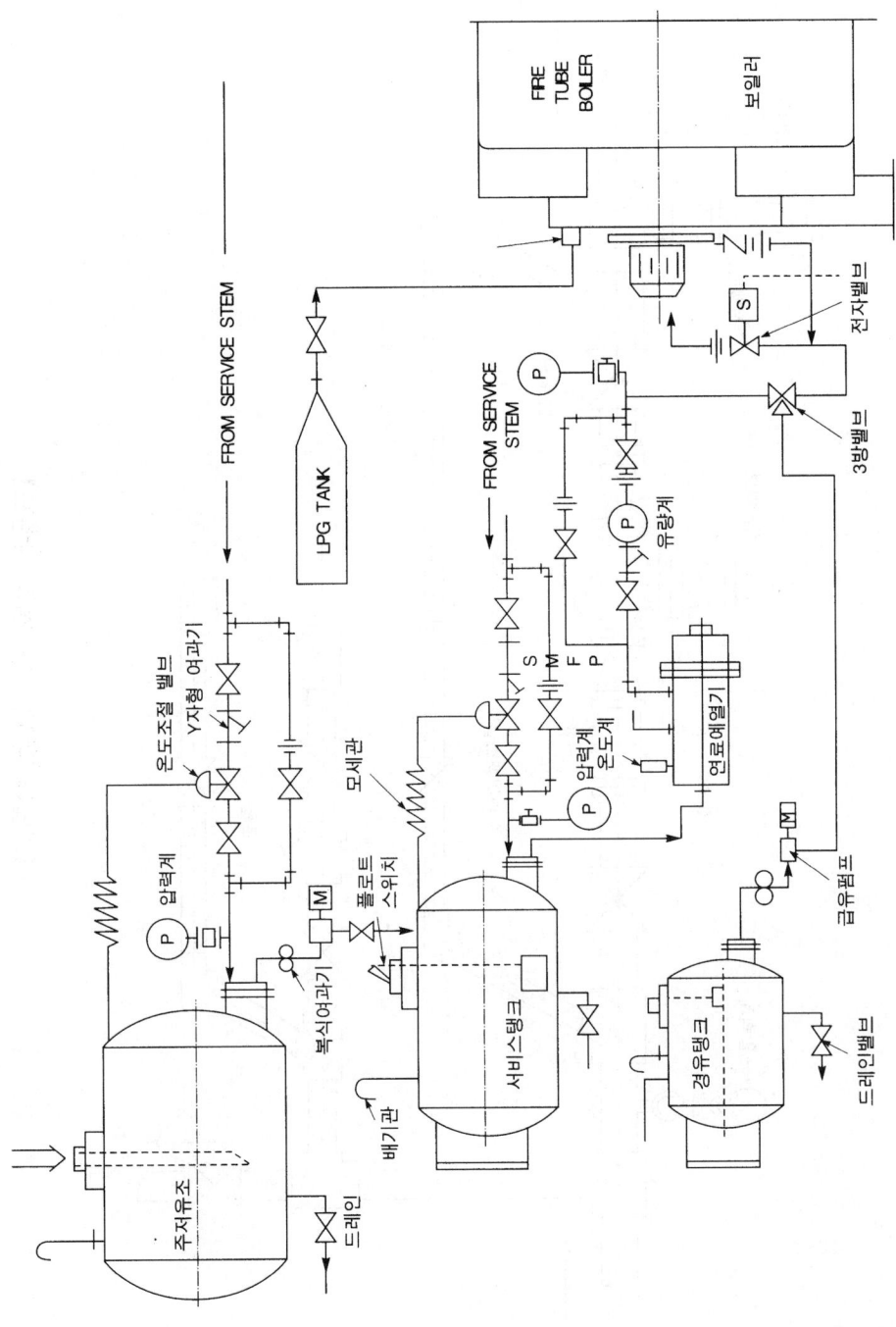

【보일러 계통도】

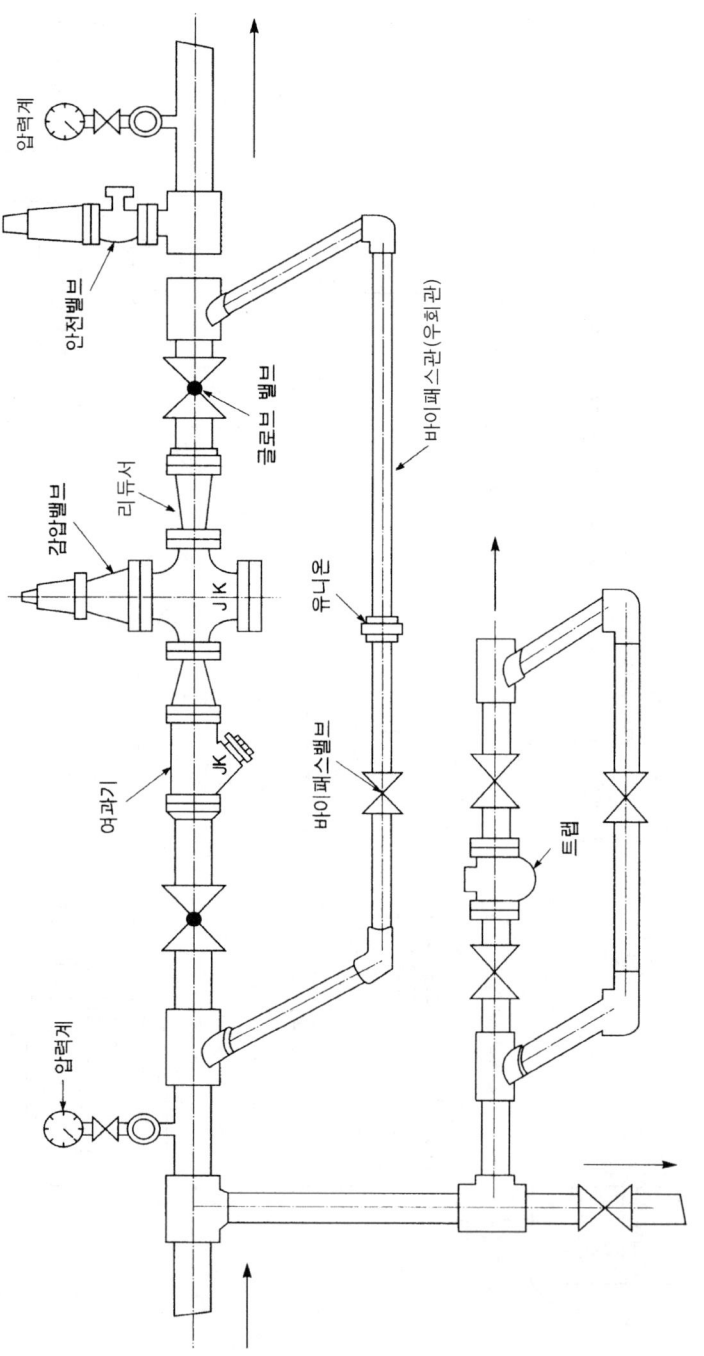

[보일러 감압밸브 설치 배관도]

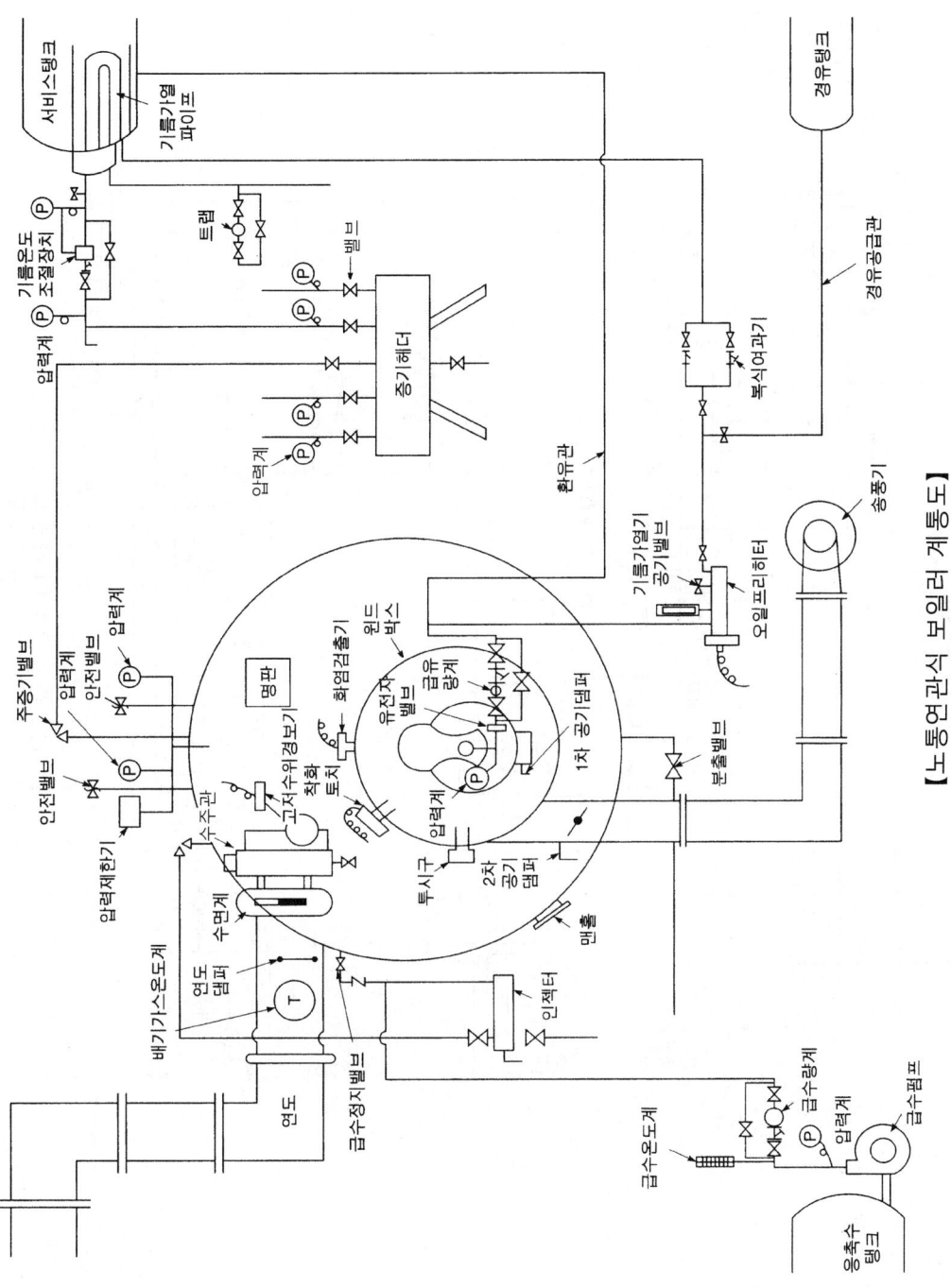

【노통연관식 보일러 계통도】

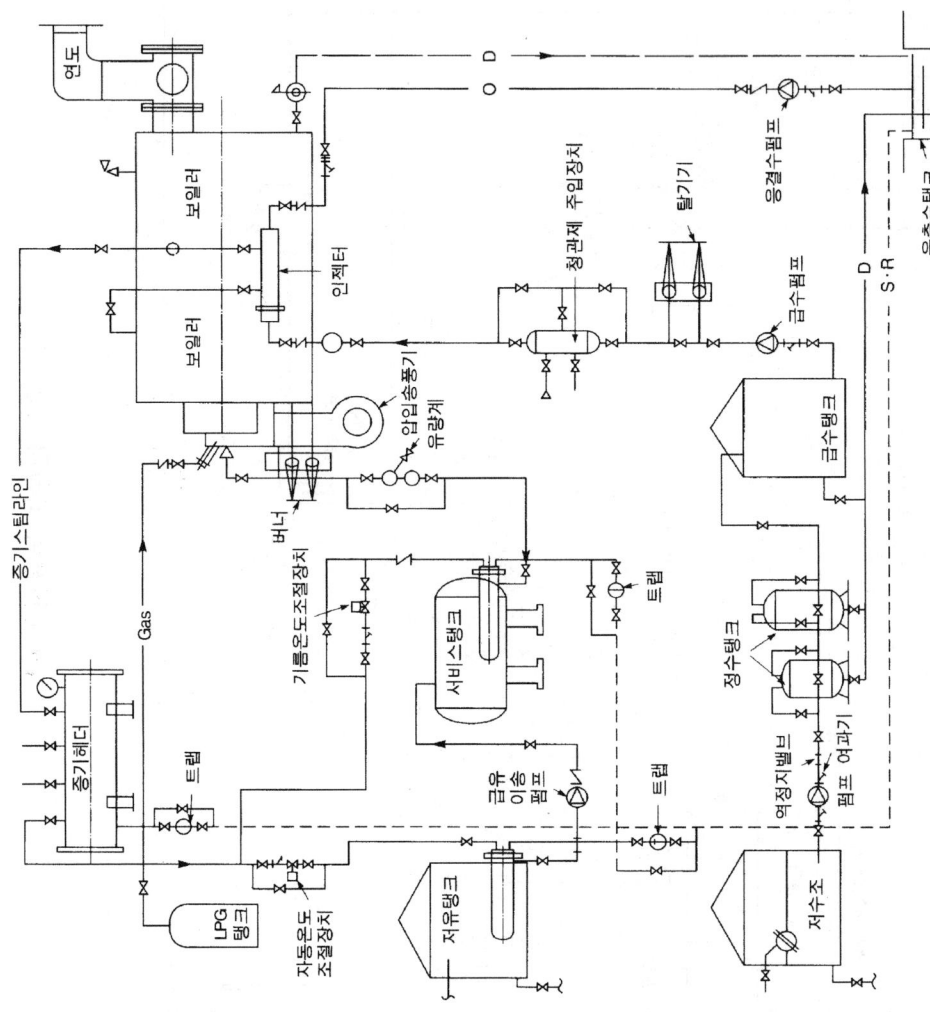

[노통연관식 보일러 계통도]

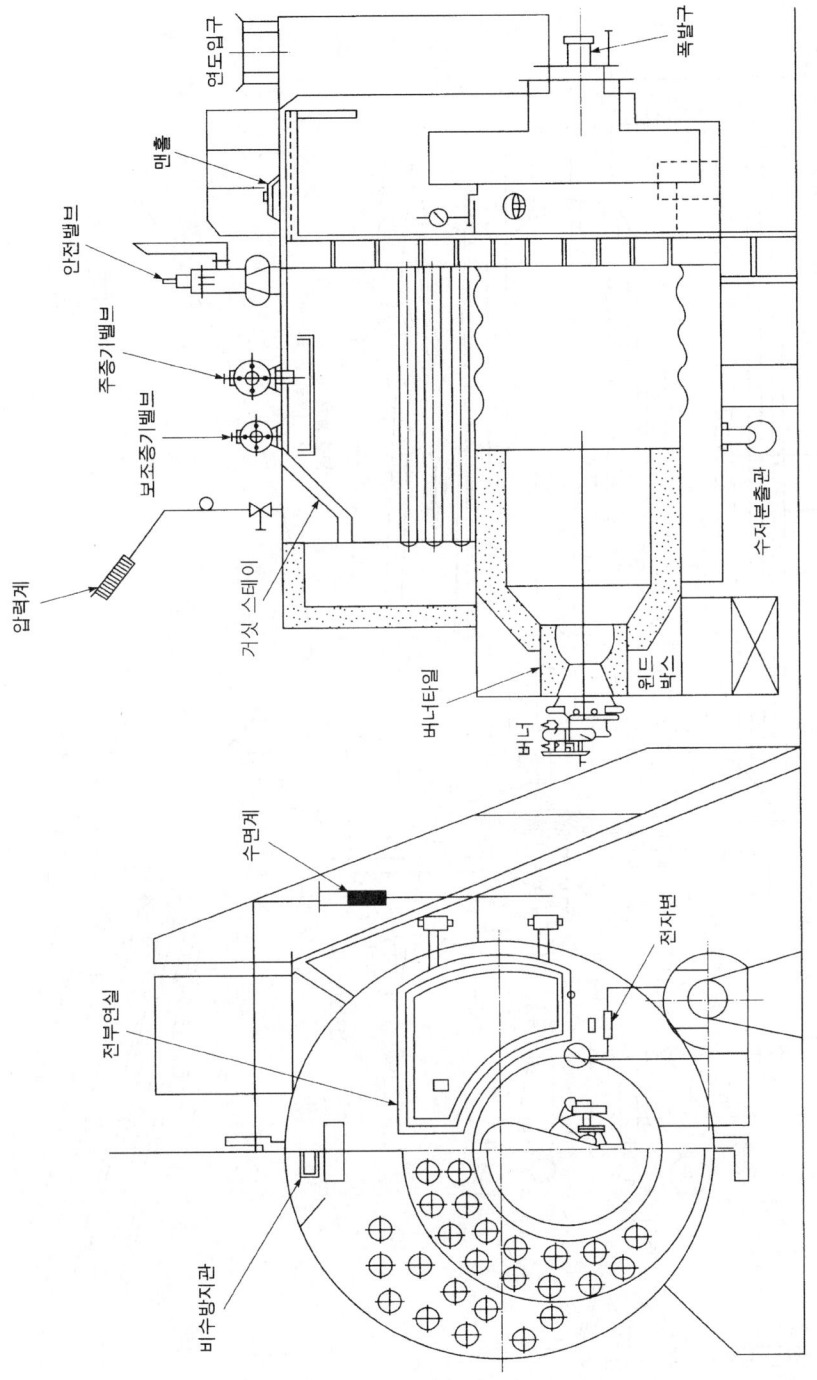

【노통연관식 보일러 계통도】

에너지관리산업기사 실기

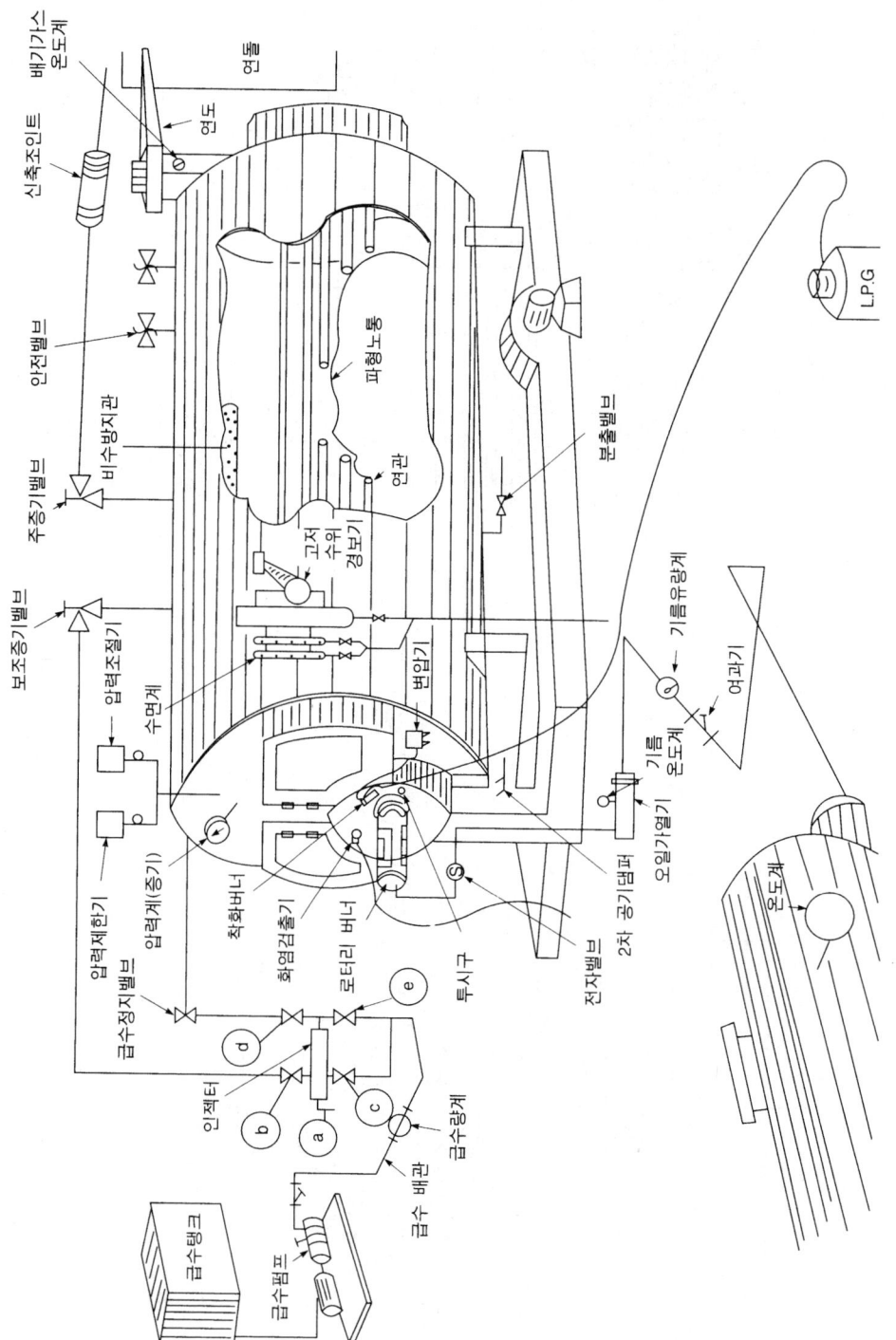

[노통연관식 보일러 계통도]

390 PART 05 작업형 문제

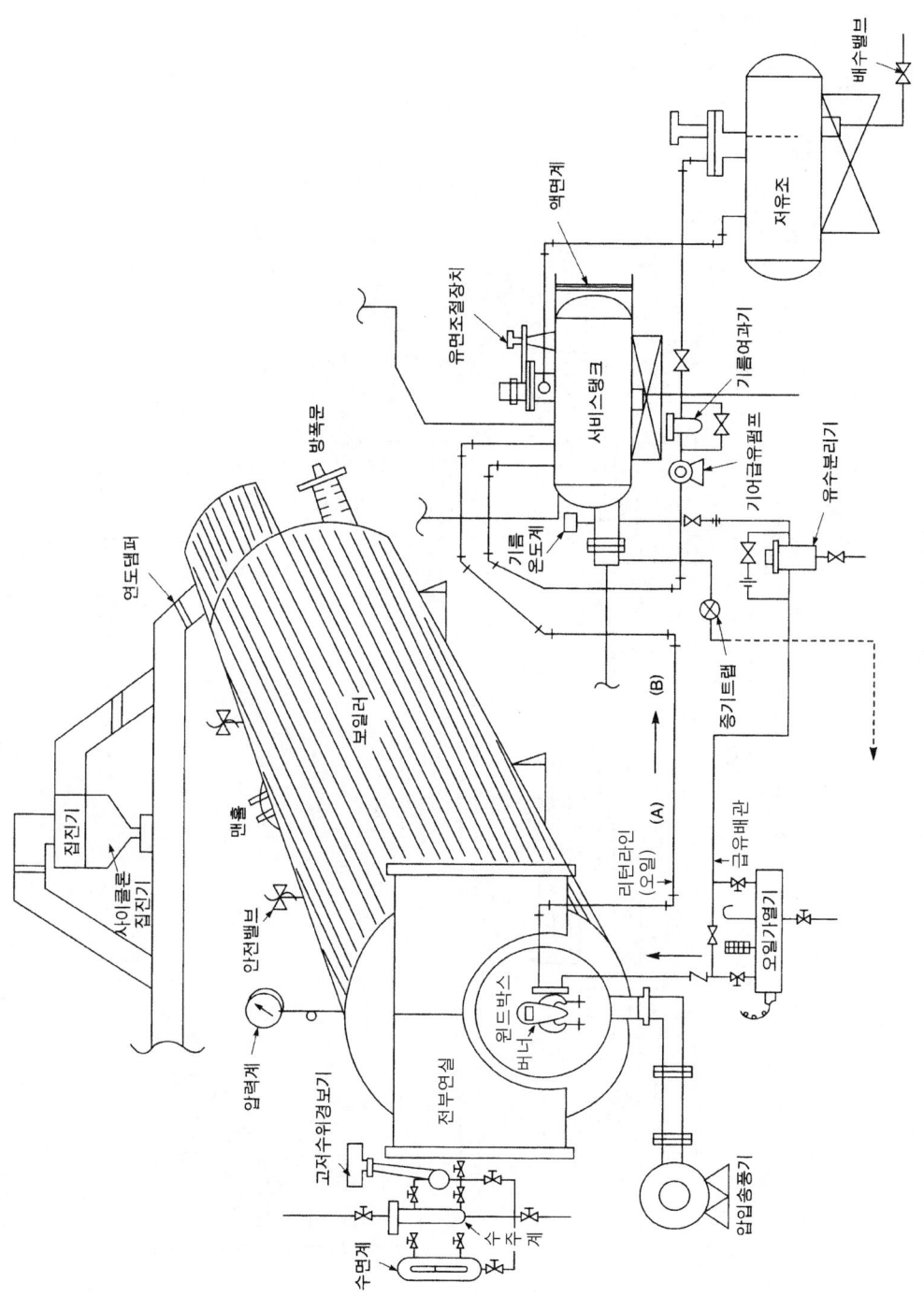

CHAPTER 04 보일러 및 부속장치 계통도

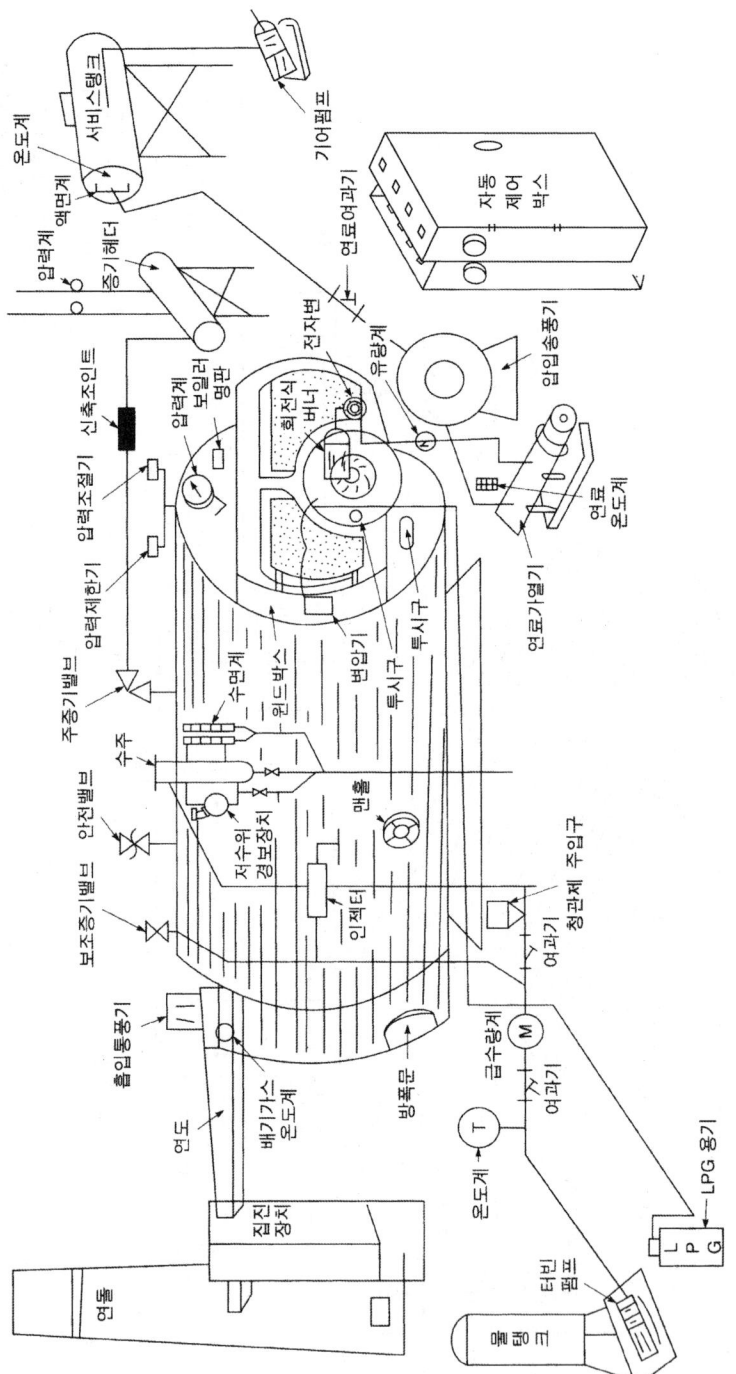

【노통연관식 보일러 계통도】

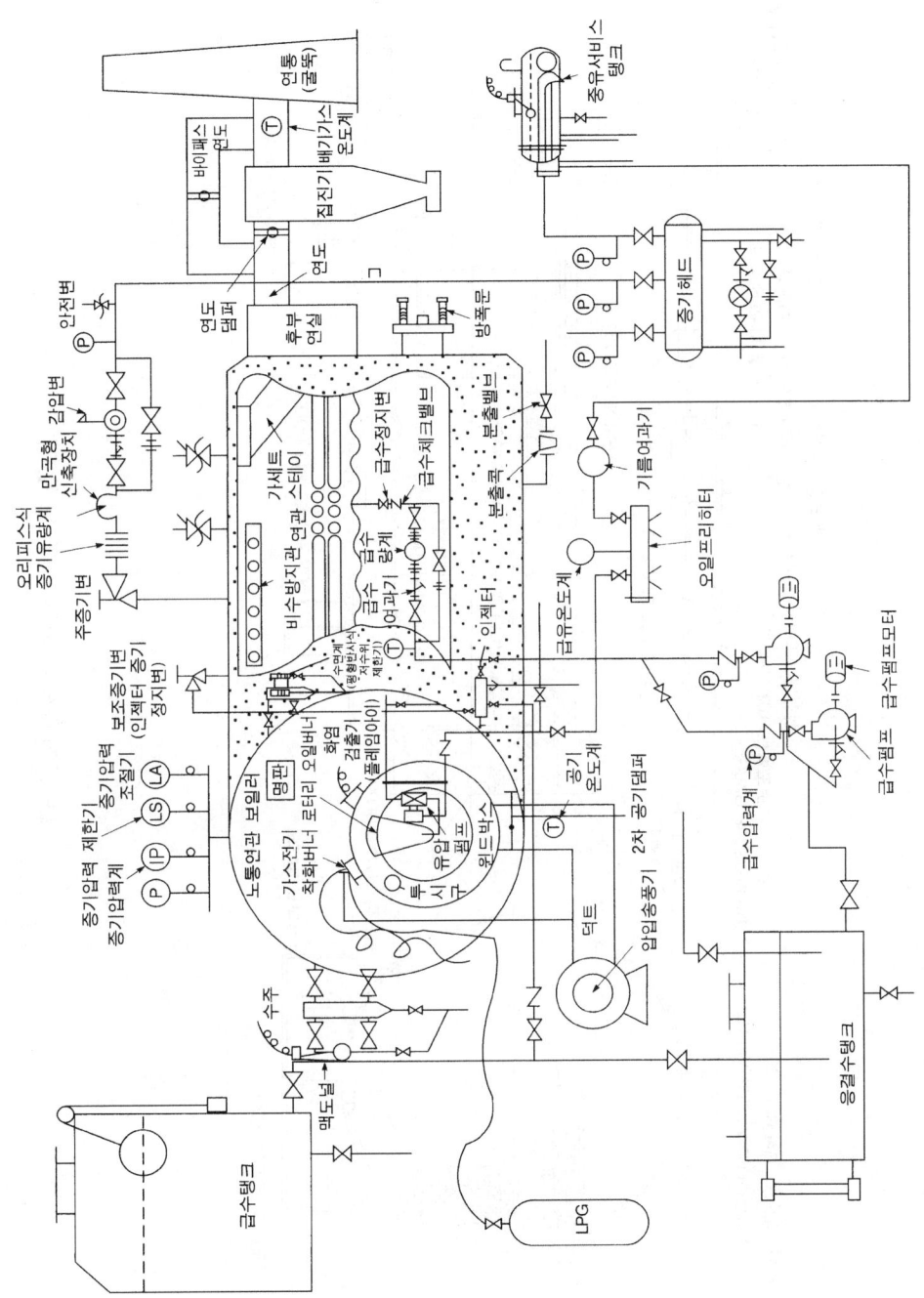

[노통연관식 보일러 계통도]

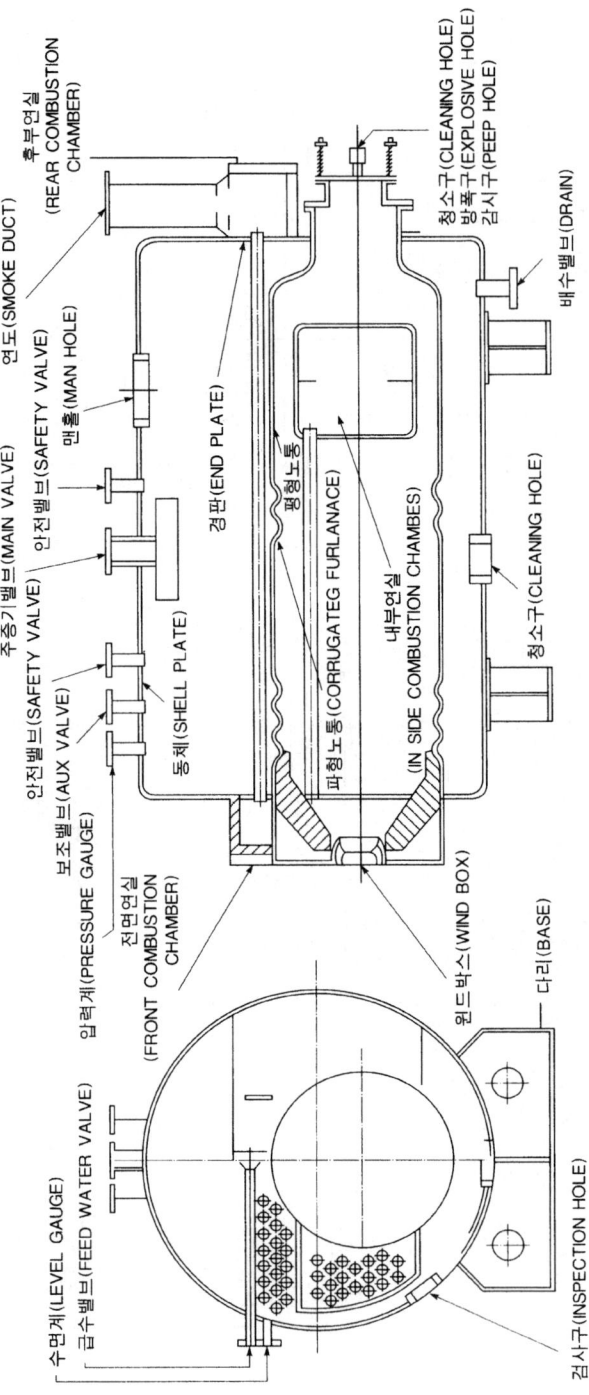

【노통연관식 보일러 내부 모형도】

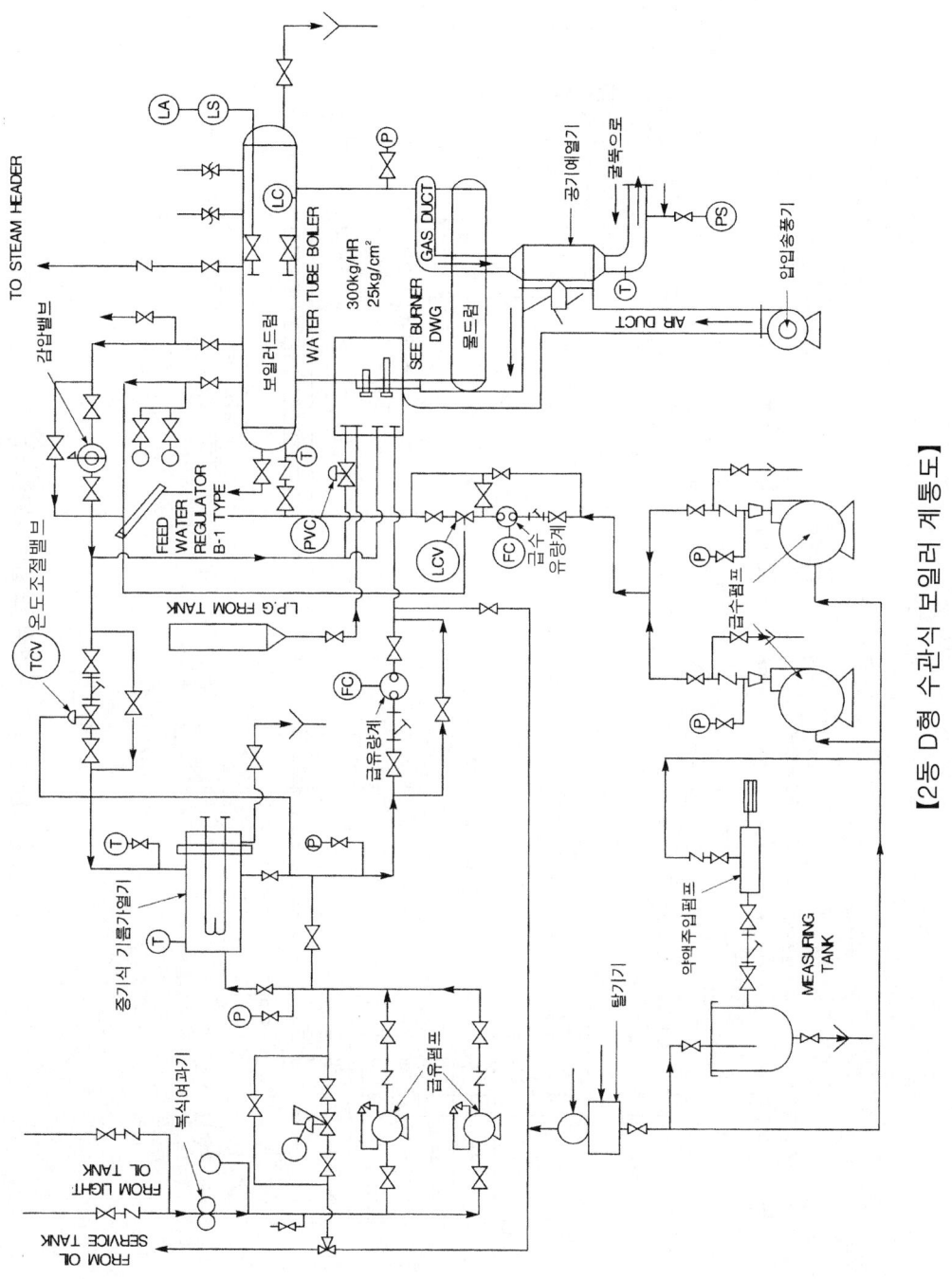

[2동 D형 수관식 보일러 계통도]

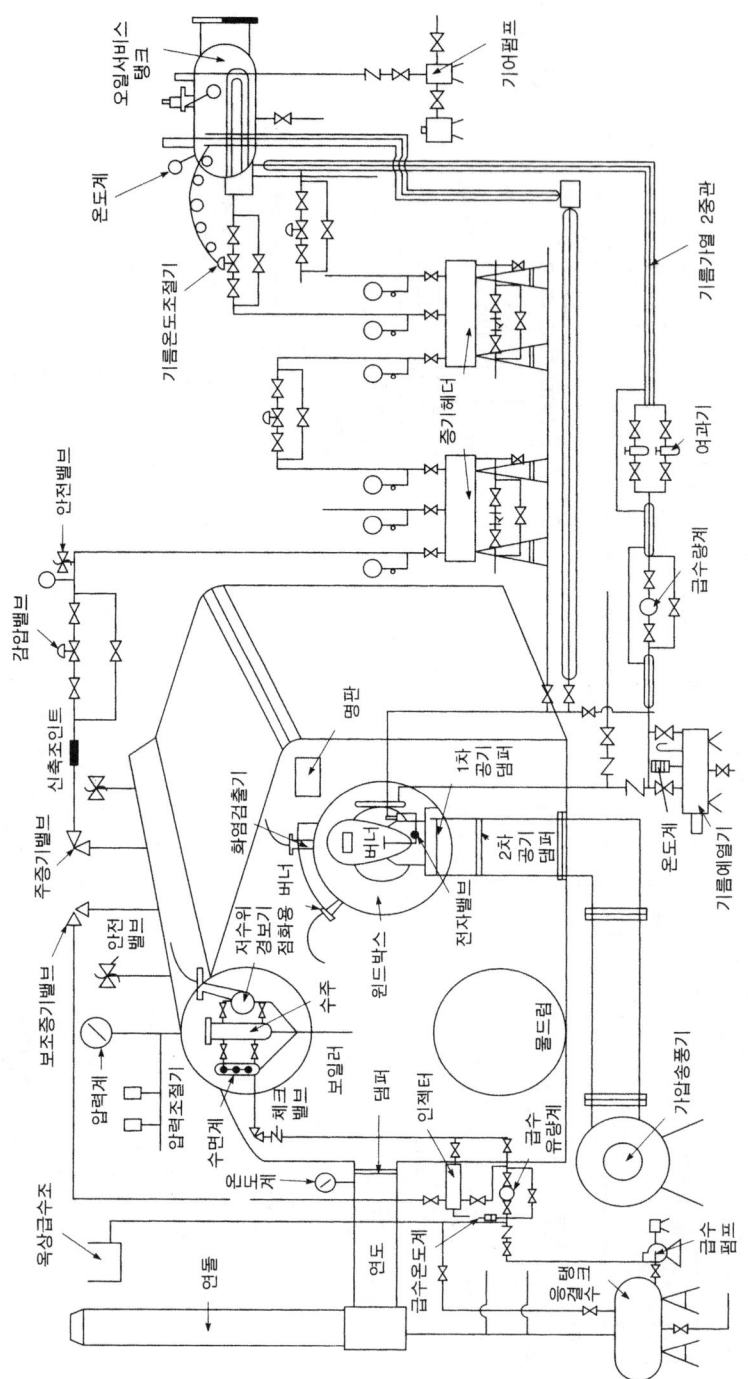

[2통 D형 수관식 보일러 계통도]

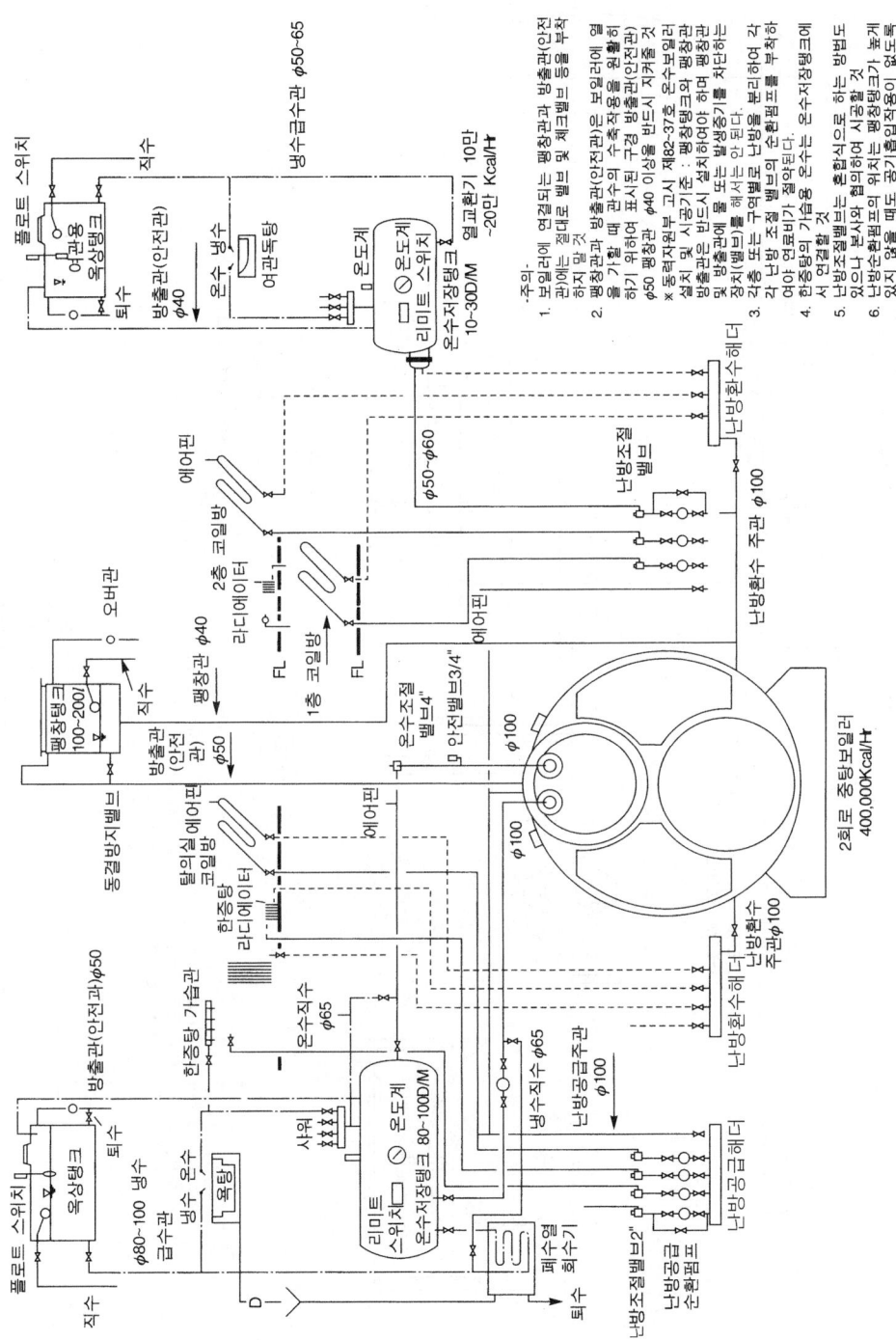

[목욕탕, 호텔(여관) 2회로식 스마일 중앙보일러]

[온수 가열기]

N-1 STEAM INLET(급기변)
N-2 STEAM OUTLET(응축변)
N-3 WATER OUTLET(급탕변)

N-4 WATER INLET(급수변)
N-5 WATER RETURN(환탕변)
N-6 BLOW VALVE(블로우밸브)
N-7 SAFETY VALVE(안전밸브)

SUPPORT(받침대)
COPPER TUBE(동 파이프)
MAN HOLE(맨홀)
SHELL PLATE(동체)
END PLATE(경판)
THERMO CONTROL(온도조절변)
THERMO METER(온도계)

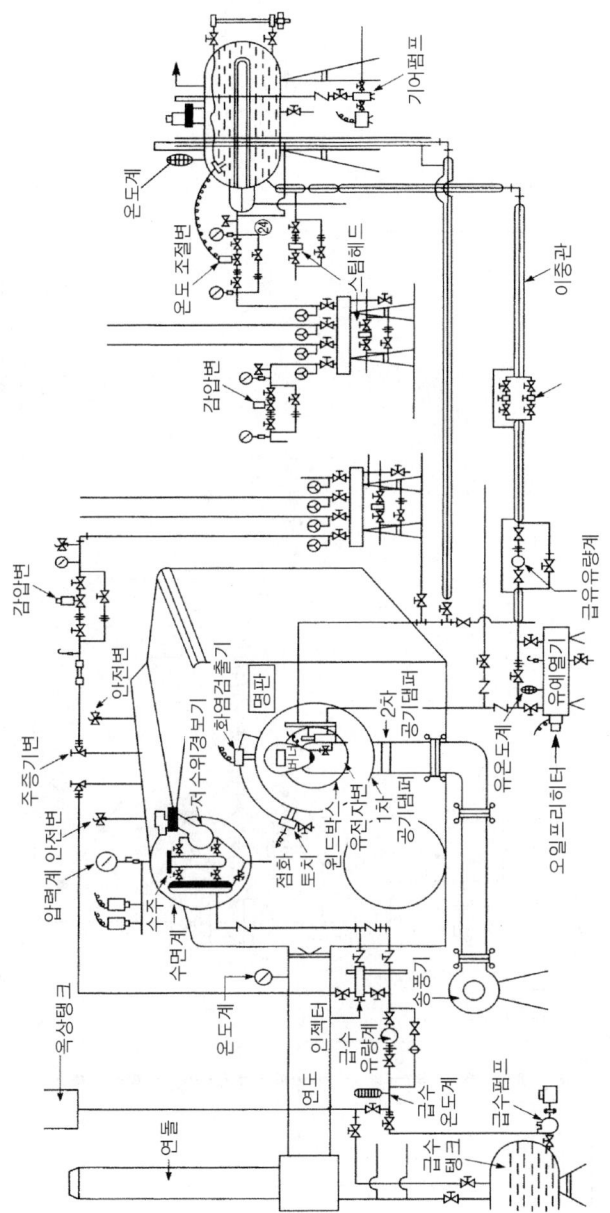

[2동 D형 수관식 보일러 계통도]

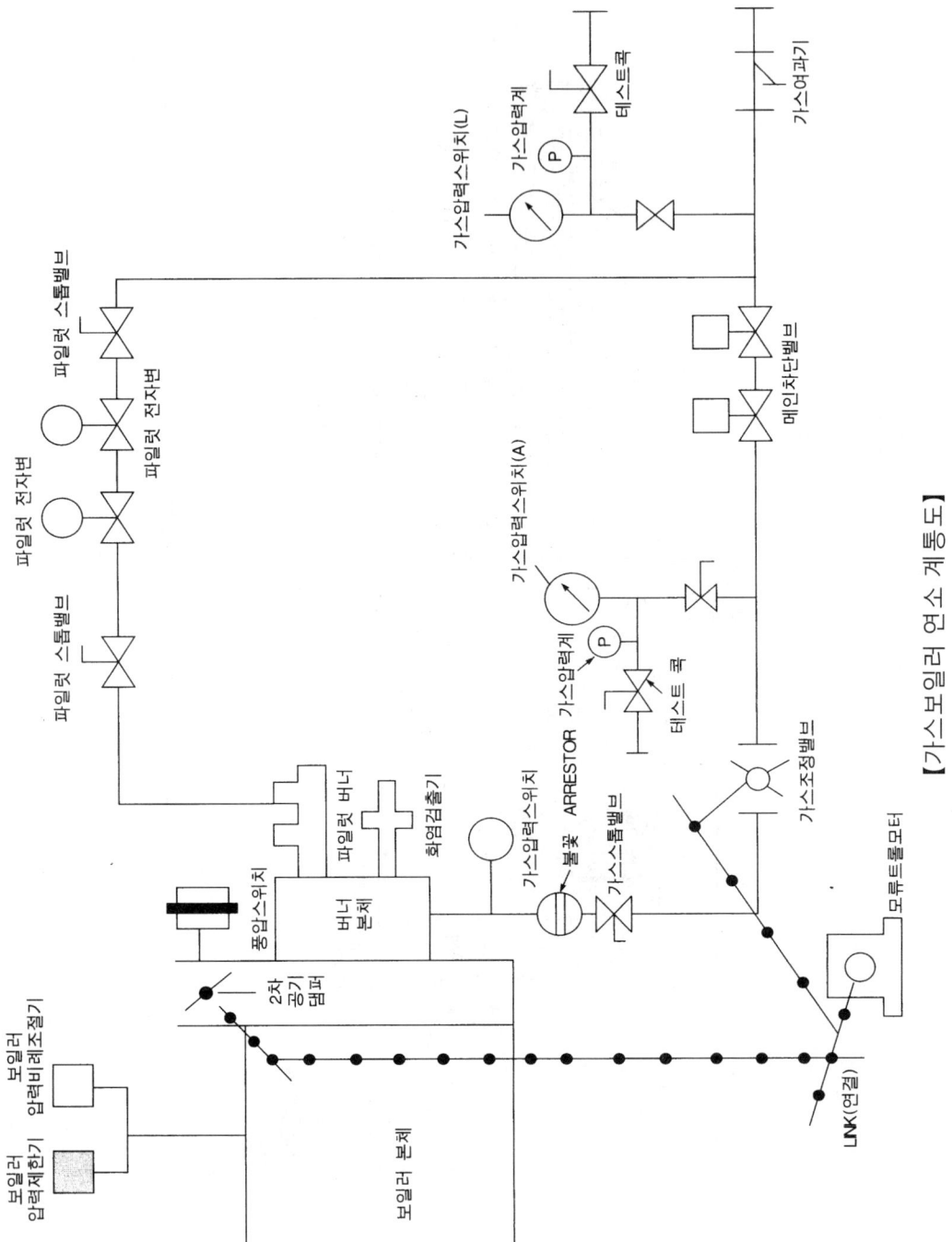

[가스보일러 연소 계통도]

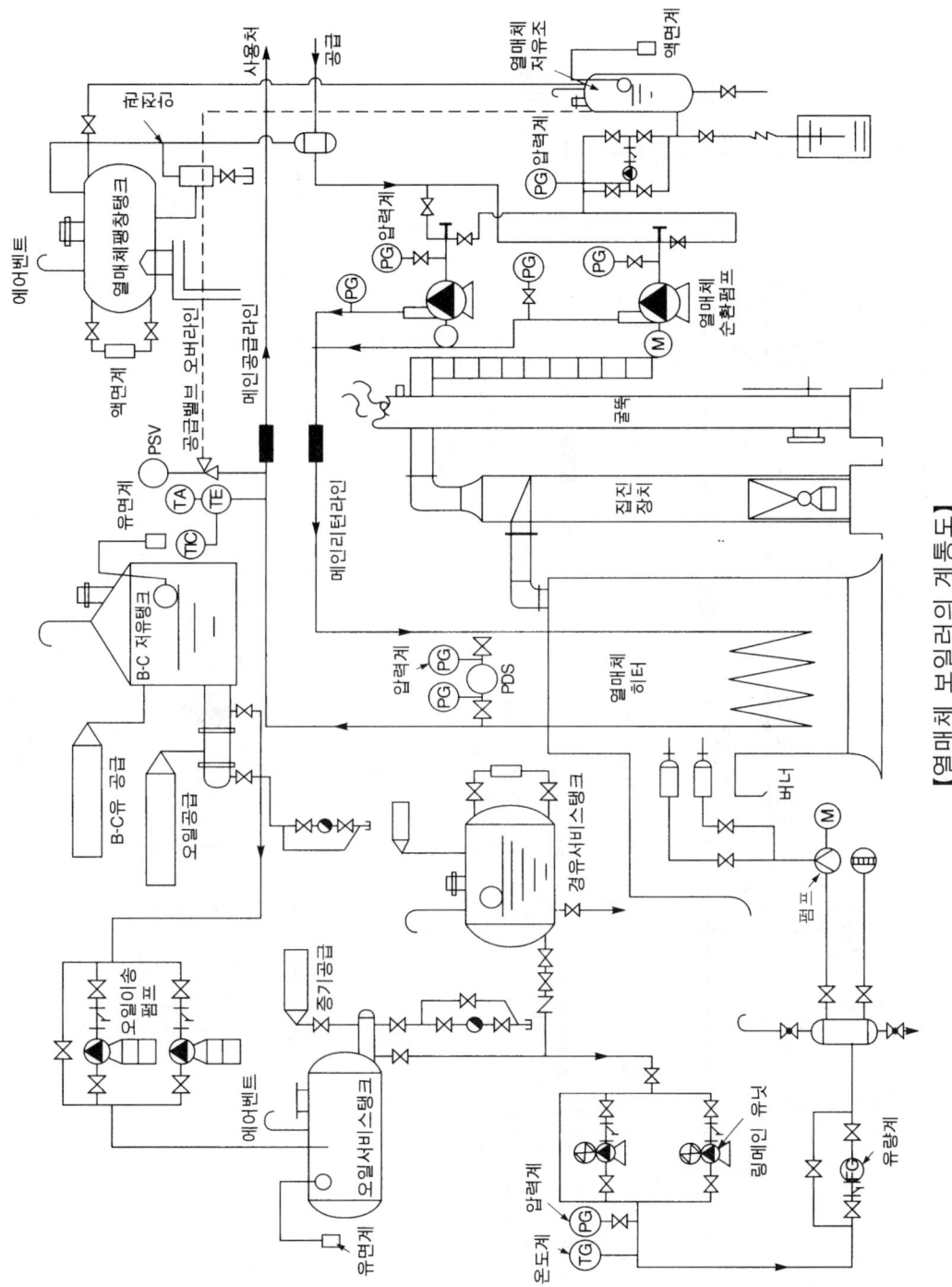

[열매체 보일러의 계통도]

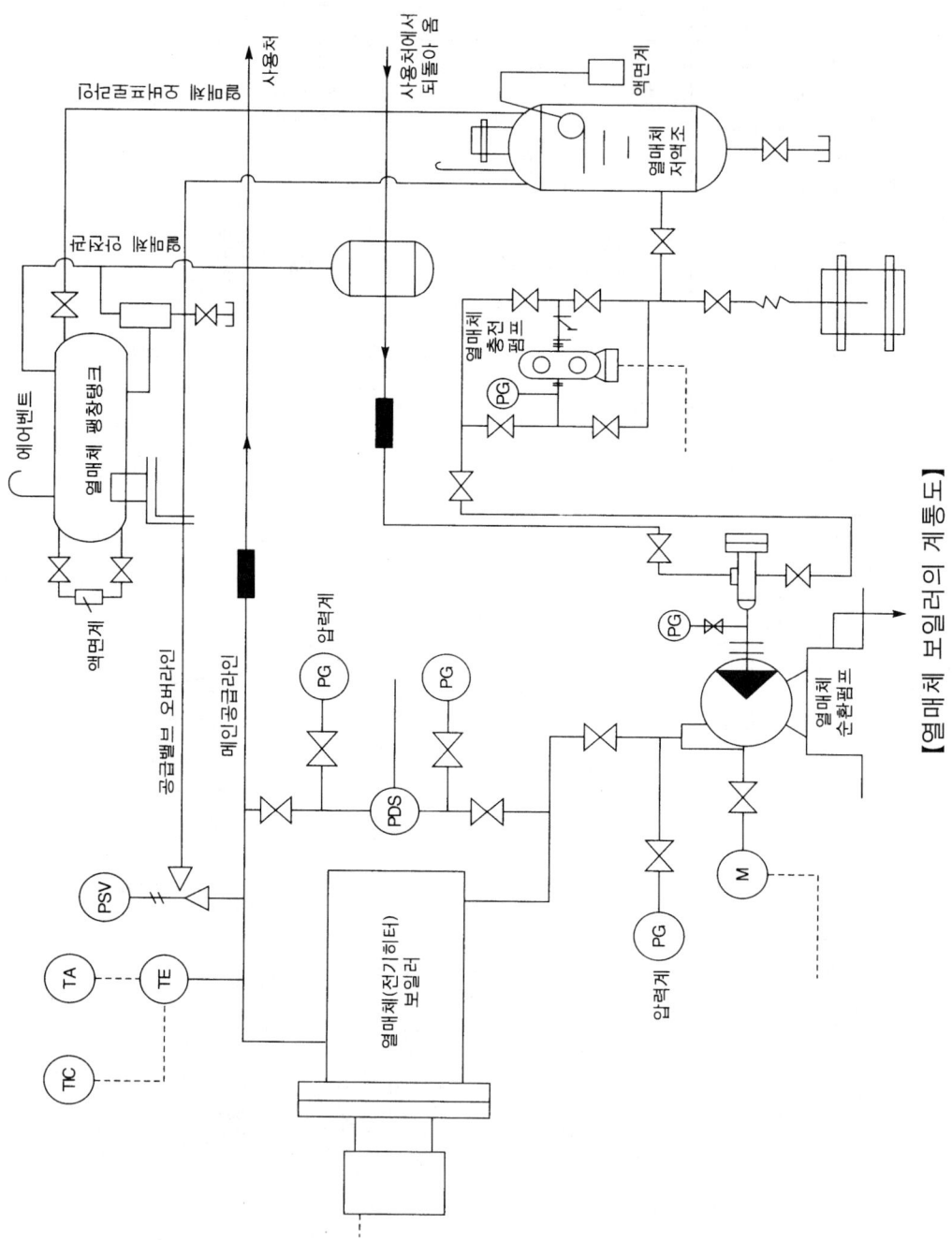

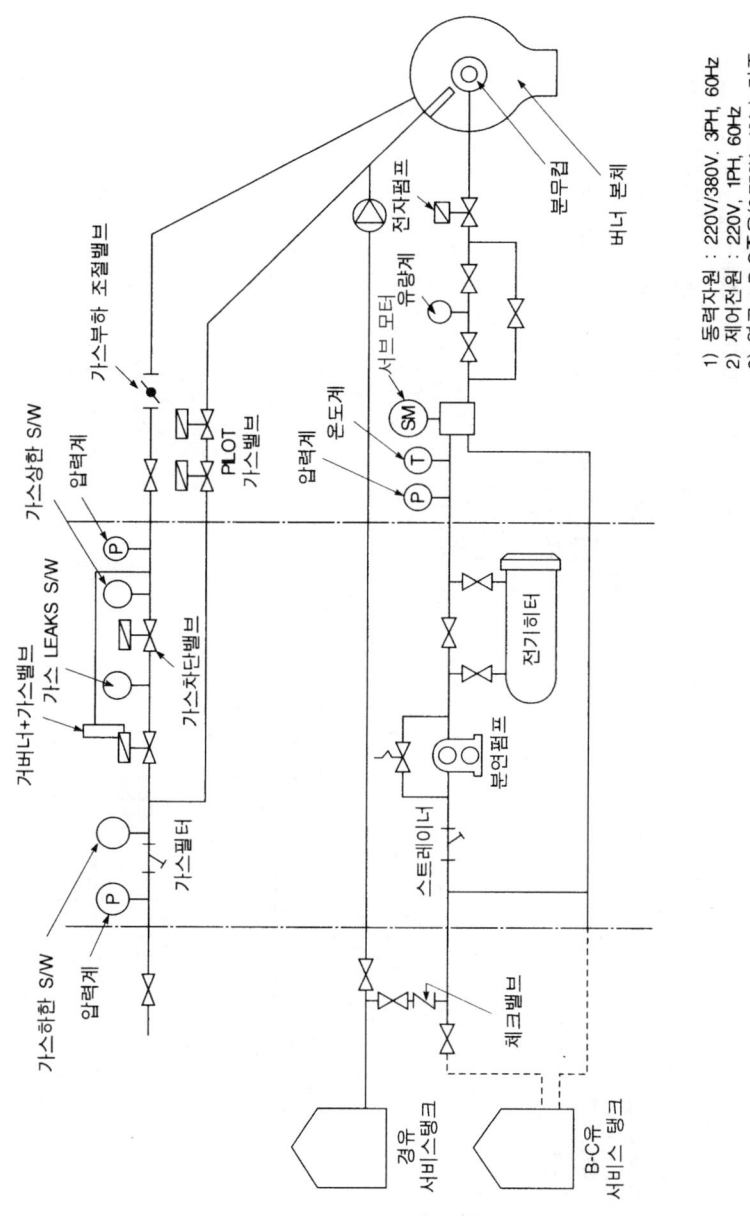

[가스, 기름혼소 공급 계통도]

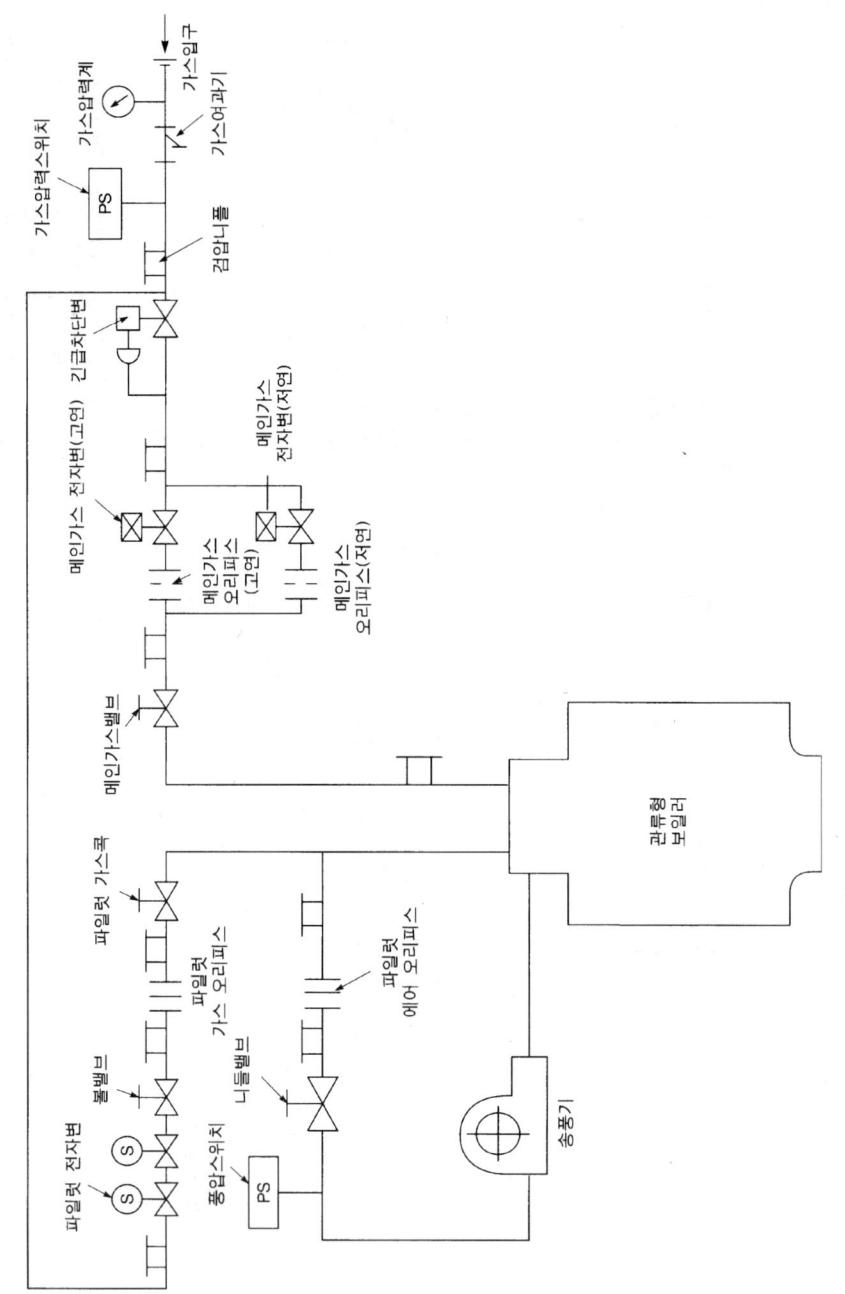

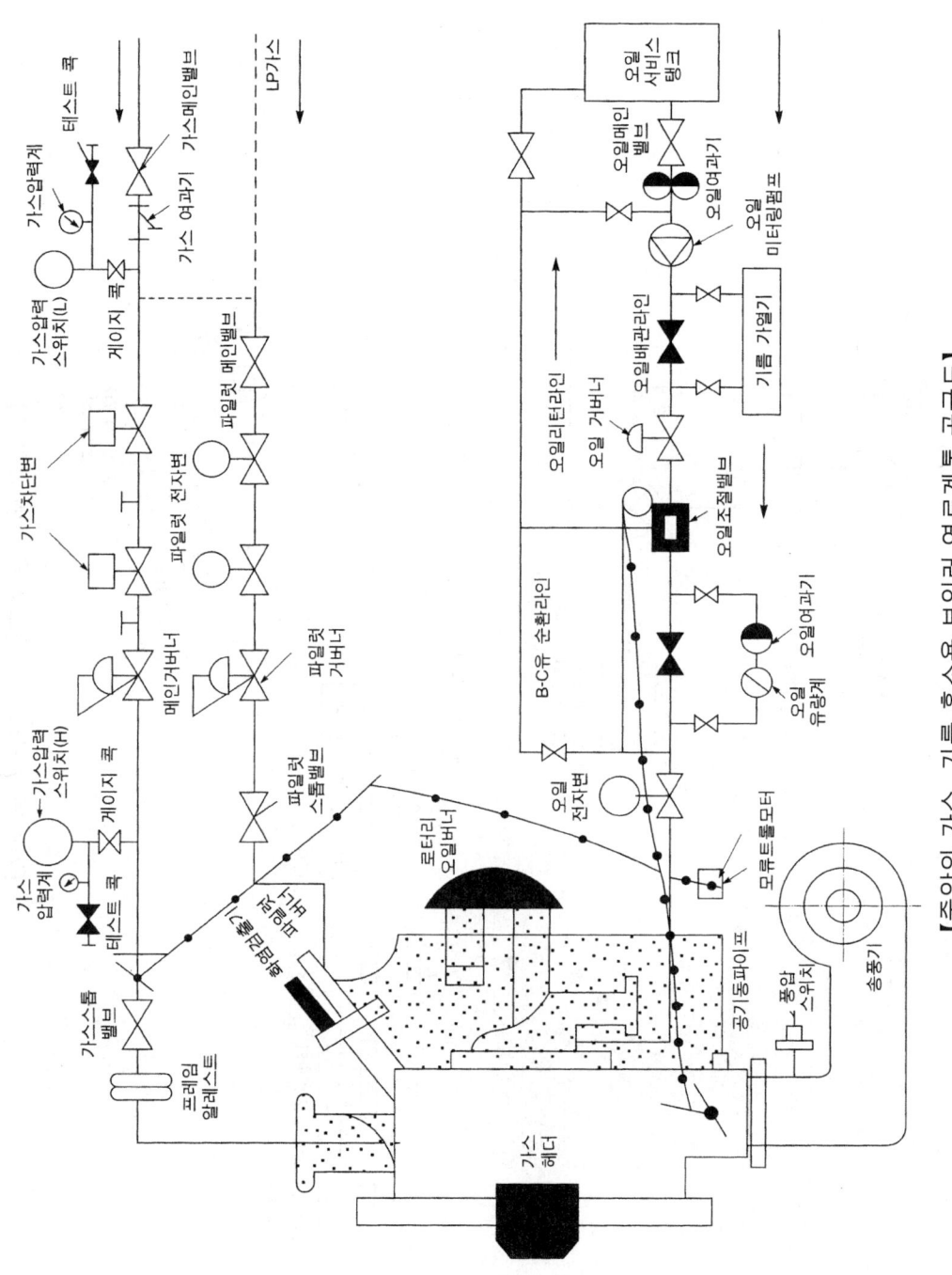

【중앙의 가스, 기름 혼소용 보일러 연료계통 공급도】

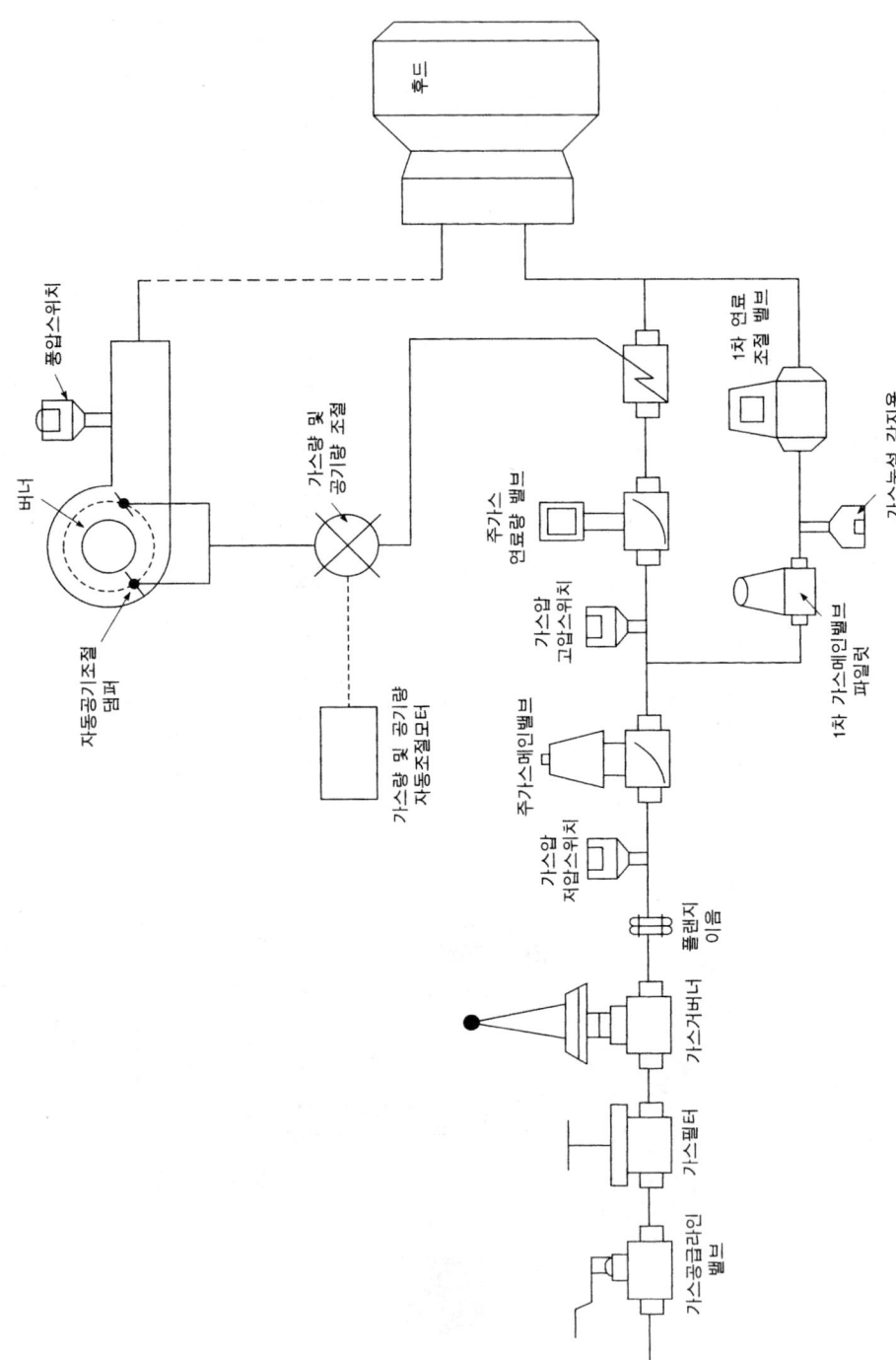

[가스용 보일러 가스공급계통 라인 계통도]

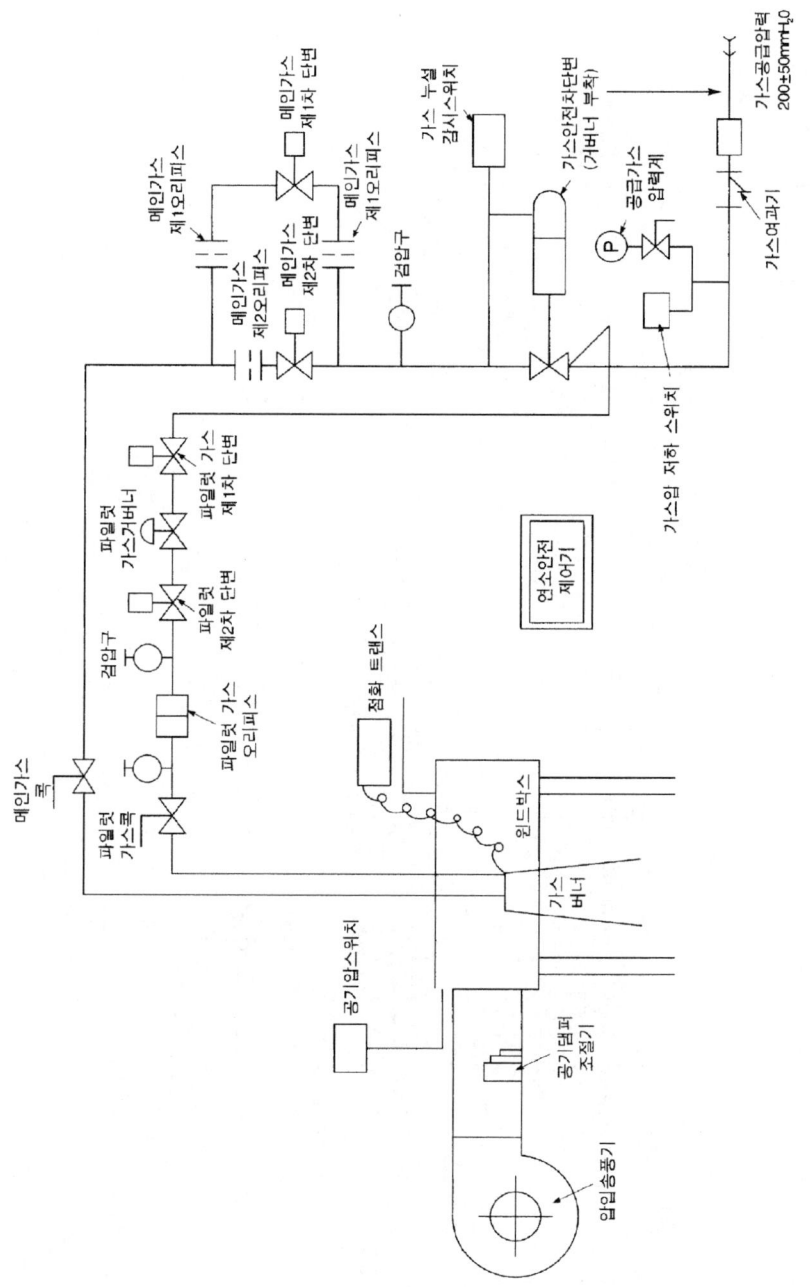

[500G, 600G, 800G, 가스보일러 연소 계통도]

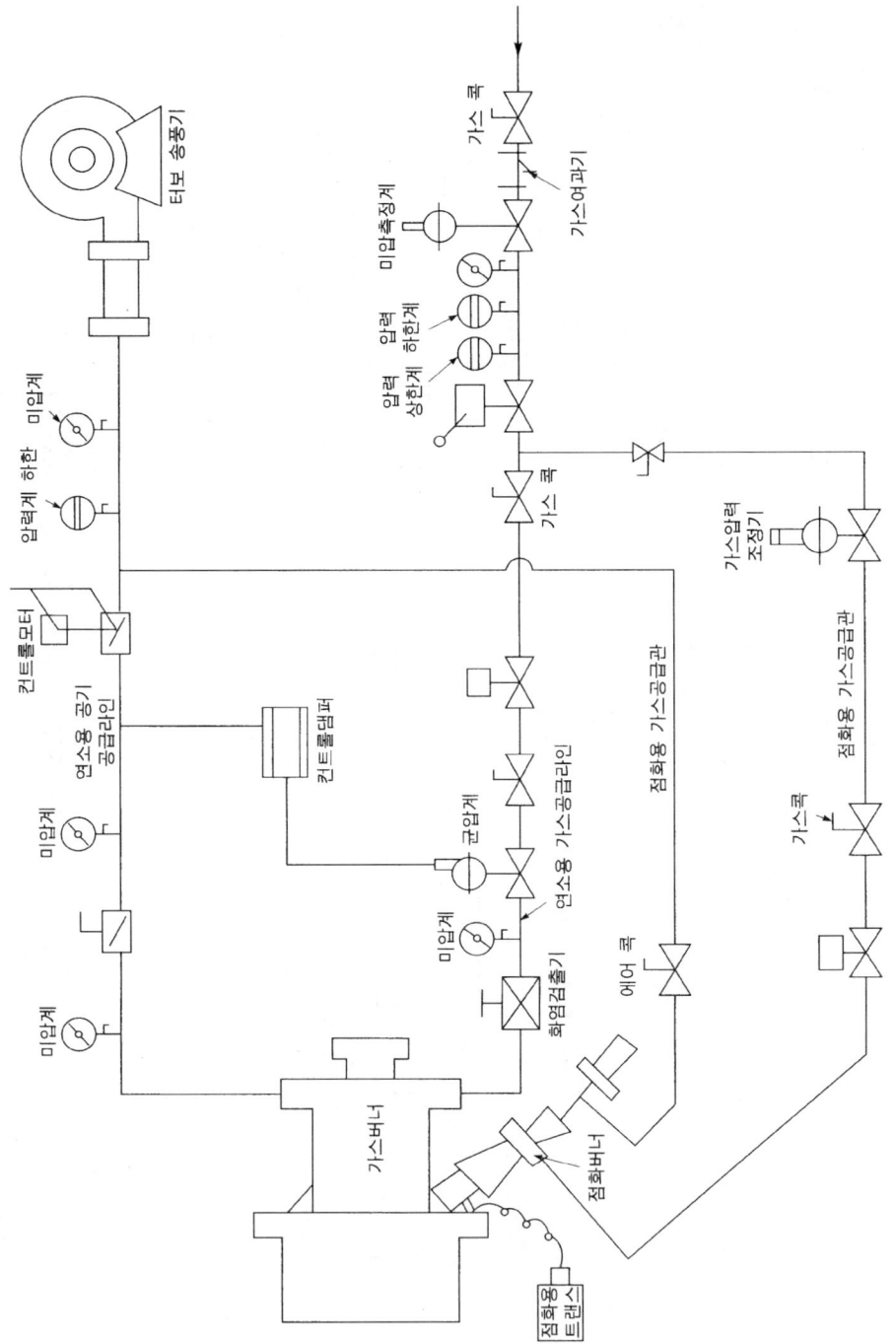

[가스용 보일러 가스공급 계통도]

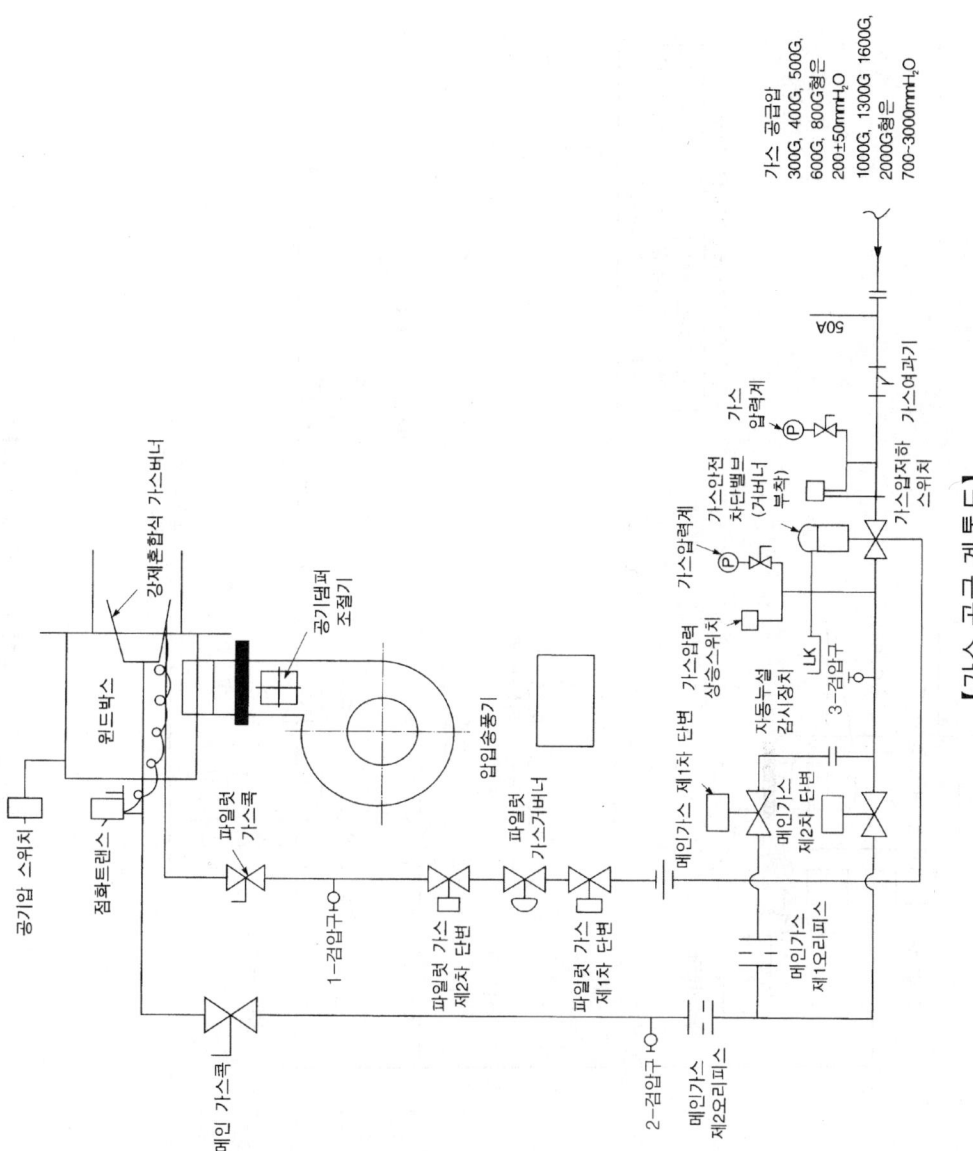

[가스 공급 계통도]

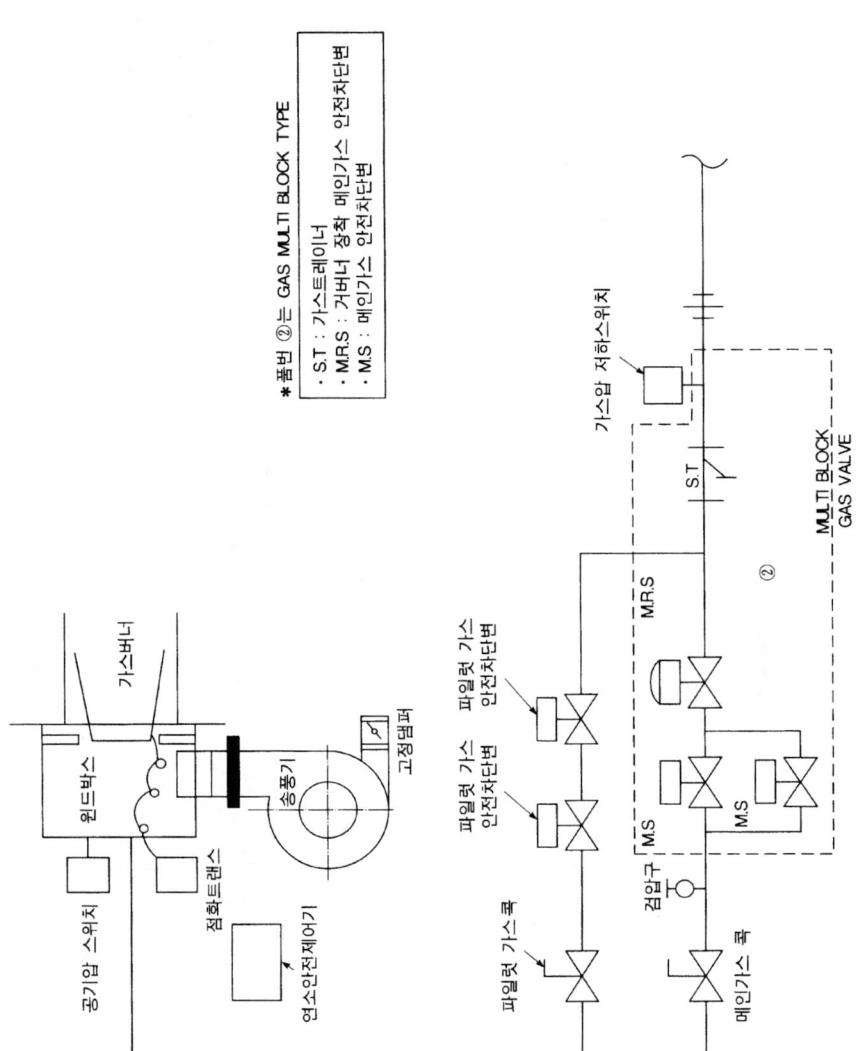

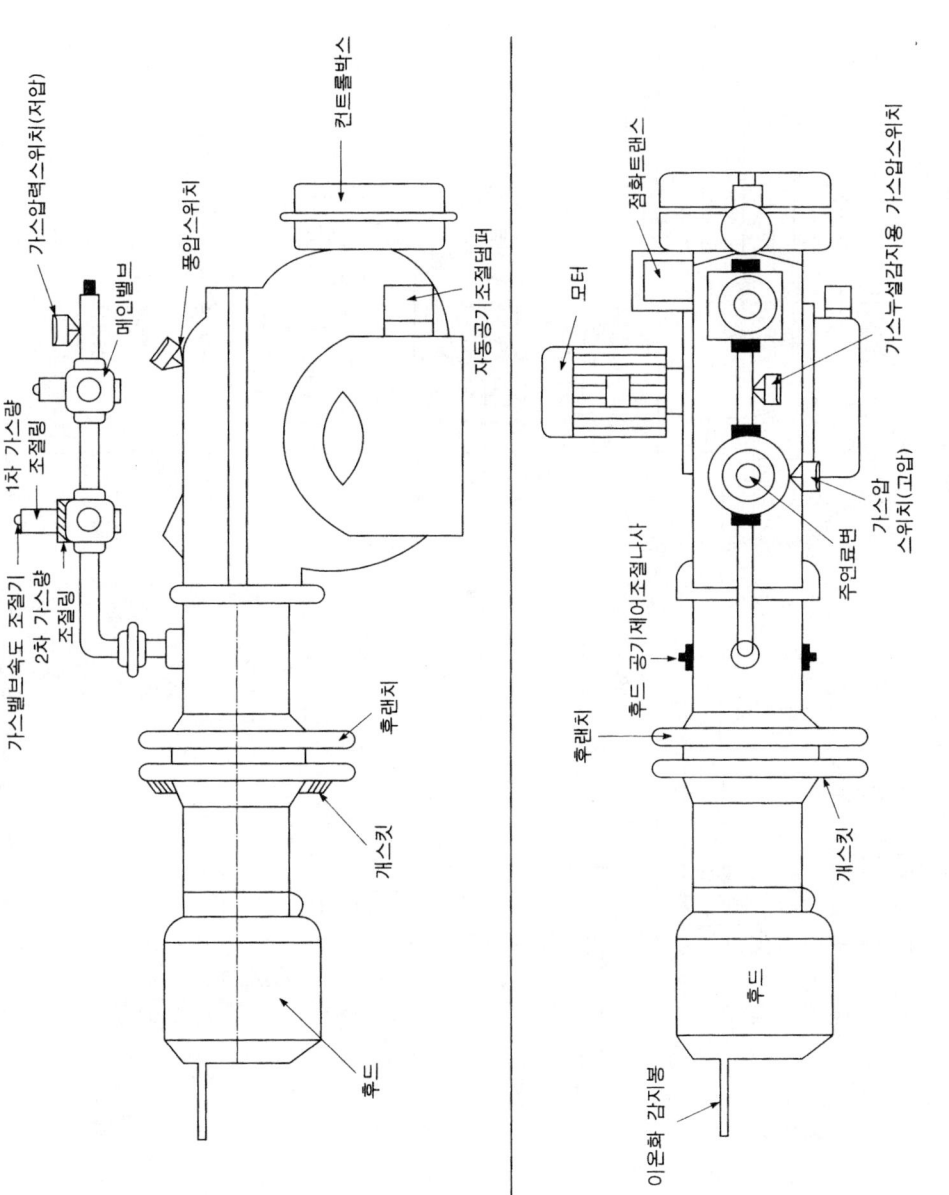

【 가스용 버너 주요 명칭 】

CHAPTER 04 보일러 및 부속장치 계통도

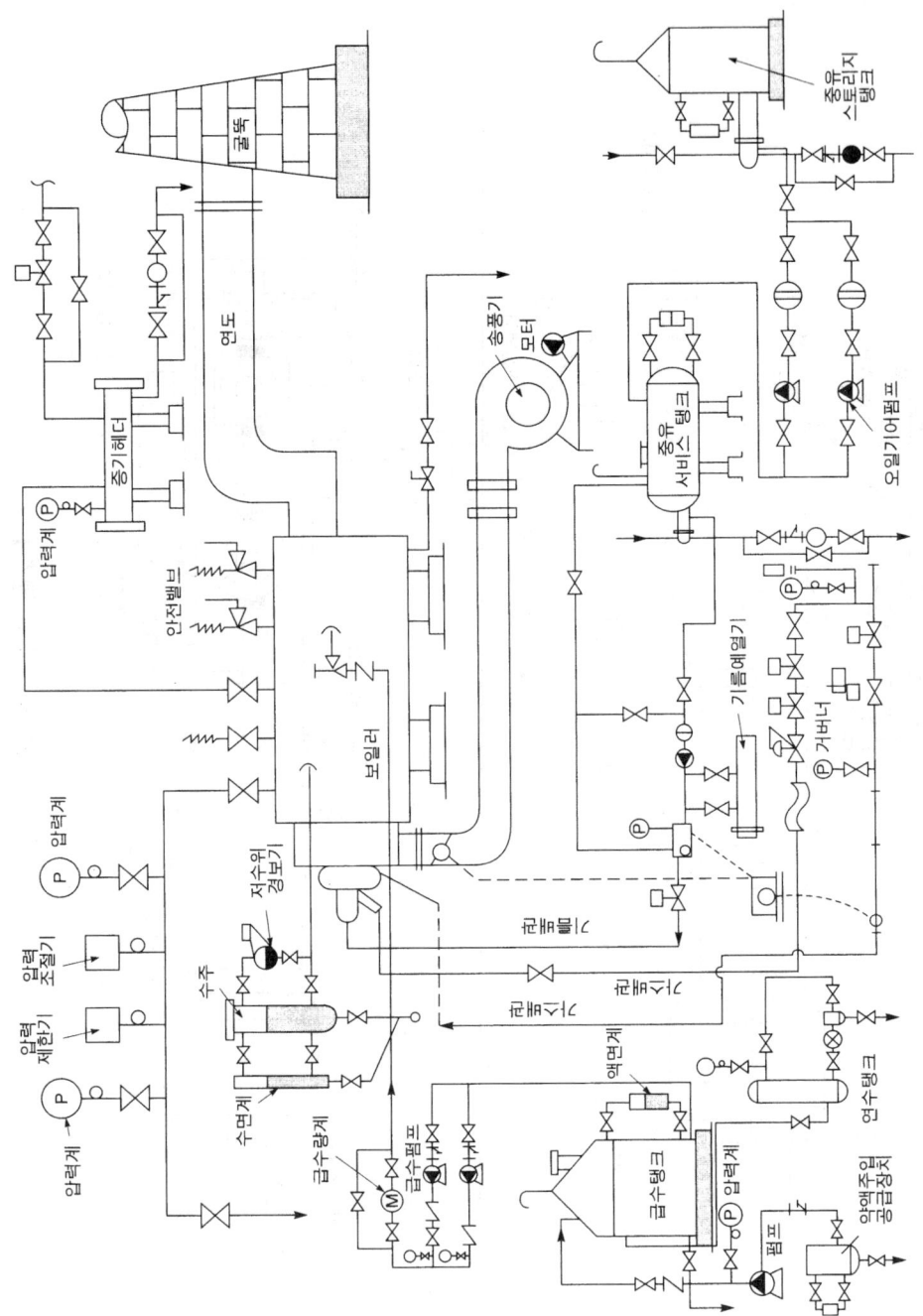

【가스·오일 혼소용 보일러 계통도(노통연관식 보일러)】

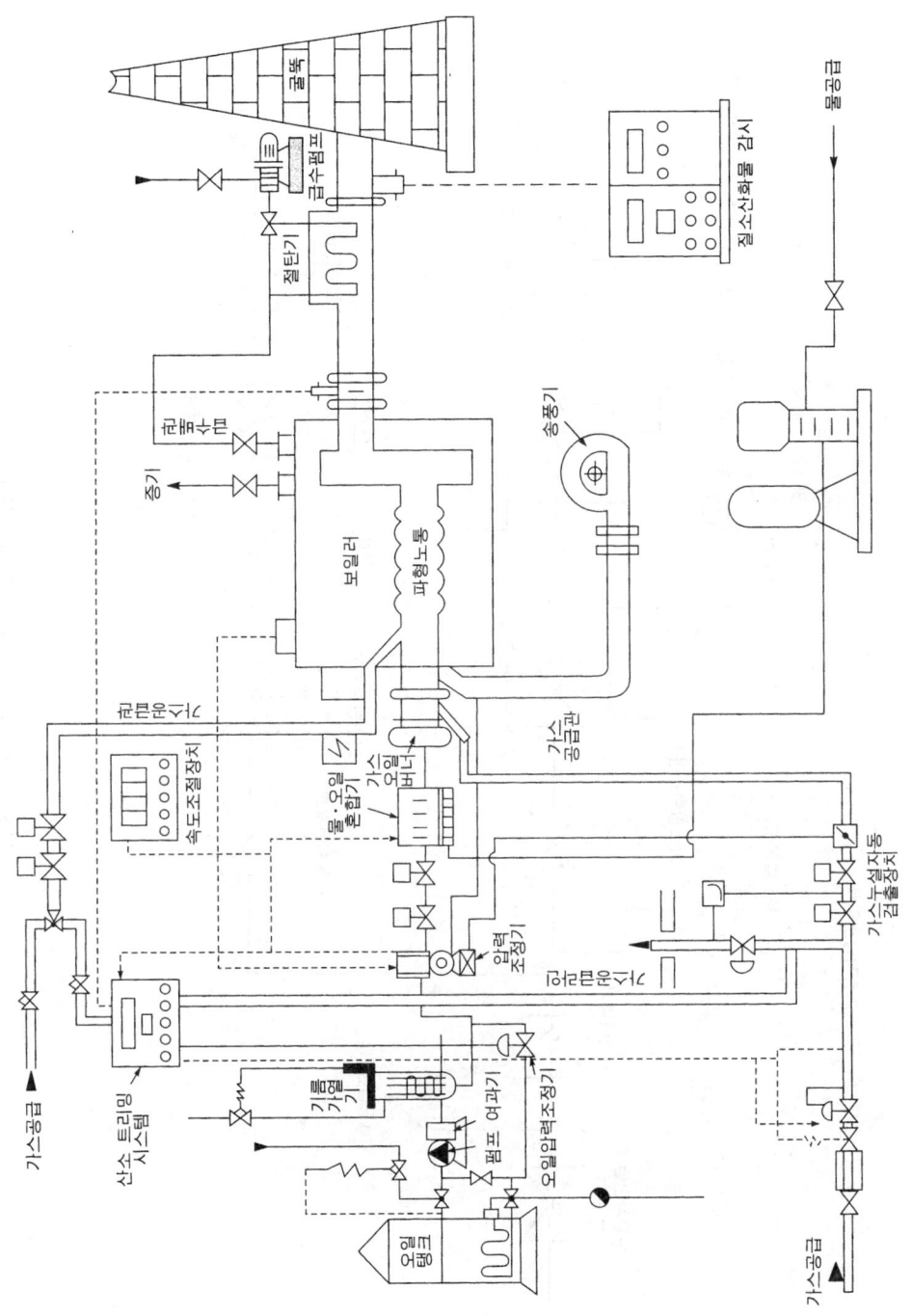

[가스·오일 겸용 보일러 공급 계통도]

CHAPTER 04 보일러 및 부속장치 계통도

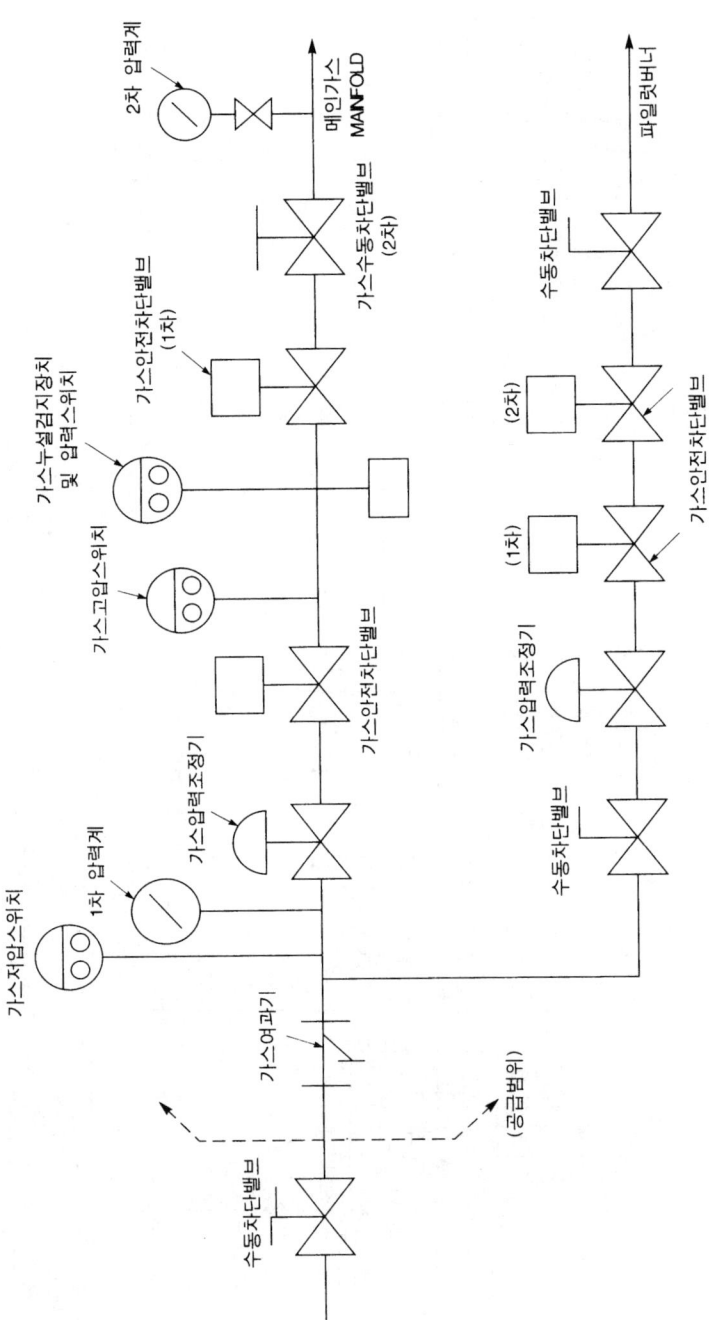

[가스보일러의 연료공급 계통도]

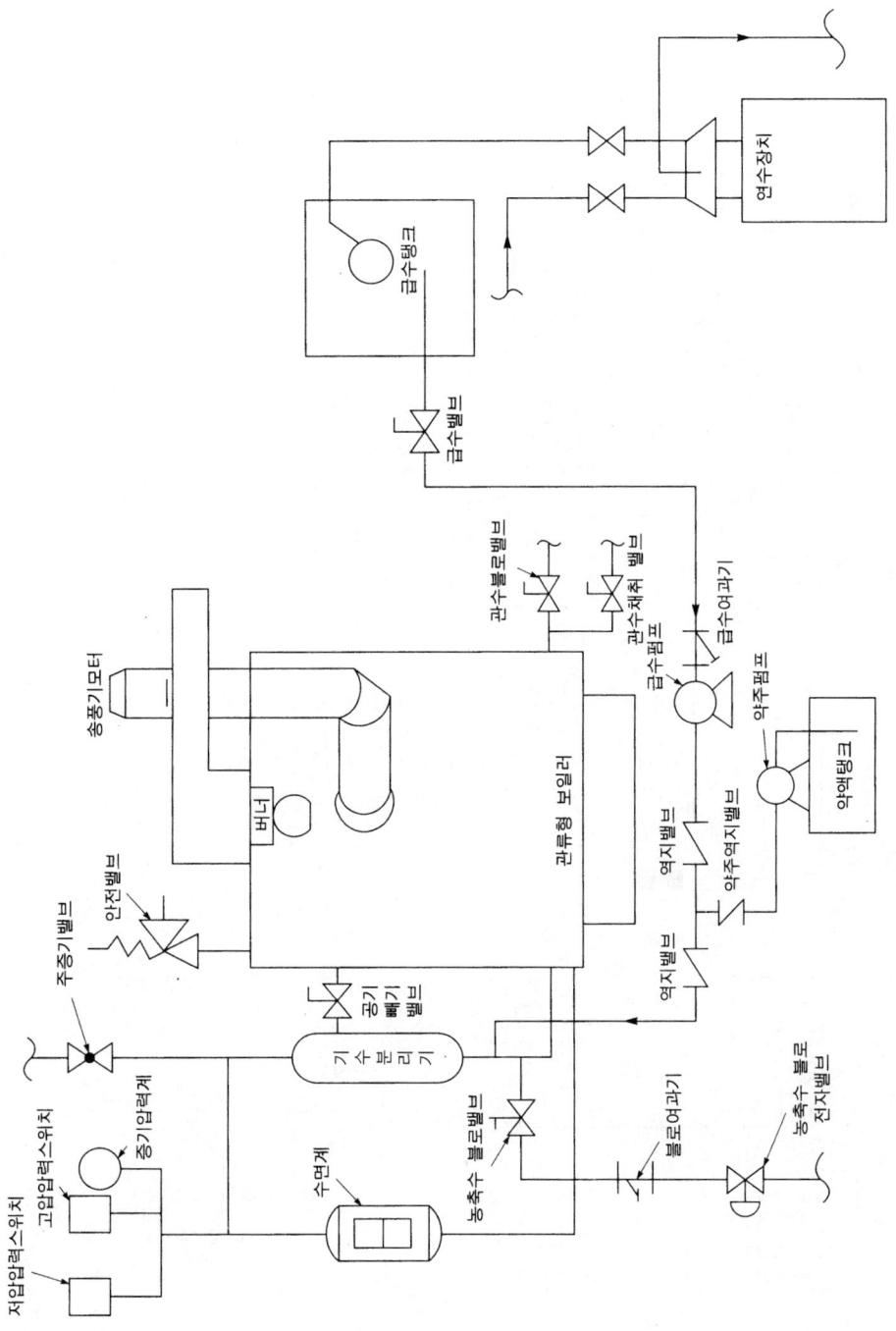

【관류보일러의 계통도】

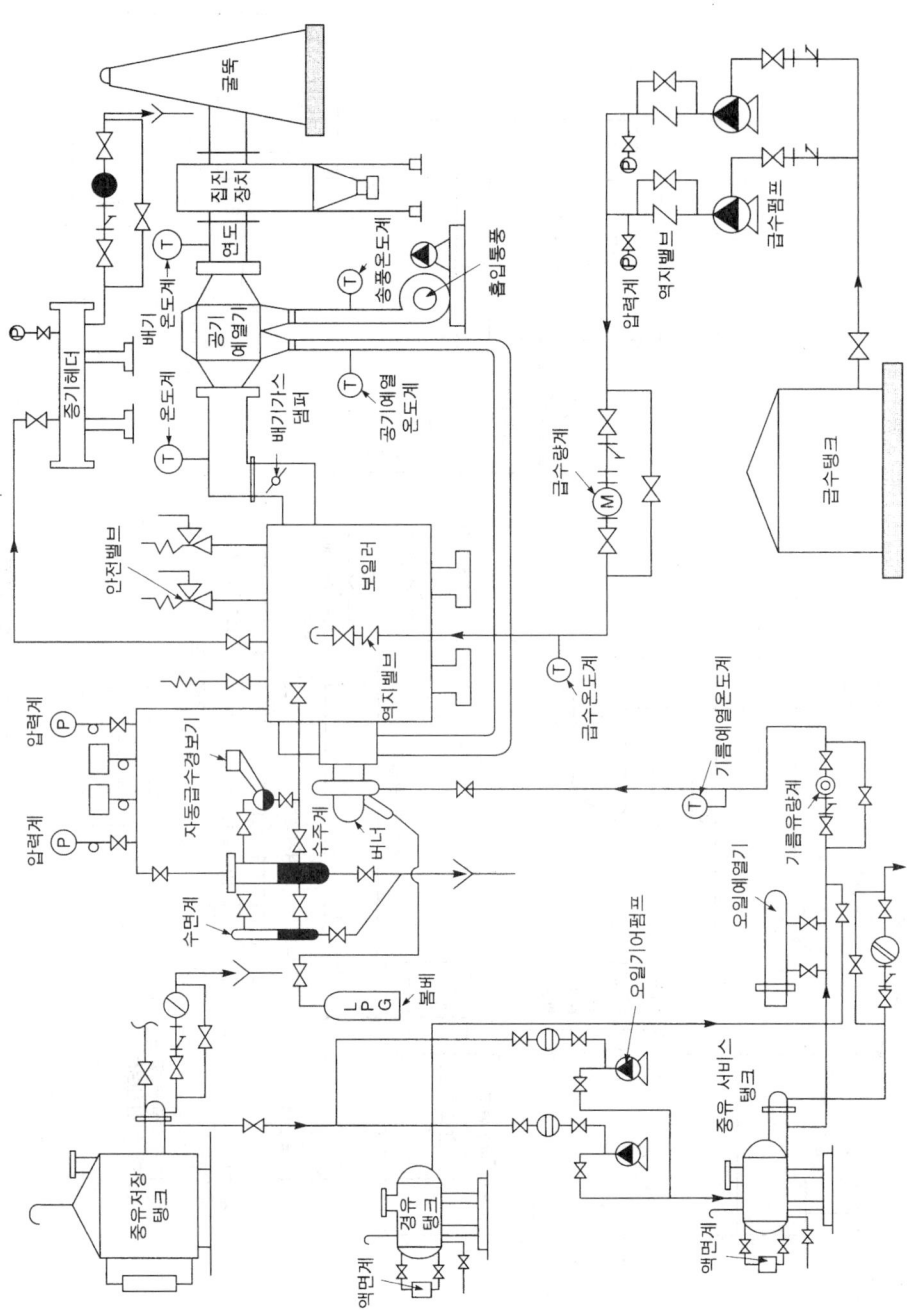

[노통연관식 보일러 계통도]

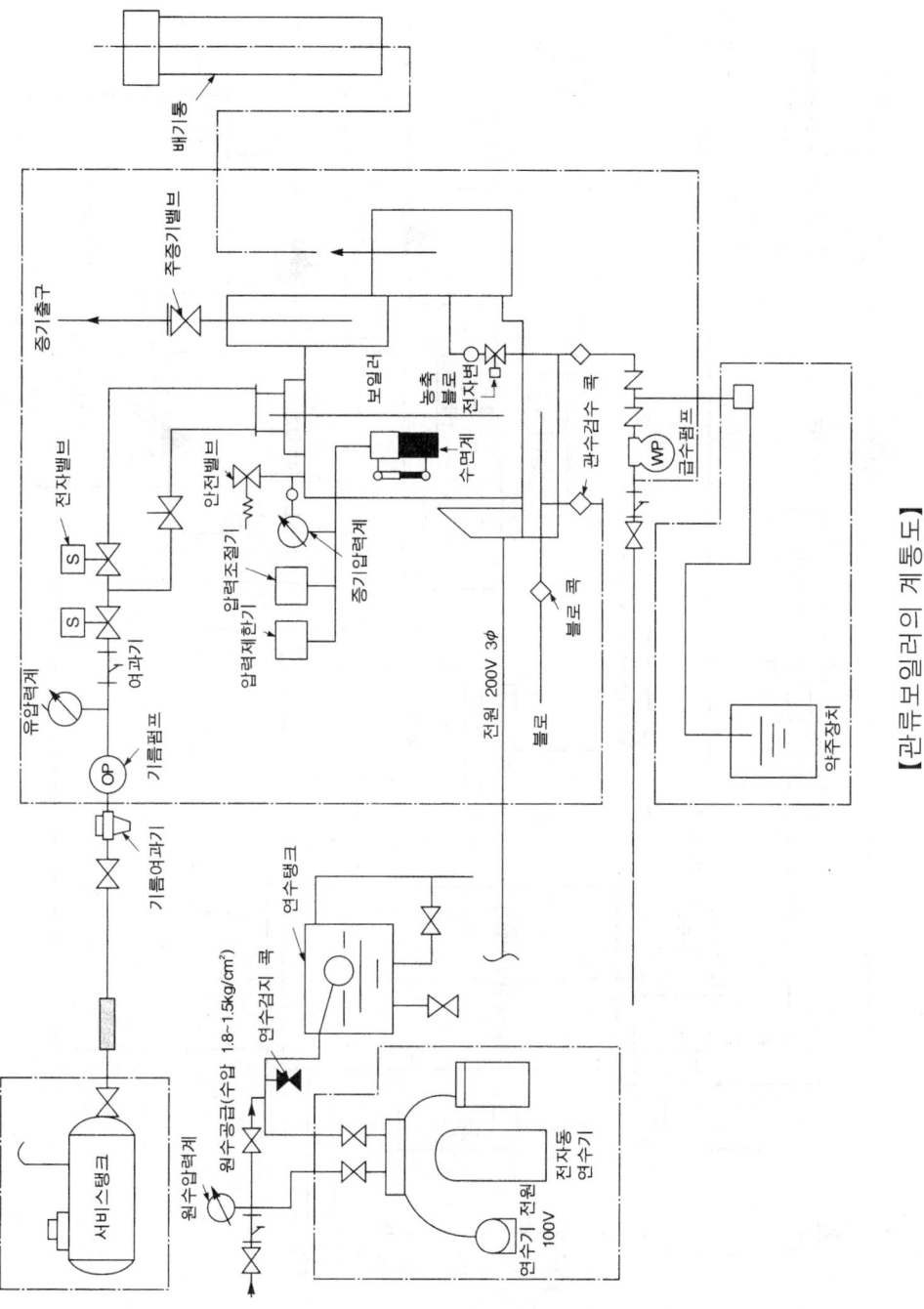

[관류보일러(러이) 계통도]

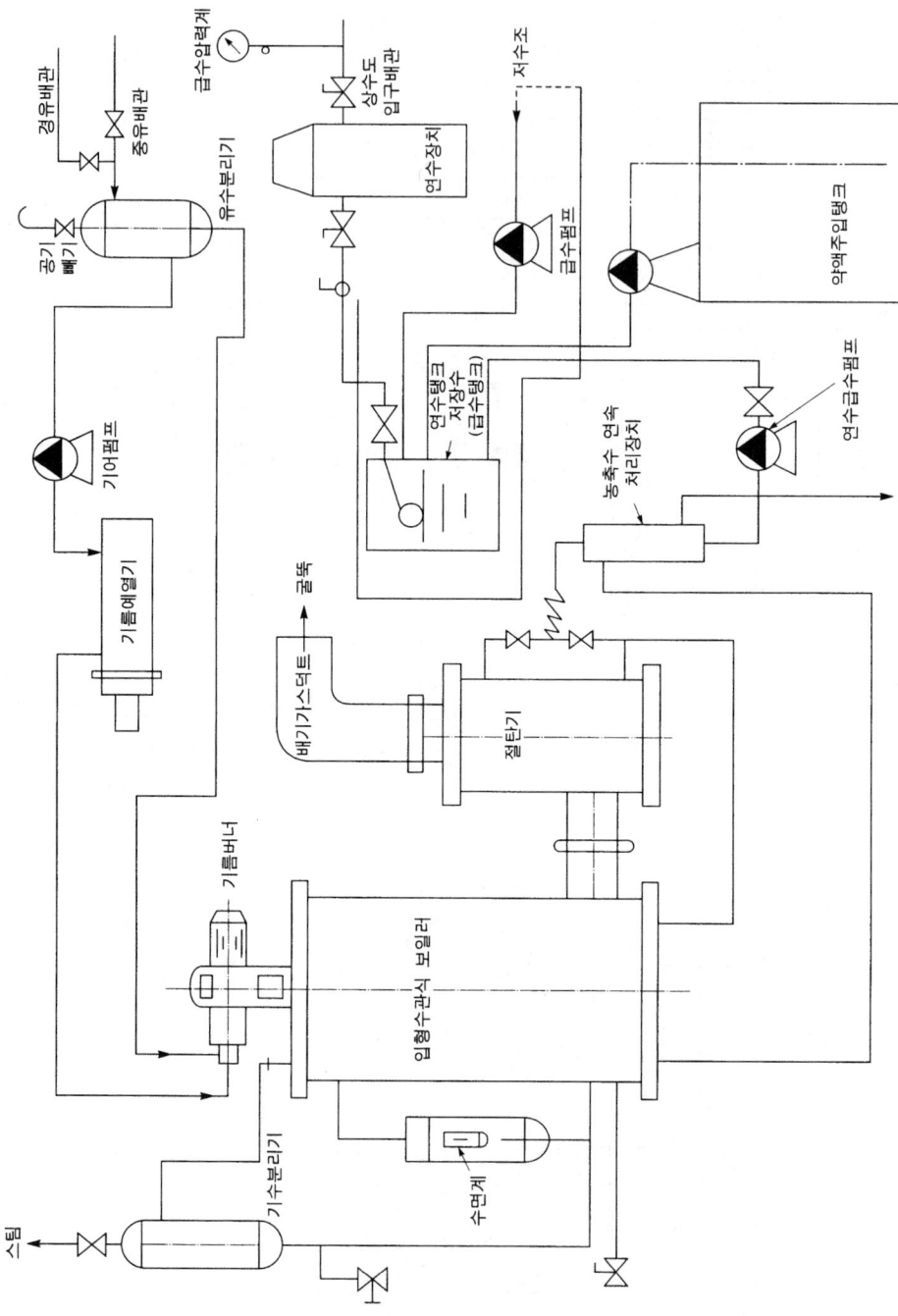

[입형 관류수 보일러의 계통도]

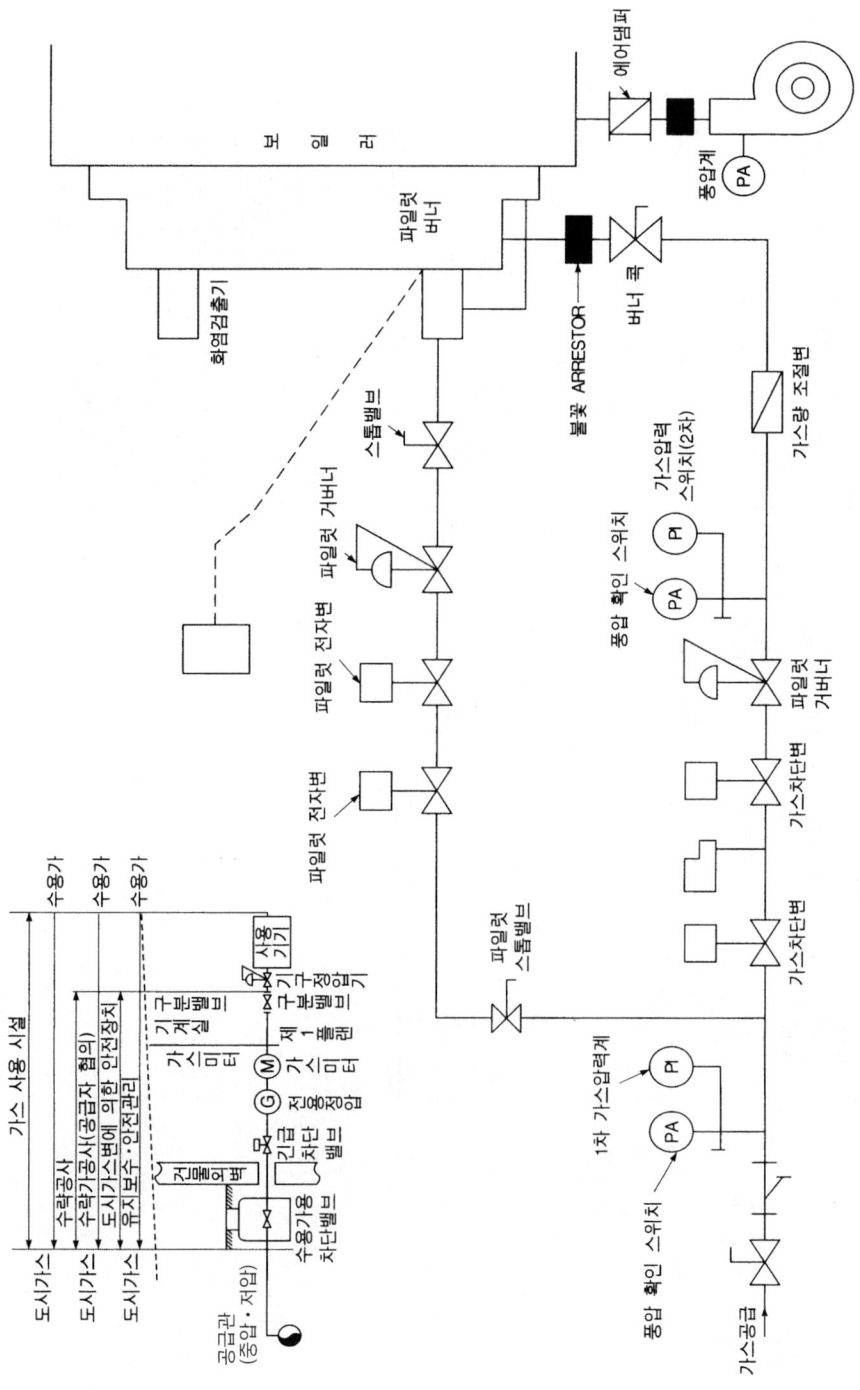

【가스보일러 가스연소 보일러 배관】

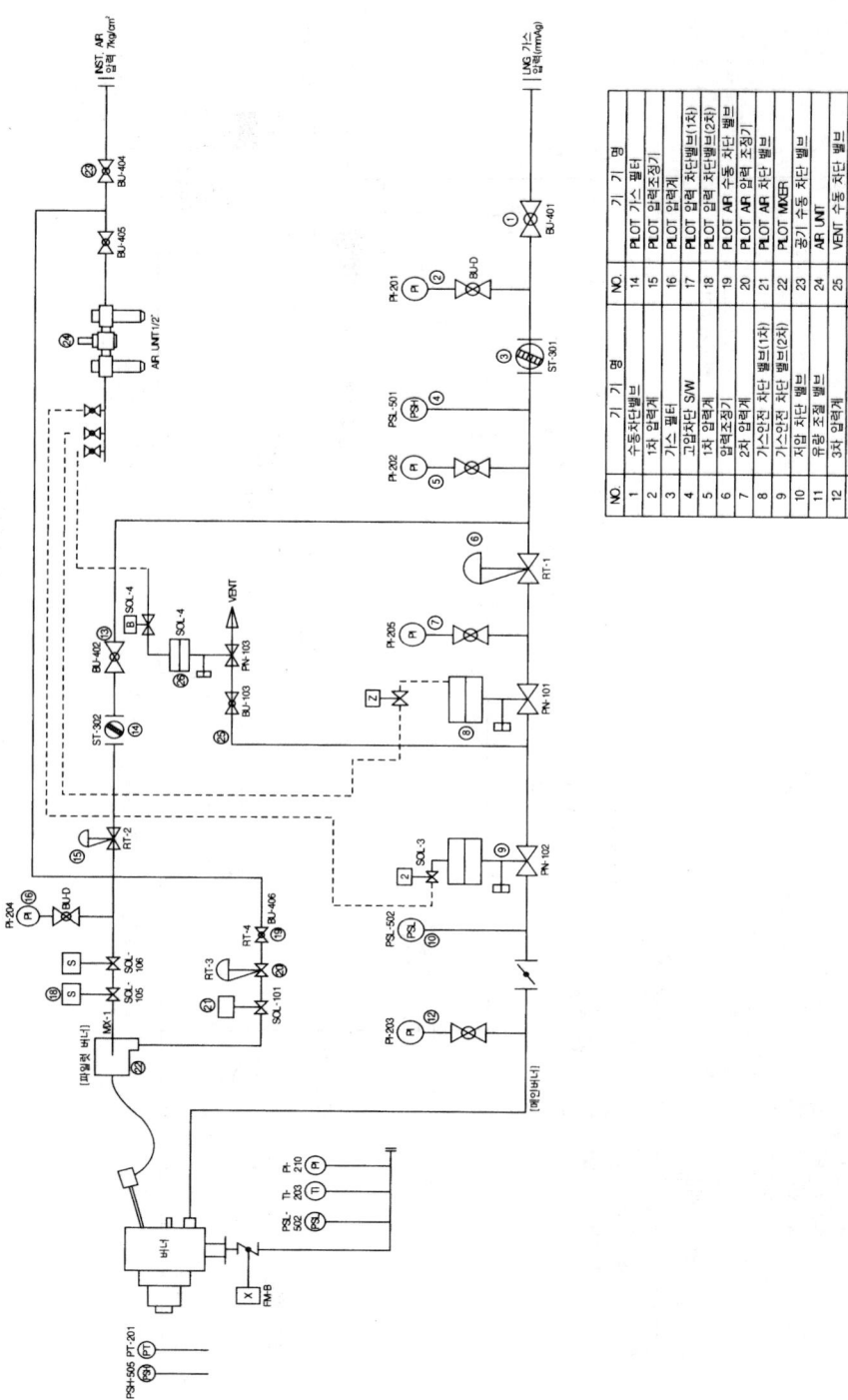

[가스 TRAIN 시스템 TYPICAL]

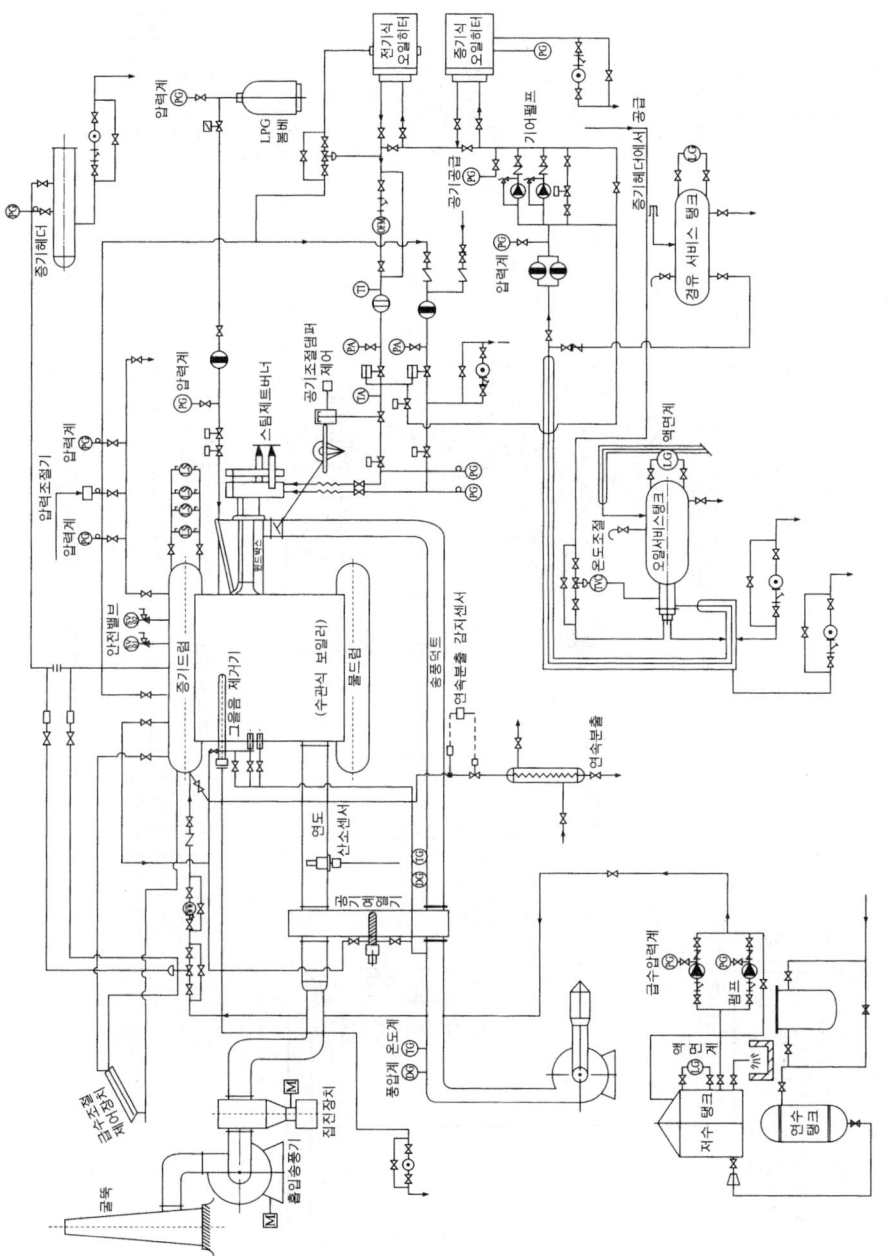

[수관식 보일러의 계통도]

CHAPTER 04 보일러 및 부속장치 계통도

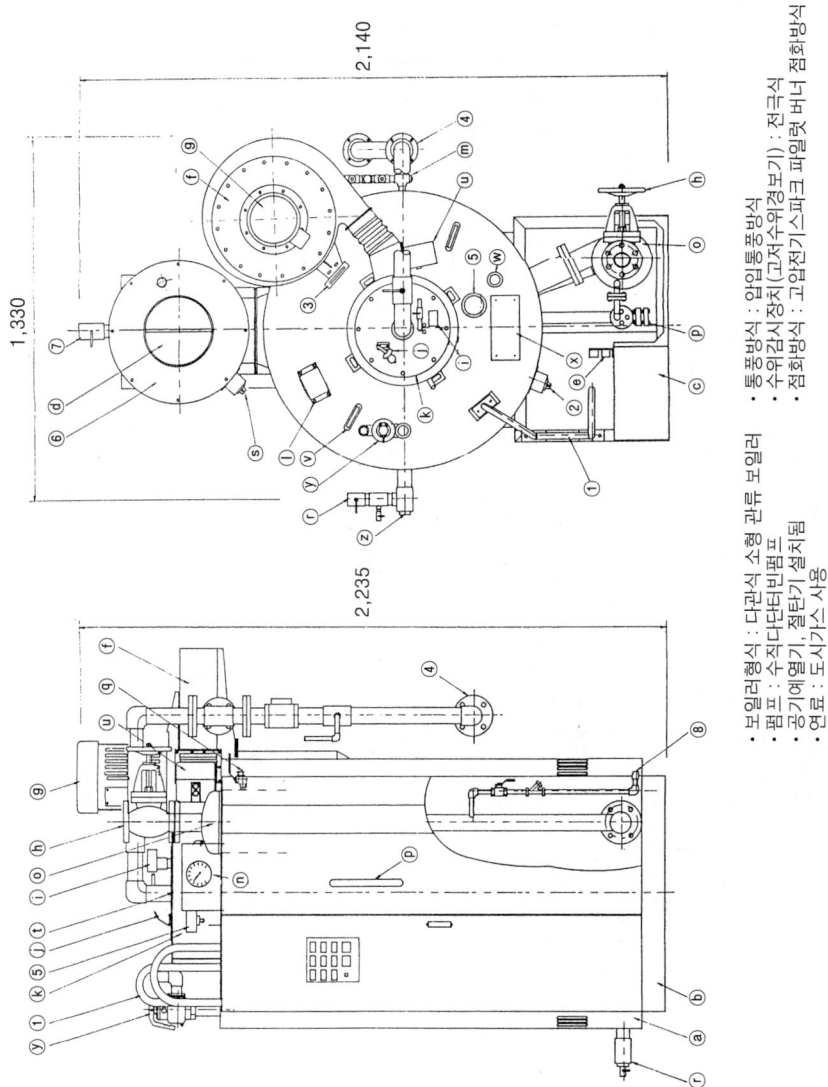

[보일러 본체 조립 상세도]

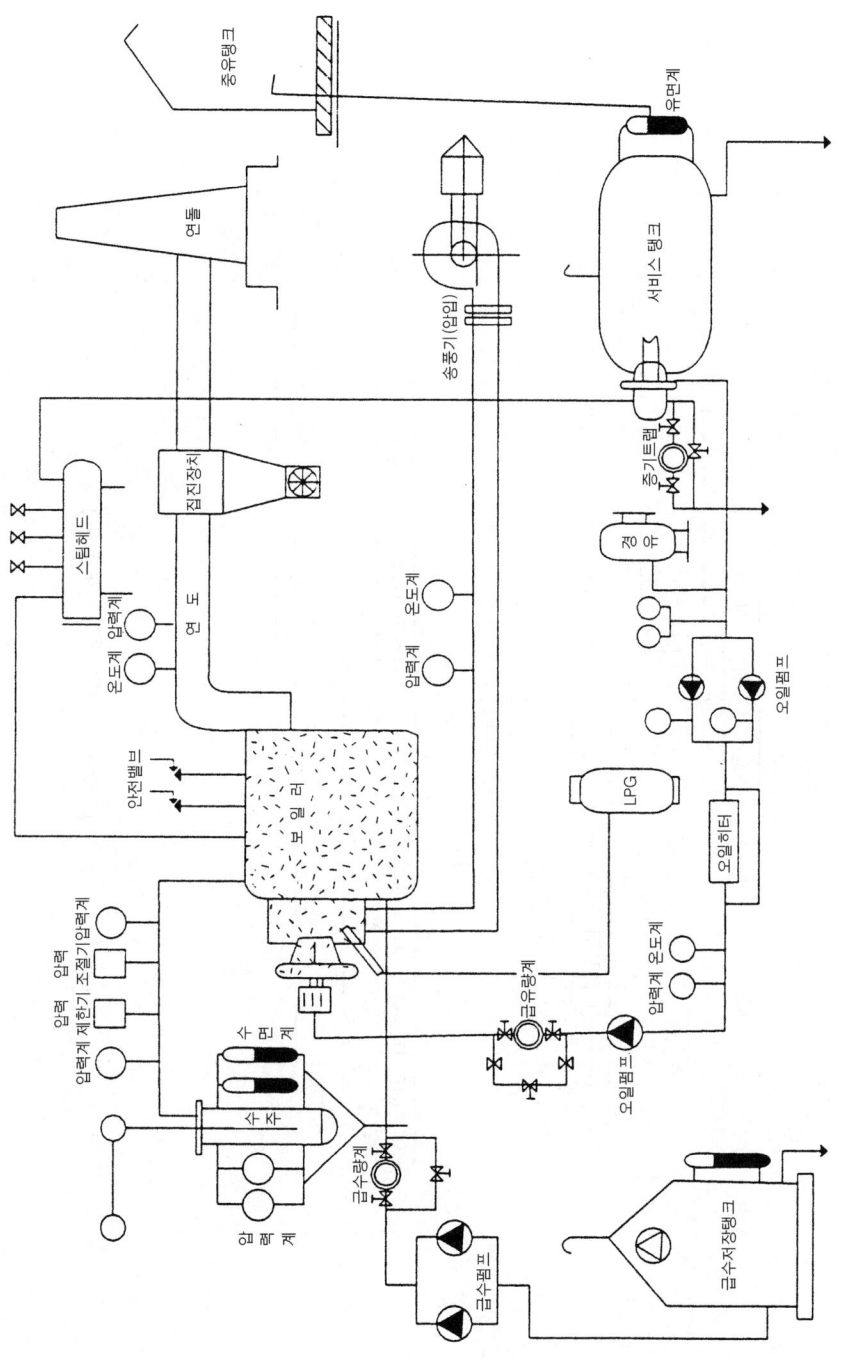

[노통연관식 보일러 계통도]

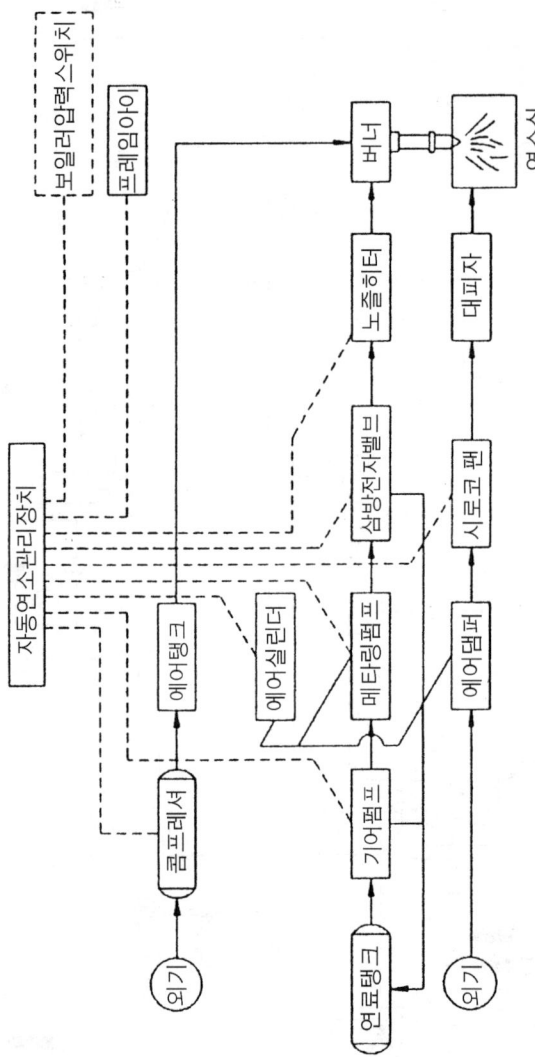

[자동연소 제어장치 계통도]

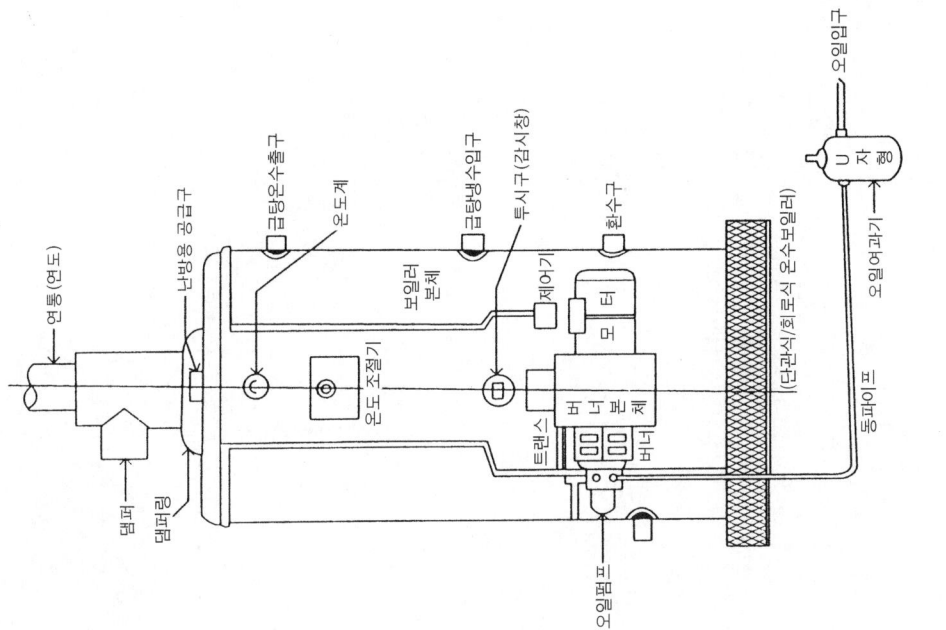

[오일용 온수 일향 보일러]

06 보일러 시공 실무 문제

ENERGY MANAGEMENT

- **CHAPTER 01** 보일러 용량, 효율 및 성능 계산
- **CHAPTER 02** 난방부하 계산 및 난방설비 설계
- **CHAPTER 03** 보일러 시공 도면작성 및 해독
- **CHAPTER 04** 보일러 시공 공구와 장비의 취급
- **CHAPTER 05** 각종 보일러 설치 시공기준의 적용
- **CHAPTER 06** 재료산출 및 작업소요시간 판단
- **CHAPTER 07** 난방과 난방설비
- **CHAPTER 08** 내화물과 보온재
- **CHAPTER 09** 배관도시기호 및 관의 재료

CHAPTER 01 보일러 용량, 효율 및 성능 계산

PART 06 | 보일러 시공 실무 문제

---

01 운전시간이 2시간인 보일러에서 증기발생량이 20,000kg, 연료소비량이 1,800kg, 연료의 저위발열량이 41,160kJ/kg인 보일러의 효율은 몇 %인가?(단, 증기 엔탈피는 2,730kJ/kg, 급수의 공급온도는 35℃(147kJ/kg)이다.)

[풀이] 보일러 효율$(\eta) = \dfrac{\text{시간당 증기발생량}(\text{발생증기 엔탈피} - \text{급수 엔탈피})}{\text{시간당 연료소비량} \times \text{연료의 저위발열량}} \times 100$

$= \dfrac{\dfrac{20,000}{2} \times (2,730 - 147)}{\dfrac{1,800}{2} \times 41,160} \times 100 = 69.73\%$

---

02 중유 연소용 보일러에서 다음과 같은 결과를 얻었다. 이 보일러의 효율, 전열효율, 연소효율을 구하시오.

- 보일러 용량 : 10ton/h
- 증기압력 : 10kg/cm²(1MPa)
- 연소실 내에서 실제로 발생한 발열량 : 4,400,000kcal/h
- 증기 발생에 사용된 열량 : 4,200,000kcal/h
- 연료 소비량 : 500kg/h
- 연료의 발열량 : 9,700kcal/kg

[풀이]
① 효율 : $\dfrac{4,200,000}{500 \times 9,700} \times 100 = 86.60\%$

② 전열효율 : $\dfrac{4,200,000}{4,400,000} \times 100 = 95.45\%$

③ 연소효율 : $\dfrac{4,400,000}{500 \times 9,700} \times 100 = 90.72\%$

[참고]
① $\dfrac{\text{증기에 소비된 열량}}{\text{공급열}} \times 100$(보일러 효율)

② $\dfrac{\text{증기에 소비된 열량}}{\text{연소실 실제발생열량}} \times 100$(전열효율)

③ $\dfrac{\text{연소실 실제발생열량}}{\text{공급열}} \times 100$(연소효율)

03 증기 방열기의 전방열면적이 450m²이고 급탕량이 600L/h일 때 사용하여야 할 주철제 보일러의 정격출력(kcal/h)을 계산하시오.(단, 급수온도 10℃, 급탕온도 70℃, 배관부하(α) 25%, 보일러 예열부하(β) 1.40, 연료의 출력저하계수(K) 0.75이고, 방열기의 방열량은 650kcal/m²h이다.)

풀이 보일러 정격출력 $= \dfrac{\{450 \times 650 + 600(70-10)\} \times (1+0.25) \times 1.40}{0.75} = 766,500 \text{kcal/h}$

04 30℃의 급수(126kJ/kg)를 가열하여 시간당 200kg의 증기를 발생하는 보일러 연료 소비량은 매시 20kg이다. 이 보일러의 효율은 몇 %인지 계산하시오.(단, 발생증기 엔탈피는 2,940kJ/kg, 연료 저위발열량은 42,000kJ/kg이다.)

풀이 보일러 효율(η) $= \dfrac{200 \times (2,940-126)}{20 \times 42,000} \times 100 = 67\%$

05 주철제 보일러를 사용하는 어떤 주택에서 증기방열기의 전 방열면적이 500m²이고, 급수온도 15℃, 급탕온도 75℃, 급탕량 700L/h일 때 아래 사항을 참고하여 다음 물음에 답하시오.(단, 답은 소수 첫째 자리에서 반올림하시오.)

- 배관의 열손실(α) : 25%
- 보일러의 여력계수(예열부하) : 1.40
- 출력저하계수(K) : 0.69(석탄연료 사용)
- 물의 비열 : 4.2kJ/kg · K
- 방열기 1m²당 표준방열량 : 2,721kJ

(1) 보일러의 정격출력을 구하시오.
(2) 상당방열면적(EDR)을 구하시오.

풀이 (1) $H = \dfrac{[500 \times 2,721 + 700 \times 4.2 \times (75-15)] \times (1+0.25) \times 1.40}{0.69} = 3,897,934.78 \text{kJ/h}$

∴ 3,897,934.78kJ/h

(2) $\dfrac{3,897,934.78}{2,721} = 1,432.54 \text{m}^2$

$\text{EDR} = \dfrac{\text{정격출력}}{650}(\text{m}^2)$

∴ 1.432m²

참고 정격출력(H) $= \dfrac{(\text{난방부하} + \text{급탕부하}) \times (1+\text{배관부하}) \times \text{예열부하}}{\text{출력저하계수}}$ (kJ/h)

06 정격출력이 2,425,500kcal/hr인 노통연관식 증기보일러로 8,100L/hr의 급탕을 사용하면 나머지 열출력으로 난방할 수 있는 증기방열기의 전 방열면적은 얼마인가?(단, 급수온도 10℃, 급탕온도 70℃, 배관부하 20%, 보일러의 여력계수(예열부하) 1.25, 연료는 벙커 C유이다.)

풀이 정격출력$(K) = \dfrac{(H_\gamma + H_g)(1+a)\beta}{K}$ 　여기서, H_g : 급탕부하, H_γ : 난방부하

급탕부하$(H_g) = 8,100(70-10) = 486,000 \text{kcal/h}$

$2,425,500 = (H_\gamma + 486,000)(1+0.2) \times 1.25$ 에서

난방부하$(H_\gamma) = \dfrac{2,425,500}{(1+0.2) \times 1.25} - 486,000 = 1,131,000 \text{kcal/h}$

$\left(\dfrac{1,131,000 \text{kcal/h} \times 4.186\text{kJ}}{3,600\text{kJ/kWh}} = 1,315.10\text{kW} \right)$

소요방열면적$(F) = \dfrac{\text{난방부하}}{650}\text{m}^2 = \dfrac{H_\gamma}{650} = \dfrac{1,131,000}{650} = 1,740\text{m}^2$

또는 $\left\{ \dfrac{2,425,500}{(1+0.2) \times 1.25} - 8,100 \times (70-10) \right\} \div 650 = 1,740\text{m}^2$

07 중유(벙커 C유) 연소용 보일러에서 다음과 같은 결과를 얻었다. 다음 물음에 답하시오.(단, 소수 둘째 자리에서 반올림하시오.)

• 보일러 : 10ton/hr	• 증기압력 : 7kg/cm²(0.7MPa)
• 연료 사용량 : 500kg/hr	• 연소실 내 발생된 연소열 : 4,500,000kcal/hr
• 저위발열량 : 9,750kcal/kg	• 증기 발생에 사용된 열량 : 4,150,000kcal/hr

(1) 이 보일러의 효율은 얼마인가?
(2) 이 보일러의 전열효율은 얼마인가?
(3) 이 보일러의 연소효율은 얼마인가?

풀이 (1) ① 연료의 발열량 : $9,750 \times 500 = 4,875,000 \text{kcal/h}$ (공급열)

　　② $\dfrac{4,150,000}{4,875,000} \times 100 = 85.1\%$

(2) $\dfrac{4,150,000}{4,500,000} \times 100 = 92.2\%$

(3) $\dfrac{4,500,000}{4,875,000} \times 100 = 92.3\%$

참고 (1) $\dfrac{\text{유효열}}{\text{공급열}} \times 100$　　(2) $\dfrac{\text{유효열}}{\text{실제 연소열}} \times 100$　　(3) $\dfrac{\text{실제 연소열}}{\text{공급열}} \times 100$

08 중유를 연소시키는 노통연관식 보일러를 시험한 결과 다음과 같은 값을 얻었을 때 아래 물음에 답하시오.

- 증기압력 : 6kg/cm²
- 증발량 : 2,500kg/hr
- 급수온도 : 26℃
- 중유 사용량 : 210L/hr
- 중유의 저위발생량 : 40,950kJ/kg
- 발생증기 엔탈피 : 2,763.6kJ/kg
- 물의 증발열 : 2,257kJ/kg
- 급수 엔탈피 : 109kJ/kg
- 중유의 비중 : 0.98

(1) 보일러의 효율을 구하시오.
(2) 이 보일러의 보일러 마력은 얼마인가?
(3) 환산증발배수는 얼마인가?

풀이 (1) 보일러의 효율

$$\eta = \frac{G_t \times (h'' - h')}{H_t \times G_t} \times 100 = \frac{2,500 \times (2,763.6 - 109)}{210 \times 0.98 \times 40,950} \times 100 = 78.75\%$$

(2) 보일러의 마력

$$\text{HP} = \frac{\text{상당증발량}}{15.56} = \frac{G_t \times (h'' - h')}{2,257 \times 15.65} = \frac{2,500 \times (2,763.6 - 109)}{2,257 \times 15.65} = 187.89\text{HP}$$

(3) 환산증발배수

$$\text{환산증발배수} = \frac{\text{상당증발량}}{\text{시간당 연료소비량}} \text{(kg/kg)}$$

$$r_e = \frac{W_e}{F} = \frac{2,500 \times (2,763.6 - 109)}{2,257 \times (210 \times 0.98)} = 14.29\text{kg/kg}$$

09 어떤 빌딩의 방열기 면적이 2,000m² EDR(상당방열면적), 매시 급탕량의 최대가 6,000L/h일 때(급수온도 10℃, 출탕온도 70℃), 이 건물에 주철제 증기보일러를 사용하여 난방을 하려고 할 때 보일러의 크기를 구하시오.(단, 출력저하계수 $R = 1$, 배관부하 $\alpha = 20\%$, 예열부하 $\beta = 25\%$, 100℃ 물의 증발잠열 539kcal/kg, 연료는 기름을 연소시키는 것으로 한다.)

풀이
$$K = \frac{(H_r + H_g)(1 + a)\beta}{R} = \frac{(\text{난방부하} + \text{급탕부하}) \times \text{배관부하} \times \text{예열부하}}{\text{출력저하계수}}$$

$H_r = 2,000 \times 650 = 1,300,000\text{kcal/h} \text{(난방부하)}$

$H_g = 6,000 \times 60 = 360,000\text{kcal/h} \text{(급탕부하)} \rightarrow 6,000 \times 1(70 - 10)$

상용출력 $= (H_r + H_g)(1 + a) = 1,660,000(1 + 0.2) = 1,992,000\text{kcal/h}$

∴ 상용출력 $= 1,992,0000\text{kcal/h}$

$$19,920,000\text{kcal/h} \times \frac{4.1868\text{kJ} \times 10^3\text{J/kJ}}{10^6\text{J/MJ}} = 83,401.06\text{MJ/h}$$

정격출력=사용출력×β = 1,992,000×1.25 = 2,490,000kcal/h
또는,
$$정격출력(K) = \frac{\{2,000\times 650 + 6,000\times 1(70-10)\}\times(1+0.2)\times 1.25}{1}$$
$$= 2,490,000\text{kcal/h} \ (2,490,000\times 4.186\text{kJ/kcal} = 11,678,940\text{kJ/h})$$

10 1일 구멍탄 2호(3.2kg)를 4개 사용하는 1통 2탄식 구멍탄용 온수보일러(효율 75%)의 난방능력을 계산하려 한다. 다음 물음에 답하시오.

(1) 시간당 열량은 얼마인가?
(2) 건물의 단위면적당 열손실지수를 70kcal/h라고 하면 실제의 난방면적은 몇 m²인가?(단, 소수 둘째 자리까지 계산하시오.)

풀이 (1) $\dfrac{4\times 3.2\times 4,600\times 0.75}{24} = 1,840\text{kcal/h}$

(2) $\dfrac{1,840}{70} = 26.28\text{m}^2$

참고 (1) $\dfrac{통수\times 연탄개수\times 연탄무게\times 4,600\times 효율}{24}$, 4,600kcal/kg : 연탄 1kg당 평균발열량

(2) $\dfrac{시간당\ 열량}{단위면적당\ 열손실지수}$

11 중유(벙커 C유)를 연료로 사용하는 수관식 보일러를 아래와 같은 조건으로 운전하였다. (단, 계산식에서는 반올림하지 말고 소수 둘째 자리에서 반올림하시오.)

- 보일러 용량 : 10ton/hr
- 증기절대압력 : 7kg/cm²(0.7MPa)
- 증기건도 : 0.90
- 보일러 증발량 : 6,300kg/hr
- 급수온도 : 30℃
- 보일러 연료 사용량 : 510kg/hr

■ 증기표

압력(kg/cm²)	포화온도(℃)	엔탈피(kcal/kg)		증발열(kcal/kg)
		포화수	포화증기	
5	151.1	152.1	656.1	504.1
6	158.0	159.3	658.1	498.8
7	164.1	165.6	659.7	494.1

(1) 상당증발량은 얼마인가?
(2) 보일러의 효율은 얼마인가?(단, 연료의 저위발열량(H_l)은 9,750kcal/kg이다.)

(3) 이 보일러의 부하율은 얼마인가?
(4) 증발계수는 얼마인가?(단, 물의 증발열은 539kcal/kg이다.)

풀이 (1) 상당증발량

$$\frac{6,300(610.29-30)}{539}=6,782.6\text{kg/h}$$

(습포화증기 엔탈피 $h_x = 165.6+0.9\times494.1=610.29$)

(2) 보일러 효율

$$\frac{6,782.6\times539}{510\times9,750}\times100=73.52\%$$

(3) 부하율

$$\frac{6,300}{10,000}\times100=63\%$$

(4) 증발계수

$$\frac{610.29-30}{539}=1.07$$

참고 (1) 발생증기 엔탈피(h_x)=포화수 엔탈피+증기의 건조도×증발잠열(kcal/kg)

(2) 효율= $\dfrac{\text{상당증발량}\times539}{\text{연료소비량}\times\text{저위발열량}}\times100$

(3) 부하율= $\dfrac{\text{실제 증발량(kg/h)}}{\text{보일러의 용량(kg/h)}}\times100$

(4) 증발계수= $\dfrac{\text{발생증기엔탈피}-\text{급수엔탈피}}{539}$

12

온수보일러 가동에서 예열부하(시동부하) H_4가 5,000kJ이고 보일러 정격출력이 23,000kJ/h 이며 난방부하 H_1이 15,000kJ/h, 배관부하 H_3가 2,000kJ/h일 때 예열이 필요한 시간은 얼마인가?

풀이 예열에 필요한 시간= $\dfrac{\text{예열부하}}{\text{정격출력}-\dfrac{1}{2}\times(\text{난방부하}+\text{배관부하})}$

$$=\frac{5,000}{23,000-\dfrac{1}{2}\times(15,000+20,000)}=0.34\text{시간}$$

참고 $\dfrac{1}{2}\times$(난방부하+배관부하)는 예열시간 중 평균열손실이다.

13 보일러 용량을 표시할 때 보일러 마력을 사용하는데, 1보일러 마력이란 (①)시간에 (②)℃의 물 (③)kg을 전부 증기로 만드는 능력을 말한다. (   ) 안에 알맞은 답을 쓰시오.

풀이 ① 1시간   ② 100℃   ③ 15.65kg

14 증기방열기의 전방열면적이 600m², 급탕량 500L/hr일 때(급수온도 10℃ 출탕온도 70℃) 건물에 주철제 보일러를 사용할 때의 보일러 용량을 구하시오.(단, 배관의 열손실 α = 20%, 예열부하 γ = 25%, 출력저하계수 k = 0.69, 방열기열량 650kcal/m²h이다.)

풀이 보일러 용량 = $\dfrac{(난방부하 + 급탕부하) \times 배관부하 \times 예열부하}{출력저하계수}$ kcal/h

= $\dfrac{\{600 \times 650 + 500(70-10)\} \times 1.2 \times 1.25}{0.69}$ = 913,043.47 kcal/h

15 평균난방부하가 630kcal/m²인 건물의 1일 소요되는 보일러용 경유량은 몇 kg인가?

- 보일러의 효율 : 80%
- 난방면적 : 100m²
- 경유의 저위발열량 : 37,800kcal/kg

풀이 경유 소비량 = $\dfrac{난방부하 \times 난방면적}{효율 \times 저위발열량} = \dfrac{630 \times 100}{0.8 \times 37,800}$ = 2.08 kg/day

16 상당증발량이 2,000kg/h인 보일러에서 보일러 효율이 80%, 연료의 H_l이 40,950kJ/kg인 보일러에서 경유 소비량은 몇 kg/h인가?(단, 증발열은 2,257kJ/kg이다.)

풀이 $80 = \dfrac{2,000 \times 2,257}{x \times 9,750} \times 100$

경유 소비량(x) = $\dfrac{2,000 \times 2,257}{0.8 \times 40,950}$ = 137.79 kg/h

17 주철제 증기보일러에서 방열면적이 400m², 급탕수량이 400kg/h, 급탕수의 온도가 80℃, 급수의 온도가 10℃, 배관부하가 25%, 예열시동부하가 1.5일 때, 이 보일러의 정격출력은 몇 kcal/h인가?(단, 연료는 경유이고 출력저하계수 k는 1이다.)

풀이 보일러 정격출력 $= \dfrac{(H_1+H_2)\times(1+a)\beta}{k}$

$= \dfrac{\{400\times650+400\times1(80-10)\}\times(1+0.25)\times1.5}{1} = 540,000\text{kcal/h}$

18 보일러의 증발압력이 5kg/cm²(0.5MPa)이고 급수온도가 15℃(60kJ/kg)일 때, 증발계수와 상당증발량(kg/h)을 구하시오. (단, 1시간당 증발량은 2,000kg, 증기엔탈피는 2,693kJ/kg, 수증기 증발열은 2,257kJ/kg이다.)

풀이 ① 증발계수 $= \dfrac{\text{증기엔탈피}-\text{급수엔탈피}}{2,257} = \dfrac{2,693-60}{2,257} = 1.17$

② 상당증발량 $= \dfrac{2,000\times(2,693-60)}{2,257} = 2,333.19\text{kg/h}$

19 중유(벙커 C유)를 연료로 사용하는 수관식 보일러를 아래와 같은 조건으로 운전하였다. 조건과 증기표를 참고하여 다음 물음에 답하시오.

- 보일러 용량 : 9.5ton/hr
- 증기건도 : 0.90
- 급수온도 : 32℃
- C유 저위발열량 : 9,750kcal/kg
- 증기 압력 : 6kg/cm²(0.6MPa)
- 증발량 : 6,000kg/hr
- 연료 사용량 : 500kg/hr
- 수증기 증발열 : 539kcal/kg

■ 증기표

절대압력 (kg/cm²)	포화온도 (℃)	엔탈피(kcal/kg)		증발열 (kcal/kg)
		포화수	포화증기	
5	151.1	152.1	656.1	504.1
6	158.0	159.3	658.1	498.8
7	164.1	165.6	659.7	494.1

(1) 상당증발량은 얼마인가?
(2) 보일러 효율은 몇 %인가?

풀이 (1) $\dfrac{\text{시간당 증기발생량}(\text{발생증기 엔탈피}-\text{급수엔탈피})}{539} = \dfrac{6,000(610.29-32)}{539} = 6,437.4\text{kg/h}$

(2) $\dfrac{\text{시간당 증기발생량}(\text{발생증기 엔탈피}-\text{급수엔탈피})}{\text{시간당 연료소비량}\times\text{연료의 저위발열량}}\times100 = \dfrac{6,000(610.29-32)}{500\times9,750}\times100 = 71.2\%$

참고
- 발생증기 엔탈피=포화수 엔탈피+증발열×건조도
  =165.6+494.1×0.90=610.29kcal/kg
- 절대압 도표에서 게이지 압력 6kgf/cm²=6+1=7kgf/cm²를 찾는다.

20 구멍탄 2호탄을 사용하는 1통 3탄식의 구멍탄 보일러의 시간당 열량을 계산하시오.(단, 1일 소모수는 3개이고, 2호탄(중량 4.5kg) 발열량 4,000kcal/kg, 보일러 효율 80%)

풀이
$$\text{보일러 출력} = \frac{\text{통수} \times \text{연탄사용 개수} \times \text{연탄 무게} \times \text{발열량} \times \text{효율}}{24} \text{kcal/h}$$

$$= \frac{3 \times 4.5 \times 4,000 \times 0.8}{24} = 1,800 \text{kcal/h}$$

21 어떤 보일러의 연소효율이 95%, 전열효율이 90%이다. 20℃인 급수를 가열하여 압력이 10kg/cm²인 증기를 발생하는 보일러의 연료소비량이 80kg/h이면 저위발열량이 10,000kcal/kg인 연료를 사용했을 때 실제 증발량(kg/h)을 구하시오.(단, 10kg/cm²의 발생증기 엔탈피는 663kcal/kg이다.)

풀이
보일러 효율=0.95×0.9=0.855(85.5%)

$$85.5 = \frac{G_a \times (663-20)}{80 \times 10,000} \times 100$$

실제 증발량$(G_a) = \frac{80 \times 10,000 \times 0.855}{663-20} = 1,063.76 \text{kg/h}$

22 매시간당 2,800L의 온수가 필요한 건물에서 15℃의 급수를 가지고 75℃의 급탕을 하려고 한다. 발열량이 10,000kcal/kg, 연소율이 2kg/m²h인 중유를 사용하는 온수보일러(효율 65%)로 급탕할 때 그 전열면적을 구하시오.(단, 물의 비열은 1kcal/kg℃이다.)

풀이
$$\text{전열면적} = \frac{2,800 \times 1(75-15)}{10,000 \times 2 \times 0.65} = 12.92 \text{m}^2$$

23 압력 5kg/cm²(0.5MPa)인 노통연관식 보일러에서 170℃의 과열증기를 만들어 사용하려고 한다. 급수온도는 30℃, 포화증기 엔탈피 650kcal/kg, 과열증기 엔탈피 780kcal/kg이나 과열기는 방사형으로 전열면적이 2m²이다. 시간당 증기발생량이 3ton/h일 때 증기 전부를 과열증기로 하여 사용할 경우 과열기 열부하(kcal/m²h)를 계산하시오.

풀이 과열기 열부하 = $\dfrac{\text{과열증기 발생량(과열증기 엔탈피} - \text{포화증기 엔탈피)}}{\text{과열기의 전열면적}}$

$= \dfrac{3,000(780-650)}{2}$

$= 195,000 \text{kcal/m}^2\text{h} \left(\dfrac{195,000\text{kcal/m}^2\text{h} \times 4.186\text{kJ/kcal}}{1\text{kWh} \times 3,600\text{kJ}} = 226.74\text{kW/m}^2 \right)$

24
어떤 보일러에서 시간당 증기의 사용량이 G, 증기의 비열(정압비열)이 C_p, 증기의 엔탈피가 t_2, 급수의 온도가 t_1일 때, 이 보일러의 정격출력(kcal/h)을 계산식으로 쓰시오.

풀이 출력 = $G \times G_p (t_2 - t_1)$

25
30℃(126kJ/kg)의 급수를 가열하여 매시간당 200kg의 증기를 발생하는 보일러의 연료소비량은 매시 20kg이다. 이 보일러의 효율(%)은?(단, 발생증기의 엔탈피 2,940kJ/kg, 연료의 저위발열량 42,000kJ/kg이다.)

풀이 보일러 효율(η) = $\dfrac{200 \times (2,940-126)}{20 \times 42,000} \times 100 = 67\%$

26
상당증발량 2,000kg/h의 보일러가 단위 kg당 9,800kcal의 발열량을 갖는 중유를 연소시킨다. 보일러 효율이 80%일 때 시간당 연료소비량(kg/h)을 계산하시오.

풀이 연료소비량(G_f) = $\dfrac{\text{상당증발량} \times 539}{\text{연료의 발열량} \times \text{효율}} = \dfrac{2,000 \times 539}{9,800 \times 0.8} = 137.5\text{kg/h}$

27
온수난방에서 주철제 보일러를 가동하고 있다. 사용연료는 석탄이며 그 출력저하계수 $K = 0.69$로 하고 방열기의 전면적이 350m², 매시 급탕수 사용량이 50L/h일 때 보일러의 정격출력(kcal/h)을 구하시오.(단, 급수온도는 10℃, 급탕수의 출탕온도는 70℃, 배관부하 $\alpha = 0.25$, 보일러 예열부하 $\beta = 1.45$이다.)

풀이 $\dfrac{\{350 \times 450 + 50 \times 1 \times (70-10)\}(1+0.25) \times 1.45}{0.69} = 421,603.26 \text{kcal/h}$

참고
- 난방부하 = 350 × 450
- 급탕부하 = 50 × 1 × (70 − 10)
- $\dfrac{450\text{kcal/m}^2\text{h} \times 4.186\text{kJ/kcal}}{3,600\text{kJ/kWh}} = 0.523\text{kW} = 523\text{W}$

28
어느 지역난방(地域煖房)에 사용하는 고압증기를 만들기 위해 강제 수관보일러를 설비하려 한다. 아래 조건 및 표 1, 2를 참고하여 보일러의 용량(실제소요 증발량 : kg/h)을 구하시오.

조건
- 증기난방의 상당방열면적(EDR) : 1,640m²
- 방열기의 방열면적 1m²당 표준증기 응축량 : 1.35kg/m²h
- 사용 급탕량 : 960L/h(급탕량 1L/h에 필요한 증기량은 0.15kg/h로 한다.)
- 예상여열(餘熱) 부하 : 20%
- 연료로 사용하는 석탄의 발열량 : 6,700kcal/h

■ 표 1. 석탄의 발열량에 따른 출력저하계수

석탄의 발열량(kcal/kg)	출력저하계수 K
7,000	1.00
6,700	0.94
6,100	0.82
5,500	0.69
5,000	0.58

■ 표 2. 배관의 열손실 비율

증기 상당방열면적 S(m²)	배관의 열손실 비율 α
200	0.23
400	0.18
600	0.16
800	0.13
1,00	0.12
1,200 이상	0.10

풀이 증기발생량$(G) = \dfrac{(1,640 \times 1.35 + 960 \times 0.15 + 1,640 \times 0.10) \times 1.2}{0.94} = 3,219.57\text{kg/h}$

29
어떤 건물의 방열기 상당방열면적(EDR)이 200m²이고 매시 필요한 급탕 사용량이 600kg/h일 때 보일러 용량은 몇 kcal/h가 되어야 하는지 계산하시오. (단, 방열기 방열량 650kcal/m²h, 급수온도 10℃, 출탕온도 70℃, 배관부하 α = 20%, 예열부하 β = 25%, 출력저하계수 K = 1)

풀이 보일러 용량 = $\dfrac{\{(200 \times 650) + 600 \times 1 \times (70-10)\} \times (1+0.2) \times (1+0.25)}{1} = 249,000 \text{kcal/h}$

참고
- 난방부하 = $200 \times 650 = 130,000 \text{kcal/h}$ ($\dfrac{130,000 \times 4.186}{3,600} = 151.16 \text{kW}$)
- 급탕부하 = $600 \times 1 \times (70-10) = 36,000 \text{kcal/h}$ ($\dfrac{36,000 \times 4.186}{3,600} = 41.86 \text{kW}$)

30
어떤 생산공장의 수관식 보일러의 1일 가동 기록이 다음과 같을 때 이 공장 보일러 효율은 얼마인가?(단, 소수 첫째 자리까지 구하시오.)

■ 기록일지

- 석탄사용량 : 30,000kg
- 증기 발생량 : 160,000kg/h
- 평균 급수온도 : 45℃(189kJ/kg)
- 석탄 발열량 : 21,840kJ/kg
- 평균증기압 : 7kg/cm²(전열량 2,772kJ/kg)
- 물의 비열 : 4.2kJ/kg℃

풀이 보일러 효율(η) = $\dfrac{(h_2 - h_1) \times G_W}{H_l \times G_f} \times 100$

$= \dfrac{1 \times (2,772 - 189) \times 160,000}{21,840 \times 30,000} \times 100 = 63.07(\%)$

31
다음은 어떤 수관식 보일러의 운전조건이다. 주어진 조건 및 아래 증기표를 이용하여 이 보일러의 효율(%)을 계산하시오.

- 증기압력 : 9kg/cm²(0.9MPa)
- 연료의 비중 : 0.95
- 급수온도 : 38℃
- 연료의 저위발열량 : 9,750kcal/kg
- 연료 사용량 : 331L/hr
- 증발량 : 4,200kg/hr
- 증기건도 : 1

■ 증기표

절대압력	포화온도(℃)	포화수 엔탈피	포화증기 엔탈피	증발잠열(kcal/kg)
8kg/cm²	169.61	171.58	660.8	489.8
9kg/cm²	174.53	176.51	661.9	485.4
10kg/cm²	179.04	181.25	662.9	481.7

※ 게이지압력 9일 때 도표에서는 9+1=10kgf/cm²의 절대압을 기준한다.

풀이 보일러 효율(η) = $\dfrac{4,200 \times (662.9 - 38)}{331 \times 9,750 \times 0.95} \times 100 = 85.61\%$

32 다음과 같은 조건일 때의 보일러 효율을 구하시오.

- 급수량 : 10,638kg/h
- 급수온도 : 13.5℃
- 급유량 : 860L/h
- C중유의 비중 : 0.916
- 증기의 열량 : 657.8kcal/kg
- C중유의 저위발열량 : 9,800kcal/kg

풀이 보일러 효율$(\eta) = \dfrac{10,638(657.8-13.5)}{(860 \times 0.916) \times 9,800} \times 100 = 88.78\%$

33 방열기의 총방열면적이 400m²이고 급탕부하 15,000W에 사용할 수 있는 주철제 보일러의 용량(W)을 구하시오. (단, 급수온도 10℃, 출탕온도 80℃, 배관부하 0.25, 예열부하 1.5, 출력저하계수 1, 방열기의 1m²당 방열량 516W)

풀이 보일러 용량(H_m) = (난방부하 + 급탕부하) × 배관부하 × 예열부하
= $(400 \times 516 + 15,000) \times 1.25 \times 1.5 = 415,125$W

34 어떤 건물의 방열기 상당방열면적이 200m²이고, 매시 급탕량이 600kg/h일 때 보일러 용량은 몇 kcal/h가 되어야 하는지 계산하시오. (단, 방열기 방열량 650kcal/m²h, 급수온도 10℃, 출탕온도 70℃, 배관부하 α = 20%, 예열부하 β = 25%, 출력저하계수 K = 1)

풀이 정격출력 = $\dfrac{[증기난방부하 + 급탕부하] \times (1+배관부하) \times (1+예열부하)}{출력저하계수}$ = kcal/h
= $\dfrac{[(200 \times 650) + 600 \times 1 \times (70-10)] \times (1+0.2) \times (1+0.25)}{1} = 249,000$ kcal/h

35 관류보일러에 설치된 버너의 중유 최대 소비량이 600L/h인 것을 증기식 히터로 90℃(378kJ/kg) 정도로 가열 공급하려면 1시간에 몇 kg의 증기가 소비되는가? (단, 히터 입구에서의 중유온도 65℃(273kJ/kg), 비중량 0.93kg/L, 연료의 비열 1.89kJ/kg℃, 히터의 효율 90%이며, 증기보유 증발열량은 2,263.8kJ/kg이다.)

풀이 증기소비량 = $\dfrac{600 \times 0.93 \times 1.89(378-273)}{2,263.8 \times 0.9} = 12.94$ kg/h

36 어떤 빌딩의 방열기 면적이 2,000m² EDR(상당방열면적), 매시 급탕량의 최대가 6,000L/h일 때(급수온도 10℃, 출탕온도 70℃) 이 건물에 주철제 증기보일러를 사용하여 난방을 하려고 할 때 보일러의 크기를 구하시오.(단, 배관부하 α = 20%, 예열부하 β = 25%, 증기잠열량 539kcal/kg, 연료는 기름을 연소시키는 것으로 한다.)

(1) 방열량(난방 부하)은 몇 kcal/h인가?
(2) 급탕부하는 몇 kcal/h인가?
(3) 상용출력은 몇 kcal/h인가?
(4) 정격출력은 몇 kW인가?(단, 1kcal=4.186kJ, 1kWh=3,600kJ)

풀이 (1) $2,000 \times 650 = 1,300,000$
(2) $6,000 \times 1(70-10) = 360,000$
(3) $(1,300,000 + 360,000)(1+0.2) = 1,992,000$
(4) $\dfrac{(1,300,000+360,000) \times (1+0.2) \times 1.25}{1} = 2,490,000 \text{kcal/h}$

∴ $1,992,000 \times 1.25 = 2,490,000 \text{kcal/h}$ ($\dfrac{2,490,000 \times 4.186}{3,600} = 2,895.32 \text{kW}$)

참고 난방부하(H_r) = EDR $\times$ 650(kcal/h)
급탕부하(H_g) = $G \times C_p(t_2 - t_1)$(kcal/h)
상용출력 = $[H_r + H_g] \times (1+\alpha)$(kcal/h)
정격출력 = $\dfrac{(\text{난방부하}+\text{급탕부하}) \times \text{배관부하} \times \text{예열부하}}{\text{출력저하계수}} = \dfrac{(H_r + H_g)(1+\alpha)\beta}{R}$

37 주철제 보일러를 사용하는 건물에서 방열기의 소요 방열량이 56,000W이고, 급수온도 10℃, 급탕온도 75℃, 급탕량이 700L/h일 때 급탕부하 4,000W인 경우 건물에 설치해야 할 보일러의 정격출력(W)을 계산하시오.(단, 배관의 열손실 α = 25%, 보일러의 예열계수(예열부하) 1.4, 출력저하계수 k = 0.7이다.)

풀이 보일러 정격출력 = $\dfrac{(56,000+40,000) \times (1+0.25) \times 1.4}{0.7} = 240,000 \text{W}$

참고 $H_g = 700 \times 1(75-10) = 45,500 \text{kcal/h}$
1kcal = 4.186kJ
∴ $\dfrac{45,500 \text{kcal/h} \times 4.186 \text{kJ/kcal}}{3,600 \text{kJ/kWh}} = 52.91 \text{kW}$

38 어떤 건물에서 증기방열기의 1EDR(소요방열량)이 650kcal/m²h이고 전방열면적이 650m², 급탕량이 450L/h일 때 발열량 5,500kcal/kg인 석탄을 연료로 사용하는 주철제 보일러를 설치하여 난방하려고 한다. 급수온도가 18℃이고 급탕온도가 70℃, 배관부하가 25%일 때 아래 표 1, 2를 참고하여 보일러의 정격출력을 구하시오.(단, 소수 둘째 자리에서 반올림하시오.)

■ 표 1. 보일러의 여력계수

소요전열량(kcal/h) $(H_r+H_g)(1+\alpha)$	보일러의 여력계수 β
25,000 이하	1.65
25,000~50,000	1.60
50,000~150,000	1.55
150,000~300,000	1.50
300,000~450,000	1.45
450,000 이상	1.40

■ 표 2. 저질탄 사용에 의한 출력저하계수

석탄의 발열량 (kcal/kg)	보일러 효율(%)	계수 K
6,900	70	1.00
6,600	68	0.94
6,100	65	0.82
5,500	61	0.69
5,000	57	0.58

단, H_r : 방열기의 소요방열량, H_g : 급탕부하, α : 배관부하

[풀이]

$$정격출력(K) = \frac{(H_r+H_g)(1+a)\beta}{k}$$

$$= \frac{\{650 \times 650 + 450 \times (70-18)\} \times (1+0.25) \times 1.4}{0.69}$$

$$= 1,130,905.7 \text{kcal/h} \quad (1,130,905.7\text{kcal/h} \times 4.186\text{kJ/kcal} = 4,733,971.26\text{kJ/h})$$

39 어떤 목재공장에서 수관식 보일러의 사용 중 운전일지상에 다음과 같은 일일 기록이 나왔다. 이 보일러의 효율을 구하시오.(단, 소수 둘째 자리에서 반올림하시오.)

- 석탄 사용량 : 37,500kg/일
- 평균 증기압 : 0.7MPa(전열량 650kcal/kg)
- 평균 급수온도 : 42.5℃
- 증기 발생량 : 187,000kg/일
- 석탄 발열량 : 5,000kcal/kg

[풀이]

$$효율(\eta) = \frac{187,000 \times (650-42.5)}{37,500 \times 5,000} \times 100 = 60.588$$

∴ 60.6%

[참고] 보일러 효율$(\eta) = \dfrac{G(h_2-h_1)}{G_f \times H_l} \times 100$

40. 다음의 보기를 보고 보일러 효율을 구하시오.

- 연료 사용량 : 300kg/h
- 상당증발량 : 4,000kg/h
- 연료의 저위발열량 : 37.68MJ
- 물의 증발잠열 : 2,257kJ/kg
- $1MJ = 10^3 kJ$

[풀이] 효율$(\eta) = \dfrac{4,000 \times 2,257}{300 \times (37.68 \times 10^3)} \times 100 = 79.86\%$

[참고] 물의 증발잠열 = 539kcal/kg = 2,257kJ/kg, $1MJ = 10^6 J = 1,000 kJ = 10^3 kJ$

41. 보일러 동체의 내경이 1,300mm, 동판 두께가 12mm, 길이가 4,200mm의 코니시 보일러의 전열면적은 얼마인가?(소수 첫째 자리에서 반올림하시오.)

[풀이] 전열면적$(H) = \pi D l = 3.14 \times (1.3 + 2 \times 0.012) \times 4.2 = 17.46 m^2$

[참고] 외경$(D) = \dfrac{1.300 + 12 \times 2}{1,000} = 1.324 m$

42. 보일러 용량을 결정하는 데 필요한 열량(부하)에 관한 부하 종류 4가지를 쓰시오.

[풀이]
① 난방부하
② 급탕부하
③ 배관부하
④ 예열부하(시동부하)

43. 안지름 5m인 원통형 리벳이음 압력용기에서 최고 사용압력 1MPa의 가스를 저장하려 한다. 리벳의 이음효율 65%, 강판의 인장강도 40kg/mm², 안전율 4, 부식여유 2mm였다면 압력용기 동체의 강판두께는 최소 몇 mm이어야 하는가?(단, 소수 둘째 자리에서 반올림하시오.)

[풀이] 강판두께$(t) = \dfrac{PD}{2 \cdot S \cdot \eta - 1.2P} + C = \dfrac{1 \times 5,000}{2 \times \dfrac{40 \times 9.8}{4} \times 0.65 - 1.2 \times 1} + 2 = 41.62 mm$

[참고] 5m = 5,000mm

44 안지름 1,000mm인 압력 원형 탱크를 제작하여 0.5MPa의 내압에 사용하려 한다. 아래 사항을 참고하여 다음 물음에 답하시오.(단, 소수 둘째 자리에서 반올림하시오.)

- 재료의 인장응력 : 41kg/mm²
- 이음효율 : 51%
- 경판의 접시형 계수 : 1.6
- 허용 인장력의 비율 : 1/4
- 접시형 경판의 곡률 반지름 : 1,000mm
- 부식 여유 : 1mm

(1) 동체의 두께(mm)를 구하시오.
(2) 경판의 두께(mm)를 구하시오.

풀이 (1) 동체두께$(t) = \dfrac{PD}{2\sigma_a\eta - 1.2P} + \alpha = \dfrac{0.5 \times 1,000}{2 \times \dfrac{41 \times 9.8}{4} \times 0.51 - 1.2 \times 0.5} + 1 = 5.91$

∴ 5.8mm

(2) 경판두께$(t) = \dfrac{PD}{2 \times \cos(\sigma\chi\eta - 0.0069P)} + a$

$= \dfrac{0.5 \times 1,000}{2 \times \cos(41 \times 9.8 \times 0.25 \times 0.51 - 0.0069 \times 0.5)} + 1 = 26.10$

∴ 26.1mm

45 배관라인에 설치하며 찌꺼기를 제거하는 여과기를 유량계 등에 설치하는 경우 유량계 전, 후 어디에 설치하는 것이 이상적인가?

풀이 유량계 전(유량계 앞쪽)

46 난방면적 160m²에 적용되는 온수보일러용 팽창탱크의 적정 용량(Q)을 구하시오.

풀이 Q = 난방면적 × 0.2L = 160 × 0.2 = 32L

47 보일러가 고압으로 될수록 물 순환은 둔화된다. 그 이유를 간단히 설명하시오.

풀이 보일러가 고압이 되면 포화수 온도가 상승하여 증기와 포화수 간의 밀도차가 작아서 물의 순환이 둔화된다.

48 보일러를 구입 설치하고자 할 경우 제일 먼저 고려하지 않으면 안 되는 것은?

풀이 정격용량(시간당 최대 증기발생량 : kg/h)

49 보일러 장치를 구성하는 3대 요소는 무엇인가?

풀이
① 본체
② 연소장치
③ 부속품 및 부속설비

50 일반 산업용 증기보일러의 자동제어에서 일반적으로 가장 많이 사용되는 인터록(Interlock) 장치 3가지를 쓰시오.

풀이
① 저수위 인터록
② 압력초과 인터록
③ 불착화 인터록
④ 저연소 인터록
⑤ 프리퍼지 인터록
⑥ 온도상한스위치 인터록

CHAPTER 02 난방부하 계산 및 난방설비 설계

PART 06 | 보일러 시공 실무 문제

01 증기보일러의 난방부하가 17,200W/h인 보일러에서 3세주 650mm의 주철제 방열기를 설치하려면 그 방열기 쪽수는 몇 개가 필요한가?(단, 방열기 표준방열량은 600W/m²h이고 쪽당 방열 표면적은 0.15m²이다.)

풀이 소요방열면적(EDR) = $\dfrac{난방부하}{표준방열량 \times 방열기 쪽당 표면적}$ = $\dfrac{17,200}{600 \times 0.15}$ = 192개

02 어떤 빌딩의 면적이 2,000m² EDR(상당방열면적), 매시 급탕량의 최대가 6,000L/h일 때(급수온도 10℃, 출탕온도 70℃)이 건물에 주철제 증기보일러를 사용하여 난방을 하려고 한다. 다음 물음에 답하시오.(단, 배관부하 α = 20%, 예열부하 β = 25%, 잠열량 539kcal/kg, 연료는 기름을 연소시키며 연료의 출력저하계수 K = 1이다.)

(1) 방열량(난방부하)은 몇 kcal/h인가?
(2) 급탕부하는 몇 kcal/h인가?
(3) 상용출력은 몇 kcal/h인가?
(4) 정격출력은 몇 kcal/h인가?

풀이
(1) 2,000 × 650 = 1,300,000kcal/h
(2) 6,000 × 1(70 − 10) = 360,000kcal/h
(3) (난방부하 + 급탕부하) × 배관부하 = (1,300,000 + 360,000) × (1 + 0.2) = 1,992,000kcal/h
(4) $\dfrac{상용출력 \times 예열부하}{출력저하계수}$ (kcal/h) = $\dfrac{1,992,000 \times (1 + 0.25)}{1}$ = 2,490,000kcal/h

03 난방면적이 50m²인 주택에 온수보일러를 설치하고자 한다. 벽체(창문, 문 포함) 면적은 바닥면적(난방면적)의 1.6배이고, 천장면적은 난방면적과 같을 때 아래 조건을 참고하여 난방부하를 계산하시오.(단, 천장, 바닥, 벽체(창문, 문 포함)의 열관류율은 동일하다.)

- 외기 온도 : −10℃
- 방위에 따른 부가계수 : 1.15
- 열관류율 : 5.16kW/m²℃
- 실내 온도 : 18℃

풀이 $Q = K \times \Delta t_m \times F \times k = 5.16 \times \{18-(-10)\} \times (50+50 \times 1.6+50) \times 1.15 = 29,076.6 \text{kW}$

04
어떤 증기보일러에서 난방부하 15,000kcal/h, 급탕부하 1,000kcal/h, 배관부하 2,000kcal/h, 예열부하 5,000kcal인 경우에 예열에 필요한 시간은 얼마인가?

풀이 H_m(정격부하) $= 15,000+1,000+2,000+5,000 = 23,000\text{kcal/h}$

예열부하 $= \dfrac{H_1}{H_m - \dfrac{1}{2}(H_1+H_3)} = \dfrac{5,000}{23,000 - \dfrac{1}{2}(15,000+2,000)} = 0.34\text{h}$

05
난방 바닥면적이 50m²인 주택에 온수보일러를 설치하고자 한다. 벽체의 면적은 바닥면적의 1.8배이고, 천장면적은 바닥면적과 동일할 때 아래 조건을 참조하여 난방부하(kcal/h)를 계산하시오.(단, 천장, 바닥, 벽체의 열관류율은 6kcal/m²h℃이다.)

- 외기온도 : -10℃
- 실내온도 : 20℃
- 방위에 따른 부가계수 : 1.2

풀이 난방부하(H) = 열관류율×총면적×온도차×방위에 따른 부가계수
$= 6 \times \{50+50+(50 \times 1.8)\} \times \{20-(-10)\} \times 1.2 = 41,040\text{kcal/h}$

06
벽체 총면적이 50m²인 건물이 다음과 같은 조건일 때 이 건물벽체의 난방부하는 몇 kcal/h인지 계산하시오.

- 벽체의 열관류율 : 1.2kcal/m²h℃
- 외기온도 : -10℃
- 실내온도 : 20℃
- 방위에 따른 부가계수 : 1.05

풀이 난방부하 $= 1.2 \times 50 \times \{20-(-10)\} \times 1.05 = 1,890 \text{kcal/h} \left(\dfrac{1,890 \times 4.186}{3,600} = 2.2\text{kW}\right)$

07
증기보일러로 저압증기난방을 하는 어떤 건물에서 방열기의 전방열면적이 780m²일 때 다음 물음에 답하시오.(단, 계산식에서는 소수 셋째 자리까지 계산하고 답은 소수 둘째 자리에서 반올림하시오.)

(1) 난방장치 내의 전 응축수량(kg/h)은 얼마인가?(단, 방열기 면적 1m²당 응축수량은 표준량으로 하고 증기배관 내의 응축수량은 방열기 내 응축수량의 30%로 한다.)

(2) 응축수 펌프의 양수량(L/min)은 얼마인가?
(3) 물받이 탱크의 유효용량(kg)은 얼마인가?

풀이 (1) $Q = \dfrac{650}{539} \times 1.3 \times 상당방열면적 = \dfrac{780 \times 650 \times 1.3}{539} = 1,222.8 \text{kg/h}$

(2) $Q = \dfrac{장치 \ 내의 \ 전 \ 응축수량}{60} \times 3 = \dfrac{1,222.8}{60} \times 3 = 61.1 \text{L/min}$

(3) $V = 2Q = 2 \times 61.1 = 122.2 \text{kg}$

참고 $\dfrac{650 \times 4.186}{3,600} = 0.755 \text{kW}, \ 539 \times 4.186 = 2,256 \text{kJ/kg}(물의 \ 증발잠열)$

---

08 평균온도 85℃의 온수가 흐르는 길이 150m의 온수관에 효율 80%의 보온 피복을 하였다. 외기온도가 25℃이고, 내관의 열관류율이 9.46kW/m²℃인 경우, 보온 피복한 후의 시간당 손실열량(kW)을 계산하시오.(단, 내관의 표면적은 0.22m²/m 길이이다.)

풀이 피복 후 손실열량$(Q) = (1 - 0.8) \times 9.46 \times 0.22 \times 150 \times (85 - 25) = 3,746.16 \text{kW}$

---

09 내부온도 1,200℃, 외부온도 25℃, 내화벽돌 두께 50mm, 보온재 두께 16mm, 내화벽돌의 열전도율 0.025kcal/mh℃, 보온재의 열전도율 0.005kcal/mh℃, 실내 측 열전달률에 의한 저항값 150m²h℃/kcal, 실외 측 저항값 16m²h℃/kcal일 때 열관류율(K)을 구하시오.

풀이 열관류율$(K) = \dfrac{1}{\dfrac{1}{a_1} + \dfrac{b_1}{\lambda_1} + \dfrac{b_2}{\lambda_2} + \dfrac{1}{a_2}} = \dfrac{1}{150 + \dfrac{0.05}{0.025} + \dfrac{0.016}{0.005} + 16} = 0.01 \text{kcal/m}^2\text{h℃(W/m}^2\text{K)}$

참고 • $\dfrac{1}{a_1} = 150$ • $\dfrac{1}{a_2} = 16$

---

10 연소실 내의 내화벽 두께가 240mm, 열전도율이 0.53W/m K, 연소실에서 내화벽까지의 열전달률이 1,396W/m²K, 표면에서 외부로의 열전달률이 407W/m²K일 때 열관류율은 몇 W/m²K인가?

풀이 열관류율$(K) = \dfrac{1}{\dfrac{1}{\alpha_1} + \dfrac{1}{\lambda_1} + \dfrac{1}{\alpha_2}} = \dfrac{1}{\dfrac{1}{1,396} + \dfrac{0.24}{0.53} + \dfrac{1}{407}} = \dfrac{1}{0.4560} = 2.19 \text{W/m}^2\text{K}$

11 바깥지름 76mm, 안지름 68mm, 유효길이 4,500mm인 수관 96개로 된 수관식 보일러가 있다. 수관 이외의 부분의 전열면적은 무시하고 전열면적 1m²당 증발량은 26.1kg/h이며, π=3.14로 할 때 다음 물음에 답하시오.(단, 소수 둘째 자리에서 반올림하시오.)

(1) 보일러의 전열면적은 몇 m²인가?
(2) 이 보일러의 시간당 증발량은 몇 kg/h인가?

[풀이] (1) 전열면적$(H) = \pi D l n$, $\pi = 3.14$, 1m=1,000mm

$$\frac{76}{1,000} \times 3.14 \times \frac{4,500}{1,000} \times 96 = 103.1 \text{m}^2$$

또는, $3.14 \times 0.076 \times 4.5 \times 96 = 103.09 \text{m}^2$

∴ 103.1m^2

(2) $26.1 \times 103.1 = 2,690.9 \text{kg/h}$

12 평균 단위면적당 난방부하가 129W인 건물의 1일 소요되는 보일러용 경유 소비량은 몇 kg인가? (단, 난방면적 100m², 효율 80%, 경유의 발열량 7,740kJ/kg이다.)

[풀이] 경유 소비량 $= \dfrac{129 \times 3,600 \times 24 \times 100}{0.8 \times 7,740 \times 10^3} = 180 \text{kg}$

13 증기보일러로 저압증기난방을 하는 어떤 건물에서 방열기의 전방열면적이 600m²일 때 다음 물음에 답하시오.(단, 물의 증발열은 539kcal/kg이고 계산식에서는 소수 셋째 자리까지 계산하고 답은 소수 둘째 자리에서 반올림하시오.)

(1) 난방장치 내의 전 응축수량(kg/h)은 얼마인가?(단, 방열기 면적 1m²당 응축수량은 표준량으로 증기배관 내의 응축수량은 방열기 내의 응축수량의 30%로 한다.)
(2) 응축수 펌프의 양수량(L/min)은 얼마인가?

[풀이] (1) $\dfrac{650}{r} \times A \times (1+\alpha) = \dfrac{650}{539} \times 600 \times 1.3 = 940.6 \text{kg/h}$

(2) $\dfrac{\text{응축수량} \times 3\text{배}}{60\text{분}} = \dfrac{940.6 \times 3}{60} = 40.03 \text{L/min}$

[참고]
- $\dfrac{650 \times 4.186}{3,600} = 0.755 \text{kW}$
- 1kWh = 3,600kJ
- 539kcal/kg × 4.186kJ/kcal = 2,256kJ/kg

14 증기난방에서 1kcal = 4.186kJ로 표시하는 방열기에서 방열기 면적 400m², 급탕량 600L/h, 배관부하 0.2이며, 급탕은 10℃에서 70℃로 가열하고, 예열부하는 0.25이고, 보일러는 기름을 연료로 사용할 때 다음 물음에 답하시오.

(1) 방열기 용량(방열기 방열량 및 급탕부하)은 몇 W인가?(단, 방열기의 표준방열량은 0.523kW/m²로 한다.)
(2) 보일러 상용출력은 몇 kW인가?
(3) 보일러 정격출력은 몇 kW인가?

풀이 (1) 방열량(H_1) = 400 × 0.523 = 209.2kW

급탕부하(H_2) = 600 × 4.186 × (70 − 10) = 150,696kJ/h ($\frac{150,696}{3,600}$ = 41.86kW)

(2) (209.2 + 41.86) × 1.2 = 301.272kW
(3) 301.272 × 1.25 = 376.59kW

15 바깥지름 200mm, 길이 100m, 표면온도 110℃인 강관에 두께가 3cm인 유리섬유 보온재를 감아서 시공하였더니 표면온도가 45℃였다. 강관의 열관류율 25kcal/m²h℃, 외기온도 20℃라 하고 보온재 외면의 열관류율은 강관의 열관류율과 같다고 할 때 다음 물음에 답하시오.(단, π = 3.14로 한다.)

(1) 보온재가 없을 때 손실되는 시간당 열량은 얼마인가?
(2) 보온재를 시공했을 때 손실되는 열량은 시간당 얼마인가?
(3) 보온재를 사용하면 절약되는 열량은 몇 %인가?

풀이 (1) $Q = \pi DL\lambda(t_2 - t_0)$이므로

3.14 × 0.2 × 100 × 25 × (110 − 20) = 141,300kcal/h

(2) $Q_2 = \pi(D - 2t)L\lambda(t_1 - t_0)$이므로

3.14 × (0.2 + 2 × 0.03) × 100 × 25 × (45 − 20) = 51,025kcal/h

또는 3.14 × 0.26 × 100 × 25(45 − 20) = 51,025kcal/h

(3) $Q = \frac{141,300 - 51,025}{141,300} \times 100\% = 63.89\%$

참고 바깥지름 200mm, 두께 3cm(30mm), 전체 두께가 (60+200)mm이므로 보온 후 전체 두께는 260mm, 즉 0.26m이다.

16 두께 20cm의 연와벽의 내측에 10cm의 공기층을 두고 5cm의 탄벽으로 구성되어 있는 그림과 같은 다층벽이 있다. 아래 조건을 참고하여 열관류율(kcal/m℃)을 구하시오.

- 실내 측 벽의 공기 열저항($1/a_1$) : $0.125 m^2 h℃/kcal$
- 실외 측 벽의 공기 열저항($1/a_0$) : $0.0358 m^2 h℃/kcal$
- 연와벽의 열전도율 : $0.63 kcal/mh℃$
- 탄벽의 열전도율 : $0.68 kcal/mh℃$
- 공기층의 상당열저항($1/a_a$) : $0.189 m^2 h℃/kcal$

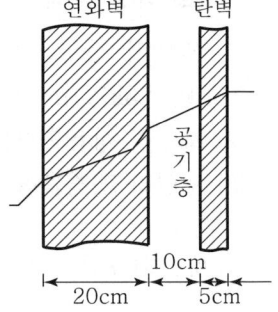

[풀이] 열관류율$(k) = \dfrac{1}{0.125 + \dfrac{0.2}{0.63} + 0.0358 + 0.189 + \dfrac{0.05}{0.68}} = 1.35 kcal/m^2 h℃$

17 상당증발량이 4,500kg/h인 노통연관식 증기보일러로 매시 8,100kg/h의 급탕을 사용하면 나머지 열출력으로 난방할 수 있는 방열기의 면적은 얼마인가?(단, 급수온도는 10℃, 급탕온도는 70℃이고 배관 부하율 α = 20%, 예열부하 β = 1.25이다. 연료는 벙커 C유이며, 난방방식은 표준방열량 $650 kcal/m^2 h = 0.756 kW$의 증기난방이다.)

[풀이] $4,500 \times 539 = \{H_m + 8,100 \times 1 \times (70-60)\} \times 1.2 \times 1.25$에서

방열기 면적$(F) = \left(\dfrac{4,500 \times 539}{(1+0.2) \times 1.25} - 8.100 \times (70-10)\right) \div 650 = 1.740 m^2$

[참고]
- H_1(난방부하) $= 4,500 \times 539 = 2,425,500 kcal/h$
- H_2(급탕부하) $= 8,100 \times 1(70-10) = 486,000 kcal/h$

18 내화벽돌로 200mm 두께의 노벽을 쌓고 노벽 내면과 노벽 외면의 온도를 측정하였더니 700℃와 200℃였다. 이때 열손실이 $2,016 kJ/m^2 h$이었다면 이 벽돌의 평균 열전도율(kJ/m h K)은 얼마인가?

[풀이] $2,016 = \lambda \times \dfrac{700-200}{0.2}$, 200mm = 0.2m

열전도율$(\lambda) = \dfrac{2,016 \times 0.2}{700-200} = 0.81 kJ/m h K$

19 내화벽돌로 200mm 두께의 노벽을 쌓고 노벽 내면과 노벽 외면의 온도를 측정하였더니 700℃와 200℃였다. 이때 열손실이 1,800kcal/m²h이었다면 이 벽돌의 평균 열전도율은 얼마인가?

풀이

$Q = \lambda \cdot \dfrac{t_2 - t_1}{b}$, 200mm = 0.2m

$1,800 = \dfrac{\lambda \times (700 - 200)}{0.2}$

열전도율(λ) $= \dfrac{b \cdot Q}{t_2 - t_1} = \dfrac{0.2 \times 1,800}{700 - 200} = 0.72$ kcal/m h ℃

20 상당증발량이 6,000kg/h인 노통연관식 증기보일러로 매시 8,100kg/h의 급탕을 사용하면(물의 비열 4.186kJ/kg℃) 나머지 열출력으로 난방할 수 있는 방열기의 면적은 얼마인가?(단, 급수온도는 10℃, 급탕온도는 70℃이고, 배관부하율 α = 20%, 예열부하 β = 1.25이다. 연료는 벙커 C유이며, 난방방식은 증발열 2,257kJ/kg, 방열기 표준방열량 2,721kJ/m²h, 증기난방임)

풀이

방열기 면적 $= \left\{ \dfrac{6,000 \times 2,257}{(1+0.2) \times 1.25} - 8,100 \times 4.186 \times (70-10) \right\} \div 2,721 = 2,570.23 \text{m}^2$

21 온수난방에서 다음과 같은 기호를 사용하여 온수순환량을 구하는 식을 쓰시오.

• G : 온수 순환량(kg/h)	• H : 난방부하(kcal/h)
• C : 온수의 비열(kcal/kg℃)	• Δt : 방의 입·출구 온수의 온도차(℃)

풀이

온수순환량(G) $= \dfrac{H}{C \times \Delta t}$

22 상향순환식의 온수보일러에서 송온수의 온도가 88℃, 환수의 온도가 71℃, 실내온도가 18℃를 유지할 때 난방부하가 31,395kJ/h이다. 온수순환량을 구하시오.(단, 온수의 비열은 3.98kJ/kg℃이다.)

풀이

온수순환량 $= \dfrac{\text{시간당 난방부하}}{\text{온수의 비열(송온수} - \text{환수)}} = \dfrac{31,395}{3.98(88-71)} = 464.01$ kg/h

23
매시간당 2,800L의 온수가 필요한 건물에서 급수온도가 15℃, 급탕온도가 75℃일 때 다음 물음에 답하시오.(단, 소수 둘째 자리에서 반올림하시오.)

(1) 발열량 10,000kcal/kg, 연소율 2.0kg/m²h인 중유를 사용하는 온수보일러(효율 65%)로 급탕할 때 그 전열면적을 구하시오.(단, 물의 비열은 1kcal/kg℃이다.)
(2) 증기흡입기(Steam Silence)를 사용하여 흡입증기에 의해 직접 가열하는 경우 소요증기량을 구하시오.(단, 표준상태의 100℃ 물의 증발열은 539kcal/kg이다.)

풀이 (1) 전열면적$(F) = \dfrac{급탕부하}{연료의\ 발열량 \times 연소율 \times 효율}(m^2)$

$= \dfrac{2,800 \times 1 \times (75-15)}{10,000 \times 2 \times 0.65} = 12.92 m^2$

∴ 12.9m²

(2) 소요증기량$(G) = \dfrac{급탕부하}{539}(kg/h) = \dfrac{2,800 \times 1 \times (75-15)}{539} = 311.68$

∴ 311.7kg/h

24
어느 응접실의 난방부하가 6.98kW이라 할 때 온수를 열매체로 하는 3세주 650mm의 주철제 방열기를 설치한다면 섹션수는 최소한 어느 정도가 필요한가?(단, 1섹션 EDR은 0.523kW/m², 섹션 1개당 면적은 0.15m²이다.)

풀이 방열기 섹션수 $= \dfrac{시간당\ 난방부하}{450 \times 쪽당\ 표면적} = \dfrac{6.98}{0.523 \times 0.15} = 88.97$쪽

25
시간당 난방부하가 3.96kW일 때 단위면적당 열손실지수를 구하고자 한다. 난방면적이 50m²일 때 단위면적당 열손실지수는 몇 kW/m²인가?

풀이 열손실지수 $= \dfrac{3.96}{50} = 0.079 kW/m^2$

26
바깥지름이 150mm, 길이 100m, 표면온도가 120℃인 강관에 두께가 3cm인 유리섬유 보온재를 감아서 시공하였더니 표면온도가 45℃였다. 강관의 열전도율 25kcal/m²h℃, 외기온도는 25℃, 보온재 외면의 열전도율은 강관의 열전도율과 같다고 할 때 다음 물음에 답하시오.(단, π=3.14로 하며 소수 둘째 자리에서 반올림하시오.)

(1) 보온재가 없을 때 손실되는 시간당 열량은 얼마인가?

(2) 보온재로 시공했을 때 손실되는 열량은 시간당 얼마인가?
(3) 보온재를 사용하면 절약되는 열량은 몇 %인가?

풀이 (1) 열전도율을 단위와 문제 설명에 따라 열전달률로 계산
$Q_i = \pi Dl\lambda(t_2 - t_0)$
$= 3.14 \times 0.15 \times 100 \times 25 \times (120 - 25) = 111,862.5 \text{kcal/h}$

(2) $Q_2 = \pi(D + 2t)l\lambda(t_1 - t_0)$
$= 3.14 \times \dfrac{150 + 60}{1,000} \times 100 \times 25 \times (45 - 25) = 32,970 \text{kcal/h}$

(3) $\eta = \dfrac{Q_1 - Q_2}{Q_1} \times 100$
$= \dfrac{111,862.5 - 32,970}{111,862.5} \times 100 = 70.526\%$

참고 보온재 두께가 3cm이면 양쪽 두께는 6cm, 즉 60mm이다.
150 + 60 = 210mm는 0.21m
3.14 × 0.21 × 100 × 25(45 − 25) = 32,970kcal/h

27
주철제 수평형 벽걸이 방열기의 섹션수 5, 유입관지름 20mm, 유출관의 관지름 15mm, 방열기에서의 난방부하 10,465W, 쪽당 방열면적 0.25m²일 때 다음 물음에 답하시오.(단, 온수난방이다.)
(1) 방열기의 쪽수를 구하시오.(단, 방열기 표준방열량은 523W/m²이다.)
(2) 방열기를 도시하시오.

풀이 (1) $\dfrac{10,465}{523 \times 0.25} = 80$쪽

(2)
```
    5
  W-H
  20×15
```

28
노 내의 가스온도 1,200℃, 외기의 온도 25℃, 노벽 두께 250mm, 열전도율 0.465W/m℃인 노가 있다. 노 내 가스와 노벽 사이의 경막계수 α_1 = 1,744W/m²℃, 노벽과 공기 사이의 경막계수 α_2 = 18.60W/m²℃일 때 열관류율(W/m²℃)은 얼마인가?

풀이　$K = \dfrac{1}{\dfrac{1}{1,744} + \dfrac{0.25}{0.465} + \dfrac{1}{18.60}} = \dfrac{1}{0.00057339 + 0.537634 + 0.05376} = 1.69\,\text{W/m}^2\text{℃}$

29 다음과 같은 구조체의 열관류율 $K(\text{kcal/m}^2\text{h℃})$를 구하시오. (단, 내측, 외측 표면 열전달률은 각각 7.5kcal/m²h℃, 20kcal/m²h℃이다.)

- 타일 두께 5mm : 열전도율 1.1kcal/mh℃
- 모르타르 두께 15mm : 열전도율 0.93kcal/mh℃
- 콘크리트 두께 15mm : 열전도율 1.41kcal/mh℃
- 모르타르 두께 15mm : 열전도율 0.93kcal/mh℃

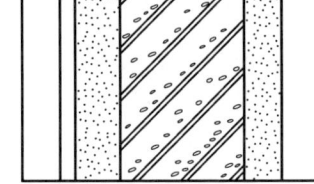

풀이　열관류율$(K) = \dfrac{1}{\dfrac{1}{7.5} + \dfrac{0.005}{1.1} + \dfrac{0.015}{0.93} + \dfrac{0.015}{1.41} + \dfrac{0.015}{0.93} + \dfrac{1}{20}} = 4.33\,\text{kcal/m}^2\text{h℃}$

30 내화벽돌로 200mm 두께의 노벽을 쌓고 노벽 내면과 노벽 외면의 온도를 측정하였더니 700℃와 30℃이었다. 이때 열손실이 558W/m²이었다면 이 벽돌의 평균 열전도율(W/m K)은 얼마인가?

풀이　전도손실열량$(Q) = \lambda \cdot \dfrac{t_2 - t_1}{b}$ 에서

$558 = \dfrac{\lambda \times (700 - 30)}{0.2}$

$\lambda = \dfrac{b \cdot Q}{t_2 - t_1} = \dfrac{0.2 \times 558}{700 - 30} = 0.17\,\text{W/m K}$

참고　200mm = 0.2m

31 실내 측 열전달률이 7.2kcal/m²h℃이고 열전도율이 20kcal/mh℃인 두께 10cm의 내벽에서 실외 측 열전달률이 1.4kcal/m²h℃인 경우에 열관류율은 몇 kcal/m²h℃인가?

풀이　열관류율$(K) = \dfrac{1}{\dfrac{1}{\alpha_1} + \dfrac{b_1}{\lambda} + \dfrac{1}{\alpha_2}} = \dfrac{1}{\dfrac{1}{7.2} + \dfrac{0.1}{20} + \dfrac{1}{1.4}} = 1.17\,\text{kcal/m}^2\text{h℃}$

CHAPTER 03 보일러 시공 도면작성 및 해독

PART 06 | 보일러 시공 실무 문제

01 보일러의 무동력 급수장치인 인젝터의 배관도와 수량계의 배관도를 그리시오.

풀이

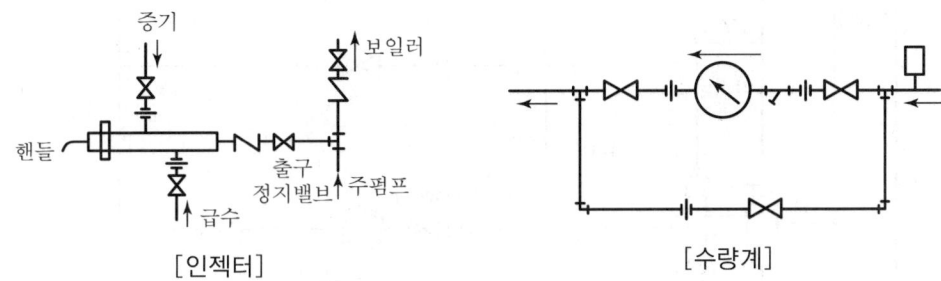

[인젝터]　　　　　　　　　[수량계]

02 다음 그림은 보일러 주위 배관도(하트포드 연결법)이다. 물음에 답하시오.

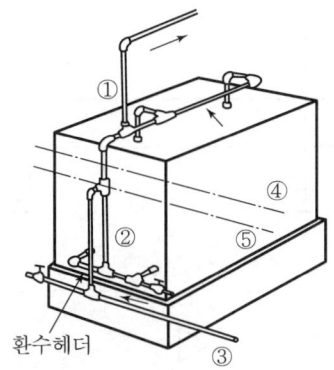

(1) 증기주관은 몇 번인가?
(2) 균형관 및 표준수위면은 몇 번과 몇 번인가?
(3) 환수주관의 분기 설치 위치는 표준수면에서 몇 mm 하부에 설치하는가?

풀이
(1) ①번
(2) ②, ④번
(3) 50mm

03 다음 도면은 증기보일러의 인젝터(Injector) 주위 배관도를 미완성한 것이다. ①~④ 지점에 알맞은 부품에 대한 도시기호를 그려 넣어 옳게 완성하시오.

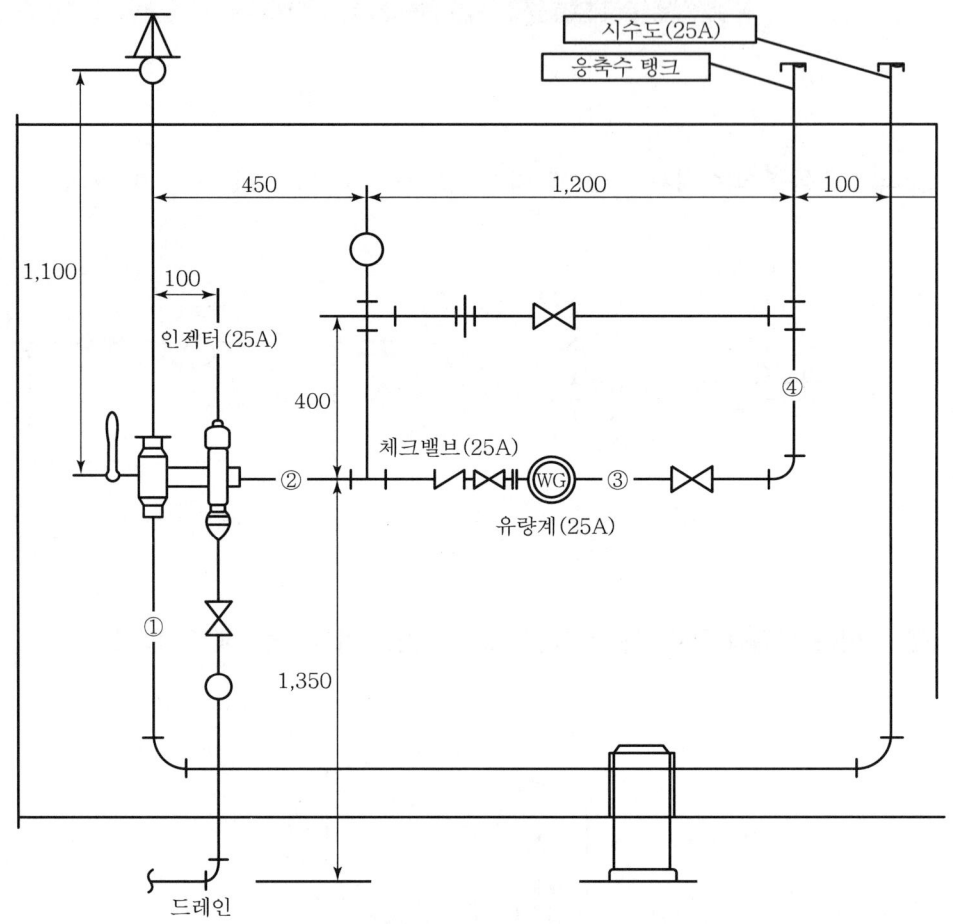

풀이

①  ②

③  ④ 계측기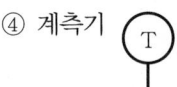

04 중유 연소설비의 계통도를 보고 물음에 답하시오.

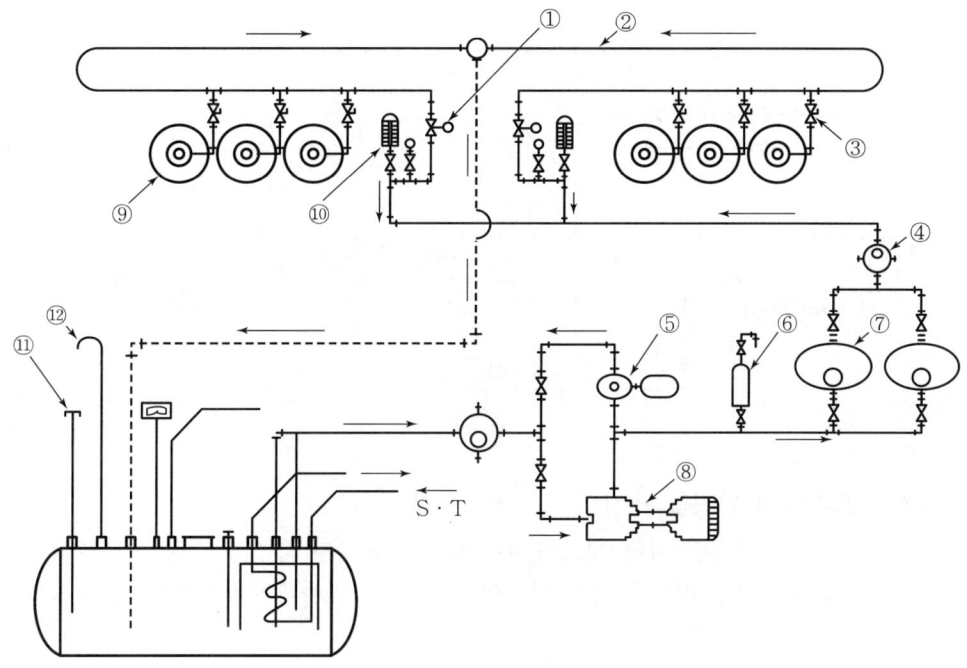

(1) 이 도면은 보일러 몇 대의 설비인가?
(2) ①~⑫까지의 명칭을 쓰시오.
(3) ②의 배관을 설치하지 않으면 안 되는 이유를 쓰시오.
(4) ⑫의 파이프 안지름은 최소 얼마 이상이어야 하는가?
(5) ⑨의 종류를 3가지만 쓰시오

풀이 (1) 2대
(2) ① 자동 제어 밸브　　　　② 리턴관(Return Pipe)
　　③ 유량 조절 밸브　　　　④ 여과기(Strainer)
　　⑤ 기어펌프(Gear Pump)　⑥ 공기실(Air Chamber)
　　⑦ 유예열기(Oil Preheater)　⑧ 급유펌프(Oil Pump)
　　⑨ 버너(Burner)　　　　　⑩ 유온도계
　　⑪ 급유구　　　　　　　　⑫ 통기관(Air Vent)
(3) 중유 연소설비에는 버너 중유공급이 과잉된 경우 이것을 탱크로 다시 회송하지 않으면 배관 등에 압력이 가해지므로 기름 회송관을 반드시 설치해야 한다.
(4) ϕ30mm 이상
(5) 기류식(제트식), 압력분사식, 회전식

05 오일탱크 주위 배관도이다. 다음 물음에 답하시오.

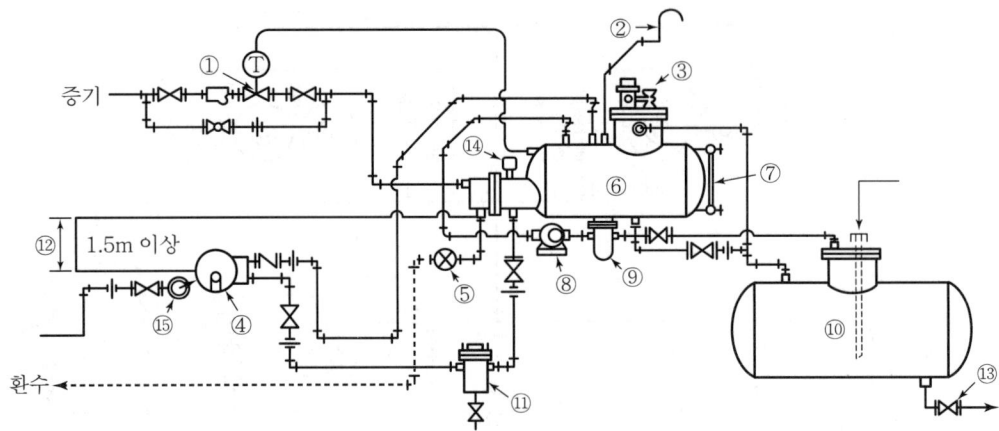

(1) ①~⑮까지의 명칭을 쓰시오.
(2) ⑤의 장치를 하려면 어떤 재료와 부속품이 필요한지 품명과 수량을 정확히 기록하시오.
(3) ⑤의 장치를 조립하려면 어떤 장비와 공구가 필요한가?(관경은 40mm이다.)

풀이 (1) ① 온도조절 밸브 ② 통기관
③ 플로트 스위치(Float Switch) ④ 오일버너(Oil Burner)
⑤ 환수트랩장치 ⑥ 서비스탱크(Oil Service)
⑦ 유면계 ⑧ 급유펌프(Oill Pump)
⑨ 오일여과기(Oil Strainer) ⑩ 저유조(Oil Storage Tank)
⑪ 유수분리기 ⑫ 1,500mm 이상
⑬ 드레인 밸브(Drain Valve) ⑭ 온도계
⑮ 가스점화장치(착화장치)

(2)

품명	단위	수량	품명	단위	수량
파이프	m	1.2~1.5	여과기	개	1
버킷트랩	개	1	게이트 밸브	개	1
엘보	개	2	글로브 밸브	개	2
티	개	2	니플	개	9
유니언	개	3			

(3) ① 수동 나사 절삭기($\phi 15 \sim \phi 50$) ② 파이프 렌치(Pipe Wrench)
③ 쇠톱(Hack Saw) ④ 파이프 바이스(Pipe Vice)
⑤ 파이프 커터(Pipe Cutter) ⑥ 파이프 리머
⑦ 멍키 스패너 ⑧ 자

06 다음은 보일러 배관 계통도이다. 아래 번호에 해당되는 명칭을 쓰시오.

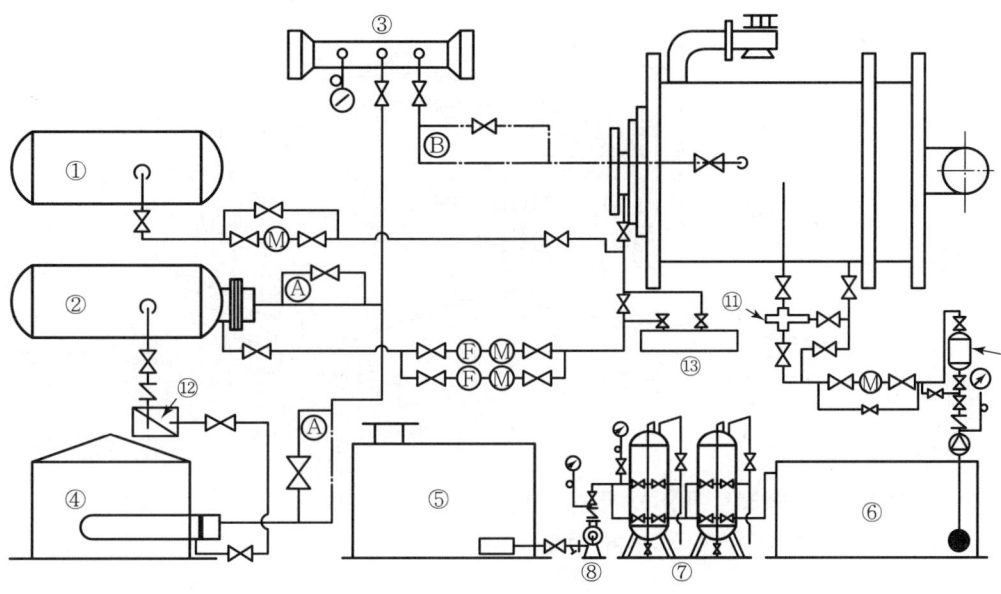

풀이
① 경유탱크 ② 서비스탱크 ③ 증기헤더
④ 오일저장탱크 ⑤ 급수탱크 ⑥ 연수탱크
⑦ 경수연화장치 ⑧ 급수펌프 ⑨ 연수용 급수펌프
⑩ 청관제 주입장치 ⑪ 인젝터 ⑫ 오일펌프
⑬ 오일프리히터

07 다음 도면은 어떤 증기보일러의 설치 개략도이다. 물음에 답하시오.

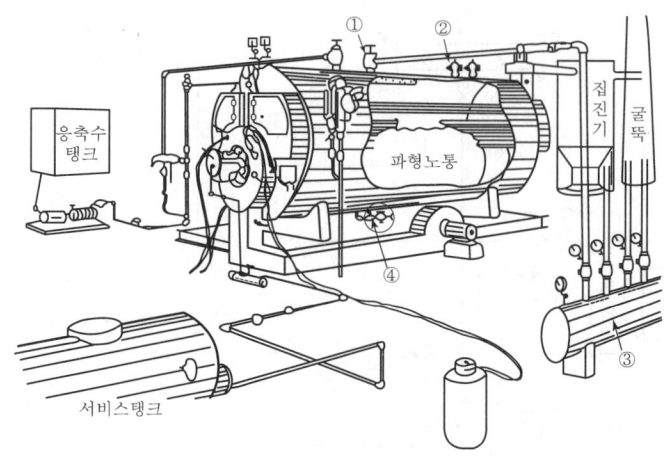

(1) 이 보일러는 구조상 어떤 종류의 보일러인가?
(2) 도면에 지시된 ①~④ 부품의 명칭을 쓰시오.

풀이 (1) 노통연관식 보일러
(2) ① 주증기 밸브   ② 안전밸브   ③ 증기헤더   ④ 분출장치

08 다음 도면에서 ①~⑤의 명칭을 쓰시오.

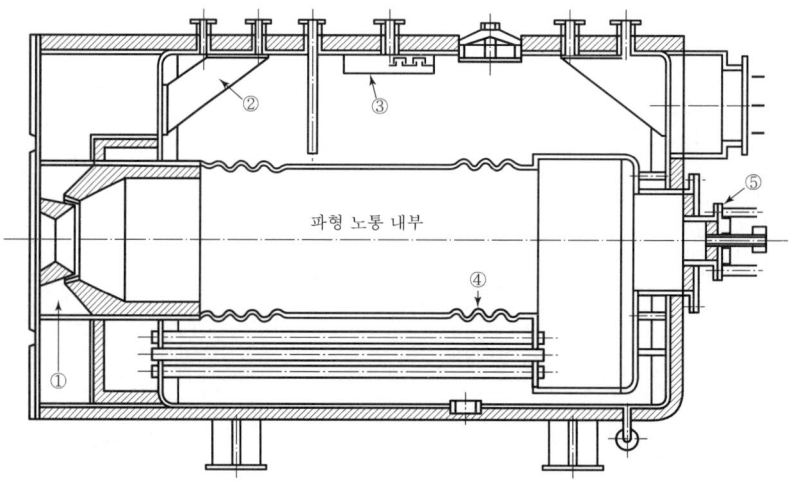

풀이 ① 윈드박스(Wind Box)   ② 거싯 스테이(Gusset Stay)
③ 비수방지관(Stearn Water Separator)   ④ 파형 노통
⑤ 방폭문(폭발구)

09 보일러를 시공함에 있어서 꼭 필요한 도면이다. ①~⑩의 명칭을 쓰시오.

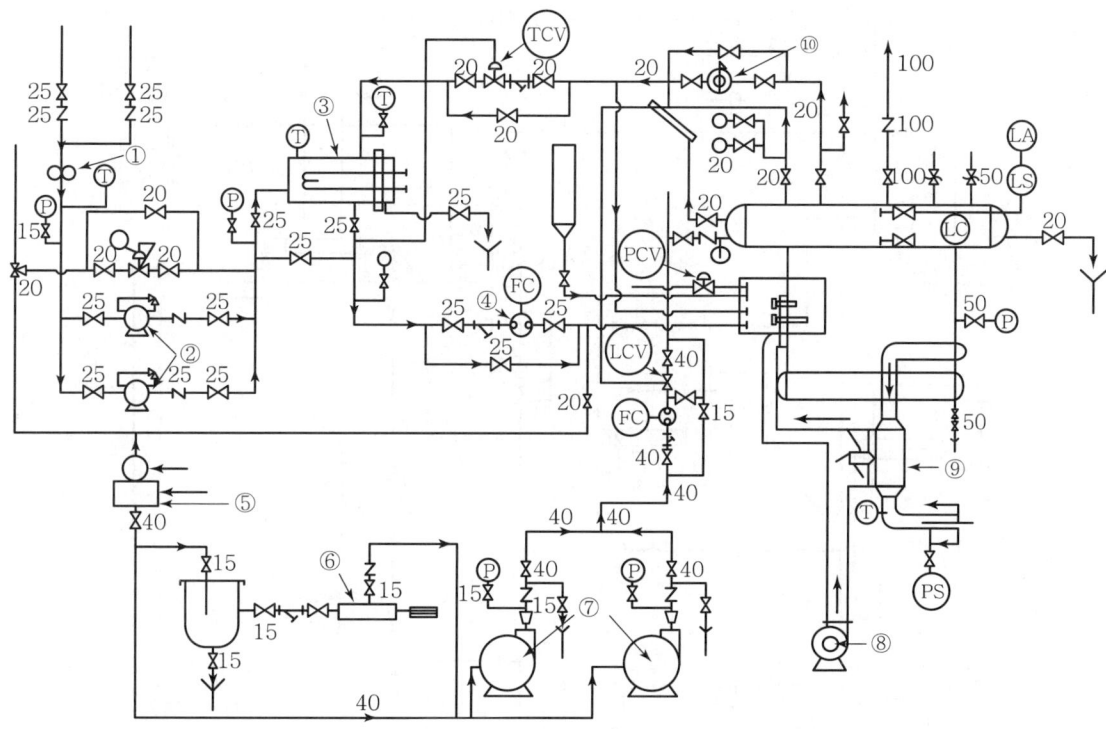

풀이

① 복식여과기(Strainer)
② 급유펌프(Oil Pump)
③ 유(Oil)예열기
④ 급유량계
⑤ 탈기기
⑥ 약품 주입펌프
⑦ 급수펌프
⑧ 송풍기
⑨ 공기예열기
⑩ 감압밸브

10 다음 도면은 보일러 배관 계통도이다. ①~⑩의 명칭을 기재하시오.

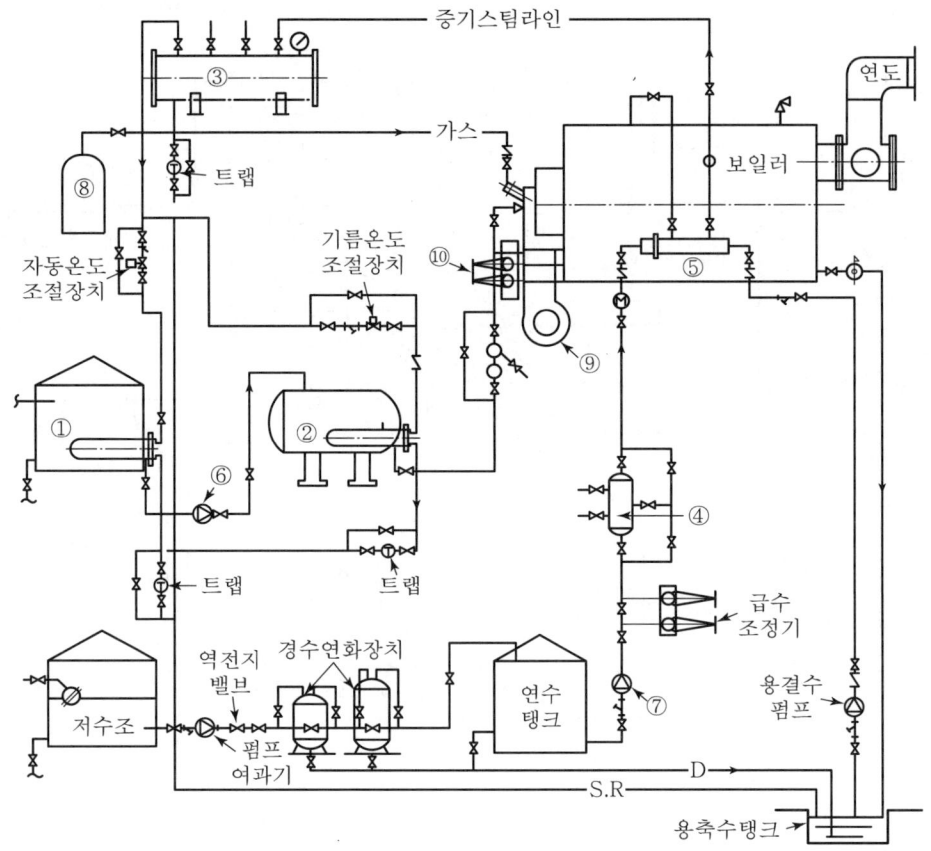

풀이
① 저유탱크　　② 서비스탱크
③ 증기 헤더　　④ 청관제 주입장치
⑤ 인젝터　　　⑥ 급유이송펌프
⑦ 급수펌프　　⑧ LPG 탱크
⑨ 압입송풍기　⑩ 급유조절기

11 다음은 보일러 설치 계통도이다. 물음에 답하시오.

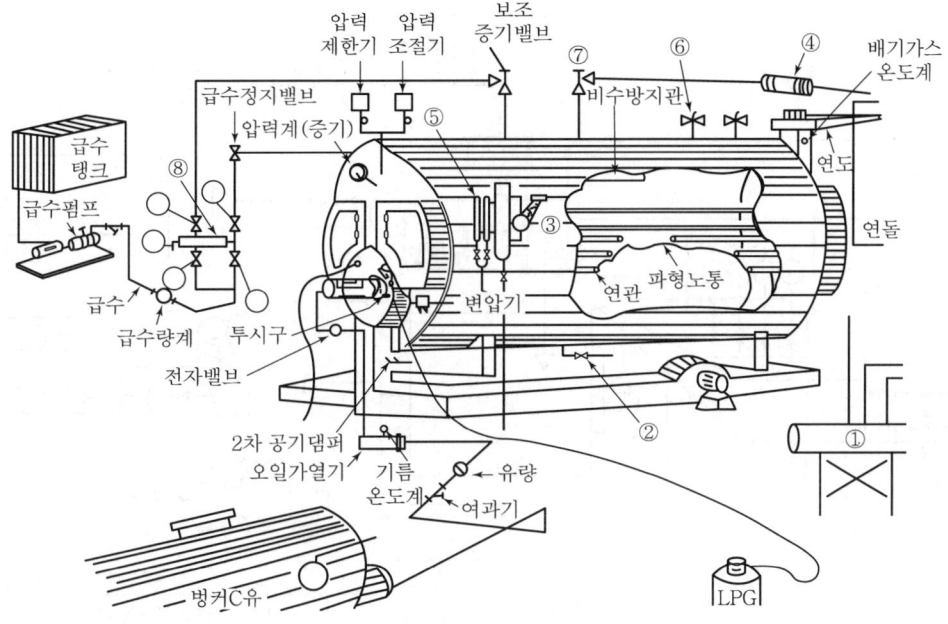

(1) 이 보일러의 형식을 쓰시오.
(2) ①~⑧까지의 명칭을 쓰시오.

풀이 (1) 노통연관식
(2) ① 스팀헤더   ② 분출 밸브   ③ 저수위경보기
　　④ 신축조인트   ⑤ 수면계   ⑥ 안전밸브
　　⑦ 주증기밸브   ⑧ 인젝터

12 급수 유량계를 입상관에 설치할 때의 배관 시공도를 제도하시오.

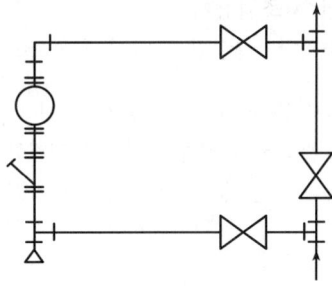

풀이 배관 상부에서 떨어지는 스케일 등을 피하기 위하여 바이패스 배관에 유량계를 설치한다.

13 다음 계통도를 보고 물음에 답하시오.

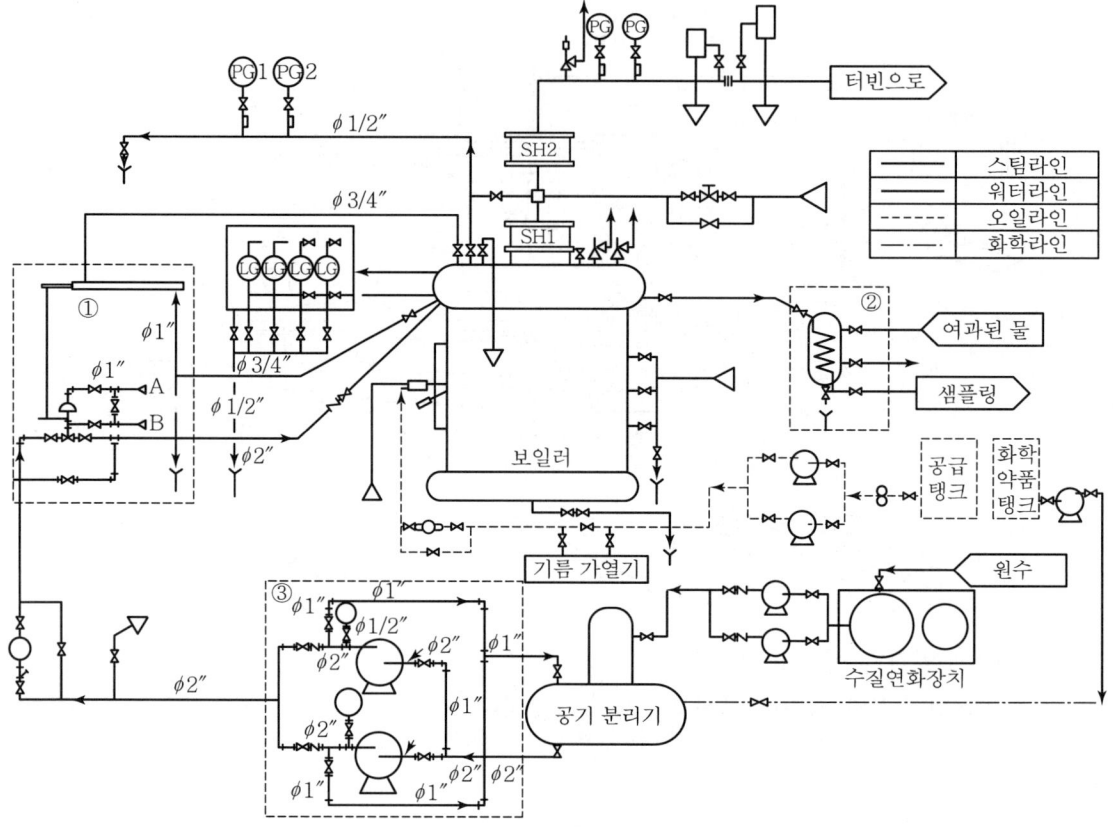

(1) 점선으로 표시된 ①의 장치명을 쓰고 그 용도를 간단히 설명하시오.
(2) 점선으로 표시된 ②의 장치명을 쓰고 그 용도를 간단히 설명하시오.
(3) 점선 표시 ③에 소요되는 밸브 및 배관부속 일체를 명칭, 규격, 수량별로 나열하시오. (단, 관과 압력계 및 펌프는 제외)

풀이 (1) ㉮ 장치명 : 코프스식 자동급수 조절장치
　　　　㉯ 용도 : 급수량을 수위, 증기량, 급수량에 따라 자동 조절하여 수위를 일정하게 유지한다.

(2) ㉮ 장치명 : 보일러수 수질분석용 시료 채취 장치
　　㉯ 용도 : 보일러수의 수질을 분석하기 위하여 시료를 채취하여 일정한 온도로 냉각시키기 위함

(3)

명칭	1인치	2인치	1/2인치
	수량	수량	수량
엘보	4	3	
티	1	6	
게이트 밸브	2	4	2
체크 밸브		2	
부싱	2		2

14 다음은 수관식 보일러 및 관련 설비도면이다. 물음에 답하시오.

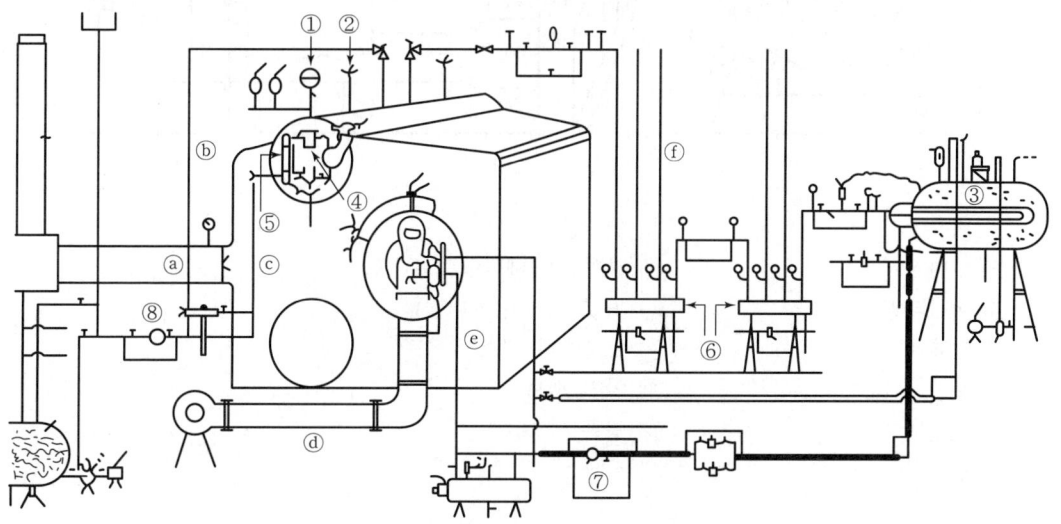

(1) ①~⑧의 각 부위 명칭을 쓰시오.
(2) ⓐ~ⓕ 라인 속에 흐르는 유체 명칭을 쓰시오.

풀이 (1) ① 압력계 ② 안전변(밸브)
　　　③ 서비스탱크 ④ 수주관
　　　⑤ 수면계 ⑥ 증기헤더
　　　⑦ 급유량계 ⑧ 급수량계

(2) ⓐ 배기가스(연소가스=열가스) ⓑ 증기
　　ⓒ 물 ⓓ 공기
　　ⓔ 기름(중유) ⓕ 증기

15 다음 그림은 노통연관식 보일러의 구조 및 부속장치에 관한 도면이다. ①~⑬까지의 명칭을 쓰시오.

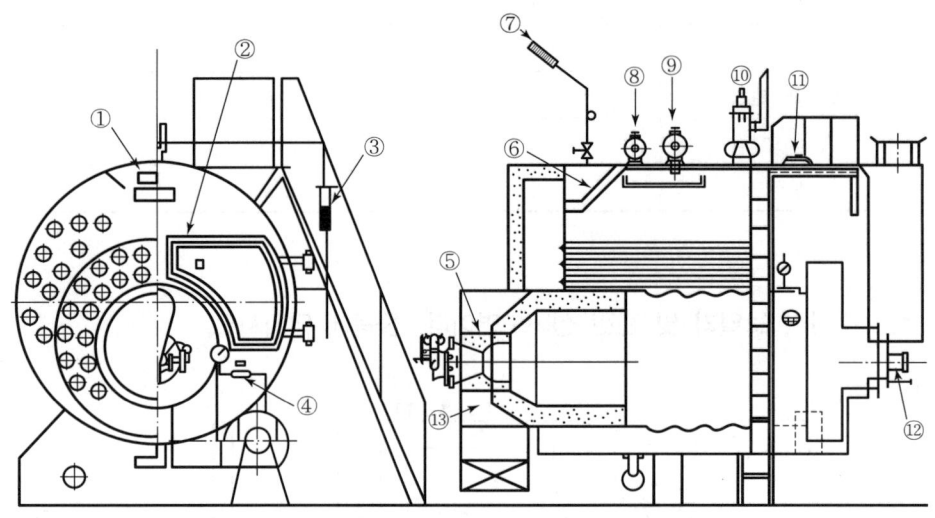

풀이
① 비수방지관
② 연실문
③ 수면계
④ 분연펌프(메탈링펌프)
⑤ 버너타일
⑥ 거싯 스테이(판버팀)
⑦ 압력계
⑧ 보조증기 밸브
⑨ 주증기 밸브
⑩ 안전 밸브
⑪ 맨홀
⑫ 방폭문
⑬ 윈드박스

16 다음 그림은 구멍탄용 온수보일러의 설치 시공도의 일부이다. 물음에 답하시오.

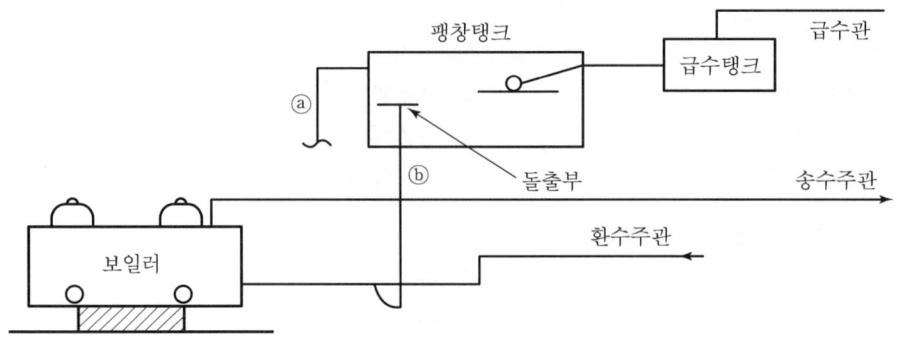

(1) ⓐ, ⓑ의 명칭은 무엇인가?
(2) 팽창탱크에 연결되는 팽창흡수관(돌출부)은 팽창탱크 바닥면보다 몇 mm 이상 높아야 하는가?
(3) 도면에서 팽창탱크 및 온수탱크는 몇 ℃의 온수에서도 견딜 수 있는 것이어야 하는가?
(4) 보일러 설치 시 배관과의 연결부는 어떤 배관이음쇠를 사용하여 연결하여야 하는가?
(5) 보일러 설치가 끝나면 보온 전에 수압시험을 몇 MPa(kg/cm²)로 하면 되는가?

풀이 (1) ⓐ 오버플로관(일수관)
　　　　ⓑ 팽창관
(2) 25mm
(3) 100℃
(4) 유니언이나 플랜지로 연결
(5) 0.2MPa(2kg/cm²)

17 다음 보일러 배관 계통도에서 ①~⑥의 명칭을 쓰시오.

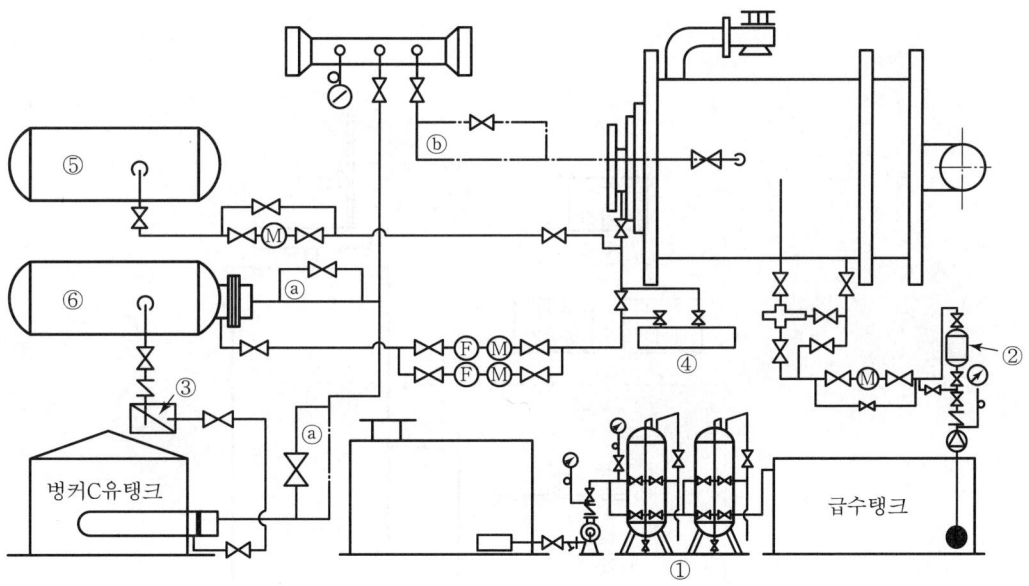

풀이 ① 탈기기　　　　　　② 약액 주입 탱크
③ 기어펌프(급유펌프)　④ 연료예열기(오일프리히터)
⑤ 경유탱크　　　　　　⑥ 서비스탱크

18 다음 도면은 보일러 제어장치를 나타낸 것이다. 점선과 화살표(··· →)를 이용하여 각 기기들을 제어할 수 있도록 장치들을 연결하시오.

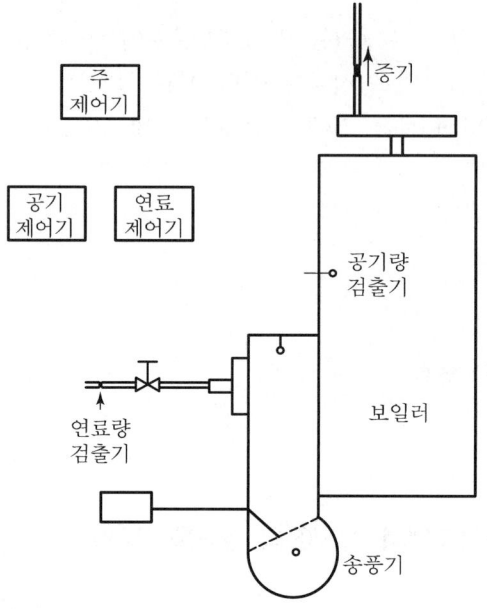

풀이

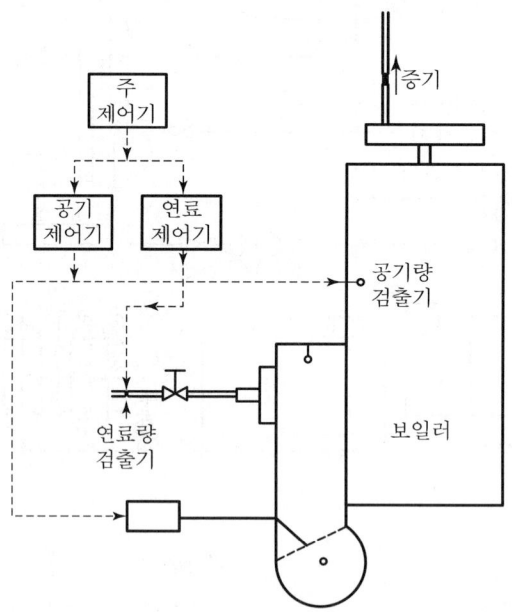

19 다음 그림을 보고 물음에 답하시오.

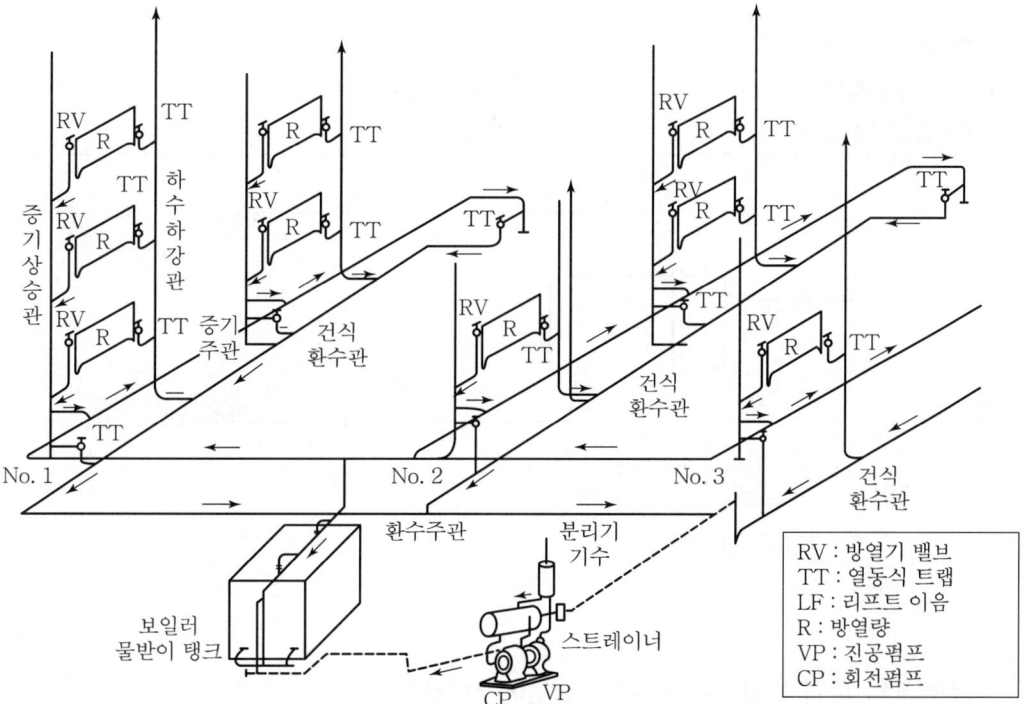

(1) 증기난방의 종류를 응축수 환수방식에 따라 분류할 때 이 방식은 어떤 증기난방법인가? 그 명칭을 쓰시오.
(2) 이 방식의 증기난방법은 다른 방식의 증기난방법에 비해 어떤 장점이 있는가? 장점을 3가지만 쓰시오.

풀이 (1) 진공환수식 증기난방법
(2) ① 증기 귀환을 빠르게 할 수 있다.
② 환수관의 지름을 작게 할 수 있다.
③ 방열량을 광범위하게 조절할 수 있다.

20 열교환기가 과열되지 않도록 증기의 공급을 차단하고 공급온수의 온도가 일정하게 제어되도록 열교환기 주변 배관을 구성하려고 한다. 보기에서 알맞은 부속장치를 찾아 쓰시오.

> 보기
> ⓐ 온수순환펌프 ⓑ 증기트랩장치
> ⓒ 전동2방 밸브 ⓓ 전동3방 밸브

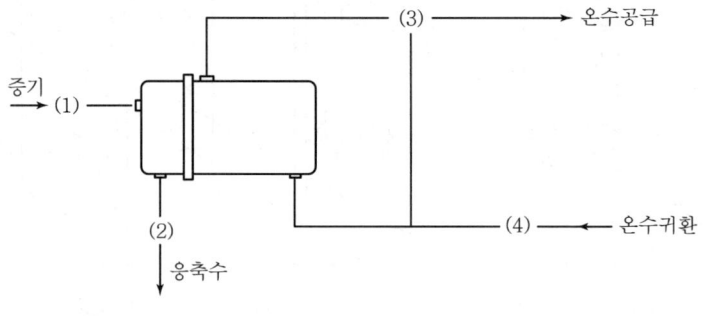

[풀이] (1) ⓒ (2) ⓑ (3) ⓓ (4) ⓐ

21 오일탱크의 주위 배관도이다. 다음 물음에 답하시오.

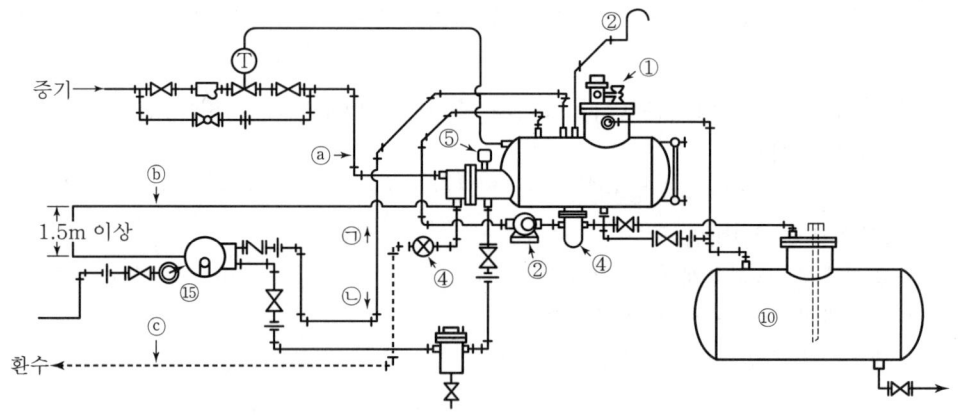

(1) ①~⑤번까지의 명칭을 쓰시오.
(2) ⓐ, ⓑ, ⓒ의 라인에는 무엇이 흐르는가? 유체명을 쓰시오.
(3) 그림의 ㉠과 ㉡ 중 유체는 어느 방향으로 흐르는가?

[풀이] (1) ① 플로트 스위치, ② 급유펌프, ③ 기름여과기, ④ 환수트랩장치, ⑤ 온도계
(2) ⓐ 증기, ⓑ 기름, ⓒ 응축수
(3) ㉠

22 다음 도면은 온수보일러의 배관 방법이다. ①~⑩의 명칭을 쓰시오.

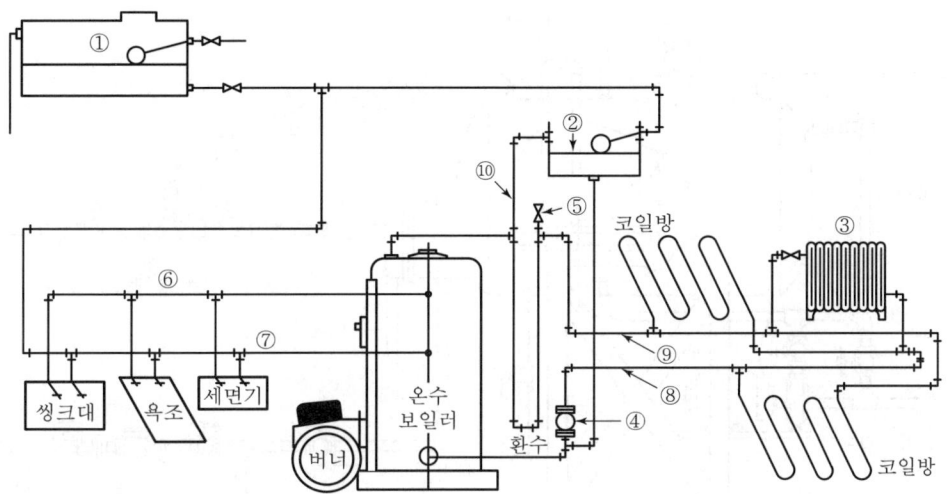

풀이
① 옥상 물탱크 ② 팽창탱크 ③ 방열기 ④ 순환펌프 ⑤ 에어핀
⑥ 급탕온수라인 ⑦ 급탕급수라인 ⑧ 난방환수라인 ⑨ 난방공급라인 ⑩ 방출관

23 다음 그림은 오일 서비스 탱크의 개략도이다. 보기에 해당하는 부위의 번호를 쓰시오.

보기
(1) 증기입구 (2) 가열코일 (3) 온도계 부착구
(4) 플로트 스위치 (5) 유면계

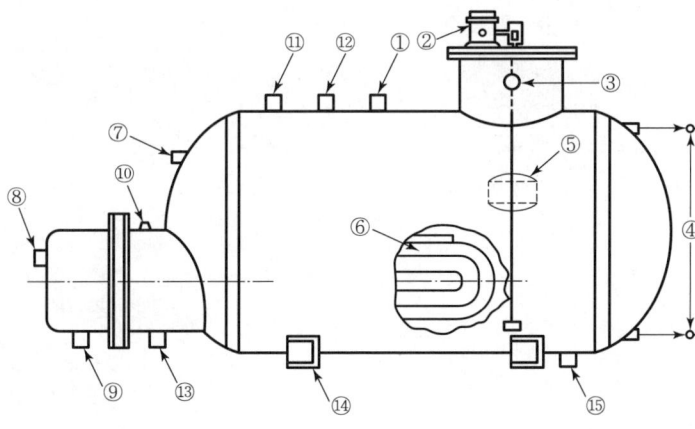

풀이 (1) ⑧ (2) ⑥ (3) ⑩ (4) ② (5) ④

24 다음 서비스탱크 그림을 보고 해당하는 번호를 쓰시오.

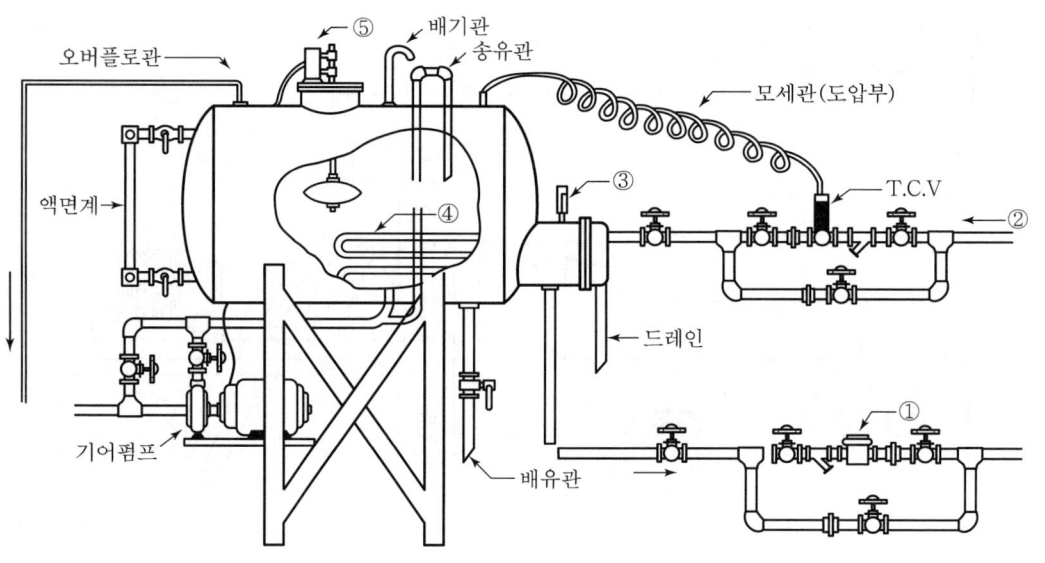

풀이
① 유량계
② 증기입구
③ 온도계
④ 가열코일
⑤ 플로트 스위치

25 다음은 보일러실의 급유계통도이다. ①~⑯의 명칭을 쓰시오.

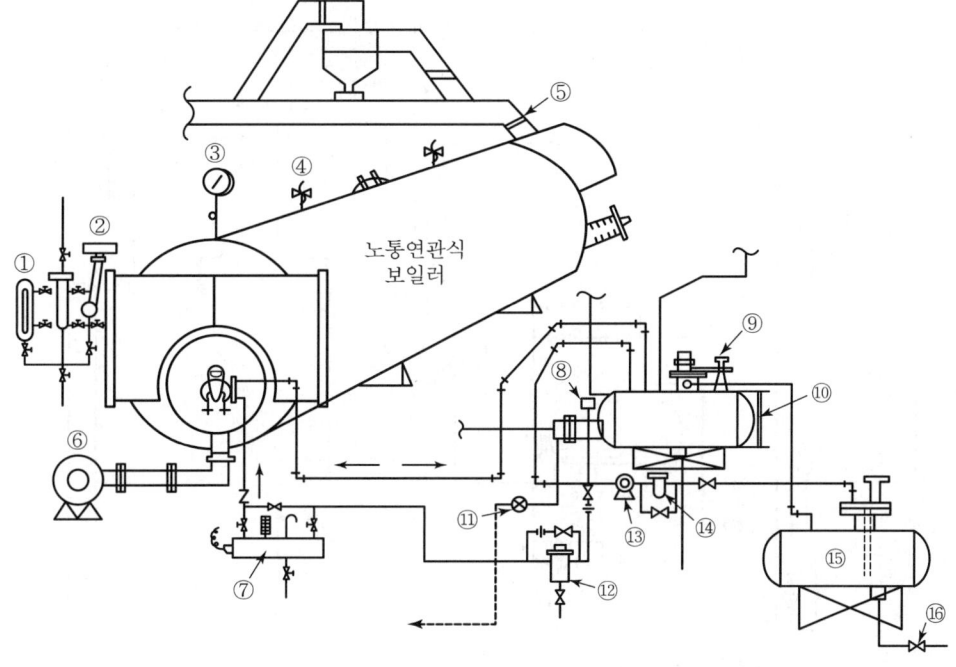

풀이
① 유리수면계
③ 압력계
⑤ 댐퍼
⑦ 유예열기(오일프리히터)
⑨ 유면조절 스위치
⑪ 증기 트랩
⑬ 기어펌프(연료유 이송펌프)
⑮ 기름저유조

② 저수위 경보기(맥도널)
④ 안전밸브
⑥ 송풍기
⑧ 온도계
⑩ 유면계
⑫ 유수분리기
⑭ 기름여과기
⑯ 드레인 밸브

26 다음은 보일러 배관 계통도이다. ①~㉑의 명칭을 쓰시오.

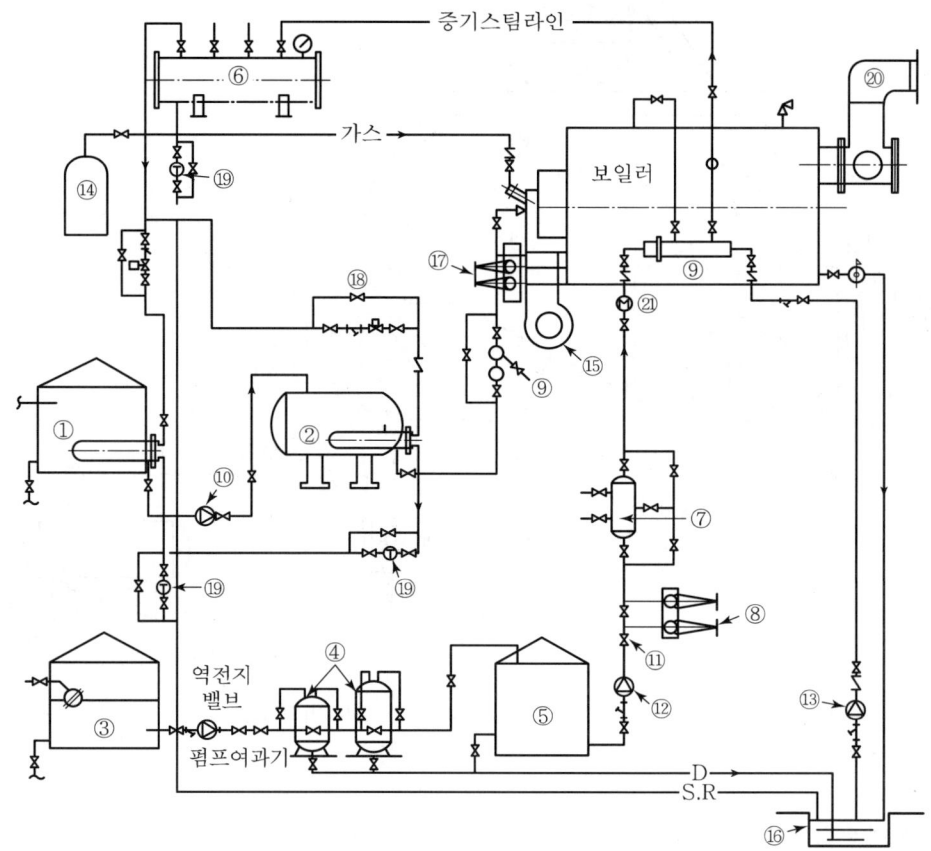

풀이

① 저유조
② 서비스탱크
③ 저수조
④ 경수연화장치
⑤ 연수 탱크
⑥ 스팀헤더
⑦ 청관제주입장치
⑧ 급수조정기
⑨ 인젝터
⑩ 오일 펌프
⑪ 체크 밸브
⑫ 급수 펌프
⑬ 응축수 펌프
⑭ LPG 용기
⑮ 압입 통풍기
⑯ 응축수 탱크
⑰ 급유조절기
⑱ 온도조절장치
⑲ 증기트랩
⑳ 연도
㉑ 급수량계

27 다음은 유류 연소용 온수보일러이다. ①~⑥의 명칭을 쓰시오.

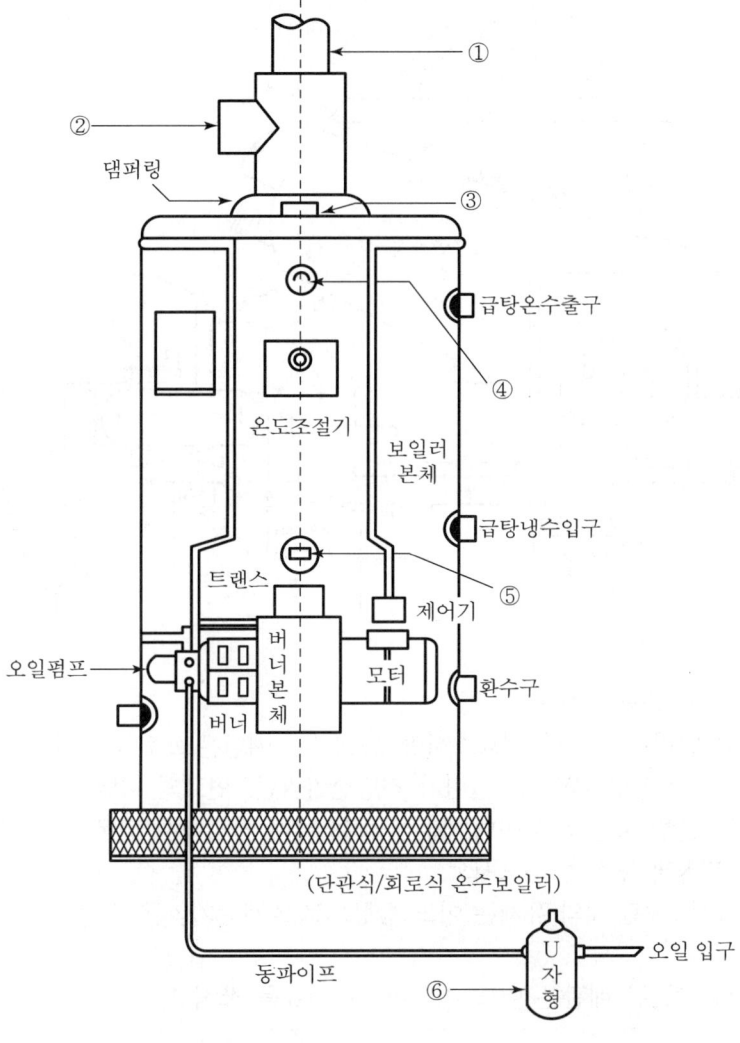

풀이
① 연통(연도)　　② 댐퍼
③ 난방용 공급구　④ 온도계
⑤ 투시구(감시창)　⑥ 오일여과기

28 다음 도면은 보일러실 계통도이다. 물음에 답하시오.

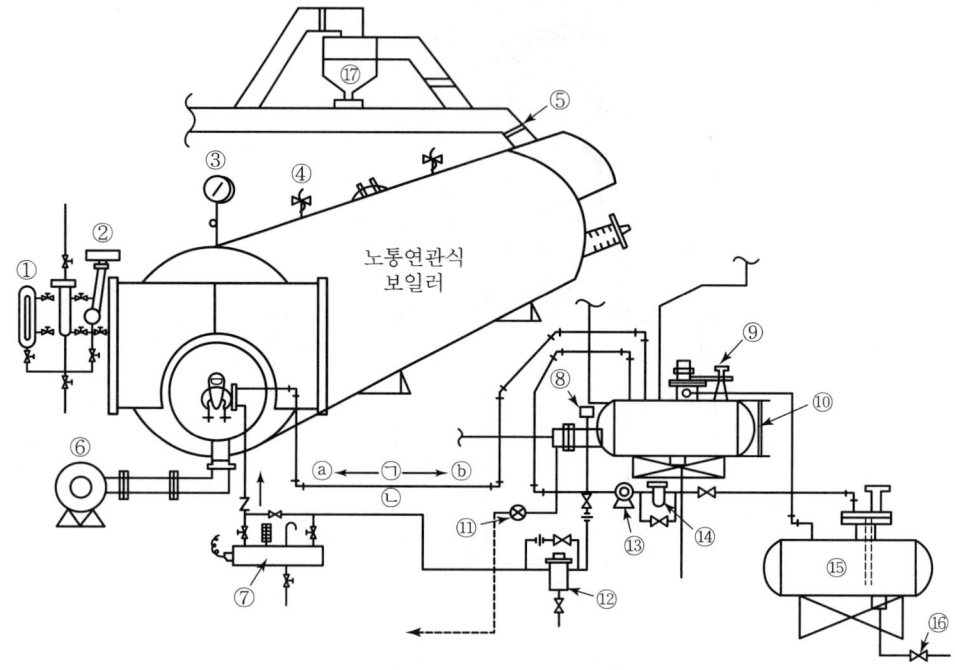

(1) ①~⑯의 명칭을 쓰시오.
(2) 도면의 보일러는 시간당 연료소비량 170L/h, 예열온도 70℃이다. 입구온도가 40℃라 할 때 ⑦번의 용량(kWh)은 얼마가 적당한가?(단, 연료의 비열 0.45kcal/kg℃, 연료비중 0.95, ⑦번 효율 85%이며, 답은 소수 셋째 자리에서 반올림한다.)
(3) ⑰번의 명칭과 형식을 적으시오.
(4) 도면에서 ㉠ 배관 내의 유체는 어느 방향으로 흐르는가?(ⓐ 방향 또는 ⓑ 방향으로 기재할 것)
(5) 도면에서 잘못된 배관은 어느 것이며 그 이유를 쓰시오.

풀이 (1) ① 유리수면계　　　　② 저수위 경보기(맥도널)
　　　③ 압력계　　　　　　④ 안전 밸브
　　　⑤ 댐퍼 조절기　　　　⑥ 송풍기
　　　⑦ 오일예열기　　　　⑧ 기름 온도계
　　　⑨ 유면조절 스위치　　⑩ 유면계
　　　⑪ 증기 트랩　　　　　⑫ 유수 분리기
　　　⑬ 기어펌프(연료유 이송펌프)　⑭ 기름 여과기
　　　⑮ 기름 저유조　　　　⑯ 드레인 밸브

(2) 오일 가열기의 용량[kWh] = $\dfrac{\text{시간당 연료소비량(L)} \times \text{연료의 비중} \times \text{기름의 비열}(t_2 - t_1)}{860 \times \text{효율}}$

$= \dfrac{170 \times 0.95 \times 0.45(70-40)}{860 \times 0.85} = 2.98\,\text{kWh}$

∴ 2.98kWh

(3) ① 명칭 : 집진기
   ② 형식 : 사이클론식

(4) ⓑ 방향

(5) ㉠, ㉡ 유배관 응결을 방지하기 위해 이중관으로 설비할 것

29 다음 그림은 보일러 배관 계통도이다. ①~⑭의 명칭을 쓰시오.

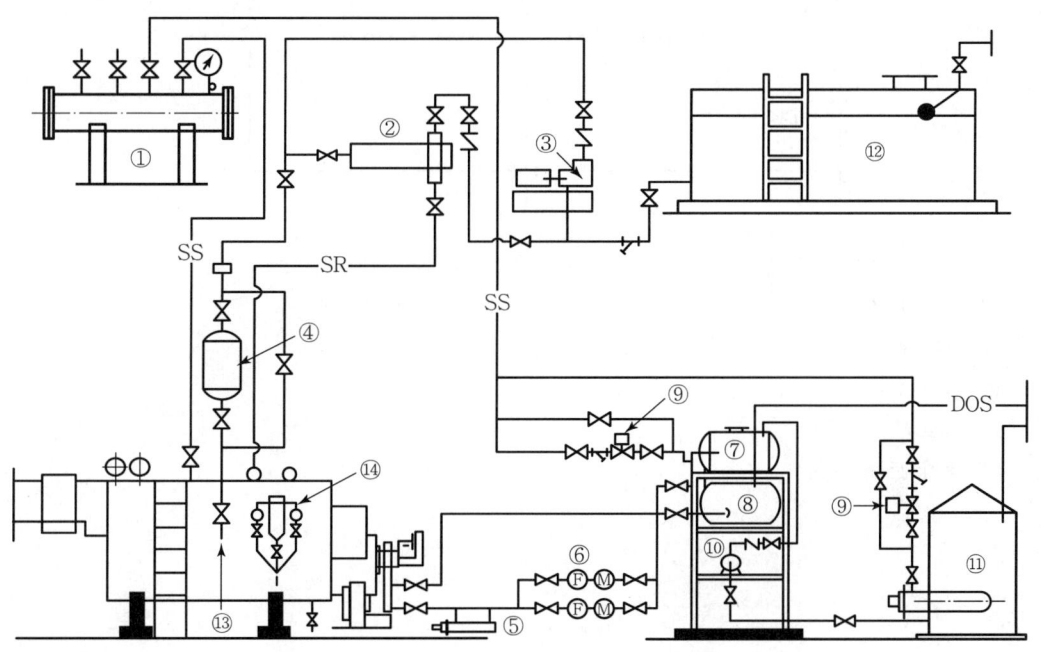

풀이
① 증기 헤더(Steam Header)   ② 인젝터   ③ 급수 펌프
④ 약액주입장치   ⑤ 오일프리히터 장치   ⑥ 급유량계
⑦ 서비스 탱크   ⑧ 경유 탱크   ⑨ 온도조절장치
⑩ 급유 펌프   ⑪ 스토리지탱크(저유조) ⑫ 급수 탱크
⑬ 보일러   ⑭ 수면계

30 다음 도시된 도면은 열교환기 주위 배관도이다. ①~⑤의 명칭을 쓰시오.

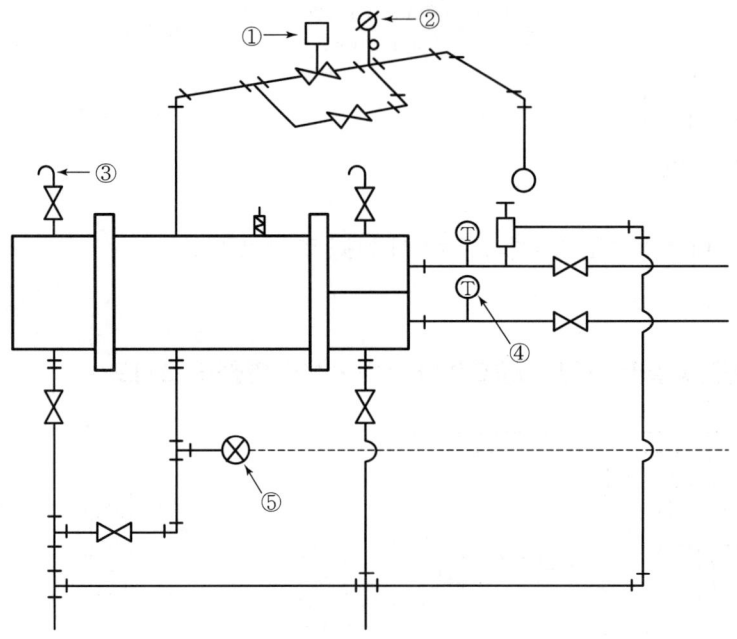

풀이
① 플로트 스위치
② 압력계
③ 안전변
④ 온도계
⑤ 증기 트랩

31 다음 보일러 도면의 ①~⑯의 명칭을 쓰시오.

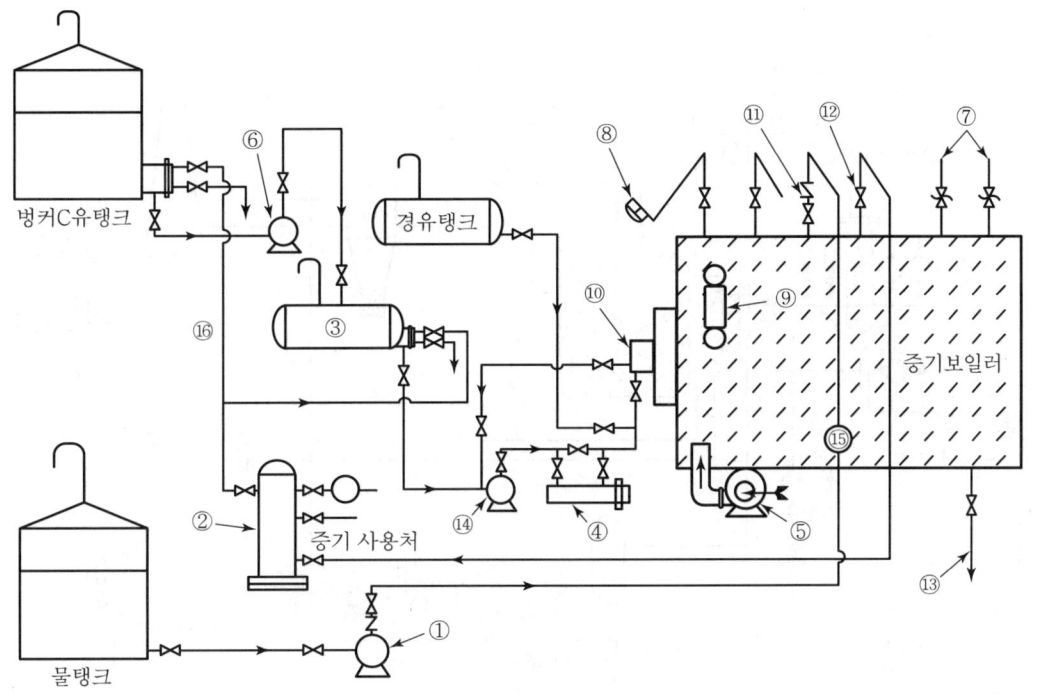

풀이
① 급수펌프
③ 서비스탱크(Oil Service Tank)
⑤ 송풍기
⑦ 안전 밸브(Safety Valve)
⑨ 수면계(수위계)
⑪ 급수 밸브
⑬ 분출계통
⑮ 급수관

② 스팀헤더(Steam Header)
④ 기름예열기(Oil Preheater)
⑥ 급유펌프(Oil Pump)
⑧ 압력계
⑩ 오일버너(Oil Burner)
⑫ 주증기 밸브
⑭ 기름펌프
⑯ 오일가열 증기공급관

32 다음 보일러의 계통도를 보고 ①~⑩의 명칭을 쓰시오.

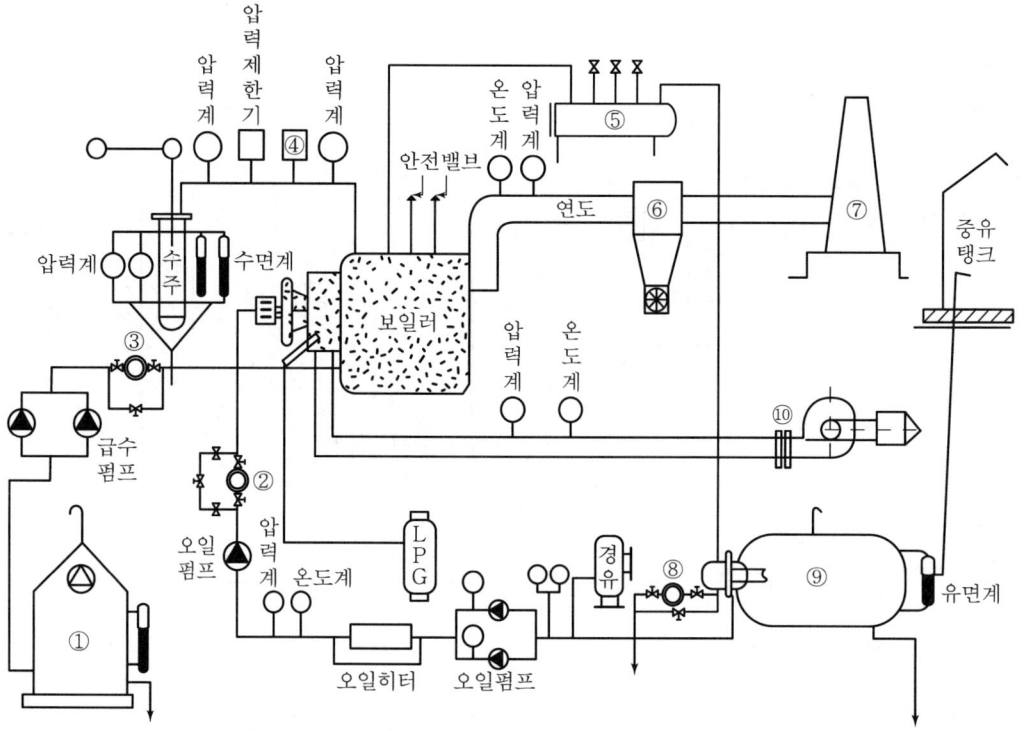

풀이
① 급수저장탱크　② 급유량계
③ 급수량계　　　④ 압력조절기
⑤ 스팀헤드　　　⑥ 집진장치(사이클론식)
⑦ 연돌　　　　　⑧ 증기 트랩
⑨ 서비스탱크　　⑩ 송풍기(압입)

33 도시된 오일 서비스탱크의 각부 명칭 중 기입되지 않은 부품의 명칭을 쓰시오.

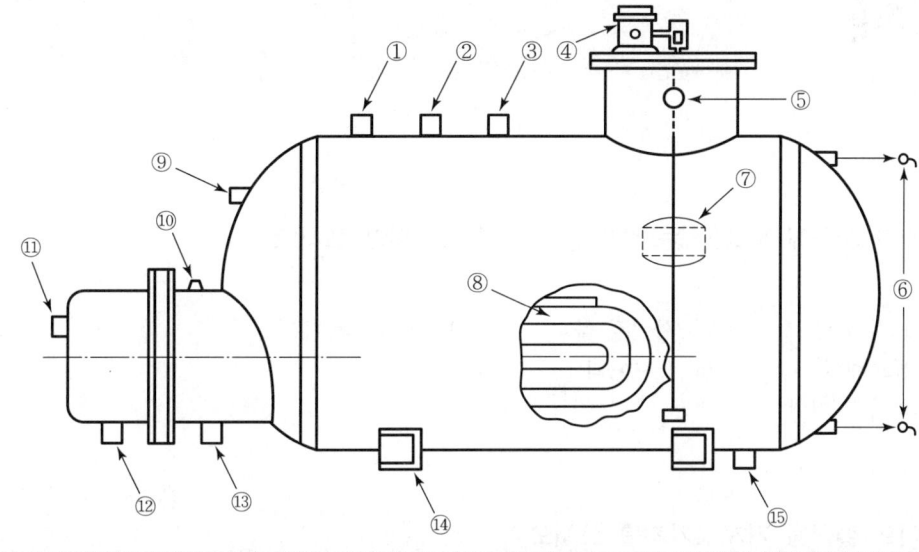

번호	명칭	번호	명칭
①	급유입구	⑨	온도조절 밸브 감열 봉구
②	반환유입구		
③		⑩	온도계 부착
④	플로트 스위치	⑪	
⑤	오버플로	⑫	응축수 출구
⑥		⑬	
⑦	플로트	⑭	받침대
⑧	가열코일	⑮	

 풀이   ③ 배기구(통기구)   ⑥ 유면계
⑪ 증기입구   ⑬ 송유구
⑮ 배유구

CHAPTER 04 보일러 시공 공구와 장비의 취급

PART 06 | 보일러 시공 실무 문제

01 보일러 시공에 필요한 동관작업용 공구를 5가지만 쓰시오.

풀이
① 토치램프   ② 사이징 툴   ③ 플레어링 툴 세트
④ 튜브벤더   ⑤ 튜브커터   ⑥ 익스팬더
⑦ 파이프 리머

02 파이프 절단용 기계 4가지를 쓰시오.

풀이
① 기계톱   ② 고속 숫돌 절단기
③ 핵소잉 머신   ④ 파이프 가스 절단기

03 증기감압밸브를 설치 시공할 때 필요한 부속품(관이음쇠 및 부속장치) 5가지를 쓰시오.

풀이
① 압력계   ② 안전 밸브   ③ 게이트 밸브
④ 편심 리듀서 ⑤ 글로브 밸브 ⑥ 여과기

04 리스트레인트의 종류 3가지를 쓰시오.

풀이
① 앵커   ② 스톱   ③ 가이드

05 배관 지지대인 행거의 종류를 3가지만 쓰시오.

풀이
① 리지드 행거   ② 스프링 행거   ③ 콘스탄트 행거

06 강관 공작용 공구를 10가지만 쓰시오.

풀이
① 쇠톱　　　② 파이프 커터　　　③ 수동용, 자동용 나사 절삭기
④ 파이프 리머　⑤ 파이프 렌치　　　⑥ 파이프 바이스
⑦ 수평바이스　⑧ 해머　　　　　　⑨ 줄
⑩ 정

07 행거의 종류 2가지와 리스트레인트의 종류 3가지를 쓰시오.

풀이
① 행거 : 리지드 행거, 콘스탄트 행거, 스프링 행거
② 리스트레인트 : 앵커, 스톱, 가이드

08 인젝터와 수량계를 배관하는 데 필요한 공구를 나열하시오. (단, 배관은 나사이음을 했음)

풀이
① 수동 나사 절삭기　　　　② 파이프 커터(Pipe Cutter)
③ 파이프 렌치(Pipe Wrench)　④ 파이프 리머(Pipe Reamer)
⑤ 줄자　　　　　　　　　⑥ 수준기
⑦ 직각자　　　　　　　　⑧ 줄(File)

09 로터리 벤더(Rotary Bender)에 의한 구부림(벤딩)을 하였더니 주름이 발생하였다. 그 원인 3가지를 쓰시오.

풀이
① 관이 미끄러진다.
② 받침쇠가 너무 들어갔다.
③ 굽힘형 홈이 관경보다 크거나 작다.
④ 외경에 비해 두께가 작다.
⑤ 굽힘형이 주축에서 빗나가 있다.

10 증기감압밸브를 설치 시공할 때 배관 및 바이패스관에 소요되는 배관이음쇠 및 밸브, 계기의 명칭과 수량을 쓰시오. (단, 감압밸브와 강관은 제외)

명칭	수량	명칭	수량
압력계	2EA	여과기	1EA
안전밸브	1EA	티	2EA
리듀서	1EA	엘보	2EA

11 관 지지구에서 서포트(Support)의 종류를 4가지 쓰시오.

① 파이프 슈   ② 리지드 서포트
③ 롤러 서포트   ④ 스프링 서포트

12 연관용(납관) 공구를 5가지만 쓰시오.

① 봄볼   ② 드레서   ③ 벤드벤
④ 터핀   ⑤ 맬릿

13 동관의 작업 시에 필요한 공구를 7가지만 쓰시오.

① 사이징 툴   ② 플레어링 툴 세트
③ 튜브벤더   ④ 튜브커터
⑤ 익스팬더   ⑥ 토치 램프
⑦ 리머

14 브레이스의 종류 2가지를 쓰시오.

① 방진기   ② 완충기

15 동관 또는 황동관 작업을 할 때 필요한 공구명을 5가지만 쓰시오.

풀이 ① 튜브커터 ② 사이징 툴 ③ 튜브벤더
④ 익스팬더 ⑤ 리머

16 리드형 나사절삭기로 작업 시 유의할 점을 3가지만 쓰시오.

풀이 ① 단번에 깊이 물리지 말고 여러 번에 걸쳐서 나사산을 낸다.
② 절삭기 절삭유를 충분히 공급하고 무리한 힘을 가하지 않는다.
③ 관을 파이프 바이스에 완전히 물린다.

17 감압밸브의 설치 시 부속품을 5가지만 쓰시오.

풀이 ① 압력계 ② 안전 밸브
③ 여과기 ④ 슬루스 밸브
⑤ 리듀서 ⑥ 게이트 밸브

18 증기의 감압밸브를 부착 시공하는 경우 특히 주의를 요하는 사항 4가지를 쓰시오.

풀이 ① 여과기(Strainer)의 부착
② 전후에 2개의 압력계 부착
③ 감압 후 안전밸브 부착
④ 감압 후 증기관은 보다 큰 관경으로 시공할 것(Increaser 부착)
⑤ 바이패스 시공
⑥ 파일럿 라인(Pilot Line) 시공

19 다음 배관의 지지대에 대한 물음에 답하시오.
(1) 행거의 종류 3가지를 쓰시오.
(2) 리스트레인트의 종류 3가지를 쓰시오.

풀이 (1) ① 리지드 행거 ② 스프링 행거 ③ 콘스탄트 행거
(2) ① 앵커 ② 스톱 ③ 가이드

20 동력을 사용하는 파이프 나사절삭기의 종류를 3가지만 쓰시오.

풀이 ① 오스터식 ② 호브식 ③ 다이헤드식

21 리드형 나사절삭기로 작업 시 유의할 점을 3가지만 쓰시오.

풀이 ① 바이스에 완전히 고정한다.
② 단번에 깊이 물리지 말고 수회에 걸쳐서 나사산을 형성한다.
③ 절삭 시 절삭유를 충분히 공급한다.

22 파이프 벤딩 시 관이 타원형이 되는 원인 3가지를 쓰시오.

풀이 ① 받침쇠가 너무 들어갔다.
② 받침쇠의 모양이 나쁘다.
③ 재질이 무르고 두께가 얇다.

REFERENCE 배관의 지지장치

(1) 행거

배관시공상 하중을 위에서 걸어당겨 지지할 목적으로 사용되며, 종류는 다음과 같다.

① 리지드 행거(Rigid Hanger) : 수직 방향에 변위가 없는 곳에 사용한다. 즉, 지지점의 주위의 상황에 따라 이동이 다양한 곳에 사용된다. 특히 고온 또는 저온에 접하는 파이프 클램프나 관에 직접 접촉되는 래그 등의 재질은 관의 재질과 동등 또는 그 이상의 것을 사용할 필요가 있는 동시에 가공 후의 열처리가 필요하다.

② 스프링 행거(Spring Hanger) : 대부분의 스프링 행거는 부하 용량이 35~14,000kg이며, 이동거리는 0~120mm의 범위이다. 스프링 행거는 로크핀이 있으며, 하중 조정을 턴버클로 행한다.

③ 콘스탄트 행거(Constant Hanger) : 지정 이동거리 범위 내에서 배관의 상하 방향의 이동에 대해 항상 일정한 하중으로 배관을 지지할 수 있는 장치에 사용한다. 콘스탄트 행거의 종류에는 코일 스프링을 사용하는 것과 중추식(Dead Weight Type)의 2가지가 있다.

> **코일 스프링식 콘스탄트 행거**
> - 부하 용량(지지하중) : 15~40,000kg, 이동거리 50~400mm의 범위의 것을 사용
> - 이용 : 열팽창에 의한 배관 이동량이 많은 곳 또는 이동량이 크지 않더라도 기기에의 접속 조건에 따라 변동률을 적게 할 필요가 있는 곳에 사용
> - 하중 변동률 : 25% 이상인 곳에 사용

(2) 서포트(Support) : 배관 하중을 아래에서 위로 지지하는 지지쇠이다.

① 스프링 서포트(Spring Support) : 상하 이동이 자유롭고 파이프의 하중에 따라 스프링이 완충작용을 해주는 것으로 아래에서 위로 지지하는 것이다.

② 롤러 서포트 : 관을 지지하면서 신축을 자유롭게 하는 것으로 롤러가 관을 받치고 있다.

③ 파이프 슈(Pipe Shoe) : 배관의 벤딩부분과 수평부분에 관으로 영구히 고정시켜 배관의 이동을 구속시키는 것이다.

④ 리지드 서포트 : I빔으로 만든 지지대의 일종으로 정유시설의 송수관에 많이 사용한다.

(3) 리스트레인트(Restraint) : 신축으로 인한 배관의 좌우, 상하 이동을 구속하고 제한하는 목적에 사용한다.

① 앵커 : 일종의 리지드 서포트라고 할 수 있으며 이동 및 회전을 방지하기 위해 지지점 위치에 완전히 고정하는 지지 금속으로 열팽창 신축에 의한 진동이 다른 부분에 영향이 미치지 않도록 배관을 분리하여 설치하고 잘 고정해야 한다.

② 스톱(Stop) : 일정한 방향의 이동과 관이 회전하는 것을 구속하고, 나머지 방향은 자유롭게 이동할 수 있는 구조로 되어 있다. 기기노즐 보호를 위한 안전밸브에서 분출하는 유체의 추력을 받는 곳 또는 신축 조인트와 내압에 의한 축방향의 힘을 받는 곳에 사용된다.

③ 가이드(Guide) : 파이프 랙 위의 배관의 벤딩부와 신축이음(루프형, 슬리브형) 부분에 설치하는 것으로 축과 직각 방향의 이동을 구속하는 데 사용한다. 배관라인의 축방향의 이동을 허용하는 안내 역할도 담당한다.

(4) 브레이스(Brace) : 배관라인에 설치된 각종 펌프류, 압축기 등에서 발생되는 진동, 밸브류 등의 급속 개폐에 따른 수격작용, 충격 및 지진 등에 의한 진동현상 등을 제한하는 지지쇠로서 주어진 방진기나 완충기는 그 구조에 따라 스프링식과 유압식이 있다.

CHAPTER 05 각종 보일러 설치 시공기준의 적용

PART 06 | 보일러 시공 실무 문제

01 보일러의 설치 시공 시 온도계를 장착해야 되는 장소 4군데를 쓰시오.

[풀이] ① 급수입구의 급수온도계
② 버너 급유입구의 급유온도계
③ 절탄기 또는 공기예열기의 전후온도계, 과열기 또는 재열기의 그 출구온도계
④ 보일러 본체 배기가스 온도계

02 다음은 육용강재 보일러의 설치검사기준에 관한 사항 중 수압시험에 관한 내용이다. ( ) 안에 알맞은 숫자를 넣으시오.

- 수압시험 압력은 보일러의 최고 사용압력이 (①)kg/cm²을 초과 15kg/cm²(1.5MPa) 이하일 때에는 그 최고 사용압력의 (②)배에 3kg/cm²(0.3MPa)을 더한 압력으로 한다.
- 보일러의 최고 사용압력이 15MPa(15kg/cm²) 초과할 때는 그 최고 사용압력의 (③)배의 압력으로 한다.

[풀이] ① 4.3(0.43MPa) ② 1.3 ③ 1.5

03 다음 설명의 ( ) 안에 알맞은 숫자를 써넣으시오.

증기압력계에서 압력계와 연결된 증기관은 최고사용압력에 견디는 것으로서 그 크기는 황동관 또는 동관을 사용할 때에는 안지름 (①)mm 이상, 강관을 사용할 때에는 (②)mm 이상이어야 하며 증기 온도가 (③)℃를 넘을 때에는 황동관 또는 동관을 사용해서는 안 된다.

[풀이] ① 6.5 ② 12.7 ③ 210(483K)

04 가스용 보일러의 연료배관에서 배관의 고정에 대하여 관경별로 3가지로 분류하여 몇 m마다 고정하는지 그 내용을 쓰시오.

[풀이] ① 관경 13mm 미만 : 1m마다 고정
② 관경 13mm 이상~33mm 미만 : 2m마다 고정
③ 관경 33mm 이상 : 3m마다 고정

05 다음 물음에 답하시오.

(1) 급수 밸브 및 급수 역정지 밸브는 전열면적이 10m² 이하의 보일러에서는 관의 호칭을 얼마 이상으로 하여야 하는가?
(2) 증기보일러에는 2개 이상의 안전밸브를 설치하여야 한다. 단, 전열면적이 얼마 이하일 때는 안전밸브를 1개 이상으로 하여도 되는가?
(3) 배관 파이프의 나사 산수는 관이음쇠의 나사 산수보다 몇 개가 더 많은 것이 이상적인가?
(4) 온수보일러의 최고 사용 제한 온도는?
(5) 온수 온돌에 사용되는 게이트 밸브의 최고 사용압력은?

[풀이] (1) 15A 이상(15mm 이상)　　(2) 50m² 이하
(3) 1~2산　　(4) 120℃(단, 주철제는 115℃)
(5) 5kg/cm²(0.5MPa)

06 다음은 육용강제 보일러 및 주철제 보일러의 설치검사기준에 관한 사항이다. 물음에 답하시오.

(1) 최고 사용압력 0.1MPa(1kg/cm²)를 초과하는 증기보일러에 필히 설치해야 할 저수위 안전장치 2가지를 쓰시오.(다만, 소용량 보일러는 제외)
(2) 사용온도가 120℃ 이상인 온수보일러에 물의 온도가 최고 사용온도를 초과하지 않도록 안전장치로는 무엇을 부착시켜야 하는가?

[풀이] (1) 저수위 경보장치, 연료차단장치(전자밸브)
(2) 안전밸브

07 다음은 압력용기의 설치기준에 관한 사항이다. 물음에 답하시오.

(1) 압력용기의 천장과의 거리는 압력용기 본체 상부로부터 몇 m 이상이 되어야 하는가?
(2) 압력용기의 본체와 벽의 거리는 몇 m 이상이어야 하는가?
(3) 인접한 압력용기와의 거리는 몇 m 이상이어야 하는가?

[풀이] (1) 1m 이상　　(2) 0.3m 이상　　(3) 0.3m 이상

08 다음은 온수온돌의 시공순서이다. ( ) 안에 알맞은 작업명(作業名)을 쓰시오.

배관기초 → (①) → 단열처리 → (②) → 배관작업 → (③) → 보일러 설치 → (④) → 굴뚝 설치 → 수압시험 → (⑤) → 골재충진작업 → (⑥) → 양생건조작업

풀이
① 방수처리   ② 받침재처리   ③ 공기방출기 설치
④ 팽창탱크 설치   ⑤ 온수순환 및 경사조정   ⑥ 시멘트 모르타르 바르기

09 다음 ( ) 안에 알맞은 숫자를 써넣으시오.

증기보일러의 압력계 부착 시 압력계로 가는 증기관은 황동관, 또는 동관을 사용하면 안지름 (①)mm 이상, 강관을 사용할 때는 (②)mm 이상이어야 하며, 사이펀관의 안지름은 (③)mm 이상이어야 한다.

풀이 ① 6.5   ② 12.7   ③ 6.5

10 옥내에 증기보일러를 설치할 때 소형 보일러가 아닌 경우 동체 상부로부터 천장까지의 거리는 몇 m 이상이어야 하는가?

풀이 1.2m 이상(단, 소형 보일러인 경우 0.6m 이상)

11 급수장치의 급수관에는 보일러에 인접하여 급수밸브와 이에 가까이 체크밸브(역지밸브)를 설비하여야 한다. 어떤 보일러의 경우에 체크밸브를 생략할 수 있는가?

풀이 최고사용압력 1kg/cm^2(0.1MPa) 미만의 증기보일러

12 다음은 보일러를 설치할 때 주의해야 할 항목이다. 물음에 답하시오.

(1) 보일러의 최상단에서 천장까지의 최소 거리는?
(2) 보일러실의 출입구는 최소 몇 개 이상인가?
(3) 관이음쇠 ϕ20mm 90°, 엘보의 중심선에서 끝면까지의 거리는?
(4) 배관 파이프의 나사수는 관이음쇠의 나사수보다 몇 개가 더 많은 것이 이상적인가?
(5) 보일러실 또는 설치장소에 연료가 저장되어 있는 경우 보일러의 외측으로부터 떨어져야 할 최소거리는?

[풀이] (1) 1.2m 이상   (2) 2개   (3) 32mm(32A)
      (4) 1~2산   (5) 2m 이상

13 다음 ( ) 안에 알맞은 말을 쓰시오.

- 동체의 과열을 방지하기 위하여 온도를 감지하여 자동적으로 연료공급을 차단할 수 있는 (①)를 보일러 본체에서 1m 이내인 배기가스 출구 또는 동체에 설치해야 한다.
- 폐열 또는 소각보일러에서 온도상한스위치를 대신하여 온도를 감지하여 자동적으로 (②)를 울리는 장치와 (③) 가동을 멈추는 장치가 설치되어야 한다.

[풀이] ① 온도상한스위치   ② 경보   ③ 송풍기

14 최고 압력이 0.4MPa인 증기보일러의 수압시험을 하려고 한다. 시험압력은 얼마로 하면 되는가?

[풀이] 0.8MPa(0.43MPa 미만은 2배의 압력)

15 배관지지쇠인 서포트(Support)의 종류 4가지를 쓰시오.

[풀이] ① 스프링 서포트   ② 롤러 서포트
       ③ 파이프 슈   ④ 리지드 서포트

16 연료유(벙커C유) 서비스탱크의 설치 높이는 버너선단을 기준으로 하여 몇 m 이상이어야 하는가?

[풀이] 1.5m 이상

17 증기보일러의 능력이 아래와 같을 때 같은 종류의 부속설비인 경우 한 개(또는 한 세트)만 설치하여도 무관한 것의 명칭을 쓰시오.

(1) 전열면적 50m² 이하의 증기보일러인 경우
(2) 최고압력 1MPa 이하에서 동체의 안지름이 750mm 미만인 증기보일러의 경우
(3) 전열면적 12m² 이하의 증기보일러인 경우

풀이 (1) 안전 밸브   (2) 유리수면계   (3) 급수장치

18 압력계에 U자형의 곡관 또는 사이펀관을 설치하는 이유를 간단히 설명하시오.

풀이 고온의 증기가 압력계에 직접 들어가는 것을 방지하기 위하여

19 보일러를 실내에 설치할 경우에 대한 설명에서 (   ) 안에 알맞은 숫자를 쓰시오.

- 보일러 상단에서 천장배관까지의 이격거리는 (①)m이고 소형 보일러의 이격거리는 (②)m이다.
- 연도와 가연물과의 이격거리는 (③)m이다.
- 연료탱크와 보일러의 이격거리는 (④)m이고 소형의 경우는 (⑤)m이다.

풀이 ① 1.2   ② 0.6   ③ 0.3
④ 2   ⑤ 1

20 보일러 수압시험 시 주의사항을 3가지만 쓰시오.

풀이
① 규정된 시험수압에 도달한 후 30분이 경과된 뒤 검사한다.
② 수압시험 시 규정된 압력의 6% 이상 초과하지 않도록 한다.
③ 수압시험 도중 시험 후에도 물이 얼지 않도록 한다.

21 급수장치는 전열면적이 몇 m^2 이하에서는 증기보일러에서 보조펌프를 생략하여도 되는가? 3가지로 구별하여 쓰시오.

풀이
① 전열면적 $12m^2$ 이하의 보일러
② 관류보일러는 $100m^2$ 미만
③ 전열면적 $14m^2$ 이하의 가스용 온수보일러

22 최고사용압력의 $0.1MPa(1kg/cm^2)$ 미만에서는 생략하여도 되는 밸브를 쓰시오.

풀이 체크 밸브(역류방지 밸브)

23
보일러 안전 밸브의 크기는 25A 이상이어야 하나 20A 이상으로도 할 수 있다. 그 조건을 5가지만 쓰시오.

풀이
① 최고사용압력 0.1MPa(1kg/cm²) 이하 보일러
② 최고사용압력 0.5MPa(5kg/cm²) 이하, 동체 안지름 500mm 이하, 그 길이가 1,000mm 이하
③ 최고사용압력 0.5MPa(5kg/cm²) 이하로 전열면적이 2m² 이하
④ 5ton/h 이하의 관류보일러
⑤ 소용량 보일러

24
온수보일러에 설치하는 방출 밸브의 크기는 20mm 이상이어야 하나 온도 120℃를 초과하는 온수보일러에는 호칭 지름 20mm 이상의 어떤 밸브가 필요한가?

풀이 안전 밸브

25
보일러 설치 시공기준에서 방출관의 크기를 쓰시오.

전열면적(m²)	방출관의 안지름(mm)
10 미만	①
10 이상~15 미만	②
15 이상~20 미만	③
20 이상	④

풀이
① 25A 이상   ② 30A 이상
③ 40A 이상   ④ 50A 이상

26
급수 밸브의 크기를 전열면적에 따라 쓰시오.

전열면적(m²)	방출관의 안지름(mm)
10m² 이하	①
10m² 초과	②

풀이
① 15A 이상   ② 20A 이상

27 수면계의 개수를 쓰시오.

(1) 증기보일러
(2) 소용량 보일러
(3) 소형 관류보일러(단관식이 아닌 경우)

풀이 (1) 2개 이상   (2) 1개 이상   (3) 1개

28 보일러에는 온도계를 설치하여야 한다. 온도계가 반드시 부착되어야 하는 5곳을 쓰시오.

풀이
① 급수 입구 급수온도계
② 버너 급유입구의 온도계
③ 절탄기 및 공기예열기 전후 온도계
④ 보일러 본체 배기가스 온도계
⑤ 과열기 및 재열기 출구 온도계

29 급수유량계 및 급유유량계는 몇 t/h 이상의 보일러에 설치하여야 하는가?

풀이 1t/h
참고 온수보일러나 난방 전용 보일러로서 2t/h 미만의 보일러는 급유유량계 대신 CO_2 측정장치로 갈음할 수 있다.

30 보일러에 설치되는 스톱밸브는 적어도 몇 MPa 이상의 압력에 견디어야 하는가?

풀이 0.7MPa 이상

31 안전밸브의 분출압력을 쓰시오.

(1) 안전밸브가 1개일 때
(2) 안전밸브가 2개일 때

풀이
(1) 최고사용압력 이하
(2) 1개는 최고사용압력 이하, 기타는 최고사용압력의 1.03배 이하일 것

32 인화성 증기를 발생하는 열매체 보일러에서는 안전밸브를 어떤 구조로 하여야 하는가?

풀이 밀폐식 구조

33 증기보일러에 설치하는 부르동관식 압력계의 눈금판의 바깥지름은 몇 mm 이상이어야 하는가?

풀이 100mm 이상

34 부르동관 압력계의 눈금판의 바깥지름이 60mm 이상으로 할 수 있는 경우를 4가지로 구별하여 쓰시오.

풀이
① 최고사용압력 0.5MPa(5kg/cm²) 이하로서 전열면적 2m² 이하 보일러
② 최고사용압력 0.5MPa(5kg/cm²) 이하이고 동체의 안지름이 500mm 이하 동체의 길이가 1,000mm 이하인 보일러
③ 최대증발량 5t/h 이하의 관류보일러
④ 소용량 보일러

35 다음 (　) 안에 알맞은 말을 쓰시오.

> 가스용 보일러에서 가스유량계는 전기계량기 및 전기안전기와 (①)cm 이상, 굴뚝·전기개폐기·전기콘센트와 (②)cm 이상, 전선과는 (③)cm 이상의 거리를 두어야 한다.

풀이 ① 60　② 30　③ 15

36 최고사용압력이 몇 MPa을 초과하는 증기보일러에 저수위 안전장치를 설치해야 하는가?

풀이 0.1MPa

37 열매체보일러 및 사용온도가 120℃ 이상인 온수발생보일러에는 최고사용온도를 초과하지 않도록 어떤 장치가 필요한가?

풀이 온도-연소제어장치

38 유류용 및 가스 보일러 용량에 따른 배기가스의 온도를 각각 쓰시오.

(1) 5t/h 이하 보일러
(2) 5 초과~20t/h 이하 보일러
(3) 20t/h 초과 보일러

풀이 (1) 300℃ (2) 250℃ (3) 219℃

39 열매체 보일러의 배기가스 온도는 출구 열매 온도와의 차이가 몇 ℃(K) 이하여야 하는가?

풀이 150℃(423K)

CHAPTER 06 재료산출 및 작업소요시간 판단

PART 06 | 보일러 시공 실무 문제

01 다음은 온수보일러의 시공을 위한 배관 도면을 나타낸 것이다. 물음에 답하시오.(단, 단위는 mm이다.)

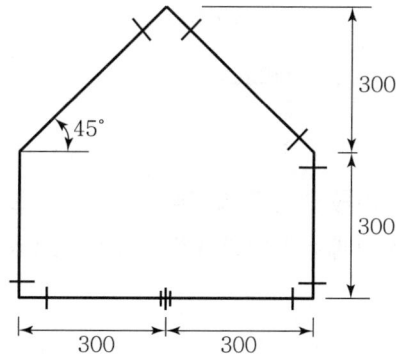

(1) 90° 엘보는 몇 개인가?
(2) 파이프를 일직선상으로 연결한 이음쇠의 명칭은?
(3) 방열관의 길이는 얼마인가?(답은 반올림하여 정수로 계산하시오.)

풀이 (1) 3개
(2) 유니언
(3) 45° 대각선 길이
 $l = \sqrt{2} \times L = (\sqrt{2} \times 300) \times 2개 = 848.5281\text{mm}$
 $300\text{mm} = 4개 = 1,200\text{mm}$
 총방열관 길이 $l = 848.5281 + 1,200 = 2,048.5281\text{mm}$
 ∴ 2,049mm

02 다음 그림에서 중심 간의 길이를 200mm로 하고자 하면 파이프의 호칭지름에서 20A 강관일 때 파이프의 절단길이 l는 몇 mm인가?

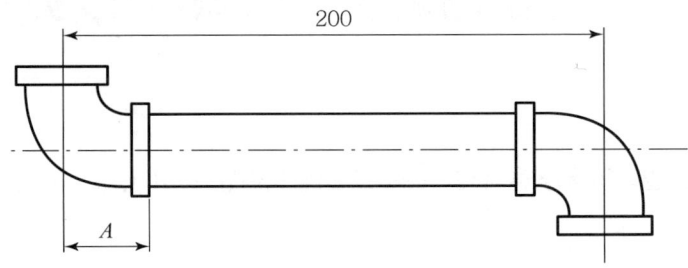

풀이 $l = L - 2(A-a) = 200 - 2(32-13) = 162\,\text{mm}$

03 그림과 같이 관규격 20A로 이음 중심 간의 길이를 300mm로 할 때 직관길이 l은 몇 mm인가? (단, 20A 90° 엘보는 중심선에서 끝면까지의 거리가 32mm이고 나사가 물리는 최소 길이가 13mm이다.)

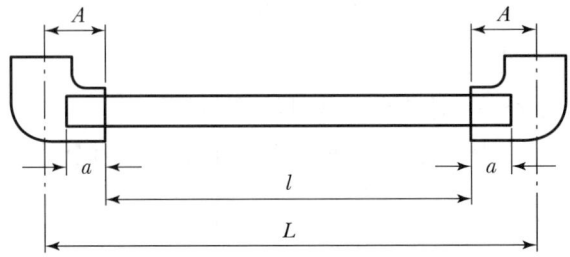

풀이
A : 32mm $\quad a$: 13mm
L : 300mm $\quad l$: 262mm $(l = L - 2(A-a) = 300 - 2(32-13))$

참고

구분 \ 관경	15	20	25	32	40	50	65	80	100	125	150
나사부 길이(mm)	15	17	19	21	23	25	28	30	32	35	37
나사가 물리는 길이(mm)	11	13	15	17	19	20	23	25	28	30	33

부속명 \ 관경	15mm	20mm	25mm	32mm	40mm	50mm
90도 엘보	27−11=16	32−13=19	38−15=32	46−17=29	48−19=29	57−20=37
45도 엘보	21−11=10	25−13=12	29−15=14	34−17=17	37−19=18	42−20=22
유니언	21−11=10	25−13=12	27−15=12	30−17=13		
티	27−11=16	32−13=19	38−15=23	46−17=29		
소켓	18−11=7	20−13=7	22−15=7	25−17=8		

이경부속 \ 관경	20A−15A	25A−15A	25A−20A	32A−20A	32A−25A	40A−25A
이경 엘보	20A 29−13=16	25A 32−15=17	25A 34−15=19	32A 38−17=21	32A 41−17=24	40A 41−19=22
	15A 30−11=19	15A 33−11=22	20A 35−13=22	20A 40−13=27	25A 45−15=30	25A 45−15=30
이경 티	20A 29−13=16	25A 32−15=17	25A 34−15=19	32A 38−17=21	32A 40−17=23	40A 41−19=22
	15A 30−11=19	15A 33−11=22	20A 35−13=22	20A 40−13=27	25A 42−15=27	25A 45−15=30
리듀서	20A 19−13=6	25A 20−15=5	25A 22−15=7	32A 26−17=9	32A 25−17=8	40A 29−19=10
	15A 19−11=8	15A 25−11=14	20A 20−13=9	20A 22−13=9	25A 23−15=8	25A 23−15=8
부싱	무조건 길이에서 10mm 제외					

04 중심선의 길이가 300mm 되게 20A관에 90° 엘보 1개와 45° 엘보 1개로서 관을 잇고자 한다. 파이프의 길이를 구하시오.

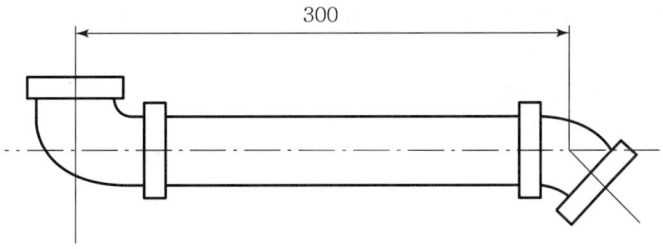

[풀이] $l = L - \{(A-a) + (A'-a)\}$
$= 300 - \{(32-13) + (25-13)\} = 269\text{mm}$

05 다음 배관에서 파이프의 실제 절단길이를 구하시오.(단, 관은 20A 배관이고 $\sqrt{2}=1.414$로 한다.)

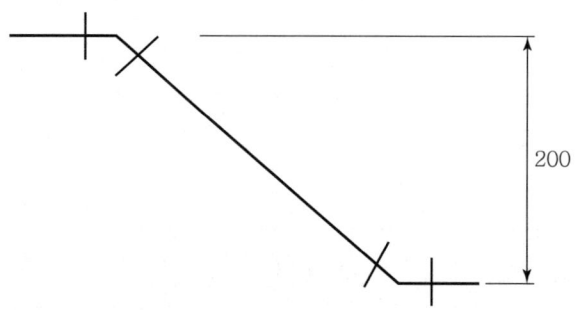

풀이
$L = 1.414 \times 200 = 282.8\text{mm}$
$l = 282.8 - 2(25-13) = 258.8\text{mm}$

참고 45° 엘보가 2개

06 20A 파이프에서 90° 엘보, 티 45° 엘보를 각 1개씩 연결한 가운데 파이프의 실제 절단길이 (A)와 (B)를 구하시오.

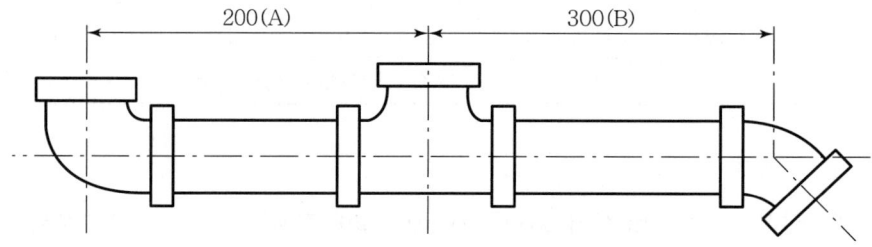

풀이
$A = L - 2(A-a) = 200 - 2(32-13) = 162\text{mm}$
$B = L - \{(A-a) + (A'-a)\}$
실제 절단길이(l) $= 300 - \{(32-13) + (25-13)\} = 269\text{mm}$

07 다음 그림에서 $R = 100$, $l_1 = 300$, $l_2 = 400$일 때 20A 파이프의 관 길이를 구하시오. (단 90° 엘보는 2개가 부착된 90° 굴곡부이다.)

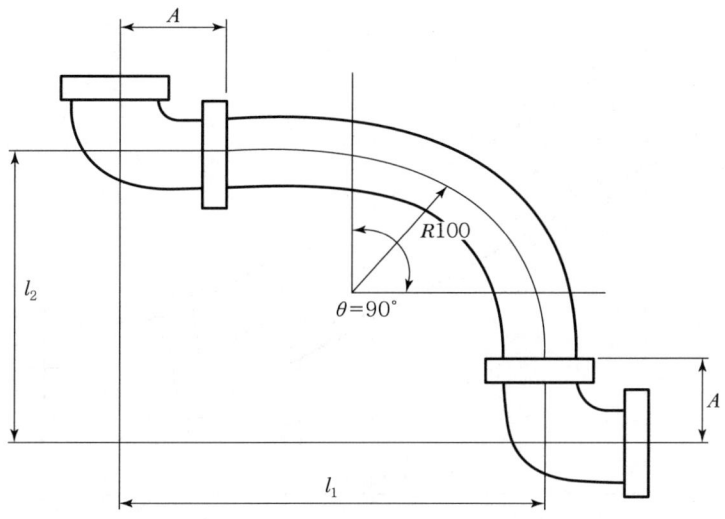

풀이 실제 절단길이($_1l_2$) $= K \times \theta \times 0.01745 + (l_1 - R) + (l_2 - R) - 2(A - a)$
$= 100 \times 90 \times 0.01745 + (300 - 100) + (400 - 100) - 2(32 - 13)$
$= 619.05 \text{mm}$

08 호칭지름 15A의 강관을 R 90mm 90°의 각도로 구부리고자 할 때 필요한 곡선의 길이는 몇 mm인가?

풀이 곡선길이(l) $= 2\pi R \times \dfrac{\theta}{360} = 2 \times 3.14 \times 90 \times \dfrac{90}{360} = 141.3 \text{mm}$

또는, $l = 1.5D + \dfrac{1.5R}{20} = 1.5 \times 90 + \dfrac{1.5 \times 90}{20} = 135 + 6.75 = 141.75 \text{mm}$

09 호칭지름 20A의 강관을 180°로 R 100mm 반지름으로 구부리고자 할 때 곡선의 길이는 몇 mm인가?

풀이 곡선길이(l) $= 2\pi R \times \dfrac{\theta}{360} = 2 \times 3.14 \times 100 \times \dfrac{180}{360} = 314 \text{mm}$

또는, $l = 1.5D + \dfrac{1.5R}{20} = 1.5 \times 200 + \dfrac{1.5 \times 200}{20} = 315 \text{mm}$

10 호칭지름 20A 관에서 45° 엘보 2개를 연결하여 배관시공하고자 한다. 필요한 관의 절단길이를 구하시오.

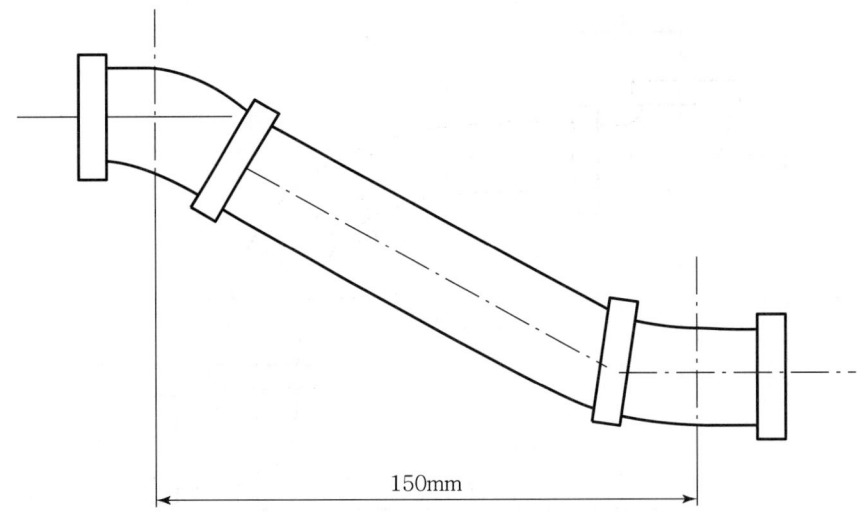

[풀이] 관의 절단길이$(l) = L - 2(A - a)$

$\sqrt{2} = 1.414$, $L = 150 \times 1.414 = 212.1 \text{mm}$

∴ $l = 212.1 - 2(25 - 13) = 188.1 \text{mm}$

CHAPTER 07 난방과 난방설비

PART 06 | 보일러 시공 실무 문제

01 다음 그림은 개방식 팽창탱크와 연결 배관의 한 예이다. ①~⑤로 표시된 관의 명칭을 쓰시오.

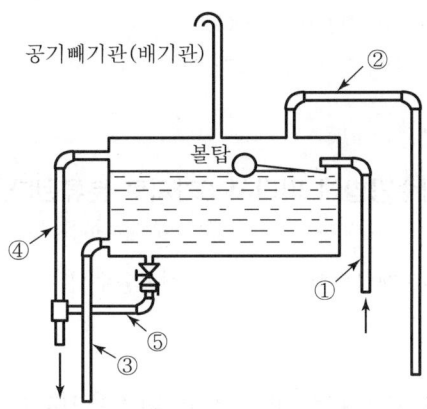

풀이
① 급수관 ② 방출관(안전관)
③ 팽창관 ④ 오버플로관
⑤ 배수관

02 온수보일러의 난방형식에서 배관형식에 따른 패널 중 병렬식의 분리 주관식과 인접 주관식을 도시하시오.

풀이 ① 분리 주관식   ② 인접 주관식

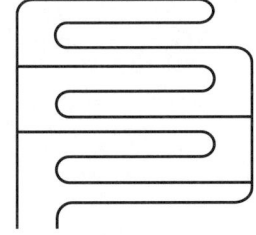   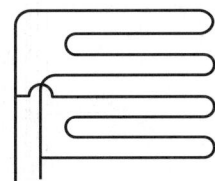

03 증기보일러 주변 배관을 하트포드 배관방식으로 하는 이유 2가지를 쓰시오.

풀이 ① 보일러 수의 역류를 방지하기 위해
② 환수주관 내에 침적된 찌꺼기를 보일러에 유입시키지 않기 위해

04 복사 난방의 장점을 2가지만 쓰시오.

풀이 ① 실내 온도 분포가 균등하고 쾌감도가 높다.
② 방열기가 필요없으므로 바닥면의 이용도가 높다.

05 증기난방법은 응축수 환수방법에 따라서 3가지로 분류된다. 3가지를 쓰시오.

풀이 ① 중력환수식 ② 기계환수식 ③ 진공환수식

06 증기난방 배관에서 환수관을 배관할 때 그림과 같이 출입구와 교차하는 경우의 적절한 배관을 완성하시오.

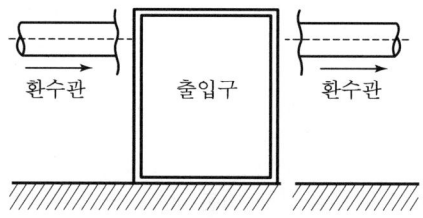

풀이

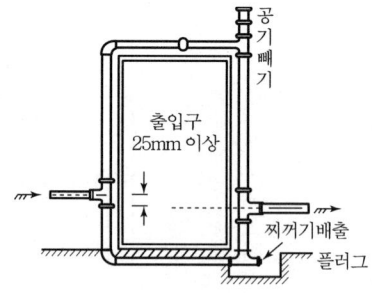

07 진공환수식 증기난방법에 대한 다음 물음에 답하시오.
   (1) 진공펌프의 설치위치는?
   (2) 방열기 밸브는 어떤 것을 사용하는가?
   (3) 환수관의 진공도는 어느 정도로 유지하는가?

풀이 (1) 환수주관 끝 부분(보일러 전)
   (2) 앵글 밸브
   (3) 100~250mmHg

08 증기난방법에 있어서 배관 방법에 따른 종류(방식) 2가지를 쓰고 각각의 특징을 간단히 쓰시오.

풀이 ① 단관식 : 설비비가 싸지만 수격작용이 일어난다.
   ② 복관식 : 설비비가 비싸지만 수격작용이 일어나지 않는다.

참고 환수관의 배관법
   건식 환수관, 습식 환수관

09 다음 방열기 분류 중 도면에 표시할 때 사용하는 기호를 쓰시오.
   (1) 2주형   (2) 3세주형   (3) 5세주형
   (4) 벽걸이형   (5) 벽걸이 수직형   (6) 벽걸이 수평형
   (7) 3주형

풀이 (1) II   (2) 3C   (3) 5C
   (4) W   (5) W-V   (6) W-H
   (7) III

10 복사난방(방사난방)의 단점을 3가지만 쓰시오.

풀이 ① 외기 온도 급변화에 대해 온도조절이 곤란하다.
   ② 매입배관이므로 시공이나 수리가 불편하며 설비비가 많이 든다.
   ③ 고장 발견이 곤란하며 모르타르 표면 등에 균열 발생이 용이하다.

11 열교환기의 능률을 향상시키는 방법 3가지를 쓰시오.

풀이
① 관내 스케일 부착을 방지한다.
② 대수평균온도차(MTD)를 크게 한다.
③ 유속을 빠르게 한다.
④ 열교환기 전열면적을 크게 한다.

12 온수난방의 가열 코일(Heating Coil)의 배관배열방식에서 직렬식과 병렬식의 배관 모양을 각각 도시하시오.(단, 병렬식은 인접 주관식으로 도시할 것)

풀이 ① 직렬식   ② 병렬식

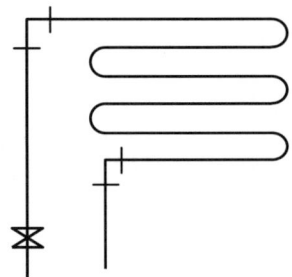   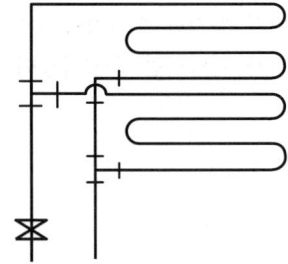

13 온수난방에서 사용되고 있는 XL파이프, 강관, 동관에 대하여 특징을 2가지씩 쓰시오.

풀이
(1) XL파이프(PE 고밀도 폴리에틸렌관)
    ① 시공이 용이하다.
    ② 가격이 싸다.
    ③ 배관설치비가 적게 든다.
    ④ 내식성이 크다.
(2) 강관
    ① 인장강도가 크다.
    ② 접합이 용이하다.
    ③ 내충격성이 크고 굽힘이 용이하다.
    ④ 가격이 싸다.
(3) 동관
    ① 내식성이나 내충격성이 좋다.
    ② 가공이 쉽고 시공이 용이하다.
    ③ 열전도율이 크다.
    ④ 가격이 비싸다.

14 난방장치 내의 전수량이 2,800L인 온수 난방설비에서 온수보일러의 출구 온수온도가 96℃, 입구온도는 8℃이다. 이 경우 밀폐식 팽창탱크를 지하실에 설치할 경우 탱크의 용량을 구하시오. (단, 8℃의 물의 밀도는 0.9998kg/L, 96℃의 물의 밀도는 0.9612kg/L이고 탱크에서 최고소의 배관까지의 높이는 16m, 탱크 내의 최고허용압력은 4kg/cm²(절대압력)이다. 답은 소수 둘째 자리에서 반올림하시오.)

풀이 팽창탱크 용량 $= \dfrac{V\left(\dfrac{1}{\rho_1} - \dfrac{1}{\rho_2}\right)}{\dfrac{P_a}{P_a + 0.1H} - \dfrac{P_a}{P_t}} = \dfrac{2,800 \times \left(\dfrac{1}{0.9612} - \dfrac{1}{0.9998}\right)}{\dfrac{1}{1 + 0.1 \times 16} - \dfrac{1}{4}} = 835.5\text{L}$

참고 밀폐식 팽창탱크 $= \dfrac{전수량 \times \left(\dfrac{1}{온수의\ 밀도} - \dfrac{1}{가동\ 전\ 물의\ 밀도}\right)}{\dfrac{1}{1 + 0.1 \times 배관의\ 높이} - \dfrac{1}{절대압력}}$ (L)

15 안지름 50mm인 강관 속을 5.5m/sec의 속도로 흐르는 증기가 있다. 관을 흐른 후의 압력강하가 13kg/m² 이하가 되게 하기 위한 관의 최대길이(m)를 구하시오. (단, 마찰손실계수 0.0208, 증기의 비중량 1.12kg/m³이고, 답은 소수 둘째 자리에서 반올림하시오.)

풀이 압력강하$(\Delta P) = F \cdot \dfrac{l}{D} \cdot \dfrac{V^2}{2g} \cdot \rho$ 에서

관의 최대길이$(l) = \dfrac{13 \times 0.05 \times 2 \times 9.8}{0.0208 \times 1.12 \times (5.5)^2} = 18.078\text{m}$

또는 $13 = l \times \dfrac{1.12}{0.05} \times \dfrac{5.5^2}{2 \times 9.8} \times 0.0208$, $l = \dfrac{13 \times 0.05 \times 2 \times 9.8}{0.0208 \times 1.12 \times 5.5^2} = 18.1\text{m}$

∴ 18.1m

참고
• 압력강하 = 마찰손실계수 $\times \dfrac{관의\ 길이}{관의\ 지름} \times \dfrac{유속^2}{2 \times 9.8} \times$ 증기 비중량

• 50mm = 0.05m

16 그림은 개방식 팽창탱크의 구조도이다. 밸브를 배관 중간에 설치하여도 상관없는 관을 2개 골라 쓰시오.

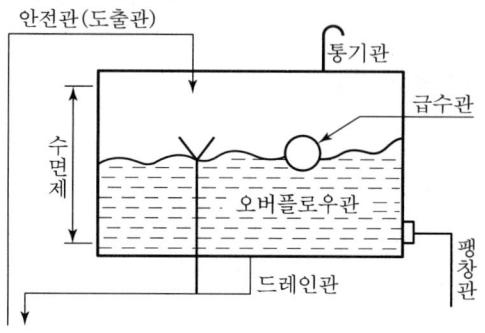

풀이 ① 급수관　　② 드레인관

17 온수 온돌의 시공층 단면도를 보고 물음에 답하시오.

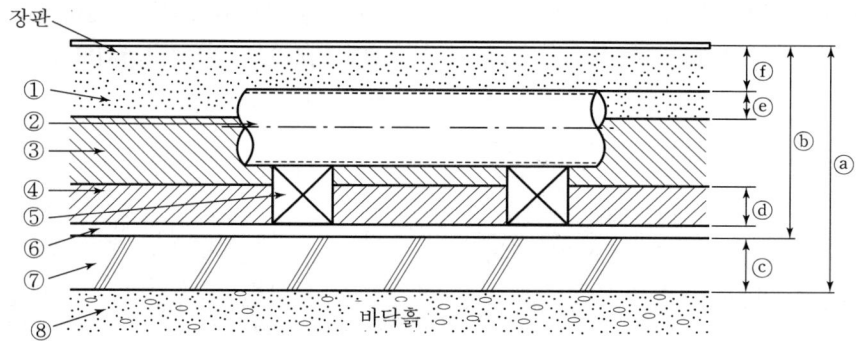

(1) ①~⑦의 명칭을 쓰시오.
(2) ⓐ~ⓕ의 두께는 각각 얼마인가?

풀이 (1) ① 시멘트 모르타르층　　② 방열관
　　　 ③ 자갈층　　　　　　　　④ 단열보온층
　　　 ⑤ 받침재　　　　　　　　⑥ 방수층
　　　 ⑦ 콘크리트층(배관기초)

(2) ⓐ 16~20cm　　　　　　　ⓑ 13cm 이상
　　ⓒ 3cm 이상　　　　　　　ⓓ 3cm 이상
　　ⓔ $\frac{1}{4}D$ 이상　　　　　　ⓕ 2~3cm

18 증기난방배관에서 증기주관을 앞쪽 내림구배가 되도록 배관할 때 그 연장이 길게 되면 건축구조와의 관계상 도중에서 위로 꺾어 올림이 필요한 경우, 또는 그림과 같이 들보 등의 장애물이 있는 곳에서 올려 세울 필요가 있는 경우의 트랩배관을 완성하시오.

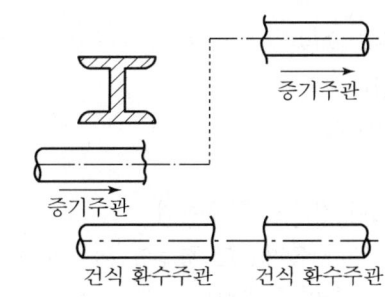

풀이

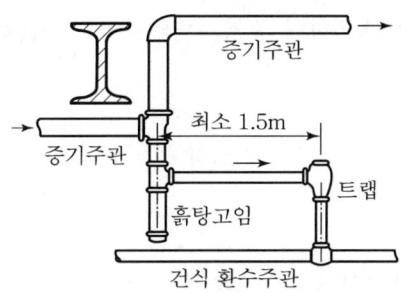

19 다음 그림과 같은 급유량계를 설치 시공하고자 한다. 시공에 필요한 공구를 6가지만 쓰시오.

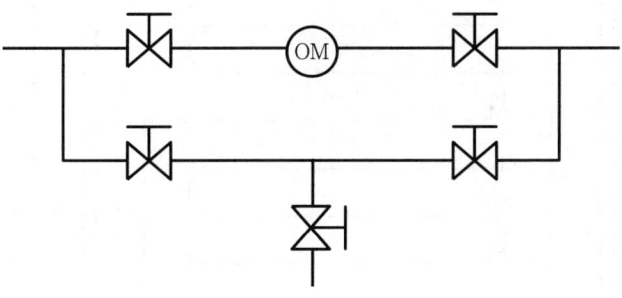

풀이 ① 자 ② 파이프바이스 ③ 쇠톱
④ 오스터 ⑤ 파이프렌치 ⑥ 멍키스패너

20 증기난방법에서 증기의 응축에 발생한 환수를 처리하는 방법에 따른 난방법 3가지를 쓰고 각각의 방법에 대한 특징을 3가지씩 쓰시오.

풀이 (1) 자연 환수식(중력 환수식)
① 응축수의 중력만 이용한 환수로 환수가 순조롭지 못하다.
② 설비비가 적게 소요된다.
③ 저압증기 난방에 적용한다.

(2) 기계 환수식
① 응축수 펌프를 사용하여 강제로 환수한다.
② 응축수 중력관으로 환수가 불가능한 경우에 적용한다.
③ 중력환수식보다 증기 순환이 양호하다.

(3) 진공 환수식
① 응축수와 공기를 동시에 흡인하여 증기 순환이 매우 순조롭다.
② 환수관의 관경을 작게 할 수 있다.
③ 방열량을 광범위하게 조절할 수 있다.
④ 플래시 증기로 인한 열량 손실이 감소된다.

21 다음 그림은 온수 온돌방의 배관도이다. 물음에 답하시오.

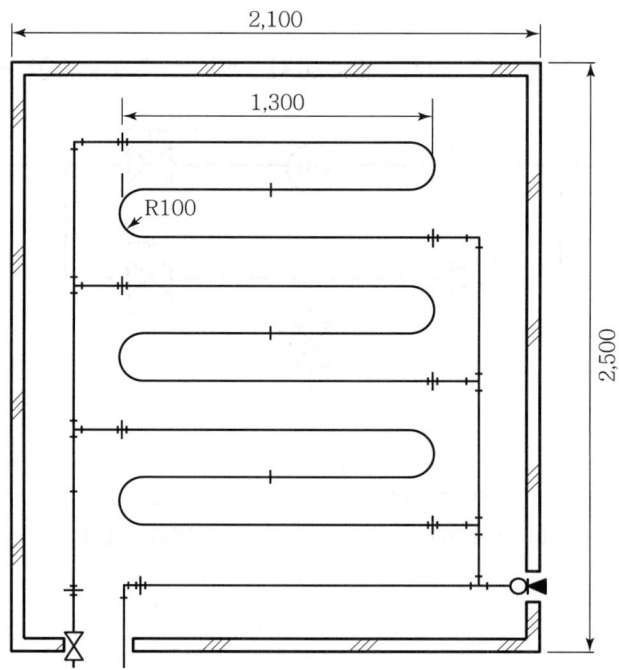

(1) 방열관의 총길이는 얼마인가?
(2) 엘보(Elbow)는 몇 개인가?
(3) 티(Tee)는 몇 개인가?
(4) 유니언(Union)은 몇 개인가?
(5) 소켓(Socket)은 몇 개인가?

풀이 (1) $1,300 - (100 + 100) = 1,100$

$1,100 \times 9 + \dfrac{\pi \times 200}{2} \times 6 + 600 + 200 \times 6 = 13,584 \text{mm}$

또는 $1,100 + 2\pi R \dfrac{\theta}{360}$

$9 \times 1,100 + \left\{ \left(2\pi \times 100 \times \dfrac{180}{360} \right) \times 6 \right\} = 11,784 \text{mm}$

(2) 3개 (3) 5개 (4) 8개 (5) 3개

22
다음은 대류난방과 비교한 복사난방의 특징을 설명한 것이다. ( ) 안의 내용 중 옳은 것을 골라 쓰시오.

복사난방은 (① 공기, 구조체)를 가열 대상으로 하므로 방의 높이에 따른 온도편차가 (② 작고, 크고), 쾌감도가 좋다. 또한 환기에 따른 손실 열량도 그만큼 (③ 많이, 적게) 든다. 가열대상의 열용량이 (④ 크므로, 작으므로) 필요에 따라 즉각적인 대응이 (⑤ 곤란하고, 쉽고), 시공이 어려우며, 하자 발생 위치를 확인하기 (⑥ 쉽다, 어렵다).

풀이
① 구조체 ② 작고 ③ 적게
④ 크므로 ⑤ 곤란하고 ⑥ 어렵다

23
다음 그림과 같이 한 개의 트랩을 설치하고 여러 개의 증기 사용 설비를 운전하게 되면 어떤 결함이 발생하는가?

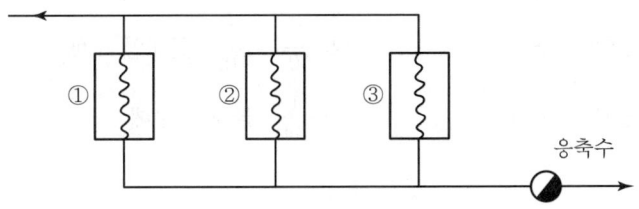

풀이 증기 사용 설비의 ③은 정상적으로 가열효과를 나타내나 ②와 ①의 순으로 가열효과가 점차 저하된다.

24 병원이나 공장에서 증기를 열원으로 하는 경우 급탕설비 중 저탕조 내에 증기를 공급하여 증기와 물을 혼합시켜 물을 끓여주는 중앙식 급탕법은?

풀이 기수 혼합법(스팀 사이렌서법)

25 증기난방배관에 관한 다음 설명의 ( ) 안에 들어갈 적절한 내용을 보기에서 골라 넣으시오.

> **보기**
> • 드레인포켓   • 100mm   • 바이패스관   • 1.5

(1) 증기 주관에서 응축수를 건식 환수관에 배출하려면 주관과 동경으로 ( ) 이상 내리고 하부로 150mm 이상 연장해 ( )을 만들어준다. 냉각관은 트랩 앞에서 ( )m 이상 떨어진 곳까지 나관 배관한다.
(2) 트랩이나 스트레이너, 유량계의 고장이나, 수리, 교환을 대비하기 위해 ( )을 설치해 준다.
(3) 증기 주관 도중의 입상 개소에 있어서의 트랩 배관은 ( )을 설치해 준다. 건식 환수관일 때는 반드시 트랩을 경유시킨다.

풀이
(1) 100mm, 드레인 포켓, 1.5
(2) 바이패스관
(3) 드레인포켓

26 다음 증기난방배관의 구배를 쓰시오.
(1) 단관 중력식 순류관(하향) 공급
(2) 단관 중력식 역류관(상향) 공급
(3) 진공환수식
(4) 복관 중력환수식 건식 환수관

풀이 (1) $\frac{1}{100} \sim \frac{1}{200}$ 끝내림 구배   (2) $\frac{1}{50} \sim \frac{1}{100}$ 끝내림 구배
(3) $\frac{1}{200} \sim \frac{1}{300}$ 끝내림 구배   (4) $\frac{1}{200}$ 끝내림 구배

27 다음은 증기난방법의 분류이다. ( ) 안에 알맞은 내용을 쓰시오.

분류기준	분류
증기압력	(고압)식, (①)식
배관방법	(②)식, (복관)식
(③)방법	(상향 공급식), (하향 공급식)
(④)방법	중력환수식, (⑤), (진공환수식)
환수관의 배관법	(건식 환수관식), (⑥)

풀이
① 저압　　② 단관　　③ 증기공급
④ 응축수환수　　⑤ 기계환수식　　⑥ 습식환수관식

28 다음은 증기배관에서 응축수 트랩 앞에 설치하는 냉각관(Cooling Leg)에 대한 설명이다. ( ) 안에 알맞은 말을 쓰시오.

고온의 (①)가(이) 압력강하로 인하여 관 내에서 (②)하므로 트랩 기능을 저하시키는 것을 방지하기 위하여 트랩 전에 (③)m 이상 떨어진 곳에 (④)으로 설치한다.

풀이
① 응축수　　② 증발　　③ 1.5　　④ 나관배관(보온하지 않은 배관)

29 다음 증기난방법의 특징을 2가지씩 쓰시오.

(1) 중력환수식 증기난방법
(2) 기계환수식 증기난방법
(3) 진공환수식 증기난방법

풀이
(1) ① 설비비가 적게 든다.
　　② 저압 소규모에 많이 사용된다.

(2) ① 중력환수식보다 증기 순환이 양호하다.
　　② 방열기 설치 높이 결정에 유리하다.

(3) ① 증기의 귀환을 빠르게 할 수 있다.
　　② 환수관 지름을 작게 할 수 있다.
　　③ 방열량 조절이 가능하다.

30 지하실 또는 어느 일정한 장소에 보일러를 설치하여 각 난방요소에 증기나 온수를 공급하여 난방하는 것을 중앙식 난방법이라고 한다. 이 방식의 종류 3가지를 쓰시오.

풀이
① 직접 난방법(증기난방, 온수난방)
② 간접 난방법(공기조화)
③ 방사 난방법(복사난방)

31 신축곡관에 쓰이는 관의 바깥지름이 114mm일 때 배관의 신장 75mm를 흡수할 수 있는 신축곡관의 길이를 구하시오.(단, 소수 둘째 자리에서 반올림하시오.)

풀이 신축관 길이(L) $= 0.073\sqrt{d \cdot \Delta l} = 0.073\sqrt{114 \times 75} = 6.8\text{m}$

32 개방식 팽창탱크의 효과를 보기 위한 연결관 5가지를 쓰시오.

풀이
① 안전관(방출관)   ② 오버플로관(일수관)
③ 팽창관   ④ 자동급수관
⑤ 공기빼기관

33 증기난방배관에서 보일러 주변 배관인 하트포드 접속법(Hartford-Connection)에 대하여 간단히 설명하시오.

풀이 저압증기난방에서 환수주관을 보일러 수면 아래 접속함으로써 발생되는 악영향을 방지하기 위하여 증기관과 환수관 사이에 균형관을 설치하는 배관법

34 개방식 팽창탱크에 연결되는 배관을 5가지만 쓰시오.

풀이
① 일수관(오버플로관)   ② 팽창관
③ 급수관   ④ 배수관
⑤ 방출관(안전관)

35 복사(방사) 난방에서 패널의 위치 3가지를 쓰시오.

풀이
① 바닥 패널
② 벽 패널
③ 천장 패널

36 중앙식 난방법의 종류를 3가지만 쓰시오.

풀이
① 직접식 난방법(대류난방법)
② 간접식 난방법
③ 방사식 난방법

37 온수보일러의 안전장치로 팽창관을 설치할 때의 유의사항 2가지를 간단히 쓰시오.

풀이
① 관로 도중에 밸브류를 설치하지 말 것
② 굴곡부를 적게 하고 관경을 25mm 이상으로 할 것

38 온수보일러에 설치되는 팽창탱크의 기능(역할)을 6가지만 쓰시오.

풀이
① 보일러의 파열사고 방지
② 보충수 공급
③ 압력 유지
④ 열수의 넘침 방지
⑤ 공기 누입 방지
⑥ 온도 상승에 의한 체적팽창, 이상팽창 압력 흡수

39 증기난방법에 있어서 환수관의 배관방법에 따른 종류(방식) 2가지를 쓰고, 각각의 특징을 간단히 쓰시오.

풀이
① 건식 환수관 : 환수관을 보일러 내 수면보다 높게 배관한다.
② 습식 환수관 : 환수관을 보일러 내 수면보다 낮게 배관한다.

40 개방식 팽창 탱크에서 밸브를 배관 중간에 설치하는 관을 2개만 쓰시오.

풀이) ① 급수관
② 배수관(드레인관)

41 다음 방열기를 도면에 표시할 때 사용하는 기호를 쓰시오.

풀이)
① 2주형 : Ⅱ
② 3주형 : Ⅲ
③ 3세주형 : 3
④ 5세주형 : 5
⑤ 벽걸이형 : W
⑥ 벽걸이 수직형 : W-V
⑦ 벽걸이형 수평형 : W-H

42 다음 트랩 주위 배관을 보고 ①~④의 명칭을 쓰시오.

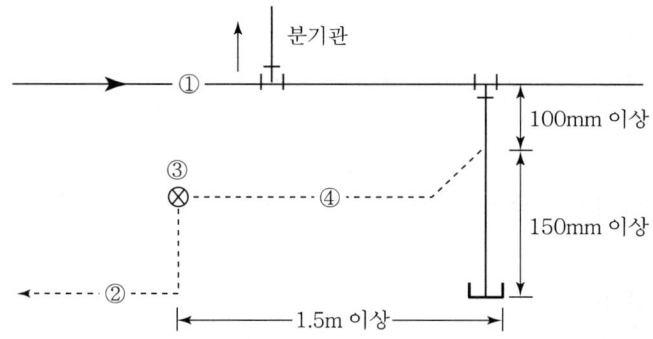

풀이)
① 증기 주관
② 건식 환수관
③ 증기 트랩
④ 냉각레그

CHAPTER 08 내화물과 보온재

PART 06 | 보일러 시공 실무 문제

01 다음 보기에서 사용온도가 낮은 것부터 순서대로 쓰시오.

① 내화물 ② 내화단열재 ③ 단열재
④ 유기질 보온재 ⑤ 무기질 보온재 ⑥ 보냉재

풀이 ⑥ < ④ < ⑤ < ③ < ② < ①

02 다음 보온재나 내화물 중 사용온도가 높은 것부터 순서대로 나열하시오.

보기
• 실리카 보온재
• 암면
• 글라스울
• 캐스터블 내화물
• 테플론

풀이 캐스터블 내화물 > 실리카 보온재 > 암면 > 글라스울 > 테플론

03 다음 보기에서 보온재 중 사용온도가 높은 순서대로 쓰시오.

보기
① 석면 ② 글라스울(유리솜) ③ 실리카
④ 테플론 ⑤ 캐스터블 내화물

풀이 ⑤ > ③ > ① > ② > ④

04 보온재의 구비조건을 4가지만 쓰시오.

풀이
① 열전도율이 작을 것
② 어느 정도 기계적 강도가 있을 것
③ 밀도가 가벼울 것(비중이 적을 것)
④ 흡습성이나 흡수성이 없을 것
⑤ 장시간 사용온도에서 변질되지 않을 것

05 유기질 보온재의 종류를 3가지만 쓰시오.

풀이
① 펠트
② 텍스
③ 탄화 코르크
④ 폼류

06 양모 우모를 이용하여 만든 보온재로서 곡면 등에 시공이 용이한 보온재는 어떤 것인가?

풀이 펠트

07 폼류의 보냉재 종류를 3가지만 쓰시오.

풀이
① 경질 폴리우레탄폼
② 폴리스티렌폼
③ 염화비닐폼

08 무기질 보온재를 12가지만 쓰시오.

풀이
① 탄산마그네슘 보온재
② 글라스울
③ 광재면 보온재
④ 폼그라스
⑤ 규조토 보온재
⑥ 규산칼슘 보온재(650℃)
⑦ 석면 보온재
⑧ 암면 보온재
⑨ 펄라이트 보온재
⑩ 버미큘라이트 보온재(팽창질석)
⑪ 실리카 파이버(1,100℃)
⑫ 세라믹 파이버(1,300℃)

09 금속질 보온재의 종류를 1가지만 쓰시오.

풀이 알루미늄박

10 가열처리에 의한 내화물의 종류를 3가지만 쓰시오.

풀이
① 소성 내화물
② 불소성 내화물
③ 용융 내화물

11 화학조성에 의한 내화물을 3가지만 쓰시오.

풀이　① 산성 내화물
　　　② 중성 내화물
　　　③ 염기성 내화물

12 내화물의 구비조건을 3가지만 쓰시오.

풀이　① 팽창수축이 적을 것
　　　② 사용온도에서 연화 변형이 적을 것
　　　③ 사용온도에서도 압축강도가 클 것
　　　④ 내마멸성이나 내침식성이 클 것
　　　⑤ 고온에서 수축팽창이 적을 것
　　　⑥ 용도에 맞는 열전도율을 가질 것
　　　⑦ 내스폴링성이 클 것

13 박락현상이라고도 하며 내화물이 사용 도중에 갈라지든지 떨어져 나가는 현상을 무엇이라 하는가?

풀이　스폴링 현상

14 마그네시아 벽돌이나 돌로마이트 벽돌을 저장 중이나 사용 후에 수증기를 흡수하여 체적변화를 일으켜 분화 떨어져 나가는 현상을 무엇이라 하는가?

풀이　슬래킹 현상(소화성)

15 크롬철광을 하는 내화물은 1,600℃ 이상에서 산화철을 흡수하여 표면이 부풀어 오르고 떨어져 나가는데 이 현상을 무엇이라 하는가?

풀이　버스팅 현상

16 내화물의 제조공정을 6가지로 구별하여 순서대로 쓰시오.

풀이 분쇄 → 혼련 → 성형 → 건조 → 소성 → 소결

17 산성 내화물의 종류를 4가지만 쓰시오.

풀이
① 규석질 내화물　　　② 반규석질 내화물
③ 납석질 내화물　　　④ 샤모트질 내화물

18 염기성 내화물의 종류를 5가지만 쓰시오.

풀이
① 마그네시아 내화물　　　② 불소성 마그네시아 내화물
③ 폴스테라이트 내화물　　④ 마그-크롬질 내화물
⑤ 돌로마이트질 내화물

19 중성 내화물의 종류 4가지를 쓰시오.

풀이
① 고알루미나질 내화물　　② 탄화-규소질 내화물
③ 크롬질 내화물　　　　　 ④ 탄소질 내화물

20 치밀하게 소결시킨 내화성 골재에 수경성 알루미나 시멘트를 배합한 부정형 내화물은?

풀이 캐스터블 내화물

21 내화골재에 가소성을 주기 위하여 가소성 점토 및 물 유리(규산소다), 또는 유기질 결합제를 가하여 혼련한 부정형 내화물의 명칭을 쓰시오.

풀이 플라스틱 내화물

22 내화 모르타르의 구비조건을 5가지만 쓰시오.

풀이 ① 필요한 내화도를 가질 것
② 화학조성이 사용 내화물과 비슷할 것
③ 건조소성 시 수축이나 팽창이 적을 것
④ 시공성이 좋을 것
⑤ 접착성이 양호할 것

23 단열재 사용 시 얻을 수 있는 이점을 4가지만 쓰시오.

풀이 ① 축열용량이 감소한다.
② 열전도도가 감소한다.
③ 노내 온도가 균일하고 가열시간이 단축된다.
④ 노벽의 내외 온도차가 적어 스폴링 현상이 방지된다.

24 단열벽돌의 종류를 2가지만 쓰시오.

풀이 ① 규조토질 단열벽돌
② 점토질 내화 단열벽돌

25 보온재의 열전도율이 증가하는 조건을 3가지만 쓰시오.

풀이 ① 온도가 상승하면 열전도율이 증가한다.
② 비중이 크면 열전도율이 증가한다.
③ 흡습하면 열전도율이 증가한다.

26 다음 ( ) 안에 '증가' 또는 '감소' 중에 적당한 것을 쓰시오.
(1) 밀도가 크면 열전도가 (   )한다.
(2) 기공의 층이 크면 열전도가 (   )한다.
(3) 흡수성이 적으면 열전도가 (   )한다.

풀이 (1) 증가   (2) 증가   (3) 감소

27 다음 보기의 재료들을 사용온도 범위가 큰 것부터 순서대로 나열하시오.

보기
보냉재, 무기질 보온재, 유기질 보온재, 단열재, 내화단열재, 내화물

풀이 내화물 > 내화단열재 > 단열재 > 무기질 보온재 > 유기질 보온재 > 보냉재

28 다음 보온재의 사용온도를 쓰시오.

(1) 폼류
(2) 탄산마그네슘
(3) 펠트류
(4) 글라스울
(5) 텍스류
(6) 규조토질
(7) 탄화코르크
(8) 석면
(9) 암면
(10) 규산칼슘

풀이
(1) 80℃ 이하
(2) 250℃ 이하
(3) 100℃ 이하
(4) 300℃ 이하
(5) 120℃ 이하
(6) 500℃ 이하(석면 사용 시), 250℃ 이하(삼여물 사용 시)
(7) 130℃ 이하
(8) 550℃ 이하
(9) 600℃ 이하
(10) 650℃ 이하

29 다음 보온재 중 사용온도가 낮은 것부터 큰 순서대로 쓰시오.

보기
• 펄라이트   • 세라믹 파이버   • 실리카 파이버   • 버미큘라이트

풀이 버미큘라이트 < 펄라이트 < 실리카 파이버 < 세라믹파이버

참고
• 펄라이트 : 650℃
• 세라믹 파이버 : 1,300℃
• 실리카 파이버 : 1,100℃
• 버미큘라이트 : 650℃

CHAPTER 09 배관도시기호 및 관의 재료

PART 06 | 보일러 시공 실무 문제

01 다음은 관이음 표시를 나타낸 것이다. 보기를 보고 ( ) 안에 이음의 종류를 기재하시오.

번호	이음의 종류	기호	보기	번호	이음의 종류	기호	보기
①	( )	|	─┼─	④	( )	×	─✕─
②	( )	||	─┼┼─	⑤	( )	○	─○─
③	( )	⌒	─⊃─				

풀이
① 나사 이음　② 플랜지 이음　③ 턱걸이 이음
④ 용접 이음　⑤ 납땜 이음

02 다음은 배관도의 치수 기입에서 배관 높이를 표시하는 기호이다. 이 기호들은 각각 무엇을 기준으로 한 높이를 나타내는지 간단히 쓰시오.

(1) EL
(2) GL
(3) FL

풀이
(1) 지상에서 200~500mm의 높이를 기준 수평면으로 한 것
(2) 포장된 지표면을 기준으로 표시한 것
(3) 1층 바닥면을 기준으로 한 높이

03 다음은 각 이음쇠의 이음 방법을 표시한 것이다. 이음쇠의 명칭 또는 이음 방법을 쓰시오.

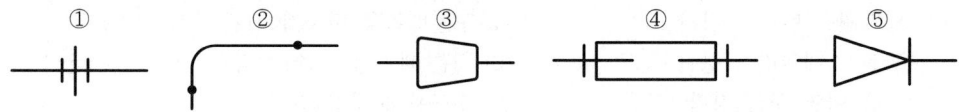

풀이
① 유니언　② 엘보 용접이음　③ 부싱　④ 팽창 조인트　⑤ 리듀서

04 다음 유체가 배관 내에 흐를 때 도면에 표시하는 기호를 각각 쓰시오.
(1) 공기   (2) 가스   (3) 유류   (4) 수증기   (5) 물

풀이 (1) A   (2) G   (3) O   (4) S   (5) W

05 다음은 배관도의 치수기입에서 배관 높이를 표시하는 기호이다. 이 기호들은 각각 무엇을 기준으로 한 높이를 나타내는지 간단히 쓰시오.
(1) EL   (2) GL   (3) FL   (4) BOP   (5) TOP

풀이
(1) 지반면의 최고위치를 기준, 즉 지상 200~500mm의 공간을 기준
(2) 지면의 높이를 기준할 때, 즉 땅 기준(바닥면 기준)
(3) 건물의 바닥면을 기준으로 표시할 때(층 바닥 기준)
(4) EL에서 관 외경의 밑면까지를 높이로 표시할 때
(5) EL에서 관 외경의 윗면까지를 높이로 표시할 때

06 강관의 특징을 4가지만 쓰시오.

풀이
① 연관, 주철관에 비해 가볍고 인장강도가 크다.
② 내충격성, 굴요성이 크다.
③ 관의 접합작업이 용이하다.
④ 연관이나 주철관보다 가격이 저렴하다.

07 다음 강관용 배관 기호의 명칭을 쓰시오.
(1) SPP   (2) SPPS   (3) SPPH   (4) SPHT
(5) STS×TP   (6) SPLT   (7) SPPW   (8) STPW

풀이
(1) 배관용 탄소강 강관   (2) 압력배관용 탄소강 강관
(3) 고압배관용 탄소강 강관   (4) 고온배관용 탄소강 강관
(5) 배관용 스테인리스 강관   (6) 저온 배관용 탄소강 강관
(7) 수도용 아연 도금 강관   (8) 수도용 도복장 강관

08 다음 열전달용 강관의 기호를 쓰시오.
(1) 보일러 열교환기용 탄소강 강관
(2) 보일러 열교환기용 합금강 강관
(3) 보일러 열교환기용 스테인리스 강관

풀이
(1) STH
(2) STHA
(3) STS×TB

09 주철관의 특징을 3가지만 쓰시오.

풀이
① 내구력이 크다.
② 내식성이 강해 지중 매설시 부식이 적다.
③ 다른 관보다 강도가 크다.

10 동관의 용도를 3가지만 쓰시오.

풀이
① 열 교환기용 관 ② 급수관 ③ 압력계관
④ 급유관 ⑤ 냉매관 ⑥ 급탕관
⑦ 화학공업용관

11 동관의 특징을 3가지만 쓰시오.

풀이
① 유연성이 커서 가공하기가 쉽다.
② 내식성이 크고 열전도율이 크다.
③ 마찰저항손실이 적다.
④ 중량이 가볍다.
⑤ 가공성이 매우 좋다.
⑥ 매우 위생적이다.
⑦ 외부 충격에 약하다.
⑧ 가격이 비싸다.

12 동관의 표준치수별로 3가지를 쓰고, 용도를 쓰시오.

풀이
① K형 : 의료배관용
② L형 : 의료배관, 급배수관, 급탕배관, 난방배관, 가스배관용
③ M형 : L형과 같다.

13 동관의 질별 특성에 따라 4가지로 분류하고, 기호도 함께 쓰시오.

풀이
① 연질 : O
② 반연질 : OL
③ 반경질 : $\frac{1}{2}$H
④ 경질 : H

14 동관을 두께에 따라 4가지로 분류하고, 두께를 비교하시오.

풀이
① K 타입 : 가장 두껍다.
② L 타입 : 두껍다.
③ M 타입 : 보통 두께
④ N 타입 : 얇은 두께

15 배관의 결합방식의 명칭에 맞게 기호를 그리시오.

(1) 일반 이음
(2) 납땜 이음
(3) 플랜지 이음
(4) 턱걸이 이음(소켓 이음)
(5) 유니언 이음
(6) 용접 이음

풀이
(1)
(2)
(3)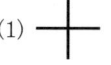
(4)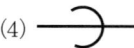
(5)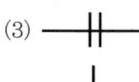
(6)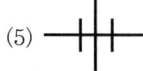

16 동심 리듀서와 게이트 밸브를 그리시오.

풀이 ① 동심 리듀서   ② 게이트 밸브

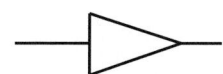   

17 다음 도시기호의 명칭을 쓰시오.

(1)    (2)

(3)    (4)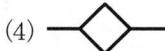

풀이 (1) 볼 밸브   (2) 체크 밸브
     (3) 글로브 밸브   (4) 일반 콕

18 다음의 지시계를 보고 기호의 명칭을 쓰시오.

(1) 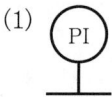   (2) 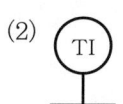   (3)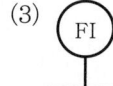

(4) T   (5) P

풀이 (1) 압력지시계   (2) 온도지시계   (3) 유량지시계
     (4) 온도계   (5) 압력계

19 다음의 기호를 보고 그 명칭을 쓰시오.

(1) 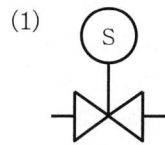   (2)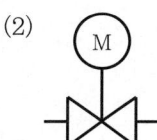

[풀이] (1) 전자 밸브(솔레노이드 밸브)
(2) 전동 밸브(액추에이터)

20 다음 신축이음의 도시기호를 그리시오.
(1) 루프형(곡관형)　　　(2) 슬리브 형(팽창 조인트)
(3) 벨로스형　　　(4) 스위블형

[풀이] (1) 　　(2)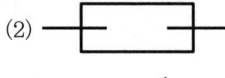

(3) 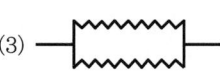　　(4)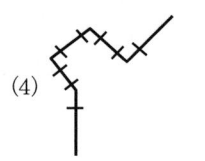

07 보일러 취급 실무 문제

ENERGY MANAGEMENT

CHAPTER 01 보일러 운전 및 부속기기
CHAPTER 02 연료 및 연소 계산
CHAPTER 03 보일러 열정산 및 열관리
CHAPTER 04 보일러 급수처리 및 급수장치
CHAPTER 05 보일러 자동제어장치의 취급
CHAPTER 06 보일러의 안전관리
CHAPTER 07 계측기기

CHAPTER 01 보일러 운전 및 부속기기

PART 07 | 보일러 취급 실무 문제

---

01 다음은 증기배관의 감압밸브 설치에 관한 설명이다. ( ) 안에 알맞은 숫자를 쓰시오.

> 고압 측의 압력이 (①)MPa 이상이고 저압 측과의 압력차가 (②)배 이상일 때 감압밸브를 직렬로 설치하고, 2단 감압된 감압밸브는 최소 (③)m 이상의 이격거리를 두어야 한다.

[풀이] ① 0.7   ② 2   ③ 1.5

---

02 소요전력 50kW, 펌프효율 75%, 전양정을 30m로 하고 양수한다면 이 펌프의 송수량은 몇 m³/sec인가?(단, 소수 셋째 자리에서 반올림하시오.)

[풀이] 펌프 송수동력$(l) = \dfrac{Q \times H}{102 \times \eta}$에서 $50 = \dfrac{1,000 \times Q \times 30}{102 \times 0.75}$

송수량$(Q) = \dfrac{102 \times L \times \eta}{H} = \dfrac{102 \times 0.75 \times 50}{1,000 \times 30} = 0.13 \, \text{m}^3/\text{sec}$

[참고] 소요전력 $= \dfrac{1,000 \times 송수량 \times 양정}{102 \times 효율}$ [kW]

---

03 1시간에 120kg의 연료를 사용하는 버너 앞쪽에 오일프리히터를 설치하려고 한다. 히터 입구 쪽의 오일온도가 40℃이고, 히터 출구의 온도가 85℃가 되게 하려면 히터의 용량은 몇 kWh가 되어야 하는지 계산하시오.(단, 연료의 평균비열은 0.45kcal/kg℃이고 히터 효율은 75%이다.)

[풀이] 오일프리히터 용량 $= \dfrac{120 \times 0.45 \times (85 - 40)}{860 \times 0.75} = 3.77 \, \text{kWh}$

[참고] 1kWh = 860kcal = 3,600kJ, $\text{kW} = \dfrac{G \times C_P \times \Delta t}{860 \times \eta}$

04 다음 ( ) 안에 알맞은 내용을 쓰시오.

> 감압밸브는 고압 측과 저압 측의 압력비를 (①) 이내로 하고 초과할 경우는 2개의 감압밸브를 직렬로 사용하여 (②) 감압시키는 것이 바람직하다. 압력제어 방법에 따라 (③)식과 (④)식이 있다.

[풀이] ① 2 : 1 ② 2단 ③ 자력 ④ 타력

05 부르동관 압력계에 U자형의 곡관 또는 사이펀관(Siphon Tube)을 설치하는데, 이 관 속에 넣는 물질 및 관의 설치 목적을 간단히 쓰시오.

[풀이]
① 물질 : 물
② 설치 목적 : 증기가 직접 부르동관에 들어감으로써 부르동관의 파손이나 변형이 일어나는 것을 방지하기 위하여

06 보일러에서 동 내부에 급수내관의 설치목적과 설치위치를 쓰시오.

[풀이]
(1) 목적
　　보일러와 급수의 온도차로 인한 보일러 동의 부동 팽창을 방지하기 위함
(2) 설치위치
　　안전저수위보다 약간 아래 5cm 지점

07 밸브의 작동방법으로 분류한 증기감압밸브의 종류 3가지를 쓰시오.

[풀이] ① 벨로스식 ② 피스톤식 ③ 다이어프램식

08 최고사용압력 5kg/cm^2, 전열면적 40m^2, 전열면적 1m^2당 최대 증발량 35kg/h인 수관식 보일러에 설치할 스프링식 안전밸브(고양정식)의 밸브시트구경의 면적(mm^2)을 구하시오.

[풀이] 안전밸브 분출용량 $(W) = \dfrac{(1.03P+1)S}{10}$, $35 \times 40 = \dfrac{(1.03 \times 5 + 1) \times S}{10}$

∴ 밸브시트구경 단면적 $(S) = \dfrac{40 \times 35 \times 10}{1.03 \times 5 + 1} = 2,276.42 \text{mm}^2$

09
분출압력이 5kg/cm²인 스프링식 안전밸브(고양정식)에서 변좌구(밸브자리 구멍)의 지름이 40mm일 때 분출용량을 구하시오.(단, 소수 둘째 자리에서 반올림하시오.)

풀이
$$W = \frac{1.03 \cdot P + 1}{10} A \cdot C = \frac{1.03 \times 5 + 1}{10} \times \frac{3.14 \times 40^2}{4} = 772.4 \text{kg/h}$$

참고
고양정식 분출용량(W) = $\dfrac{(1.03 \times 증기압력 + 1) \times 안전밸브단면적}{10}$ (kg/h)

변좌구의 단면적(S) = $\dfrac{3.14 \times d^2}{4}$ (mm²)

10
보일러 부속기기 중 2개 이상 부착하여야 하는 기기를 3가지만 쓰시오.

풀이
① 수면계 ② 압력계 ③ 유량계
④ 여과기 ⑤ 밸브   ⑥ 온도계

11
보일러의 강제통풍 종류 3가지를 쓰시오.

풀이
① 압입통풍 ② 흡입통풍 ③ 평형통풍

12
연료소비량이 400L/h인 중유 사용 보일러에서 중유가열기(오일프리히터)를 설치하려 한다. 연료의 중유가열기 입구온도를 60℃, 출구온도 95℃로 하고 중유의 평균비열 0.52W/kg℃, 중유의 비중 0.97이고 이 가열기의 효율을 70%로 할 경우 용량(kWh)을 구하시오.(단, 온도보정은 없는 것으로 한다.)

풀이
$$히터용량(\text{kWh}) = \frac{G \times C \times \Delta t}{1{,}000 \times \eta} = \frac{400 \times 0.97 \times 0.52(95 - 60)}{1{,}000 \times 0.7} = 10.09 \text{kWh}$$

13
분출압력이 5kg/cm²인 스프링식 안전 밸브(저양정식)에서 변좌구(밸브 자리 구멍)의 지름이 40mm일 때 분출용량을 구하시오.(단, 소수 둘째 자리에서 반올림하시오.)

풀이
$$저양정식 = \frac{1.03 \cdot P + 1}{22} A \cdot C = \frac{1.03 \times 5 + 1}{22} \times \frac{3.14 \times 40^2}{4} = 351.1 \text{kg/h}$$

참고
- 저양정식 분출용량 = $\dfrac{(1.03 \times 증기압력 + 1) \times 안전밸브단면적}{22}$ (kg/h)
- 변좌구 단면적 = $\dfrac{3.14 \times d^2}{4}$ mm²

14 연돌높이 50m, 외기온도 30℃, 배기가스온도 130℃, 표준에서 외기 비중량 4kg/m³, 배기가스 비중량 3kg/m³일 때 이론통풍력은 몇 mmAq인가?

풀이
이론통풍력(Z) = $273H\left(\dfrac{\gamma_a}{273+t_a} - \dfrac{\gamma_g}{273+t_g}\right)$
= $273 \times 50\left(\dfrac{4}{273+30} - \dfrac{3}{273+130}\right)$ = 78.59 mmAq

15 10℃의 물 400L/h를 80℃로 가열하는 데 필요한 가스 사용량은 몇 m³/h인가?(단, 물의 비열은 1kcal/kg℃이고 가스의 발열량은 11,000kcal/m³, 열효율이 80%이다.)

풀이
가스 소비량(G) = $\dfrac{400 \times 1(80-10)}{11,000 \times 0.8}$ = 3.18 m³/h

16 감압밸브의 설치 목적을 3가지만 쓰시오.

풀이
① 부하 측의 공급용 증기의 압력을 일정하게 공급한다.
② 고압의 증기를 저압의 증기로 만든다.
③ 고압의 증기와 저압의 증기를 함께 사용할 수 있다.

17 보염장치의 설치목적을 4가지만 쓰시오.

풀이
① 연료와 공기의 혼합을 양호하게 한다.
② 착화나 연소를 용이하게 한다.
③ 화염의 안정에 기여한다.
④ 착화부를 고온으로 유지한다.

18 연도(Gas Duct) 입구에 댐퍼(Damper)를 설치하는 목적을 2가지만 쓰시오.

풀이 ① 통풍력을 조절하여 연소효율을 상승시킨다.
② 가스의 흐름을 차단한다.
③ 주연도와 부연도의 가스흐름을 교차시킬 수 있다.

19 증기트랩(Steam Trap)의 설치 목적을 간단히 쓰시오.

풀이 증기설비 중에 고인 복수(응결수)를 자동적으로 배출하여 수격작용을 방지하는 장치

20 감압밸브의 구조에 따라 종류 2가지를 쓰시오.

풀이 ① 스프링식 ② 추식

21 증기 사용 설비 중에 고인 복수(Drain)를 자동적으로 배출하는 트랩의 종류를 6가지 쓰시오.

풀이 ① 열동식 트랩(Thermostatic Trap)
② 버킷 트랩(Bucket Trap)
③ 플로트 트랩(Float Trap : 다량 트랩)
④ 바이메탈 트랩(Bymetal Trap)
⑤ 충격식 트랩(Impulse Trap)
⑥ 오리피스 트랩

22 연돌의 높이 120m, 배기가스의 평균온도(t_m) 190℃, 외기온도(t_n) 25℃, 대기의 비중량(γ_1) 1.29kg/Nm³, 연소가스의 비중량(γ_2) 1.354kg/Nm³인 경우 이론통풍력(Z)은 몇 mmH₂O 인가?

풀이 이론통풍력(Z) = $273H\left(\dfrac{\gamma_1}{273+t_n} - \dfrac{\gamma_2}{273+t_m}\right)$
= $273 \times 120\left(\dfrac{1.29}{273+25} - \dfrac{1.354}{273+190}\right)$ = 46mmAq

23 외기온도가 28℃일 때 연료(벙커C유)를 80℃로 10kg/h를 가열하여 버너에 공급하였다. 연료의 비열이 1.89kJ/kg℃라면 이 연료의 현열은 몇 kJ/h인가?

풀이 $1.89 \times (80 - 28) \times 10 = 982.8\,\text{kJ/h}$

참고 Q_f = 연료의 비열 × (연료 예열온도 − 외기온도)

24 감압밸브의 설치목적과 작동방법에 따른 종류 3가지를 쓰시오.

풀이 (1) 설치목적
　　고압배관과 저압배관 사이에 설치하여 압력을 일정하게 유지시키고 또한 고압과 저압에서 동시에 사용 가능하다.
　(2) 종류
　　① 다이어프램식　　② 벨로스식　　③ 피스톤식

25 감압밸브 2차 측에 리듀서를 사용하는 이유를 쓰시오.

풀이 감압이 되어 증기의 체적이 증가하기 때문이다.

26 보일러 설비에서 연료(중유) 이송용 펌프로 사용되는 펌프의 종류 3가지를 쓰시오.

풀이 ① 스크루 펌프
　② 회전식 펌프
　③ 기어 펌프

27 화염 검출기에 대한 다음 설명의 (　) 안에 알맞은 말을 넣으시오.

> 화염 검출기란 연소실의 화염 상태를 검사하는 장치로서 그 종류에는 (①), (②), (③) 등이 있으며, 화염의 상태가 고르지 못하거나 화염이 실화되었을 경우 (④)밸브에 연락하여 연료의 공급을 차단한다.

풀이 ① 플레임아이　　　② 플레임로드
　③ 스택스위치　　　④ 전자

28 연료가 연소할 때 발생하는 그을음이 전열 외면에 부착하면 이로 하여금 그을음이나 재 등을 불어 제거하는 장치로서 수관식 보일러에 사용되는 부속장치의 명칭과 이 장치의 사용매체에 의한 종류 3가지를 쓰시오.

풀이 (1) 부속장치 명칭
　　　슈트 블로우
(2) 종류
　① 증기분사식　　② 공기분사식　　③ 물분사식

29 보일러 여열장치인 과열기에서 열가스의 흐름에 의한 분류이다. 그림을 보고 명칭을 쓰시오.

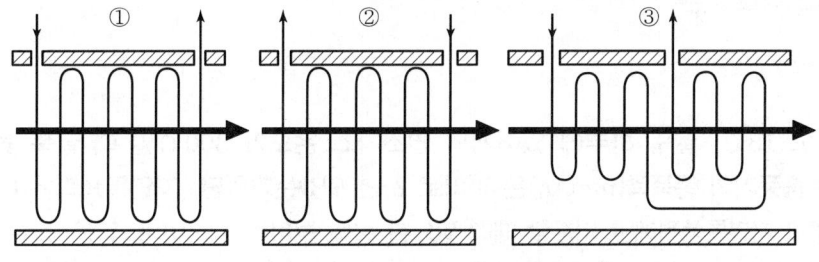

풀이 ① 병류형　　② 향류형　　③ 혼류형

30 외기 27℃에서 비중량이 1.29kg/m³이고 배기가스온도 273℃에서 연돌의 통풍력을 측정한 결과 9.72mmH₂O, 연소가스의 비중량 1.354kg/m³(0℃, 1기압)이었다면 이 연돌의 굴뚝높이는 몇 m인가?(단, 계산식에서는 반올림하지 말고 답은 소수 둘째 자리에서 반올림하시오.)

풀이 이론통풍력(Z) = $273H\left(\dfrac{\gamma_1}{273+t_1} - \dfrac{\gamma_2}{273+t_2}\right)$

0℃의 공기 비중량 = $1.29 \times \dfrac{273+27}{273℃} = 1.417582417 \text{kg/Nm}^3$

$9.27 = 273 \times H \times \left(\dfrac{1.417582417}{273+27} - \dfrac{1.354}{273+273}\right)$

∴ 굴뚝높이(H) = $\dfrac{1}{273} \times \left(\dfrac{9.72}{\dfrac{1.417582417}{273+27} - \dfrac{1.354}{273+273}}\right)$ = 15.8m

참고 굴뚝높이 = $\dfrac{\text{이론통풍력}}{273 \times \left(\dfrac{\text{공기의 비중량}}{273+\text{외기온도}} - \dfrac{\text{배기가스의 비중량}}{273+\text{배기가스온도}}\right)}$ (m)

31 10ton/h의 노통연관식 보일러를 사용하는 어느 공장에서 굴뚝을 설치하려고 한다. 아래 사항을 참고하여 굴뚝 상부의 최소 단면적을 계산하시오.(단, 소수 셋째 자리에서 반올림하시오.)

- 연소가스량 : 15,500Nm³/h
- 연소가스온도 : 280℃
- 연소가스(배기가스)의 유속 : 7m/sec

풀이 굴뚝의 최소 단면적$(A) = \dfrac{(1+0.0037 \times 연소가스온도) \times 연소가스량}{3,600 \times 연소가스유속}$

$= \dfrac{(1+0.0037t)\,G}{3,600\,W} = \dfrac{(1+0.0037 \times 280) \times 15,500}{3,600 \times 7} = 1.25\text{m}^2$

참고 1시간=3,600초, $\dfrac{1}{273} = 0.0037$

32 외기온도 18℃, 굴뚝 하부에 있어서의 연소가스 온도가 300℃일 때 굴뚝 높이를 18m로 했다면 송풍기의 통풍력(mmAq)은 얼마로 하면 되겠는가?(단, 자연통풍력은 이론자연통풍력으로 하고 자연통풍력에만 의존할 때에 필요한 굴뚝 높이는 33m이며, 답은 소수 둘째 자리에서 반올림하시오.)

풀이 자연통풍력 $= 33 \times \left(\dfrac{353}{273+18} - \dfrac{367}{273+300}\right) = 18.8948\text{mmH}_2\text{O}$

$\therefore\ 18.8948 - 18 \times \left(\dfrac{353}{273+18} - \dfrac{367}{273+300}\right) = 8.6\text{mmH}_2\text{O}$

또는 $(33-18) \times \left(\dfrac{353}{273+18} - \dfrac{367}{273+300}\right) = 8.588\text{mmH}_2\text{O}$

$\therefore\ 8.6\text{mmH}_2\text{O}$

참고
- 실제통풍력 = 굴뚝의 높이 $\times \left(\dfrac{353}{273+외기온도} - \dfrac{367}{273+배기가스온도}\right) \times 0.8\,[\text{mmH}_2\text{O}]$
- 실제통풍력은 이론통풍력의 80% 정도이다.

33 15℃의 중유(비중 0.928, 팽창계수 0.0007) 3,000kg을 62℃로 가열하여 서비스탱크에 저장하려 한다. 서비스탱크의 용량(L)을 얼마로 하면 되는가?(단, 탱크의 여유는 없는 것으로 하고 답은 소수 둘째 자리에서 반올림하시오.)

풀이 62℃의 비중 $= \dfrac{15℃의\ 비중}{1+0.0007(t_2-t_1)} = \dfrac{0.928}{1+0.0007(62-15)} = 0.89844$

서비스탱크의 용량(L) = 3,000 ÷ 0.89844 = 3,339.12L

∴ 33,339.1L

참고 서비스탱크 용량 = $\dfrac{중유의\ 중량}{62℃의\ 비중}$(L)

34 소형 급수설비인 인젝터(Injector)의 장점을 5가지만 쓰시오.

풀이
① 구조가 간단하고 소형이다.
② 설치(Setting)에 특별히 장소를 필요로 하지 않는다.
③ 가격이 싸다.
④ 취급이 간단하다.
⑤ 급수의 예열을 행하므로 전체로서의 열효율이 좋다.

35 강제통풍의 종류에서 노내 압력이 정압을 형성하는 통풍방식은 어느 것인가?

풀이 압입통풍

36 6ton/h의 수관식 보일러에 실제 배기가스량이 9,500Nm³/h이고 배기가스의 온도는 247℃이다. 굴뚝의 상부 최소단면적이 0.8m²라 할 때 배기가스의 유속을 구하시오.(단, 소수 둘째 자리에서 반올림하시오.)

풀이 상부 단면적(S_b) = $\dfrac{G(1+0.0037t)}{3,600\,W}$ 에서

$0.8 = \dfrac{9,500(1+0.0037\times 247)}{3,600\times W}$

배기가스 유속(W) = $\dfrac{G(1+0.0037t)}{3,600\cdot Sb} = \dfrac{9,500\times(1+0.0037\times 247)}{3,600\times 0.8} = 6.313$

∴ 6.3m/sec

37 연돌의 높이가 50m, 배기가스의 평균온도가 300℃, 비중량이 1.35kg/Nm³이고, 외기의 온도가 27℃, 비중량이 1.3kg/Nm³인 경우, 실제통풍력은 몇 mmAq인지 계산하시오.

풀이 $273\times 50\times\left\{\dfrac{1.3}{273+27}-\dfrac{1.35}{273+300}\right\}\times 0.8 = 21.59$ ∴ 21.59mmAq

38 다음 보기의 보일러 장치들을 연소가스와 먼저 접촉하는 순서대로 나열하시오.

> **보기**
> • 과열기 • 절탄기 • 공기예열기 • 증발관

풀이 증발관 → 과열기 → 절탄기 → 공기예열기

39 급수량이 시간당 2,000kg이고, 보일러수의 허용농도는 2,000ppm이다. 급수 속에 고형분이 100ppm 함유되어 있다고 가정하면 일일 분출량은 얼마이어야 하는지 계산하시오.(단, 응축수 회수율은 100%이다.)

풀이 분출수 용량 = $\dfrac{2,000 \times 100 \times 24}{2,000 - 100}$ = 2,526.32 kg/day

참고 분출량 = $\dfrac{W_2(1-R) \times d}{W-d} \times 24$

40 연돌의 통풍력을 측정한 결과가 9.72mmH$_2$O, 연소가스의 평균온도는 237℃, 연소가스의 비중량이 1.354kg/m³(0℃, 1기압)이었다면 이 연돌의 굴뚝 높이는 몇 m인가?(외기온도 37℃, 이때의 비중량 1.29kg/m³이다. 단, 계산식에서는 반올림하지 말고 답만 소수 둘째자리에서 반올림하시오.)

풀이 이론통풍력(Z) = $\left(\dfrac{\gamma_1}{273+t_1} - \dfrac{\gamma_2}{273+t_2}\right) \times 273$ 에서

$\gamma_2 = \dfrac{1.354 \times 273}{273 + 237} = 0.724788235$ kg/m³ (237℃에서 배기가스 비중량)

굴뚝높이(H) = $\dfrac{9.72}{1.29 - 0.724788235}$ = 17.20 m

41 다음과 같은 중유연소용 수관식 보일러를 시공하려고 한다. 물음에 답하시오.

• 최대증발량 : 10ton/h	• 최고사용압력 : 1.2MPa · g
• 사용압력 : 1MPa · g	• 전열면적 : 160m²
• 연소실 용적 : 16m³	• 연소장치 : 1,000L/h(회전식 버너)

(1) 65℃의 중유 2,000kg을 저장할 수 있는 서비스탱크를 설치하려고 한다. 서비스탱크의 용량은 몇 L로 하면 되겠는가?(단, 15℃의 중유비중은 0.9729, 팽창계수는 0.0007이다.)

(2) 연소에 필요한 공기량이 150m³/sec이고 송풍기에서 발생하는 압력이 2.1mmH₂O일 때 송풍기는 몇 마력짜리를 사용해야 하는가?(단, 송풍기의 실제 효율은 60%이다.)

풀이 (1) 용적보정계수$(K) = \dfrac{15℃의\ 비중}{1+0.0007(t_2-t_1)} = \dfrac{0.9729}{1+0.0007(65-15)} = 0.94$

서비스탱크 용량$(V_{65}) = \dfrac{V_{15}}{K} = \dfrac{2,000}{0.94} = 2,127.6595$

∴ 2,128L

(2) 송풍기 동력$(N) = \dfrac{송풍압 \times 분당\ 송풍량}{75 \times 60 \times 효율} = \dfrac{2.1 \times 150 \times 60}{75 \times 60 \times 0.6} = 7\text{PS}$

참고 초(sec)당 150m³를 분당으로 고치려면 60을 나누어 준다.(1분은 60초)

42
보일러 출구에서 보일러의 배기가스를 온도계로 측정한 결과 340℃이었다. 이 보일러에 공기예열기를 설치한 후 배기가스 출구온도가 170℃로 낮아졌다면 공기예열기가 흡수하여 회수된 열량은 몇 kJ/h가 되는지 계산하시오.(단, 배기가스 분출량은 1분당 4.6Nm³이고 배기가스의 평균비열은 1.2558kJ/Nm³℃, 공기예열기 효율은 80%로 한다.)

풀이 4.6Nm³/min×1.2558kcal/Nm³℃×(340−170)℃×60min/h×0.8=47,137.71kJ/h

43
노통연관식 보일러에서 중유를 공급하기 위하여 전열식 오일프리히터를 사용한다. 보일러 용량이 3,500kg/h, 중유공급량이 225kg/h, 연료의 저위발열량(H_l)이 40,604kJ/kg, 중유의 비열이 1.8837kJ/kg℃일 때 오일프리히터의 출력은 몇 kWh가 이상적인가?(단, 히터예열기의 기름입구온도는 70℃, 그 출구의 유온은 80℃, 전열식 오일프리히터(유예열기)의 효율은 80%로 본다.)

풀이 $\dfrac{Gf \times Gb(t_2-t_1)}{3,600 \times \eta} = \dfrac{225 \times 1.8837 \times (80-70)}{3,600 \times 0.8} = 1.47\text{kWh}$

참고 1kWh=102kg m/s×1h×3,600sec/h×$\dfrac{1}{427}$kcal/kg m=860kcal

860kcal×4.186kJ/kcal=3,600kJ

44
압력계에 U자형의 곡관 또는 사이펀관(Siphon Tube)을 설치하는 이유를 간단히 설명하시오.

풀이 보일러에서 발생한 증기나 고온수로부터 압력계를 보호하기 위해서 설치한다.

45 어떤 건물에서 굴뚝의 직경 80cm, 높이 30m, 외기 온도 15℃, 굴뚝 내 배기가스 평균온도가 300℃일 때 굴뚝의 자연통풍력은 몇 mmH_2O인가?

풀이) $Z = 30 \times \left(\dfrac{353}{15+273} - \dfrac{367}{300+273} \right) ≒ 17.56 mmH_2O$

46 배기가스의 평균온도 130℃, 외기온도 30℃, 대기의 비중량 $4kg/Nm^3$, 가스의 비중량 $3kg/Nm^3$, 연돌의 높이가 10m일 때 이론통풍력은 몇 mmAq인가?

풀이) $Z = 273 \times 10 \times \left(\dfrac{4}{30+273} - \dfrac{3}{130+273} \right) = 15.72 mmAq$

47 보일러 급수를 예열함으로써 얻는 이점 2가지를 쓰시오.

풀이) ① 연료소비량을 감소시킨다.
② 보일러의 열효율을 증가시키고 급수의 불순물 일부가 제거된다.

48 신축곡관에 쓰이는 관의 바깥지름이 200mm일 때 배관의 신장 200mm를 흡수할 수 있는 신축곡관의 길이를 구하시오.

풀이) 허용 신축곡관길이$(L) = 0.073 \times \sqrt{D \times l} = 0.073 \times \sqrt{200 \times 200} = 14.6m$

49 보일러의 급수장치 중 인젝터의 작동 불량 요인 7가지를 쓰시오.

풀이) ① 흡입관로 및 밸브로부터의 공기 누입이 있다.
② 증기에 수분이 너무 많다.
③ 증기압력이 너무 낮다.
④ 내부 노즐에 이물질이 부착된다.
⑤ 급수온도가 너무 높다.
⑥ 체크밸브의 고장이 있다.
⑦ 노즐의 마모가 있다.
⑧ 압력이 0.2MPa 이하이다.

50 건식 집진장치의 종류 5가지를 쓰시오.

풀이) ① 중력식 ② 관성식 ③ 원심력식
④ 여과식 ⑤ 음파식

51 중유 C급의 연소장치에서 공기조절장치(또는 보염장치)의 종류 3가지를 쓰시오.

풀이) ① 윈드박스 ② 스태빌라이저(보염기)
③ 버너타일 ④ 콤버스터

52 통풍방식에는 자연통풍과 강제통풍방식이 있는데 이 중 강제통풍방식 3가지 및 배기가스의 유속을 쓰시오.

풀이) ① 압입통풍(6~8m/s)
② 흡입통풍(8~10m/s)
③ 평형통풍(10m/s 이상)

53 소요전력 52kW, 펌프효율 75%, 전 양정을 36m로 하고 양수한다면 송수량은 몇 m³/sec인가?

풀이) $52 = \dfrac{1{,}000 \times Q \times 36}{102 \times 0.75}$

펌프송수량$(Q) = \dfrac{52 \times 102 \times 0.75}{1{,}000 \times 36} = 0.11 \, \text{m}^3/\text{s}$

54 기체연료의 연소방식에는 확산연소방식과 예혼합연소방식이 있다. 예혼합연소방식의 버너 종류를 3가지만 쓰시오.

풀이) ① 저압버너 ② 고압버너 ③ 송풍버너

55 강제통풍방식 중 노 내 압력이 높은 순서대로 쓰시오.

풀이) 압입통풍 > 평형통풍 > 흡입통풍

56 중유를 사용하는 버너에서 연소효과를 올리기 위하여 보염장치(에어레지스터)를 설치하는데 이 중 버너타일의 역할을 3가지만 쓰시오.

풀이) ① 착화와 불꽃의 안정을 도모한다.
② 복사열을 착화부에 전달한다.
③ 공기와 연료의 원활한 분포와 흐름 방향을 조절한다.

57 스프링식 안전 밸브 종류 4가지를 쓰시오.

풀이) ① 저양정식 ② 고양정식 ③ 전양정식 ④ 전양식

58 보일러 버너의 구조 중 공기 조절장치는 무화 장치와 더불어 확산 연소를 위한 중요 장치이다. 이 공기조절장치의 3가지 주요 구성요소를 쓰시오.

풀이) ① 윈드박스 ② 보염기 ③ 버너타일

59 보염장치에서 버너타일의 역할 3가지를 쓰시오.

풀이) ① 착화와 불꽃의 안정을 도모한다.
② 공기와 연료의 분포와 흐름의 방향을 조절한다.
③ 복사열을 착화부에 전달한다.

60 보일러 및 압력용기의 부속기기 및 장치에서 댐퍼의 설치 목적과 종류 2가지를 서술하시오.

풀이) ① 목적 : 통풍력을 조절하며 또한 가스의 흐름을 차단한다.
② 종류 : 회전식, 승강식(승강기식)

61 고압보일러에는 기수분리기(Steam Separator)를 사용한다. 어떤 형식의 것을 사용하는지 3가지를 쓰시오.

풀이) ① 장애판을 조립한 것
② 원심 분리기를 사용한 것
③ 파도형의 다수 강판을 합쳐 조립한 것

62 시로코형 송풍기를 사용하는 건타입 버너에서 송풍기 출구압력이 42mmAq, 효율 65%, 풍량 850m³/min일 때 이 송풍기의 소요마력(PS)은 얼마인가?

풀이 송풍기 소요동력$(N) = \dfrac{Z \cdot Q}{60 \times 75 \times \eta} = \dfrac{850 \times 42}{60 \times 75 \times 0.65} = 12.21\,\text{PS}$

참고 소요마력 $= \dfrac{\text{송풍기의 출구압력} \times \text{분당 송풍량}}{75 \times 60 \times \text{효율}}$ (PS)

63 캐리오버(Carry Over)의 뜻을 간단히 설명하시오.

풀이 기수공발이며, 보일러에 발생되는 증기 속에 물방울이나 기타 불순물이 함유되어 보일러 외부의 배관으로 함께 나가는 현상이다.

64 보일러 급수량이 2ton/h이고 관수 중의 고형분 허용농도는 2,200ppm이다. 급수가 200ppm의 고형분을 포함하고 있다면 일일(24시간) 분출량은 몇 kg인지 계산하시오. (단, 응축수는 100% 회수되는 것으로 한다.)

풀이 보일러 분출량$(G) = \dfrac{W(1-R)d}{\gamma - d} = \dfrac{2{,}000 \times 24 \times 200}{2{,}200 - 200} = 4{,}800\,\text{kg}$

65 급수배관라인에는 절탄기, 급수조절기, 체크 밸브, 게이트 밸브가 보일러와 연결되어 있다. 설치라인을 순서대로 연결하여 쓰시오.

풀이 급수조절기 → 절탄기 → 체크 밸브 → 게이트 밸브 → 보일러

66 최고사용압력 0.5MPa·g, 전열면적 60m², 전열면적 1m²당 최대증발량 30kg/h인 수관식 보일러에 설치할 스프링식 안전판(저양정식)의 합계 면적은 얼마인가?(단, 소수 둘째 자리에서 반올림하시오.)

풀이 $60 \times 30 = \dfrac{(1.03 \times 5 + 1) \times S}{22}$

안전밸브 단면적$(S) = \dfrac{22 \times W}{1.03P + 1} = \dfrac{22 \times 60 \times 30}{1.03 \times 5 + 1} = 6{,}439.0\,\text{mm}^2$

참고 저양정식 안전밸브 면적(mm²) $= \dfrac{22 \times \text{보일러 용량}}{1.03 \times \text{보일러 압력} + 1}$

67 연료가 연소할 때 발생하는 그을음이 전열 외면에 부착하면 이로 하여금 그을음이나 재 등을 불어내어 제거하는 장치로서 수관식 보일러에 사용되는 부속장치는 무엇이며 이 장치의 종류 3가지를 쓰시오.

풀이 (1) 부속장치 : 슈트 블로어
(2) 종류
① 롱리트랙터블형　② 쇼트리트랙터블형　③ 건타입형
④ 로터리형　⑤ 공기예열기 크리너

68 유량계 전에 설치하는 여과기의 종류 3가지를 쓰시오.

풀이 ① Y자형　② U자형　③ V자형

69 수평배관에서만 사용할 수 있는 체크 밸브의 구조에 따른 종류를 쓰시오.

풀이 리프트식(수직, 수평용 : 스윙식)

70 증기감압밸브 설치에 필요한 배관 부속품 및 계기의 종류를 9가지만 쓰시오.(단, 관은 제외)

풀이 ① 티　② 엘보　③ 여과기
④ 감압 밸브　⑤ 리듀서　⑥ 압력계
⑦ 안전 밸브　⑧ 글로브 밸브　⑨ 유니언

71 다음의 보기를 보고 중유 사용 보일러에서 전기식 오일프리히터(kWh)의 용량을 계산하시오.

- 보일러 시간당 연료소비량 : 420L/h
- 예열온도 : 85℃
- 입구온도 : 60℃
- 연료의 비열 : 0.45kcal/kg℃
- 연료의 비중 : 0.96
- 히터효율 : 73%

풀이 $\dfrac{420 \times 0.96 \times 0.45(85-60)}{860 \times 0.73} = 7.23\text{kWh}$

72 분출압력이 20kg/cm²인 스프링식 안전밸브에서 안전판의 지름이 75mm일 때 저양정식의 분출용량을 구하시오. (단, π는 3.14로 하고 소수 둘째 자리에서 반올림하시오.)

풀이 $\dfrac{1.03 \times 20 + 1}{22} \times \dfrac{3.14}{4} \times 75^2 = 4,335.34 \text{kg/h}$

∴ 4,335.3kg/h

참고 저양정식 분출용량 $= \dfrac{(1.03 \times 증기압력 + 1) \times 안전밸브의\ 단면적}{22}$ (kg/h)

73 다음 그림은 횡치 원통형 오일탱크이다. 내용량 계산식을 쓰시오.

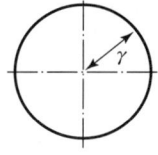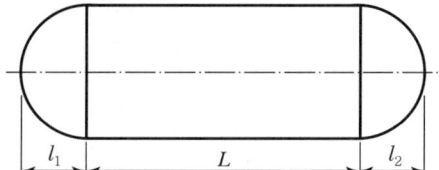

풀이 $V = \pi\gamma^2 \left[L + \dfrac{l_1 + l_2}{3} \right]$

74 다음 밸브의 특징을 쓰시오.
(1) 글로브 밸브
(2) 주증기 앵글 밸브
(3) 슬루스 밸브
(4) 체크 밸브

풀이 (1) 유체의 흐름방향과 평행하게 밸브가 개폐되며 관로 폐쇄 또는 유량 조정용으로 적합한 밸브
(2) 직각으로 굽어지는 장소에 사용되는 밸브로 엘보와 글로브 밸브를 조합한 형태의 밸브
(3) 배관용으로 가장 많이 사용되는 것으로 유량조정용으로는 부적합하며 유로 개폐용으로 적합한 밸브
(4) 유체의 흐름방향을 한 방향으로만 하고 역류를 방지하는 목적에 사용되는 밸브

75 보일러용 소형 급수설비인 인젝터의 작동순서와 정지순서를 쓰시오.

풀이 (1) 작동순서
① 출구정지 밸브를 연다.
② 흡수 밸브를 연다.
③ 증기 밸브를 연다.
④ 핸들을 연다.

(2) 정지순서
① 핸들을 닫는다.
② 증기 밸브를 닫는다.
③ 흡수 밸브를 닫는다.
④ 출구정지 밸브를 닫는다.

CHAPTER 02 연료 및 연소 계산

PART 07 | 보일러 취급 실무 문제

01 10℃의 물을 80℃로 가열하여 400L/h로 공급할 때 필요한 가스의 용량(m^3/h)을 구하시오.(단, 가스 발열량은 11,000kcal/m^3, 열효율은 70%이다.)

풀이 가스 사용량(G) = $\dfrac{400 \times 1 \times (80-10)}{11,000 \times 0.7}$ = 3.64m^3/h

참고 1kcal = 4.186kJ, 1kJ = 0.24kcal

02 탄소(C) 86%, 수소(H) 14%의 조성을 갖는 액체연료를 매시 100kg 연소시킬 때 소요되는 공기량(Nm^3/kg)은?(단, 공기과잉계수는 1.2이다.)

풀이 실제공기량(A) = A_o(이론공기량)×공기과잉계수 = $A_o \times m$
= (8.89×0.86 + 26.67×0.14)×1.2 = 13.66Nm^3/kg

참고 이론공기량(A_o) = 8.89C + 26.67$\left(H - \dfrac{O}{8}\right)$ + 3.33S = 8.89C + 26.67H

03 다음은 중유 첨가제를 나열한 것이다. 이들 첨가제의 기능을 간단히 설명하시오.
(1) 연소촉진제 (2) 슬러지 안정제
(3) 탈수제   (4) 회분개질제

풀이 (1) 기름분무를 용이하게 한다.
(2) 슬러지 생성을 방지한다.
(3) 연료 속의 수분을 분리 제거한다.
(4) 재의 융점을 높여 고온부식을 방지한다.

04 완전연소의 조건을 3가지만 쓰시오.

풀이 ① 산소농도   ② 온도   ③ 연소시간

05 연소반응속도의 인자를 4가지만 쓰시오.

[풀이]
① 온도 ② 압력
③ 농도 ④ 촉매
⑤ 햇빛 ⑥ 물질의 입자 크기

06 완전연소의 구비조건을 3가지만 쓰시오.

[풀이]
① 연료를 적당한 온도로 예열 공급할 것
② 연료량에 따라 적당한 양의 공기를 공급하여 연료와 잘 혼합시킬 것
③ 연료가 연소하는 데 필요한 시간이 충분할 것
④ 연소실 내의 온도는 되도록 높게 유지할 것
⑤ 연소실의 용적은 연료가 연소하는 데 필요한 용적 이상일 것

07 액체연료의 성분 분석 결과 C 80%, H 10%, S 3%, N 2%, H2O 3%가 분석된 연료의 이론공기량은 몇 Nm³/kg인가?

[풀이] 고체, 액체 이론공기량(A_o)

$$A_o = 8.89C + 26.67\left(H - \frac{O}{8}\right) + 3.33S$$
$$= 8.89 \times 0.8 + 26.67 \times 0.1 + 3.33 \times 0.03 = 9.88 \text{Nm}^3/\text{kg}$$

08 다음 고체연료의 성분을 보고 이론공기량을 계산하시오.

| • C : 80% | • H : 10% | • O : 5% | • N : 3% |

[풀이] 이론공기량(A_o) $= 8.89 \times 0.8 + 26.67\left(0.1 - \dfrac{0.05}{8}\right) = 9.61 \text{Nm}^3/\text{kg}$

09 어떤 연료의 이론배기가스량이 10.49Nm³/kg이고 공기비(과잉공기계수)가 1.15일 때 실제배기가스량은 몇 Nm³/kg인가?(단, 이론공기량은 9.88Nm³/kg이다.)

[풀이] 실제습배기가스량(G_w) $= G_{ow} + (m-1)A_o$
$$= 10.49 + (1.15 - 1) \times 9.88 = 11.97 \text{Nm}^3/\text{kg}$$

10 중유의 고위발열량이 10,200kcal/kg이고 연료의 원소성분이 C 80%, H 15%, 수분(W) 5%일 때 이 연료 5kg이 연소할 때 발생하는 저위발열량을 구하시오.

풀이 저위발열량(H_l) = H_h − 600(9H + W) = [10,200 − 600(9 × 0.15 + 0.05)] × 5 = 46,800kcal

참고 $\dfrac{600\text{kcal/kg} \times 4.186\text{kJ}}{360\text{kJ/kWh}} \times 10^3 = 697.67\text{W}$

11 배기가스 분석결과 CO_2 12%, O_2 3%, CO 2%의 검출 시 공기비(m)를 구하시오.

풀이 공기비(m) = $\dfrac{N_2}{N_2 - 3.76\{O_2 - 0.5(CO)\}}$ (불완전연소 시 계산식)

$= \dfrac{83}{83 - 3.76(3 - 0.5 \times 2)} = 1.10$

참고 질소(N_2) = 100 − (12 + 3 + 2) = 83%

12 연료의 발열량이 9,750kcal/kg인 연료를 연소시킨 결과 유효열이 7,700kcal/kg, 미연탄소분에 의한 손실열이 150kcal/kg이며 방사에 의한 손실열이 900kcal/kg이며 배기가스에 의한 열손실이 1,000kcal/kg일 때 연소효율, 전열면효율, 열효율을 각각 구하시오.

풀이 ① 연소효율 = $\dfrac{\text{연소발열량} - \text{손실열량}}{\text{연소열량}} \times 100 = \dfrac{9,750 - 150}{9,750} \times 100 = 98.46\%$

② 전열면 효율 = $\dfrac{\text{유효열량}}{\text{실제연소열}} \times 100 = \dfrac{9,750 - (150 + 900 + 1,000)}{9,750 - 150} \times 100 = 80.21\%$

③ 열효율 = $\dfrac{\text{유효열}}{\text{연소열량(공급열량)}} \times 100 = \dfrac{9,750 - (150 + 900 + 1,000)}{9,750} \times 100 = 78.97\%$

13 부탄가스(C_4H_{10})의 연소 시 이론연소가스량은 몇 Nm^3/kg인가?

풀이 연소반응식 : $C_4H_{10} + 6.5O_2 \rightarrow 4CO_2 + 5H_2O$

이론연소가스량(G_{ow}) = $[(1 - 0.21)A_o + CO_2 + H_2O] \times \dfrac{22.4}{58}$

$= \left[(1 - 0.21) \times \dfrac{6.5}{0.21} + (4 + 5)\right] \times \dfrac{22.4}{58} = 12.92 Nm^3/kg$

14 프로판가스(C_3H_8)의 연소 시 이론공기량과 이론배기가스량(Nm^3/Nm^3)을 구하시오. (단, 연소 반응식은 $C_3H_8 + 5O_2 \rightarrow 3CO_2 + 4H_2O$)

풀이 (1) 이론공기량(A_o)

$$A_o = 5 \times \frac{1}{0.21} = 23.81 \, Nm^3/Nm^3$$

(2) 이론배기가스량(이론습연소가스량)

$$G_{ow} = (1-0.21)A_o + CO_2 + H_2O$$
$$= (1-0.21) \times 23.81 + (3+4) = 25.81 \, Nm^3/Nm^3$$

15 메탄가스(CH_4)의 발열량이 9,520kcal/Nm^3이며 과잉공기율이 25%일 때 저위발열량(kcal/Nm^3)과 실제배기가스량(Nm^3/Nm^3)을 구하시오. (단, H_2O 1kg의 증발열은 600kcal/kg이다.)

풀이 저위발열량(H_l) = $H_h - 600 \times \frac{18}{22.4} \times H_2O$

$$= 9,520 - 600 \times \frac{18}{22.4} \times 2$$
$$= 8,555.71 \, kcal/Nm^3$$

실제습배기가스량(G_w) = $(m-0.21)A_o + CO_2 + H_2O$

$$= (1.25 - 0.21) \times \frac{2}{0.21} + 1 + 2$$
$$= 12.90 \, Nm^3/Nm^3$$

참고 $CH_4 + 2O_2 \rightarrow CO_2 + 2H_2O$

$$600 \times \frac{18}{22.4} = 482 \, kcal/m^3$$

16 실제배기가스량이 15Nm^3/kg이고 연료의 성분원소 중 수소(H)가 12%, 수분(W)이 3%일 때 실제건배기가스량은 몇 Nm^3/kg인가?

풀이 실제건배기가스량(G_d) = 실제습배기가스량 - 연소생성수증기량 = $G_w - W_g$

연소생성수증기량(W_g) = 1.244(9H + W)

$$G_d = 15 - 1.244(9 \times 0.12 + 0.03) = 13.62 \, Nm^3/kg$$

17 공기비가 1.2인 연료의 연소 시 이론공기량이 12Nm³/kg인 액체연료의 실제공기량(Nm³/kg)을 구하시오.

풀이 실제공기량$(A) = A_o \times m = 12 \times 1.2 = 14.4 \text{Nm}^3/\text{kg}$

18 프로판가스(C_3H_8)의 공기비(과잉공기계수)가 1.2에서 이론공기량과 실제공기량, 실제배기가스량을 구하시오. (단, 연소반응식은 $C_3H_8 + 5O_2 \rightarrow 3CO_2 + 4H_2O$)

풀이
① 이론공기량$(A_o) = 5 \times \dfrac{1}{0.21} = 23.81 \text{Nm}^3/\text{Nm}^3$
② 실제공기량$(A) = 23.81 \times 1.2 = 28.57 \text{Nm}^3/\text{Nm}^3$
③ 실제 배기가스량$(G_{ow}) = (m - 0.21)A_o + CO_2 + H_2O$
$= (1.2 - 0.21) \times 23.81 + (3 + 4) = 30.57 \text{Nm}^3/\text{Nm}^3$

19 배기가스 성분 중 CO 가스가 1.5% 검출 시 불완전열손실은 몇 kcal/kg인가? (단, 이론공기량은 10.38Nm³/kg, 이론건배기가스량은 9.69Nm³/kg, 공기비는 1.06이다.)

$$\text{CO 열손실}(Q_l) = 3{,}050 [G_{od} + (m-1)A_o] \times (\text{CO}), \quad CO + \dfrac{1}{2}O_2 \rightarrow 3{,}050 \text{kcal/kg}$$

풀이 불완전열손실$(Q_l) = 3{,}050[9.69 + (1.06 - 1) \times 10.38] \times 0.015 = 471.81 \text{kcal/kg}$

20 $CO_{2\text{max}}$가 16%이고 배기가스 성분 속의 $CO_{2\text{max}}$가 12%일 때 배기가스 중 산소(O_2)는 몇 %인가?

풀이
CO_2 최대량$(CO_{2\text{max}}) = \dfrac{21 \times CO_2}{21 - O_2}$
$16 = \dfrac{21 \times 12}{21 - O_2}$
$21 - O_2 = \dfrac{21 \times 12}{16} = 15.75$
$\therefore O_2 = 21 - 15.75 = 5.25\%$

21
CO_{2max}가 17%이고 배기가스의 CO_2가 13%, CO가 2%이다. 배기가스 중 O_2 농도는 몇 %인가?

[풀이]

$$17 = \frac{21(CO_2 + CO)}{21 - (O_2) + 0.395(CO)}$$

$$21 - O_2 + 0.395 \times 2 = \frac{21(13+2)}{17} = 18.52941176$$

$$21 - O_2 = 18.52941176 - (0.395 \times 2) = 17.73941176$$

$$\therefore O_2 = 21 - 17.73941176 = 3.26\%$$

또는 $21 - \left(\dfrac{21(13+2)}{17} - 0.395 \times 2\right) = 3.26\%$

22
중유의 저위발열량이 9,750kcal/kg이다. 이론공기량은 몇 Nm^3/kg인가?

[풀이] 저위발열량에 의한 이론공기량(A_o)

$$A_o = 12.38 \times \frac{H_l - 1,100}{10,000} = 12.38 \times \frac{9,750 - 1,100}{10,000} = 10.71\,\text{Nm}^3/\text{kg}$$

[참고]
- 9,750kcal/kg × 4.186kJ/kcal = 40,813.5kJ/kg
- $\dfrac{40,813.5\text{kJ/kg}}{3,600\text{kJ/kWh}} = 11.34\text{kW} = 11,340\text{W}$

CHAPTER 03 보일러 열정산 및 열관리

PART 07 | 보일러 취급 실무 문제

01 다음 기호를 이용하여 온수순환량(kg/h)의 계산식을 쓰시오.

- H_r : 난방부하(kcal/h)
- C_p : 온수의 비열(kcal/kg℃)
- Δt : 송수온도와 환수온도의 온도차(℃)

[풀이] 온수순환량 $= \dfrac{H_\gamma}{C_p \times \Delta t}$

02 상당증발량 2,000kg/h의 보일러가 단위 kg당 41,022.8kJ의 발열량을 갖는 중유를 연소시킨다. 보일러의 효율이 80%일 때 단위시간당 연료소비량(kg/h)을 계산하시오.

[풀이] 물의 증발잠열 = 539kcal/kg = 2,257kJ/kg

연료소비량(G_f) $= \dfrac{2{,}000 \times 2{,}257}{0.8 \times 41{,}022.8} = 137.45\text{kg/h}$

03 보일러의 증기발생량이 5,000kg이고 가동시간이 5시간이며 전열면적이 20m²일 때 전열면의 증발률을 구하시오.

[풀이] 전열면의 증발률 $= \dfrac{\text{증기 발생량(kg)}}{\text{보일러 가동시간} \times \text{전열면적(m}^2)}$

$= \dfrac{5{,}000}{5 \times 20} = 50\text{kg/m}^2\text{h}$

04 보일러 운전시간 3시간에서 급수사용량이 6,000kg이고 매시 연료소비량이 250kg이며 증기압력 0.6MPa에서 발생증기 엔탈피가 2,755kJ/kg이다. 다음 물음에 답하시오. (단, 전열면적은 50m²이다.)

(1) 상당증발량(환산증발량)을 구하시오.(단, 급수온도는 23℃, 물의 비열은 4.2kJ/kg℃이다.)
(2) 환산증발배수(kg/kg)를 구하시오.(단, 물의 증발잠열은 2,257kJ/kg으로 한다.)

풀이 (1) $\dfrac{\dfrac{6,000}{3} \times (2,757 - 23 \times 4.2)}{2,257} = 2,357.47 \text{kg/h}$

(2) $\dfrac{2,357.47}{250} = 9.43 \text{kg/kg}$

05 보일러 열정산 시 출열에 해당하는 열(열량)의 종류를 4가지만 쓰시오.

풀이
① 배기가스 손실열
② 불완전연소에 의한 손실열
③ 발생증기 보유열
④ 노내 방사 전열에 의한 손실열
⑤ 미연 탄소분에 의한 손실열

06 매시간당 2,800L의 온수가 필요한 건물에서 급수온도가 15℃(62.79kJ/kg), 급탕온도가 75℃(313.95kJ/kg)일 때 다음 물음에 답하시오.(단, 소수 둘째 자리에서 반올림하시오.)

(1) 발열량 42,000kJ/kg, 연소율 2.0kg/m²h인 중유를 사용하는 온수보일러(효율 65%)로 급탕할 때 그 전열면적을 구하시오.
(2) 증기흡입기(Steam Silence)를 사용하여 흡입증기에 의해 직접 가열하는 경우 소요 증기량을 구하시오.

풀이 (1) 전열면적 = $\dfrac{\text{급탕부하}}{\text{연료의 발열량} \times \text{연소율} \times \text{효율}}$ (m²)

$F = \dfrac{2,800 \times (313.95 - 62.79)}{42,000 \times 2 \times 0.65} = 12.88 \text{m}^2$

(2) 증기소비량 = $\dfrac{\text{급탕부하}}{539}$ (kg/h)

$G = \dfrac{2,800 \times 4.186 \times (75 - 15)}{2,257} = 311.59 \text{kg/h}$

참고 물의 비열 = 4.186kJ/kg, 물의 증발열 = 2,257kJ/kg

07 건도 0.96이고 압력이 1.5kg/cm²인 증기로 난방을 하는 경우 방열기 내에서 생성되는 응축수량은 몇 kg/m²h인지 계산하시오. [단, 증기의 엔탈피는 2,700kJ/kg, 포화수의 온도는 110℃(461kJ/kg)이다.]

풀이 발생증기 엔탈피(h_2) = $h_1 + \gamma x$
증발잠열(γ) = $(2,700 - 461) \times 0.96 = 2,169.6$ kJ/kg
∴ $G = \dfrac{2,720}{2,169.6} = 1.25$ kg/m²h

08 보일러 압력이 0.5MPa, 발생증기 엔탈피가 2,688kJ/kg, 급수의 온도가 60℃(251.16kJ/kg), 급수의 비열이 4.2kJ/kg℃, 실제 시간당 증기발생량이 2,000kg일 때 다음을 구하시오. (단, 물의 증발열은 2,256kJ/kg으로 한다.)

(1) 증발계수
(2) 환산증발량

풀이 (1) $\dfrac{h_2 - h_1}{2,256} = \dfrac{2,688 - 251.16}{2,256} = 1.08$

(2) $\dfrac{G(h_2 - h_1)}{2,256} = \dfrac{2,000(2,688 - 251.16 \times 1)}{2,256} = 2,159.36$ kg/h

또는, $1.08 \times 2,000 = 2,160$ kg/h

09 어떤 보일러의 증발량이 27.6t/h, 연료 사용량이 45kg/h, 보일러 본체의 전열면적이 460m²일 때, 이 보일러의 전열면 증발률은 몇 kg/m²h인지 계산하시오.

풀이 전열면의 증발률 = $\dfrac{\text{시간당 증기발생량}}{\text{전열면적}}$ (kg/m²h)

$= \dfrac{27.6 \times 1,000}{460} = 60$ kg/m²h

10 온수보일러의 출력량 또는 급수량이 G(kg/h), 물의 평균 비열이 C_p(kcal/kg℃)일 때 보일러의 출력 Q_k를 구하는 식을 쓰시오. [단, 급수온도는 t_1(℃), 난방출탕온도는 t_2(℃)이다.]

풀이 $Q_k = G \times C_p \times (t_2 - t_1)$

11 어떤 보일러의 성능이 아래와 같을 때 증발계수와 상당증발량은 얼마인가?

- 증발압력 : 0.5MPa
- 물의 증발열 : 2,257kJ/kg
- 증기엔탈피 : 2,721kcal/kg
- 급수온도 : 60℃(251.16kJ/kg)
- 1시간당 증발량 : 1,200kg

풀이
(1) 증발계수 = $\dfrac{증기엔탈피 - 급수온도}{2,257} = \dfrac{2,721 - 251.16}{2,257} = 1.09$
(2) 상당증발량 = 증기발생량 × 증발계수 = 1,200 × 1.09 = 1,308kg/h

참고 증발계수 = $\dfrac{h_2 - h_1}{2,257}$

---

12 온도 20℃(83.72kJ/kg)의 물을 보일러에 급수하여 0.3MPa의 증기 100kg을 만들 경우 이 보일러의 마력은 얼마인지 계산하시오. (단, 0.3MPa의 포화증기 엔탈피는 2,721kJ/kg이다.)

풀이
마력 = $\dfrac{상당증발량}{15.65}$

상당증발량 = $\dfrac{시간당\ 증기발생량(발생증기\ 엔탈피 - 급수엔탈피)}{2,257}$

∴ $\dfrac{100 \times (2,721 - 83.72)}{2,257 \times 15.65} = 7.47\text{HP}$

---

13 노통연관식 보일러에서 증기압력이 6kg/cm², 발생증기량이 2,500kg/h, 급수엔탈피가 26kcal/kg, 중유사용량이 210L/h, 중유의 비중이 0.98, 연료의 저위발열량이 9,750kcal/kg 라면 이 보일러의 마력(HP)은 얼마인가? (단, 발생증기 엔탈피는 658kcal/kg이다.)

풀이
보일러 마력(HP) = $\dfrac{상당증발량}{15.65} = \dfrac{2,500 \times (658 - 26)}{539 \times 15.65} = 187.31\text{HP}$

---

14 열정산(열감정)에 의한 증기보일러의 보일러 효율 산정방법을 2가지만 쓰시오.

풀이
① 입출열법에 따른 효율
② 열손실법에 따른 효율

15 강제 보일러로 교체하였을 때 보일러의 사용출력과 정격출력은 몇 kg/h인가?(단, 상용출력과 정격출력은 각각 1,992,000kcal/h, 2,490,000kg/h이다.)

풀이 ① 상용출력 = $\dfrac{1,992,000}{539}$ = 3,695.7kg/h

∴ 3,696kg/h

② 정격출력 = $\dfrac{2,490,000}{539}$ = 4,619.6kg/h

∴ 4,620kg/h

참고 539kcal/kg(2,257kJ/kg)은 증발잠열이다.

16 수관식 보일러의 증기발생량이 5,000kg이고 보일러 가동시간은 5시간이며 전열면적이 20m²일 때 전열면의 증발률은 몇 kg/m²인가?

풀이 전열면의 증발률 = $\dfrac{\text{시간당 증기발생량}}{\text{보일러의 전열면적}}$ = $\dfrac{5,000}{5 \times 20}$ = 50kg/m²h

17 상향순환식 온수보일러에서 송온수의 온도가 88℃, 환수의 온도가 71℃, 실내온도가 18℃를 유지할 때 난방부하가 31.395MJ이다. 온수의 순환량(kg/h)은 얼마인가?(단, 온수의 비열은 3.98kJ/kg℃이다.)

풀이 온수순환량 = $\dfrac{\text{시간당 난방부하}}{\text{온수의 비열(송수온도 - 환수온도)}}$ = $\dfrac{31.395 \times 10^3}{3.98(88-71)}$ = 464.01kg/h

참고 $1MJ = 10^3 kJ$

18 보일러의 성능시험 결과 1시간당 상당증발량이 2,750kg이고 매시간당 연료소비량이 220kg, 보일러의 마력이 176HP이라면 환산증발배수(kg/kg)는 얼마인가?

풀이 환산증발배수 = $\dfrac{2,750}{220}$ = 12.5kg/kg

참고 상당증발배수 = $\dfrac{\text{상당증발량}}{\text{연료소비량}}$ (kg/kg)

19 보일러 열정산 시 입열항목 4가지를 쓰시오.

풀이
① 연료의 현열 ② 공기의 현열
③ 연료의 연소열 ④ 노내 분입 증기의 보유열

20 어떤 수관식 보일러의 증기압력은 10kg/cm²이고 매시 증발량이 5,000kg이며 급수의 온도가 60℃이고 증기의 엔탈피가 663kcal/kg, 저위발열량이 9,600kcal/kg인 연료를 사용하는 보일러에서 상당증발량(kg/h)을 구하시오.

풀이 상당증발량(W_e) = $\dfrac{5,000(663-60)}{539}$ = 5,593.69kg/h

21 10℃의 물을 80℃로 가열하여 매시 400L씩 공급할 때 필요한 가스의 용량(m³/h)을 구하시오. (단, 가스 발열량은 10,000kcal/m³, 열효율은 70%이다.)

풀이 가스 소비량 = $\dfrac{400 \times (80-10)}{10,000 \times 0.7}$ = 4m³/h

22 노통연관식 증기보일러에서 저위발열량 9,700kcal/kg인 연료를 400kg/h씩 연소시켜, 엔탈피 655kcal/kg인 증기를 5,000kg/h 발생시킨다면, 이 보일러의 마력은 얼마인지 계산하시오. (단, 보일러 급수온도는 20℃이다.)

풀이 보일러 마력 = $\dfrac{\text{상당증발량}}{15.65}$ = $\dfrac{5,000 \times (655-20)}{539 \times 15.65}$ = 376.39HP

∴ 376.39HP

23 어느 증기보일러의 3시간 동안의 증발량이 8,700kg이고, 급수온도가 60℃이며, 연료소비량은 벙커 C유로 시간당 200kg이라면, 이 보일러의 실제 증발배수(Evaporation Factor)는 얼마인가?

풀이 보일러 증발배수 = $\dfrac{\text{시간당 증기발생량}}{\text{시간당 연료소비량}}$ = $\dfrac{\left(\dfrac{8,700}{3}\right)}{200}$ = 14.5kg/kg

24 보일러 여열장치인 공기예열기로 아래 조건과 같이 공기를 예열하여 연소한 경우 단위 시간당 공기의 현열(kcal/h)을 계산하시오.

• 연료소비량(G) : 50kg/h	• 대기온도(t_o) : 20℃
• 공기소비량(A) : 7.5Nm³/kg	• 공기예열온도(t_a) : 60℃
• 공기의 평균비열(C_p) : 5kcal/Nm³℃	• 1kcal = 4.186kJ

풀이 공기의 현열 = 연료소비량 × 공기소비량 × 공기의 비열 × (공기예열온도 − 대기온도)
= 50 × 7.5 × 5 × (60 − 20) = 75,000 kcal/h

참고 100℃의 물 1kg이 증발할 경우 증발잠열은 539kcal/kg(2,256kJ/kg)으로 한다. 단, 시험에서 별도로 주어지는 숫자가 있으면 거기에 따른다.

CHAPTER 04 보일러 급수처리 및 급수장치

PART 07 | 보일러 취급 실무 문제

01 보일러관을 산으로 세정한 후 중화, 방청 처리를 할 때 사용되는 화학약품을 3가지 쓰시오.

풀이
① 탄산나트륨 ② 수산화나트륨
③ 인산나트륨 ④ 아질산나트륨
⑤ 히드라진

참고 신설 보일러의 소다보링(소다떼기) 시 사용되는 약품 : 탄산소다

02 용존 고형물의 처리 시 급수처리방법을 3가지만 쓰시오.

풀이
① 약품처리법 ② 증류법
③ 이온교환법 ④ 제올라이트법
⑤ 석회소다법

03 보일러의 급수처리방법 중 외처리법에서 고체 협잡물을 처리하는 방법 3가지를 쓰시오.

풀이 ① 침강법 ② 여과법 ③ 응집법

04 보일러 취급에서 급수처리를 하는 목적을 3가지 쓰시오.

풀이
① 스케일 생성 고착방지
② 관수의 농축방지
③ 가성취화방지 및 부식방지
④ 기수공발 요인 제거(캐리오버 발생 방지)

05 보일러 화학세관을 하기 위하여 필요한 준비작업 중 필히 알아야 할 사항 3가지를 쓰시오.

풀이 ① 보일러 관수량 ② 스케일 두께 ③ 스케일 성분

06 용기의 세정제는 산성 세정제, 유기산 세정제, 알칼리 세정제로 구분한다. 각 세정제의 종류를 4가지씩 쓰시오.

[풀이]
(1) 산성 세정제(무기산)
　① 인산　　② 황산
　③ 질산　　④ 염산
(2) 유기산 세정제
　① 옥살산　② 시트릭산　③ 유기산 암모늄
　④ 설파민산　⑤ 구연산
(3) 알칼리 세정제
　① 암모니아　② 탄산소다
　③ 인산소다　④ 가성소다

07 산 세관 시 사용되는 부식 억제제의 구비조건 4가지를 쓰시오.

[풀이]
① 부식 억제 능력이 클 것
② 점식 발생이 없을 것
③ 물에 대한 용해도가 클 것
④ 세관액의 온도와 농도에 대한 영향이 적을 것
⑤ 시간적으로 안정할 것

08 보일러수 내처리에 쓰이는 경수 연화제의 기능과 종류 2가지를 쓰시오.

[풀이]
(1) 기능
　용수 중의 경도 성분인 불순물을 슬러지로 만들어서 스케일 생성을 방지한다.
(2) 종류
　① 탄산나트륨　② 수산화나트륨　③ 인산나트륨

09 산 세관에 사용되는 무기산의 종류를 5가지만 쓰시오.

[풀이]
① 염산　② 황산　③ 인산
④ 광산　⑤ 질산

10 청관제의 종류 6가지를 쓰시오.

풀이
① pH 알칼리도 조정제　② 경수연화제
③ 탈산소제　　　　　　④ 슬러지 조정제
⑤ 가성취화 억제제　　　⑥ 기포방지제

11 보일러 화학세관법 중 알칼리 세관에 사용되는 약품 3가지를 쓰시오.

풀이
① 암모니아　② 가성소다
③ 탄산소다　④ 인산소다

12 급수 중의 5대 불순물을 쓰시오.

풀이
① 염류　② 유지분　③ 알칼리분
④ 가스분　⑤ 산분

13 산 세정 시 부식억제제의 종류를 3가지 쓰시오.

풀이
① 수지계물질　② 알코올류　　③ 알데히드류
④ 케톤류　　　⑤ 아민유도체　⑥ 함 질소 유기화합물

14 급수처리의 외처리 방법 3가지를 쓰시오.

풀이
① 기계적 방법　② 화학적 방법
③ 전기적 방법

15 현탁물(고체협잡물) 처리방법을 3가지만 쓰시오.

풀이
① 침강법　② 응집법
③ 여과법

16 급수처리법에서 용해 고형물 처리방법을 3가지만 쓰시오.

풀이
① 증류법
② 이온교환법
③ 약품처리법

17 급수처리에서 용존가스분의 처리방법을 2가지만 쓰시오.

풀이
① 탈기법
② 기폭법(폐록서처리법)

18 CO_2, 철분, 망간을 처리할 수 있는 급수처리방법은?

풀이
폭기법(기폭법)

19 급수처리의 내처리에서 청관제 사용에 해당하는 약품을 2가지씩 쓰시오.

풀이
(1) pH 조정제 : 탄산소다, 제3인산소다
(2) 경수 연화제 : 수산화나트륨(가성소다), 탄산소다, 인산소다
(3) 슬러지 조정제 : 탄닌, 리그린, 전분(녹말)
(4) 탈산소제 : 아황산소다, 하드라진, 탄닌
(5) 가성취화 억제제 : 질산나트륨, 인산나트륨, 탄닌, 리그린
(6) 기포 방지제 : 고급지방산에스테르, 폴리아미드, 고급지방산 알코올, 프탈산아미드

참고
• 히드라진 : 고압보일러용
• 아황산소다 : 저압보일러용
• 탄산소다 : 고압보일러에는 사용 불가

20 신설 보일러에서 유지분을 제거하기 위하여 소다 끓이기에 사용되는 약제를 3가지만 쓰시오.

풀이
① 탄산소다
② 인산소다
③ 가성소다

21 보일러 외부 청소 시 기계적인 방법에 사용되는 기구를 3가지만 쓰시오.

풀이
① 스케일 해머　　　　② 스크랩퍼
③ 와이어 브러시　　　④ 튜브 클리닝

참고 보일러 외부 청소방법 : 스팀소킹법, 워터소킹법, 수세법, 샌드블라스트법, 스틸쇼트클리닝법

22 보일러 산 세관 시 용해온도와 세관시간을 쓰시오.

풀이
① 용해온도 : 60±5℃
② 세관시간 : 4~6시간

23 경도 1도란 어떤 경우에 해당되는가?

풀이 물 100cc 중에 있는 산화칼슘(CaO)의 양이 1mg일 때이다.

24 산 세관 시 산의 특징을 3가지만 쓰시오.

풀이
① 위험성이 적고 취급이 용이하다.
② 스케일의 용해 능력이 크다.
③ 가격이 싸다.
④ 물에 대한 용해도가 크기 때문에 세척이 용이하다.
⑤ 부식 억제제가 다양하다.

25 유기산 세관 시 사용되는 약품을 3가지만 쓰시오.

풀이
① 구연산　　　② 구연산 암모늄　　　③ 옥살산
④ 설파민산　　⑤ 유기산 암모늄

26 알칼리 세관제의 종류를 4가지만 쓰시오.

풀이
① 암모니아　　② 가성소다　　③ 탄산소다　　④ 인산소다

27 보일러 건조 보존 시 사용되는 흡습제의 종류를 4가지만 쓰시오.

풀이
① 생석회
② 실리카겔
③ 활성알루미나
④ 염화칼슘

28 보일러의 만수 보존 시에 필요한 약제를 3가지만 쓰시오.

풀이
① 가성소다
② 탄산소다
③ 아황산소다
④ 히드라진
⑤ 암모니아

29 원심식 펌프의 종류를 쓰시오.

풀이
① 터빈펌프
② 볼류트펌프

30 왕복식 펌프의 종류를 3가지만 쓰시오.

풀이
① 피스톤펌프
② 플런저펌프
③ 웨어펌프

31 압력이 낮아지면 수중의 기포가 분리되어 소음, 진동, 부식, 심하면 급수불능이 되는 펌프의 이상현상은?

풀이 캐비테이션(공동현상)

32 증기를 노즐로 분출시켜 그 보유 열에너지를 운동에너지로 바꾸고 이것을 다시 압력에너지로 바꾸어서 보일러 압력에 대항해서 급수하는 펌프의 명칭을 쓰시오.

풀이 인젝터

33 인젝터의 급수 불능 원인을 3가지만 쓰시오.

풀이
① 급수온도가 50℃ 이상 높을 때
② 증기 압력이 0.2MPa(2kg/cm²) 이하일 때
③ 공기가 누입될 때
④ 인젝터가 과열될 때
⑤ 노즐이 마모로 확대될 때
⑥ 증기의 습한 상태가 심할 때

34 급수펌프의 구비조건을 3가지만 쓰시오.

풀이
① 고온·고압에 충분히 견딜 수 있어야 한다.
② 작동이 확실하고 조작이 간편하여야 한다.
③ 급격한 부하변동시 대응할 수 있어야 한다.
④ 저부하에서도 효율이 좋아야 한다.
⑤ 병렬 운전에 지장이 없어야 한다.

35 급수내관의 설치 목적을 3가지만 쓰시오.

풀이
① 급수가 고루 산포되므로 보일러수의 순환이 교란되지 않는다.
② 부동팽창이 방지된다.
③ 관수의 역류가 다소 방지된다.
④ 관수의 온도 분포가 고르게 유지된다.

36 동력을 이용하지 않고 사용하는 급수장치나 설비를 3가지만 쓰시오.

풀이
① 인젝터
② 환원기(리턴탱크)
③ 워싱턴 펌프
④ 웨어 펌프

37 다음 인젝터에 대한 보기를 보고 작동순서와 정지순서를 표시하시오.

> [보기]
> ① 출구정지밸브　　　　② 증기밸브
> ③ 흡수밸브　　　　　　④ 핸들

풀이

(1) 작동순서
　　① → ③ → ② → ④

(2) 정지순서
　　④ → ② → ③ → ①

CHAPTER 05 보일러 자동제어장치의 취급

01 다음은 보일러 자동제어시스템의 신호전송방법의 특성을 설명한 것이다. 각 설명에 해당되는 전송방법을 쓰시오.
(1) 관로의 저항으로 전송이 지연될 수 있으며, 자동제어에는 용이하나 원거리 전송이 곤란하다.
(2) 신호전달지연이 거의 없으며, 원거리 전송이 용이하나 가격이 비싸다.
(3) 신호전달지연이 적으나 인화의 위험성이 있으며, 조작력이 강하고, 응답이 빠르다.

풀이 (1) 공기압식
(2) 전기식
(3) 유압식

02 다음 자동제어의 신호전달방식을 쓰시오.
(1) 원거리 신호전달이 용이하고 매우 빠른 신호전달방식은?
(2) 인화의 위험이 크고 조작력이 매우 큰 신호전달방식은?
(3) 비교적 신호전달 거리가 짧고 희망특성을 살리기가 어려운 신호전달방식은?

풀이 (1) 전기식
(2) 유압식
(3) 공기식

03 제어 결과에 따라 현재 진행 중인 제어동작을 다음 단계로 옮겨가지 못하도록 차단하는 장치를 인터록이라고 하는데 보일러에서 중요한 인터록 장치 5가지를 쓰시오.

풀이 ① 저수위 인터록　② 압력 초과 인터록　③ 불착화 인터록
④ 프리퍼지 인터록　⑤ 저연소 인터록

04 보일러 및 자동제어에 대한 물음에 답하시오.

(1) 자동연소제어에서 제어량 2가지를 기술하시오.
(2) 증기압력을 제어하려면 어떤 것을 조작하여야 하는지 2가지만 쓰시오.
(3) 과열증기 온도를 조절하는 방법 3가지를 기술하시오.

풀이
(1) ① 증기 압력　　② 노내 압력
(2) ① 연료량　　② 공기량
(3) ① 습증기 일부를 과열기로 이끄는 방법
　　② 열가스 유량을 가감하는 방법
　　③ 과열 저감기를 사용하는 방법

05

인터록(Interlock)이란 어떤 조건이 구비될 때까지 동작을 막는 것을 말한다. 예를 들어 전기기기에는 반드시 퓨즈가 달려 있는데, 이것은 과전류 상태에서 전기의 흐름을 차단하여 안전사고를 방지하므로 인터록의 일종이다. 보일러에서의 인터록 장치 4가지를 기술하시오.

풀이
① 저수위 인터록　　② 저연소 인터록
③ 불착화 인터록　　④ 프리퍼지 인터록
⑤ 압력초과 인터록

06

제어 결과에 따라 현재 진행중인 제어동작을 다음 단계로 옮겨가지 못하도록 차단하는 장치를 인터록이라고 하는데 보일러에서 중요한 인터록 장치 4가지를 쓰시오.

풀이
① 프리퍼지 인터록　　② 저연소 인터록
③ 저수위 인터록　　④ 압력초과 인터록

07 다음 (　) 안에 알맞은 말을 쓰시오.

> 보일러 자동제어의 기본 제어방식은 출력 측의 신호를 입력 측으로 되돌려 제어량의 값을 (①)와 비교하여 일치시키는 (②) 제어와 미리 정해진 제어동작의 순서에 따라 순차적으로 다음 동작이 이루어지도록 되어 있는 (③) 제어이다. 또한 제어결과에 따라 현재 진행 중인 제어동작을 다음 단계로 옮겨가지 못하도록 차단하는 장치를 (④)이라 한다.

풀이
① 목표값(희망값)　　② 피드백
③ 시퀀스　　④ 인터록

08 다음은 보일러 자동제어시스템의 신호전송방법의 특성을 설명한 것이다. 각 설명에 맞는 전송방법을 쓰시오.

(1) 관로의 저항으로 전송이 지연될 수 있으며, 자동제어에는 용이하나 원거리 전송이 곤란하다.
(2) 신호전달 지연이 거의 없으며, 원거리 전송이 용이하나 가격이 비싸다.
(3) 신호전달 지연이 적으나 인화의 위험성이 있으며, 조작력이 강하고 응답이 빠르다.

풀이
(1) 공기식
(2) 전기식
(3) 유압식

09 이미 정해진 순서에 따라 제어의 각 단계를 차례로 진행하는 자동제어의 명칭을 쓰시오.

풀이 시퀀스 제어

10 다음은 보일러 자동제어에 대한 약호이다. 각각 어떤 제어인지 쓰시오.

풀이
① ACC : 자동연소제어   ② STC : 증기온도제어
③ FWC : 급수제어   ④ ABC : 보일러 자동제어

11 보일러 자동제어(Automatic Boiler Control)에서는 자동연소제어, 자동급수제어, 증기온도제어, 로컬제어가 있다. 로컬제어(Local Control)가 사용되는 제어에는 어떤 것들이 있는지 4가지만 쓰시오.

풀이
① 중유온도제어   ② 중유압력제어
③ 분무용 증기압제어   ④ 유면제어

12 자동급수제어(FWC)에서 급수량의 제어 3요소식을 쓰시오.

풀이
① 단요소식 : 수위
② 2요소식 : 수위, 증기량
③ 3요소식 : 수위, 증기량, 급수량

13 자동제어 신호전달 방법 3가지 중에서 신호거리가 가장 먼 것부터 차례로 쓰시오.

풀이 전기식 → 유압식 → 공기식

14 보일러 운전 중 전자밸브(Solenoid)가 시급히 작동하여야 하는 경우에 대하여 3가지만 쓰시오.

풀이 ① 압력초과
② 저수위 사고
③ 실화(소화)

15 버너 입구의 가장 인접한 위치에 설치하여 전자기식에 의해 밸브가 개폐되는 솔레노이드 밸브(Solenoid Valve, 전자 밸브)가 연료공급 차단동작을 하는 경우 3가지를 쓰시오.

풀이 ① 증기압력 초과 시
② 점화 시 착화 실패
③ 이상 감수

16 연속 급수장치인 코프스 레귤레이터(Copes Regulator) BI형의 배관도를 그리시오.

풀이

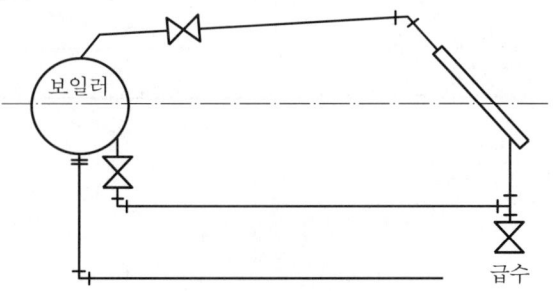

17 열팽창식 급수량 조정장치에서 3요소식의 검출 3가지를 쓰시오.

풀이 ① 수위
② 증기량
③ 급수량

18 보일러 연소장치에서 공연비 제어장치의 주요 구성요소 명칭을 5가지만 쓰시오.

풀이
① 노내 기록 온도계
② 노내 압력지시 조절계
③ 연료 유량지시 조절계
④ 온도 지시 조절계
⑤ 공기 유량지시 조절계

19 다음은 보일러 자동제어 구분이다. (   ) 안에 해당되는 내용을 쓰시오.

■ 보일러자동제어(ABC)

구분	내용
자동연소제어 (ACC)	(①)
	온수온도제어
	노내압제어
자동급수제어 (FWC)	단요소식
	(②)
	(③)
증기온도제어(STC)	증기온도제어
로컬제어	(④)
	중유압력제어
	(⑤)
	유면제어
기타 제어	기타 제어

풀이
① 증기압력제어
② 2요소식
③ 3요소식
④ 중유온도제어
⑤ 분무용 증기압력제어

20 다음 자동제어 블록선도를 보고 ①~⑤의 명칭을 쓰시오.

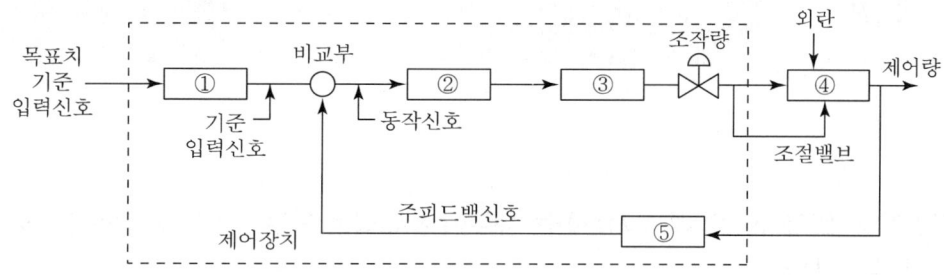

풀이
① 설정부
② 조절부
③ 조작부
④ 제어 대상
⑤ 검출부

21 다음 보일러 제어의 제어량과 조작량에 대한 설명이다. ①~③에 들어갈 내용을 쓰시오.

제어의 분류	제어량	조작량
자동연소제어(ACC)	증기압력	연료량, 공기량
	(①)	연소가스량
자동급수제어(FWC)	(②)	급수량
과열증기온도제어(STC)	증기온도	(③)

풀이
① 노내 압력
② 보일러 수위
③ 전열량

CHAPTER 06 보일러의 안전관리

PART 07 | 보일러 취급 실무 문제

01 보일러의 건조보존방법에서 사용하는 내부에 투입되는 물질과 건조를 위한 흡습제를 각각 3가지씩 쓰시오.

풀이 (1) 내부에 투입되는 물질
① 질소
② 생석회
③ 실리카겔
(2) 건조를 위한 흡습제
① 생석회(산화칼슘)
② 실리카겔(규산겔)
③ 염화칼슘

02 보일러 보존에서 만수보존은 2~3개월 보존 시 사용한다. 이때 사용되는 약품을 3가지만 쓰시오.

① 가성소다 또는 탄산소다
② 아황산소다 또는 히드라진
③ 암모니아

03 보일러의 운전 중 진동 연소의 원인을 8가지 쓰시오.

풀이
① 연소실 온도가 낮다.
② 버너의 조립 불량
③ 통풍력 부적당
④ 분무 공기압 과대
⑤ 노 내압이 너무 높다.
⑥ 분연 펌프의 맥동 현상
⑦ 버너타일 형상이 맞지 않다.
⑧ 1차 공기압 및 유입 불안정

04 보일러 화학세관을 하기 위하여 필요한 준비작업 중 필히 알아야 할 사항 3가지를 쓰시오.

풀이
① 보일러 관수량
② 스케일 두께
③ 스케일 성분

05 보일러의 과열 원인을 3가지만 쓰시오.

풀이
① 이상 감수
② 동내부의 스케일 생성
③ 보일러수의 지나친 농축
④ 보일러수의 순환 불량
⑤ 전열면에 국부적인 열이 가해질 때

06 압력초과 원인을 3가지만 쓰시오.

풀이
① 압력계 주시를 태만히 한 경우
② 압력계의 기능 이상
③ 수면계의 수위 오판
④ 수면계의 물콕 연락관의 폐쇄
⑤ 분출계통의 누수

07 이상 감수(저수위) 사고의 원인을 3가지만 쓰시오.

풀이
① 수면계의 수위 오판
② 수면계 주시 태만
③ 분출장치에서 누수 발생
④ 급수펌프 고장
⑤ 수면계 연락관 폐쇄

08 역화의 원인을 3가지만 쓰시오.

풀이
① 점화 시 착화가 늦어졌을 때
② 점화 시 프리퍼지 부족
③ 압입통풍의 지나친 과대
④ 연료의 공급 과대
⑤ 미연가스(잔류가스) 충만

09 캐리오버(기수공발)의 원인을 3가지만 쓰시오.

풀이
① 보일러 내 증발 면적이 충분하지 못할 때
② 고수위로 운전할 때
③ 증기정지 밸브의 급개
④ 보일러 부하의 과대

10 포밍(물보라), 프라이밍(비수)의 발생원인을 3가지만 쓰시오.

풀이
① 주증기 밸브의 급개방
② 고수위 운전
③ 보일러 부하 과대
④ 보일러수의 농축
⑤ 보일러수의 부유물 및 불순물 과다

11 워터해머(수격작용) 방지법을 3가지만 쓰시오.

풀이
① 송기 시에 증기밸브를 천천히 연다.
② 증기관에 보온을 철저히 한다.
③ 증기트랩을 설치한다.
④ 기수공발을 방지한다.
⑤ 송기 전에 증기관을 예열한다.

12 고온부식과 저온부식이 일어나는 폐열회수장치를 2가지씩만 쓰시오.

풀이
① 고온부식 : 과열기, 재열기
② 저온부식 : 절탄기, 공기예열기

13 고온부식과 저온부식을 일으키는 성분을 쓰시오.

풀이
① 고온부식 : 바나듐(V)
② 저온부식 : 황(S)

참고 $S + O_2 \rightarrow SO_2$, $SO_2 + \frac{1}{2}O_2 \rightarrow SO_3$, $SO_3 + H_2O \rightarrow H_2SO_4$(진한 황산 발생)

14 보일러 외부부식의 종류와 내부부식의 종류를 각각 3가지씩 쓰시오.

풀이 ① 외부부식 : 저온부식, 고온부식, 산화부식
② 내부부식 : 점식, 구식(그루빙), 일반부식, 전면부식

15 점식의 원인이 되는 가스성분 2가지를 쓰시오.

풀이 ① O_2 ② CO_2

16 점식의 방지법을 3가지만 쓰시오.

풀이 ① 용존산소를 제거한다.   ② 아연판을 매단다.
③ 내식성 도료를 바른다.   ④ 급수처리를 한다.

17 535°C 이상일 때 보일러 본체 과열기 등에서 발생하는 고온부식의 방지대책을 3가지만 쓰시오.

풀이 ① 바나듐을 제거한다.
② 첨가제를 사용하여 바나지움의 융점을 높인다.
③ 전열면의 온도가 지나치게 높지 않게 한다.
④ 고온의 전열면에 보호피막을 형성시킨다.
⑤ 고온의 전열면에 내식성 재료를 사용한다.

18 보일러 강판이 두 장의 층을 형성하는 현상을 무엇이라 하는가?

풀이 라미네이션

19 170°C 이하에서 발생하는 저온부식의 방지법을 3가지만 쓰시오.

풀이 ① 연료 중 황분을 제거한다.
② 저온의 전열면에 내식성 재료를 사용한다.
③ 배기가스의 온도를 노점 이상으로 유지시킨다.
④ 첨가제를 사용하여 노점온도를 내린다.

20 보일러 강판이나 수관이 두 장의 층을 형성하여 라미네이션 발생 후 외부로 부풀어 오르는 현상을 무엇이라 하는가?

[풀이] 브리스터

21 라미네이션 발생 시의 장애를 3가지만 쓰시오.

[풀이] ① 강판의 강도 저하
② 기포에 의한 열전도 방해
③ 균열의 발생

CHAPTER 07 계측기기

PART 07 | 보일러 취급 실무 문제

01 온도계 중에서 접촉식 온도계와 비접촉식 온도계의 종류를 각각 3가지씩만 쓰시오.

풀이 (1) 접촉식 온도계
① 열전대 온도계
② 저항 온도계
③ 바이메탈 온도계
④ 압력식 온도계
(2) 비접촉식 온도계
① 광고 온도계
② 방사 온도계
③ 색 온도계
④ 광전관식 온도계

02 다음 설명에 맞는 온도계의 종류를 아래 보기에서 찾아 쓰시오.

보기
• 압력식 온도계 • 바이메탈식 온도계 • 저항온도계
• 광온도계 • 열전대식 온도계

(1) 온도차에 따라 두 종류의 금속선에 발생하는 열기전력을 이용한 온도계
(2) 열팽창계수가 서로 다른 2종의 금속박판을 서로 접합시켜 온도변화에 따른 변위를 이용한 온도계
(3) 밀폐된 관 속에 액체 또는 기체 등을 봉입하여 온도 변화에 따른 봉입된 물질의 체적변화를 이용한 온도계
(4) 온도변화에 따른 금속의 전기 저항치의 변화를 이용한 온도계

풀이 (1) 열전대식 온도계
(2) 바이메탈식 온도계
(3) 압력식 온도계
(4) 저항온도계

03 온도계에 대하여 다음 물음에 답하시오.

(1) 유리제 온도계를 제외한 접촉식 온도계의 종류 4가지를 쓰시오.
(2) 가장 높은 온도를 측정할 수 있는 접촉식 온도계 종류의 명칭을 쓰시오.(단, 온도계 종류는 크게 나누어 적을 것, 예: 수은 온도계, 알코올 온도계 등은 유리제 온도계로)

풀이
(1) ① 압력식 온도계
② 바이메탈식 온도계
③ 열전대식 온도계
④ 저항식 온도계
(2) 열전대식 온도계

04 다음 ( ) 안에 알맞은 말을 쓰시오.

차압식 유량계에서 유량은 차압의 (①)에 비례하며, 피토관식 유량계는 관로 내를 흐르는 유체의 (②)을 측정하고 그 값에 관로의 (③)을 곱하여 유량을 측정한다.

풀이
① 평방근(제곱근)
② 유속
③ 단면적

05 매연 농도계를 4가지만 쓰시오.

풀이
① 링겔만 매연 농도계
② 광전관식 매연 농도계
③ 매연포집 중량계
④ 바카라치 스모그테스트
⑤ 로봇 농도표

06 접촉식 온도계의 종류 3가지를 쓰시오.

풀이
① 수은 온도계
② 알코올 온도계
③ 베크만 온도계

07 압력식 온도계의 종류를 3가지만 쓰시오.

[풀이] ① 액체 팽창식 온도계
② 기체 팽창식 온도계
③ 증기 팽창식 온도계

08 액체 팽창식 온도계에서 사용되는 사용 액체를 3가지만 쓰시오.

[풀이] ① 수은
② 알코올
③ 아닐린

09 유기성 액체 용입 온도계에서 사용되는 액체의 종류를 3가지만 쓰시오.

[풀이] ① 알코올
② 톨루엔
③ 펜탄

10 증기 팽창식(압력식) 온도계에서 사용되는 액체의 종류를 3가지만 쓰시오.

[풀이] ① 프레온　　② 에틸에테르
③ 톨루엔　　④ 아닐린

11 선팽창계수가 다른 2종의 금속을 결합시켜 1개의 금속판으로 만든 온도계의 명칭을 쓰시오.

[풀이] 바이메탈 온도계

12 냉접점이나 보상도선이 필요한 온도계는 어떤 온도계인가?

[풀이] 열전대 온도계

13 열전대 온도계 중 열기전력이 큰 온도계를 2가지만 쓰시오.

풀이
① 철-콘스탄탄 온도계
② 크로멜-알루멜 온도계

14 오르사트(Orsat) 가스분석기로 연소가스를 분석할 때 가스분석 순서와 각 흡수액(3가지)의 명칭을 쓰시오.

풀이
(1) 가스 분석 순서
$CO_2 \rightarrow O_2 \rightarrow CO$
(2) 흡수액의 명칭
① CO_2 - KOH 30% 수용액
② O_2 - 알칼리성 피롤가롤 용액
③ CO - 암모니아성 염화제1동 용액

15 대형 보일러에서 공기과잉계수를 일정하게 제어하기 위해 적당한 공연비를 자동적으로 유지하는 것이 공연비제어이다. 공연비제어를 제어하기 위하여 검출하여야 할 기구 3가지를 쓰시오.

풀이
① 가스분석기
② 매연농도계
③ 공연유량비법

16 배기가스 채취에서 아스피레이터를 이용한 장치를 사용하였다. 1차 필터와 2차 필터로 사용하는 재료를 2가지씩 쓰시오.

풀이
① 1차 필터 : 소결금속, 카보런덤
② 2차 필터 : 유리솜, 솜

17 오르사트 가스분석기에서 CO_2의 측정 시 흡수용액은 몇 %인가?

풀이 KOH(수산화칼륨용액) 30%

18 열전대 온도계 중 가장 고온용 온도계는 어느 것인가?

풀이 백금-백금로듐 온도계

19 측온 저항체를 이용한 전기저항식 온도계의 종류를 4가지만 쓰시오.

풀이
① 백금 저항식 온도계 ② 니켈 저항식 온도계
③ 구리 저항식 온도계 ④ 서미스터 저항식 온도계

20 비접촉식 온도계의 종류를 4가지만 쓰시오.

풀이
① 방사 온도계 ② 광고온계
③ 광전관식 온도계 ④ 색온도계

21 비접촉식 온도계의 특징을 3가지만 쓰시오.

풀이
① 피측온체의 열의 흡수나 열적 교란이 없다.
② 이동 물체의 온도 측정 및 고온을 측정한다.
③ 응답속도가 빠르다.
④ 표면 온도의 측정에 한하며 내구성이 크다.
⑤ 오차의 범위가 크다.
⑥ 방사 온도계를 제외하고는 700℃ 이하 측정은 곤란하다.
⑦ 방사에너지 흡수물질에 의한 오차가 발생한다.

22 탄성식 압력계로서 보일러실에서 가장 많이 사용되는 압력계의 명칭을 쓰시오.

풀이 부르동관식 압력계

23 부르동관의 재질을 3가지만 쓰시오.

풀이
① 알루미늄 브론즈 ② 인청동 ③ 18-8 스테인리스강
④ 베릴륨 구리 ⑤ K 모넬메탈 ⑥ 합금강

24 유체이동속도 수두를 이용하여 순간의 유량을 측정하는 유량계의 명칭을 쓰시오.

풀이 피토관식 유량계

25 다음 열전대온도계의 +, -극에 들어갈 사용 금속을 쓰시오.

종류	약호	사용 금속		최고측정온도
백금로듐 – 백금	PR	Pt Rh	Pt	0~1,600℃
크로멜 – 알루멜	CA	Ni Cr	①	0~1,200℃
철 – 콘스탄탄	IC	Fe	②	-200~800℃
순구리 – 콘스탄탄	CC	Cu	③	-200~350℃

풀이 ① Ni, Al   ② Cu, Ni   ③ 콘스탄탄

26 용적식 유량계의 특징을 3가지만 쓰시오.

풀이
① 정도가 높고 상업거래용으로 사용된다.
② 일반적으로 구조가 복잡하다.
③ 고점도 유체의 측정이 가능하다.
④ 입구측에 반드시 여과기를 설치한다.
⑤ 유량의 맥동에 의한 영향이 적다.

27 차압식 유량계의 종류를 3가지만 쓰시오.

풀이 ① 오리피스   ② 플로노즐   ③ 벤투리미터

28 용적식 유량계의 종류를 3가지만 쓰시오.

풀이
① 로터리 피스톤형   ② 로터리 베인형   ③ 디스크형
④ 오벌기어형   ⑤ 루트형   ⑥ 가스미터기

29 간접식 액면계의 종류를 4가지만 쓰시오.

풀이
① 방사선식　　② 정전 용량식　　③ 초음파식
④ 전극식　　　⑤ 기포식(퍼지식)　⑥ 다이어프램식

30 직접식 액면계의 종류를 3가지만 쓰시오.

풀이
① 게이지 글라스식(원형식)
② 부자식
③ 평형반사식 및 투시식

31 액면계의 구비조건을 3가지만 쓰시오.

풀이
① 연속측정이 가능할 것
② 가격이 싸고 보수가 용이할 것
③ 지시기록의 원격측정이 용이할 것
④ 자동제어장치에 적용이 가능할 것
⑤ 고온 고압에 잘 견딜 것
⑥ 구조가 간단하고 조작이 용이하며 정도가 높을 것
⑦ 액면 상하의 경보가 간단하며 적용이 용이할 것

32 오르사트 가스분석기에서 다음의 가스성분 측정 시 흡수제의 명칭을 쓰시오.

(1) CO_2　　(2) O_2　　(3) CO

풀이
(1) 수산화칼륨 용액 30%(KOH 30%)
(2) 알칼리성 피로갈롤 용액
(3) 암모니아성 염화제1동 용액

33 화학적 가스분석계의 종류를 3가지만 쓰시오.

풀이
① 오르사트 가스분석계　　② 자동화학식 가스분석계
③ 연소식 O_2계　　　　　④ 미연소 가스분석계(H_2, CO 가스분석)
⑤ 햄펠식 가스 분석계

34 오르사트 가스분석계에서 가스분석의 순서를 쓰시오.

풀이 $CO_2 > O_2 > CO$

35 물리적 가스분석계의 종류를 3가지만 쓰시오.

풀이
① 열전도율형 CO_2계
② 밀도식 CO_2계
③ 가스크로마토 그래피법
④ 적외선 가스분석계
⑤ 지르코니아식 O_2계(세라믹 O_2계)
⑥ 용액도전율식 가스분석계
⑦ 갈바니 전기식 O_2계

36 온도 850℃ 이상에서 산소이온만을 통과시키는 온도계의 명칭을 쓰시오.

풀이 세라믹 O_2계

37 SO_2, CO_2, NH_3 등 미량분석에 사용하는 가스분석계는?

풀이 용액흡수도전율식 가스분석계

38 가스크로마토그래피법 가스분석계에서 사용하는 케리어가스 종류를 4가지만 쓰시오.

풀이 ① N_2 ② H_2 ③ He ④ Ar

39 다음 온도계의 측정범위를 쓰시오.
(1) 방사온도계
(2) 광고온계

풀이
(1) 50~300℃
(2) 700~3,000℃

40 0.65μm 적색의 특정 파장의 방사에너지를 이용한 온도계의 명칭을 쓰시오.

풀이 광고온계

41 측온저항체 온도계에서 가장 정밀한 측정을 하는 온도계의 명칭을 쓰시오.

풀이 백금측온 저항온도계

42 자유전자 밀도가 다른 2종의 금속선 양단을 연결하여 열기전력을 이용한 온도계의 명칭을 쓰시오.

풀이 열전대 온도계

43 점토, 규산염, 금속산화물을 배합하여 만든 것으로 가마 내의 소성온도 또는 내화도 측정용으로 600~2,000℃까지 사용되는 온도계의 명칭을 쓰시오.

풀이 제게르콘 온도계

44 바이메탈 온도계의 특징을 3가지만 쓰시오.

풀이
① 히스테리시스 오차가 발생한다.　② 온도변화에 대한 응답이 빠르다.
③ 온도조절 스위치로 사용한다.　④ 온도 자동기록장치에 사용된다.

45 열전대 온도계 보호관에서 금속관과 비금속관으로 구별하여 3가지씩 쓰시오.

풀이
(1) 금속관
　① 황동관　② 연강관　③ 13Cr 강관　④ 13Cr 칼로라이즈 강관
　⑤ SUS 27　⑥ SUS 32　⑦ 내열강 SEH-5
(2) 비금속관
　① 석영관　② 자기관　③ 카보런덤관

46 면적식 유량계의 특징을 3가지만 쓰시오.

풀이
① 유량계수는 레이놀즈수가 낮은 범위까지 일정하다.
② 유량에 따라 균등 눈금을 얻는다.
③ 고점도 유체나 슬러리 유체 측정도 용이하다.
④ 압력손실이 적다.

47 피토관식 유량계의 특징을 3가지만 쓰시오.

풀이
① 피토관을 유체의 이동방향과 평행하게 설치한다.
② 슬러리나 분진 등이 많은 유체의 측정은 불가능하다.
③ 유속이 5m/sec 이하인 기체는 측정이 불가능하다.
④ 연구실 시험용이다.

48 차압식 유량계의 특징을 4가지만 쓰시오.

풀이
① 압력손실이 크다.
② 유량계 전후의 지름은 동일한 직관이 필요하다.
③ 고온 고압의 액체나 기체를 측정한다.
④ 통과 유체는 단일 유체이어야 한다.
⑤ 레이놀즈수가 10^5 이하는 유량계수가 무너진다.
⑥ 규격품으로 정도가 높다.

49 링겔만 매연농도계 사용 시 주의사항을 4가지만 쓰시오.

풀이
① 태양을 등지고 관측한다.
② 배경이 너무 밝거나 어둡지 않아야 한다.
③ 연기의 흐름은 관측방향의 직각으로 흐르는 방향이어야 한다.
④ 오차 발생에 주의한다.

50 기준 액주형 압력계의 종류를 4가지만 쓰시오.

풀이
① 호르단형 ② 단관식 ③ U자관식
④ 경사관식 ⑤ 2액 마노미터

부록 01

ENERGY MANAGEMENT

분류별
기출문제

CHAPTER 01 보일러 종류 및 특성

부록 01 | 분류별 기출문제

01 다음 보기의 보일러 장치들을 연소가스와 먼저 접촉하는 순서대로 나열하시오.

> **보기**
> • 과열기   • 절탄기   • 공기예열기   • 증발관

풀이 증발관 → 과열기 → 절탄기 → 공기예열기

02 온수보일러에 설치되는 팽창탱크의 기능(역할)에 대하여 2가지만 쓰시오.

풀이 ① 보일러 파열사고 방지   ② 보충수의 공급
③ 압력을 항상 일정하게 유지   ④ 공기 배출

03 다음의 각 보일러는 보일러 분류상 어떤 종류의 보일러에 해당되는지 보기에서 골라 그 번호를 쓰시오.

> **보기**
> ① 자연순환식 수관보일러   ② 노통연관식 보일러   ③ 강제순환식 수관보일러
> ④ 입형보일러   ⑤ 간접가열식 보일러

(1) 슈미트 보일러 :
(2) 코크란 보일러 :
(3) 스코치 보일러 :
(4) 타쿠마 보일러 :
(5) 베록스 보일러 :

풀이 (1) ⑤   (2) ④   (3) ②   (4) ①   (5) ③

04 열매체 보일러는 어떤 경우에 사용하는 보일러인지 간단히 쓰고, 열매(체)로 사용되는 물질을 3가지만 쓰시오.

풀이 (1) 용도
　　　저압의 압력에서 고온의 증기를 얻기 위하여
　　(2) 열매 종류
　　　① 다우섬
　　　② 수은
　　　③ 카네크롤

05 증기 보일러가 고압이 될수록 보일러 물순환은 둔화된다. 그 이유를 간단히 설명하시오.

풀이 고압상태에서는 포화증기와 포화수 간의 비중량차가 적어지기 때문이다.

06 보일러 운전방법에 따라 발생되는 이상 증발(포밍, 프라이밍, 캐리오버 등)의 원인을 3가지만 쓰시오.

풀이 ① 주증기 밸브의 급개
　　② 고수위의 보일러 운전
　　③ 급수처리의 부적당 또는 부하의 급변화 발생 등

07 보일러의 자동제어장치 중 인터록(Interlock) 제어방식이 필요한 장치를 3가지만 쓰시오.

풀이 ① 맥도널(고저수위경보기)
　　② 압력계
　　③ 화염검출기

08 보일러에 사용되는 스테이의 종류 5가지를 쓰시오.

풀이 ① 거싯 스테이　　② 봉 스테이
　　③ 관 스테이　　　④ 경사 스테이
　　⑤ 거더 스테이

09 보일러 수면계 설치 시 수면계 하부는 그 보일러 안전저수위와 일치시킨다. 다음에 해당하는 보일러의 수면계 부착위치를 쓰시오. (보일러 안전저수위)

(1) 직립형 보일러(입형 보일러)
(2) 직립형 연관보일러(입형 연관보일러)
(3) 수평연관보일러(횡연관보일러)
(4) 노통연관보일러(연관이 노통보다 위에 있다.)
(5) 노통보일러

풀이 (1) 연소실 천장판 최고부위 75mm
(2) 연소실 천장판 최고부위 연관길이의 $\frac{1}{3}$
(3) 연관의 최고부위 75mm
(4) 연관의 최고부위 75mm
(5) 노통 최고부위 100mm

10 차압식 유량계의 종류를 3가지만 쓰시오.

풀이 (1) 오리피스미터
(2) 플로우 노즐
(3) 벤투리관

11 평형노통에서 고열에 의한 팽창이나 수축을 흡수하기 위하여 1m 간격마다 이음처리하는 것을 무슨 조인트(이음)라 하는가?

풀이 아담슨 조인트(아담슨 이음)

12 원통형 보일러와 비교한 수관식 보일러의 장점을 3가지만 쓰시오.

풀이 ① 수관의 관경이 적어 고압에 잘 견딘다.
② 전열면적이 커서 증기발생이 빠르다.
③ 외분식이므로 연료의 선택이 자유롭다.
④ 용량에 비해 무게가 가볍고 효율이 높다.

13 관류보일러의 종류를 2가지만 쓰시오.

풀이
① 벤슨 보일러
② 람진 보일러
③ 앳모스 보일러
④ 슐저 보일러
⑤ 소형 가와사키 보일러

14 보일러 운전 중 증기가 발생하였다.
(1) 증기의 이상 발생 원인 3가지를 쓰시오.
(2) 설계상 결함에 의한 증기이상 발생원인 3가지(구조상원인)를 쓰시오.

풀이
(1) ① 압력의 급강하
  ② 포밍, 프라이밍의 발생
  ③ 캐리오버 발생
  ④ 관수의 농축 또는 부유물 함유
(2) ① 보일러 증발능력에 비해 보일러 수면의 면적이 작은 경우
  ② 표준수위와 증기배출구의 거리가 너무 가까운 경우
  ③ 보일러 용량에 비해 연소장치의 용량이 과대한 경우
  ④ 비수방지 장치가 불완전 또는 불충분한 경우
  ⑤ 보일러수의 순환이 불량한 경우

15 수관식 보일러 설치 시 장점을 5가지만 쓰시오.

풀이
① 수관의 관경이 적어 고압에 잘 견디며 전열면적이 크다.
② 증기발생이 빠르고 대용량이 가능하다.
③ 용량에 비해 소요면적이 적다.
④ 효율이 크고 운반설치가 용이하다.
⑤ 폐열회수장치 설치가 가능하여 열효율이 높다.

16 열매체 보일러의 열매체 종류 3가지를 쓰시오.

풀이
① 다우섬   ② 카네크롤
③ 모빌썸   ④ 세큐리티
⑤ 수은

17 보일러 안전장치를 5가지만 쓰시오.

[풀이]
① 안전밸브
② 가용전
③ 화염검출기
④ 압력제한기
⑤ 방폭문

18 일상적으로 사용하고 있는 상용보일러의 운전하기 전 준비사항을 5가지만 쓰시오.

[풀이]
① 수면계의 수위 확인
② 안전밸브의 설정압력 및 화염검출기 점검
③ 압력계 및 고저수위 경보기 점검
④ 연료공급 및 연소장치 점검
⑤ 분출장치의 밸브 개폐 점검
⑥ 급수장치의 점검
⑦ 자동제어장치의 점검
⑧ 통풍장치의 점검
⑨ 가스 누설 점검 등

19 보일러 용량(크기)을 나타내는 방법을 5가지만 쓰시오.

[풀이]
① 상당방열면적　　② 정격용량(상당증발량)
③ 정격출력　　　　④ 보일러 마력
⑤ 전열면적

CHAPTER 02 보일러 부속장치

01 다음 ( ) 안에 알맞은 내용을 써넣으시오.

> 감압밸브는 고압 측과 저압 측의 압력비율을 (①) 이내로 하고, 초과할 경우는 2개의 감압밸브를 직렬로 사용하여 (②) 감압시키는 것이 바람직하다. 압력제어방법에 따라 (③)식과 (④)식이 있다.

풀이 ① 2 : 1　　② 2단　　③ 자력　　④ 타력

02 체크밸브 중 수평배관용으로만 사용할 수 있는 체크밸브의 구조에 따른 종류를 쓰시오.

풀이 리프트식

03 배관라인에 설치하며 찌꺼기를 제거하는 여과기에 대하여 물음에 답하시오.

(1) 유량계 등에 설치하는 경우 여과기는 유량계, 전 또는 후 어디에 설치하는 것이 이상적인가?
(2) 유량계 등에 설치하는 여과기의 종류 3가지를 쓰시오.

풀이 (1) 유량계 전(유량계 앞쪽)
(2) Y자형, U자형, V자형

04 연돌의 높이가 120m, 배기가스의 평균온도(t_m)가 190℃, 외기온도(t_n)가 25℃, 대기의 비중량(γ_1)이 1.29kg/Nm³, 연소가스의 비중량(γ_2)이 1.354kg/Nm³인 경우 이론통풍력(Z)은 몇 mmH₂O인가?

풀이
$$이론통풍력(Z) = 273H\left\{\frac{\gamma_1}{273+t_n} - \frac{\gamma_2}{273+t_m}\right\}$$
$$= 273 \times 120 \times \left\{\frac{1.29}{273+25} - \frac{1.354}{273+190}\right\} = 46.01 \text{mmH}_2\text{O}$$

05 통풍방식에는 자연통풍과 강제통풍방식이 있는데 이 중 강제통풍방식 3가지를 기술하시오.

풀이 ① 압입통풍
② 흡입통풍
③ 평형통풍

06 보일러의 배기가스를 온도계로 보일러 출구에서 측정한 결과 340℃이었다. 이 보일러에 공기예열기를 설치한 후 배기가스 출구온도가 170℃로 낮아졌다면 공기예열기가 흡수하여 회수된 열량은 몇 kcal/h가 되는지 계산하시오. (단, 배기가스 분출량은 1분당 4.6Nm³이고 배기가스의 평균비열은 1.2558kJ/Nm³ deg, 공기예열기 효율은 80%로 한다.)

풀이 회수된 열량 = 4.6Nm³/min × 1.2558kJ/Nm³ deg × (340 − 170)℃ × 60min/h × 0.8
= 47,137.71kJ/h

07 감압밸브의 설치 시 그 설치 목적을 3가지만 기술하시오.

풀이 ① 고압의 증기를 저압증기로 전환하기 위하여
② 부하측의 증기 압력을 일정하게 유지하기 위하여
③ 부하 변동에 따른 증기의 소비량을 줄이기 위하여

08 보일러에 사용되는 증기배관에 설치되는 감압밸브의 종류를 3가지만 쓰시오.

풀이 ① 벨로스형
② 다이어프램형
③ 피스톤형

09 보일러에 설치되어 있는 부품 중에서 2가지 이상이 장착되어 있는 부속기기를 3가지만 쓰시오.

풀이 ① 수면계   ② 여과기   ③ 유량계
④ 온도계   ⑤ 안전밸브   ⑥ 급수펌프

10 증기트랩의 구비조건 4가지와 작동원리에 따른 분류 3가지로 구분하고 각 분야별로 트랩의 종류를 2가지만 쓰시오.

풀이 (1) 구비조건
① 관내에 압력이나 유량이 변화할 때에도 동작이 확실할 것
② 내구력이 있을 것
③ 마찰저항이 적을 것
④ 공기빼기가 가능할 것
(2) 작동원리에 의한 분류와 종류
① 증기와 응축수와의 비중차를 이용할 것 : 버킷형 트랩, 플로트형 트랩
② 증기와 응축수의 온도차에 의한 것 : 벨로스형 트랩, 바이메탈형 트랩
③ 증기와 응축수의 열역학적 특성차에 의한 것 : 오리피스 트랩, 디스크 트랩

11 다음 각종 물음에 알맞은 내용을 쓰시오.
(1) 전자밸브의 설치목적을 쓰시오.
(2) 감압밸브의 설치목적을 2가지만 쓰시오.
(3) 여열장치(폐열회수장치) 중 보일러 증발관에서부터 설치순서대로 쓰시오.(단, 여열장치는 절탄기, 과열기, 공기예열기 등이 있다.)

풀이 (1) 보일러운전 중 실화, 압력초과, 가스이상압력발생, 저수위사고의 발생시 전자코일의 통전에 의해 자기력을 변화시키고 이것에 연동하여 밸브를 개폐시켜 유체(연료)의 유동을 차단시켜 보일러 사고를 미연에 방지한다.
(2) ① 고압의 증기를 저압의 증기로 변화시킨다.
② 증기의 압력을 일정하게 유지시킨다.
③ 고압의 증기와 저압의 증기를 동시에 사용할 수 있다.
(3) 과열기 → 절탄기 → 공기예열기

12 보일러 분출장치(Blow Off Attachment)로 보일러 관수를 분출하는 목적을 5가지 쓰시오.

풀이 ① 관수의 pH 조절
② 관수의 농축방지
③ 동저면의 퇴적한 슬러지의 배출
④ 세관 시 폐액처리
⑤ 프라이밍, 포밍 현상방지

13 인젝터의 작동순서를 쓰시오.

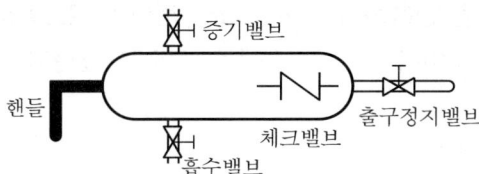

[풀이]
① 출구정지밸브를 연다.(토출밸브를 연다.)
② 흡수밸브를 연다.
③ 증기밸브를 연다.
④ 핸들을 연다.

14 급수량이 시간당 2,000kg이고 보일러수의 허용농도는 2,000ppm이다. 급수 속에 고형분이 100ppm 함유되어 있다고 가정하면 일일분출량(kg/day)은 얼마여야 하는가 계산하시오.(단, 응축수 회수율(R)은 100%이다.)

[풀이]
보일러 분출량 $= \dfrac{wh(1-R)d}{w-d} \times 24 = \dfrac{2{,}000 \times 24 \times 100}{2{,}000 - 100} = 2{,}526.32 \text{kg/day}$

15 소요전력이 50kW이고, 펌프의 효율이 75%, 흡입양정이 15m, 토출양정이 20m인 급수펌프의 송출량은 몇 m³/min인지 계산하시오.

[풀이]
$\text{kW} = \dfrac{\gamma \times Q \times H}{102 \times 60 \times \eta}$ $50\text{kW} = \dfrac{1{,}000 \times Q \times (20+15)}{102 \times 60 \times 0.75}$

펌프송출량(Q) $= \dfrac{102 \times 60 \times 0.75 \times 50}{1{,}000 \times 35} = 6.56$

∴ 6.56m³/min

16 연소가스의 통풍력에 대한 다음 설명의 ( ) 안에 "낮을수록" 또는 "높을수록" 중 옳은 것을 골라 쓰시오.

> 외기온도가 (①) 통풍력이 증대하고, 배기가스 온도가 (②) 통풍력이 증대하며, 연돌 높이가 (③) 통풍력이 증대한다. 또한, 공기 중 습도가 (④) 통풍력은 감소한다.

[풀이]
① 낮을수록   ② 높을수록
③ 높을수록   ④ 높을수록

17 원통형 보일러에서 일일 급수사용량이 72,000kg이고, 일일 응축수 회수량이 67,000kg이었다. 일일 분출량(kg/day)을 산출하시오.(단, 급수 중의 허용고형분은 25ppm이고, 관수 중의 허용 고형분은 400ppm이다. 그리고 응축수 회수율 계산에서 소수점 이하는 버린다.)

풀이 응축수 회수율$(R) = \dfrac{67,000}{72,000} \times 100 = 93\%$

보일러수 분출량$(Q) = \dfrac{w(1-R)d}{b-d}$(kg/day)

$= \dfrac{72,000(1-0.93) \times 25}{400-25} = 336\,\text{kg/day}$

참고 급수사용량이 시간당(kg/h)으로 출제되면 24시간 용량으로 증가시켜 계산한다.

---

18 다음은 통풍력에 관한 내용이다. ( ) 안에 "증가" 또는 "감소" 두 가지로 구별하여 쓰시오.
① 굴뚝의 높이가 높을수록 통풍력이 (   )한다.
② 배기가스의 온도가 높을수록 통풍력이 (   )한다.
③ 굴뚝의 단면적이 크거나 배기가스의 밀도가 작을수록 통풍력이 (   )한다.
④ 습도가 증가할수록 통풍력이 (   )한다.

풀이 ① 증가   ② 증가   ③ 증가   ④ 감소

---

19 다음 보기 중 증기트랩에서 응축수의 회수방법을 순서대로 번호를 나열하시오.
① 응축수 송수   ② 응축수 유입
③ 가스 흡입   ④ 잔압배출

풀이 ③ → ② → ① → ④

---

20 다음의 내용을 읽고 해당되는 폐열회수장치의 명칭을 쓰시오.
① 연도의 배기가스열을 이용하여 연소용 공기를 예열하는 것
② 연도의 배기가스열을 이용하여 보일러 급수를 예열하는 것
③ 연도의 배기가스열을 이용하여 증기의 온도를 높이는 것

풀이 ① 공기예열기   ② 절탄기(이코노마이저)   ③ 과열기

21 터빈 펌프에서 전양정(흡입+수두토출)이 15m이고, 급수송출량이 0.5m³/s이며 펌프의 효율이 80%일 때 이 원심식 펌프의 소요동력은 몇 kW인가?

[풀이] 펌프동력 = $\dfrac{1{,}000 \times Q \times H}{102 \times 60 \times \eta}$

$= \dfrac{1{,}000 \times 0.5 \times 60 \times 15}{102 \times 60 \times 0.8} = 73.53\text{kW}$

[참고]
- PS(마력) 계산 시에는 $\dfrac{1{,}000 \times 0.5 \times 60 \times 15}{75 \times 60 \times 0.8} = 125\text{PS}$
- 1분은 60초이다.

22 공기예열기, 절탄기, 과열기를 갖추고 있는 증기 보일러의 열정산을 하려고 한다. 다음 각 항목을 측정하는 위치를 쓰시오.

(1) 보일러의 증기온도
(2) 급수온도
(3) 송풍압(정압)

[풀이]
(1) 과열기 출구
(2) 절탄기 입구
(3) 송풍기 토출구

23 다음은 화염검출기 종류에 대한 설명이다. 각각 어떤 종류의 검출기인지 그 명칭을 아래에 쓰시오.

(1) 연소 중에 발생하는 화염의 빛을 감지부에서 전기적 신호로 바꾸어 화염 유무를 검출한다.
(2) 화염의 전기 전도성을 이용한 것으로 화염 중에 전극을 삽입시키는 도전식과 정류 작용을 이용하는 정류식이 있다.
(3) 연소가스의 열로 바이메탈의 신축작용으로 전기적 신호를 만들어 화염을 검출한다.

[풀이]
(1) 플레임 아이
(2) 플레임 로드
(3) 스택 스위치

24 보일러 송풍기에 대한 다음 글의 ( ) 안에 들어갈 적합한 용어를 아래에 쓰시오.

동일한 밀도의 기체를 취급하는 동일한 송풍기에서 회전수의 변화가 ±20(%) 정도의 범위에서는 (①)은(는) 송풍기 회전수에 비례하고, (②)은(는) 송풍기 회전수의 제곱에 비례하며, (③)은(는) 송풍기 회전수의 세제곱에 비례한다.

[풀이] ① 유량　　② 풍압　　③ 동력

25 증기배관에서 트랩의 정상작동 여부를 확인하려 한다. 아래 그림을 참조하여 다음 설명의 ( ) 안에 Ⓐ, Ⓑ 또는 적합한 용어를 쓰시오.

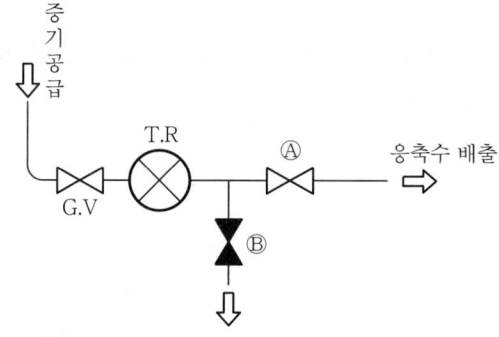

점검밸브인 (①)를 설치하고, 출구밸브인 (②)를 잠근 후, 밸브 (③)를 열어서 (④)가(이) 배출되면 트랩이 정상이고, 다량의 (⑤)가(이) 배출되면 고장이다.

[풀이] ① Ⓑ　　② Ⓐ　　③ Ⓑ　　④ 응축수　　⑤ 증기

26 다음 그림은 인젝터 주변 배관도이다. 인젝터에 의한 급수를 개시할 때 밸브 또는 핸들(①~④)의 조작 순서를 차례로 쓰시오.

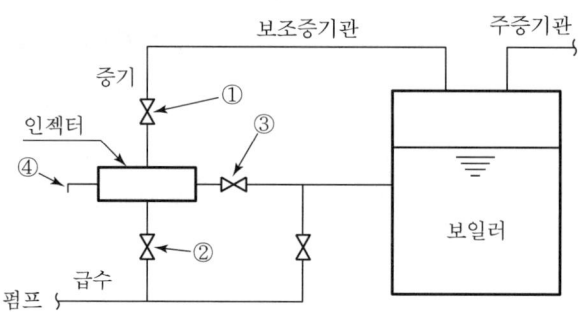

풀이 ③ → ② → ① → ④

27 다음은 코트렐식 집진기(Cottrell Dust Precipitator)에 대한 동작원리이다. ( ) 안에 알맞은 말을 보기에서 골라 그 번호를 써넣으시오.

> 집진기극에 고전압에 걸리면 이 사이를 통과하는 가스가 강력한 전장(電場)에서 가스분자의 충돌 이온화가 활발해지며, 정이온은 (가)에 흡착 중화하고, 부이온은 (나)로(으로) 이동한다. 따라서 양극 간의 공간에는 무수한 (다)가(이) 충만하며, 이 공간을 통과하는 매진은 (라)가(이) 되어 (마)에 의하여 집진기극에 부착한다.

> **보기**
> ① 부전하(負電荷) ② 정전하(正電荷) ③ 부대전체(負帶電體)
> ④ 정대전체(正帶電體) ⑤ 쿨롱(Coulomb)의 힘 ⑥ 원심력
> ⑦ 방전극 ⑧ 집진극

풀이
가. ③ 나. ④ 다. ⑦
라. ① 마. ⑤

28 보일러 송풍기에서 송풍기의 크기와 공기 밀도가 일정할 때, 회전 속도의 변화에 따른 송풍기의 풍량, 풍압 및 동력의 변화를 각각 설명한 다음 글의 ( ) 안에 알맞은 말을 써넣으시오.
(1) 풍량 : 송풍기의 풍량은 회전속도에 ( )하여 변한다.
(2) 풍압 : 송풍기의 풍압은 회전속도의 ( )에 비례하여 변한다.
(3) 동력 : 송풍기의 동력은 회전속도의 ( )에 비례하여 변한다.

풀이
(1) 비례
(2) 2제곱(자승, 2승)
(3) 3제곱(3승)

참고
(1) $\dfrac{V_1}{D_1^3 N_1} = \dfrac{V_2}{D_2^3 N_2}$

(2) $\dfrac{P_1}{r_1 \times D_1^2 \times N_1^2} = \dfrac{P_2}{r_2 \times D_2^2 \times N_2^2}$

(3) $\dfrac{L_1}{r_1 \times D_1^5 \times N_1^3} = \dfrac{L_2}{r_2 \times D_2^5 \times N_2^3}$

29 보일러의 통풍력을 증가시키는 방법을 3가지만 쓰시오.

풀이
① 연돌의 높이를 높게 한다.
② 배기가스의 온도를 높인다.
③ 연돌의 단면적을 크게 한다.
④ 연도를 짧게 한다.(굴곡부를 적게 하여 마찰저항을 줄인다.)

30 강제통풍의 종류 3가지를 쓰고 설명하시오.

풀이
① 압입통풍 : 압입 송풍기를 사용하는 방법
② 흡입통풍(유인통풍) : 굴뚝 밑에 흡출 송풍기를 사용하는 방법
③ 평형통풍 : 압입 및 흡출 송풍기를 겸용(병행)하는 방법

31 연소용 압입 송풍기가 있다. 회전수가 2,000rpm일 때 동력은 7.5kW이었다. 회전수를 2,200rpm으로 증가시킨다면 송풍기의 소요동력은 몇 kW인지 계산하시오.(단, 동력은 회전수의 3제곱에 비례한다.)

풀이 소요동력$(L_2) = \left(\dfrac{N_2}{N_1}\right)^3 = 7.5 \times \left(\dfrac{2,200}{2,000}\right)^3 = 9.98\text{kW}$

32 증기트랩의 구비조건을 5가지만 쓰시오.

풀이
① 마찰저항이 적을 것
② 동작이 확실할 것
③ 내구성이 있을 것
④ 공기빼기가 가능할 것
⑤ 정지 후에도 응축수 빼기가 가능할 것
⑥ 내식성이 클 것
⑦ 내마모성이 있을 것
⑧ 단순 구조일 것
⑨ 응축수를 연속적으로 배출할 수 있을 것

33. 다음의 조건상태에서 이론통풍력(mmAq)을 구하시오.

조건
- 연돌의 높이 20m
- 외기온도 20℃
- 배기가스온도 300℃
- 외기의 비중 1.29kg/Nm³
- 배기가스비중량 1.34kg/Nm³

풀이
$$이론통풍력(Z) = 273 \times H \times \left[\frac{r_a}{273+t_a} - \frac{r_g}{273+t_g}\right] = 273 \times 20 \times \left[\frac{1.29}{273+20} - \frac{1.34}{273+300}\right]$$
$$= 5{,}460 \times [0.004407 - 0.002338] = 11.30 \text{mmAq}$$

34. 다음의 조건하에서 송풍기의 소요동력(PS)을 구하시오.

조건
- 송풍기의 출구풍압 2mmH₂O
- 송풍량 4,500m³/min
- 송풍기 효율 50%

풀이
$$송풍기\ 소요동력(P) = \frac{ZQ}{75 \times 60 \times \eta} = \frac{2 \times 4{,}500}{75 \times 60 \times 0.5} = 4\text{PS}$$

참고
$$P = \frac{ZQ}{102 \times 60 \times \eta} = \frac{2 \times 4{,}500}{102 \times 60 \times 0.5} = 2.94\text{kW}$$

35. 감압밸브의 작동방법에 따른 종류 3가지와 제어방식에 따른 종류 2가지를 쓰시오.

풀이
- 작동방법에 따른 종류 : 벨로스식, 다이어프램식, 피스톤식
- 제어방식에 따른 종류 : 자력식, 타력식

참고 자력식 – 파일럿 작동식(널리 사용된다.) : 파일럿 피스톤식, 파일럿 다이어프램식, 파일럿 직동식(구조가 간단하다.), 구조에 따라 : 스프링식, 추식

36. 스팀트랩의 점검장치도에서 점검밸브(①)를 설치하여 점검 시에는 출구밸브(②)를 잠그고 (③)를 열어 확인한다. ( ) 안에 Ⓐ, Ⓑ를 골라 써넣으시오.

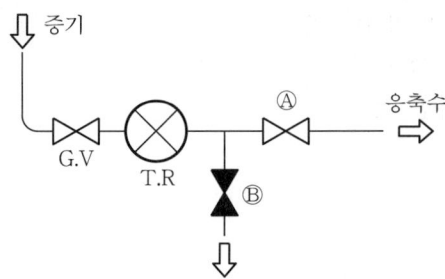

풀이 ① Ⓑ ② Ⓐ ③ Ⓑ

37
온수보일러의 순환펌프 시공 시 소요양정 (①)의 (②) 원심펌프가 적당하며 관경 (③)A 이하에서는 유속 1.2m/s 이하, 150A 이상에서는 3m/s 이하의 유속이 소음장애가 적다.

풀이 ① 0.5~3 ② 볼류트 ③ 50

38
통풍력이 증가되는 원인을 4가지만 쓰시오.

풀이
① 외기온도가 낮을수록
② 배기가스온도가 높을수록
③ 연돌(굴뚝)의 높이가 높을수록
④ 공기의 습도가 낮을수록
⑤ 연도가 짧고 굴뚝이 높을수록

39
보일러운전 중 발생되는 포밍, 프라이밍, 캐리오버를 일으키는 주요 원인을 5가지만 쓰시오.

풀이
① 주증기 밸브의 급개
② 보일러 부하의 급변
③ 고수위로 운전
④ 증기발생의 과대
⑤ 관수의 농축
⑥ 청관제 약품 선택 부적합 등

40
급수펌프의 구비조건을 5가지만 쓰시오.

풀이
① 고온고압에 잘 견딜 것
② 고속 회전에 안전할 것
③ 저부하에서도 효율이 좋을 것
④ 작동이 확실하고 조작이 간단할 것
⑤ 부하변동에 대응할 수 있을 것
⑥ 병렬 운전에 지장이 없을 것

41 다음의 조건을 보고 실제 통풍력을 구하시오.

[조건]
- 공기의 비중량 : 1.293kg/Nm³
- 연돌의 높이 : 20m
- 배기가스 온도 : 330℃
- 배기가스 비중량 : 1.354kg/Nm³
- 외기온도 : 10℃
- 실제통풍력(Z)은 이론통풍력의 80%이다.

[풀이]

$$\text{실제통풍력}(Z) = 273H\left[\frac{r_a}{T_1} - \frac{r_g}{T_2}\right] \times 0.8$$

$$= 273 \times 20\left[\left(\frac{1.293}{273+10}\right) - \left(\frac{1.354}{273+330}\right)\right] \times 0.8$$

$$= 5,460 \times (0.0045689 - 0.0022454) \times 0.8 = 10.15 \text{mmH}_2\text{O}$$

42 연돌의 높이가 50m, 배기가스의 평균온도가 300℃, 비중량이 1.35kgf/Nm³, 외기의 온도 27℃, 비중량이 1.3kgf/Nm³인 경우, 자연통풍력은 몇 mmAq인지 계산하시오.(단, 답은 소수 첫째 자리에서 반올림하여 정수로 나타낼 것)

[풀이]

$$\text{이론통풍력}(Z) = 273H\left[\left(\frac{1.3}{273+t_a}\right) - \left(\frac{1.35}{273+t_g}\right)\right]$$

$$= 273 \times 50 \times \left[\left(\frac{1.3}{273+27}\right) - \left(\frac{1.35}{273+300}\right)\right] = 26.99 \text{mmAq}$$

∴ 27mmAq

43 보일러용 스프링식 안전밸브의 종류를 3가지만 쓰시오.

[풀이] ① 저양정식 ② 고양정식 ③ 전양정식 ④ 전양식

44 다음 보기를 보고 급수설비 중 인젝터 작동순서를 기호로 표시하시오.

[보기]
① 출구정지밸브 개방(토출밸브 개방)
② 증기밸브 개방
③ 핸들개방
④ 흡수밸브 개방(급수밸브 개방)

[풀이] ① → ④ → ② → ③

45 다음의 여과기에 대한 물음에 답하시오.

(1) 여과기 전후에 부착되는 기기 명칭을 쓰시오.
(2) 여과기 압력계 부착 시 압력계의 눈금은 몇 MPa 이하의 압력을 판별할 수 있어야 하는가?
(3) 여과기 입출구의 압력차가 몇 MPa 이상일 때 여과기는 청소를 실시하여야 하는가?
(4) 여과기는 사용압력의 몇 배 이상의 압력에 견딜 수 있는 것이어야 하는가?

풀이 (1) 압력계　　　　　　(2) 0.02MPa 이하
　　　(3) 0.02MPa 이상　　　(4) 1.5배

46 집진기 내 방전극 집진극을 만들어서 방전극 측에 많은 볼트의 전압을 걸어 양극 간에 일어나는 코로나 방전을 부여하고 이 대전입자를 정전기력에 의해 분리하는 집진장치의 명칭을 쓰시오.

풀이 전기식 집진장치(코트렐식)

47 보일러용 송풍기 중 원심식 송풍기의 종류 3가지를 쓰시오.

풀이 ① 터보형
　　　② 다익형(시로코형)
　　　③ 플레이트형

48 다음의 급수설비인 인젝터의 작동 순서를 기호로 표시하시오.

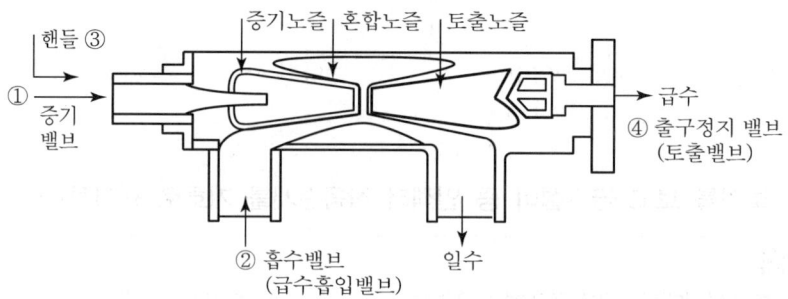

풀이 작동순서 : ④, ②, ①, ③(출구정지밸브개방 → 흡수밸브개방 → 증기밸브개방 → 핸들개방)

참고 정지순서 : ③, ①, ②, ④(작동순서의 역순)

49 굴뚝 높이가 15m인 연소용공기의 온도가 10℃(비중량 1.293kg/Nm³), 배기가스 온도가 170℃(비중량 1.354kg/Nm³)일 때 이론통풍력(자연통풍력)은 몇 mmH₂O(mmAq)인가?

풀이 이론통풍력$(Z) = 273H\left[\dfrac{r_a}{273+t_a} - \dfrac{r_g}{273+t_g}\right] = 273 \times 15 \times \left[\dfrac{1.293}{273+10} - \dfrac{1.354}{273+170}\right]$
$= 4,095 \times (0.0045689 - 0.0030564334) = 6.19 \text{mmH}_2\text{O}$

참고 실제통풍력$(Z') = 6.19 \times 0.8 = 4.95 \text{mmH}_2\text{O}$

50 감압밸브의 설치 시 고려해야 할 사항 5가지를 쓰시오.

풀이 ① 감압밸브는 가급적 사용처에 근접하여 설치함으로써 최대한 작은 크기의 배관을 할 수 있게 한다.
② 감압밸브 앞에 세퍼레이터나 드레인 포켓을 설치하거나 여과기를 설치한다.
③ 증기공급속도를 일정하게 하기 위해서 또는 감속을 위해 2차 측 배관이 1차 측 배관보다 확관되어야 한다.
④ 감압밸브 뒤에 편심리듀서를 사용할 때 응축수가 고이지 않게 한다.
⑤ 감압밸브 2차 측 배관에는 항상 안전밸브를 설치한다.
⑥ 감압밸브 설치 시 바이패스밸브를 수평으로 하거나 감압밸브 상부에 설치한다.

CHAPTER 03 보일러 연료 및 연소장치

01 중유를 사용하는 버너에서 연소효과를 올리기 위하여 보염장치를 설치하는데 이 중 버너타일의 역할을 3가지만 쓰시오.

풀이
① 착화와 불꽃의 안정을 도모한다.
② 복사열을 착화부에 전달한다.
③ 공기와 연료의 분포와 흐름방향을 조절한다.

02 보일러 버너의 구조 중 공기 조절장치는 무화장치와 더불어 확산 연소를 위한 중요 장치이다. 이 공기 조절장치의 3가지 주요 구성요소를 쓰시오.

풀이 ① 윈드박스 ② 보염기 ③ 버너타일

03 기체연료의 연소방식에는 확산연소방식과 예혼합연소방식이 있다. 예혼합연소방식의 버너 종류를 3가지만 기술하시오.

풀이 ① 저압버너 ② 고압버너 ③ 송풍버너

04 노통연관식 보일러에서 중유를 공급하기 위하여 전열식 오일프리히터를 사용한다. 보일러 용량이 3,500kg/h, 중유공급량이 225kg/h, 연료의 저위발열량(H_l)이 41MJ/kg, 중유의 비열이 1.9kJ/kg K일 때 오일프리히터의 출력은 몇 kWh가 이상적인가?(단, 히터예열기의 기름 입구온도는 70℃, 그 출구의 유온은 80℃, 전열식 오일프리히터(유예열기)의 효율은 80%로 본다.)

풀이 오일프리히터 출력 $= \dfrac{G_f \times C_b(t_2 - t_1)}{3{,}600 \times \eta} = \dfrac{225 \times 1.9 \times (80-70)}{3{,}600 \times 0.8} = 1.48\text{kWh}$

05 기체연료의 확산연소방식과 예혼합연소방식에서 사용되는 버너의 종류를 2개만 쓰시오.

풀이 (1) 확산연소방식
  버너형, 포트형
(2) 예혼합연소방식
  저압버너, 고압버너, 송풍버너

참고 보일러용 버너에는 연료의 분출방법에 따라 건타입, 링타입, 어뉴러타입, 스핏타입이 있다.

06 보일러 연도에 설치되는 댐퍼의 기능을 3가지 쓰시오.

풀이 ① 통풍력 조절 및 연소용 공기량 조절
② 연소가스의 흐름차단 및 연도의 부하조절
③ 주연도와 부연도가 설치된 경우 연소가스의 흐름 교체

07 중유의 성분을 향상시키기 위한 첨가제를 물음에 따라 쓰시오.
① 수분을 제거하는 것
② 회분의 융점을 올려 고온 부식을 방지하는 것
③ 분무 상태를 양호하게 하는 것
④ 슬러지 생성을 방지하는 것

풀이 ① 탈수제
② 회분개질제
③ 연소촉진제
④ 슬러지 안정제

08 보일러의 노 내에서 연소가스성분 분석결과 CO가스가 2.5% 검출되었다. 불완전연소에 의한 배기가스 열손실은 몇 kcal/kg인가?(단, 이론배기가스량은 10.5Nm³/kg, 공기비(과잉공기계수)가 1.2, 이론공기량은 11Nm³/kg이다.)

풀이 배기가스 열손실 $= 3{,}050[G_o + (m-1)A_o](\text{CO})$
$= 3{,}050[10.5 + (1.2-1) \times 11] \times 0.025$
$= 968.38 \text{kcal/kg}$

09 다음 도면은 서비스 탱크의 주위 배관도이다. ①~④ 부품의 명칭과 (a)에 알맞은 장치명을 쓰시오.

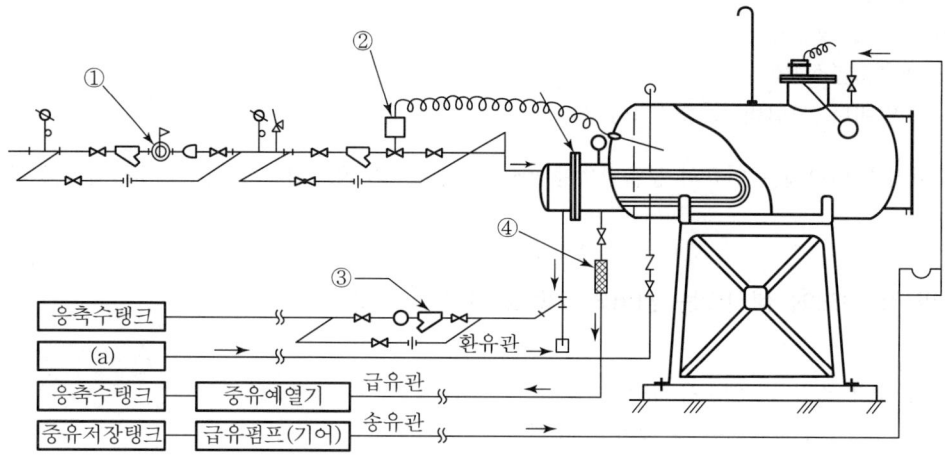

풀이
① 감압밸브　　② 온도 컨트롤 밸브
③ 여과기　　　④ 플렉시블 조인트
(a) 버너

10 연돌높이 18m, 외기온도 20℃, 배기가스 온도 270℃, 외기비중량 1.29kg/Nm³, 배기가스비중량 1.34kg/Nm³일 때 이론통풍력은 몇 mmAq인가?

풀이
$$\text{이론통풍력}(Z) = 273H\left(\frac{r_a}{273t_a} - \frac{r_g}{273t_g}\right)$$
$$= 273 \times 18\left(\frac{1.29}{273+20} - \frac{1.34}{273+270}\right)$$
$$= 9.51\text{mmAq}$$

11 외기온도가 28℃일 때 어떤 액체 연료를 80℃로 가열하여 버너에 공급하였다면, 이 연료의 현열은 몇 kcal/kg인지 계산하시오. (단, 연료의 비열은 0.45kcal/kg℃이다.)

풀이　$0.45 \times (80-28) = 23.4\text{kcal/kg}$

12 다음은 자동연소 제어장치의 계통도이다. a~e에 알맞은 기기를 보기에서 찾아 쓰시오.

> **보기**
> • 기어펌프　• 노즐 히터　• 삼방전자 밸브　• 에어탱크　• 시로코 팬

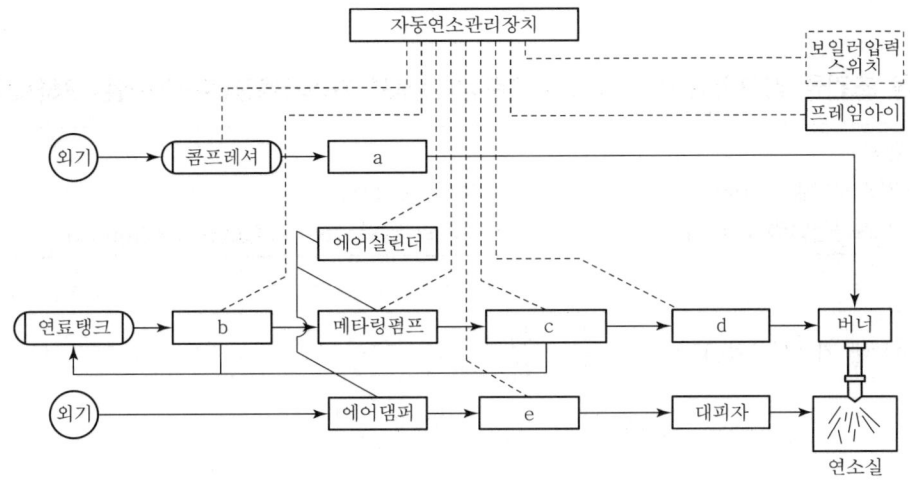

풀이　a. 에어탱크　b. 기어펌프　c. 삼방전자밸브　d. 노즐히터　e. 시로코 팬

13 연소가스가 연돌출구에서 3,600Nm³/h로 흐르고 있다. 연소가스의 평균온도가 250℃, 연돌상부 단면적이 0.5m²라면 연돌출구에서 배기가스 유속은 몇 m/s인가?

풀이　연돌상부 단면적$(F) = \dfrac{G(1+0.0037t)}{3,600 \times W}$

배기가스 유속 $= \dfrac{3,600 \times (1+0.0037 \times 250)}{3,600 \times 0.5} = 3.85 \text{m/sec}$

또는, 배기가스 유속 $= \dfrac{3,600 \times (273+250)}{3,600 \times 0.5 \times 273} = 3.83 \text{m/sec}$

14 외기온도가 24℃인 오일의 예열온도가 80℃ 오일 비열이 0.45kcal/kg℃일 때 기름(연료)의 현열은 몇 kcal/kg인가?

풀이　$C_p \times (t_1 - t_2) = 0.45 \times (80-24) = 25.2 \text{kcal/kg}$

15 외기온도가 28℃일 때 어떤 액체 연료를 80℃로 가열하여 버너에 공급하였다면 이 연료의 현열은 몇 kcal/kg인지 계산하시오. (단, 연료의 비열은 1.89kJ/kg℃이다.)

풀이) 현열(Q) = $C_p \times (t_i - t_g)$ = $1.89 \times (80 - 20)$ = 113.4kJ/kg

16 다음 조건을 참고하여 0℃, 1atm(표준상태)에서 가스사용량(Nm³/h)을 구하시오.

> 조건
> - 가스사용량 450m³/h
> - 가스공급압력 330mmA
> - 가스온도 20℃
> - 외기의 압력 760mmHg(10,332mmAq)

풀이) 표준상태 가스사용량(V') = $V \times \dfrac{T_1}{T_2} \times \dfrac{P_2}{P_1}$

$= 450 \times \dfrac{273}{273+20} \times \dfrac{10,332+330}{10,332}$

$= 432.68$Nm³/h

17 고압가스 홀더의 종류를 3가지만 쓰시오.

풀이)
① 유수식 홀더
② 무수식 홀더
③ 고압 홀더

18 연돌로 배출되는 배기가스온도가 높을 때와 낮을 때 발생되는 현상을 2가지씩만 쓰시오.

풀이)
① 높을 때
  ㉠ 배기가스의 열손실 발생
  ㉡ 폐열회수장치의 고온부식 발생
  ㉢ 통풍력 증가
② 낮을 때
  ㉠ 저온부식 발생
  ㉡ 통풍력 감소

19 원심식 통풍기의 송풍량이 10Nm³/s, 풍압력 100mmAq, 통풍기 효율이 65%, 배풍기의 온도가 150℃에서 이 통풍기의 이론통풍력은 몇 kW인가?(단, 1kW = 102kg · m/sec)

[풀이] 이론통풍력(Z) = $\dfrac{10 \times 100}{102 \times 0.65}$ = 15.08kW

20 석탄이나 장작 등 고체연료 중 가연성 성분 3가지를 쓰시오.

[풀이]
① 탄소(C)
② 수소(H)
③ 황분(S)

21 액화석유가스(LPG)의 일반적인 성질을 5가지만 쓰시오.

[풀이]
① 비중이 공기보다 커서 누설 시 바닥으로 고여 폭발의 위험이 있다.
② 기화잠열이 커서 사용 중 동상을 입을 우려가 있다.
③ 연소 시 다량의 공기가 필요하고 연소속도가 완만하다.
④ 발열량이 높다.
⑤ 연소범위가 좁다.

22 여과기의 종류와 여과기의 부착위치를 3가지씩 쓰시오.

[풀이]
(1) 여과기
① Y자형
② U자형
③ V자형
(2) 부착위치
① 급수량계 및 급유량계 입구
② 감압밸브 입구
③ 증기트랩 입구
④ 펌프 입구

23. 다음의 조건을 보고 굴뚝의 상부단면적(m²)을 구하시오.

[조건]
- 굴뚝의 배기가스온도 230℃
- 배기가스의 유속 10m/s
- 시간당 배기가스배출량 1,200Nm³/hr

[풀이] 굴뚝의 상부단면적$(F) = \dfrac{G \times (1 + 0.0037t)}{3,600 \times W}$

$= \dfrac{\text{배기가스량} \times (1 + 0.0037 \times \text{배기가스온도})}{3,600 \times \text{배기가스유속}} \text{m}^2$

$F = \dfrac{1,200 \times (1 + 0.0037 \times 230)}{3,600 \times 10} = 0.06 \text{m}^2$

[참고] $0.0037 = \dfrac{1}{273}$, 1시간 = 3,600초

24. 진동연소의 원인을 3가지만 쓰시오.

[풀이]
① 분무 공기압력이 과대한 때
② 버너타일 형상이 맞지 않을 때
③ 노내 압력이 너무 높을 때
④ 연도의 이음부나 설계가 나쁠 때
⑤ 버너와 버너타일 위치가 맞지 않을 때
⑥ 1차 공기압력과 유압이 불안정할 때

25. 어떤 송풍기의 송풍량이 1,000m³/min, 출구의 송풍압은 40mmAq, 송풍기 효율이 60%라면 송풍기의 소요동력은 몇 kW인지 계산하시오.

[풀이] 송풍기 소요동력$(L) = \dfrac{Q \cdot P}{102 \times 60 \times \eta}$

$= \dfrac{1,000 \times 40}{102 \times 60 \times 0.6} = 10.89 \text{kW}$

26 유체의 압력차를 일정하게 유지하고 유체 흐름의 단면적을 변화시켜 유량을 측정하는 면적식 유량계에서 기체와 액체를 측정할 때 측정범위는 각각 얼마인가?

(1) 기체의 경우 : (　　)mL/s~(　　)L/s
(2) 액체의 경우 : (　　)mL/s~(　　)L/s

풀이 (1) 20, 60　　　　(2) 2.1, 4

27 바카라치 스모크 테스터 매연농도 측정을 하고자 할 때 보기에 주어진 내용을 보고 작동순서대로 기호를 표시하시오.

> **보기**
> ① 거름종이를 주의해서 빼내어 백지 위에 놓고 채집된 부착물의 색농도를 각 표준 스케일의 지름 6mm 구멍을 통해서 육안으로 비교하고 가장 가까운 매연농도번호를 기록한다.
> ② 거름종이를 끼우고 거름종이 고정부 나사를 죈다.
> ③ 채집관의 앞끝을 원칙으로 시험로 출구로부터 300mm 미만의 연도로 삽입하고 가스흐름방향에 대해서 직각으로 하며 되도록 연도의 중심에 놓는다.
> ④ 채집기구가 수동식인 경우 펌프의 조작을 10회 규칙적으로 2~3초 간격으로 시행한다.

풀이 ②, ③, ④, ①

28 유류연소용 온수보일러의 연소상태를 조사하려고 한다. 조사할 내용을 3가지만 쓰시오.

풀이
① 열적 영향에 의한 균열, 퇴색 등 물리적, 화학적 변화가 있는가의 여부
② 화염이 변동되는가의 여부
③ 연료가 기기표면, 송유회로 등에 스며 나오던가 누설되는가의 여부
④ 접합개소 기타 구조상의 변화가 있는가의 여부

29 자연통풍력을 크게 하는 방법을 3가지만 쓰시오.

풀이
① 배기가스의 온도를 높인다.
② 굴뚝을 높인다.(연도를 짧게 한다.)
③ 외기온도가 낮을 때 연소시킨다.
④ 연도나 연돌을 보온재로 피복시킨다.
⑤ 굴뚝 상부 단면적을 크게 한다.

30 다음 ( ) 안에 알맞은 말을 써넣으시오.

(1) 연돌의 높이가 (　　) 크다.
(2) 통풍력은 외기온도가 (　　) 크다.
(3) 통풍력은 배기가스 온도가 (　　) 크다.
(4) 통풍력은 연돌 상부 단면적이 (　　) 크다.
(5) 통풍력은 습도가 (　　) 크다.

풀이
(1) 높을수록　　(2) 낮을수록　　(3) 높을수록
(4) 클수록　　(5) 낮을수록

31 압입통풍(강제통풍)의 장점을 3가지만 쓰시오.

풀이
① 노내가 정압이 유지되어 연소상태가 순조롭다.
② 가압연소가 가능하여 연소효율이 높다.
③ 고부하 연소가 가능하다.
④ 송풍기의 고장이 적고 송풍기 점검이나 보수가 용이하다.
⑤ 노내 투입되는 연소용 공기량의 조절이 가능하다.
⑥ 통풍저항이 큰 보일러에 사용이 편리하다.

32 다음 설명에 맞는 것을 보기에서 골라 쓰시오.

| 보기 | 프로판, LNG, 부탄 |

(1) 액화천연가스로 메탄 주성분인 천연가스를 초·저온으로 냉각 액화시킨 것이다.
(2) 표준대기압 상태에서 비점이 $-42.1℃$이고, 분자식은 C_3H_8이다.
(3) 표준대기압 상태에서 비점이 $-0.5℃$이고, 분자식은 C_4H_{10}이다.

풀이
(1) LNG　　(2) 프로판　　(3) 부탄

33 보일러에 사용되는 화염검출기의 종류를 크게 나누어 3가지만 쓰시오.

풀이
① 플레임 아이(광전관)
② 플레임 로드
③ 스택스위치

CHAPTER 04 보일러 계측장치 및 자동제어

부록 01 | 분류별 기출문제

01 대형보일러에서 공기과잉계수를 일정하게 제어하기 위해 적당한 공연비를 자동적으로 유지하는 것이 공연비제어이지만 공연비제어를 제어하기 위하여 검출하여야 할 종류 3가지를 쓰시오.

풀이
① 가스분석기
② 매연농도법
③ 공연유량비법

02 온도계 중에서 접촉식 온도계와 비접촉식 온도계의 종류를 3가지만 쓰시오.
(1) 접촉식 온도계
(2) 비접촉식 온도계

풀이
(1) ① 열전대 온도계
② 저항 온도계
③ 바이메탈 온도계
④ 압력식 온도계
(2) ① 광고 온도계
② 방사 온도계
③ 색 온도계
④ 광전관식 온도계

03 보일러 자동제어에서 원활하고 안전한 운전을 하기 위하여 인터록을 사용하고 있다. 인터록의 종류 3가지만 쓰시오.

풀이
① 프리퍼지 인터록 ② 저연소 인터록 ③ 불착화 인터록
④ 저수위 인터록 ⑤ 압력초과 인터록

04 보일러 및 자동제어에 대한 물음에 답하시오.

(1) 자동연소제어에서 제어량 2가지를 기술하시오.
(2) 증기압력을 제어하면 어떤 것을 조작하여야 하는지 2가지만 쓰시오.
(3) 과열증기 온도를 조절하는 방법 3가지를 기술하시오.

풀이 (1) ① 증기압력　　　② 노내압력
(2) ① 연료량　　　　② 공기량
(3) ① 습증기 일부를 과열기로 이끄는 방법
② 연소가스 유량을 가감하는 방법
③ 과열 저감기를 사용하는 방법

05 자동제어 신호전달방법 3가지 중에서 신호거리가 가장 긴 것부터 차례로 기술하시오.

풀이 ① 전기식　　② 유압식　　③ 공기식

06 다음 설명에 맞는 온도계의 종류를 아래 보기에서 찾아 쓰시오.

> **보기**
> • 압력식 온도계　　　• 바이메탈식 온도계　　　• 저항온도계
> • 광온도계　　　　　• 열전대식 온도계

(1) 온도차에 따라 두 종류의 금속선에 발생하는 열기전력을 이용한 온도계
(2) 열팽창계수가 서로 다른 2종의 금속박판을 서로 접합시켜 온도변화에 따른 변위를 이용한 온도계
(3) 밀폐된 관 속에 액체 또는 기체 등을 봉입하여 온도 변화에 따른 봉입된 물질의 체적 변화를 이용한 온도계
(4) 온도변화에 따른 금속의 전기 저항치의 변화를 이용한 온도

풀이 (1) 열전대 온도계
(2) 바이메탈 온도계
(3) 압력식 온도계
(4) 저항 온도계

07 다음은 보일러 자동제어 시스템의 신호전송방법의 특성을 설명한 것이다. 각 설명에 맞는 전송방법을 쓰시오.

(1) 관로의 저항으로 전송이 지연될 수 있으며, 자동제어에는 용이하나 원거리 전송이 곤란하다.
(2) 신호전달 지연이 거의 없으며, 원거리 전송이 용이하나 가격이 비싸다.
(3) 신호전달 지연이 적으나 인화의 위험성이 있으며, 조작력이 강하고 응답이 빠르다.

풀이 (1) 공기식   (2) 전기식   (3) 유압식

08 보일러 자동제어(Automatic Boiler Control)에서는 자동연소제어, 자동급수제어, 증기온도제어, 로컬제어가 있다. 로컬제어(Local Control)가 사용되는 제어에는 어떤 제어가 있는지 그 쓰이는 용도를 4가지만 쓰시오.

풀이
① 중유온도제어   ② 중유압력제어
③ 분무용 증기압제어   ④ 유면제어

09 가스 분석계 중 물리적인 가스 분석계와 화학적인 가스 분석계를 3가지씩만 쓰시오.

풀이 (1) 물리적 가스 분석계
① 열전도율형 CO_2계
② 적외선 가스분석기
③ 세라믹식 O_2계
④ 용액도전율식
(2) 화학적인 가스 분석계
① 오르사트 가스분석기
② 자동화학식 가스분석기
③ 연소식 O_2계
④ 미연소 가스분석계

10 급수제어 방식의 3요소를 수면계의 그림으로 나타내시오.
① 증기량
② 수위량
③ 급수량

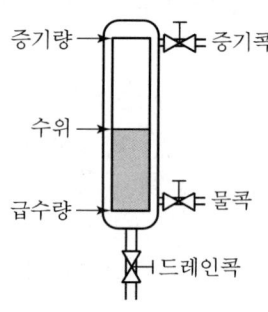

11 다음 ( ) 안에 알맞은 내용을 써넣으시오.

온수보일러 (①)에 설치한 콤비네이션 릴레이의 특징은 (②)릴레이와 아쿠아 스태트의 기능을 합한 것으로 (③) 주 안전 제어장치로 (④)차단, (⑤)점화, (⑥)회로가 한 개의 제어기로 만들어진 제어장치이다.

풀이
① 본체　　② 프로텍터　　③ 버너
④ 고온　　⑤ 저온　　　　⑥ 순환펌프

12 고점도의 유류나 점성의 변화가 큰 연료를 사용하는 보일러의 유량 계측에는 체적식 유량계가 많이 사용된다. 체적식 유량계의 종류를 3가지만 쓰시오.

풀이
① 오벌기어식　　② 루트식　　③ 회전원판식

13 오르사트(Orsat) 가스분석기로서 연소가스를 분석할 때, 가스분석순서와 각 흡수액 3가지의 명칭을 쓰시오.

풀이
(1) 가스분석 순서
　① CO_2
　② O_2
　③ CO
(2) 흡수액의 명칭
　① CO_2 : KOH 30% 수용액(수산화칼륨 용액 30%)
　② O_2 : 알칼리성 피로갈롤 용액
　③ CO : 암모니아성 염화제1동 용액

14 보일러자동제어에서 급수제어(F.W.C)에는 단요소식, 2요소식, 3요소식이 있다. 이 중 3요소식의 측정대상을 쓰시오.

풀이 ① 수위   ② 증기량   ③ 급수량

15 다음 전극식 수위검출기에서 ①~⑤의 사용 용도를 쓰시오.

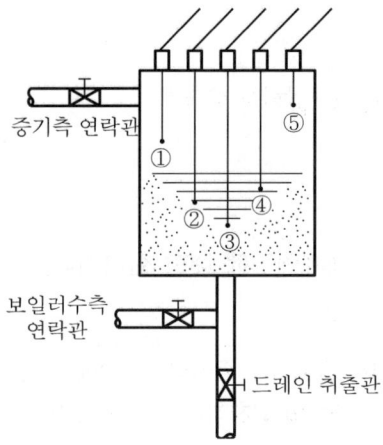

풀이 ① 급수정지용   ② 저수위경보용   ③ 저수위차단용
     ④ 급수개시용   ⑤ 고수위경보용

16 다음 온도계에 관한 설명에 해당되는 온도계를 보기에서 찾아 쓰시오.

보기
• 압력식 온도계   • 제겔 콘   • 바이메탈 온도계   • 열전대 온도계   • 서미스터

(1) 니켈, 망간, 코발트 등의 금속산화물을 소결시켜 만든 반도체를 이용한 것으로 이들의 온도 변화에 따른 전기저항값의 변화를 이용하여 온도를 측정한다.
(2) 노(爐) 내의 온도 측정이나 벽돌의 내화도 측정용으로 사용된다.
(3) 서로 다른 2종의 금속선을 양 끝에 접합하여 만든 것을 이용한다.
(4) 수은, 알코올, 아닐린, 에틸렌, 톨루엔 등을 봉입한 것을 이용한다.
(5) 열팽창계수가 다른 2종의 금속 박판을 밀착시켜 만든 것을 이용한다.

풀이 (1) 서미스터   (2) 제겔 콘   (3) 열전대 온도계
     (4) 압력식 온도계   (5) 바이메탈 온도계

17 다음 내용을 읽고 해당되는 온도계의 명칭을 쓰시오.

① 열기전력이 발생하는(제백효과) 원리를 이용한 온도계
② 전기저항을 이용하여 정밀측정에 이용되는 온도계
③ 일정한 용적의 용기 내에 봉입된 유체의 압력이 온도에 의해 변화하는 현상을 이용하여 수은, 알코올, 아닐린 등이 사용되는 온도계
④ 선팽창계수가 다른 두 종류의 금속판을 하나로 합쳐 만든 온도계

풀이
① 열전대 온도계
② 전기저항 온도계
③ 액체 팽창 압력식 온도계(또는 압력식 온도계)
④ 바이메탈 온도계

18 다음은 증기보일러의 증기압력제어기에 대한 설명이다. ( ) 안에 알맞은 용어를 보기에서 골라 그 번호를 아래에 쓰시오.

증기압력제어기는 보일러에서 발생하는 증기의 (가)에 따라 (나)과(와) (다)을(를) 조절하여 소정의 증기압력을 유지하기 위하여 설치하는 것으로 증기압력의 검출방식은 (라)식과 (마)식이 있다.

보기
① 배가스량   ② 벨로즈   ③ 공기량   ④ 루프   ⑤ 부르동관
⑥ 수위   ⑦ 압력   ⑧ 증기발생량   ⑨ 슬리브   ⑩ 연료량

풀이 가: ⑦   나: ③   다: ⑩   라: ②   마: ⑤

19 다음 보기의 가스 분석계를 화학적 분석계와 물리적 분석계로 분류하여 그 번호를 쓰시오.

보기
① 연소식 O_2계   ② 자기식 O_2계   ③ 밀도식 CO_2계
④ 세라믹 O_2계   ⑤ 오르사트 가스분석계

가. 화학적 분석계 :
나. 물리적 분석계 :

풀이
가. 화학적 분석계 : ①, ⑤
나. 물리적 분석계 : ②, ③, ④

20 차압식 유량계의 종류 3가지를 압력손실이 큰 것부터 작은 것의 순서대로 쓰시오.

풀이
① 오리피스
② 플로노즐
③ 벤투리미터

21 열전대 온도계의 종류를 3가지만 쓰시오.

풀이
① 백금-백금로듐(PR) 온도계
② 크로멜-알루멜(CA) 온도계
③ 철-콘스탄탄(IC) 온도계
④ 동-콘스탄탄(CC) 온도계

22 보일러 자동제어에서 FWC, ACC, STC는 각각 어떤 제어인지 쓰시오.

풀이
① FWC : 자동급수제어
② ACC : 자동연소제어
③ STC : 증기온도제어

참고 A.B.C : 자동보일러제어

23 다음 열전대 온도계의 기호를 보고 온도계 명칭을 쓰시오.
(1) P-R 온도계
(2) C-A 온도계
(3) I-C 온도계
(4) C-C 온도계

풀이
(1) 백금-백금로듐 온도계
(2) 크로멜-알루멜 온도계
(3) 철-콘스탄탄 온도계
(4) 구리-콘스탄탄 온도계

24 보일러 자동제어의 기호를 보고 그 명칭을 쓰시오.

(1) F.W.C
(2) A.C.C
(3) S.T.C

풀이
(1) 자동급수제어
(2) 자동연소제어
(3) 자동증기온도제어

25 열전대 온도계의 취급 시 주의사항을 3가지만 기술하시오.

풀이
① 충격을 피하고 습기, 먼지, 햇볕 등에 주의할 것
② 온도계 사용한계에 주의할 것
③ 눈금을 읽을 때 시차에 주의할 것
④ 사용 전에 지시계로서 도선접촉선에 영점 보정을 할 것
⑤ 정기적으로 표준계기와 비교, 검정하여 지시차를 교정할 것

26 정해진 순서에 따라 제어단계를 순차적으로 진행하는 제어를 무엇이라고 하는가?

풀이 시퀀스 제어

27 보일러의 통풍력을 측정하는 데 이용하는 액주식 압력계의 종류를 3가지만 쓰시오.

풀이
① 단관식 압력계
② 경사관식 압력계
③ U자관식 압력계
④ 호르단형 압력계

28 물체는 온도가 높아질수록 큰 복사 에너지를 방출하는 이 에너지를 이용하여 온도를 측정하며 스테판 볼츠만의 법칙을 적용하는 온도계의 명칭은?

풀이 방사온도계(복사온도계)

29 액주식 압력계 액체의 구비조건을 3가지만 쓰시오.

풀이
① 열팽창계수가 적을 것
② 온도 변화에 따른 밀도변화가 적을 것
③ 액주의 높이를 정확히 읽을 수 있을 것
④ 모세관 현상 및 표면장력 현상이 적을 것

30 팽창률이 다른 두 장의 금속판을 접합하여 온도변화에 의한 각 금속의 팽창차 때문에 변위가 생기는 것을 이용하여 −50~500℃까지 사용하는 온도계는?

풀이 바이메탈 온도계

31 자동제어 연속동작에는 비례(P) 동작, 적분(I) 동작, 미분(D) 동작이 있다. 다음 설명에 해당하는 동작을 각각 쓰시오.

(1) 입력인 편차에 대하여 조작량의 출력변화가 일정한 비례관계가 있다. 다만 잔류편차(옵셋)가 발생한다.
(2) 외란에 의한 제어량 편차가 생기기 시작한 초기의 편차 미분치를 가감하여 제어편차변화속도에 비례한 조작량을 내는 동작이다.
(3) 제어량에 편차가 생겼을 때 편차의 적분치를 가감하여 조작단의 이동속도가 비례하는 동작으로 편차가 남지 않는다.

풀이
(1) 비례(P) 동작
(2) 적분(I) 동작
(3) 미분(D) 동작

CHAPTER 05 보일러 급수처리 및 보일러 부식

부록 01 | 분류별 기출문제

01 보일러수 내처리에 쓰이는 연화제는 어떤 기능을 하는지 쓰고 또 그 종류를 2가지만 쓰시오.

풀이
(1) 기능
    탄산나트륨 등을 사용하여 용수 중의 경도성분인 불순물을 슬러지로 만들어서 스케일 생성방지
(2) 종류
    ① 탄산나트륨
    ② 수산화나트륨

02 보일러수의 외처리 방법 중 폭기법(기폭법)으로 제거될 수 있는 물질 3가지를 아래 보기에서 골라 쓰시오.

보기
• 탄산가스   • 산소   • 질소   • 망간   • 철(Fe)분   • 유황(S)분   • 실리카겔

풀이 ① 탄산가스   ② 망간   ③ 철분

03 보일러 급수처리(외처리) 방법 중 급수 중의 고체 협잡물(고형물)을 처리하는 방법을 3가지만 쓰시오.

풀이 ① 침강법   ② 응집법   ③ 여과법

04 다음 ( ) 안에 알맞은 말을 쓰시오.

> 보일러 급수를 처리하지 않았을 때는 (①)에 의해 슬러지나 (②)이 생성되면 슬러지 조정제로서는 (③), (④), (⑤) 등이 있다.

풀이 ① 염류 및 불순물   ② 스케일   ③ 탄닌
       ④ 리그린   ⑤ 전분(녹말)

05 다음 급수 중의 경도 성분을 불용성의 슬러지로 만들어 스케일 부착을 방지하는 연화제로 쓰이는 물질을 3가지만 쓰시오.

[풀이]
① 탄산나트륨
② 수산화나트륨
③ 각종 인산나트륨

06 보일러 내부에서 생성되는 스케일 종류를 5가지 쓰시오.

[풀이]
① 중탄산칼슘　　② 중탄산마그네슘
③ 탄산마그네슘　　④ 염화마그네슘
⑤ 황산칼슘　　　　⑥ 규산칼슘

07 보일러설치기술(KBI)에서 정한 보일러 급수의 불순물 중 현탁고형물(탁도)을 처리하는 방법 3가지를 쓰시오.

[풀이]
① 침강법(침전법)
② 여과법
③ 응집법

08 보일러 급수의 pH 조정제로 쓰이는 물질을 5가지만 쓰시오.

[풀이]
① 수산화나트륨　　　　② 탄산나트륨
③ 제3인산나트륨　　　 ④ 제1인산나트륨
⑤ 헥사메타인산나트륨　⑥ 인산
⑦ 암모니아

09 보일러 급수처리(외처리) 방법 중 급수 중의 현탁 고형물을 처리하는 방법을 3가지만 쓰시오.

[풀이]
① 침강법(침전법)　　② 응집법
③ 여과기　　　　　　④ 흡착법

10 급수처리방법에서 슬러지 조정제 3가지와 용존고형물 제거방법 3가지를 쓰시오.

[풀이] (1) 슬러지 조정제
① 탄닌
② 전분
③ 리그린
(2) 용존고형물처리제
① 이온교환법
② 약품첨가법
③ 증류법

[참고] 이온교환법
- 방식 : 단순연화법, 탈알칼리연화법
- 이온 : 양이온(Na^+, H^+), 음이온(OH^-, Cl^-)

11 다음 (1)~(5)의 물음에 해당하는 보기의 번호를 ( ) 안에 쓰시오.

> **보기**
> ① 황산칼슘 ② 실리카 ③ 황산마그네슘 ④ 중탄산마그네슘 ⑤ 중탄산칼슘

(1) 고온에서 석출하므로 주로 증발관에서 스케일화 되는 것으로 보일러 내처리가 불충분한 경우에 생성되기 쉽고 대단히 악질 스케일이 된다.( )
(2) 급수 용존염료 중 가장 일반적인 슬러지 성분으로 온도가 낮은 상태에서 석출한다.( )
(3) 보일러수 중에 열분해되어 탄산마그네슘, 수산화마그네슘의 슬러지 성분이 된다.( )
(4) 용해도가 커서 그 자체로서는 스케일 생성이 잘 안되나 탄산칼슘과 작용해서 황산칼슘과 수산화마그네슘의 경질스케일이 발생한다.( )
(5) 급수 중의 칼슘성분과 결합하여 규산칼슘을 생성하고 알루미늄과 결합해서 여러 가지 형태의 스케일 생성을 하며 이것의 함유량이 많은 스케일은 아주 단단한 경질이다.( )

[풀이] (1) ①　　(2) ⑤　　(3) ④　　(4) ③　　(5) ②

12 보일러 급수처리가 부적당할 때 부식되는 원인 3가지를 쓰시오.

풀이 ① 알칼리에 의한 부식(가성취화 부식)
② 용존산소에 의한 부식
③ 외처리가 부적당할 때 일어나는 부식
④ 염류에 의한 부식

13 급수처리에서 슬러지 조정제의 종류를 3가지만 쓰시오.

풀이 ① 탄닌　　② 리그닌　　③ 전분(녹말)

14 pH 알칼리도 조정제를 3가지만 쓰시오.

풀이 ① 수산화나트륨
② 탄산나트륨
③ 제3인산나트륨
④ 암모니아

15 보일러 취급에서 급수처리를 하는 목적을 3가지만 쓰시오.

풀이 ① 스케일 생성과 고착 방지
② 관수의 농축 방지
③ 가성취화 및 부식 방지
④ 기수공발요인 제거

CHAPTER 06 보일러 안전관리

01 다음 (   ) 안에 알맞은 내용을 써넣으시오.

> 증기압력계에서 압력계와 연결된 증기관은 최고사용압력에 견디는 것으로서 그 크기는 황동관 또는 동관을 사용할 때에는 안지름 (①)mm 이상, 강관을 사용할 때는 (②)mm 이상이어야 하며, 증기온도가 (③)℃를 넘을 때에는 황동관 또는 동관을 사용하여서는 안 된다.

풀이
① 6.5
② 12.7
③ 210

02 보일러 운전 중 전자밸브(Solenoid)가 시급히 작동하여야 하는 경우에 대하여 3가지만 기술하시오.

풀이 ① 압력초과   ② 저수위 사고   ③ 실화(소화)

03 보일러 부속기기 중 2개 이상을 부착하여야 하는 기기를 3가지만 기술하시오.

풀이
① 수면계   ② 압력계   ③ 유량계
④ 여과기   ⑤ 밸브

04 보일러 저온부식을 방지하는 대책을 3가지만 쓰시오.

풀이
① 황분이 적은 연료를 사용할 것
② 적은 과잉공기량으로 연소시킬 것
③ 노점온도를 낮추는 연료첨가제를 사용할 것
④ 연소 배기가스의 온도가 노점온도보다 높을 것

05 가스용 보일러의 연료배관에서 배관의 고정에 대하여 관경별로 3가지로 분류하여 몇 m마다 고정하는지 쓰시오.

(1) 관경 13mm 미만
(2) 관경 13mm 이상~33mm 미만
(3) 관경 33mm 이상

풀이 (1) 1 (2) 2 (3) 3

06 가스보일러의 점화 시 그 안전에 대하여 물음에 답하시오.

(1) 점화 시 사전환기(프리퍼지)를 행할 때 연소실 내 용적의 몇 배 이상의 공기로 충분한 퍼지를 하여야 하는가?
(2) 점화 시 프리퍼지를 할 때 댐퍼는 어떤 상태에서 사전환기를 시키는가?

풀이 (1) 4배
(2) 댐퍼는 완전히 개방된 상태에서 퍼지한다.

07 보일러 자동제어의 한 종류인 인터록(Inter Lock)의 종류를 5가지 쓰시오.

풀이 ① 압력초과 인터록 ② 저수위 인터록 ③ 불착화 인터록
④ 저연소 인터록 ⑤ 프리퍼지 인터록

08 다음 사항에 해당되는 내용을 보기에서 고르시오.

보기
• 캐리오버 • 비수현상 • 수격작용 • 포밍현상

① 증기 속에 물방울이 포함되어 증기관 밖으로 나가는 현상
② 수면 위에 물방울이 튀어오르는 현상
③ 물 위에 떠 있는 부유물이나 불순물에 의해 거품이 일어나는 현상
④ 관내의 유속이 급격하게 변함에 따라 유속에 밀려 물이 관벽을 치는 현상

풀이 ① 캐리오버 ② 비수현상 ③ 포밍현상 ④ 수격작용

09 보일러에 사용되는 안전장치를 5가지만 쓰시오.

풀이
① 방폭문 ② 화염검출기 ③ 저수위경보장치
④ 가용전 ⑤ 안전밸브

10 보일러에서 보일러수를 분출(Blow Off)하는 목적을 5가지만 쓰시오.

풀이
① 보일러 동 내부의 슬러지 배출 ② 고수위 방지
③ 보일러수의 농축 방지 ④ 프라이밍 또는 포밍 방지
⑤ 보일러수의 pH 조절

11 강철제 보일러에서 다음에 해당하는 최고사용압력 보일러에서 수압시험은 얼마인가?

(1) 최고사용압력 $10kg/cm^2$(1MPa)
(2) 최고사용압력 $17kg/cm^2$(1.7MPa)

풀이
(1) $10 \times 1.3 + 3 = 16kg/cm^2$(1.6MPa)
 ※ $P \times 1.3$배 $+ 3kg/cm^2$($4.3 \sim 15kg/cm^2$ 이하까지)
(2) $17 \times 1.5 = 25.5kg/cm^2$(2.55MPa)
 ※ $P \times 1.5$배($15kg/cm^2$ 초과 시)

12 보일러의 장기 휴지 시 사용하는 흡수제의 종류 3가지만 쓰시오.

풀이
① 생석회 ② 염화칼슘 ③ 실리카겔

13 보일러 운전 시 아래 조건을 보고 보일러 정지 순서대로 나열하시오.

① 연소용 공기공급장치 정지
② 연료공급 정지
③ 댐퍼를 닫는다.
④ 주증기 밸브를 닫고 드레인 밸브를 연다.
⑤ 급수를 한 후 증기압력을 저하시키고 급수밸브를 닫는다.

풀이 ② → ① → ⑤ → ④ → ③

14 다음 ( ) 안에 알맞은 말을 쓰시오.

> 공기유량 자동조절기능은 가스용 보일러 및 용량 (①)ton/h, 난방 전용은 (②)ton/h 이상인 유류보일러에는 (③)에 따라 (④)를 자동조절하는 기능이 있어야 한다. 이때 보일러 용량이 kcal/h로 표시되었을 때에는 (⑤)만 kcal/h를 증기보일러 1ton/h으로 환산한다.

풀이
① 5 ② 10 ③ 공급연료량
④ 연소용 공기 ⑤ 60

15 전열면의 그을음을 제거하는 장치명을 쓰고 이것의 종류를 3가지만 쓰시오.

풀이
(1) 명칭 : 슈트블로어
(2) 종류 : 롱리트렉터블형, 쇼트리트렉터블형, 건타입형, 에어크리너형

16 온수보일러에 설치되는 팽창탱크의 기능(역할)에 대하여 2가지만 쓰시오.

풀이
① 보일러 파열사고 방지
② 보충수의 공급
③ 보일러 압력을 항상 일정하게 유지
④ 공기의 누입방지

17 다음 보일러 공기예열기와 관련된 각 물음에 알맞은 답을 쓰시오.

(1) 공기예열기와 같은 저온부에서 발생하기 쉬운 부식의 명칭
(2) 저온부에서 수분과 반응하여 부식을 촉진하는 물질명
(3) 전도식(전열식) 공기예열기의 종류 2가지

풀이
(1) 저온부식
(2) 황(S)
(3) ① 판형
    ② 관형

18 자연통풍력이 약해지는 원인을 5가지만 쓰시오.

풀이
① 연돌의 높이가 낮다.
② 외기온도가 높을 때 연소한 경우
③ 연도의 길이가 길다.
④ 배기가스 온도가 낮다.
⑤ 굴뚝의 단면적이 작다.

19 고체 협잡물의 처리방법 3가지를 쓰시오.

풀이
① 여과법 ② 침강법 ③ 응집법

20 기수공발(캐리오버)의 원인을 5가지만 쓰시오.

풀이
① 주증기 밸브의 급개
② 프라이밍 또는 포밍의 발생
③ 관수의 농축
④ 급수처리 부적당
⑤ 보일러 고수위 운전

21 보일러 최고사용압력이 0.7MPa인 경우 수압시험압력은 몇 MPa인가?

풀이 $P' = P \times 1.3$배 $+ 0.3 \text{MPa} = 0.7 \times 1.3 + 0.3 = 1.21 \text{MPa}$

22 수격작용 방지법을 4가지만 쓰시오.

풀이
① 주증기 밸브를 천천히 연다.
② 증기배관을 최초 송기 시 따듯하게 난관을 시킨다.
③ 증기트랩을 장착하여 응축수를 신속히 배제시킨다.
④ 캐리오버 현상을 방지한다.
⑤ 증기배관을 철저히 보온시킨다.

23 보일러 운전 중 송기를 할 때 발생하는 이상현상 3가지를 기술하시오.

풀이
① 기수공발(캐리오버) ② 포밍 ③ 프라이밍

24 보일러 자동제어 인터록의 종류 4가지를 쓰시오.

풀이
① 불착화인터록   ② 압력초과인터록   ③ 저수위인터록
④ 프리퍼지인터록 ⑤ 저연소인터록

25 보일러나 압력용기에 나사이음이나 플랜지이음으로 액면계를 부착하고자 한다. 이때 점검해야 할 항목 3가지만 쓰시오.

풀이
① 금속관 등 유리관의 보호장치 설치
② 유리관 파손 시 수동이나 자동식의 폐지밸브 설치
③ 측정범위와 정도를 고려할 것

26 다음은 연소안전장치에서 화염의 검출에 사용하는 것이다. 다음의 (1), (2), (3)에 해당되는 화염검출기 명칭을 쓰시오.

(1) 화염 중의 가스가 양이온과 자유전자로 전리되는 이온현상을 이용하여 화염의 유무를 검출하는 것
(2) 열적 검출방식으로 화염의 발열현상을 이용한 것으로 연소온도에 의해 화염의 유무를 검출하는 것
(3) 화염의 방사선을 전기신호로 바꾸어 화염의 유무를 검출하는 것이며 광전관이 사용되는 것

풀이
(1) 프레임 로드   (2) 스택 스위치   (3) 프레임 아이

27 증기 보일러에서 증기가 발생할 때 나타나는 현상으로 선택적 캐리오버(Selective Carry Over)와 기계적 캐리오버로 분류할 수 있다. 선택적 캐리오버에 대한 설명과 기계적 캐리오버 현상 중 프라이밍에 대해 간단히 설명하시오.

풀이
(1) 선택적 캐리오버
보일러 수중의 각종 고형물 속에서 실리카 또는 실리콘이 증기 중에 용해된 성분 그대로 운반되어 보일러 주증기관을 통하여 나오는 현상
(2) 프라이밍
보일러 부하의 급변이나 수위의 급격한 상승 때문에 보일러수가 미세한 수적이나 거품상태도 다량 발생하여 증기와 더불어 보일러 밖으로 송출되는 현상

28 다음 ( ) 안에 적합한 용어를 보기에서 골라 넣으시오.

보기
• 급수밸브   • 릴리프밸브   • 팽창밸브   • 급수탱크   • 통기관   • 방출관

난방용 주철제 온수보일러에는 (①)를(을) 설치하여야 한다. 다만, 개방형 (②)에 통하는 방출관을 설치한 난방용 온수보일러에 대하여는 그렇지 않다. (③) 도중에 밸브, 콕 등의 장치를 부착하는 것은 인정되지 않는다.

풀이
① 릴리프 밸브
② 팽창밸브
③ 방출관

29 다음 ( ) 안에 알맞은 말을 쓰시오.

보일러를 가동하기 직전 프리퍼지를 할 때 가스연료의 경우 연소실 용적 (①)배 이상의 공기를 불어 넣어 환기시키고 환기 전 (②)를 완전히 열어 놓아야 하며 점화는 (③)번의 점화에 의해 착화시킨다. 단, 이것이 제대로 이루어지지 않을 시 (④) 공급을 중단하고 재점화시키며, 불씨는 (⑤)이 커야 한다.

풀이
① 4   ② 댐퍼   ③ 1
④ 연료   ⑤ 화력

30 보일러운전 중지가 6개월 이상일 때는 건조보존법을 시행한다. 이때 보일러에 사용되는 건조제의 종류를 3가지만 쓰시오.

풀이
① 생석회   ② 염화칼슘
③ 활성알루미나   ④ 실리카겔

CHAPTER 07 보일러 세관 및 보존

부록 01 | 분류별 기출문제

01 보일러 보존방법 중 건조보존방법에서 사용하는 내부에 투입되는 물질 또는 건조를 위한 흡습제 3가지를 쓰시오.

(1) 물질 3가지로 정답을 쓰는 경우
(2) 흡습제 3가지로 정답을 쓰는 경우

풀이
(1) 질소, 생석회, 실리카겔
(2) 생석회(산화칼슘), 실리카겔(규산겔), 염화칼슘

02 보일러 산 세관(Acid Cleaning) 시에 사용하는 중화방청제의 종류를 3가지 쓰시오.

풀이
① 수산화나트륨 ② 인산나트륨 ③ 아황산나트륨
④ 히드라진   ⑤ 탄산나트륨

03 보일러 산 세관 후 산액처리를 위하여 중화방청처리를 하여야 한다. 이때 사용되는 처리액을 3가지만 쓰시오.

풀이
① 수산화나트륨($NaOH$) ② 인산나트륨(Na_3OH) ③ 아황산나트륨(Na_2SO_2)
④ 하이드라진(N_2H_4) ⑤ 탄산나트륨(Na_2CO_3)

04 다음은 보일러 산 세관에 대한 설명이다. ( ) 안에 알맞은 말을 쓰시오.

> 보일러에 경질 스케일이 존재할 때 용해 촉진제로 (①)을(를) 첨가하거나 알칼리 세관 후 (②)을 (를) 넣고 팽윤시킨 후 (③)을(를) 하면 양호한 세관 효과를 얻을 수 있다.

풀이
① 불화수소산
② 계면활성제
③ 산 세관

05 보일러 세관제는 유기산제와 무기산제로 구분할 수 있다. 무기산제의 종류를 3가지만 쓰시오.

풀이 ① 염산
② 황산
③ 질산
④ 인산

참고 ① 건조보존법(장기보존법)
- 석회밀폐 건조보존법
- 질소봉입 건조보존법
② 만수보존법(단기보존법)

CHAPTER 08 보일러 계통도 및 배관설비, 공구

부록 01 | 분류별 기출문제

01 다음은 수관식 보일러 및 관련 설비 도면이다. 물음에 답하시오.

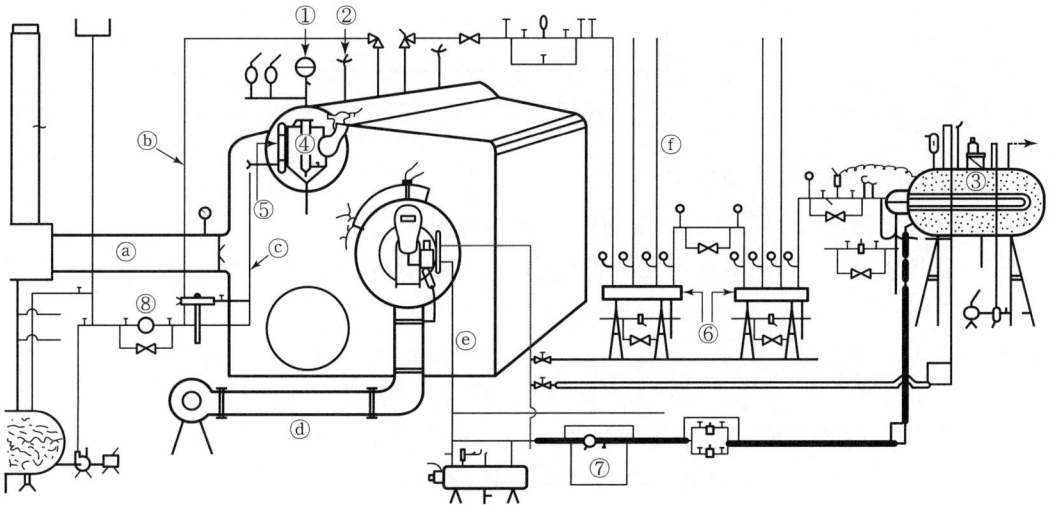

(1) ①~⑧의 각 부위 명칭을 쓰시오.
(2) ⓐ~ⓕ라인 속에 흐르는 유체의 명칭을 쓰시오.

풀이 (1) ① 압력계　　② 안전밸브　　③ 서비스탱크
　　　　④ 수주관　　⑤ 수면계　　　⑥ 증기헤더
　　　　⑦ 급유량계　⑧ 수량계

(2) ⓐ 배기가스　ⓑ 증기　　　　ⓒ 물
　　ⓓ 공기　　　ⓔ 기름(중유)　ⓕ 증기

02 다음은 온수보일러의 시공을 위한 벽관 도면을 나타낸 것이다. 물음에 답하시오.(단, 단위는 mm이다.)

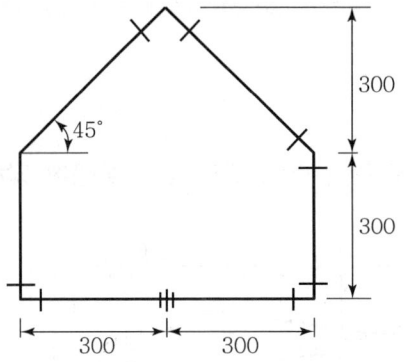

(1) 90° 엘보는 몇 개인가?
(2) 파이프를 일직선상으로 연결한 이음쇠의 명칭은?
(3) 방열관의 길이(mm)는 얼마인가?(답은 반올림하여 정수로 계산하시오.)

풀이 (1) 3개
(2) 유니언
(3) 45° 대각선 길이 = $L \times \sqrt{2}$
　　　　　　　　　 = $(300 \times \sqrt{2}) \times 2$개 = 848.5281mm
　　300mm = 300×4개 = 1,200mm
　　∴ 총 연장길이 = 848.5281 + 1,200 = 2,049(mm)

03 다음 그림은 유류용 온수보일러의 설치 개략도이다. 아래 물음에 답하시오.

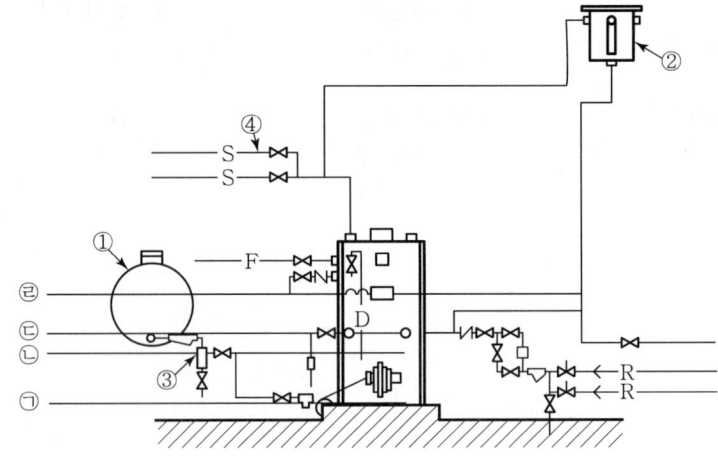

(1) ①~④의 명칭을 쓰시오.
(2) 이 보일러의 최저 안전수위 위치는 ㉠~㉣ 중 어느 것인가?

풀이 (1) ① 유류 탱크(서비스 탱크)   ② 팽창 탱크
      ③ 유수분리기   ④ 송수주관
      (2) ㉢

04 다음은 보일러의 급유계통도이다. 도면에서 ②, ③, ④, ⑤, ⑥, ⑨, ⑩, ⑪, ⑬, ⑭, ⑮, ⑯, ⑰, ⑱, ⑲번의 부속장치의 명칭을 쓰시오.

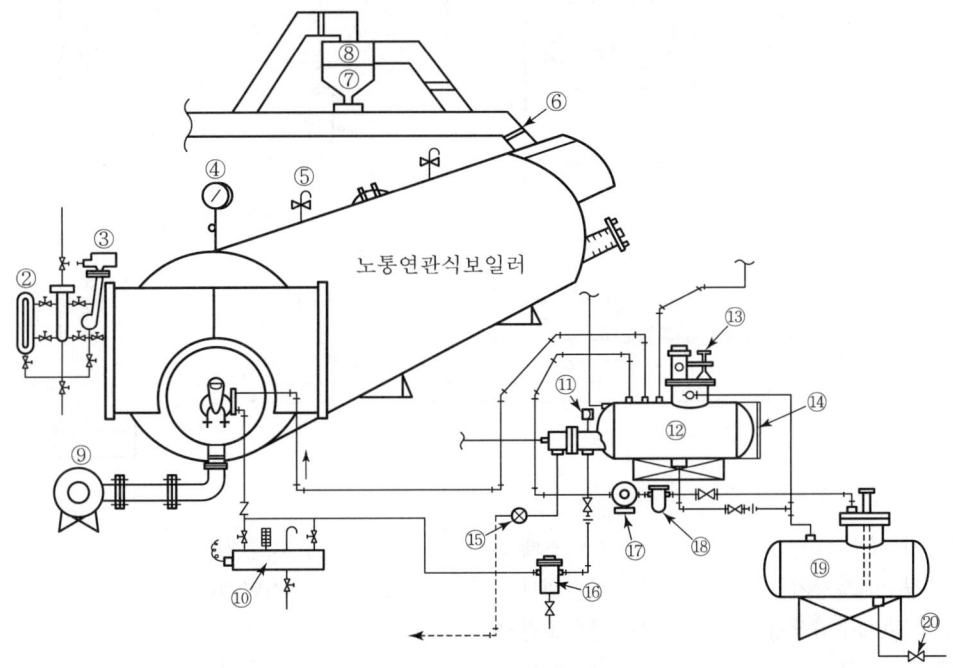

풀이
② 수면계   ③ 맥도널   ④ 압력계
⑤ 안전밸브 ⑥ 댐퍼조절기(댐퍼) ⑨ 송풍기
⑩ 오일프리히터 ⑪ 기름온도계   ⑬ 서비스탱크 플로트 스위치
⑭ 유면계   ⑮ 증기트랩   ⑯ 유수분리기
⑰ 오일펌프 ⑱ 여과기   ⑲ 저유조(오일 스토리지 탱크)

05 다음은 보일러 계통도이다. ①~⑲까지의 명칭을 쓰시오.

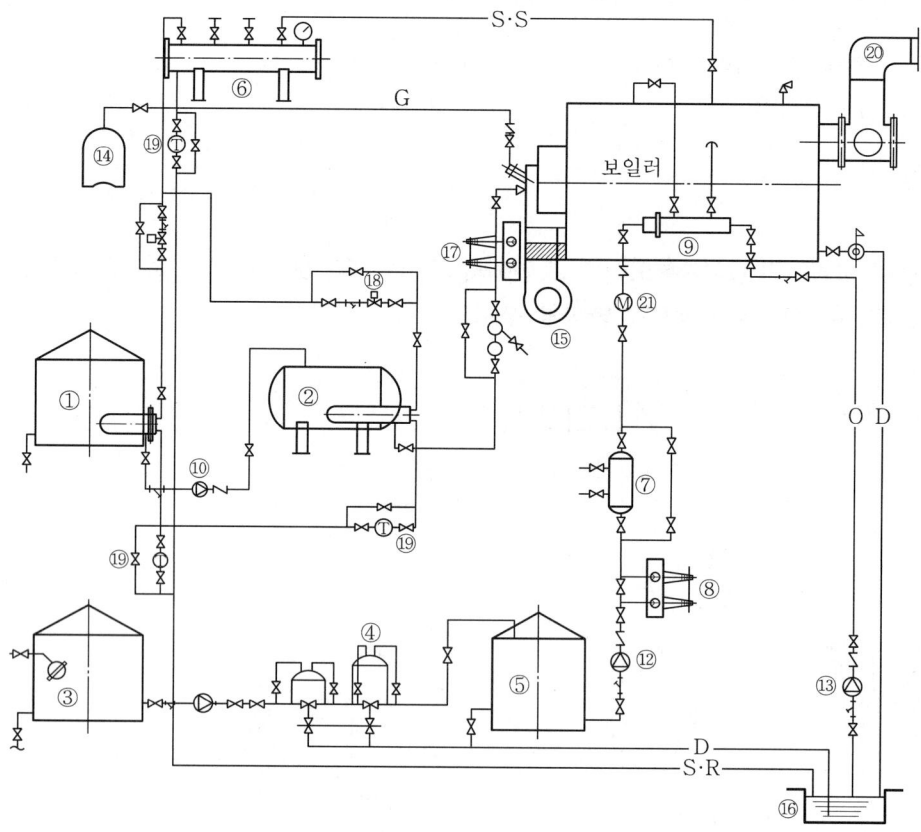

풀이

① 저유조　　② 서비스탱크　　③ 저수조
④ 경수연화장치　　⑤ 연수탱크　　⑥ 스팀헤더
⑦ 청관제주입장치　　⑧ 급수조절기　　⑨ 인젝터
⑩ 오일펌프　　⑪ 체크밸브　　⑫ 급수펌프
⑬ 응축수펌프　　⑭ LPG 용기　　⑮ 2차공기송풍기
⑯ 응축수탱크　　⑰ 급유조절기　　⑱ 온도조절장치
⑲ 증기트랩　　⑳ 연도　　㉑ 급수량계

06 다음은 증기난방법의 분류이다. ( ) 안에 알맞은 내용을 써넣으시오.

분류기준	분류
증기압력	고압식, (①)식
배관방법	(②)식, 복관식
(③)방법	상향공급식, 하향공급식
(④)방법	중력환수식, (⑤), 진공환수식
환수관의 배관법	건식환수관식, (⑥)

풀이
① 저압   ② 단관
③ 증기공급   ④ 응축수환수
⑤ 기계환수식   ⑥ 습식환수관식

07 다음 도면은 어떤 증기보일러의 설치 개략도이다. 아래 물음에 답하시오.

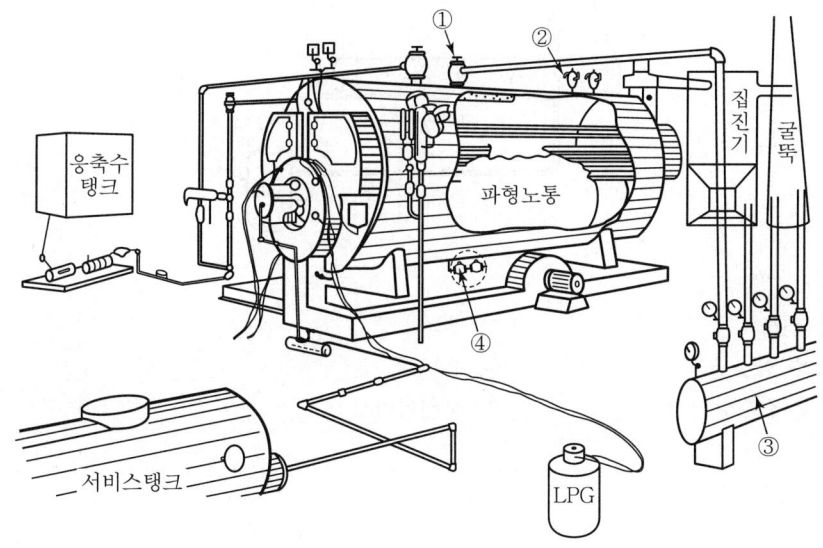

(1) 이 보일러는 구조상으로 보아 어떤 종류의 보일러인가?
(2) 도면에 지시된 ①~④ 부품의 명칭을 쓰시오.

풀이 (1) 노통연관식 보일러
(2) ① 주증기밸브   ② 안전밸브
   ③ 증기헤더   ④ 분출장치

08 다음 유류 연소용 온수보일러에서 ①~⑥의 명칭을 쓰시오.

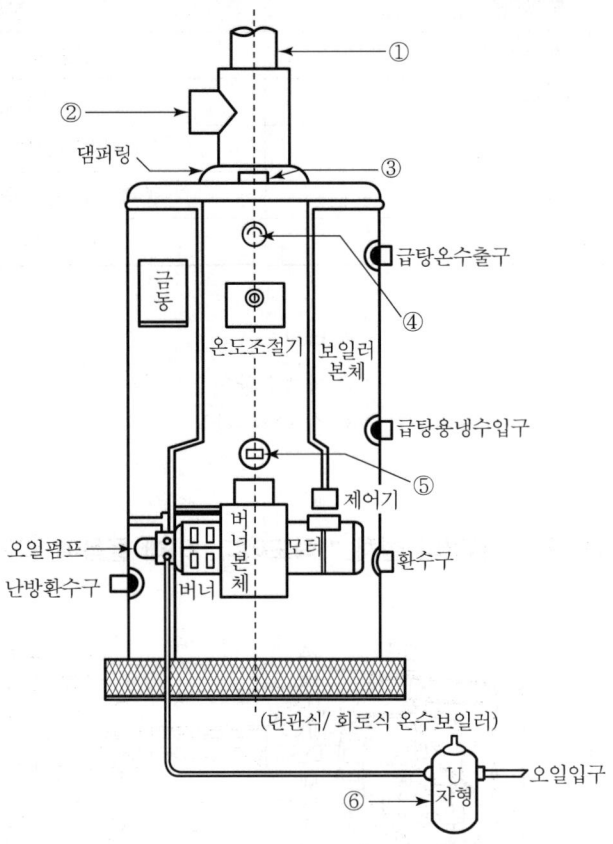

풀이
① 연통(연도) ② 댐퍼
③ 난방용 공급구 ④ 온도계
⑤ 투시구(감시창) ⑥ 오일여과기

09 다음 그림은 개방식 팽창탱크와 연결 배관의 한 예이다. ①~⑤로 표시된 관의 명칭을 쓰시오.

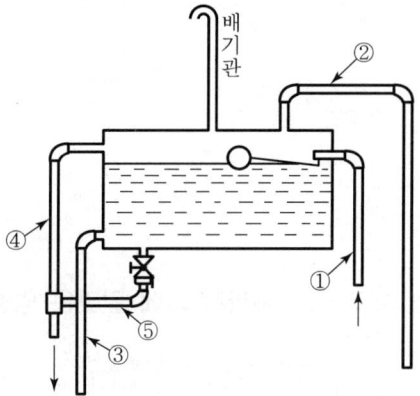

풀이
① 급수관 ② 방출관(안전관)
③ 팽창관 ④ 오버플로관(일수관)
⑤ 배수관

10 온수난방에서 사용되고 있는 XL파이프(고밀도폴리에틸렌관), 강관, 동관에 대하여 그 특징을 2가지씩만 쓰시오.

풀이
1) XL파이프
① 시공이 용이하다.
② 가격이 싸다.
③ 배관설치비가 적게 든다.
④ 내식성이 크다.

2) 강관
① 인장강도가 크다.
② 접합이 용이하다.
③ 내충격성이 크고 굽힘이 용이하다.
④ 가격이 싸다.

3) 동관
① 내식성이나 내충격성이 좋다.
② 가공이 쉽고 시공이 용이하다.
③ 열전도율이 크다.
④ 가격이 비싸다.

11 파이프 절단용 기계를 4가지만 기술하시오.

풀이
① 기계톱
② 고속 숫돌 절단기
③ 파이프 가스 절단기
④ 가스 절단 토치

12 다음 보일러의 계통도를 보고 ①~⑩까지 그에 알맞은 명칭을 쓰시오.

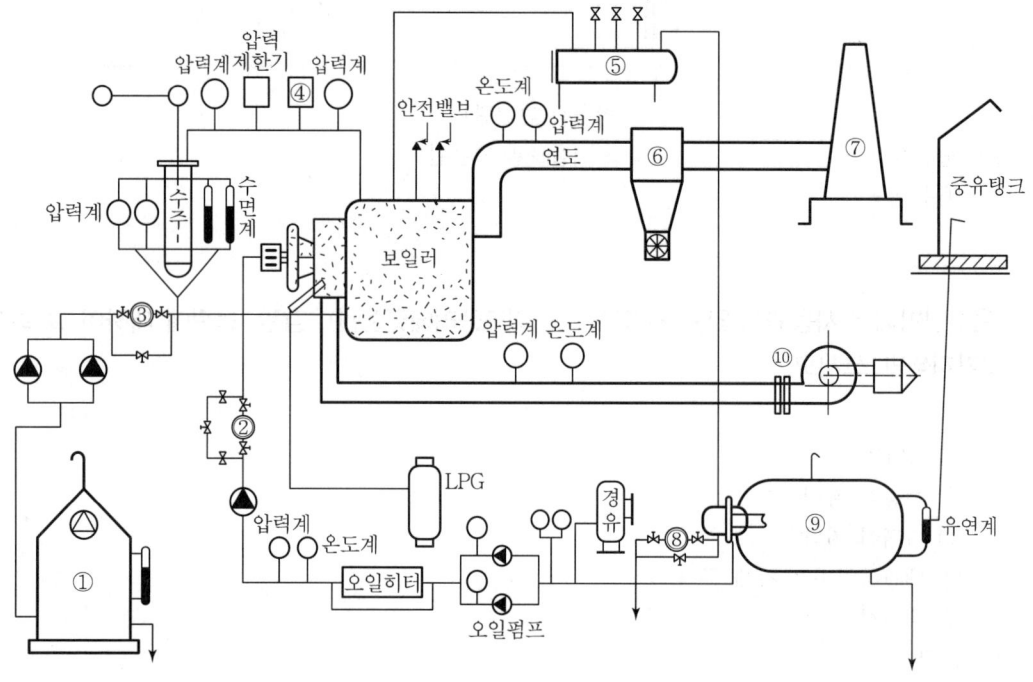

풀이
① 급수저장탱크
② 급유량계
③ 급수량계
④ 압력조절기
⑤ 스팀헤드
⑥ 집진장치
⑦ 연돌
⑧ 증기트랩
⑨ 서비스탱크
⑩ 송풍기(압입)

13 다음은 오일탱크 주위의 배관계통도이다. ①~⑩까지의 명칭을 쓰시오.

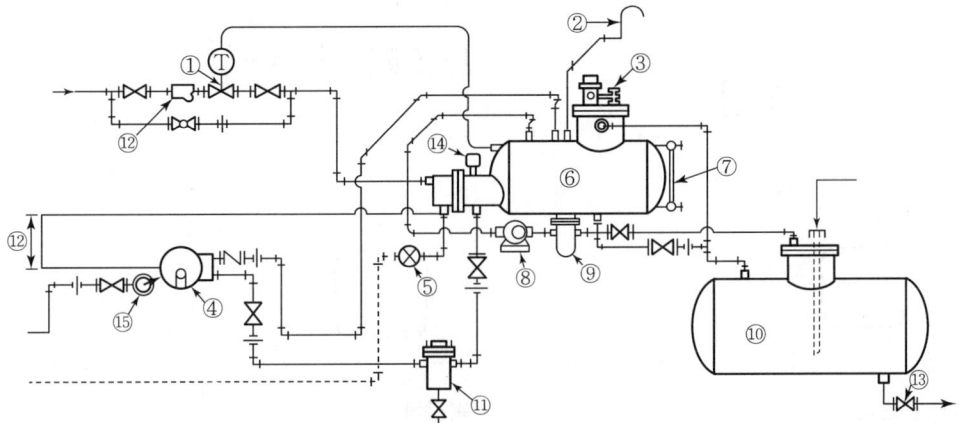

풀이
① 온도조절밸브
② 통기관(Air Vent)
③ 플로트 스위치(Float Switch)
④ 오일버너(Oil Burner)
⑤ 환수트랩
⑥ 서비스(Oil Service) 탱크
⑦ 유면계
⑧ 급유펌프(Oil Pump)
⑨ 기름여과기(Oil Strainer)
⑩ 저유조(Oil Storage Tank)
⑪ 유수분리기
⑫ 1,500mm 이상(1.5M 이상)
⑬ 드레인밸브(Drain Valve)
⑭ 온도계
⑮ 가스점화장치

14 아래 그림은 온수 방열관의 형상을 나타낸 것이다. 다음 물음에 답하시오.

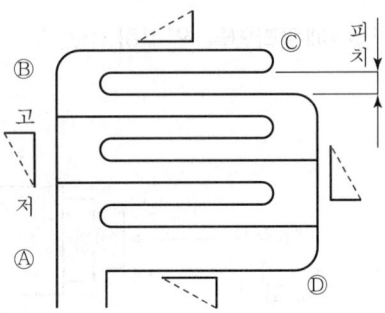

(1) 방열관의 피치는 보통 몇 cm가 되도록 하는가?
(2) 방열관의 나열방식에 따른 종류 명칭은 무엇인가?
(3) 공기 방출밸브를 설치한다면 Ⓐ~Ⓓ 중 어느 위치에 설치해야 하는가?

풀이
(1) 20cm
(2) 분리주관식(상향식)
(3) D

15 다음 그림의 배관방식에서 환수관을 점선(------)으로 표시하시오.

(1) 단관식   (2) 복관식

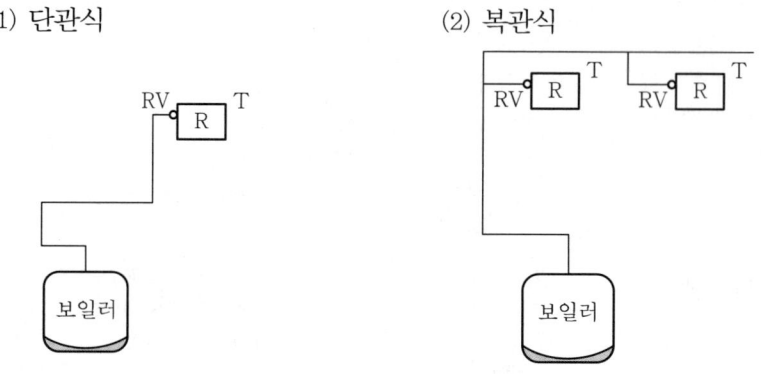

풀이 (1) 단관식   (2) 복관식

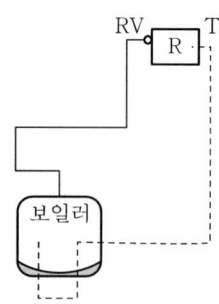
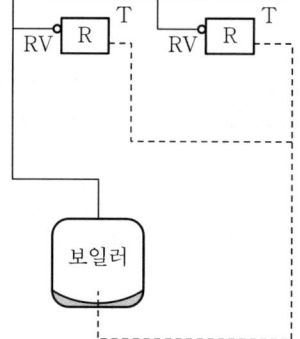

16 다음 보일러 계통도에서 급수배관라인을 연결하시오.

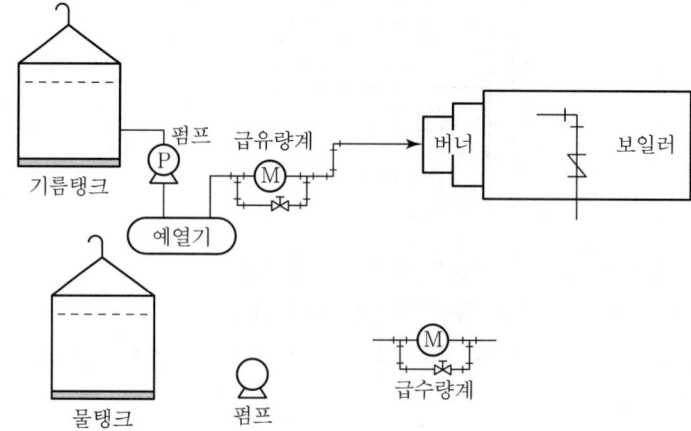

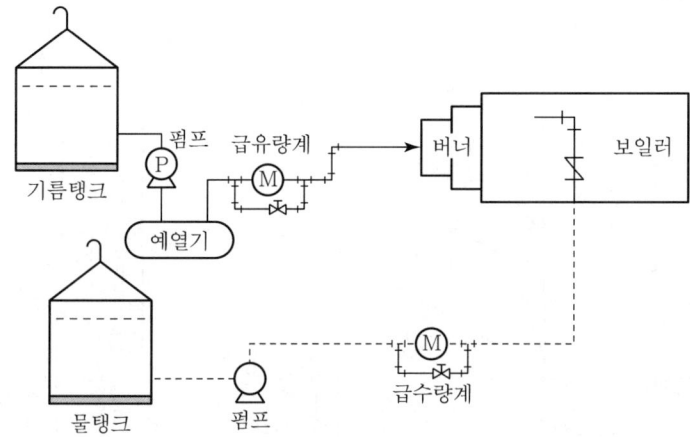

17 다음 물음에 답하시오.

(1) 저압증기난방장치에서 환수주관을 보일러 밑에 접속하여 생기는 나쁜 결과를 막기 위해 증기관과 환수관 사이에 표준수면에서 50mm 아래에 균형관을 연결하는 것을 무엇이라 하는가?

(2) 증기주관에 응축수를 건식수관에 배출하려면 주관과 동경으로 100mm 이상 내리고 하부로 150mm 이상 연장해 드레인 포켓을 만들어 준다. 냉각관은 트랩 앞에서 1.5m 이상 떨어진 곳까지 나관배관을 하는 것을 무엇이라 하는가?

(3) 진공환수식 증기난방에서 저압 증기환수관이 진공펌프의 흡입구보다 저위치에 있을 때 응축수를 끌어올리기 위해 설치하는 시설로서 환수주관보다 지름이 1~2 정도 작은 치수를 사용하고 1단의 흡상 높이를 1.5m 이내로 하는 이러한 시설을 무엇이라 하는가?

풀이
(1) 하트포드 연결법
(2) 드레인 포켓과 냉각관 설치
(3) 리프트 피팅

18 다이헤드형 나사절삭기의 기능을 3가지만 쓰시오.

풀이
① 나사절삭
② 관의 절단
③ 거스러미 제거(리머작업)

19 다음 그림을 보고 물음에 답하시오.

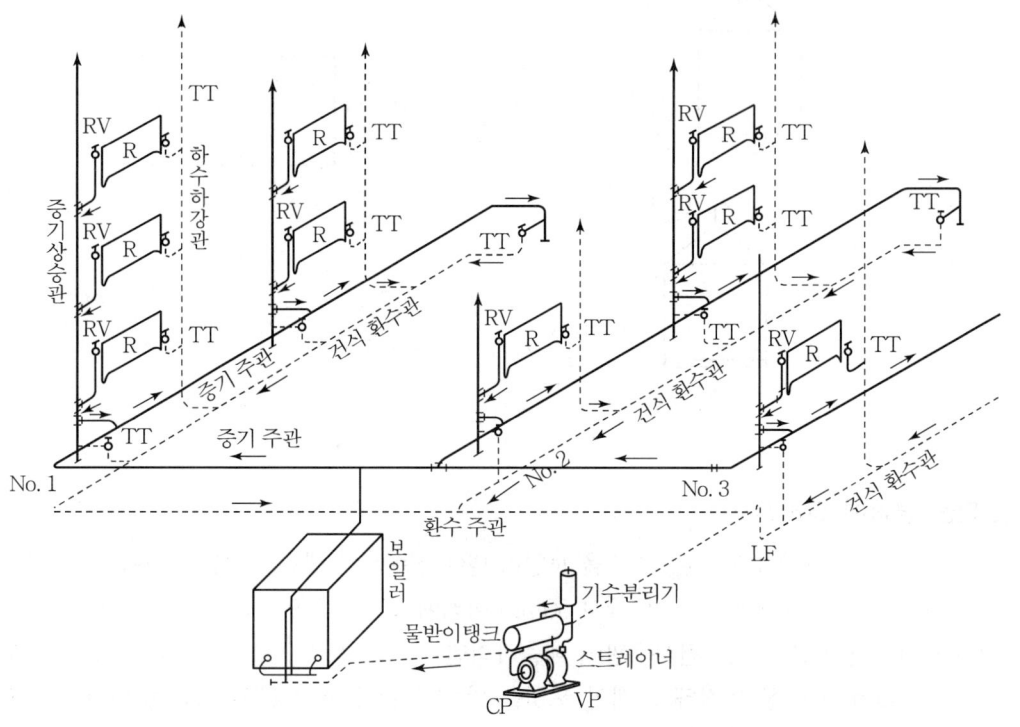

(1) 증기난방의 종류를 응축수 환수방식에 따라 분류할 때, 이 방식은 어떤 증기 난방법인가? 그 명칭을 쓰시오.
(2) 이 방식의 증기 난방법은 다른 방식의 증기 난방법에 비해 어떤 장점이 있는지 3가지만 쓰시오.
(3) 그림에서 기호 R, RV, TT, CP, VP, LF의 명칭을 쓰시오.

풀이 (1) 진공환수식 증기 난방법
(2) ① 증기 귀환을 빠르게 할 수 있다.
　　② 환수관의 지름을 작게 할 수 있다.
　　③ 발열량을 광범위하게 조절할 수 있다.
(3) R : 방열기
　　RV : 방열기 밸브
　　TT : 열동식 트랩
　　CP : 회전펌프
　　VP : 진공펌프
　　LF : 리프트이음

20 다음은 증기난방방식에 대한 그림이다. 배관방법에 따라 구분할 때, 각 그림은 어떤 배관방식인지 쓰시오.

(1) (2)

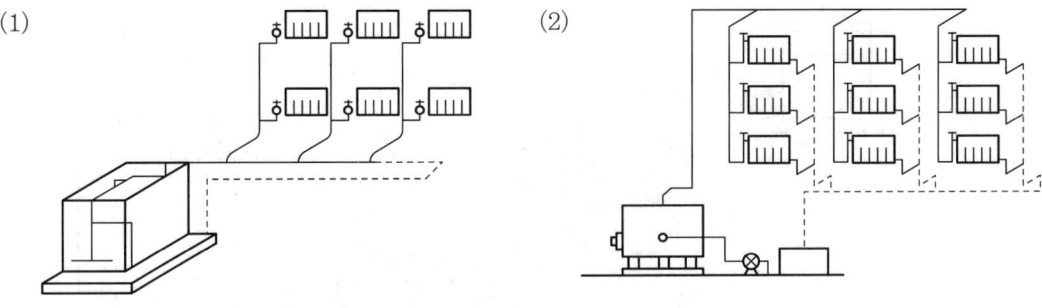

[풀이] (1) 중력환수식
(2) 기계환수식

21 다음은 노통 연관보일러의 계통도이다. ①~⑩의 명칭을 쓰시오.

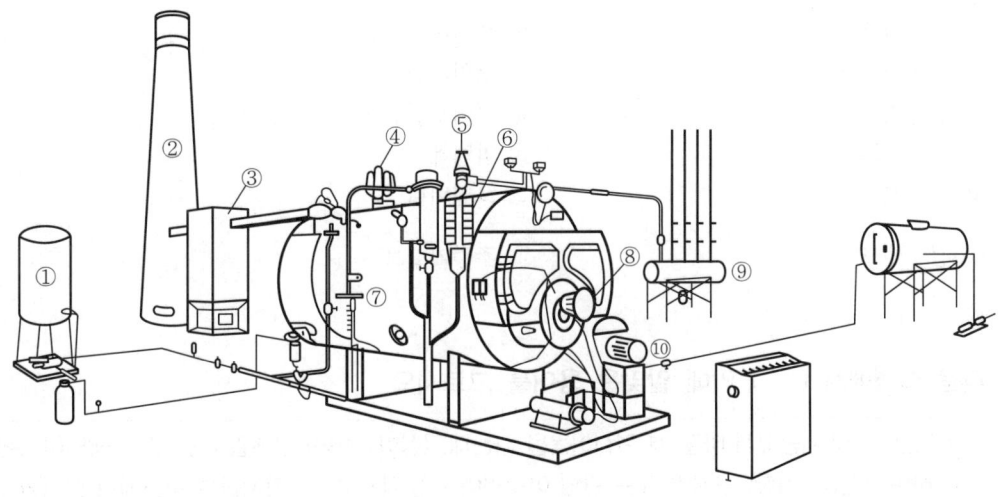

[풀이] ① 물탱크 ② 연돌
③ 집진장치 ④ 안전밸브
⑤ 주증기 밸브 ⑥ 수면계
⑦ 인젝터 ⑧ 회전식 버너
⑨ 증기 헤더 ⑩ 송풍기 모터

22 다음은 증기 보일러 계통도이다. ①~⑩까지의 명칭을 쓰시오.

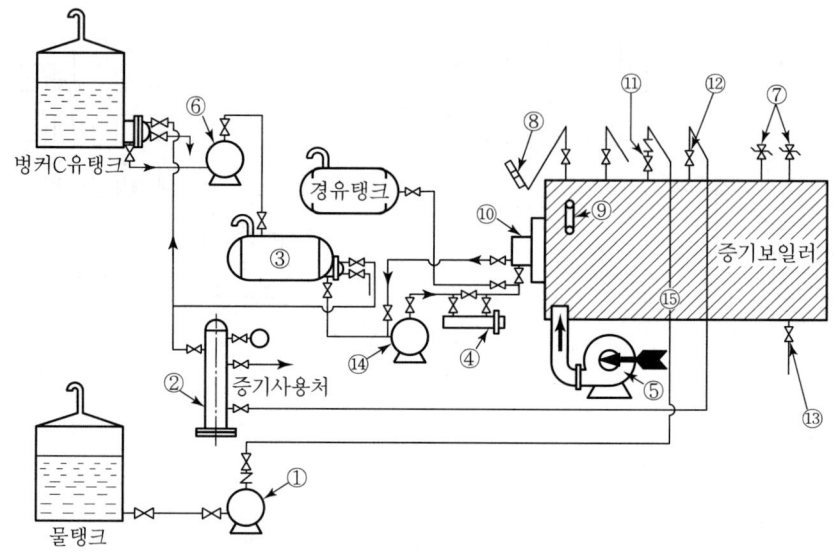

풀이
① 급수펌프
③ 서비스탱크
⑤ 송풍기
⑦ 안전밸브
⑨ 수면계

② 증기헤더
④ 오일가열기
⑥ 기어오일펌프
⑧ 압력계
⑩ 오일버너

참고
⑪ 급수밸브
⑫ 주증기밸브

23 다음 설명에서 ( ) 안에 알맞은 용어를 고르시오.

> 온수난방 배관시공에서 바꿀 때 편심이음을 하는데, (상향, 하향) 구배일 때는 관의 윗면이 수평되게 하며, (상향, 하향) 구배일 때는 관의 아랫면이 수평되게 하고, 가지관을 주관에서 분기할 경우 주관에 대해 (상향, 하향) 분기하도록 하며, (상향, 하향) 분기할 경우에는 스케일(Scale) 등을 처리해 주는 배관의 구성이 필요하다.

풀이 상향, 하향, 하향, 상향

24 다음 보일러(오일 사용) 계통도를 보고 해당되는 부품의 번호를 써넣으시오.

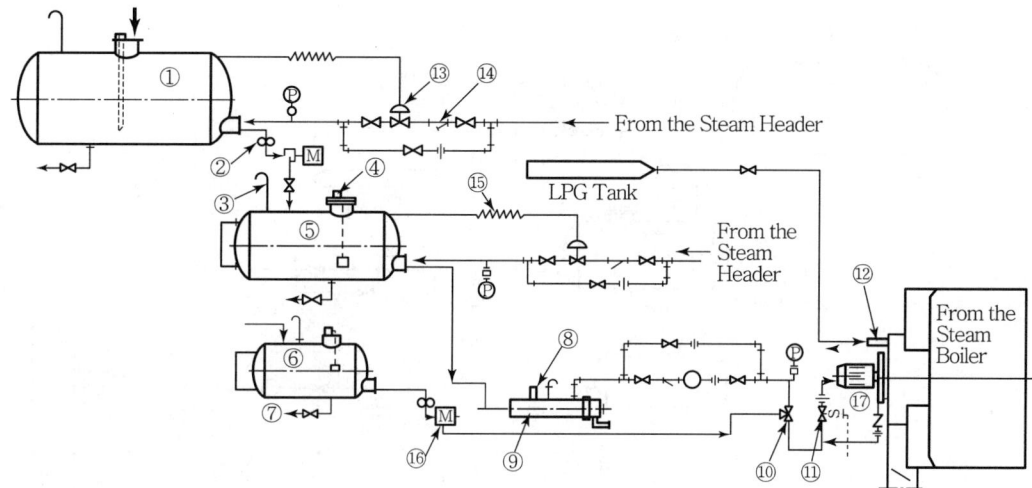

(1) 통기관   (2) 서비스 탱크   (3) 점화버너
(4) 여과기   (5) 버너 및 모터

풀이 (1) ③   (2) ⑤   (3) ⑫
       (4) ⑭   (5) ⑰

참고
① 중유저장탱크   ② 복식여과기
③ 배기관   ④ 플로트 스위치
⑤ 서비스 탱크   ⑥ 경유탱크
⑦ 드레인 밸브   ⑧ 온도계
⑨ 오일프리히터   ⑩ 삼방밸브
⑪ 전자밸브   ⑫ 점화버너
⑬ 온도조절밸브(TCV)   ⑭ Y자형 스트레이너
⑮ 모세관   ⑯ 급유펌프
⑰ 버너 및 모터

25 다음 보일러 급유장치 계통도에서 ㈎~㈑의 배관 라인(Line)을 연결시켜 완성하시오.

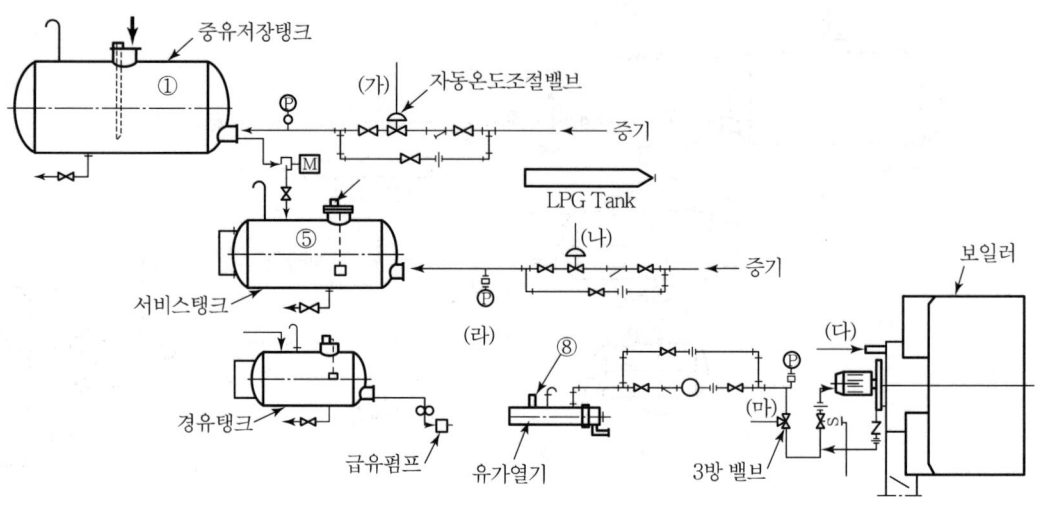

풀이 ------ 으로 표시된 곳

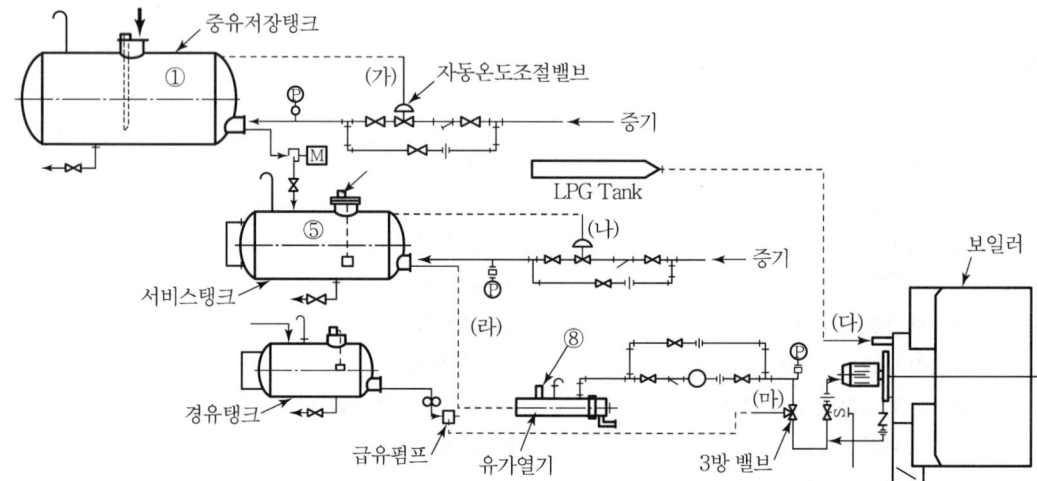

26 다음 ( ) 안에 알맞은 내용을 써넣으시오.

증기주관 관말트랩배관에서 증기주관에서 응축수를 건식 환수관에 배출하려면 주관과 동경으로 (①)mm 이상 내리고 하부로 (②)mm 이상 연장해 드레인 포켓을 만들어 준다. (③)는 트랩 앞에서 1.5m 이상 떨어진 곳까지 배관하나 여기서는 배관의 보온재를 제거하며 냉각레그가 끝나는 지점에 (④)을 설치한다.

[풀이]
① 100 ② 150
③ 냉각레그 ④ 버킷트랩

27 동관에 대한 다음 물음에 답하시오.

(1) 동관의 규격을 KS 기준에 따라 3가지로 구분하여 쓰시오.
(2) 동관은 KS 기준에서 질별 특성에 따라 연질, 경질, 반경질이 있다. 두께가 두꺼운 순서대로 나열하시오.

[풀이]
(1) K, L, M
(2) 경질 > 반경질 > 연질

[참고] 동관은 반연질도 있다.

28 증기난방에서 응축수의 환수방법을 3가지로 분류하여 쓰시오.

[풀이]
① 중력환수식
② 기계환수식
③ 진공환수식

29 진공환수식 증기난방법과 관련된 다음의 각 설명에서 ( ) 안에 알맞은 용어나 숫자를 쓰시오.

(1) 물받이 탱크는 진공도 (   )mmHg 정도로 유지된다.
(2) 진공상태가 과도해지면 (   )에 의해 과부하 운전을 방지하도록 되어 있다.
(3) 방열기 밸브로는 외부공기가 유입되어 진공도 유지가 곤란하므로 (   )밸브를 사용한다.

[풀이]
(1) 100~250
(2) 배큐엄 브레이커(Vacuum Breaker)
(3) 백래시(Back Lash)

30 다음 설명에 해당되는 동관 작업용 공구를 쓰시오.
(1) 동관의 관 끝을 필요한 크기로 넓히는 데 사용하는 공구
(2) 동관의 끝을 접시(나팔)모양으로 만드는 데 사용하는 공구
(3) 소구경 동관의 끝을 전원으로 교정

풀이 (1) 익스팬더　　　(2) 플레어링 툴 셋(나팔관 확관기)　　　(3) 사이징 툴

31 다음은 증기 헤더에 관한 설명이다. (　) 안에 알맞은 숫자나 말을 아래에 쓰시오.

> 증기 헤더(Steam Header)의 크기는 헤더에 부착된 증기관의 가장 큰 지름의 (①)배 이상으로 하며, 이것을 설치하는 목적은 증기의 (②)을(를) 조절하고, 불필요한 (③)을(를) 방지하는 데 있다. 또한 헤더 밑 부분에는 (④)을(를) 설치하며, 이 헤더는 제(⑤)종 압력용기에 속한다.

풀이 ① 2　　　② 사용량　　　③ 열손실　　　④ 트랩　　　⑤ 2

32 다음 도면은 어떤 증기보일러의 설치 개략도이다. 물음에 답하시오.

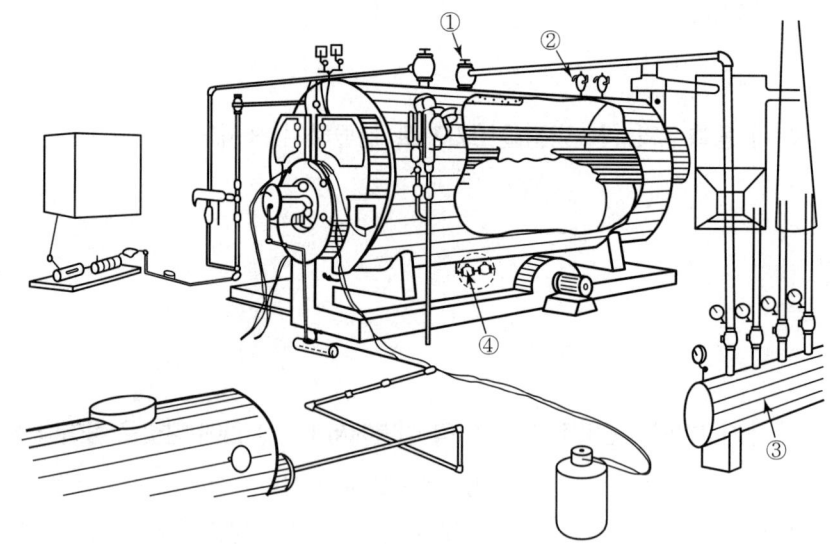

(1) 이 보일러는 구조상으로 보아 어떤 종류의 보일러인가?
(2) 도면에 지시된 ①~④ 부품의 명칭을 쓰시오.

풀이 (1) 노통연관식 보일러
(2) ① 주증기 밸브　　② 안전밸브　　③ 증기헤드　　④ 분출장치 및 밸브

33 다음은 온수난방방식에 대한 그림이다. ㈎, ㈏ 각각에 대하여, (1) 배관방법에 따른 방식(단관식, 복관식)과, (2) 온수공급방법에 따른 방식(하향식, 상향식) 및 (3) 온수순환방식(중력순환식, 강제순환식)을 쓰시오.

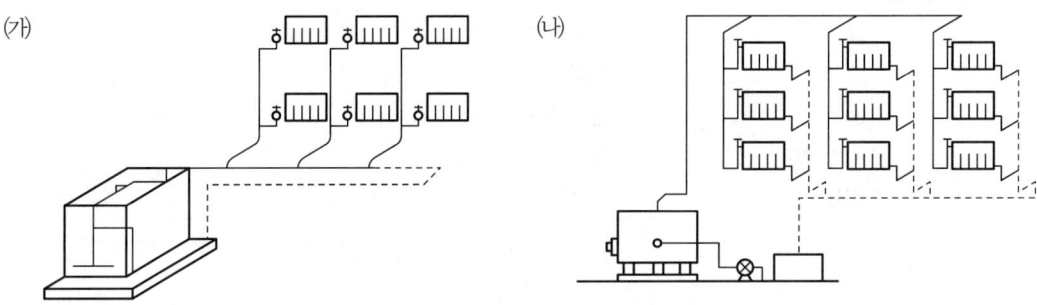

풀이
(1) 배관방법
   ㈎ 단관식, ㈏ 복관식
(2) 온수공급방법
   ㈎ 상향식, ㈏ 하향식
(3) 온수순환방법
   ㈎ 중력순환식, ㈏ 강제순환식

34 다음 그림은 증발탱크 주위 배관도이다. ㈎부분의 (1), (4) 부품 명칭과 ㈏부분의 (2), (3), (5) 관의 명칭을 쓰시오.

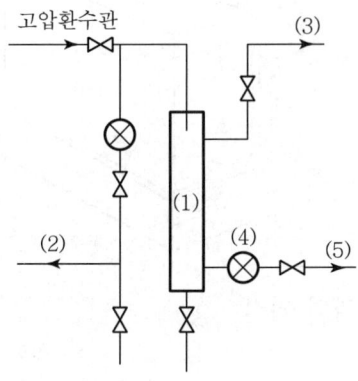

풀이
㈎ (1) 증발탱크   (4) 저압트랩
㈏ (2) 고압응축수관   (3) 재증발증기관   (5) 저압응축수관

35 배관의 식별표시(KSA 0503) 방법 중 관내 물질의 종류 식별에는 관 외부에 식별 색을 표시하는 방법을 사용한다. 다음 관내 물질과 식별 색을 서로 관계있는 것끼리 연결하시오.

> [보기]
> 물   •   • 어두운 빨강
> 증기   •   • 파랑
> 공기   •   • 연한 노랑
> 가스   •   • 흰색
> 기름   •   • 어두운 주황

[풀이]

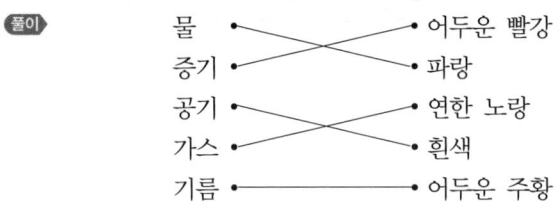

36 저압 증기보일러의 환수주관은 그림과 같은 하트포드(hartford) 접속법을 사용한다. 다음 물음에 답하시오.

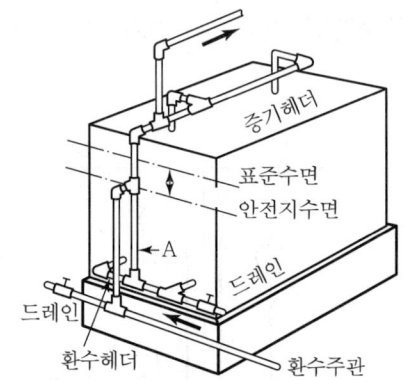

(1) 표준수면과 안전저수면과의 거리
(2) A로 지시된 관의 명칭
(3) 이 접속법의 주된 목적(1가지)

[풀이] (1) 50mm
(2) 균형관
(3) 보일러의 물이 환수관에 역류하여 보일러 내의 수면이 안전저수위 이하로 내려가는 경우를 방지하기 위하여

37 다음과 같은 배관도에 대하여 아래 물음에 답하시오.

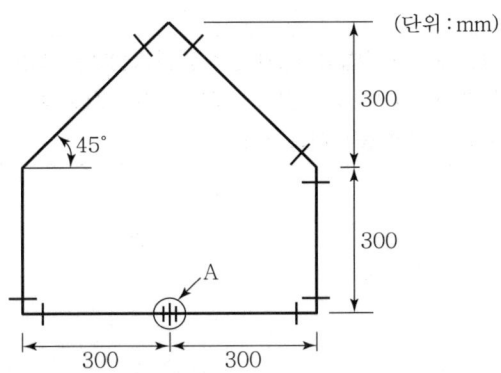

(1) 90° 엘보의 개수 : _____
(2) A로 지시된 이음쇠의 명칭 : _____
(3) 소요 배관의 총 길이 : 약 _____ mm

풀이
(1) 3개
(2) 유니언
(3) 45° = 2개, $300 \times \sqrt{2} \times 2 = 848.5281374 \, mm$
$300 \times 4 = 1,200 \, mm$
∴ $1,200 + 848.5281374 = 2,048.528 \, mm$ (약 2,049mm)
또는 $(300 \times \sqrt{2} \times 2) + (300 \times 4) = 2,048.528 \, mm$ (약 2,049mm)

38 다음 그림은 온수난방에서 온수 순환율이 같도록 하기 위한 역귀환방식(Reversed Return System)의 도면이다. 온수귀환관(환수관)을 그려 넣어 도면을 완성하시오.

풀이

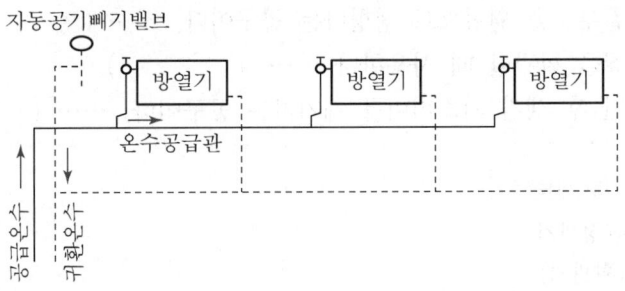

39. 실내온도를 외기온도 이상으로 유지하는 것을 난방이라 한다. 다음 ( ) 안에 알맞은 용어를 써넣으시오.

> 난방방식에는 중앙난방법과 (①)법이 있으며, 중앙난방법에는 직접, 간접, (②)난방이 있는데, 직접난방에는 증기난방과 (③)이(가) 있다. 직접난방은 방이나 거실에 (④) 등을 설치하고, 열매로서는 증기 또는 (⑤)를(을) 사용한다.

풀이
① 개별난방　　② 복사　　③ 온수
④ 방열기　　　⑤ 온수

40. 다음 설명에 해당되는 배관장치 명칭을 쓰시오.

(1) 진공환수식 증기난방에서 환수주관보다 높은 위치에 진공 펌프가 있거나, 방열기보다 높은 곳에 환수주관을 배관하는 경우에 응축수를 빨아올리는 장치
(2) 하트포드 접속법에서 환수관과 증기관을 연결하여 보일러 내의 증기압력으로 인하여 물이 유출되지 못하도록 하기 위하여 설치된 관
(3) 진공 환수관 증기난방에서 진공상태가 과도해지는 것을 막고, 과부하운전을 방지하기 위하여 설치한 것

풀이
(1) 리프트 피팅
(2) 밸런스관
(3) 배큐엄 브레이커(Vacuum Breaker)

41. 다음은 동관용 공구의 주용도에 대한 설명이다. 가장 적합한 명칭을 쓰시오.

(1) 동관의 끝을 나팔형으로 만들 때 사용한다. …… (　　　)
(2) 동관의 끝부분을 원형으로 정형하는 공구이다. …… (　　　)
(3) 동관의 끝을 확관할 때 사용한다. …… (　　　)
(4) 동관 절단 후 생긴 거스러미를 제거하는 공구이다. …… (　　　)

풀이
(1) 플레어링 툴 세트
(2) 사이징 툴(정형기)
(3) 익스팬더(확관기)
(4) 관용리머

42 다음은 온수보일러의 설치 개략도이다. 부품 ①~⑤의 명칭을 쓰시오.

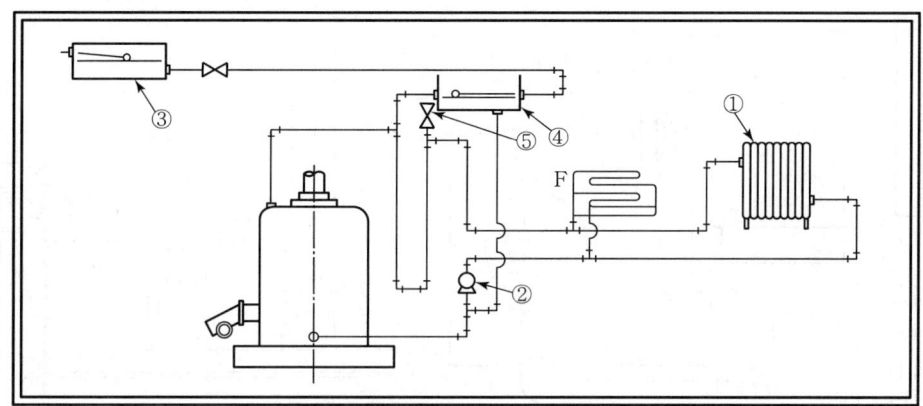

풀이
① 방열기 ② 온수순환펌프 ③ 옥상 물탱크
④ 팽창탱크 ⑤ 공기방출밸브(에어벤트)

43 다음 그림은 온수난방에서 온수 순환율이 같도록 하기 위한 역귀환 방식이다. 이 도면을 보고 온수귀환관(환수관)을 그려 넣어 도면을 완성하시오.

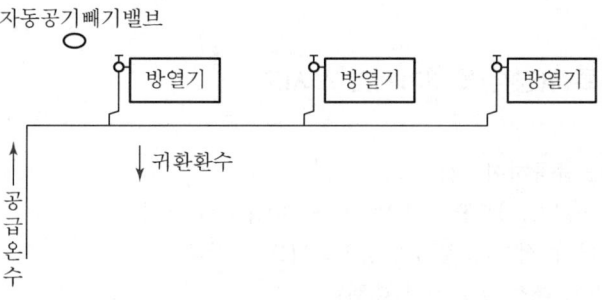

풀이

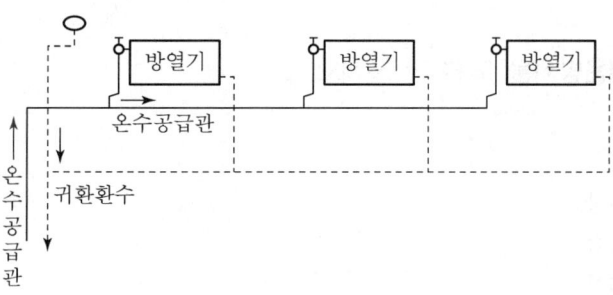

44 다음은 수관식 보일러의 설비 도면이다. 아래 물음에 답하시오.

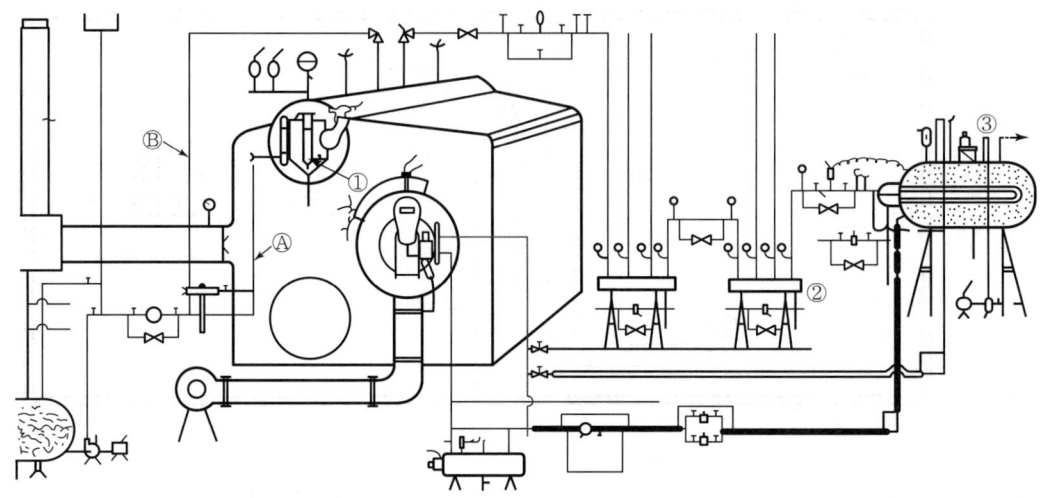

(1) ①~③의 각 부위 명칭을 쓰시오.
(2) Ⓐ~Ⓑ 라인 속에 흐르는 유체 명칭을 쓰시오.

풀이 (1) ① 수주관(수주통) ② 증기헤더 ③ 서비스탱크
(2) Ⓐ 급수 Ⓑ 증기

45 복사난방의 특징(장점)을 3가지만 쓰시오.

풀이 ① 실내온도가 균등하여 쾌감도가 높다.
② 방열기의 설치가 불필요하여 바닥면의 이용도가 높다.
③ 공기의 대류가 적어서 실내의 공기오염도가 적다.
④ 동일방열량에 대해 열손실이 대체로 적다.

46 주철관의 이음방식을 3가지만 쓰시오.

풀이 ① 소켓 접합
② 플랜지 접합
③ 기계적 접합
④ 빅토리 접합
⑤ 타이톤 접합

47 진공환수식 증기난방법의 장점 3가지를 쓰시오.

풀이
① 증기의 회전이 빠르고 응축수 환수가 용이하다.
② 환수관의 직경을 가늘게 해도 된다.
③ 방열기 설치장소에 제한을 받지 않는다.
④ 방열량이 광범위하게 조절된다.

48 신축이음쇠의 종류 5가지를 쓰시오.

풀이
① 슬리브형   ② 벨로스형   ③ 루프형
④ 스위블형   ⑤ 볼 조인트

49 증기배관 중에 설치하는 감압밸브에 대한 설명에서 ( ) 안에 알맞은 숫자를 쓰시오.

> 고압 측의 압력이 (①)MPa 이상이고 저압 측과의 압력차가 2배 이상일 때는 2개의 감압밸브를 직렬로 달고 2단 감압하되 2개의 감압밸브는 최소 (②)m 이상의 이격거리를 두어야 한다.

풀이
① 0.7   ② 6

50 증기주관을 $\dfrac{1}{200} \sim \dfrac{1}{300}$의 끝내림 구배를 주며 건식 환수관을 사용한다. 저압 증기환수관이 진공펌프의 흡입구보다 저위치에 있을 때 응축수를 끌어올리기 위해 설치하는 시설인 리프트 피팅은 흡상 높이가 1.5m 이내로 하는 응축수환수법을 무슨 증기난방법이라 하는가?

풀이 진공환수식

51 동관용 공구인 사이징 툴(Sizing Tool)의 용도를 간단히 설명하시오.

풀이 용도 : 동관의 끝을 정확한 지름의 원형으로 만든다.

52
감압밸브, 열교환기 및 각종 기기의 접속 및 관의 분해, 조립을 필요로 하는 곳에 플랜지를 사용하여 볼트, 너트로 죄어 결합한다. 플랜지시트의 종류 중 매우 기밀을 요하거나 호칭압력 16kgf/cm² 이상의 위험성이 있는 유체배관에 사용되는 것을 쓰시오.

풀이 홈시트(홈꼴형 시트)

53
다음 보일러 계통도를 보고 각 기호에 ①, ⑤, ⑩, ⑮, ⑳에 해당하는 부속장치명을 쓰시오.

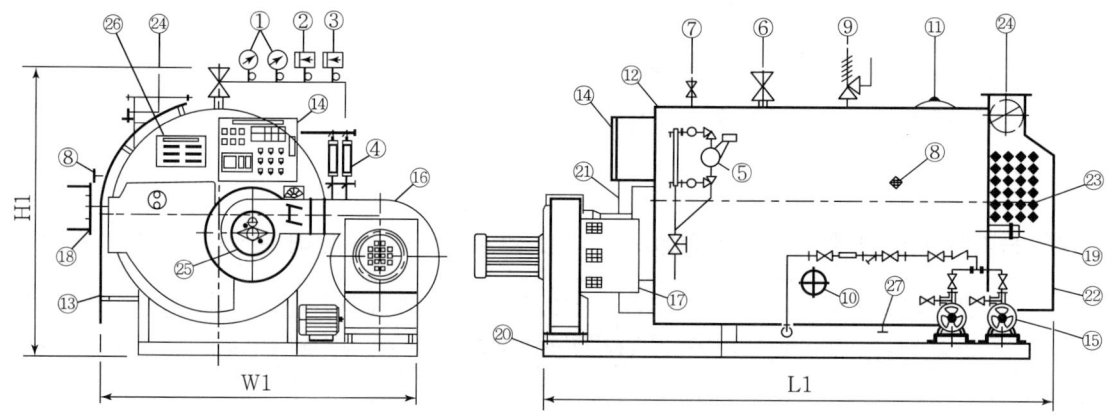

풀이
① 압력계
⑤ 저수위경보장치
⑩ 청소구멍
⑮ 화학약품처리용 급수펌프
⑳ 기초판

참고
② 증기압력스위치
③ 증기압력조절기
④ 평형반사식 수면계
⑥ 주증기 밸브
⑦ 증기압력밸브
⑧ 급수주입구
⑨ 증기안전밸브
⑪ 맨홀
⑫ 본체
⑬ 보일러 사다리
⑭ 자동제어패널
⑯ 압입송풍기
⑰ 소음장치
⑱ 폭발구
⑲ 후면투시구
⑳ 전면가스통(전면연소가스통)
㉑ 후면가스통(후면연소가스통)
㉒ 절탄기
㉓ 가스연도 배출덕트
㉔ 버너
㉕ 명판
㉖ 드레인밸브

54 증기배관의 수격작용 방지법 3가지만 쓰시오.

풀이
① 관경을 크게 하고 유속을 느리게 한다.
② 프라이밍 포밍발생을 방지한다.
③ 증기관의 보온을 철저히 한다.
④ 주 증기관을 천천히 연다.
⑤ 스팀트랩을 설치하여 응축수 배출을 신속히 처리한다.

55 증기난방에서 응축수 환수방법을 3가지만 쓰시오.

풀이
① 기계환수식
② 중력환수식
③ 진공환수식

56 보일러에 설치된 급탕순환관이 지름 25mm, 길이 27m로 연결되어 있으며, 배관 도중에 글로브 밸브 2개, 게이트 밸브 1개, 90° 엘보 5개가 연결되어 있다. 이 배관의 환산 총관길이는 몇 m가 되는가?(단, 각 부속의 국부저항에 대한 상당길이(m)는 글로브밸브 8.8, 게이트밸브 0.3, 90° 엘보 0.8이며 다른 조건은 무시한다.)

풀이
환산 총관길이(l) = 총관길이 + 관길이 + 상당관길이
∴ $27 + (8.8 \times 2) + (0.3 \times 1) + (0.8 \times 5) = 48.9\text{m}$

57 동관의 압축(플레어링) 이음 시 필요한 공구 5가지를 쓰시오.

풀이
① 튜브 커터
② 리머
③ 플레어링 툴
④ 몽키 스패너
⑤ 자

58 아래 그림은 온수보일러의 배관계통도를 나타낸 것이다. ①~⑩의 명칭을 쓰시오.

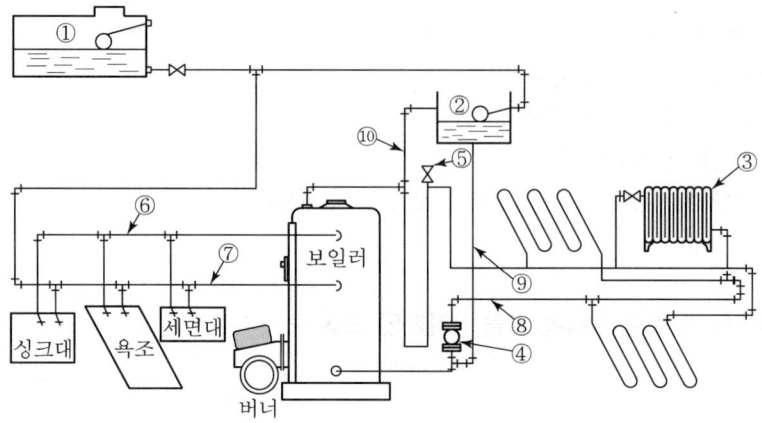

풀이
① 옥상 물 탱크(급수탱크)   ② 팽창탱크
③ 방열기(라디에이터)   ④ 순환펌프
⑤ 에어벤트(공기방출기)   ⑥ 온수공급관(급탕공급관)
⑦ 냉수급탕공급관   ⑧ 난방환수주관
⑨ 팽창관   ⑩ 방출관(릴리프관)

59 방열기 배관을 역환수관식(Reverse Return) 방법으로 시공하고자 한다. 아래 그림에서 각 방열기와 환수배관(H.W.R) 사이의 배관라인을 연결하여 도면을 완성하시오.

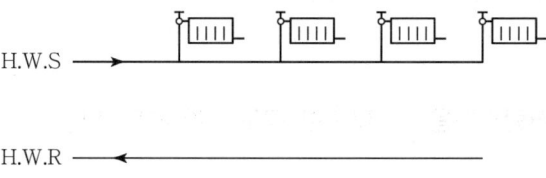

풀이

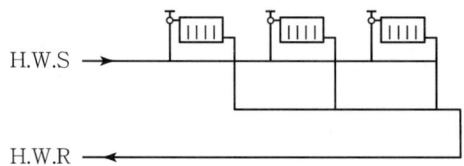

60 다음 그림과 같은 난방설비 배관도에 대하여 아래 물음에 답하시오.

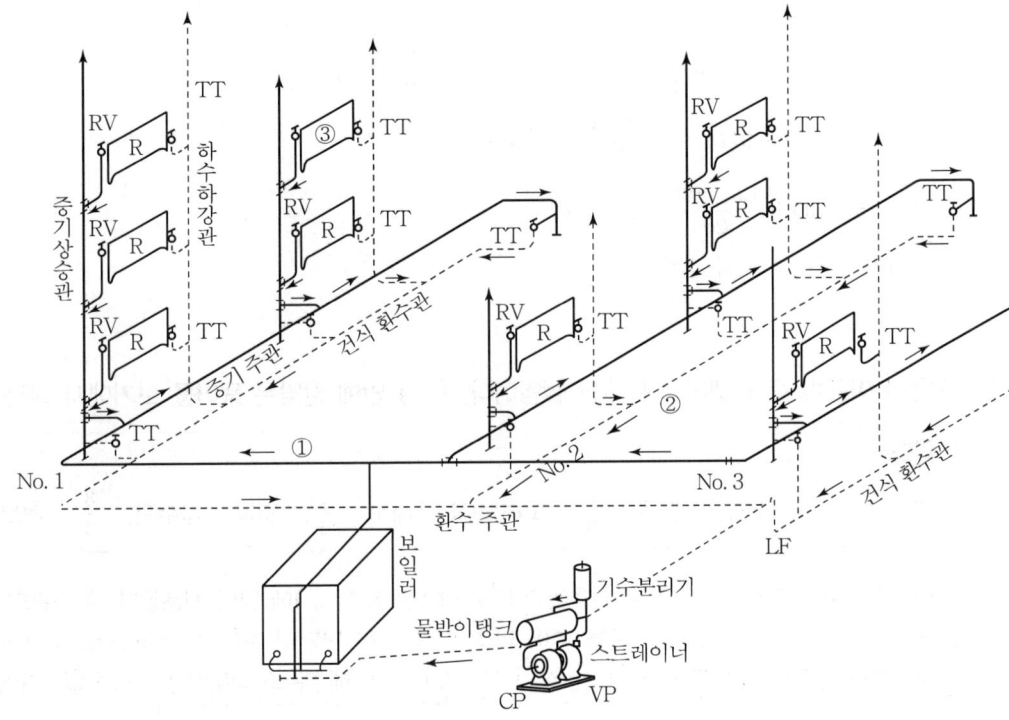

(1) 그림과 같은 증기난방법은 응축수 환수방식에 따라 분류할 때 어떤 난방법인지 쓰시오.
(2) 그림에서 다음과 같은 약어는 각각 무엇을 의미하는지 쓰시오.
   ① R.V   ② T.T   ③ L.F   ④ V.P
(3) 그림에서 ①~③에 해당하는 장치를 쓰시오.

풀이 (1) 진공환수식
(2) ① 방열기 밸브   ② 열동식 트랩
    ③ 리프트 피팅   ④ 진공 펌프
(3) ① 증기주관   ② 환수주관
    ③ 방열기(라디에이터)

---

61 배관계에 걸리는 하중을 위에서 걸어 당겨 지지하는 장치인 행거의 종류를 3가지만 쓰시오.

풀이 ① 리지드 행거
② 스프링 행거
③ 콘스턴트 행거

62. 호칭지름 20A의 강관을 곡률반경 100mm으로 90° 굽힘을 할 때 곡관부의 길이를 계산하시오.

풀이

① 곡관부 길이(l) = $2\pi R \dfrac{\theta}{360} = 2 \times 3.14 \times 100 \times \dfrac{90}{360} = 157$mm

② $l = 100 \times 90 \times 0.0175 \times \dfrac{2 \times 3.14}{360} = 157.5$mm

③ $l = 1.5 \times 100 + \dfrac{1.5 \times 100}{20} = 157.5$mm

※ 3가지 공식 중 하나 선택

63. 주철관 이음법 중 소켓이음에 대한 설명이다. ( ) 안에 알맞은 용어를 보기에서 골라 쓰시오.

보기

배수관, $\dfrac{1}{3}$, 경납, 소형관, $\dfrac{2}{3}$, 노허브(No Hub), $\dfrac{1}{4}$, 연납, 급수관, $\dfrac{3}{4}$, 허브(Hub)

(①)이음이라고도 하며, 주로 건축물의 배수·배관 및 (②)에 많이 사용된다. 주철관의 (③) 쪽에 스피것(Spigot)이 있는 쪽을 넣어 맞춘 다음 얀을 단단히 꼬아 감고 정으로 박아 넣는다. 얀 삽입의 길이는 수도관의 경우에는 삽입 길이의 (④), 배수관의 경우에는 (⑤) 정도가 알맞다.

풀이
① 연납 ② 소형관 ③ 허브
④ $\dfrac{1}{3}$ ⑤ $\dfrac{2}{3}$

64. 증기배관 중 보온 중에 보온을 하지 않아도 되는 곳 3군데를 쓰시오.

풀이
① 스팀트랩 ② 냉각레그 ③ 감압밸브
④ 신축조인트 ⑤ 방열기

65. 방열기 설치 중 신축이음은 어떤 신축이음이 가장 이상적인 신축이음인가?

풀이 스위블형 신축이음

66 다음에 해당하는 내용에서 동관용 공구의 명칭을 쓰시오.

① 동관의 끝부분을 원으로 정형한다.
② 동관의 압축이나 접합용에 사용한다.
③ 동관의 벤딩용에 사용한다.
④ 동관 소구경 절단에 사용한다.
⑤ 동관 절단 후 관의 내외면에 생긴 거스러미를 제거한다.
⑥ 납땜이음, 구부리기 등의 부분적 가열용으로 사용한다.

풀이
① 사이징 툴　　② 플레어링 툴 셋
③ 튜브벤더　　④ 튜브커터
⑤ 리머　　　　⑥ 토치 램프

67 20A 강관에서 반지름 90mm 각도 90° 벤딩에서 곡관(l)의 길이는 몇 mm인지 계산하시오.

풀이 곡관의 길이(l) $= 2\pi R \dfrac{\theta}{360} = 2 \times 3.14 \times 90 \times \dfrac{90}{360} = 141.3\text{mm}$

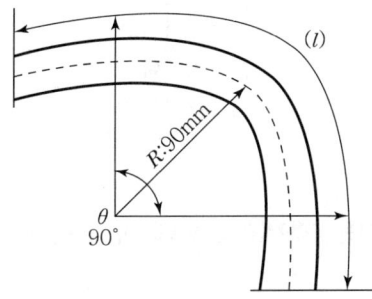

68 기계이음(나사이음)에 비해 용접이음의 장점을 3가지만 쓰시오.

풀이
① 이음부의 강도가 크고 누수의 우려가 없다.
② 두께가 불균일한 부분이 없어서 유체의 압력손실이 적다.
③ 부속품 사용이 불필요하여 보온피복장착이 용이하다.
④ 관의 중량이 감소되고 재료비 및 유지보수비가 적게 든다.
⑤ 작업의 공정수가 감소하고 배관상 공간효율이 높다.

69 보일러 설치 시공 시 관의 절단이 가능한 공구를 3가지만 쓰시오.

풀이
① 파이프 커터
② 쇠톱
③ 가스절단기
④ 고속숫돌절단기

70 진공환수식 증기난방에서 저압증기환수관이 진공펌프의 흡입구보다 저 위치에 있을 때 응축수를 끌어올리기 위해 설치하는 시설인 리프트 피팅(Lift Fitting)은 환수주관보다 지름이 1~2 정도 작은 치수를 사용한다. 이때 1단의 흡상높이는 몇 m 이내로 하는가?

풀이
1.5m

71 온수난방이 증기난방보다 우수한 점을 3가지만 쓰시오.

풀이
① 방열기의 표면온도가 낮아 화상의 염려가 없다.
② 난방부하 변동에 따라 온도조절이 용이하다.
③ 잘 냉각되지 않아서 동절기 동결의 우려가 적다.

72 배관계의 중량을 지지하는 행거를 용도에 따라 분류 시 종류 3가지를 쓰시오.

풀이
① 리지드 행거
② 스프링 행거
③ 콘스탄트 행거

73 동일 직경의 강관을 직선으로 연결할 때 사용되는 관 이음쇠의 종류를 3가지만 쓰시오.

풀이
① 소켓
② 유니언
③ 니플

74 다음은 유류용 온수보일러의 설치계략도이다. 각 부품의 번호를 도면에서 찾아 쓰시오.

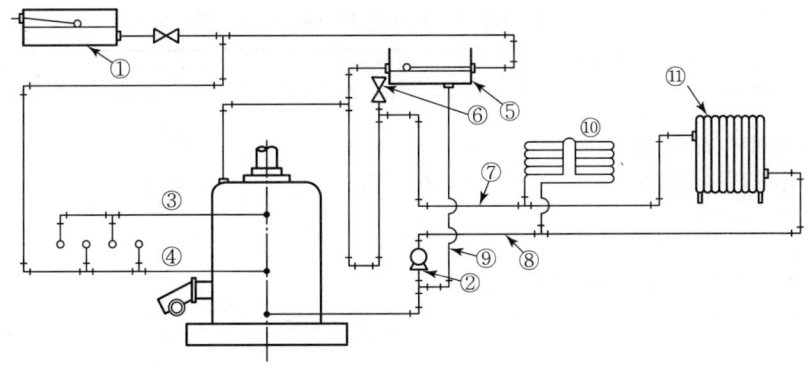

(1) 급탕용 온수공급관 :
(2) 난방용 온수환수관 :
(3) 급수탱크 :
(4) 팽창관 :
(5) 방열관 :

풀이 (1) ③   (2) ⑧   (3) ①
(4) ⑨   (5) ⑩

75 아래에 주어진 평면도를 등각투상도로 나타내시오.

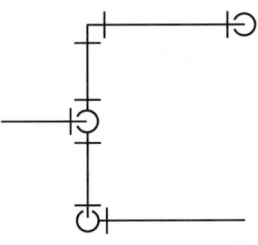

풀이

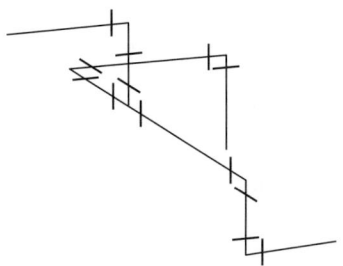

참고 투영에 의한 배관 등의 표시방법

관의 입체적 표시방법 : 1방향에서 본 투영도로 배관계의 상태를 표시하는 방법

〈화면에 직각방향으로 배관되어 있는 경우〉

	정투영도	각도
관 A가 화면에 직각으로 바로 앞쪽으로 올라가 있는 경우	![A] ○ 또는 ⊙	
관 A가 화면에 직각으로 반대쪽으로 내려가 있는 경우	○ 또는 ○	
관 A가 화면에 직각으로 바로 앞쪽으로 올라가 있고 관 B와 접속하고 있는 경우		
관 A로부터 분기된 관 B가 화면에 직각으로 바로 앞쪽으로 올라가 있으며 구부러져 있는 경우		
관 A로부터 분기된 관 B가 화면에 직각으로 반대쪽으로 내려가 있고 구부러져 있는 경우		

비고 : 정투영도에서 관이 화면에 수직일 때, 그 부분만을 도시하는 경우에는 다음 그림기호에 따른다.

〈화면에 직각 이외의 각도로 배관되어 있는 경우〉

정투영도		등각도
관 A가 위쪽으로 비스듬히 일어서 있는 경우		
관 A가 아래쪽으로 비스듬히 내려가 있는 경우		
관 A가 수평방향에서 바로 앞쪽으로 비스듬히 구부러져 있는 경우		
관 A가 수평방향으로 화면에 비스듬히 반대쪽 윗방향으로 일어서 있는 경우		
관 A가 수평방향으로 화면에 비스듬히 바로 앞쪽 윗방향으로 일어서 있는 경우		

비고 : 등각도의 관의 방향을 표시하는 가는 실선의 평행선 군을 그리는 방법에 대하여는 KS A 0111(제도에 사용하는 투상법) 참조

밸브·플랜지·배관부속품 등의 입체적 표시방법

밸브·플랜지·배관부속품 등의 등각도 표시 방법은 다음 보기에 따른다.

수평방향 배관

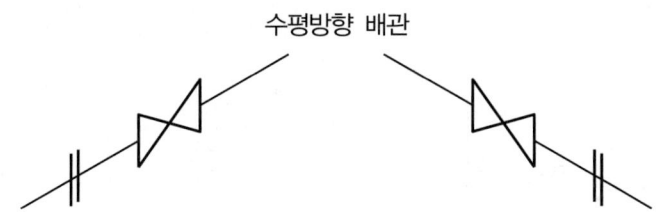

〈부도〉 관이음의 도시법

구분		평면도	입면도	입체도
삽입용접 또는 나사이음형	커플링			COUPLING
	유니언			UNION
	캡			BUTT WELD CAP / SCREWED CAP / SOCKET WELD CAP
	보스 및 플러그			PLUC
	스웨이지 블록			SWAGED NIPPLE
룰렛 보강판 및 보스				PFINFORCING SADDLE / BOSS / O-LET

〈부도〉 관이음의 도시법

구분		평면도	입면도	입체도
맞대기용접형	90° 엘보			90° ELBOW
	45° 엘보			45° ELBOW / 45° ELBOW
	티			TEE
	리듀서			CONCENTRIC REDUCER / ECCENTRIC REDUCER
삽입용접형 또는 나사이음형	90° 엘보			90° ELBOW
	티			TEE

CHAPTER 09 보일러용량 및 정격출력

부록 01 | 분류별 기출문제

01 수관식 보일러의 증기발생량이 5,000kg이고 보일러 가동시간은 5시간이며 전열면적이 20m²일 때 전열면적의 증발률은 몇 kg/m²h인가?

풀이 전열면의 증발률 = $\dfrac{증기발생량}{전열면적 \times 가동시간}$

$= \dfrac{5,000}{5 \times 20} = 50 \text{kg/m}^2\text{h}$

02 어떤 빌딩의 면적이 2,000m² EDR(상당방열면적), 매시 급탕량의 최대가 6,000L/h일 때, 급수온도 10℃, 출탕온도 70℃로서, 이 건물에 주철제 증기보일러를 사용하여 난방을 하려고 한다. 다음 물음에 답하시오.(단, 배관부하(α) = 20% 예열부하(β) = 25%, 물의 잠열량 539kcal/kg, 연료는 기름을 연소시키며 연료의 출력저하계수 K = 1이다.)

(1) 방열량(난방부하)은 몇 kcal/h인가?
(2) 급탕부하는 몇 kcal/h인가?
(3) 상용출력은 몇 kcal/h인가?
(4) 정격출력은 몇 kcal/h인가?

풀이 (1) 상당방열면적×650 = 2,000 × 650 = 1,300,000kcal/h
$= 1,300,000 \times 4.186\text{kJ} = 5,441,800\text{kJ/h}$

(2) 급탕수량×물의 비열×(급탕수온도 − 급수온도) = 6,000 × 1(70 − 10) = 360,000kcal/h
$= 360,000 \times 4.186\text{kJ} = 1,506,960\text{kJ/h}$

(3) (난방부하 + 급탕부하)×(1 + 배관부하) = (1,300,000 + 360,000) × (1 + 0.2) = 1,992,000kcal/h
$= 1,992,000 \times 4.186\text{kJ} = 8,338,512\text{kJ/h}$

(4) $\dfrac{사용출력 \times (1 + 예열부하)}{출력저하계수} = \dfrac{1,992,000 \times (1 + 0.25)}{1} = 2,490,000\text{kcal/h}$
$= 2,490,000 \times 4.186\text{kJ} = 10,423,140\text{kJ/h}$

참고
- $\dfrac{650\text{kcal/m}^2\text{h} \times 4.186\text{kJ/kcal}}{1\text{kW} \times 3,600\text{s/h}} = 0.755\text{kW/m}^2$
- 1kW = 1kJ/s, 1kWh×3,600s/h = 3,600kJ

03 어떤 증기보일러에서 난방부하가 15,000kcal/h, 급탕부하가 1,000kcal/h, 배관부하가 2,000kcal/h, 예열부하가 5,000kcal/h인 경우에 예열에 필요한 시간은 얼마인가?

풀이 H_m(정격부하) $= 15,000 + 1,000 + 2,000 + 5,000 = 23,000 \text{kcal/h}$

$$t = \frac{H_1}{H_m - \frac{1}{2}(H_1 + H_3)} = \frac{5,000}{23,000 - \frac{1}{2}(15,000 + 2,000)} = 0.34\text{h}$$

04 다음과 같은 조건일 때의 보일러 효율을 구하시오.

- 급수량 : 10,638kg/h
- 급유량 : 860L/h
- 증기의 열량 : 2,754kJ/kg
- 급수온도 : 13.5℃(56.52kJ/kg)
- C중유의 비중 : 0.916
- C중유의 저위발열량 : 41,022.8kJ/kg

풀이 $\eta = \dfrac{10,638(2,754 - 56.52)}{(860 \times 0.916) \times 41,022.8} \times 100 = 88.79\%$

05 어떤 수관식 보일러의 증기압력은 10kg/cm²이고 매시 증발량이 5,000kg이며 급수의 엔탈피가 252kJ/kg이고 증기의 엔탈피가 2,776kJ/kg이다. 저위발열량이 9,600kcal/kg인 연료를 사용하는 보일러에서 상당증발량(kg/h)을 구하시오. (단, 물의 증발열은 2,257kJ/kg이다.)

풀이 상당증발량(W_e) $= \dfrac{5,000(2,776 - 252)}{2,257} = 5,591.49\text{kg/h}$

06 보일러의 성능시험결과 1시간당 상당증발량이 2,750kg이고 매시간당 연료소비량이 220kg, 보일러의 마력이 176마력(HP)이라면 환산증발배수(kg/kg)는 얼마인가?

풀이 환산증발배수 $= \dfrac{\text{상당증발량}}{\text{연료소비량}} = \dfrac{2,750}{220} = 12.5\text{kg/kg}$

07 상당증발량 2,000kg/h의 보일러가 단위 kg당 41,022.8kJ의 발열량을 갖는 중유를 연소시킨다. 보일러 효율이 80%일 때 시간당 연료소비량(kg/h)을 계산하시오. (단, 물의 증발열은 2,256kJ/kg이다.)

풀이) $\dfrac{\text{상당증발량} \times 539}{\text{연료의 발열량} \times \text{효율}} = \dfrac{2{,}000 \times 2{,}256}{41{,}022.8 \times 0.8} = 137.48 \text{kg/h}$

08 노통연관식 보일러에서 증기압력 6kg/cm², 발생증기량 2,500kg/h, 급수엔탈피 26kJ/kg, 중유 사용량 210L/h, 중유의 비중 0.98, 연료의 저위발열량 40,813.5kJ/kg에서 이 보일러의 마력(HP)은 얼마인가?(단, 100℃의 증발잠열은 2,257kJ/kg, 발생증기 엔탈피는 2,754.4kJ/kg이다.)

풀이) 보일러 마력 $= \dfrac{\text{상당증발량}}{15.65} = \dfrac{2{,}500 \times (2{,}754.4 - 26)}{2{,}257 \times 15.65} = 193.11 \text{HP}$

09 보일러 운전시간 3시간에서 급수 사용량이 6,000kg이고 매시 연료소비량이 250kg이며 증기압력 6kg/cm²a에서 발생증기엔탈피가 658kcal/kg이다. 물음에 답하시오.(단, 전열면적은 50m²이다.)

(1) 상당증발량(환산증발량)을 구하시오.(단, 급수온도는 23℃ 물의 비열은 1kcal/kg℃이다.)
(2) 환산증발배수(kg/kg)을 구하시오.

풀이) (1) 상당증발량(W_e) $= \dfrac{G \times (h_2 - h_1)}{539}$ (kg/h)

$= \dfrac{\dfrac{6{,}000}{3} \times (658 - 23)}{539} = 2{,}356.22 \text{kg/h}$

(2) 환산증발배수 $= \dfrac{\text{상당증발량(kg/h)}}{\text{연료소비량(kg/h)}} = \dfrac{2{,}356.22}{250} = 9.42 \text{kg/kg}$

10 어떤 건물의 방열기 상당방열면적(EDR)이 200m²이고 매시 필요한 급탕사용량이 600kg/h일 때 보일러 용량은 몇 kJ/h가 되어야 하는가 계산하시오.(단, 방열기의 방열량 2,722kJ/m²h, 급수온도 10℃, 출탕온도 70℃, 급수의 비열 4.2kJ/kg K, 배관부하(α) 20%, 예열부하(β) 25%, 출력저하계수(K) 1이다.)

풀이) 보일러 용량 $= \dfrac{[(200 \times 2{,}722) + 600 \times 4.2 \times (70-10)] \times (1+0.2) \times (1+0.25)}{1} = 1{,}043{,}400 \text{kJ/h}$

참고) • $\dfrac{1{,}043{,}400}{3{,}600} = 289.83 \text{kW}$

• 정격출력(H) $= \dfrac{(\text{난방부하} + \text{급탕부하}) \times \text{배관부하} \times \text{예열부하}}{\text{출력저하계수}}$

11 어떤 보일러의 증발량이 27.6t/h, 연료 사용량이 45kg/h, 보일러 본체의 전열면적이 460m²일 때, 이 보일러의 전열면 증발률은 몇 kg/m²h인지 계산하시오.

풀이 전열면의 증발률 = $\dfrac{\text{시간당 증기발생량}}{\text{전열면적}} = \dfrac{27.6 \times 1,000}{460} = 60 \text{kg/m}^2\text{h}$

12 노통연관식 증기보일러에서 저위발열량 9,700kcal/kg인 연료를 400kg/h 연소시켜, 엔탈피 655kcal/kg인 증기를 5,000kg/h 발생시킨다면, 이 보일러의 마력은 얼마인지 계산하시오. (단, 보일러 100℃의 증발열은 539kcal/kg, 급수의 온도는 20℃이다.)

풀이 보일러마력 = $\dfrac{\text{상당증발량}}{15.65} = \dfrac{5,000 \times (655-20)}{539 \times 15.65} = 376.39\text{HP}$

13 온수난방에서 주철제 보일러를 가동하고 있다. 사용연료는 석탄이며 그 출력저하계수(K)는 0.69로 하며 방열기의 전면적이 350m², 매시 급탕수 사용량이 50L/h일 때 보일러의 정격출력 (kcal/h)을 구하시오. (단, 급수온도는 10℃, 급탕수의 출탕온도는 70℃, 배관부하 α = 25%, 보일러 예열부하 β = 1.45이다.)

풀이 정격출력 = $\dfrac{\{350 \times 450 + 50 \times 1 \times (70-10)\}(1+0.25) \times 1.45}{0.69} = 421,603.26 \text{kcal/h}$

14 저위발열량 42MJ/kg인 연료를 매시 300kg 연소시키는 보일러에서 엔탈피 2,772kJ/kg인 증기가 매 시간당 3,900kg 발생된다. 이때의 급수온도가 22℃(93kJ/kg)인 경우 이 보일러의 효율은 몇 %인지 계산하시오.

풀이 효율(η) = $\dfrac{\text{증기발생량(발생증기 엔탈피 − 급수 엔탈피)}}{\text{연료소비량} \times \text{저위발열량}} \times 100$

$= \dfrac{3,900 \times (2,772-93)}{300 \times 42 \times 10^3} \times 100 = 82.92\%$

참고
- $1\text{MJ} = 10^6\text{J} = 10^3\text{kJ} = 1,000\text{kJ}$
- $1\text{kcal} = 4.186\text{kJ}$
- $1\text{kJ} = 0.234\text{kcal}$ ($1\text{J} = 0.234\text{cal}$)

15 보일러의 증기 발생량은 3,000kg/h, 보일러의 증기압력은 5kg/cm², 발생증기 엔탈피는 650kcal/kg, 급수온도는 20℃, 포화수 엔탈피는 130kcal/kg, 증기의 건조도는 0.9일 때 상당증발량(kgf/hr)을 구하시오.

풀이 $G_e = \dfrac{G_a(h'' - h')}{539}$

먼저, 습증기 엔탈피를 구해서 $(h_2) = 130 + (650 - 130) \times 0.9 = 598\text{kcal/kg}$

∴ $\dfrac{3,000(598 - 20)}{539} = 3,217.10\text{kg/h}$

참고 문제에서 kJ, kcal 열량의 단위를 파악하여 계산한다.

16 보일러의 증기발생량이 4,500kg이고, 가동시간이 8시간이며 복사전열면적이 20m²일 때 전열면의 증발률(kg/m²h)을 구하시오.

풀이 증발률 = $\dfrac{\text{증기발생량(kg)}}{\text{가동시간} \times \text{전열면적}} = \dfrac{4,500}{8 \times 20} = 28.13\text{kg/m}^2\text{h}$

17 시간당 80kg의 기름을 소비시켜 970kg/h의 증기를 발생시키는 보일러의 효율은 몇 %인지 계산하시오.(단, 연료의 발열량 9,700kcal/kg, 발생증기 엔탈피 660.8kcal/kg, 급수온도 20℃이다.)

풀이 보일러효율 = $\dfrac{\text{시간당 증기발생량(발생증기엔탈피} - \text{급수엔탈피)}}{\text{시간당 연료소비량} \times \text{연료의 저위발열량}} \times 100[\%]$

$= \dfrac{970 \times (660.8 - 20)}{80 \times 9,700} \times 100 = 80.1\%$

18 보일러에 급수되는 물의 온도가 10℃(41.86kJ/kg), 발생되는 증기의 엔탈피가 2,846.48kJ/kg, 1시간당 발생하는 증기량이 3ton, 1시간에 소모되는 연료량이 250kg일 때, 이 보일러의 효율은 몇 %인지 계산하시오.(단, 사용 연료의 발열량은 42,000kJ/kg이다.)

풀이 보일러 효율 = $\dfrac{\text{시간당 증기발생량(발생증기엔탈피} - \text{급수엔탈피)}}{\text{시간당 연료소비량} \times \text{연료의 저위발열량}} \times 100(\%)$

$= \dfrac{3,000(2,846.48 - 41.86)}{250 \times 42,000} \times 100 = 80.13\%$

참고 연료의 총발열량
- B-A유 발열량(9,290kcal/L=38.9MJ)
- B-B유 발열량(9,670kcal/L=40.5MJ)
- B-C유 발열량(9,950kcal/L=41.6MJ)

연료의 저위발열량
- 프로판(11,050kcal/kg=46.3MJ)
- 부탄(10,900kcal/kg=45.6MJ)
- 천연가스(LNG)(11,780kcal/kg=49.3MJ)
- 도시가스(LNG)(9,420kcal/Nm³=39.4MJ)
- 도시가스(LPG)(13,780kcal/Nm³=57.7MJ)
  ※ 1kcal=4.1868kJ
- 원유(1ton=10⁷kcal)

19 어떤 수관식 증기 보일러의 증발량이 5,000kg/h, 보일러 효율이 80%, 연소 효율이 95%이다. 발열량이 9,700kcal/kg인 기름을 370kg 연소시켰을 때, 손실열은 몇 kcal이며, 전열면 효율은 몇 %인지 계산하시오.

풀이 (1) 손실열량

손실열량 = 연소량 × 연료의 발열량 × (1 − 효율)
= 370 × 9,700 × (1 − 0.8)
= 3,589,000 × (1 − 0.8) = 717,800kcal

(2) 전열면 효율

$$효율 = \frac{실제증기발생열}{실제연소열} = \frac{3,589,000 \times 0.8}{3,589,000 \times 0.95} \times 100$$

$$= \frac{2,871,200}{3,409,550} \times 100 = 84.21\%$$

20 온도 20℃(83.72kJ/kg)의 급수를 공급받아서 압력 10kg/cm²(1MPa)의 증기를 2시간 동안 21,560kg 발생시키는 보일러의 상당증발량은 몇 kg/h인지 계산하시오.(단, 발생증기 엔탈피는 2,763kJ/kg이다.)

풀이

$$상당증발량 = \frac{G_a(h_2-h_1)}{2,256} = \frac{\frac{21,560}{2} \times (2,763-83.72)}{2,256} = 12,802.59 \text{kg/h}$$

21 증기압력이 5kg/cm²이고 용량이 2ton인 보일러가 있다. 연료 소모량이 50kg/h, 연료의 발열량이 9,600kcal/kg, 화실에서 발생된 열량이 408,000kcal/h인 경우, 연소효율은 몇 %인지 계산하시오.

[풀이] 연소효율 = $\dfrac{\text{연소실제발생열량}}{\text{연소공급열량}} \times 100 = \dfrac{408,000}{50 \times 9,600} \times 100 = 85\%$

22 발열량이 10,500kcal/Nm³인 도시가스 200Nm³을 연소시켜 엔탈피 635kcal/kg인 증기 2,800kg을 발생시켰다면, 열손실(kcal)은 얼마인지 계산하시오.(단, 급수온도는 15℃이다.)

[풀이] 공급열(Q_1) = 10,500 × 200 = 2,100,000 kcal
증기보유열(Q_2) = (635 − 15) × 2,800 = 1,736,000 kcal
∴ 열손실(Q) = 2,100,000 − 1,736,000 = 364,000 kcal

[참고] $\dfrac{364,000\text{kcal} \times 4.186\text{kJ/kcal}}{1\text{kW} \times 3,600\text{kJ/h}} = 423.2511\text{kW} = 423,251.11\text{W}$

23 노통연관식 보일러에서 과열기를 설치하여 발생증기를 과열증기로 만들어 사용하려고 한다. 급수온도가 30℃, 포화증기 엔탈피 650kcal/kg, 과열증기 엔탈피가 780kcal/kg이고, 과열기의 전열면적은 25m²이며, 시간당 증기 발생량이 3ton/h인 경우 과열기 열부하는 몇 kcal/m²h인지 계산하시오.

[풀이] 과열기 열부하(Q_h) = $\dfrac{3,000 \times (780 - 650)}{25} = 15,600\text{kcal/m}^2\text{h}$

24 상당증발량 2,000kg/h인 보일러에 12,500kcal/kg의 발열량을 갖는 연료를 연소시킬 때 연료소비량은 몇 kg/h인지 계산하시오.(단, 수증기의 증발열은 539kcal/kg이며, 이 보일러의 효율은 80%이다.)

[풀이] $0.8 = \dfrac{2,000 \times 539}{G_f \times 12,500}$

∴ 연료소비량(G_f) = $\dfrac{2,000 \times 539}{0.8 \times 12,500} = 107.8\text{kg/h}$

25 어떤 온수보일러의 출력이 17,000kcal/h, 시간당 연료 소모량이 2.2kg/h이며 연료의 저위발열량이 10,000kcal/kg일 때, 이 보일러의 효율은 몇 %인지 계산하시오.

풀이 효율$(\eta) = \dfrac{\text{온수출력(kcal/h)}}{\text{연료소비량(kg/h)} \times \text{저위발열량(kcal/kg)}} \times 100(\%)$

$= \dfrac{17,000}{2.2 \times 10,000} \times 100 = 77.27\%$

26 보일러 증기발생량 2,000kgf/h, 연료의 발열량 9,600kcal/kg, 연료소비량 50kgf/h일 때 보일러 전체의 증기발생량이 408,000kcal/h라면 보일러 효율은 몇 %인가?

풀이 보일러 효율$(\eta) = \dfrac{408,000}{50 \times 9,600} \times 100 = 85\%$

27 다음의 조건을 보고 물음에 답하시오.

> **조건**
> - 급수온도 50℃
> - 증기발생량 1,100kgf/h
> - 물의 증발잠열 2,256kJ/kg
> - 물의 비열 4.2kJ/kg K
> - 발생증기엔탈피 2,730kJ/kg

(1) 증발계수는 얼마인가?
(2) 상당증발량(환상증발량)은 몇 kgf/h인가?

풀이 (1) $\dfrac{\text{발생증기엔탈피} - \text{급수엔탈피}}{2,256} = \dfrac{(2,730 - 50 \times 4.2)}{2,256} = 1.12$

(2) $\dfrac{\text{시간당 증기발생량}(\text{발생증기엔탈피} - \text{급수엔탈피})}{2,256} = \dfrac{1,100(2,730 - 50 \times 4.2)}{2,256}$

$= 1,228.72 \text{kgf/h}$

또는 $1.12 \times 1,100 = 1,232 \text{kgf/hr}$

28 다음의 조건을 참고하여 노통연관 보일러의 효율(%)을 구하시오.

> **조건**
> - 급수사용량 3,000kgf/h
> - 오일소비량 350kgf/h
> - 증기엔탈피 659kcal/kg
> - 연료의 발열량 7,500kcal/kg
> - 급수온도 59℃
> - 물의 비열 1kcal/kg℃

풀이) 효율$(\eta) = \dfrac{3,000 \times 1 \times (659-59)}{350 \times 7,500} \times 100 = 68.57\%$

29 보일러 증발압력이 5kgf/cm²(0.5MPa)이고 급수온도가 60℃ 포화증기엔탈피가 641.2kcal/kg, 증기발생량 2,000kg/h에서 이 보일러 상당증발량(환산증발량)은 몇 kgf/hr인가?[단, 100℃의 포화수가 100℃의 증기로 증발 시 잠열은 539kcal/kg(2,257kJ/kg)이다.]

풀이) 상당증발량$(W_e) = \dfrac{G_a(h_2-h_1)}{539} = \dfrac{2,000(641.2-60)}{539} = 2,156.59 \text{kgf/h}$

30 증기보일러 압력 0.5MPa, 증기발생량 3,400kg/h, 급수온도 30℃, 증기엔탈피 647kcal/kg일 때 상당증발량(환산증발량)은 몇 kg/h인가?(단, 포화수 물의 증발잠열은 539kcal/kg이다.)

풀이) 상당증발량$(W_e) = \dfrac{\text{시간당 증기발생량} \times (\text{발생증기엔탈피} - \text{급수엔탈피})}{539}$ (kg/h)

$= \dfrac{3,400(647-30)}{539} = 3,892.02 \text{kg/h}$

31 보일러 효율(η)을 시간당 증기발생량(G_a), 발생증기엔탈피(h_2), 급수엔탈피(h_1), 시간당 연료소비량(G_f), 연료의 발열량(H_l) 기호를 사용하여 나타내시오.

풀이) 보일러 효율$(\eta) = \dfrac{G_a(h_2-h_1)}{G_f \times H_l} \times 100 (\%)$

32 어떤 건물의 방열기 상당방열면적이 200m²이고 매시 급탕량이 600kg/h일 때 보일러 용량은 몇 kW인가?(단, 방열기 방열량은 2,730kJ/m²h, 급수온도 10℃, 출탕온도 70℃, 배관부하 $\alpha = 20\%$, 예열부하 $\beta = 25\%$, 출력저하계수 $k = 1$, 급수비열 $C_p = 4.2$kJ/kgK이다.)

풀이) 정격출력$(Q) = \dfrac{(\text{난방부하} + \text{급탕부하}) \times \text{배관부하} \times \text{예열부하}}{\text{출력저하계수}}$

$= \dfrac{\{(200 \times 2,730) + 600 \times 4.2 \times (70-10)\} \times (1+0.2) \times (1+0.25)}{1}$

$= (546,000 + 151,200) \times 1.2 \times 1.25 = 1,045,800 \text{kJ/h}$

$\therefore Q = \dfrac{1,045,800}{3,600} = 290.5 \text{kW}$

33 보일러 운전 중 연료의 비열이 0.45kcal/kg℃, 연료의 예열온도가 80℃, 외기온도가 10℃, 배기가스의 온도가 230℃, 배기가스비열이 0.33kcal/kg℃, 이론연소가스량이 11.5Nm³/kg, 이론공기량이 10.5Nm³/kg, 공기비가 1.25일 때 입열인 연료의 현열, 출열인 배기가스의 현열을 계산하시오.

[풀이] (1) 연료의 현열(입열) = 비열 × 온도차 = 0.45 × (80 − 10) = 31.5kcal/kg
(2) 배기가스현열(출열) = 실제배기가스량 × 배기가스비열 × 온도차
실제배기가스량(G) = $G_0 + (m-1)A_0$ = 11.5 + (1.25 − 1) × 10.5 = 14.125Nm³/kg
∴ Q = 14.125 × 0.33 × (230 − 10) = 1,025.48kcal/kg

34 다음 보기를 보고 보일러 정격출력(W)을 구하시오.

> **[보기]**
> 건물 내 • 상당방열면적 : 2,000m²(EDR) • 보일러 : 주철제 증기보일러
> • 급수온도 : 10℃   • 급탕 출탕온도 : 70℃
> • 매시 급탕 사용량 : 6,000kg   • 연료의 출력저하계수(R) = 1
> • 배관부하 : 20%   • 예열부하 : 25%
> • 물의 증발잠열 : 2,257kJ/kg   • 급수의 비열 : 4.2kJ/kg K
> • 연료 : 오일 사용   • 표준 증기난방 방열량 : 2,730kJ/m²h
> • 1kWh = 3,600kJ

[풀이] 보일러 정격출력(K) = $\dfrac{(난방부하 + 급탕부하) \times 배관부하 \times 예열부하}{출력저하계수(R)}$ (kcal/h)

$= \dfrac{(2,000 \times 2,730) + \{6,000 \times 4.2 \times (70-10)\} \times (1+0.2) \times (1+0.25)}{1}$

$= (5,460,000 + 1,512,000) \times 1.2 \times 1.25 = 10,458,000$ kcal/h

∴ $K = \dfrac{10,458,000}{3,600} = 2,905$ kW = 2,905,000W

[참고] • 증기 사용량 = $\dfrac{10,458,000}{2,257}$ = 4,633.58kg/h

• 법정 보일러 용량 = $\dfrac{10,458,000}{600,000 \times 4.2}$ = 4.15ton/h

온수보일러 60만 kcal/h 용량이 스팀보일러 1톤이다.(법규상)

35 다음과 같은 조건에서 상당증발량(kg/h)을 계산하시오.

보기
- 수관식 보일러 증기발생량 : 2,000kg/h
- 발생증기엔탈피 : 660kcal/kg
- 물의 비열 : 1kcal/kg℃
- 증기건도 : 95%
- 급수온도 : 60℃
- 100℃ 포화수의 증발잠열 : 539kcal/kg

풀이

$$상당증발량 = \frac{증기발생량 \times (발생증기엔탈피 - 급수엔탈피)}{539} (kg/h)$$

발생증기엔탈피(h_2) = 포화수엔탈피 + (증기의 건도 × 물의 증발잠열)

$$상당증발량(W_e) = \frac{2,000(660-60)}{539} = 2,226.35 \text{kg/h}$$

36 열효율이 70.6%인 보일러를 열효율이 83.5%인 보일러로 교체하였을 때 연료의 절감률은 약 몇 %인지 계산하시오.

풀이

$$교체\ 후\ 연료절감(G_f) = \frac{83.5 - 70.6}{83.5} \times 100 = 15.45\%$$

37 효율 82%인 온수보일러로 난방 42,000kcal/h, 급탕 15,400kcal/h의 부하를 감당하는 경우, 연료소비량은 몇 kg/h인지 계산하시오. (단, 연료의 저위발열량은 10,000kcal/kg이다.)

풀이

$$연료소비량 = \frac{난방부하 + 급탕부하}{연료의\ 저위발열량 \times 효율} = \frac{42,000 + 15,400}{10,000 \times 0.82} = 7 \text{kg/h}$$

참고

- $\dfrac{42,000 \text{kcal/h} \times 4.186 \text{kJ/kcal}}{1\text{kW} \times 3,600 \text{kJ/h}} = 48.846 \text{kW} = 48,846 \text{W}$

- $\dfrac{10,000 \text{kcal/kg} \times 4.186 \text{kJ/kcal}}{1\text{kW} \times 3,600 \text{kJ/h}} = 11.630 \text{kW} = 11,630 \text{W}$

CHAPTER 10 열전달, 열저항, 난방 및 난방부하

부록 01 | 분류별 기출문제

01 증기난방배관에서 ( ) 안에 알맞은 내용을 보기에서 골라 써넣으시오.

> **보기**
> • 드레인 포켓 • 바이패스관 • 100 • 1.5

(1) 증기 주관에서 응축수를 건식 환수관에 배출하려면 주관과 동경으로 (①)mm 이상 내리고 하부로 150mm 이상 연장해 (②)을 만들어 준다. 냉각관 트랩 앞에서 (③)m 이상 떨어진 곳까지 나관 배관한다.
(2) 트랩이나 스트레이너, 유량계의 고장이나 수리, 교환을 대비하기 위해 ( )을 설치한다.
(3) 증기 주관 도중의 입상 개소에 있어서의 트랩 배관은 ( )을 설치해 준다. 건식 환수관일 때는 반드시 트랩을 경유시킨다.

풀이
(1) ① 100 ② 드레인 포켓 ③ 1.5
(2) 바이패스관
(3) 드레인 포켓

02 연소실 내의 내화벽의 두께가 240mm이고 열전도율이 0.387W/m℃이며 연소실에서 내화벽까지의 열전달률이 301W/m²K이고 표면에서 외부로 열전달률이 1,032W/m²K일 때 열관류율은 몇 W/m²℃인가?

풀이 열관류율(K) = $\dfrac{1}{\dfrac{1}{a_1}+\dfrac{1}{\lambda_1}+\dfrac{1}{a_2}}$ = $\dfrac{1}{\dfrac{1}{301}+\dfrac{0.24}{0.387}+\dfrac{1}{1,032}}$ = $\dfrac{1}{0.624446}$ = 1.60W/m²℃

03 주철제 수평형 벽걸이 방열기의 섹션수가 5, 유입관지름이 20mm, 유출관지름이 15mm, 방열기에서 난방부하가 37,674kJ/h, 쪽당 방열면적이 0.25m²일 때 물음에 답하시오.(단, 온수난방이며, 방열기의 온수표준방열량은 0.523kW/m²이다.)
(1) 방열기의 쪽수를 구하시오.
(2) 방열기를 도시하시오.

풀이 (1) $\dfrac{37,674}{3,600 \times 0.523 \times 0.25} = 80쪽$

(2)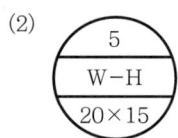

참고 $1kW = 3,600 kJ/h$

04
상향순환식 온수보일러에서 송온수의 온도가 88℃, 환수의 온도가 71℃, 실내온도가 18℃를 유지할 때 난방부하가 31,395kJ/h이다. 온수의 순환량(kg/h)은 얼마인가?(단, 온수의 비열은 4.186kJ/kg K이다.)

풀이 온수순환량 = $\dfrac{\text{시간당 난방부하}}{\text{온수의 비열(송수온도−환수온도)}} = \dfrac{31,395}{4.186(88-71)} = 441.18 kg/h$

05
주철제 증기 방열기로 난방부하가 65,302kJ/h인 거실을 난방하려고 한다. 방열기 내의 증기 평균온도가 105℃이고, 실내 공기온도가 25℃인 경우, 필요한 방열기의 쪽수는 몇 개인지 계산하시오.(단, 방열기의 방열계수는 31.40kJ/m²hK이고, 1쪽당 방열면적은 0.26m²이다.)

풀이 방열기의 방열량 = $31.40 \times (105-25) = 2,512 kJ/m^2h$

방열기 쪽수 = $\dfrac{\text{난방부하}}{\text{방열기의 방열량} \times \text{1쪽당 방열면적}} = \dfrac{65,302}{2,512 \times 0.26} = 100개$

참고 $1MJ = 10^3 kJ = 10^6 J$

06
다음 ( ) 안에 알맞은 내용을 골라 쓰시오.

> 복사난방은 (공기, 구조체)를 가열대상으로 하므로 방의 높이에 따른 온도 편차가 (작고, 크고), 쾌감도가 좋다. 또한 환기에 따른 손실 열량도 그만큼 (많게, 적게) 든다. 가열대상의 열용량이 (크고, 작고) 필요에 따라 즉각적인 대응이 (곤란하고, 쉽고) 시공이 어려우며, 하자 발생위치를 확인하기 (쉽다, 어렵다).

풀이 구조체, 작고, 적게, 크고, 곤란하고, 어렵다

07 다음을 이용하여 벽면 두께를 구하시오.

- 열전도율 0.9kcal/mh℃
- 전열면적 1m²당 열량은 1,000kcal/h이다.
- 외기온도 900℃
- 실내온도 400℃

풀이 전도손실열량$(Q) = \dfrac{\lambda A(t_1 - t_2)}{b}$

$1,000 = \dfrac{0.9 \times 1 \times (900-400)}{x}$

$\therefore\ x = \dfrac{0.9 \times 1 \times (900-400)}{1,000} = 0.45\text{m}$

08 증기난방에서 시간당 전체 응축수의 양을 계산하시오. (단, 표준상태에서 증기난방이며 상당방열면적은 50m²이고, 배관 내의 응축수량은 방열기 내의 응축수 생성량의 30%로 계산한다.)

풀이 응축수량 $= \dfrac{650}{539} \times 1.3 \times 50 = 78.39\text{kg/h}$

09 두께가 20cm인 벽체의 실내외면의 온도가 각각 330℃, 60℃인 경우, 이 벽체 1m²당 전열량은 몇 kcal/h인지 계산하시오. (단, 벽체의 열전도율은 0.05kcal/mh℃이다.)

풀이 벽체 전열량 $= \dfrac{\text{열전도율} \times \text{온도차} \times \text{벽체면적}}{\text{두께(m)}} = \dfrac{0.05 \times (330-60) \times 1}{0.2} = 67.5\text{kcal/h}$

10 내화벽 전면적이 10m²이고 내부온도가 800℃, 외부온도가 5℃이며 연소실 내에서 열전달률이 1,200kcal/m²h℃, 내화벽 표면에서 외부로 열전달률이 350kcal/m²h℃일 때 손실열량(kcal/h)을 구하시오. (단 내화벽 두께는 240mm, 열전도율은 0.45kcal/mh℃이다.)

풀이 손실열량$(Q) = $ 면적 $\times$ 열관류율 $\times$ 온도차, 열관류율$(k) = \dfrac{1}{\dfrac{1}{a_1} + \dfrac{b_1}{\lambda_1} + \dfrac{1}{a_2}}$

$\therefore\ Q = 10 \times \left(\dfrac{1}{\dfrac{1}{1,200} + \dfrac{0.24}{0.45} + \dfrac{1}{350}} \right) \times (800-5) = 14,803.81\text{kcal/h}$

11 난방면적이 50m²인 주택에 온수보일러를 설치하려고 한다. 벽체(문, 창문 포함)면적은 바닥면적(난방면적)의 1.8배이고 천장면적은 난방면적과 같을 때 아래 조건을 참고하여 난방부하를 계산하시오.

- 외기온도 : $-10℃$
- 방위에 따른 부가계수 : 1.2
- 열관류율 : $6kcal/m^2h℃$
- 실내실온 : $20℃$

[풀이] 난방부하$(Q) = K \cdot F \cdot \Delta t \cdot \beta$
$= 6 \times [50 + 50 + (50 \times 1.8)] \times [20 - (-10)] \times 1.2 = 41,040 kcal/h$

12 두께가 25cm인 보온판의 열전도율이 0.05kcal/mh℃이고, 이 판의 단위면적 1m²당의 전열량이 100kcal/h일 때 보온판의 내외부 온도차는 몇 ℃인지 계산하시오.

[풀이] $Q = \lambda \times \dfrac{A \times \Delta t}{b}$ $100 = 0.05 \times \dfrac{\Delta t \times 1}{0.25}$

온도차$(\Delta t) = \dfrac{100 \times 0.25}{0.05 \times 1} = 500℃$

13 어떤 주택의 벽 두께가 200mm, 열전도율이 0.8W/m K이고, 벽 내면 온도가 25℃, 벽 외면 온도가 0℃인 경우, 벽의 면적 60m²으로부터 손실되는 열량은 몇 W인지 계산하시오. (단, 열전달에 의한 손실열량은 무시한다.)

[풀이] $Q = \lambda \times \dfrac{\Delta t \cdot A}{b} = 0.8 \times \dfrac{(25-0) \times 60}{0.2} = 6,000W$

14 정격출력이 35,000kcal/h인 온수보일러가 있다. 난방부하가 27,000kcal/h, 배관부하가 3,000kcal/h, 예열부하가 5,000kcal일 때 예열에 필요한 시간은 몇 분인가?

[풀이] 예열부하(hr) $= \dfrac{H_4}{H_m - \dfrac{1}{2}(H_1 + H_3)}$

$= \dfrac{5,000}{35,000 - \dfrac{1}{2}(27,000 + 3,000)} = 0.25$시간 $= 15$분

[참고] $\dfrac{35,000}{860} = 40.70kW$, $\dfrac{27,000}{860} = 31.40kW$, $\dfrac{3,000}{860} = 3.49kW$, $\dfrac{5,000}{860} = 5.81kW$

15 보일러에서 배기가스를 분석한 결과 CO가 2.5%였다면 불완전연소에 의한 손실열은 몇 kcal/kg인지 계산하시오. (단, 실제 건연소가스량은 20Nm³/kg이고, CO의 발열량은 3,050 kcal/Nm³이다.)

풀이 $CO + \dfrac{1}{2}O_2 \rightarrow CO_2 + 3{,}050 \text{kcal/Nm}^3$

$Q = 3{,}050[G_{ow} + (m-1)A_0] \times [CO]$

∴ $20 \times 3{,}050 \times 0.025 = 1{,}525 \text{kcal/kg}$

참고 $3{,}050 \times 4.1868 \text{kJ/kcal} = 12{,}769.74 \text{kJ/Nm}^3$

16 다음 표는 증기난방과 온수난방을 비교하기 위한 것이다. 관련 있는 용어를 보기에서 골라 빈칸에 기입하시오. (단, 중복 사용도 가능)

항목	증기난방	온수난방
주이용 열량	(①)	(⑤)
순환력	(②)	(⑥)
예열량	(③)	(⑦)
부식정도	(④)	(⑧)

[보기] • 압력차   • 밀도차   • 현열   • 잠열   • 크다   • 작다

풀이
① 잠열   ② 크다   ③ 작다   ④ 크다
⑤ 현열   ⑥ 작다   ⑦ 작다   ⑧ 작다

17 두께 40mm인 어떤 벽체의 열전도율이 0.02W/m K이고, 벽체 내·외부의 경막계수가 각각 15W/m²K, 40W/m²K이면, 이 벽체의 열관류율은 몇 W/m²K인지 계산하시오.

풀이 열관류율$(K) = \dfrac{1}{\dfrac{1}{a_1} + \dfrac{b}{\lambda} + \dfrac{1}{a_2}} = \dfrac{1}{\dfrac{1}{40} + \dfrac{0.04}{0.02} + \dfrac{1}{15}}$

$= \dfrac{1}{0.025 + 2 + 0.066666} = \dfrac{1}{2.091666} = 0.48 \text{W/m}^2\text{K}$

18 다음 방열기의 호칭법이다. 그림에서 가~마의 기호에 해당되는 용어를 쓰시오.

풀이 가. 섹션수 나. 방열기 종류
다. 방열기 높이(섹션의 높이) 라. 유입측 관경
마. 유출측 관경

19 주철제 방열기에서 ㉮~㉲에 알맞은 내용을 쓰시오.

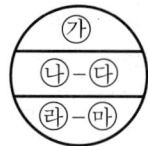

풀이 ㉮ 방열기 섹션 수 ㉯ 방열기 종별
㉰ 방열기 높이 ㉱ 방열기 입구배관 관경의 크기
㉲ 방열기 출구배관 관경의 크기

20 증기보일러의 난방부하가 20,000W이고, 방열기의 쪽당 방열면적이 0.15m²일 때 방열기 쪽수는?(단, 증기난방 방열기 표준방열량은 0.756kW/m²이다. 소수점 첫째 자리에서 반올림할 것)

풀이 $\dfrac{20,000}{0.756 \times 10^3 \times 0.15} = 177$쪽

21 전손실 열량이 9,360kJ/h인 사무실에 설치할 온수방열기의 설치쪽수를 구하시오.[단, 방열기 방열량은 0.523kW/m²(1,885kJ/m²)이고 1쪽당 방열면적(5세주, 650형) $a = 0.26$m²이다.]

풀이 방열기 쪽수$(N) = \dfrac{H}{450 \cdot a} = \dfrac{9,360}{1,885 \times 0.26} = \dfrac{9,360}{117} = 20$쪽(매)

22 그림과 같은 방열기 표시에서 각 문자가 뜻하는 것은 무엇인지 쓰시오.

(1) 3 :
(2) W :
(3) V :
(4) 25 :
(5) 20 :

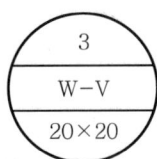

풀이 (1) 쪽수(섹션수)　　(2) 벽걸이(종별)　　(3) 수직형(종형)
　　　(4) 유입관경　　　　(5) 유출관경

23 벽걸이 방열기에서 섹션수가 5, 유입관경이 20mm 유출관경이 15mm에서 수직, 수평형 방열기를 도시하시오.

풀이 (1) 벽걸이 수직형　　　　(2) 벽걸이 수평형(바닥형)

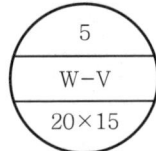　　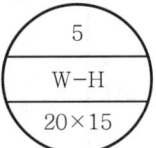

24 난방부하가 9,419kJ/h인 어떤 거실을 주철제 방열기로 온수 난방하려고 한다. 방열기 1섹션 (쪽)당 방열면적이 0.2m²일 때 방열기 소요 섹션 수는 몇 개인지 계산하시오. (단, 방열기의 방열량은 표준방열량으로 한다.)

풀이 온수난방용 섹션수 $= \dfrac{H}{1,885} \times$방열면적 $= \dfrac{9,419}{1,885 \times 0.2} = 25$개

25 그림과 같이 벽의 좌측 고온 유체로부터 우측의 저온 유체로 열이 통과하고 있다. 다음 기호를 사용하여 열관류율 K를 구하는 공식을 쓰시오.

[보기]
- a_1 : 고온 유체와 벽과의 열전달률
- a_2 : 저온 유체와 벽과의 열전달률
- λ : 벽 내부의 열전도율
- b : 벽의 두께

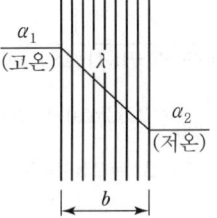

풀이 열관류율$(K) = \dfrac{1}{\dfrac{1}{a_1} + \dfrac{b}{\lambda} + \dfrac{1}{a_2}}$ (kJ/m²K)

26 방열기의 입구온도 90℃, 출구온도 72℃, 방열계수 29.4kJ/m²K이고 실내온도 18℃일 때 이 방열기의 방열량은 몇 kcal/m²h인지 계산하시오.

풀이 방열량 = 방열계수 × $\left\{\left(\dfrac{\text{입구온도} + \text{출구온도}}{2}\right) - \text{실내온도}\right\}$

$= 29.4 \times \left\{\left(\dfrac{90+72}{2}\right) - 18\right\} = 1{,}852.2\,\text{kJ/m}^2\text{h} \quad \left(\dfrac{1{,}852.2}{3{,}600} = 0.5145\,\text{kW/m}^2\right)$

27 다음과 같은 열전달에서 물음에 답하시오.

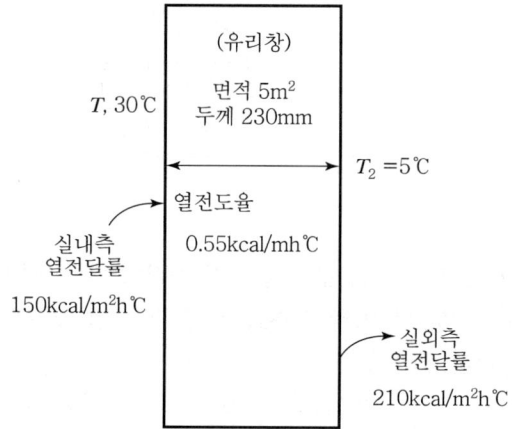

(1) 열관류율(kcal/m²h℃)은 얼마인가?
(2) 손실열량(kcal/h)은 얼마인가?

풀이 (1) $K = \dfrac{1}{\dfrac{1}{a_1} + \dfrac{b}{\lambda} + \dfrac{1}{a_2}} = \dfrac{1}{\dfrac{1}{150} + \dfrac{0.23}{0.55} + \dfrac{1}{210}}$

$= \dfrac{1}{0.006666 + 0.418181 + 0.0047619}$

$= \dfrac{1}{0.4296} = 2.33\,\text{kcal/m}^2\text{h℃}$

(2) $Q = K \cdot A \cdot \Delta t = 2.33 \times 5 \times (30-5) = 291.25\,\text{kcal/h}$

28 주철제 방열기의 쪽수가 25쪽, 유입측 관지름 20mm, 유출측 관지름 15mm에서 방열기를 도시하시오. (단, 방열기는 벽걸이(W), 수평형(H)이다.)

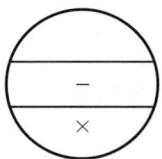

풀이

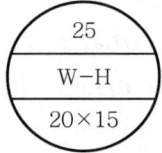

29 높이가 650mm, 쪽수(섹션수)가 20인 5세주 방열기를 설치하고자 한다. 도면에 나타낼 도시기호를 아래에 표시하시오. (단, 유입 관경은 25A, 유출관경은 20A이다.)

풀이

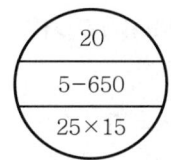

30 열관류율이 7.56kJ/m²K인 어떤 벽체의 내, 외측 공기온도가 각각 28℃와 -5℃이다. 이 벽 50m²에 대하여 손실되는 열량은 몇 kJ/h인지 계산하시오.

풀이 $Q = k \cdot A \cdot \Delta t = 7.56 \times 50 \times [28-(-5)] = 12{,}474 \, \text{kJ/h}$

참고 $\dfrac{12{,}474}{3{,}600} = 14.5 \, \text{kW}$

31 온수보일러의 용량(출력) 결정 시 고려하는 부하의 종류를 3가지만 쓰시오.

풀이 ① 난방부하 ② 급탕부하 ③ 배관부하
④ 시동부하(예열부하) ⑤ 취사부하 중 3가지

32 온수난방에서 방열기 내의 온수의 평균온도가 85℃이고, 실내온도가 20℃이며, 방열기의 방열계수가 7.3kcal/m²h℃라면 이 방열기의 단위 면적(m²)당 방열량은 몇 kcal/h인지 계산하시오.

풀이 $Q = K(t_2 - t_1) = 7.3 \times (85 - 20) = 474.5\,\text{kcal/h}$

33 상향순환식 온수보일러에서 송온수의 온도가 80℃ 환수의 온도가 62℃ 실내온도가 18℃를 유지하려면 난방부하가 28,000kcal/h가 소요된다. 이 경우 온수의 순환량은 몇 kg/h이 필요한가?(단, 온수의 비열은 0.977kcal/kg℃이다.)

풀이 온수순환량(G) = $\dfrac{\text{시간당 난방부하}}{\text{온수비열}(\text{송온수온도} - \text{환수온도})} = \dfrac{28{,}000}{0.997(80 - 62)} = \dfrac{28{,}000}{17.946} = 1{,}560.24\,\text{kg/h}$

34 보온을 하지 않은 관의 표면온도가 80℃ 관의 외경이 50mm, 관의 표면 열전달률이 20kcal/m²h℃인 탄소강관을 보온한 결과 보온효율이 70%, 관의 총 길이가 50m, 외기온도가 20℃이다. 이 보온관의 열손실은 몇 kcal/h인가?

풀이 열손실 = (1 − 보온효율) × 열전달률 × 표면적 × 온도차
관의 표면적 = $\pi DL = 3.14 \times 0.05 \times 50 = 7.85\,\text{m}^2$
∴ $(1 - 0.7) \times 20 \times 7.85 \times (80 - 20) = 2{,}826\,\text{kcal/h}$ ($2{,}826 \times 4.1868 = 11{,}831.90\,\text{kJ/h}$)

35 주철제 벽걸이 방열기에서 수평형, 수직형 기호를 쓰시오.

풀이 (1) 수평형 : W−H   (2) 수직형 : W−V

36 온수난방에서 난방부하가 30,000kJ/h, 방열기 한 섹션(쪽수)당 표면적이 0.25m²이라면 소요 방열기 쪽수는 몇 개가 필요한가?(단, 온수방열기 표준방열량은 0.523kW/m²이다.)

풀이 온수방열기 쪽수 계산 = $\dfrac{\text{난방부하}}{0.523 \times S_b} = \dfrac{30{,}000}{3{,}600 \times 0.523 \times 0.25} = 64\,\text{개(쪽)}$

참고
- 1kWh = 3,600kJ, 1W = 1J/s
- $\dfrac{450\,\text{kcal/m}^2\text{h} \times 4.186\,\text{kJ/kcal}}{3{,}600} = 0.523\,\text{kW}$

37 복사난방에서 관 코일의 배관방식 중 아래 설명에서 어느 코일 배관방식인지 쓰시오.
  (1) 온수의 유량을 균등히 분배하기 곤란한 코일 방식
  (2) 유량분배가 균일한 코일 방식

풀이 (1) 그리드 코일
  (2) 밴드 코일

38 방열기에서 표준난방은 증기난방이 $0.756 kW/m^2$, 온수난방이 $0.523 kW/m^2$일 때, 방열기 20매의 총 방열기용량이 $6.8 kW$이면 증기, 온수난방의 상당방열면적(EDR)은 얼마인지 구하시오.

풀이 ① 증기난방 $EDR = \dfrac{6.8}{0.756} = 9 m^2$

  ② 온수난방 $EDR = \dfrac{6.8}{0.523} = 13 m^2$

39 패널(온수코일)을 이용하여 구조체를 가열하고, 그 복사열을 난방에 사용하는 난방방식은 어떤 난방법인가?

풀이 복사난방

40 건축물의 전방열량이 $69.77 kW$이다. 주철제 주형방열기로 방열하려면 방열기 쪽수는 몇 개가 필요한가?(단, 방열기 표준방열량은 $0.597 kW/m^2$이고, 쪽당 방열기 표면적은 $0.26 m^2$이다.)

풀이 방열기 쪽수(섹션) $= \dfrac{난방부하}{방열기방열량 \times 쪽당 방열면적}$

  $= \dfrac{69.77}{0.597 \times 0.26} = 500$쪽

41 온수난방으로 어떤 방의 실내온도를 20℃로 유지하기 위해 필요한 열량은 4,000kcal/h이다. 이때 송수 온도가 90℃, 환수 온도가 50℃라면 온수의 순환량은 몇 kg/h인지 계산하시오. (단, 온수의 비열은 1kcal/kg℃이고, 송수와 환수의 온도차에 의한 방열 열량은 전부 난방에 사용되는 것으로 간주한다.)

풀이 온수순환량$(G) = \dfrac{난방부하}{온수비열 \times 온도차} = \dfrac{4,000}{1 \times (90-50)} = 100 \text{kg/h}$

42 다음은 어떤 도면에 표시된 주철방열기 도시기호이다. 아래 사항은 각각 무엇을 표시하는지 쓰시오.

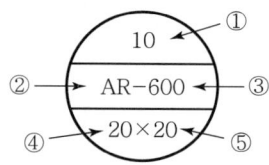

풀이 ① 방열기 쪽수   ② 종별(알루미늄 방열기 쪽수)   ③ 형(치수)
④ 유입관경   ⑤ 유출관경

CHAPTER 11 연료의 연소공기량 및 연소계산

부록 01 | 분류별 기출문제

01 어떤 보일러에서 불완전연소 시 배기가스의 성분을 분석하였더니 CO_2 14%, O_2 2%, CO 1%이었다. 최대 탄산가스율(CO_{2max})은 몇 %인지 계산하시오.

[풀이] 불완전연소 $CO_{2max} = \dfrac{21(CO_2 + CO)}{21 - O_2 + 0.395 \times CO} = \dfrac{21 \times (14+1)}{21 - 2 + 0.395 \times 1} = \dfrac{315}{19.395} = 16.24\%$

02 액체연료의 원소성분이 탄소(C) 84%, 수소(H) 16%일 때, 이 연료 1kg의 연소 시 실제공기량(Nm^3/kg)을 구하시오. [단, 공기비(과잉공기계수)는 1.4이다.]

[풀이] 실제공기량(A) = 이론공기량 × 공기비 = $A_o \times m$
$= (8.89 \times 0.84 + 26.67 \times 0.16) \times 1.4 = 16.43 Nm^3/kg$

[참고] 이론공기량(A_o) = $8.89C \times 26.67\left(H - \dfrac{O}{8}\right) + 3.33S [Nm^3/kg]$

03 프로판(C_3H_8) $10Nm^3$를 완전 연소시키는 데 필요한 이론공기량은 몇 Nm^3인지 계산하시오. (단, 프로판의 연소반응식은 $C_3H_8 + 5O_2 \rightarrow 3CO_2 + 4H_2O$이고, 공기 중 산소는 21%부피이다.)

[풀이] 이론공기량 = 이론산소량 × $\dfrac{1}{0.21}$ = $5 \times \dfrac{1}{0.21} \times 10 = 238.695238095$ ∴ $238.10 Nm^3$

04 연소가스 중의 CO_2의 비율이 12.3%이고 최대 이산화탄소(CO_{2max})가 15.2%일 때 과잉공기율(%)을 계산하시오.

[풀이] 과잉공기율 = (공기비 - 1) × 100(%), 공기비 = $\dfrac{CO_{2max}}{CO_2}$

∴ 과잉공기율 = $\left(\dfrac{15.2}{12.3} - 1\right) \times 100 = 23.58\%$

05 어떤 중유에 함유된 수소가 15%, 수분이 4%이고, 고위발열량(H_h)이 11,000kcal/kg일 때 이 연료의 저위발열량은 몇 kcal/kg인지 계산하시오.

풀이 저위발열량(H_l) = H_h − 600(9H + W)
= 11,000 − 600(9 × 0.15 + 0.04)
= 11,000 − 834 = 10,166 kcal/kg

06 보일러의 연료로서 메탄을 사용하고 있다. 메탄 5Nm³을 연소시킬 때 필요한 이론공기량은 몇 Nm³인지 계산하시오. (단, 메탄의 연소반응식은 $CH_4 + 2O_2 \rightarrow CO_2 + 2H_2O$이다.)

풀이 이론공기량(A_0) = $O_0 \times \dfrac{1}{0.21}$ = $2 \times \dfrac{1}{0.21} \times 5$ = 47.62 Nm³

07 다음의 혼합가스의 저위발열량은 몇 MJ/Nm³인가? [단, 가스의 저위발열량은 H_2 0.14MJ(10%), CH_4 0.1MJ(30%), C_3H_8 0.25MJ(60%)이다.]

풀이 저위발열량(H_l) = 0.14 × 0.1 + 0.1 × 0.3 + 0.25 × 0.6 = 0.19 MJ/Nm³

08 액체 연료의 원소성분이 C(탄소) 80%, H(수소) 12%, O(산소) 5%, S(황) 3%이고 실제공기량이 13.2Nm³/kg일 때 과잉공기량은 몇 %인가?

풀이 액체, 고체 연료의 이론공기량(A_0) = $8.89C + 26.67\left(H - \dfrac{O}{8}\right) + 3.33S$
= $8.89 \times 0.8 + 26.67\left(0.12 - \dfrac{0.05}{8}\right) + 3.33 \times 0.03$
= 10.2456 Nm³/kg

공기비(m) = $\dfrac{실제공기량}{이론공기량}$ = $\dfrac{13.2}{10.2456}$ = 1.29

∴ 과잉공기량 = (m − 1) × 100 = (1.29 − 1) × 100 = 29%

09 굴뚝의 배기가스 성분 측정결과가 아래와 같을 때 CO_{2max}(탄산가스 최대율)는 몇 (%)인가?

> **보기** 　　　　$CO_2 = 12\%$, 　　　$CO = 1.5\%$, 　　　$O_2 = 2\%$

풀이 불완전연소 시 $CO_{2max} = \dfrac{21 \times (CO_2 + CO)}{21 - O_2 + 0.395 CO}(\%) = \dfrac{21 \times (12 + 1.5)}{21 - 2 + 0.395 \times 1.5} = \dfrac{21 \times 13.5}{19.5925} = 14.47\%$

참고 CO 성분이 없을 때 $CO_{2max} = \dfrac{21 \times CO_2}{21 - O_2}(\%)$

10 프로판(C_3H_8)가스 및 부탄(C_4H_{10})가스가 각각 50%씩 혼합된 용기가 있다. 이 혼합된 가스 1kg의 연소 시 이론연소가스량은 몇 Nm^3/kg인가?

풀이 이론습배기가스량(G_{ow}) = $(1 - 0.21) \times$ 이론공기량 + ($CO_2 + H_2O$)

$C_3H_8 = \left\{(1 - 0.21) \times \left(\dfrac{5}{0.21}\right) + 7\right\} \times \dfrac{22.4}{44} \times 0.5 = 6.5696 Nm^3$

$C_4H_{10} = \left\{(1 - 0.21) \times \left(\dfrac{6.5}{0.21}\right) + 9\right\} \times \dfrac{22.4}{58} \times 0.5 = 6.45977 Nm^3$

∴ 이론배기가스량(G_{ow}) = $6.5696 + 6.45977 = 13.03 Nm^3/kg$

참고
- 가스 $1kmol = 22.4Nm^3$
- 가스의 질량 : 프로판(44), 부탄(58)
- 반응식 : 프로판가스[$C_3H_8 + 5O_2 \rightarrow 3CO_2 + 4H_2O$], 부탄가스[$C_4H_{10} + 6.5O_2 \rightarrow 4CO_2 + 5H_2O$]

11 구성 성분이 다음과 같은 기체연료의 고위발열량(H_h)은 몇 MJ/Nm^3인가?

> 　　　　CO 10%, 　　　H_2 10%, 　　　CH_4 30%, 　　　C_3H_8 50%

풀이 $H_h = 12.71 CO + 12.77 H_2 + 39.90 CH_4 + 58.94 C_2H_2 + 63.96 C_2H_4 + 70.37 C_2H_6 + 102 C_3H_8$
$= 12.71 \times 0.1 + 12.77 \times 0.1 + 39.90 \times 0.3 + 102 \times 0.5 = 65.52 MJ/Nm^3$

참고 저위발열량(H_l) = $H_h - 2(H_2 + CH_4 + C_3H_8)$

$H_2 + \dfrac{1}{2}O_2 \rightarrow \underline{H_2O}$

$CH_4 + 2O_2 \rightarrow CO_2 + \underline{2H_2O}$

$C_3H_8 + 5O_2 \rightarrow 3CO_2 + \underline{4H_2O}$

∴ $H_l = 65.52 - 2 \times (1 \times 0.1 + 2 \times 0.3 + 4 \times 0.5) = 60.12 MJ/Nm^3$

CHAPTER 12

보일러 열정산, 보온재 및 설치검사기준

부록 01 | 분류별 기출문제

---

01 보일러 열정산 시 입열항목 중 현열에 해당되는 입열을 3가지만 쓰시오.

풀이
① 공기의 현열
② 연료의 현열
③ 연료의 연소열

---

02 보일러 열정산 시 출열항목 중 연소에 따른 손실 2가지만 쓰시오.

풀이
① 배기가스 손실 열량
② 불완전 연소 열손실
③ 미연탄소분에 의한 열손실

참고 열정산은 운전시간 2시간 이상 결과치로 한다.

---

03 보일러 열정산 시 출열(유효열 및 열손실)에 해당하는 열(열량)의 종류 5가지를 쓰시오. (단, 육용 보일러의 열정산 방식 KS B 6205에 의하되, "그 밖의 열 손실" 항목은 제외한다.)

풀이
① 발생증기 보유열
② 미연탄소분에 의한 손실열
③ 배기가스 손실열
④ 방사열 손실열
⑤ 불완전 손실열

참고 입열 : 연료의 연소열, 공기의 현열, 연료의 현열, 노 내 분입증기에 의한 입열

04 다음의 내화물, 보온재, 단열재 등을 사용온도가 낮은 것부터 높은 순서로 나열하시오.

- 무기질 보온재
- 내화물
- 유기질 보온재
- 단열재
- 보냉재
- 내화단열재

[풀이] 보냉재 < 유기질 보온재 < 무기질 보온재 < 단열재 < 내화단열재 < 내화물

05 보온재의 구비조건을 5가지만 쓰시오.

[풀이]
① 보온능력이 크고 열전도율이 적을 것
② 비중이 작을 것
③ 장시간 사용온도에 견디며 변질하지 않을 것
④ 다공질이며 기공이 균일할 것
⑤ 흡습성이나 흡수성이 적을 것

06 다음은 강철제 또는 주철제 증기 보일러 분출 밸브에 관한 내용이다. ( ) 안에 알맞은 숫자를 쓰시오.

분출밸브의 크기는 호칭 (①)mm 이상의 것이어야 한다. 다만, 전열면적 (②)m² 이하인 보일러에서는 지름 20mm 이상으로 할 수 있다. 또한, 최고사용압력 (③)MPa 이상의 보일러의 분출관에는 분출밸브 (④)개 또는 분출밸브와 분출 코크를 직렬로 갖추어야 한다. 이 경우에 적어도 1개의 분출밸브는 닫힌 밸브를 전개하는데 회전축을 적어도 (⑤)회전하는 것이어야 한다.

[풀이]
① 25　　② 10　　③ 0.7
④ 2　　⑤ 5

[참고]

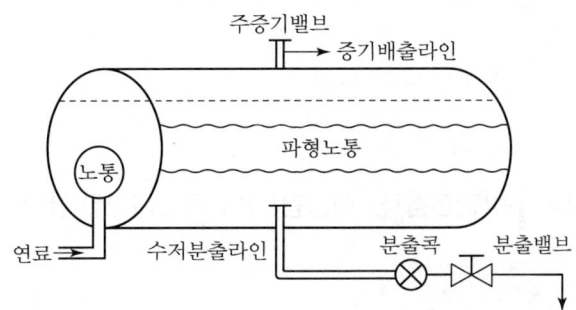

07 보일러 설치 시공기준에 의한 온도계 부착위치를 4군데만 쓰시오.

풀이
① 급수입구의 급수온도계
② 버너 급유입구의 급유온도계
③ 절탄기 또는 공기예열기 전후 유체측정 온도계
④ 보일러 본체 배기가스온도계
⑤ 과열기, 재열기의 그 출구 온도계
⑥ 유량계를 통과하는 온도측정계

08 계속사용검사 중 보일러운전성능검사를 하기 위해서는 각종 계측기나 계량성능검사기기가 필요한데 이때 측정 가능한 계측기를 5가지만 쓰시오.

풀이
① 가스계량기
② 급수량계
③ 급유량계
④ 배기가스온도계(각종 온도계)
⑤ 증기압력계 등

09 보일러의 재열기 또는 독립과열기에는 안전밸브가 1개 이상 부착되어야 한다. 다음 (   ) 안에 알맞은 내용을 써넣으시오.
(1) 안전밸브의 분출용량의 합계는 재열기 또는 독립과열기 온도를 (   ) 이하로 유지하는 데 필요한 양 이상이어야 한다.
(2) 보일러와 같은 최고사용압력으로 설계된 독립과열기에서는 그 출구에 안전밸브를 (   )개 이상 설치한다.
(3) 독립과열기의 전열면적 1m²당 30kg/h로 한 양을 초과하는 경우에는 독립과열기의 전열면적 (   )m²당 30kg/h로 한 양 이상이어야 한다.

풀이 (1) 설계온도   (2) 1   (3) 1

10 보일러 계속사용검사(안전검사, 성능검사)의 유효기간은 몇 년인가?

풀이 1년

11 강철제 증기보일러의 수압시험방법이다. ( ) 안에 적당한 숫자를 써넣으시오.

(1) 공기를 빼고 물을 채운 후 천천히 압력을 가하여 규정된 시험수압에 도달된 후 ( )분이 경과된 뒤에 검사를 실시하여 검사가 끝날 때까지 그 상태를 유지한다.

(2) 시험수압은 규정된 압력의 ( )% 이상을 초과하지 않도록 모든 경우에 대한 적절한 제어를 마련하여야 한다.

[풀이] (1) 30 (2) 6

12 보일러 설치 시공 기준에서 다음의 물음에 답하시오.

(1) 보일러 동체 최상부로부터 천장 배관 등 보일러 상부에 있는 구조물까지의 거리는 몇 m 이상이어야 하는가?

(2) 소형보일러 및 주철제 보일러의 경우는 몇 m 이상으로 할 수 있는가?

(3) 보일러 동체에서 벽, 배관, 기타 보일러 측부에 있는 구조물까지 거리는 몇 m 이상이어야 하는가?(단, 소형보일러는 0.3m 이상으로 할 수 있다.)

[풀이] (1) 1.2m 이상 (2) 0.6m 이상 (3) 0.45m 이상

13 보일러 최고사용압력이 4kgf/cm²(0.4MPa)일 때 수압시험압력은 몇 kgf/cm²인가?

[풀이] 4kgf/cm²×2배=8kgf/cm²(0.8MPa)

[참고] 4.3kgf/cm² 이하에서는 2배, 그 시험압력 2kg/cm² 미만에서는 수압시험을 2kgf/cm²(0.2MPa)로 한다.

14 다음은 강철제 보일러 시공 시 수압시험 요령을 설명한 것이다. ( ) 안에 알맞은 숫자를 쓰시오.

> 최고사용압력이 0.43MPa 이하인 보일러의 압력시험은 그 최고사용압력의 (①)배의 압력으로 한다. 다만 그 시험 압력이 (②)MPa 미만일 경우는 (③)MPa의 압력으로 하고, 공기를 빼고 물을 채운 후 천천히 압력을 가하여 규정된 시험 수압에 도달한 후 (④)분이 경과된 후 검사를 실시하여 검사가 끝날 때까지 그 상태를 유지한다.

[풀이] ① 2 ② 0.2 ③ 0.2 ④ 30

CHAPTER 12 보일러 열정산, 보온재 및 설치검사기준

15 보일러 검사 시 수압시험을 실시하는 목적을 3가지만 쓰시오.

풀이
① 검사나 사용의 보조수단으로 실시
② 구조상 내부검사를 하기 어려운 곳에는 그 상태를 판단하기 위하여 실시
③ 보일러 각 부의 균열, 부식, 각종 이음부의 누설 정도 확인
④ 각종 덮개를 장치한 후의 기밀도 확인
⑤ 손상이 생긴 부분의 강도 확인
⑥ 수리한 경우 그 부분의 강도나 이상 유무 판단

16 다음 문장의 ( ) 안에 알맞은 내용을 보기에서 골라 써넣으시오.

보기   실내,   주위,   30,   60,   90

보일러 외벽온도는 (①)온도보다 (②)K(℃)를 초과하여서는 안 된다.

풀이
① 주위
② 30

17 다음은 보일러를 옥내에 설치하는 경우의 조건에 대한 설명이다. ( ) 안에 알맞은 용어를 보기에서 골라 쓰시오.

보기   좌측,   우측,   동체,   0.45,   4.5,   54,   0.3,   3.0,   배수관
연도,   급수관,   가연성 재료,   불연성 재료

보일러 (①)에서 벽, 배관, 기타 보일러 측부에 있는 구조물(검사 및 청소에 지장이 없는 것은 제외)까지 거리는 (②)m 이상이어야 한다. 다만, 소형보일러는 (③)m 이상으로 할 수 있다. 보일러 및 보일러에 부설된 금속제의 굴뚝 또는 (④)의 외측으로부터 0.3m 이내에 있는 가연성 물체에 대하여는 금속 이외의 (⑤)로 피복하여야 한다.

풀이
① 동체
② 0.45
③ 0.3
④ 연도
⑤ 불연성 재료

CHAPTER 13 흡수식 냉동기 및 냉온수기

부록 01 | 분류별 기출문제

01 흡수식 냉온수기의 장점을 5가지만 쓰시오.

풀이
① 냉매 구입이 매우 용이하다.
② 기기 한 대로 냉방·난방이 가능하다.
③ 저압에서 운전이 되므로 위험성의 우려가 적다.
④ 동력소비가 기존의 냉동기에 비하여 1/10로 절감된다.
⑤ 자동제어 운전이 가능하다.
⑥ 재생기 열원으로 연료, 증기, 중온수 등 사용이 다양하여 선택의 폭이 넓다.

02 흡수식 냉온수기의 단점을 5가지만 쓰시오.

풀이
① 증기압축식에 비하여 열효율이 나쁘다.
② 기기 자체 중량이 무겁고 높이가 커지며 설치면적이 크다.
③ 냉각탑의 용량이나 크기가 증기압축식에 비하여 1.4~2배 정도 커야 한다.
④ 용액의 결정이 일어날 우려가 있어서 해정에 특단의 기술력을 필요로 한다.
⑤ 냉방 시 수시로 진공펌프 작동에 의한 불응축기체 퍼지를 필요로 한다.
⑥ 항상 진공상태를 유지하여야 하므로 진공펌프나 자동퍼지 장치가 필요하다.
⑦ 냉매, 냉수, 냉각수를 0℃ 이하의 온도로 저하시키면 기기 운전에 지장이 발생한다.

03 흡수식 냉온수기의 4대 구성요소를 쓰시오.

풀이
① 증발기
② 흡수기
③ 응축기
④ 재생기

04 2중 효용 흡수식 냉온수기에서 재생기의 종류를 2가지만 쓰시오.

풀이
① 고온재생기
② 저온재생기

05 흡수식 냉온수기에서 사용되는 냉매의 종류를 2가지만 쓰시오.

풀이
① 물(H_2O)
② 암모니아
③ 염화메틸
④ 톨루엔

참고

냉매 종류	냉매흡수제 종류
암모니아	물(H_2O)
물(H_2O)	리튬브로마이드(LiBr), 염화리튬(LiCl)
염화메틸	사염화에탄
톨루엔	펜탄, 파라핀유

06 흡수식 냉온수기의 부속장치를 3가지만 쓰시오.

풀이
① 열교환기(고온, 저온)
② 용액펌프
③ 냉매펌프
④ 연소장치
⑤ 트레이(냉매분사통)
⑥ 전열관(냉수용, 냉각수용, 냉매용)
⑦ 고온재생기 압력스위치

07 재생기의 구조에 따른 종류 3가지를 쓰시오.

풀이
① 노통연관식
② 수관식
③ 반전연소식

08 고온재생기에 사용하는 열원을 3가지만 쓰시오.

풀이
① 직화식(가스버너 장착 연소열 사용)
② 증기식
③ 중온수식

09 흡수식에 사용하는 물의 종류 3가지를 쓰시오.

풀이
① 냉수(증발기에서 사용. 팬코일과 연결하여 냉방에 사용)
② 냉매(증발기에서 냉수온도를 저감하는 데 사용)
③ 냉각수(쿨링타워에서 흡수기의 용액이 가지고 있는 냉매증기 잠열을 회수하는 데 사용)

10 흡수식에서 냉각수를 이송하는 구성장치 2가지를 쓰시오.

풀이
① 흡수기
② 응축기

11 냉각탑의 냉각수 표준 입구온도와 출구온도를 쓰시오.

풀이
① 입구온도 : 37℃
② 출구온도 : 32℃

12 흡수기에서 증발기 내부 압력 및 냉매(H_2O) 증발온도를 쓰시오.

풀이
① 내부압력 : 6.5mmHg
② 증발온도 : 5℃

참고
• 고온재생기 : 약 700mmHg
• 저온재생기 : 약 56mmHg

13 증발기 내부 냉수, 온수는 건물 내 어디와 연결하여 냉난방을 하는가?

풀이 팬코일유닛

14 농용액(진한 용액), 희용액(묽은 용액)의 농도는 약 몇 %인가?

풀이
① 농용액 : 64%
② 희용액 : 59%

15 병렬식 고온재생기에서 희용액 중 증발한 냉매는 어느 부위로 이송하여 사용하는가?

풀이 저온재생기

16 고온재생기에서 재생한 용액은 어느 열교환기를 거쳐서 흡수기로 회수하는가?

풀이 고온열교환기

참고 저온재생기에서 응축한 냉매는 저온열교환기를 거쳐서 흡수기로 이송한다.

17 저온재생기에서는 어떤 열을 이용하여 용액 중 냉매를 증발시키는가?

풀이 냉매의 증발잠열

참고
- 저온재생기 내부 냉매 증발온도 : 40℃
- 고온재생기 냉매 증발온도 : 90℃

18 고온재생기 내부 희용액은 약 몇 ℃ 이상이면 부식이 촉진되는가?

풀이 150℃ 이상

19 고온재생기 내부 온도나 압력이 증가할 경우 안전장치는?

풀이 압력제한 스위치

20 흡수기의 희용액은 어떤 장치를 이용하여 재생기로 이송하는가?

풀이 흡수용액 펌프

21 버너장착 직화식 고온재생기에서는 어떤 열을 이용하여 희용액을 농용액으로 만드는가?

풀이 가스연료를 이용하여 희용액을 가열한 후 희용액 중 냉매의 증발열을 이용하여 용액과 냉매를 분리시키고 농용액을 생산한 후 흡수기로 보낸다.

22 2중 효용 병렬방식의 흡수식에서는 묽은 희용액을 농용액으로 만들기 위해 어느 부속장치로 이송하는가?

풀이 고온, 저온재생기

23 직렬식 흡수식에서는 용액이 흐르는 과정을 쓰시오.

풀이 흡수기 – 고온재생기 – 저온재생기 – 흡수기

참고 병렬식에서는 고온, 저온재생기로 각 50%씩 희용액을 보내서 희용액을 농용액으로 만든다.

분류	용액 생산
병렬식	고온재생기(농용액 생산), 저온재생기(중간용액 생산)
직렬식	고온재생기(중간용액 생산), 저온재생기(농용액 생산)

24 흡수식 1RT의 용량은 몇 kcal/h인가?

풀이 6,640kcal/h

참고
- 1kcal = 4.1868kJ
- 1USRT = 3,024kJ

25 냉각탑의 1RT는 몇 kcal/h인가?

풀이 3,900kcal/h

26 1중 효용, 2중 효용 사이클에서 재생기는 각각 몇 개인가?

풀이
① 1중 효용 : 1개(고온재생기)
② 2중 효용 : 2개(고온재생기, 저온재생기)

27 흡수식에서 사용하는 냉매인 물(H_2O)의 증발열은 0℃와 100℃에서 몇 kcal/kg인가?

풀이
① 0℃ : 600kcal/kg
② 100℃ : 539kcal/kg(2,565kJ/kg)

28 흡수식 냉동기에서 하절기 냉수온도는 몇 ℃로 생산하여 냉방을 하는가?

풀이 7℃

참고 난방 시는 60℃ 정도(단, 열교환기 온수기부착 시 80℃ 난방)

29 흡수식에서 온도가 저하하여 용액이 결정(굳어지는 현상)이 되면 냉방이 되지 않는다. 이러한 경우 어떤 과정으로 되돌리는가?

풀이 해정작용(굳어진 리튬브로마이드 용액을 원래 상태로 되돌려 주는 작업)

30 흡수식은 반드시 진공상태에서 운전을 하여야 한다. 진공상태를 유지하려면 저실추기, 본체추기를 해야 하는데, 이 추기를 위한 장치 2가지를 쓰시오.

풀이
① 진공펌프
② 자동퍼지장치

참고 추기
- 흡수식 내부 용액성분인 리튬브로마이드는 온도가 상승하면 비점이 높은 수소가스를 방출하며, 기기 제작 시나 장기간 오래 사용하면 공식 등에 의해 외부에서 공기가 스며들어 진공이 파괴되고 기기 운전이 어려워진다. 이 에어를 외부로 배기하는 장치를 추기장치라고 한다.
- 냉방 시는 기기 운전 중에 추기(진공펌프 작동)를 하고, 난방 시는 운전 전에 추기를 한 번 하는 것이 좋다. 특히 냉방 시에는 추기가 중요하다.

31 흡수식에서 냉매증기를 냉매액으로 액화시키는 부속장치의 명칭을 쓰시오.

풀이 응축기

32 흡수기에서는 증발기에서 흡수한 냉매증발열을 방출하기 위하여 어떤 조치를 필요로 하는가?

풀이 냉각탑의 냉각수로 열을 제거하고 흡수용액의 온도를 저하시켜 기능과 생기를 불어 넣는다.

33 공기흐름에 의한 냉각탑의 종류를 3가지만 쓰시오.

풀이 ① 대향류식　　② 밀폐형　　③ 직교류형

34 비점이 높아서 액화가 어려운 냉방운전 시 발생하는 내부용, 외부용 불응축가스 종류를 3가지만 쓰시오.

풀이 ① 산소　　② 질소　　③ 헬륨
④ 아르곤　　⑤ 공기　　⑥ 수소

35 흡수식 냉동기나 냉온수기 사이클의 종류를 2가지만 쓰시오.

풀이 ① 직렬식　　② 병렬식

36 흡수식에서 냉방효과나 열효율을 높이는 장치 2가지는?

풀이
① 저온열교환기
② 고온열교환기

참고 흡수식 냉-온수기 : 듀링 사이클

37 기계적인 냉동방법을 4가지만 쓰시오.

풀이
① 증기압축식 냉동방법(냉매 사용)
② 증기분사식 냉동방법(증기이젝터 사용)
③ 전자냉동기 방법(펠티에 효과 이용. 열전냉동법)
④ 공기압축식 냉동방법

38 냉동장치에 몰리에르 선도를 사용하는 이유를 4가지만 쓰시오.

풀이
① 냉매의 압력, 온도, 부피, 엔탈피, 엔트로피를 알 수 있다.
② 냉동장치의 압축일량, 냉동효과, 성적계수를 알 수 있다.
③ 압축기, 응축기, 증발기 등의 용량을 결정할 수 있다.
④ 냉동장치의 효율적인 운전 여부를 알 수 있다.

CHAPTER 14
압축기, 증발기, 응축기 및 냉각탑

부록 01 | 분류별 기출문제

01 왕복동식 압축기에서 개방형 압축기의 장점을 3가지만 쓰시오.

풀이 ① 압축기의 회전수 조절이 용이하다.
② 압축기의 분해나 조립, 수리가 편리하다.
③ 타 구동원에 의한 구동이 가능하다.
④ 냉매나 오일 충전이 가능하다.

02 왕복동식 압축기에서 밀폐형 압축기의 장점을 3가지만 쓰시오.

풀이 ① 과부하 운전이 가능하다.
② 소음이 적다.
③ 냉매나 오일의 누설이 없다.
④ 소형이라서 경량으로 제작이 용이하여 제작비가 저렴하다.

03 개방형 압축기의 단점을 3가지만 쓰시오.

풀이 ① 외형이 커서 설치 시 면적을 많이 차지한다.
② 소음이 커서 고장 시 발견이 어렵다.
③ 냉매나 오일의 누설이 있다.
④ 제작비가 많이 든다.

04 밀폐형 압축기의 단점을 3가지만 쓰시오.

풀이 ① 타 구동원으로는 압축기 구동이 불가하다.
② 고장 시 수리작업이 어렵다.
③ 회전수의 조절이 불가하다.
④ 냉매 및 오일의 교환이 어렵다.

05 왕복동 압축기에서 고속다기통 압축기의 특징을 3가지만 쓰시오.

풀이
① 압축기 기통수는 4, 6, 8, 12, 16 등 밸런스 유지를 위하여 짝수로 설치한다.
② 압축 시 회전수는 암모니아용=900~1,000rpm, 프레온용=1,750~3,500rpm
③ 유압을 이용한 언로드가 있어서 용량제어가 가능하다.
④ 고속으로 압축하며 밸브저항과 상부간극(톱클리언스)이 커서 체적효율이 나쁘다.

06 왕복동 압축기에서 전동기의 회전운동을 피스톤의 직선운동으로 바꾸어 주는 동력전달 장치의 명칭은?

풀이 크랭크축(크랭크샤프트)

07 하부에 윤활유가 저장되어 있고 압력은 저압인 왕복동 압축기 구성품의 명칭은?

풀이 축봉장치(샤프트실)

참고 왕복동 압축기의 주요 부속장치
본체, 실린더, 피스톤, 연결봉(커넥팅로드), 크랭크축, 크랭크케이스, 축봉장치

08 다음 압축기용 밸브의 특성을 각각 1가지만 쓰시오.
(1) 포펫 밸브 (2) 링플레이트 밸브
(3) 리드 밸브 (4) 와셔 밸브

풀이

종류	특징
포펫 밸브	• 중량이 무겁고 구조가 튼튼하다. • 암모니아 입형 저속회전에 많이 사용한다.
링플레이트 밸브	• 얇은 원판을 스프링으로 눌러 놓은 밸브이다. • 가볍고 고속다기통 압축기에 많이 사용한다.
리드 밸브	• 중량이 가볍고 경쾌하게 작동한다. • 자체 탄성에 의해 개폐가 된다.
와셔 밸브	• 얇은 원판 중심에 구멍을 뚫고 고정시킨 밸브이다. • 소음이 적고 타 부품에 손실을 적게 준다.

09 회전식 압축기의 종류 및 사용처를 쓰시오.

풀이
① 종류 : 고정익형, 회전익형
② 용도 : 가정용 룸에어컨, 소형 공기조화용, 쇼케이스 전기냉장고, 자동차에어컨

10 회전식 압축기(로터리식 압축기)의 장점을 3가지만 쓰시오.

풀이
① 왕복동식에 비하여 부품수가 적고 구조가 간단하다.
② 고속회전에도 진동이나 소음이 적다.
③ 잔류가스의 재팽창에 의한 체적효율 감소가 적다.
④ 압축이 연속적이므로 고진공을 얻을 수 있으며 진공펌프로 많이 사용한다.

참고
• 흡입밸브가 없다.
• 토출밸브는 체크밸브로 되어 있다.
• 크랭크케이스 내부 압력은 고압이다.

11 스크루 압축기의 장점을 4가지만 쓰시오.

풀이
① 흡입 및 토출밸브가 없다.
② 부품수가 적어서 고장률이 낮고 수명이 길다.
③ 냉매 및 오일이 함께 토출되어 냉매손실이 없고 체적효율이 증대한다.
④ 소형으로 대용량 가스 처리가 가능하다.
⑤ 운전 시 맥동이 없고 토출이 연속적이다.
⑥ 용량제어가 10~100%까지 무단계 제어가 가능하다.

참고
• 흡입 및 토출 측에는 토출가스 역류를 방지하기 위하여 체크밸브를 설치해야 한다.
• 암나사, 수나사로 된 2개의 로터, 즉 헬리컬 기어의 맞물림에 의해 냉매가스가 흡입-압축-토출된다.

12 스크루 압축기의 단점을 4가지만 쓰시오.

풀이
① 윤활유 소비량이 많아서 별도의 오일펌프, 오일쿨러, 유분리기 설치가 필요하다.
② 고속회전으로 맞물림되므로 소음이 크다.
③ 분해, 조립 시 특별한 기술이 요구된다.
④ 경부하 시에도 동력 소모가 크다.

13 용적식 압축기의 종류를 3가지만 쓰시오.

풀이 ① 왕복동식　　② 스크루식　　③ 회전식　　④ 스크롤식

참고 터보형 압축기는 비용적식이다.

14 스크롤 압축기의 장점을 3가지만 쓰시오.

풀이
① 냉매가스 흡입과 토출동작이 원활하여 토크의 변동이 적다.
② 부품수가 적고 고속회전에 적합하다.
③ 토출가스의 압력변동과 진동, 소음이 적다.
④ 비교적 약압축(리퀴드해머)에 강하고 체적효율 및 기계효율이 높다.

참고
- 고정 스크롤과 선회 스크롤에 사이에 형성된 압축공간이 점차 감소하여 냉매가스를 압축하여 스크롤 중심에 있는 토출구로 냉매가스가 토출된다.
- 스크롤의 설계에 의해 용적비가 결정되고 이에 의해 압축비가 경정되는 압축기이다.
- 선회 스크롤이 1회전하는 사이 흡입, 압축, 토출이 동시에 이루어지므로 진동 및 소음이 적고 왕복동식에 비해 부품수가 적다.
- 압축기 정지 시 고압 및 저압의 차이로 역회전하므로 토출 및 흡입 측에 체크밸브를 설치해야 한다.

15 원심력을 이용한 터보형 압축기의 장점을 4가지만 쓰시오.

풀이
① 저압냉매를 사용하기 때문에 위험성이 적고 취급이 용이하다.
② 마찰부가 적고 고장이 적으며 마모에 의한 손상이나 성능저하가 없다.
③ 회전운동을 하므로 동적 밸런스를 잡기가 쉽고 진동이 적다.
④ 용량제어가 10~100%까지 무단계로 광범위하게 제어가 가능하다.

참고
- 고속회전하는 임펠러의 원심력으로 냉매가스의 속도에너지를 압력에너지로 바꾸어 압축하는 압축기이다.
- 대용량 압축기이므로 단속운전은 가급적 지양하고 연속적인 운전이 바람직하다.

16 터보형 압축기의 단점을 3가지만 쓰시오.

풀이
① 1단의 압축으로는 압축비를 크게 할 수 없다.
② 압축기 한계치 이하의 유량으로 운전하면 서징현상(맥동현상)이 발생한다.
③ 소용량 제작은 제작상 한계가 있어서 대용량 제작으로 하여야 한다.

17 압축기 용량을 제어하는 목적을 4가지만 쓰시오.

풀이
① 부하변동에 의한 경제적 운전을 도모한다.
② 무부하 및 가벼운 경부하 기동으로 기동 시 소비전력을 적게 한다.
③ 압축기를 보호하고 기계의 수명을 연장시킨다.
④ 일정한 증발온도를 유지할 수 있다.

참고 압축기별 용량제어 방법

압축기 종류	용량제어 방법
왕복동식 압축기	• 회전수 가감법 • 바이패스 이용법 • 흡입밸브 조정에 의한 방법 • 클리어런스 간극 조정에 의한 방법 • 응축압력 조정방법 • 언로드에 의한 일부 실린더를 놀리는 방법 • 타임드 밸브에 의한 방법
흡수식 냉동기	• 발생기 공급 용액량 조절방법 • 재생기의 공급 증기나 중온수량에 의한 조절법 • 응축수량 조절에 의한 방법(냉각수량 조절법)(재생기=발생기)
스크루 압축기	• 슬라이드 밸브에 의한 바이패스를 이용한 방법 • 전자밸브에 의한 방법
터보형 압축기	• 회전수 가감법 • 바이패스 이용법 • 흡입 및 토출댐퍼 조절법 • 흡입 가이드베인의 가감법 • 냉각수량 조절법(응축압력 조절법)

18 압축기의 윤활유 사용 목적을 4가지만 쓰시오.

풀이
① 축봉부에 유막을 형성하여 공기침입 및 냉매의 누설을 방지한다.
② 마찰, 마모를 방지하여 기계효율을 증대시킨다.
③ 압축기 열을 제거하여 기계효율을 증대시킨다.
④ 방청작용을 함으로써 부식을 방지한다.
⑤ 개스킷이나 패킹재료를 보호한다.

19 압축기가 과열되면 냉매 토출가스 온도가 상승하는데 그 원인을 5가지만 쓰시오.

풀이
① 고압의 상승(압축기, 응축기 압력)
② 냉매 흡입가스 과열
③ 냉매 부족이나 팽창밸브 개도의 과소
④ 압축기 윤활유 불량 및 워터재킷의 기능불량
⑤ 냉매가스 토출밸브나 흡입밸브 피스톤링, 제상용 전자밸브 등에 누설이 발생하는 경우

20 압축기가 과열되는 경우 발생하는 악영향을 4가지만 쓰시오.

풀이
① 토출가스 온도가 높아진다.
② 체적효율 감소로 냉동능력이 감소한다.
③ 압축기용 윤활유 열화 및 탄화 발생으로 압축기의 소손이 발생한다.
④ 패킹 및 개스킷의 노화를 촉진한다.

21 압축기 압축 시 액압축(리퀴드해머)의 발생원인을 5가지만 쓰시오.

풀이
① 팽창밸브의 개도가 클 때
② 증발기 냉각관의 유막 형성 및 적상과대 시
③ 급격한 부하의 감소
④ 냉매의 과충전
⑤ 흡입관에 트랩 등 냉매액이 고이는 장소 발생 시
⑥ 냉매액 분리기의 기능불량
⑦ 압축기 기동 시 흡입밸브를 갑자기 여는 경우
⑧ 증발기 용량 부족 및 압축기의 용량 과대

참고 액압축 시 발생하는 이상현상
- 흡입관에 적상이 과대하게 발생한다.
- 토출가스 온도가 저하되고 심하면 토출관이 냉각된다.
- 실린더가 냉각되어 이슬이 맺히거나 적상이 낀다.
- 액압축이 심하면 크랭크케이스에 적상, 액해머링이 발생한다.
- 축수하중 및 소요동력이 증가한다.
- 압력계 및 전류계의 지침이 동요되고 심하면 압축기가 파손된다.

22 증발기의 종류 중 직접팽창식, 간접팽창식을 각각 설명하시오.

풀이
① 직접팽창식 : 증발기에 1차 냉매의 증발잠열을 이용하여 피냉각물체로부터 열을 흡수하는 방식이다.
② 간접팽창식 : 증발기에 2차 냉매인 브라인의 현열을 이용하여 피냉각물체로부터 열을 흡수하는 방식이다.

23 다음 증발기에서 출구냉매의 냉매액, 냉매증기의 건도를 냉매액(%) : 냉매증기(%)로 답하시오.

(1) 건식 증발기
(2) 반만액식 증발기
(3) 만액식 증발기
(4) 액순환식 증발기

풀이
(1) 25% : 75%
(2) 50% : 50%
(3) 75% : 25%
(4) 80% : 20%

참고

증발기 종류	냉매액(%)	냉매건도(%)	특징
건식 증발기	25	75	• 전열이 불량하다. • 주로 공기냉각용이다. • 냉매가 위에서 아래로 공급된다.
반만액식 증발기	50	50	• 전열이 양호하다. • 유회수에 주의하여야 한다.
만액식 증발기	75	25	• 전열이 양호하다. • 암모니아 사용 시 액압축을 방지하기 위하여 액분리기를 설치한다.
액순환식 증발기	80	20	• 액펌프로 증발하는 냉매량의 4~6배 정도 냉매액을 강제 순환시킨다. • 오일 체류가 없고 전열이 가장 우수하다. • 증발기가 여러 대라도 팽창밸브는 하나이면 된다. • 저압 측 수액기, 즉 액분리기가 있어서 액압축이 방지된다.

24 공기냉각을 위한 증발기의 종류를 5가지만 쓰시오.

풀이
① 관코일식 증발기
② 멀티피드 멀티석션 증발기
③ 캐스케이드 증발기
④ 판형(플레이트형) 증발기
⑤ 핀코일식 증발기

참고 증발기의 종류별 특징

종류	특징
관코일식 증발기	• 전열이 불량하다. • 압력강하가 크다.
멀티피드 멀티석션 증발기	• 주로 암모니아 냉매를 사용한다. • 공기 동결용 증발기에 사용한다.
캐스케이드 증발기	• 냉매액을 냉각관 내에 순차적으로 순환시키며 도중의 증발된 냉매가스를 이용한다. • 공기동결용 선반 및 벽 코일용으로 제작한다.
판형 증발기	• 알루미늄판이나 스테인리스판을 2장 압접하여 통로를 만든다. • 가정용 냉장고, 쇼케이스, 콘택트프리저에 주로 사용한다.
핀코일식 증발기	• 강제대류형 증발기이다. • 전열면 증가를 위해 핀을 부착한다. • 송풍기로 강제대류시키는 유닛쿨러로 많이 사용한다. • 증발기 제상을 위해 전열히터가 코일에 삽입되어 있다.

25 액체냉각용 증발기의 종류를 2가지만 쓰시오.

풀이 ① 암모니아 만액식 셸 앤드 튜브식 증발기
② 프레온 만액식 셸 앤드 튜브식 증발기

참고 액체냉각용 증발기는 셸 내에 냉매가 흐르고 튜브 내에 브라인이 흐른다.

26 다음 증발기의 특징을 각각 2가지만 쓰시오.

(1) 보데로형 증발기
(2) 탱크형 증발기

풀이 (1) 보데로형 증발기
① 관 내부에는 냉매, 관 외부에는 피냉각물질이 흐른다.
② 암모니아용은 만액식을 사용하고, 프레온식은 반만액식을 사용한다.
③ 저압 측에 플로트 팽창밸브를 설치하며, 물, 우유 등의 냉각에 사용한다.
(2) 탱크형 증발기(헤링본식 증발기)
① 상부에 냉매가스 헤더가 있고 하부에 냉매액 헤더가 있다.
② 주로 암모니아용 만액식 증발기는 제빙장치의 브라인 냉각용 증발기로 사용한다.

27 CA 냉장고에 대하여 기술하시오.

풀이 청과물 저장 시 보다 더 좋은 저장성을 확보하기 위하여 냉장고 내의 O_2를 3~5% 정도 감소시키고 CO_2를 증가시켜서 청과물의 호흡을 억제하여 신선도를 유지하는 냉장고를 말한다.

28 증발압력, 증발온도가 저하되는 원인을 5가지만 쓰시오.

풀이
① 팽창밸브 개도 과소
② 냉매충전량 부족
③ 증발부하의 감소
④ 증발기 냉각관에 유막 및 적상 발생 시
⑤ 냉매액관에 플래시 가스 발생 시
⑥ 제습기나 여과기 폐쇄, 팽창밸브, 액관의 막힘

29 간접냉매인 브라인의 동파를 방지하는 방법을 3가지만 쓰시오.

풀이
① 증발압력 조정밸브를 설치한다.
② 동결방지용 온도조절기를 설치한다.
③ 단수 릴레이를 사용한다.
④ 브라인 냉매에 부동액을 주입시킨다.
⑤ 냉수 순환펌프와 압축기를 인터록시킨다.

30 직접팽창식 증발기의 특성을 5가지만 쓰시오.

풀이
① 증발온도가 높다.
② RT당 냉매순환량이 적다.
③ RT당 냉매충전량이 많다.
④ RT당 냉동능력이 작다.
⑤ RT당 소요동력이 작다.
⑥ 설비가 간단하다.

31 브라인 간접팽창식 증발기의 특징을 5가지만 쓰시오.

풀이
① 증발온도가 낮다.
② RT당 냉매순환량이 많다.
③ RT당 냉매충전량이 적다.
④ RT당 냉동능력이 크다.
⑤ RT당 소요동력이 크다.
⑥ 설비가 복잡하다.

32 응축기(콘덴서)를 3가지로 분류하여 쓰시오.

풀이
① 공랭식 응축기
② 수랭식 응축기
③ 증발식 응축기

33 공기를 송풍기로 불어 넣어 응축하는 공기식 응축기의 특징을 4가지만 쓰시오.

풀이
① 냉방용이나 소형의 냉동기에 사용한다.
② 관 내부 냉매가스를 공기와 열교환시켜 응축시킨다.
③ 냉각수나 배수시설이 불필요하다.
④ 응축온도가 높고 응축기 크기가 크다.
⑤ 통풍이 잘되는 곳에 응축기를 설치하여야 한다.

34 수랭식 응축기의 종류를 3가지만 쓰시오.

풀이
① 입형 셸 앤드 튜브식 응축기
② 횡형 셸 앤드 튜브식 응축기
③ 2중관식 응축기
④ 셸 앤드 코일식 응축기

35 횡형 셸 앤드 튜브식 응축기의 장단점을 각각 3가지만 쓰시오.

풀이
(1) 장점
  ① 전열이 양호하다.
  ② 입형에 비하여 냉각수가 적게 든다.
  ③ 설치 시 장소를 적게 차지한다.
  ④ 능력에 비해 소형, 경량화 제작이 가능하다.
(2) 단점
  ① 과부하에는 사용이 어렵다.
  ② 냉각관이 부식되기 쉽다.
  ③ 냉각관 청소가 어렵다.

36 2중관식 응축기의 장단점을 각각 3가지만 쓰시오.

풀이 (1) 장점
① 고압에 잘 견딘다.
② 냉각수량이 적게 든다.
③ 과냉각이 우수하다.
④ 구조가 간단하고 설치면적이 적게 든다.

(2) 단점
① 냉각관 청소가 어렵다.
② 냉각관의 부식 발견이 어렵다.
③ 냉매가 누설 시 발견이 어렵다.
④ 대형으로 제작 시 관이 길어지므로 부적합하다.

37 물의 증발잠열을 이용하는 응축기의 명칭을 쓰시오.

풀이 증발식 응축기

38 증발식 응축기의 장점을 2가지만 쓰시오.

풀이 ① 물의 증발잠열을 이용하므로 냉각수 소비량이 적어 냉각수량이 부족한 곳에서는 매우 용이하다.
② 별도의 냉각탑 설치가 불필요하기 때문에 겨울철에는 공랭식으로도 사용이 가능하다.

39 증발식 응축기의 단점을 한 가지만 쓰시오.

풀이 ① 외기의 습구온도 영향을 많이 받는다.
② 관이 가늘고 길기 때문에 냉매의 압력강하가 크다.

40 증발식 응축기의 특징을 1가지만 쓰시오.

풀이 펌프, 팬, 노즐 등의 부속설비가 많다.

41 증발식 응축기의 사용 용도처를 2가지만 쓰시오.

풀이 ① 암모니아 냉동장치
② 프레온 중형 냉동장치

42 냉각탑의 설치목적을 쓰시오.

풀이 수랭식 응축기에서 냉매가스를 냉매액으로 응축시키고 또한 냉매의 증발열을 흡수하여 온도가 높아진 냉각수를 공기와 접촉시켜 물의 증발열을 이용하여 냉각수를 원래 온도로 재생시킨다.

43 냉각탑(쿨링타워)의 특징을 3가지만 쓰시오.

풀이 ① 수원이 풍부하지 못한 곳에서 냉각수를 절약하고자 할 때 사용이 편리하다.
② 냉각탑의 효과는 외기 습구온도의 영향을 받는다.
③ 냉각수 온도는 외기 습구온도보다 낮게 냉각시킬 수 없다.

44 공기 흐름에 따른 냉각탑의 종류를 2가지만 쓰시오.

풀이 ① 대향류형 냉각탑
② 직교류형 냉각탑

45 냉각탑에서 물과 공기가 서로 반대 방향으로 흐르는 방식이며 냉각효율이 높은 냉각탑은?

풀이 대향류형 냉각탑

46 물과 공기가 직각이 되어 흘러서 냉각되며 구조가 간단하고 보수 점검이 용이한 냉각탑은?

풀이 직교류형 냉각탑

47 냉각탑의 냉각능력을 크게 하기 위한 방법을 2가지만 쓰시오.

풀이 ① 쿨링 레인지를 크게 한다.
② 쿨링 어프로치를 작게 한다.

48 응축압력, 즉 고압의 상승원인을 4가지만 쓰시오.

풀이 ① 응축기 하부에 냉매액이나 오일이 고여서 유효전열면적 감소 시
② 응축기 냉각수량 부족 및 수온 상승 시
③ 응축기 냉각관의 유막 및 물때 부착
④ 불응축가스가 장치 내에 존재하는 경우
⑤ 수액기의 균압관 불량
⑥ 냉매과충전 및 응축부하 과대 시
⑦ 공랭식 응축기의 송풍량 부족 및 외기온도 상승 시

49 쿨링 레인지에 대하여 쓰시오.

풀이 쿨링 레인지=냉각수 입구온도-냉각수 출구온도

50 쿨링 어프로치에 대하여 쓰시오.

풀이 쿨링 어프로치=냉각수 출구온도-냉각탑 입구공기의 습구온도

51 냉각탑 설치 시 주의사항을 4가지만 쓰시오.

풀이 ① 냉각탑 주위에 먼지가 적고 고온의 배기에 영향을 받지 않는 장소에 설치한다.
② 주위 공기의 유통이 좋고 인접 건물에 영향을 주지 않는 장소에 설치한다.
③ 냉동기와 가깝고 설치 및 보수, 점검이 용이한 장소에 설치한다.
④ 송풍기 팬이나 물의 낙차로 인한 소음 피해가 적은 장소에 설치한다.
⑤ 냉각탑을 2대 이상 설치하는 경우 2m 이상 떨어진 거리를 유지하는 곳에 설치한다.

52 응축압력이 높을 경우 나타나는 영향을 4가지만 쓰시오.

풀이
① 압축비 증가로 소요동력 증가
② 압축기 토출가스 온도 상승
③ 압축기 실린더 과열로 오일의 열화 및 탄화 발생
④ 압축기 윤활유 불량으로 피스톤링 및 부품 마모
⑤ 체적효율 감소로 인한 냉동능력 감소
⑥ 축수하중 증가

53 냉각수가 이송되는 부속장치를 나열하시오.

풀이
① 냉동기 : 냉각탑 – 응축기 – 냉각탑
② 흡수식 : 냉각탑 – 흡수기 – 응축기 – 냉각탑

54 냉동기에서 불응축가스가 발생하는 원인을 5가지만 쓰시오.

풀이
① 장치 신설이나 보수 후에 진공작업 불충분으로 잔류하는 공기
② 냉매, 윤활유 주입 시 부주의에 의한 공기 침입
③ 저압 측의 운전으로 외부에서 침입하는 공기
④ 흡수제(리튬브로마이드) 온도 상승에 의한 수소가스 발생
⑤ 오일 탄화에서 발생하는 오일증기
⑥ 냉매 화학반응 분해 시 염산, 불화수소산 발생
⑦ 밀폐형 압축기 운전 시 전동기 코일 소손 등에 의한 증기 발생

55 불응축가스가 냉동기에 미치는 영향을 5가지만 쓰시오.

풀이
① 불응축가스의 분압만큼 고압상승
② 압축비 증가로 소요동력 증가
③ 실린더 과열 및 윤활유의 열화나 탄화 발생
④ 윤활불량에 의한 활동부의 마모 발생
⑤ 체적효율 감소에 의한 냉동능력 감소
⑥ 축수하중 증가 및 냉동기 성적계수 감소

56 다음 보기에서 응축기의 전열에 의한 전열효과가 큰 순서대로 기호를 나열하시오.

보기
① 입형 셸 앤드 튜브식   ② 횡형 셸 앤드 튜브식   ③ 7통로식
④ 셸 앤드 코일식   ⑤ 대기식   ⑥ 증발식
⑦ 공랭식   ⑧ 2중관식

풀이 ③ > ⑧ > ② > ④ > ① > ⑤ > ⑥ > ⑦

57 냉동장치 압축비가 클 경우 나타나는 이상현상을 4가지만 쓰시오.

풀이
① 압축기 체적효율 감소
② 압축기 과열 및 소요동력 증가
③ 냉동기 성적계수 감소
④ 증발압력, 증발온도 저하

58 2단 압축을 해야 하는 경우를 3가지로 설명하시오.

풀이
① 압축비가 6 이상일 경우
② 암모니아 냉동기에서 −35℃ 이하의 증발온도를 얻고자 하는 경우
③ 프레온 냉동장치에서 −50℃ 이하의 증발온도를 얻고자 하는 경우

59 증발압력을 중간압력으로 상승시켜 주는 저단 측 압축기는?

풀이 부스터 압축기

60 2단 압축 등에서 실시하는 중간냉각기의 역할을 3가지만 쓰시오.

풀이
① 저단 측 압축기에서 토출된 냉매가스의 과열 방지로 고단 측 압축기에서 과열 발생을 방지한다.
② 증발기로 공급되는 냉매액을 과랭시켜 냉동효과 및 성적계수를 증가시킨다.
③ 고단 측 압축기 흡입가스 중의 냉매액을 분리하여 액압축을 방지한다.

61 2원냉동을 채택하는 이유를 설명하시오.

풀이 비등점이 각기 다른 2개의 냉동사이클을 병렬로 형성시켜 고온 측 증발기로 저온 측 응축기를 이용하여 $-70℃$ 이하의 초저온을 얻기 위함이다.

참고 2원냉동의 냉매
- 고온 측 냉매 : R-12, R-22, 비등점이 높은 냉매 사용
- 저온 측 냉매 : R-13, R-14, 메탄, 에탄, 에틸렌, 프로판

62 2원냉동장치의 저온 측 응축기와 고온 측 증발기를 조합하여 저온 측 응축기의 열을 효과적으로 제거하여 응축액화시키는 콘덴서는?

풀이 캐스케이드 콘덴서

CHAPTER 15 밸브 및 기타 장치

부록 01 | 분류별 기출문제

01 팽창밸브의 기능을 쓰시오.

풀이 응축기에서 이송된 고온 고압의 냉매액을 교축팽창시킨 후에 저온 저압으로 낮추고 증발기로 이송시킨다.

02 0.8~2mm 정도의 가늘고 긴 관으로 만든 팽창밸브는?

풀이 모세관

03 모세관 팽창밸브의 특징을 쓰시오.

풀이
① 냉매량 조절이 어렵다.
② 가정용 소형냉장고, 창문형 에어컨에 많이 사용된다.

04 모세관 팽창밸브의 장단점을 각각 2가지만 쓰시오.

풀이
(1) 장점
　① 에어컨이나 가정용 냉장고에 이상적이다.
　② 정지 시 고압·저압이 밸런스되어 기동 시 압축기의 부하가 적어진다.
(2) 단점
　① 유량조절기능이 없으므로 냉매의 충전량이 정확해야 한다.
　② 건조기와 스트레이너가 반드시 필요하다.

05 수동식 팽창밸브(MEV)의 특징을 2가지만 쓰시오.

풀이 ① 가장 간단한 팽창밸브이며 냉매량 조절밸브이다.
② 니들밸브로 구성되는 팽창밸브이다.
③ 자동 팽창밸브 고장 시를 대비하여 바이패스용으로 사용된다.

06 정압식 팽창밸브(AEV)의 특징을 3가지만 쓰시오.

풀이 ① 증발압력을 일정하게 하는 팽창밸브이다.
② 증발압력이 높아지면 닫히고 증발압력이 낮아지면 열리는 구조의 팽창밸브이다.
③ 냉동기가 정지하면 증발압력이 상승하여 자동으로 팽창밸브가 닫히는 구조이다.

07 정압식 팽창밸브의 단점을 2가지만 쓰시오.

풀이 ① 냉동부하에 따른 냉매량 조절이 어렵다.
② 부하변동이 심한 장치에는 과열압축, 액압축이 일어나기 쉽다.

참고 용도 : 부하변동이 적은 소용량 냉동기에 많이 필요로 한다.

08 온도식 자동팽창밸브(TEV)의 정의를 쓰시오.

풀이 증발기 출구에 감온통을 설치하여 감온통에서 냉매가스 과열도를 감지하고, 과열도 증가 시 팽창밸브가 열리고 부하 감소 시 과열도가 저하하면 닫히는 작용으로 냉매량이 조절된다.

09 온도식 자동팽창밸브의 특징을 2가지만 쓰시오.

풀이 ① 주로 프레온 건식 증발기에 사용한다.
② 냉동부하 변동에 따라서 냉매량을 조절하여 공급한다.

참고 온도식 자동팽창밸브
- 본체 구조에 따른 분류 : 벨로스식, 다이어프램식
- 감온구 충전방식에 따른 분류 : 가스 충전식, 액 충전식, 크로스 충전식

10 온도식 자동팽창밸브의 종류를 2가지만 쓰시오.

풀이
① 내부 균압형 팽창밸브
② 외부 균압형 팽창밸브

11 TEV 팽창밸브 감온통을 증발기에 설치할 경우 주의사항을 쓰시오.

풀이
① 증발기 출구의 수평배관에 설치한다.
② 흡입관경이 20mm 이하이면 흡입관의 수직 상단에 부착시킨다.
③ 흡입관경이 20mm가 넘을 경우 흡입관 수평 45fl 하단에 설치한다.

12 직접팽창식 증발기에서 증발기 입구에 설치하여 냉매공급이 균일하게 분배되도록 하는 장치의 명칭을 쓰시오.

풀이 냉매분배기(디스트리버트)

참고 냉매분배기에 사용하는 팽창밸브는 마찰저항이 커지므로 외부 균압형 팽창밸브를 사용하는 것이 유리하다.

13 만액식 증발기에 사용하며 부하변동에 따른 증발기 저압 측의 액면을 항상 일정하게 유지하는 팽창밸브는?

풀이 저압 측 플로트식 팽창밸브

14 응축부하에 따라 응축기나 수액기의 액면을 항상 일정하게 만드는 팽창밸브는?

풀이 고압 측 플로트식 팽창밸브

15 스탭모터 구동방식의 팽창밸브 명칭을 쓰시오.

풀이 전자식 팽창밸브(EEV)

16 팽창밸브의 개도가 너무 과도할 경우 나타나는 현상을 3가지만 쓰시오.

풀이
① 냉매량의 보급이 많아져서 압축기 액압축이 우려된다.
② 마찰저항 감소로 증발압력이 높아진다.
③ 증발온도가 상승한다.

참고 증발압력을 저압, 응축압력을 고압이라고 한다.

17 팽창밸브 개도가 너무 과소할 경우 나타나는 현상을 3가지만 쓰시오.

풀이
① 증발압력, 증발온도 저하
② 압축비의 증가
③ 냉매순환량 감소에 의한 냉동능력 감소
④ 압축기 과열로 윤활유 열화 및 탄화 발생
⑤ 체적효율 감소

18 팽창밸브 직전 플래시 가스 발생원인을 5가지만 쓰시오.

풀이
① 냉매액관이 현저하게 입상관일 경우나 길 경우
② 여과기나 건조드라이어가 막힌 경우
③ 냉매액관이 현저하게 관경이 작은 경우
④ 전자밸브나 스톱밸브, 드라이어, 여과기 등의 지름이 작은 경우
⑤ 수액기나 냉매액관이 직사광선에 노출된 경우
⑥ 액관이 고온장소에 노출된 경우
⑦ 과도하게 응축온도가 저하된 경우

19 플래시 가스 발생 시 나타나는 악영향을 5가지만 쓰시오.

풀이
① 냉매순환량 감소에 따른 냉동능력 감소
② 증발압력이 낮아져서 압축비 상승으로 동력소비 증가
③ 흡입가스 과열로 토출가스온도 상승
④ 실린더 과열로 인한 윤활유 열화, 탄화 발생
⑤ 냉장실의 온도 상승

20 냉동기나 팽창밸브 내부에 수분이 존재하는 경우 나타나는 영향을 3가지만 쓰시오.

풀이
① 프레온 냉매 사용 시 팽창밸브의 동결 발생
② 프레온 냉동장치의 동부착 현상 발생
③ 암모니아 냉동기에서 유탁액 발생
④ 암모니아 냉동장치의 증발온도 상승
⑤ 기기장치 내 배관부식 발생
⑥ 압축기 윤활유 등의 열화 발생

참고 장치 내 수분침입 원인
- 진공작업 불충분에 의한 잔류수분
- 냉매나 오일 충전 시 작업 부주의에 의한 영향
- 기기 수리, 정비, 설치 시 부주의에 의한 영향
- 저압 측 진공운전 시 외기 침입에 의한 영향
- 수분이 포함된 냉매, 오일 충전 시

21 오일 유분리기의 설치목적을 쓰시오.

풀이 압축기에서 토출되는 냉매가스 중에 혼입된 오일을 분리하는 부속기기이다.

참고 설치장소 : 압축기와 응축기 사이

22 유분리기 설치가 필요한 경우 4가지와 그 종류 3가지를 쓰시오.

풀이
(1) 설치가 필요한 곳
① 만액식 증발기를 사용하는 곳
② 다량의 오일이 냉매토출가스에 혼입된다고 판단되는 경우
③ 냉매 토출가스 배관이 길어지는 경우
④ 증발온도가 낮은 저온장치
(2) 종류
① 원심분리형
② 가스충돌형
③ 유속 감소형

23 수액기를 설치하는 이유를 설명하시오.

풀이 응축기에서 액화된 고온 고압의 냉매액을 팽창밸브로 보내기 전 저장하는 고압의 용기로 내용적의 3/4 이하로 충전하는 용량의 크기를 설치한다.(냉동장치를 휴지하거나 수리 시 저압 측 냉매를 펌프다운하여 저장할 때 필요로 하는 용기로도 사용한다.)

참고 수액기의 파손원인
- 내부압력의 급상승
- 부주의로 인한 외부 충격
- 냉매의 과충전
- 볼트 등의 조임 시 힘의 불균형

24 냉동장치 건조기의 설치목적을 쓰시오.

풀이 프레온 냉동장치에서 냉매 중 혼입된 수분을 제거하여 팽창밸브 통과 시 팽창밸브 출구에서 수분이 동결하여 관을 폐쇄하는 것을 방지한다.

참고
- 설치장소 : 팽창밸브 직전 응축기나 수액기 가까운 고압의 액관에 설치한다.
- 종류 : 필터 드라이어, 분리식 코어 드라이어, 소시지형 드라이어

25 드라이어 건조용 제습제의 종류를 3가지만 쓰시오.

풀이
① 실리카겔　　　② 활성 알루미나겔　　　③ 소바비드
④ 몰레큘러시브　　　⑤ 보크사이드

참고 응축기-수액기-(건조용 드라이어)-사이트글라스-전자밸브-팽창밸브 순으로 설치한다.

26 건조 제습제의 구비조건을 5가지만 쓰시오.

풀이
① 수분이나 냉매, 오일에 용해되거나 녹지 말 것
② 냉매나 오일에 반응하지 말 것
③ 큰 흡착력을 장시간 유지하는 것일 것
④ 건조도와 건조효율이 클 것
⑤ 충분한 강도를 가지고 분해되지 말 것
⑥ 안전하고 취급이 편리할 것
⑦ 가격이 저렴하고 구입이 용이할 것

27 사이트글라스(투시경)의 설치목적을 쓰시오.

[풀이] 냉동장치 냉매 중 수분의 혼입 여부 및 적정량의 냉매충전 여부를 확인하기 위함이다.

[참고] 설치위치 : 응축기와 팽창밸브 사이 고압의 액배관에 설치한다.

28 냉매 흐름 중 수분량을 확인하는 방법을 쓰시오.

[풀이]
① 건조 시 : 녹색 표시(아주 양호한 상태)
② 수분 요주의 시 : 황록색 표시
③ 수분 다량혼입 시 : 황색 표시

29 투시경에서 냉동장치 충전냉매가 적정량인지 확인하는 조건을 4가지만 쓰시오.

[풀이]
① 기포가 없는 경우
② 투시경 내부에 기포가 발견되나 기포가 움직이지 않는 경우
③ 투시경 입구 측에만 기포가 있고 출구 측에는 기포가 보이지 않는 경우
④ 기포가 연속적으로 보이지 않고 가끔 보이는 경우

30 냉동장치 열교환기 설치목적을 4가지만 쓰시오.

[풀이]
① 응축기 출구 냉매액을 5℃ 정도 과랭시켜 팽창 시 냉동효과를 증대시킨다.
② 압축기 흡입가스를 과열시켜 압축기에서 냉매액의 액압축을 방지한다.
③ 냉동효과 및 냉동능력, 성적계수를 향상시킨다.
④ 프레온 냉동기에서 만액식 증발기 채택 시 오일 유회수를 용이하게 한다.

[참고] 열교환기의 종류
- 관접촉식
- 이중관식
- 셸 앤드 튜브식

31 냉매액 분리기의 설치목적을 쓰시오.

풀이 압축기 흡입관에 설치하여 압축기로 유입되는 냉매가스 중의 냉매액을 분리시켜 액압축인 리퀴드해머를 방지한다.

참고 액분리기 별칭 : 어큐뮬레이터, 석션트랩, 서지드럼

32 냉매필터의 설치목적을 쓰시오.

풀이 냉매장치 중에 설치하여 혼입된 이물질을 제거하고 제어밸브, 기기 등의 파손을 방지한다.

참고
(1) 종류
    드라이어 겸용 필터, 밀봉형 필터, 고어 교환용 필터
(2) 설치위치
    ① 압축기 흡입 측
    ② 팽창밸브 직전
    ③ 고압 액관
    ④ 펌프 흡입 측
    ⑤ 오일펌프 출구(큐노필터)
    ⑥ 드라이어 내부
    ⑦ 압축기 크랭크케이스 내 저유통
(3) 필터 메시
    ① 냉매 액관용 : 80~100메시
    ② 냉매 가스관용 : 40메시

33 냉동장치 중 서비스밸브 설치장소를 쓰시오.

풀이
① 압축기 흡입 측
② 압축기 토출 측
③ 수액기 출구 측
④ 실외기 입구, 출구 측

참고 용도 : 냉매 및 오일 충전이나 회수용으로 사용한다.

34 냉동장치에서 사용하는 밸브 종류를 5가지만 쓰시오.

풀이
① 다이어프램 밸브　　② 벨로스형 밸브
③ 글로브형 밸브　　　④ 체크밸브
⑤ 서비스 밸브　　　　⑥ 볼 밸브
⑦ 브라킷 밸브　　　　⑧ 4방밸브

35 제상장치(서리제거 장치)의 설치목적을 쓰시오.

풀이 공기 냉각용 증발기에서 공기 중의 수증기가 응축 동결하여 서리 상태로 냉각관 표면에 부착하는 현상을 적상이라고 하며, 이를 제거하는 장치를 제상장치라고 한다.

참고 적상이 장치에 미치는 영향
- 전열 불량으로 냉장실 내 온도상승 및 액압축 초래
- 증발온도, 증발압력으로 압축비 증대
- 실린더 과열로 토출가스 온도상승
- 윤활유 열화 및 탄화
- 체적효율 저하 및 압축기 소요동력 증가
- 성적계수 감소 및 냉동능력 감소

36 다음 제상종류에 따른 제상방법을 쓰시오.

(1) 압축기 정지제상　　(2) 온공기 제상　　(3) 살수식 제상
(4) 전열 제상　　　　　(5) 브라인 분무제상　(6) 온브라인 제상
(7) 핫가스 제상

풀이
(1) 압축기 정지제상 : 24시간 중 6~8시간 동안 냉동기를 정지시켜 서리를 제거한다.
(2) 온공기 제상 : 압축기 정지 후에 팬을 가동시켜 실내공기로 6~8시간 정도 서리를 제거한다.
(3) 살수식 제상 : 10~25℃ 정도의 미지근한 온수로 살수시켜 서리를 제거한다.
(4) 전열 제상 : 증발기에 제상용 전기히터를 설치하여 서리를 제거한다.
(5) 브라인 분무제상 : 냉각관 표면에 부동액 또는 브라인을 살포하여 서리를 제거한다.
(6) 온브라인 제상 : 어느 정도 뜨거운 브라인을 투입하여 서리를 제거한다.
(7) 핫가스 제상 : 압축기에서 토출된 뜨거운 고온 고압의 냉매가스를 증발기로 유입시켜 응축잠열을 이용하여 서리를 제거한다.

37 불응축가스 퍼저장치의 설치목적을 쓰시오.

풀이 응축기에서 액화되지 않는 가스를 외부로 배기하여 응축능력 감소, 압축기 과열, 소요동력 증가, 냉동능력 감소를 사전에 예방하는 장치이다.

참고
- 장치 내에 불응축가스가 존재하면 불응축가스의 분압만큼 응축압력이 상승한다.
- 불응축가스란 비점이 낮아서 쉽게 액화가 되지 않는 가스를 말한다.

38 안전밸브의 설치목적을 쓰시오.

풀이 압축기나 압력용기에 부착하여 설정된 압력 이상 상승할 경우 냉매가스를 분출하여 장치 내부의 파손을 방지한다.

참고
(1) 안전밸브 작동압력
 ① 정상고압+0.5MPa 이상
 ② 내압시험 압력의 0.8배 이하
(2) 종류
 ① 스프링식
 ② 중추식
 ③ 지렛대식

39 파열판의 설치목적을 쓰시오.

풀이 냉매용기 등 상부에 설치하여 내부 유체압력 이상 상승 시 얇은 박판이 파열되어 냉매가스를 분출하여 기기 내부가 파손되는 것을 방지한다.(파열판은 1회용이라서 재사용이 어렵다.)

참고 가스분출량이 많아서 주로 터보형 냉동기의 저압 측에 설치한다.

40 가용전의 설치목적을 쓰시오.

풀이 프레온용 냉매수액기나 냉매용기 상부에 설치하여 압력상승이나 과열 발생 시 열에 의해 합금이 녹아서 냉매가스를 외부로 방출하여 사고를 미연에 방지한다.

참고
- 가용전 합금성분 : 납, 주석, 안티몬, 카드뮴, 비스무트 등
- 가용전 용융온도 : 68~75℃
- 가용전 지름 : 안전밸브 지름의 1/2 이상

41 고압차단 스위치의 설치목적을 쓰시오.

풀이 냉동기기 운전 중 고압이 설정압력 이상 상승하면 전기접점을 차단하여 압축기를 정지시키는 안전장치이다.

참고 자동복귀형, 수동복귀형이 있다.(작동압력=정상고압+0.4MPa 정도)

42 저압차단 스위치의 설치목적을 쓰시오.

풀이 기기 운전 중 저압이 설정압력 이하로 강하되면 작동하여 압축기를 정지시킨다.

참고 설치위치 : 압축기와 흡입관 사이에 설치한다.

43 고압·저압차단 스위치의 역할을 쓰시오.

풀이 고압차단 스위치(HPS)와 저압차단 스위치(LPS)를 한 개로 조합하여 고압이나 저압 등 설정압력을 벗어나면 압축기를 정지시키는 안전장치이다.

44 유압보호 스위치의 역할을 쓰시오.

풀이 압축기 기동 시 유압이 형성되지 않거나 유압이 일정압력 이하로 될 경우 압축기를 정지시켜 윤활불량에 의한 압축기의 파손을 방지한다.

참고
- 종류 : 바이메탈식, 가스통식
- 작동원리 : 냉매가스 흡입압력과 유압의 차압을 이용한다.

45 전자밸브의 설치목적을 쓰시오.

풀이 전자석의 원리를 이용하여 밸브를 온-오프시켜 용량 및 액면, 온도, 액압축 방지, 제상, 냉매 및 브라인 등의 흐름을 제어한다.

참고 전자밸브 설치 시 주의사항
- 유체의 흐름방향을 일치시킨다.
- 전자코일을 상부로 하고 수직으로 설치한다.
- 전자밸브 입구 측에 여과기를 설치한다.
- 전자밸브에 하중이 걸리지 않도록 하고 전압과 용량에 맞게 설치한다.

46 증발압력 조정밸브의 설치목적을 쓰시오.

풀이 냉매 증발압력이 일정압력 이하가 되어 냉수나 브라인 등의 동결이나 압축비 상승이 일어나는 것을 방지하기 위함이다.

47 증발압력 조정밸브(EPR)의 설치위치를 2가지로 나누어 설명하시오.

풀이 ① 증발기가 한 대인 경우 : 증발기 출구
② 증발기가 여러 대인 경우 : 증발온도가 가장 높은 곳에 설치한 후 증발온도가 가장 낮은 증발기에는 체크밸브를 설치한다.

참고 EPR 작동압력 : 증발압력 입구 측 압력을 기준한다.

48 흡입압력 조정밸브(SPP)의 설치목적을 쓰시오.

풀이 냉매가스 흡입압력이 일정압력 이상으로 되었을 경우 과부하로 인한 전동기의 소손을 방지하기 위하여 설치한다.

49 흡입압력 조정밸브에 대한 물음에 답하시오.

(1) 설치위치를 쓰시오.
(2) 작동압력을 쓰시오.
(3) 흡입압력 조정밸브를 설치해야 하는 조건을 3가지만 쓰시오.

풀이 (1) 압축기 흡입관
(2) 흡입압력 조정밸브 출구 측 압력 기준
(3) ① 냉매가스 흡입압력 변동이 심한 경우
② 압축기가 높은 흡입압력으로 기동되는 경우
③ 흡입압력이 과도하게 높아서 액압축이 발생하는 경우
④ 핫가스 제상으로 인하여 흡입압력이 높아지는 경우

50 자동급수 조절밸브(절수밸브)의 설치목적을 쓰시오.

풀이 수랭식 응축기의 부하변동에 따른 냉각수를 제어하여 응축압력을 일정하게 유지하고 냉각탑의 순환수량을 절약한다.

참고
- 설치위치 : 수랭식 응축기의 냉각수 출구배관
- 종류 : 압력작동식, 온도식 절수밸브

51 습도조절기의 설치목적을 쓰시오.

풀이 모발을 이용하여 습도를 파악하고 습도가 높으면 전자밸브 등을 작동하여 감습장치를 작동하게 한다.

52 온도조절기(TC)의 설치목적을 쓰시오.

풀이 측온부의 온도변화를 감지하여 전기적으로 압축기를 온-오프시키기 위하여 설치한다.

참고 종류 : 바이메탈식, 가스압력식, 전기저항식

53 단수릴레이의 설치목적과 종류 3가지를 쓰시오.

풀이
① 설치목적 : 브라인이나 냉수 흐름을 감지하여 단수에 의한 배관의 동파를 방지하기 위하여 설치한다.
② 종류 : 단압식, 차압식, 수류식 단수릴레이

CHAPTER 16 온수온돌 시공설치

부록 01 | 분류별 기출문제

01 다음은 온수온돌 시공순서를 나타낸 것이다. ( ) 안에 알맞은 내용을 쓰시오.

> 배관기초공사 - (①) - 단열처리 - (②) - 배관작업 - 공기방출기 설치 - (③) - 팽창탱크 설치 - (④) - (⑤) - 온수순환시험 및 경사조정 - 골재충진작업 - 시멘트 모르타르 바르기 - 양생건조작업

[풀이]
① 방수처리
② 받침재 설치
③ 보일러 설치
④ 굴뚝 설치
⑤ 수압시험

[참고] 온수온돌 설치 시공순서
배관기초공사 → 방수처리 → 단열처리 → 받침재 설치 → 배관작업 → 공기방출기 설치 → 보일러 설치 → 팽창탱크 설치 → 굴뚝 설치 → 수압시험 → 온수순환시험 및 경사조정 → 골재충진작업 → 시멘트 모르타르 바르기 → 양생건조작업 → 시험 및 검사

02 온수온돌에서 방수처리의 목적을 4가지만 쓰시오.

[풀이]
① 단열재의 단열성 저하 방지
② 배관의 부식 방지
③ 수분 증발로 인한 열손실 방지
④ 장판의 부패 방지

03 온수온돌 단열처리의 필요성을 3가지만 쓰시오.

풀이 ① 바닥을 통한 열손실을 방지한다.
② 온수가 가진 보유열을 최대한 이용한다.
③ 에너지가 절약된다.

04 온수온돌에서 받침재 설치를 하는 이유를 3가지만 쓰시오.

풀이 ① 방열관의 고정을 용이하게 한다.
② 배관, 방열관 등의 기울기 잡기가 용이하다.
③ 배관의 간격을 일정하게 유지한다.

05 온수온돌 배관작업에서 분리주관식, 직렬식은 어떤 경우에 사용하는지 각각 쓰시오.

풀이 ① 분리주관식 : 거실이나 난방면적이 큰 곳에 설치한다.
② 직렬식 : 방이나 거실이 작을 때 설치한다.

06 온수온돌에서 주관배관, 방열관의 크기를 강관, 동관으로 분리하여 설명하시오.

풀이 ① 주관(송수주관, 환수주관)
- 강관 : 32A 배관용 탄소강관
- 동관 : 22.22, 28.58 등의 동관

② 방열관
- 강관 : 호칭 20의 배관용 탄소강관
- 동관 : 15.88, 12.7 등의 동관
- XL관 : 관지름 15mm 엑셀파이프 등(중밀도 폴리에틸렌관)

07 온수온돌 주관, 방열관 경사도에 대한 물음에 답하시오.
(1) 관의 경사도
(2) 세로방향 경사도
(3) 주관과 연결되는 관

풀이 (1) 1/200 이상 (2) 수평 (3) 1/200

08 상향식 분리주관식에서 A~E 중 공기방출기의 설치위치를 고르시오.

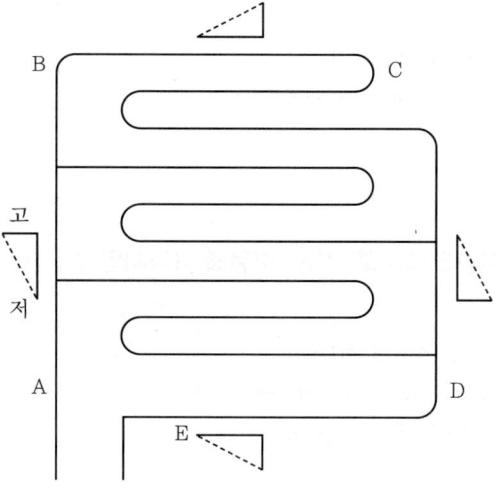

풀이 D지점

참고
- 가장 낮은 곳은 방 입구인 A지점이다.
- E지점은 A지점과 경사도가 거의 비슷하다.

09 다음 그림은 하향식 분리주관식을 나타낸 것이다. 물음에 답하시오.

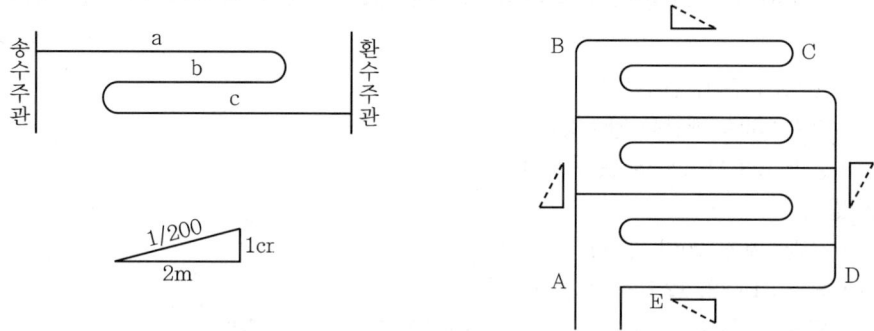

(1) A~E 중 가장 높은 곳은?
(2) A~E 중 가장 낮은 곳은?

풀이
(1) A지점
(2) E지점

참고 방열관 세로방향 경사 중 주관에 연결되는 부분(a, c)의 구배는 1/200이며, b부분은 수평이다.

10 온수온돌에서 공기방출기 설치위치를 4가지로 구분하여 설명하시오.

풀이
① 상향식은 환수주관 끝부분 가장 높은 곳에 설치한다.
② 하향식은 팽창탱크와 공기방출기를 겸하여 보일러 바로 위에 설치한다.
③ 개방식 공기방출기는 팽창탱크 수면보다 50mm 이상 높게 설치한다.
④ 상향순환식, 병렬식, 인접주관식 등의 방열관에서는 한 갈래마다 최상단에 공기방출기를 설치해야 한다.

11 온수온돌에서 팽창탱크에 크기에 관하여 물음에 답하시오.

(1) 구멍탄용 보일러의 팽창탱크 크기는?
(2) 기름용 보일러의 팽창탱크 크기는?

풀이
(1) 난방면적(m^2)×0.2배
(2) 보일러 내 보유수량×0.1배

참고 온수보일러 팽창탱크(개방식, 밀폐식)

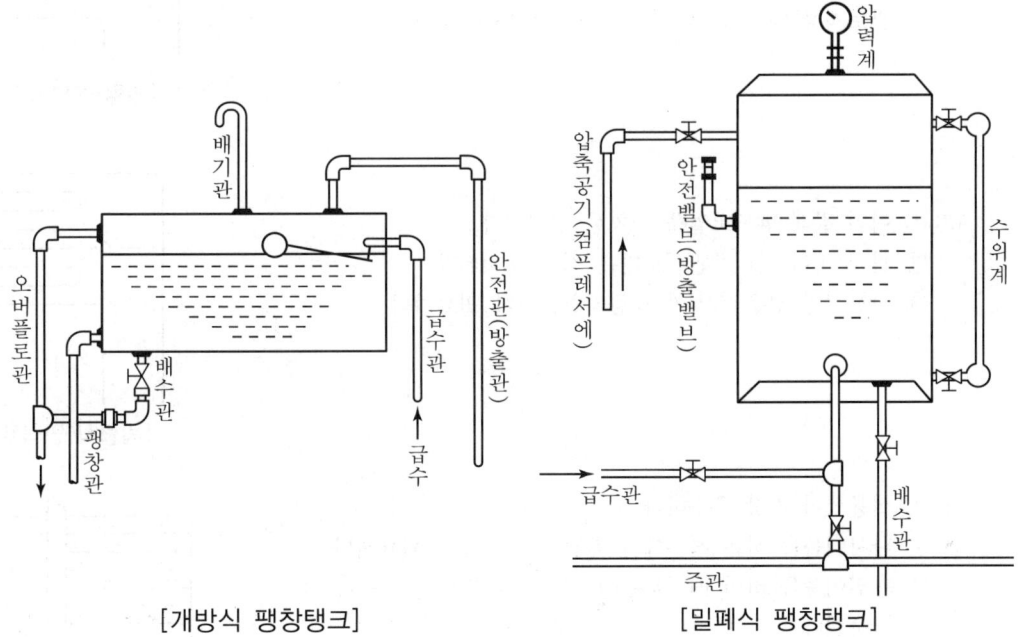

[개방식 팽창탱크]   [밀폐식 팽창탱크]

12 온수온돌 방열관에 대한 다음 물음에 답하시오.

(1) 직렬식의 특징을 3가지만 쓰시오.
(2) 병렬식에서 분리주관식의 특징을 3가지만 쓰시오.
(3) 병렬식에서 인접주관식의 특징을 3가지만 쓰시오.
(4) 사다리꼴식의 특징을 3가지만 쓰시오.

풀이 (1) ① 난방면적이 작은 곳에 사용한다.
② 배관이 비교적 용이하다.
③ 관이음쇠가 적게 소비된다.
④ 관로의 유체저항이 크므로 관경이 큰 것을 사용한다.
⑤ 난방면적 $10m^2$ 이하에 적당하다.

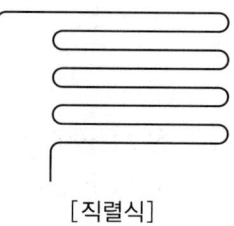
[직렬식]

(2) ① 여러 갈래 벤드코일을 설치한 형식이다.
② 관로의 배관저항이 비교적 작다.
③ 배관비용이 적당하다.
④ 관로저항 때문에 한 갈래당 15m 이내로 한다.

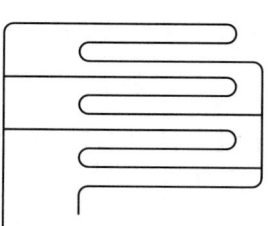
[병렬식(분리주관식)]

(3) ① 여러 갈래 벤드코일을 설치한 형식이다.
② 관 부속이 분리주관식보다는 적게 소비된다.
③ 상향식인 경우 갈래마다 공기방출기가 필요하다.

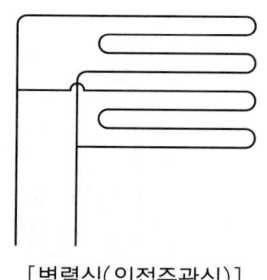
[병렬식(인접주관식)]

(4) ① 실용성이 가장 우수하다.
② 나사이음을 하는 경우에는 배관부속이 많이 필요하다.
③ 용접이음을 하면 배관부속이 적게 소비되며, 공사기간이 단축된다.
④ 배관저항이 적게 걸린다.
⑤ 기울기(구배) 잡기가 쉽고 대량생산 제작이 가능하다.
⑥ 다른 배관방식보다 관경이 작은 것을 사용할 수 있다.

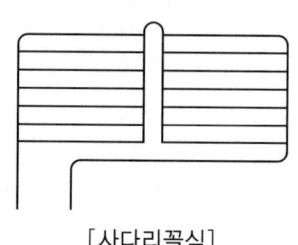
[사다리꼴식]

13 온수온돌 보일러에서 팽창탱크 설치 시 주의사항을 5가지만 쓰시오.

풀이
① 하향식 보일러 배관 시 팽창탱크는 공기방출기와 겸하여 보일러 바로 위에 설치한다.
② 상향식의 경우 환수주관부에 설치한다. 단, 순환펌프에 의하여 작동이 방해되지 않는 위치에 설치한다.
③ 팽창관이 환수주관부에 설치될 때 온수의 역류를 방지하기 위하여 U자형 배관으로 하는 것이 좋다.
④ 하향식 배관에서 팽창탱크 용량은 공기방출기와 겸하는 경우 10% 정도 큰 것을 선택한다.
⑤ 팽창탱크는 쉽게 얼지 않는 곳에 설치하고 육안으로 수위를 확인할 수 있는 구조로 한다.
⑥ 팽창관(도피관)에는 체크밸브 같은 것을 절대로 설치하지 않는다.

14 온수온돌 시공에서 굴뚝의 높이를 쓰시오.

풀이
후방 와류를 피하기 위하여(풍압대를 피하기 위함) 지붕면보다 90cm 이상 높게 한다.

15 온수온돌에서 순간적인 역풍을 방지하기 위하여 개자리를 설치하는데, 그 크기를 쓰시오.

풀이
연돌지름의 2배 크기

16 온수온도 설치시공에서 골재의 크기(mm)를 쓰시오.

풀이
30~40mm(골재 시공 시 그 깊이는 방열관 상단이 보이도록 쌓는다.)

17 온수온돌에서 시멘트 모르타르의 두께(mm)를 쓰시오.

풀이
20~30mm

18 온수온돌에서 모르타르 시공 후에 양생건조기간(시간)을 쓰시오.

풀이
48시간(2일)

참고 자연건조가 좋으며, 이 경우 보일러수 온도는 60℃ 이하로 한다.

19 온수온돌 설치시공 시 실시하는 시험 및 검사의 종류를 7가지만 쓰시오.

풀이
① 수압시험
② 온수순환시험
③ 연소가스 누설 유무 검사
④ 연소상태 및 연소조절 검사
⑤ 보일러 연소 및 배기 가능 검사
⑥ 연료계통의 누설상태 검사
⑦ 자동제어에 의한 작동검사

참고 (1) 온수온돌 설치가 끝난 후 순환펌프의 정지 및 작동상태의 검사에 필요한 제어장치
① 실내온도 조절기
② 고온차단 스위치(하이리미트)
③ 온수온도 조절스위치(아쿠아스위치)
(2) 매연 발생 여부는 스모그테스터로 검사하고 스모그스케일 번호 2번 이하로 조절한다.

20 다음 시공층 단면도를 보고 물음에 답하시오.

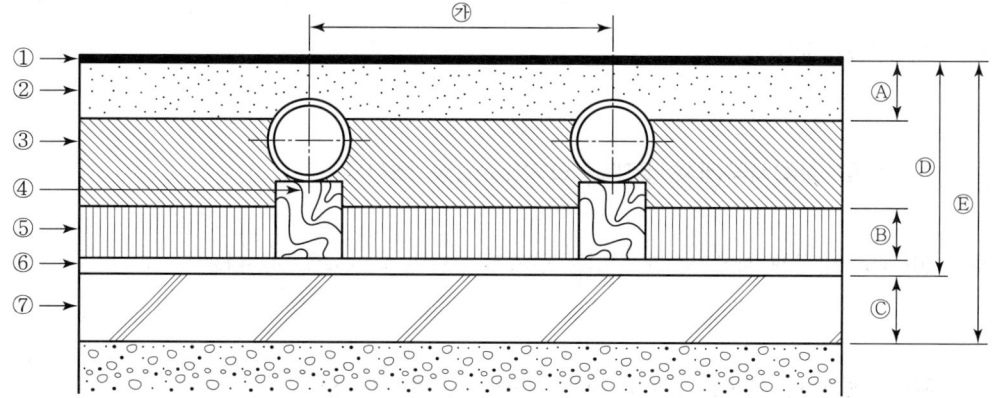

(1) ③, ⑥의 명칭을 쓰시오.
(2) ④에 사용 가능한 재료 3가지를 쓰시오.
(3) ㉮의 거리는 얼마 정도(cm)로 하여야 하는가?
(4) ⓑ의 두께는 얼마 이상(cm)으로 하여야 하는가?

풀이 (1) ③ 자갈층
⑥ 방수층
(2) 내식처리된 각목, 금속제 앵글, 시멘트 벽돌
(3) 20±2cm
(4) 3cm 이상

21 다음 그림은 온수온돌의 시공층 단면도이다. 물음에 답하시오.

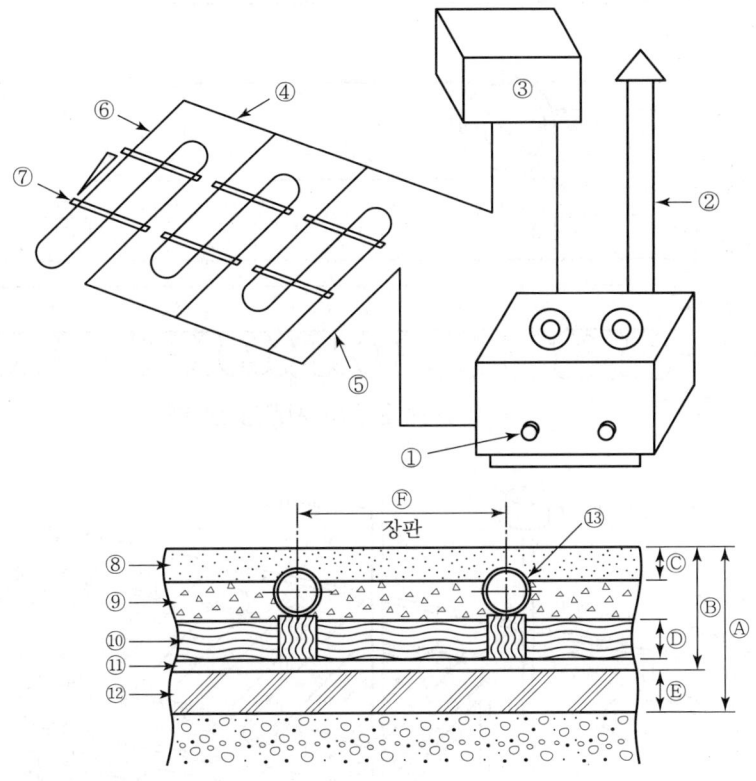

(1) ①~⑫의 명칭을 각각 쓰시오.
(2) ⑬의 구배는 얼마가 가장 적당한가?
(3) Ⓐ~Ⓔ의 적당한 치수를 각각 쓰시오.
(4) ⑥의 한 갈래당 길이는 몇 m 이하이어야 하는가?
(5) 도면의 치수 Ⓕ(관의 피치)는 몇 cm가 적당한가?

풀이 (1) ① 공기구멍(공기조절기) ② 연돌(굴뚝) ③ 팽창탱크(공기방출기)
　　　 ④ 송수주관 ⑤ 환수주관 ⑥ 방열관
　　　 ⑦ 받침재 ⑧ 시멘트몰탈층 ⑨ 자갈층
　　　 ⑩ 단열층 ⑪ 방수층 ⑫ 콘크리트층

(2) $\frac{1}{200}$ 이상

(3) Ⓐ 16~20cm　　Ⓑ 13cm　　Ⓒ 2~3cm
　　Ⓓ 3cm　　　　Ⓔ 3cm 이상

(4) 15m 이하

(5) 20±2cm

> [참고]

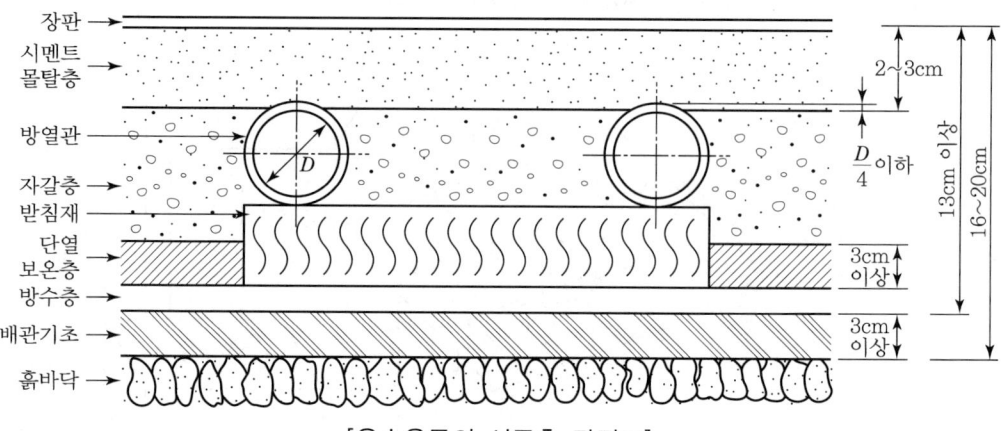

[온수온돌의 시공층 단면도]

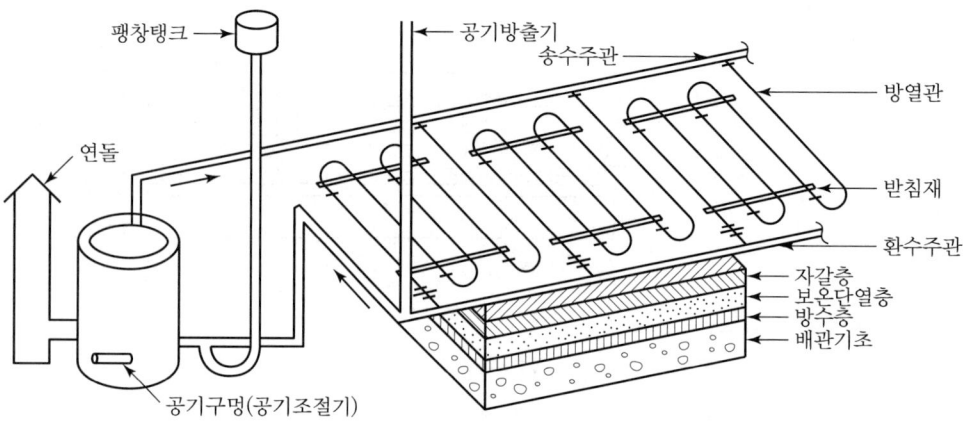

[상향식 온돌 구조]

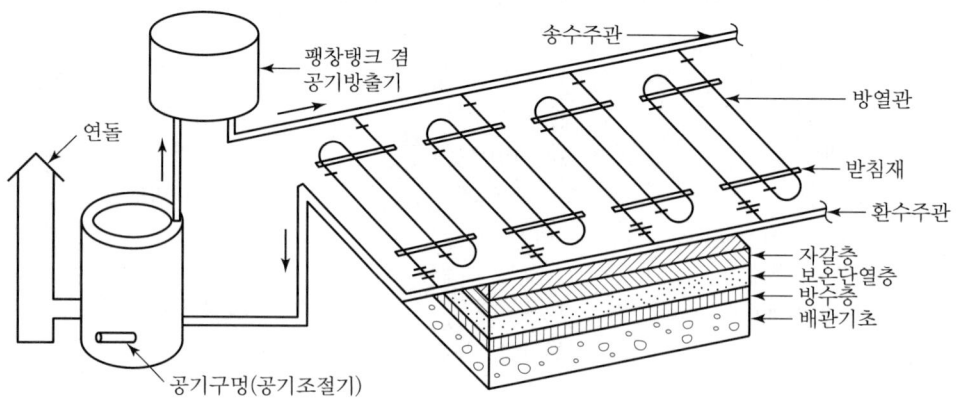

[하향식 온돌 구조]

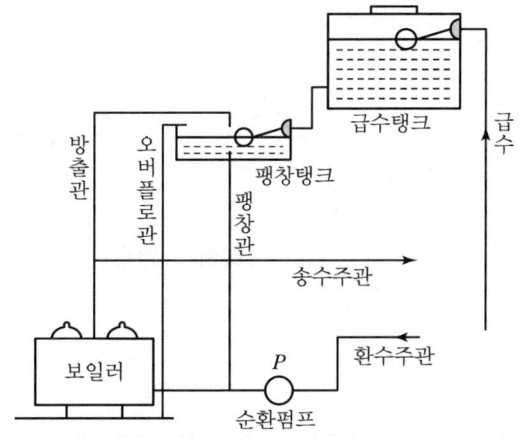

[급수탱크 및 팽창탱크의 예]

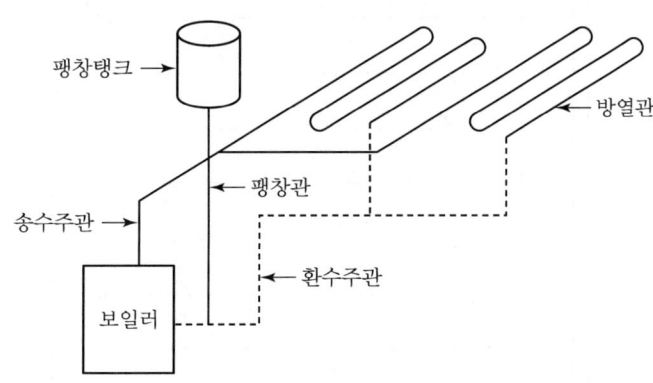

[상향 순환식의 예]

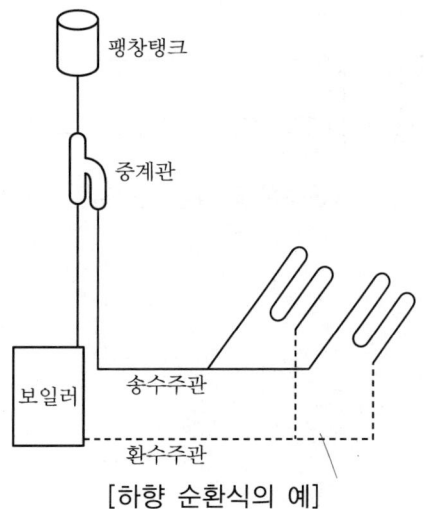

[하향 순환식의 예]

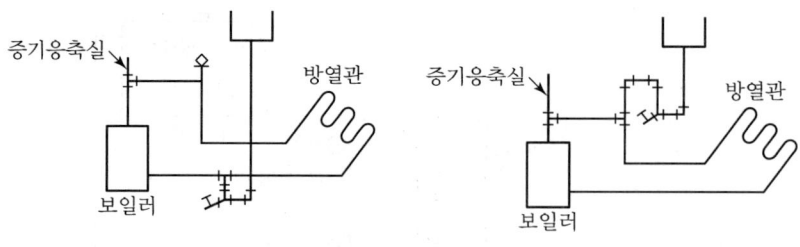

[하향식 배관]

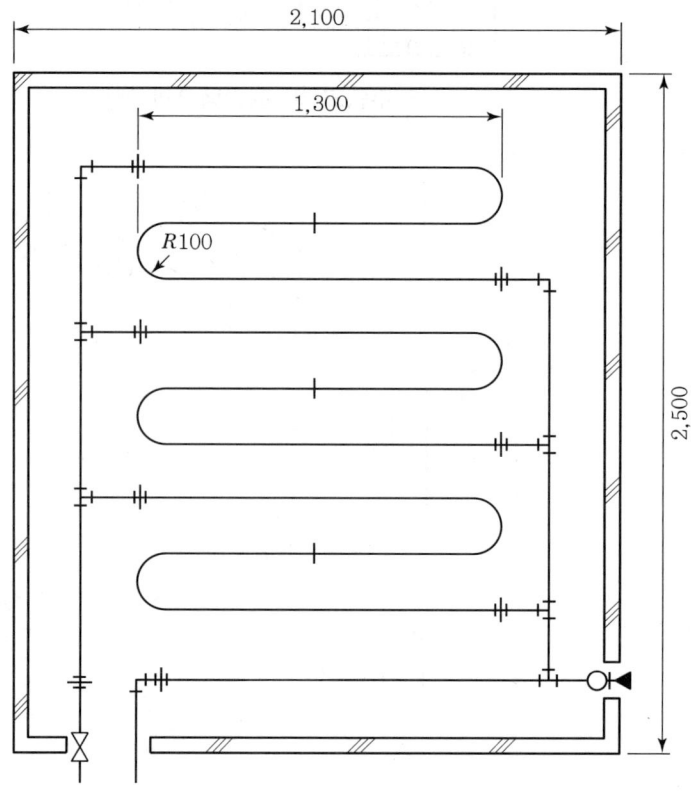

[온수온돌 시공도(방열관, 주관)의 예]

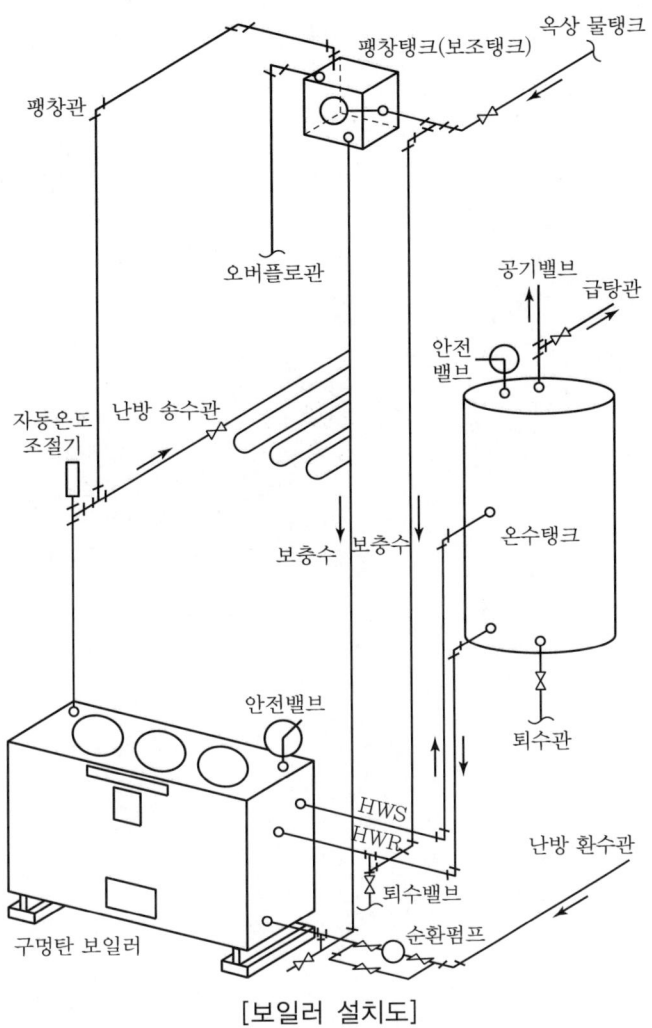

[보일러 설치도]

부록 02

과년도 기출문제

2023년 출제기준 변경 후 최초 필답형 기출문제

CHAPTER 01

2023년 2회 (2023.7.22)

01 배관 지지쇠에서 배관시공상 하중을 위에서 걸어당겨 지지할 목적으로 사용하는 행거의 종류를 3가지만 쓰시오.

풀이
① 리지드 행거
② 스프링 행거
③ 콘스턴트 행거

참고 서포트 : 배관하중을 아래에서 위로 지지하는 지지대이다.
- 스프링 서포트
- 롤러 서포트
- 파이프 슈
- 리지드 서포트

리스트레인트 : 신축으로 인한 배관의 좌우, 상하 이동을 구속하고 제한하는 목적에 사용한다.
- 앵커
- 스톱
- 가이드

02 연돌(굴뚝)의 설치 목적을 3가지만 쓰시오.

풀이
① 배기가스 배출을 신속하게 처리한다.
② 역풍을 일부 막아 준다.
③ 유효한 통풍력을 얻을 수 있다.
④ 매연 성분을 널리 확산시켜 대기오염 및 환경 피해를 줄여 준다.

03 중앙식 난방 중 복사난방의 장점을 3가지만 쓰시오.

풀이
① 실내온도가 균일하여 쾌감도가 높다.
② 방열기의 설치가 불필요하여 바닥면의 이용도가 높다.
③ 공기의 대류가 적어서 공기의 오염도가 적다.
④ 동일 방열량에 대해 타 난방보다 열손실이 적다.

04 다음 설명은 어느 화염검출기에 해당하는지 그 기호를 보기에서 골라 써넣으시오.

보기
- A : 바이메탈식, 열전대식
- B : 황화카드뮴, 황화납
- C : 프레임로드
- D : 정류 광전관식, 자외선 광전관식

(1) 화염 열의 강도에 의해 화염을 검출한다.
(2) 화염광선에 비추면 저항치 변화에 의해 발생하는 광전자 방출 효과를 이용한다.
(3) 로드(전극)에 교류전압을 가해 화염의 도전 현상에 따른 정류작용을 이용한다.
(4) 화염이 광선에 닿으면 발생하는 금속으로부터의 광전자 방출 효과를 이용한다.

풀이 (1) A (2) B (3) C (4) D

참고
- A : 화염의 열을 이용하여 특수합금판의 서모스탯이 감지하여 작동하며 주로 가정용, 소형보일러에 사용하는 검출기
- B : 화염에서 발생하는 빛을 검출하는 방식으로 적외선, 가시광선을 이용하는 검출기
- C : 화염이 가지는 전기전도성을 이용하여 도전성으로 화염을 검출하는 검출기
- D : 광학적 화염검출기(프레임 아이)로서 화염에서 발생하는 빛을 검출하는 방식으로 가스연료에는 사용이 부적당하며 황화카드뮴 광전셀, 황화납 광전셀, 자외선 광전관, 적외선 광전관, 가시광선 광전관 등이 있다.

05 중유의 중량 원소성분이 아래와 같을 때 이론 연소가스량을 계산하시오. (단, 이론 공기량은 9.75Nm³/kg이다.)

탄소(C) 80%, 수소(H) 10%, 산소(O) 3%, 황(S) 2%, 기타 비연소물 5%

풀이 이론 연소가스량(G_{ow}) = $(1-0.21)A_0 + 1.867C + 11.2H + 0.7S + 0.8N$

이론공기량(A_0) = $8.89C + 26.67\left(H - \dfrac{O}{8}\right) + 3.33S$

$= 8.89 \times 0.8 + 26.67 \times \left(0.1 - \dfrac{0.03}{8}\right) + 3.33 \times 0.02$

$= 9.75 \text{Nm}^3/\text{kg}$

∴ $G_{ow} = 0.79 \times 9.75 + 1.867 \times 0.8 + 11.2 \times 0.1 + 0.7 \times 0.02 = 10.33 \text{Nm}^3/\text{kg}$

06 구리파이프 동관 20A의 곡률반지름이 120mm에서 90° 벤딩을 하려면 굽힘부의 길이는 몇 mm인지 계산하시오.

풀이 굽힘부 길이 $l = 2\pi R \times \dfrac{\theta}{360} = 2 \times \pi \times 120 \times \dfrac{90}{360} = 188.66\,\mathrm{mm}$

07 다음 동관용 사용공구에 대한 용도별 설명을 보고 해당하는 명칭을 써넣으시오.
(1) 동관의 끝부분을 확관시킨다.
(2) 동관의 끝부분을 원형으로 교정시킨다.
(3) 동관 절단 시 거스러미를 제거한다.

풀이 (1) 익스팬더 (2) 사이징 툴 (3) 파이프 리머

08 시간당 20℃의 물 600kg을 열교환에 의하여 80℃의 상승시키고자 0.2MPa의 증기를 이용한다. 이 경우 열교환면적은 몇 m² 필요한지 계산하시오.(단, 대수평균온도차는 80℃, 포화수 엔탈피 562kJ/kg, 물의 잠열 216kJ/kg, 물의 비열 4.184kJ/kg℃, 열전달계수 2,511 kJ/m²h℃ 이다.)

풀이 전열량$(Q) = G \times C_p \times \Delta t = 600 \times 4.184 \times (80-20) = 150,624\,\mathrm{kJ/h}$
$150,624 = 2,511 \times 80 \times A$
$\therefore$ 열교환면적$(A) = \dfrac{150,624}{(2,511 \times 80)} = 0.75\,\mathrm{m^2}$

09 다음 주형 방열기 도시기호를 보고 (1)~(6)에 알맞은 답을 쓰시오.
(1) 방열기 종류
(2) 방열기 한 조당 쪽수
(3) 방열기 높이(mm)
(4) 방열기 유입관경(mm)
(5) 시공에 소요되는 방열기 총 쪽수
(6) 유출관경(mm)

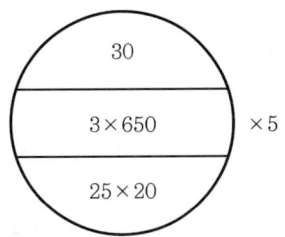

풀이 (1) 3세주형 (2) 30쪽
(3) 650 (4) 25
(5) 30×5=150쪽 (6) 유출관경(mm) : 20

10 다음 주어진 조건에 의하여 온수순환펌프 바이패스를 도시하시오.

> **조건**
> • 순환펌프 1개   • 스트레이너 1개
> • 게이트밸브 2개   • 유니언 3개
> • 글로브밸브 1개   • 티 2개
> • 90° 엘보 2개

[풀이]
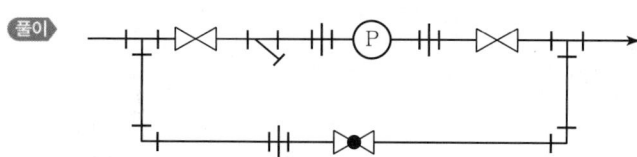

11 건물 내부의 벽체 1m 두께에서 전체 면적이 5m²이고 내부온도가 50℃, 외부온도가 20℃일 때 열손실은 몇 W인지 계산하시오.(단, 벽체 열전도율은 760W/m℃이다.)

[풀이] $Q = \dfrac{1}{\frac{b}{\lambda}} \times A \times (t_2 - t_1) = \dfrac{1}{\frac{1}{760}} \times 5 \times (50-20) = 114,000\text{W}(=114\text{kW})$

12 다음 온수보일러 계통도를 보고 ①~⑤에 해당하는 명칭을 쓰시오.

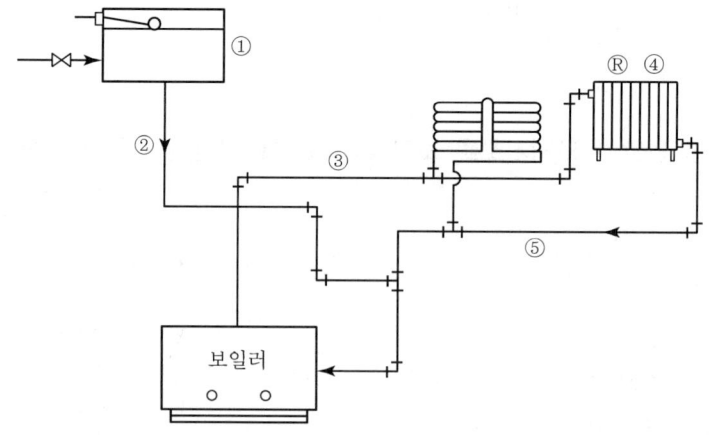

[풀이] ① 팽창탱크   ② 팽창관   ③ 송수주관
④ 방열기   ⑤ 환수주관

13 다음 도면은 구멍탄 온수보일러의 계통도이다. 도면을 보고 물음에 답하시오.

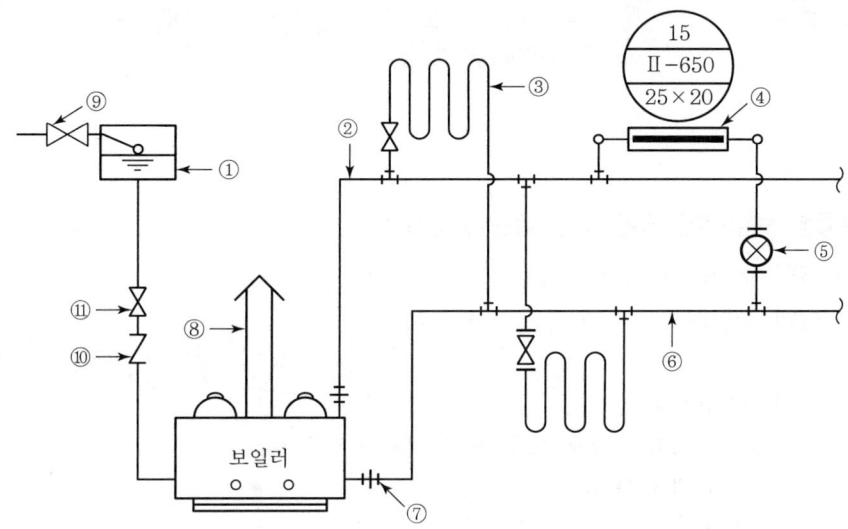

(1) ①~⑩의 명칭을 각각 쓰시오.
(2) 도면에서 필요 없는 부분 세 곳의 번호를 쓰시오.
(3) ④의 "Ⅱ-650"의 의미를 쓰시오.

풀이 (1) ① 팽창탱크   ② 난방 송수주관   ③ 방열관   ④ 대류 방열기
　　　⑤ 방열기 트랩   ⑥ 난방 환수주관   ⑦ 유니언   ⑧ 연돌(굴뚝)
　　　⑨ 슬로스 밸브(게이트밸브)   ⑩ 체크밸브(역지밸브)
(2) ⑤, ⑩, ⑪
(3) Ⅱ : 2주형 방열기, 650 : 높이 치수 650(mm)

CHAPTER 02

2023년 4회 예습문제

01 원통형 보일러에 대한 다음 물음에 답하시오.
 (1) 입형 보일러의 장점을 2가지만 쓰시오.
 (2) 입형 보일러의 단점을 2가지만 쓰시오.

풀이 (1) ① 설치면적이 적다.
 ② 수관식 보일러에 비해 소형이므로 설치가 간단하다.
 ③ 설치비가 적게 든다.
 (2) ① 보일러 효율(전열효율, 연소효율 등)이 낮다.
 ② 완전연소가 안 된다.
 ③ 청소와 검사가 곤란하다.
 ④ 보일러 용량을 크게 할 수 없어 증기 발생량이 적다.

02 배관의 하중을 아래에서 위로 떠받치는 서포트의 종류를 4가지만 쓰시오.

풀이 ① 파이프 슈
 ② 리지드 서포트
 ③ 롤러 서포트
 ④ 스프링 서포트

03 보온재의 종류 중 유기질 보온재는 일반적으로 낮은 온도의 물체에 사용되고 무기질 보온재는 상대적으로 높은 온도의 물체에 사용된다. 다음은 어느 종류의 보온재에 해당되는지 유기질의 경우 "유", 무기질의 경우 "무"라고 쓰시오.(단, 하나라도 틀리면 0점 처리)
 (1) 우모펠트 (2) 그라스울
 (3) 암면 (4) 탄화코르크
 (5) 규조토

풀이 (1) 유 (2) 무 (3) 무 (4) 유 (5) 무

04 다음 설명에 알맞은 밸브의 명칭을 쓰시오.

(1) 유체를 한쪽 방향으로만 흐르게 하는 밸브로서 별도의 조작 없이 유체의 압력에 의해서 스스로 개폐되는 밸브
(2) 파이프의 횡단면과 평행하게 개폐되는 밸브로 일명 사절밸브라고도 하며, 밸브를 조금 열고 사용 시 와류에 따른 유체 저항으로 인해 유량조절용으로는 부적당하고 밸브를 완전히 열면 유체 흐름의 저항이 다른 밸브에 비하여 아주 작은 밸브
(3) 다른 밸브보다 리프트가 작아서 개폐 시간이 짧고 누설의 염려가 작지만 밸브 내에서 유체의 흐름 방향이 급격히 변경되므로 압력손실이 크고 일명 스톱밸브라고도 하는 밸브

풀이
(1) 체크밸브
(2) 게이트밸브(슬로스밸브)
(3) 글로브밸브

05 연료 연소 시 배기가스 분석 결과 다음과 같은 성분의 부피 비율이 측정되었다. 공기비(m)를 계산하시오.

$$CO_2 \ 12\%, \ O_2 \ 4.2\%, \ CO \ 0\%$$

풀이 질소(N_2) = $100 - (12 + 4.2) = 83.8\%$

공기비(m) = $\dfrac{N_2\%}{N_2\% - 3.76 O_2\%}$

$= \dfrac{83.8}{83.8 - 3.76 \times 4.2} = 1.23$

06 어떤 기체가 온도 0℃, 압력 0.1MPa에서 부피 50m³라고 하면, 온도 20℃, 압력 0.7MPa에서는 부피가 몇 m³인지 계산하시오.

풀이 $\dfrac{P_1 V_1}{T_1} = \dfrac{P_2 V_2}{T_2}$, $V_2 = \dfrac{P_1 V_1 T_2}{P_2 T_1}$

∴ $V_2 = \dfrac{0.1 \times 50 \times (273 + 20)}{0.7 \times 273} = 7.67 \text{m}^3$

07 보일러 설치 후에 계속사용을 하는 현장에서 보일러 정기점검을 해야 하는 시기를 3가지만 쓰시오.

풀이
① 계속사용을 하기 위한 안전검사 등을 하기 전
② 중간 청소를 할 때
③ 연소실이나 연도 등의 내화벽돌 등을 수리할 경우
④ 누수나 그 외 보일러 손상이 생겨 보일러를 휴지하는 경우

08 다음은 증기보일러 고압에서 사용하는 부르동관 압력계의 모습이다. 압력계의 아래에 원형으로 구부러져 압력계와 연결되어 있는 관(화살표)의 명칭을 쓰고, 이 관의 안지름은 몇 mm 이상이어야 하는지 쓰시오.

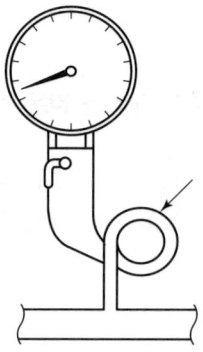

풀이
① 관의 명칭 : 사이펀관
② 안지름 크기 : 6.5mm 이상

09 다음 조건하에서 연돌의 통풍력(mmAq)을 구하시오.

조건
- 연돌높이 : 10m
- 배기가스 평균온도 : 200℃
- 외기온도 : 27℃
- 대기의 비중량(0℃, 1기압) : 1.29kgf/Nm³
- 가스의 비중량(0℃, 1기압) : 1.34kgf/Nm³

풀이
$$Z = H\left(\gamma_a \times \frac{273}{273+t_a} - \gamma_g \times \frac{273}{273+t_g}\right)$$
$$= 10 \times \left(1.29 \times \frac{273}{273+27} - 1.34 \times \frac{273}{273+200}\right) = 4\,\text{mmAq}$$

10 보일러 강제통풍방식 중 압입통풍, 흡입통풍에서 송풍기의 설치 위치를 각각 쓰시오.

[풀이]
① 압입통풍 : 노의 앞쪽(연소실 입구 측)
② 흡입통풍 : 연도의 끝(연도 후면)

11 보일러의 열정산을 위한 측정항목에서 기록식 계측장치를 사용하지 못할 경우에 열정산 중 측정횟수 및 시간 간격에 대한 다음 물음에 답하시오.
(1) 증기의 건도 측정횟수
(2) 증기온도와 급수온도의 측정시간 간격
(3) 급수유량 및 연료 사용량 측정시간 간격

[풀이] (1) 2회 이상 (2) 10~30분마다 (3) 5~10분마다

12 다음과 같은 증기 감압시스템 배관 중 D_2에서 유량이 1,750kg/h이고 유속이 25m/s일 때 물음에 답하시오.

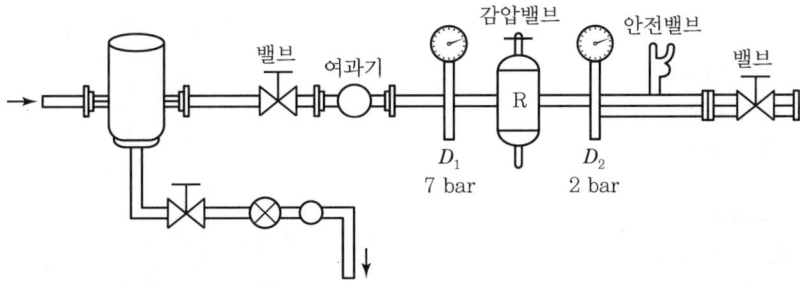

(1) D_2의 가장 적절한 관경(mm)을 구하시오.(단, 증기 비용적은 압력이 7bar일 때 0.240 m³/kg, 2bar일 때 0.603m³/kg이다.)
(2) 32A, 50A, 100A, 125A, 150A, 350A 중에서 가장 합리적인 관경을 선택하시오.

[풀이] (1) $D_2 = \sqrt{\dfrac{4Q}{\pi V}}$

$Q = 1,750 \times 0.603 = 1,055.25 \text{m}^3/\text{h}$

$\dfrac{1,055.25 \text{m}^3/\text{h}}{3,600 \text{s/h}} = 0.293125 \text{m}^3/\text{s}$ ∴ $D_2 = \sqrt{\dfrac{4 \times 0.293125}{\pi \times 25}} = 0.122 \text{m} = 122.21 \text{mm}$

(2) 122.21mm의 근사치는 125A

2023년 4회 (2023.11.5)

01 보일러 압력 0.2MPa에서 250℃ 이상의 고온을 얻을 수 있으며, 0℃ 이하에서도 동파가 되지 않는 보일러의 명칭과 그 종류를 1가지만 쓰시오.

풀이 (1) 명칭 : 특수열매체 보일러
(2) 종류
① 다우섬 보일러
② 카네크롤 보일러
③ 서큐리티 보일러
④ 모빌섬 보일러

02 보일러 열정산 시 입열의 종류를 3가지만 쓰시오.

풀이 ① 연료의 연소열
② 연료의 현열
③ 공기의 현열

참고 출열의 종류
 • 발생증기 보유열
 • 배기가스 손실열
 • 복사열손실
 • 미연탄소분에 의한 손실열
 • 불완전열손실

03 기체연료의 장점을 3가지만 쓰시오.

풀이
① 국부가열이나 균일가열이 가능하다.
② 회분이 없고 황분 발생이 거의 없어서 전열면의 오손이 없다.
③ 공해 문제가 거의 없다.
④ 저발열량의 연료로도 고온을 얻는다.
⑤ 작은 공기비로 완전연소가 가능하다.
⑥ 연소효율이 높고 연소제어가 용이하다.

참고 기체연료의 단점
- 저장이나 수송이 곤란하다.
- 누설 시 폭발이나 화재의 위험이 따른다.
- 시설비가 많이 들고 설비공사에 많은 기술을 요한다.

04 다음은 어떤 부식 또는 상태에 대한 설명인지 그 명칭을 쓰시오.

(1) 보일러 급수 중에 수산화나트륨 등 알칼리의 농도가 너무 높아지면 $Fe(OH)_2$가 용해되고 강은 알칼리에 의해 부식되는 현상
(2) 보일러 내면에 용존산소에 의해 발생하는 쌀알 크기의 점상을 이루며 산소 농도차로 인해 산소농염전지가 발생하는 부식 현상
(3) 압연강판이나 관의 두께 내부에 가스가 존재하여 판이나 관이 2장으로 분리되는 현상
(4) 관이나 판이 압연강판이나 관의 두께에서 2장으로 분리된 상태로 고온의 열 가스가 접촉하여 이를 견디지 못하고 팽출하는 현상

풀이
(1) 알칼리 부식
(2) 점식(피팅)
(3) 라미네이션
(4) 브리스터

05 자동급수 제어에 대한 다음 물음에 답하시오.

(1) 제어량은 무엇인지 쓰시오.
(2) 조작량은 무엇인지 쓰시오.

풀이
(1) 보일러 수위
(2) 급수량

참고 ① 수위 제어방식
- 단요소식(수위 제어)
- 2요소식(수위, 증기유량 제어)
- 3요소식(수위, 증기유량, 급수량 제어)

② 수위 검출기
- 플로트식(맥도널식, 자석식)
- 차압식
- 전극식
- 코프식

06 다음 배관의 도시기호를 그리시오.
(1) 나사 이음
(2) 플랜지 이음
(3) 유니언 이음

풀이
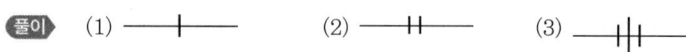

07 급수밸브 크기에 대한 다음 물음에 답하시오.
(1) 전열면적 10m² 이하의 보일러에서 급수밸브 크기는 몇 A 이상인가?
(2) 전열면적 10m²를 초과하는 보일러에서 급수밸브 크기는 몇 A 이상인가?

풀이
(1) 15A 이상
(2) 20A 이상

08 동관 등 가스용접에서 경납땜, 연납땜에 대한 다음 물음에 답하시오.
(1) 동관 가스용접은 어떤 현상을 이용한 것인지 쓰시오.
(2) 경납땜에서 경납의 종류를 3가지만 쓰시오.
(3) 연납땜에서 연납의 종류를 3가지만 쓰시오.

풀이
(1) 모세관 현상
(2) ① 은납 ② 황동납 ③ 양은납 ④ 알루미늄납
(3) ① 주석-납 ② 납-카드뮴납 ③ 납-은납 ④ 저융점 땜납

09
다음 조건을 이용하여 굴뚝의 높이(m)를 구하시오.

조건
- 배기가스 평균온도 150℃
- 배기가스 비중량 1.34kgf/Nm³
- 이론통풍력 2.5mmAq
- 외기온도 10℃
- 외기 비중량 1.29kgf/Nm³

풀이

이론통풍력(Z) = $273H\left(\dfrac{\gamma_a}{273+t_a} - \dfrac{\gamma_g}{273+t_g}\right)$

$2.5 = 273 \times H \times \left(\dfrac{1.29}{273+10} - \dfrac{1.34}{273+150}\right)$

∴ 굴뚝높이(H) = $\dfrac{2.5}{273 \times \left(\dfrac{1.29}{273+10} - \dfrac{1.34}{273+150}\right)}$ = 6.59m

10
보일러 출력부하가 155kW, 연료 소비량이 20kg/h, 연료 발열량이 40,950kJ/kg일 때 보일러 열효율을 구하시오.

풀이

1kW = 1kJ/s, 1h = 3,600s
출력부하 = 155 × 3,600 = 558,000kJ/h
공급열량 = 20 × 40,950 = 819,000kJ/h

∴ 열효율(η) = $\dfrac{\text{부하}}{\text{공급열}} \times 100 = \dfrac{558,000}{819,000} \times 100 = 68.13\%$

11
압력이 0.5MPa, 유속이 1.2m/s, 관의 지름이 25mm일 때 유량(m³/s)을 구하시오. (단, 표준대기압은 0.1MPa이다.)

풀이

절대압력 = 0.5 + 0.1 = 0.6MPa

관의 단면적(A) = $\dfrac{\pi}{4}d^2 = \dfrac{\pi}{4} \times (0.025)^2 = 0.00049\text{m}^2$

∴ 유량(Q) = AV = $0.00049 \times 1.2 \times \dfrac{0.6}{0.1}$ = 0.0035m³/s

(0.0035m³/s × 10³L/m³ = 3.5L/s)

12 다음 수평형 벽걸이 방열기에 대한 물음에 답하시오.

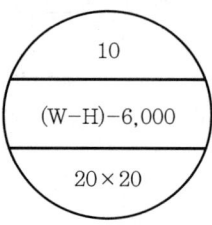

(1) 섹션 수(개) (2) 유입 측 관경(mm)
(3) 유출 측 관경(mm) (4) 방열기 길이(mm)

풀이 (1) 10   (2) 20   (3) 20   (4) 6,000

13 배기가스 평균온도 150℃, 가스 비중량 13.25N/m³, 외기온도 20℃, 외기 비중량 12.65N/m³, 이론통풍력 550Pa일 때 연돌의 높이는 몇 m인지 구하시오.

풀이
이론통풍력$(Z) = 273H\left(\dfrac{\gamma_a}{T_a} - \dfrac{\gamma_g}{T_g}\right)$

$\therefore$ 연돌높이$(H) = \dfrac{Z}{273\left(\dfrac{\gamma_a}{T_a} - \dfrac{\gamma_g}{T_g}\right)} = \dfrac{550}{273 \times \left(\dfrac{12.65}{273+20} - \dfrac{13.25}{273+150}\right)}$

$= \dfrac{550}{273 \times 0.011850} = 170.01\text{m}$

CHAPTER 04

2024년 1회 (2024.4.27)

부록 02 | 과년도 기출문제

---

01 원심식 송풍기의 풍량 조절방법을 3가지만 쓰시오.

[풀이]
① 토출댐퍼에 의한 방법
② 흡입댐퍼에 의한 방법
③ 흡입베인에 의한 방법
④ 회전수에 의한 방법
⑤ 가변피치에 의한 방법

[참고] 송풍기 풍량제어에 대하여 질문하면 방법 대신 제어로 쓰면 된다.

---

02 관로에 바이패스관을 설치하는 이유를 기술하시오.

[풀이] 바이패스관은 우회배관이며, 증기트랩, 순환펌프, 각종 계측 유량계, 감압밸브 설치 시 수리 · 점검 · 교체 등 작업을 편리하게 하기 위하여 설치한다.

---

03 액화천연가스(LNG)의 주성분을 2가지만 쓰시오.

[풀이]
① 메탄
② 에탄

---

04 압력배관용 탄소강관의 기호를 쓰시오.

[풀이] SPPS

05 다음 조건을 이용하여 보일러의 상당증발량(kg/h)을 구하시오.

> **조건**
> - 보일러 압력 0.5MPa
> - 급수온도 80℃
> - 증기 발생량 1,000kg/h
> - 증기 엔탈피 2,592kJ/kg
> - 급수 엔탈피 335kJ/kg

풀이

$$\text{상당증발량}(We) = \frac{\text{시간당 증기발생량} \times (\text{발생증기 엔탈피} - \text{급수 엔탈피})}{\text{증발잠열}} \text{ (kg/h)}$$

$$= \frac{1{,}000 \times (2{,}592 - 335)}{539 \times 4.186} = 1{,}000.33 \text{kg/h}$$

참고 1kcal = 4.186kJ
539 × 4.186 = 2,257kJ/kg

06 다음 자동제어 블록선도에서 ( ) 안에 알맞은 용어를 쓰시오.

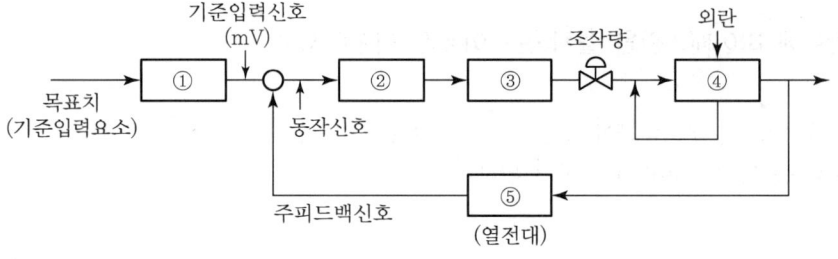

풀이
① 설정부   ② 조절부   ③ 조작부
④ 제어대상   ⑤ 검출부

07 단위면적당 난방부하가 50W, 난방에 필요한 면적이 418m², 방열기 쪽당 방열면적이 0.2m²일 때 필요한 방열기 개수는 몇 개인지 구하시오. (단, 표준방열량은 523W/m²이다.)

풀이

$$\text{방열기 쪽수(ea)} = \frac{\text{난방부하}}{\text{표준방열량} \times \text{방열기 쪽당 표면적}}$$

$$= \frac{418 \times 50}{523 \times 0.2} = 200\text{ea}(\text{개})$$

08 다음 배관이음의 도시기호를 쓰시오.
  (1) 유니언 이음   (2) 플랜지 이음
  (3) 용접 이음   (4) 나사 이음
  (5) 턱걸이 이음

풀이 (1) ─┤├─   (2) ─╫─   (3) ─●─   (4) ─┼─   (5) ─⊂─

09 어떤 벽체에서 열유속이 538W이고 벽의 두께가 220mm, 벽체면적이 5m²일 때 열전도율(W/m℃)을 계산하시오. (단, 내부온도는 110℃, 외부온도는 10℃이다.)

풀이 $538 = \lambda \times \dfrac{5 \times (110-10)}{0.22}$, $220\text{mm} = 0.22\text{m}$

∴ 열전도율$(\lambda) = \dfrac{538 \times 0.22}{5 \times 100} = 0.24\text{W/m℃}$

10 기체연료 사용 시의 단점을 3가지만 쓰시오.

풀이
① 누설 시 화재나 폭발의 위험성이 크다.
② 저장이나 수송이 곤란하다.
③ 사용 시설비가 많이 들고 설비공사 시 많은 기술을 요한다.
④ 가스 내부에 유해가스가 많다.
⑤ 가격이 비싸다.

11 보일러 설치검사 기준 중 부르동관 압력계의 조건에 대하여 ( ) 안에 알맞은 용어나 숫자를 써넣으시오.

> 압력계와 연결된 증기관은 최고사용압력에 견디는 것으로 그 크기는 황동관 또는 동관을 사용할 때는 안지름 (①)mm, 강관을 사용할 때는 (②)mm 이상이어야 하며, 증기온도가 (③)℃를 초과할 때는 황동관 또는 동관을 사용하여서는 안 된다.

풀이 ① 6.5   ② 12.7   ③ 210

12 다음 온수온돌 시공순서에서 ( ) 안에 알맞은 내용을 써넣으시오.

배관기초공사-(①)-단열처리-(②)-배관작업-공기방출기 설치-(③)-팽창탱크 설치-(④) -(⑤)-온수순환시험 및 경사조정-골재충진작업-시멘트 모르타르 바르기-양생건조작업

풀이
① 방수처리
② 받침재 설치
③ 보일러 설치
④ 굴뚝 설치
⑤ 수압시험

참고 온수온돌 시공층 단면도

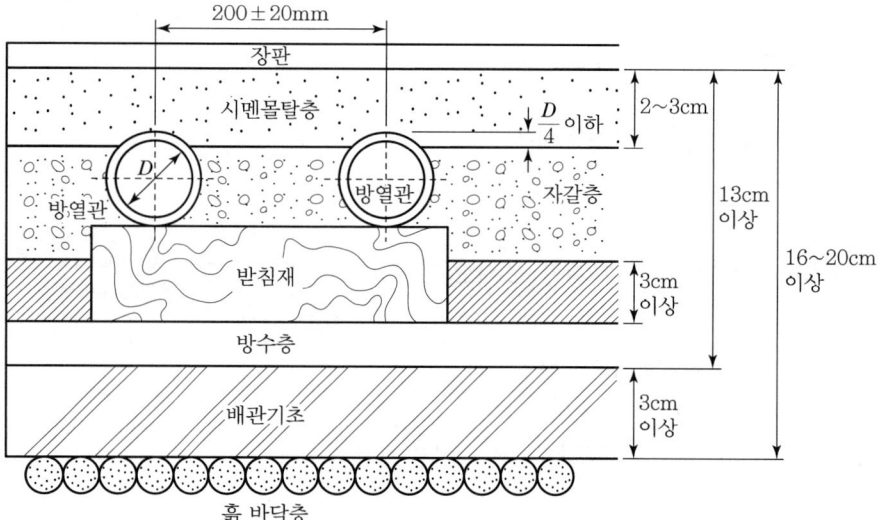

방열관 ┬ XL관(중밀도 폴리에틸렌관)
       ├ 강관
       └ 동관

CHAPTER 05

2024년 2회 예습문제

01 에너지이용 합리화법상 각 검사대상기기에 대해 면제되는 검사를 보기에서 골라 쓰시오. (단, 용접검사, 구조검사를 모두 면제할 수 있으면 제조검사로 답한다.)

> **보기**
> 설치검사, 제조검사, 용접검사

(1) 제1종 관류보일러(단, 연료의 종류는 무관하다.)
(2) 가스 사용량이 17kg/h를 초과하는 가스용 온수보일러
(3) 제2종 압력용기

풀이 (1) 용접검사　　(2) 제조검사　　(3) 설치검사

02 배관 내의 공기를 배출하기 위하여 공기빼기밸브(에어벤트밸브)를 설치하고자 한다. 엘보 1개를 없애고 티 1개, 부싱 1개를 이용하여 공기빼기밸브를 설치하는 배관도를 다음 조건을 이용하여 도시하시오.

> **조건**
> • 주어진 배관도 부품 크기 : 배관 20A, 엘보 20A×20A
> • 추가되는 부품 : 티 20A×20A×20A
> • 부싱 : 20A×15A
> • 공기빼기밸브 : 15A
> • 도시기호 : 공기빼기밸브(◇), 부싱(─▷─)

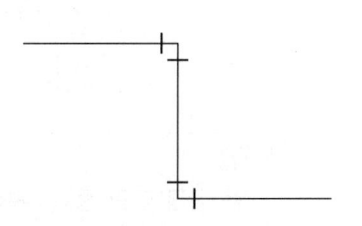

 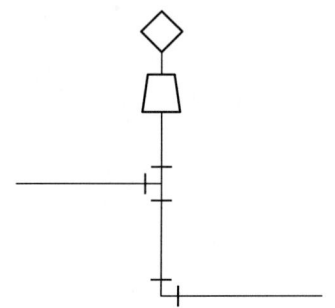

03 동력 나사절삭기의 종류 3가지를 쓰고, 이 중 나사절삭, 거스러미 제거, 관 절단 등의 작업(가공)을 하나의 절삭기에서 연속적으로 할 수 있는 종류의 명칭을 쓰시오.

풀이 (1) 동력 나사절삭기의 종류 3가지
① 오스터식
② 호브식
③ 다이헤드식
(2) 연속작업이 가능한 종류 명칭
다이헤드식

04 다음은 온수난방 배관도이다. 이 배관도에 해당하는 난방배관 방식의 명칭을 보기에서 골라 쓰시오.

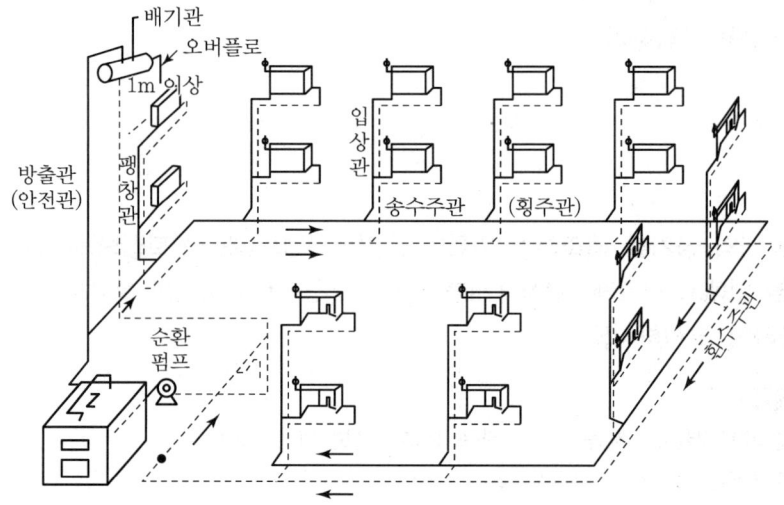

보기
• 상향공급 단관 중력순환식
• 상향공급 복관 강제순환식
• 단관 강제순환식
• 하향공급 단관 중력순환식
• 역귀환 방식의 복관 강제순환식

풀이 역귀환 방식의 복관 강제순환식

05 다음 그림은 연소가스 흐름 방향에 따른 과열기 형태이다. 각각 어떤 형식의 과열기인지 쓰시오.

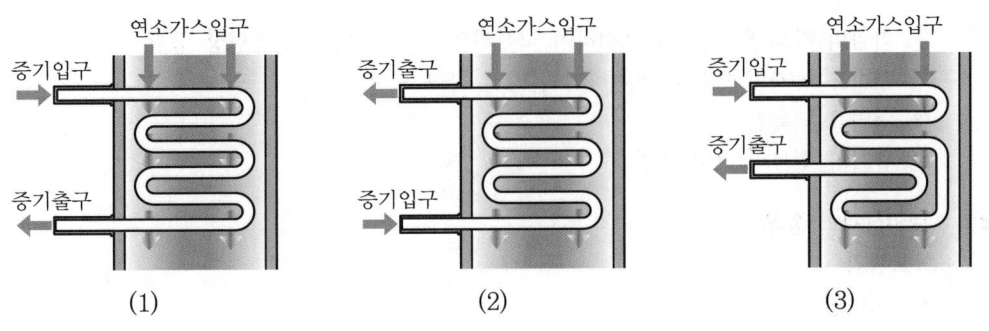

풀이 (1) 병류형(병행류형)
(2) 향류형(대항류형)
(3) 혼류형

06 보일러 연소장치 중 액체연료 장치인 중유버너의 종류를 5가지만 쓰시오.

풀이 ① 유압분사식 버너
② 회전무화식 버너(로터리 버너)
③ 저압 공기분사식 버너
④ 고압 기류식 버너
⑤ 초음파 무화식 버너

07 지름이 같은 강관을 직선 연결할 때 사용하는 이음쇠의 종류를 3가지만 쓰시오.

풀이 ① 소켓　　② 유니언
③ 플랜지　　④ 니플

08 보염장치의 설치목적을 3가지만 쓰시오.

[풀이]
① 화염의 각도 및 형상을 조절하여 국부과열 또는 화염의 편류현상 방지
② 연소용 공기의 흐름을 조절하여 안정된 착화 도모
③ 전열효율 촉진
④ 공기와 연료의 혼합 촉진

[참고] 보염장치의 종류
- 보염기
- 버너타일
- 콤버스트
- 윈드박스

09 다음 보온재의 설명에서 ( ) 안에 들어갈 가장 적합한 용어를 보기에서 찾아 쓰시오.

보온재료는 유기질 보온재와 무기질 보온재로 나눌 수 있으며 유기질 보온재는 펠트, 탄화코르크, (①) 등이 있고 무기질 보온재는 규조토, (②), (③), 탄산마그네슘 보온재가 있다. 무기질 보온재는 일반적으로 (④) 온도에 사용할 수 있으며 유기질 보온재는 비교적 (⑤) 온도에 사용한다.

[보기]
글라스울, 기포성 수지, 타르, 광명단, 암면, 에폭시, 낮은, 높은

[풀이]
① 기포성 수지   ② 글라스울   ③ 암면
④ 높은   ⑤ 낮은

10 온수난방 시 실내온도를 20℃로 유지하려면 34.25kW의 열량이 필요하다. 펌프의 온수 순환능력이 500kg/h이며 환수온도를 25℃로 설정할 때 송수온도(℃)를 구하시오.(단, 물의 평균비열은 4.18kJ/kg℃이다.)

[풀이]
열량$(Q) = mc(T_i - T_o)$

송수온도$(T_i) = \dfrac{Q}{mc} + T_o = \dfrac{34.25\text{kW}}{500\text{kg/h} \times \dfrac{1\text{h}}{3,600\text{s}} \times 4.18\text{kJ/kg℃}} + 25℃ = 84℃$

11 다음 조건을 참조하여 그림과 같은 벽체의 총 열관류율(W/m²℃)을 구하시오.

조건
- 모르타르 열전도율 1.2W/m℃
- 콘크리트 열전도율 1.3W/m℃
- 실내측 벽의 열전달계수 8W/m²℃
- 실외측 벽의 열전달계수 20W/m²℃

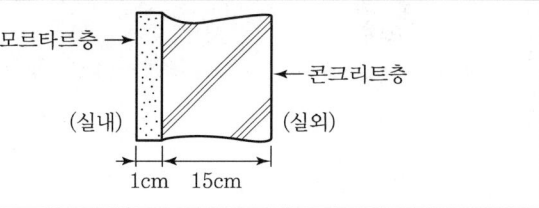

풀이 열관류율$(K) = \dfrac{1}{\dfrac{1}{a_i} + \dfrac{L_1}{\lambda_1} + \dfrac{L_2}{\lambda_2} + \dfrac{1}{a_o}}$

$= \dfrac{1}{\dfrac{1}{8} + \dfrac{0.01}{1.2} + \dfrac{0.15}{1.3} + \dfrac{1}{20}} = 3.35 \text{W/m}^2\text{℃}$

12 어느 액체연료를 연소하려고 할 때 연료 1kg 기준으로 주어진 조건을 이용하여 배기가스 손실열(kJ/kg)을 구하시오. (단, 물의 증발잠열은 무시한다.)

조건
- 이론 배기가스량 11.443Nm³/kg
- 실제 배기가스 비열 1.38kJ/Nm³℃
- 이론 연소공기량 10.709Nm³/kg
- 공기비(m) 1.47
- 외기 기준온도 20℃
- 실내온도 25℃
- 배기가스 출구온도 185℃
- 배기가스 입구온도 290℃

풀이 실제 배기가스량$(G) = G_o + (m-1) \times A_o$

$= 11.443 + (1.47 - 1) \times 10.709$

$= 16.476 \text{Nm}^3/\text{kg}$

∴ 배기가스 손실열량$(L) = GC_g(t_g - t_o)$

$= 16.476 \text{Nm}^3/\text{kg} \times 1.38 \text{kJ/Nm}^3\text{℃} \times (185 - 20)\text{℃}$

$= 3,751.64 \text{kJ/kg}$

CHAPTER 06

2024년 2회 (2024.7.28)

부록 02 | 과년도 기출문제

---

01 배관 지지쇠에 대하여 다음 물음에 답하시오.
(1) 배관시공상 하중을 위에서 걸어 당겨 지지할 목적으로 사용되는 지지쇠의 명칭을 쓰시오.
(2) 서포트의 일종으로 배관의 벤딩 부분과 수평 부분에 관으로 영구히 고정시켜 배관의 이동을 구속시키는 지지쇠의 명칭을 쓰시오.
(3) 서포트의 일종으로 상하 이동이 자유롭고 파이프의 하중에 따라 스프링이 완충작용을 해주며 아래에서 위로 지지하는 것의 명칭을 쓰시오.

풀이 (1) 행거
(2) 파이프 슈
(3) 스프링 서포트

참고 (1) 행거의 종류에는 리지드 행거, 스프링 행거, 콘스탄트 행거 등이 있다.
(2) 서포트의 종류에는 스프링 서포트, 롤러 서포트, 리지드 서포트, 파이프 슈 등이 있다.
(3) 서포트란 배관 하중을 아래에서 위로 지지하는 지지쇠이다.

---

02 방열기 환수구나 배관의 아랫부분에 응축수가 모이는 곳에 설치하고 응축수 및 증기관 속에 생긴 공기를 증기로부터 분리하여 증기는 통과시키지 않고 응축수만 환수관으로 배출시켜 수격작용을 방지하는 부품의 명칭을 쓰시오.

풀이 증기트랩(스팀트랩)

참고 증기트랩의 종류
- 열동식 증기트랩 : 바이메탈식, 벨로스식
- 기계식 증기트랩(비중차 이용) : 상향버킷식, 하향버킷식, 프리플로트식, 레버플로트식, 볼플로트식
- 열역학·유체역학 증기트랩(임펄스식 충동식 트랩) : 디스크식, 오리피스식

03 다음은 어떤 부속품을 설명한 것인지 그 명칭을 쓰시오.

(1) 보일러 동 내부 및 배관에 설치하여 증기에 포함된 수분을 분리하여 건조증기를 취출하며 수관식 보일러에 많이 사용한다.
(2) 원통형 보일러 동 상부에 설치하여 비수, 즉 물방울이 수면 위로 튀어 올라 송기하는 프라이밍을 방지하고 건조증기를 취출한다.(단, 이 장치의 전체 구멍면적은 단면적의 1.5배 이상 크기로 한다.)
(3) 증기관 내부의 응결수를 제거하고 관 내 수격작용을 방지하며, 공기빼기가 가능한 장치이다.
(4) 고압증기를 저압증기로 만들어 부하 측 압력을 일정하게 하는 송기장치이다.
(5) 보일러에서 과잉 발생한 증기를 저장하고 부하 증가 시 증기나 온수를 방출하여 증기의 과부족을 일시 해소한다.

풀이
(1) 기수분리기
(2) 비수방지관
(3) 증기트랩
(4) 감압밸브
(5) 증기축열기

참고 기수분리기의 종류
• 방향전환을 이용하는 것
• 장애판을 이용하는 것
• 원심력을 이용하는 것
• 여러 겹의 그물망을 이용하는 것
• 파도형의 다수 강판을 이용하는 것

04 감압밸브를 설치하는 목적을 3가지만 쓰시오.

풀이
① 고압의 증기를 저압의 증기로 전환하기 위하여
② 부하 측의 증기압력을 일정하게 하기 위하여
③ 부하 변동에 따른 증기의 소비량을 줄이기 위하여
④ 부하 측에서 증기의 증발잠열을 증가시키기 위하여

참고 감압밸브의 구분
• 작동에 의한 방법 : 피스톤식, 다이어프램식, 벨로스식
• 구조에 따른 방법 : 추식, 스프링식

05 신축으로 인한 배관의 좌우, 상하 이동을 구속하고 제한하는 목적에 사용하는 리스트레인트의 종류를 3가지만 쓰시오.

[풀이]
① 앵커
② 스톱
③ 가이드

06 증기 발생량이 1,500kg/h인 보일러에서 연료 소비량이 150kg/h이다. 증발배수(kg/kg)를 구하시오.

[풀이] 증발배수$(Sb) = \dfrac{\text{증기 발생량}(We)}{\text{연료 소비량}(F)} = \dfrac{1,500\text{kg/h}}{150\text{kg/h}} = 10\text{kg/kg}$

07 고체연료의 연소방법을 3가지만 쓰시오.

[풀이]
① 유동층 연소방법
② 화격자 연소방법
③ 미분탄 연소방법

[참고] 고체연료 연소의 종류
- 분해연소
- 표면연소

08 방열기 쪽수가 20개인 주형 방열기에서 5세주형 방열기 높이 650mm, 유입관경 25mm, 유출관경 20mm의 방열기를 도시하시오.

[풀이]

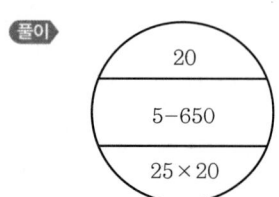

09 중유를 사용하는 보일러에서 연료 소비량이 200L/h이고 연료의 비열이 0.45kcal/kg℃, 연료의 비중이 0.98kg/L이다. 이 연료를 온도 50℃에서 80℃로 예열하는 오일프리히터의 용량(kWh)을 계산하시오. (단, 오일프리히터의 효율은 85%이다.)

풀이 용량(kWh) = $\dfrac{F \times C_p(t_1 - t_2)}{860 \times \eta} = \dfrac{200 \times 0.98 \times 0.45 \times (80-50)}{860 \times 0.85} = 3.62 \text{kWh}$

10 급수탱크 내부 물의 저장량이 2,500kg이다. 압력 0.2MPa에서 증기를 이용하여 온도를 20℃에서 60℃로 가열하는 장치의 증기 사용량(kg)을 계산하시오. (단, 물의 비열은 4.19kJ/kg℃, 증기의 증발잠열은 2,163kJ/kg이다.)

풀이 물의 현열(Q) = 급수 사용량 × 급수 비열(급수예열온도 − 급수온도)
= 2,500 × 4.19 × (60 − 20) = 419,000kJ

증기 소비량(m) = $\dfrac{\text{물의 현열}}{\text{증기의 증발열}} = \dfrac{419,000 \text{kJ}}{2,163 \text{kJ/kg}} = 193.71 \text{kg}$

11 배관 제도 중 배관의 높이 표시방법을 설명하였다. 각 내용에 해당하는 표시를 쓰시오.
(1) 배관의 높이를 관의 중심을 기준으로 표시하며 기준선은 그 지방의 해수면으로 한다.
(2) 지름이 다른 관의 높이 표시를 할 때 관의 중심까지 높이를 기준하지 아니하고 관의 바깥지름의 아랫면까지의 높이를 기준하여 표시한다.
(3) 관의 바깥지름 윗면을 기준으로 표시한다.
(4) 포장된 지표면을 기준으로 장치의 높이를 표시한다.
(5) 1층의 바닥면을 기준으로 한 높이를 표시하는 데는 편리하나 공장 전체의 장치 높이를 표시하는 데는 매우 불편하다.

풀이 (1) EL (2) EL−BOP (3) EL−TOP
(4) GL (5) FL

12 지역난방에 대하여 간단하게 기술하시오.

풀이 특정한 지역을 선정하고 LNG나 쓰레기를 이용하여 과열증기를 생산한 후 전기를 생산하여 팽창한 증기를 복수기에 보내서 100℃가 넘는 고온수를 생산하고 특정 지역의 건물이나 주택으로 보내 열교환을 한 후 난방 또는 급탕을 공급하는 중앙난방방식이다.

참고
① 지역난방의 장점
- 각 건물, 빌딩에 개별난방기구를 설치하지 아니한다.
- 안전하고 쾌적한 난방이 가능하다.
- 효율성이 높고 경제적이다.
- 환경오염이 방지된다(대기환경이 개선된다).
- 에너지가 절약된다.
- 난방, 급탕 공급이 언제나 가능하다.
- 유지보수가 편리하다.

② 지역난방 설비구조
- 열발생기
- 열수송배관
- 열교환기
- 열소비장치

13 다음 보일러 계통도에서 ①~⑤에 해당하는 관의 명칭을 쓰시오.

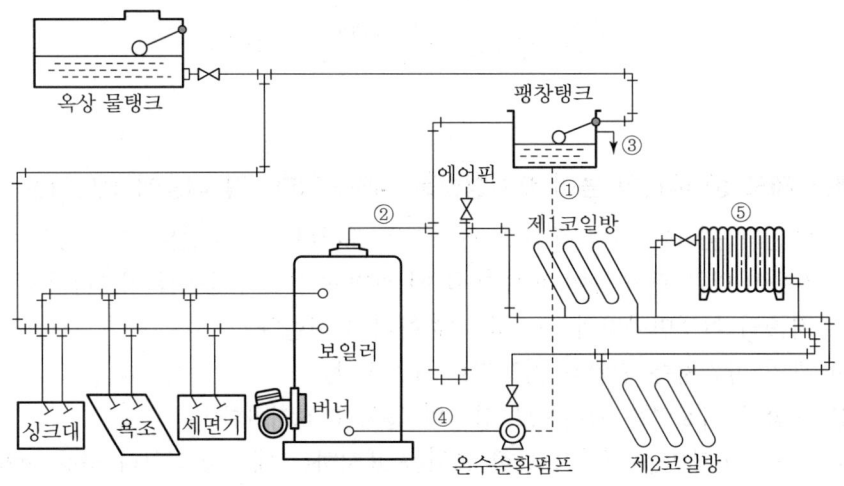

풀이
① 팽창관 ② 송수주관 ③ 오버플로관
④ 환수주관 ⑤ 방열기

CHAPTER 07

2024년 3회 (2024.11.2)

01 중심선의 길이가 300mm 되게 20A관에 90° 엘보 1개와 45° 엘보 1개로서 관을 잇고자 한다. 파이프의 길이를 구하시오.

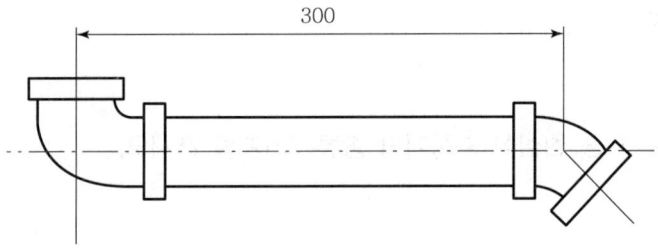

[풀이] $l = L - \{(A-a) + (A'-a)\}$
$= 300 - \{(32-13) + (25-13)\} = 269\text{mm}$

02 연소가스의 통풍력에 대한 다음 설명의 ( ) 안에 "낮을수록" 또는 "높을수록" 중 옳은 것을 골라 쓰시오.

> 외기온도가 (①) 통풍력이 증대하고, 배기가스 온도가 (②) 통풍력이 증대하며, 연돌 높이가 (③) 통풍력이 증대한다. 또한, 공기 중 습도가 (④) 통풍력은 감소한다.

[풀이] ① 낮을수록 ② 높을수록
③ 높을수록 ④ 높을수록

03 다음은 화염검출기 종류에 대한 설명이다. 각각 어떤 종류의 검출기인지 그 명칭을 아래에 쓰시오.

(1) 연소 중에 발생하는 화염의 빛을 감지부에서 전기적 신호로 바꾸어 화염 유무를 검출한다.
(2) 화염의 전기 전도성을 이용한 것으로 화염 중에 전극을 삽입시키는 도전식과 정류 작용을 이용하는 정류식이 있다.
(3) 연소가스의 열로 바이메탈의 신축작용으로 전기적 신호를 만들어 화염을 검출한다.

풀이
(1) 플레임 아이
(2) 플레임 로드
(3) 스택 스위치

04 보일러용 송풍기 중 원심식 송풍기의 종류 3가지를 쓰시오.

풀이
① 터보형
② 다익형(시로코형)
③ 플레이트형

05 보일러 및 자동제어에 대한 물음에 답하시오.

(1) 자동연소제어에서 제어량 2가지를 기술하시오.
(2) 증기압력을 제어하면 어떤 것을 조작하여야 하는지 2가지만 쓰시오.
(3) 과열증기 온도를 조절하는 방법 3가지를 기술하시오.

풀이
(1) ① 증기압력   ② 노내압력
(2) ① 연료량   ② 공기량
(3) ① 습증기 일부를 과열기로 이끄는 방법
② 연소가스 유량을 가감하는 방법
③ 과열 저감기를 사용하는 방법

06 주철제 수평형 벽걸이 방열기의 섹션수가 5, 유입관지름이 20mm, 유출관지름이 15mm, 방열기에서 난방부하가 37,674kJ/h, 쪽당 방열면적이 0.25m²일 때 물음에 답하시오. (단, 온수난방이며, 방열기의 온수표준방열량은 0.523kW/m²이다.)

(1) 방열기의 쪽수를 구하시오.
(2) 방열기를 도시하시오.

풀이 (1) 쪽수 = 난방부하 / (방열기 표준방열량 × 쪽당 방열면적) = 37,674 / (3,600 × 0.523 × 0.25) = 80쪽(개)

(2)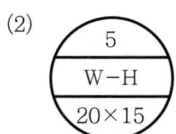

참고 1kW = 1kJ/s, 1hr = 3,600s

07 급수장치에서 최고사용압력의 0.1MPa(1kg/cm²) 미만에서는 생략하여도 되는 밸브를 쓰시오.

풀이 체크 밸브(역류방지 밸브)

08 다음 그림의 부르동관식 압력계에 대하여 올바른 내용이나 수치를 써넣으시오.

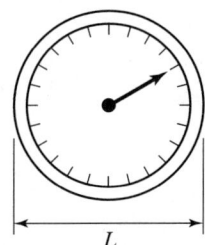

(1) 증기보일러에 부착하는 압력계 눈금판의 바깥지름은 (　　)mm 이상으로 한다.
(2) 최고압력 0.5MPa 이하이고 동체의 안지름 500mm 이하이며 동체의 길이 1,000mm 이하에서 압력계 눈금판의 바깥지름은 (　　)mm 이상으로 할 수 있다.
(3) 압력계의 최고 눈금은 보일러 최고사용압력의 (①)배 이하로 하되 (②)배보다 작아서는 안 된다.

풀이 (1) 100
(2) 60
(3) ① 3, ② 1.5

09 보일러 수면계 파손 시 증기콕, 드레인콕, 물콕 중에서 어느 콕을 가장 먼저 잠가야 하는가?

풀이 물콕

참고 물콕, 증기콕, 드레인콕 순으로 잠근다.

10 보일러 급수량이 2,250kg/h이고 급수온도 20℃에서 급수 엔탈피 85kJ/kg, 포화증기 엔탈피 2,700kJ/kg일 때 보일러 상당증발량(kg/h)을 구하시오. (단, 물의 온도 100℃에서 증발잠열은 2,257kJ/kg이다.)

풀이 상당증발량(We) = $\dfrac{W(h_2 - h_1)}{r}$ = $\dfrac{2,250 \times (2,700 - 85)}{2,257}$ = 2,606.89kg/h

11 열전도율 0.5W/m·℃, 벽체 두께 250mm, 벽체 내부온도 125℃, 외부온도 25℃에서 30분간 열손실을 구하시오. (단, 벽체 전체 면적은 4.5m²이다.)

풀이 $Q = \lambda \times \dfrac{A \cdot \Delta T}{b} \times h = 0.5 \times \dfrac{4.5 \times (125 - 25)}{0.25} \times 0.5 = 450$W

※ 30분 = 0.5시간

12 길이 100m의 동관 내부에 20℃의 물이 흐른다. 물의 온도를 60℃로 승온하는 경우 열팽창 길이는 몇 mm인지 구하시오. (단, 구리의 열팽창률은 0.171×10^{-4}/℃이며, 열전도율은 401W/m·K이다.)

풀이 $\Delta L = a \cdot L_o \cdot \Delta T$
= 0.171×10^{-4}/℃ $\times 100$m $\times 10^3$mm/m $\times (60 - 20)$℃ = 68.4mm

---

책자 발행 이후의 실기 복원문제는 저자가 운영하는 네이버카페 '가냉보열' 게시판에 있으니 참고하시기 바랍니다.

MEMO

저자 약력

권오수
- 한국에너지관리자격증연합회 회장
- 한국가스기술인협회 회장
- 한국기계설비관리협회 명예회장
- 한국보일러사랑재단 이사장
- 한국열관리사협회 서울시 지부장 역임
- 한국에너지기술인협회 교육총괄이사 역임
- 직업훈련교사

가동엽
- (관인)기술학원 학원장(기능장, 산업기사, 기능사)
- 직업훈련교사(에너지, 공조냉동기계, 배관)
- 기술서적 저술가(에너지, 공조냉동기계)
- 기계설비유지관리 전문가

양성진
- 한국폴리텍대학 에너지설비과 교수
- 한국에너지관리자격증연합회 사무국장 역임
- 한국에너지기술인협회 정책위원
- 기술서적 저술가

에너지관리산업기사 실기
필답형+작업형

발행일	2003. 5. 26 초판 발행
	2014. 5. 30 개정10판1쇄
	2016. 3. 20 개정11판1쇄
	2017. 3. 30 개정12판1쇄
	2018. 3. 10 개정13판1쇄
	2019. 3. 10 개정14판1쇄
	2020. 3. 20 개정15판1쇄
	2021. 3. 30 개정16판1쇄
	2022. 1. 10 개정17판1쇄
	2023. 6. 10 개정18판1쇄
	2024. 1. 10 개정19판1쇄
	2025. 1. 10 개정20판1쇄

저　자 | 권오수 · 가동엽 · 양성진
발행인 | 정용수
발행처 | 예문사

주　소 | 경기도 파주시 직지길 460(출판도시) 도서출판 예문사
TEL | 031) 955-0550
FAX | 031) 955-0660
등록번호 | 11-76호

• 이 책의 어느 부분도 저작권자나 발행인의 승인 없이 무단 복제하여 이용할 수 없습니다.
• 파본 및 낙장은 구입하신 서점에서 교환하여 드립니다.
• 예문사 홈페이지 http : //www.yeamoonsa.com

정가 : 32,000원

ISBN 978-89-274-5651-3　13530